中国航天科技集团公司总经理马兴瑞出席 CBERS-02B 卫星
交付仪式并发表重要讲话

原国防科工委副主任、国家航天局局长孙来燕出席
CBERS-02B 卫星交付仪式并发表重要讲话

中巴地球资源卫星 02B 星交付签字仪式

中国航天科技集团公司马兴瑞总经理（右二）视察中国资源卫星应用中心

中巴地球资源卫星 02B 星推广应用座谈会

加拿大遥感中心（CCRS）访问中心

挪威空斯宝卫星服务公司（KSAT）访问中心

中巴地球资源卫星 02B 星数据产品应用推广培训班

空间与重大灾害国际宪章（Charter）培训团访问中心

亚洲空间合作组织临时理事会（APSCO）访问中心

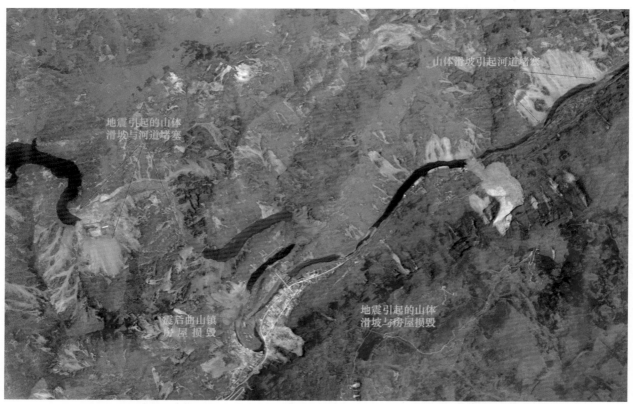

山体滑坡引起河道堵塞

地震引起的山体
滑坡与河道堵塞

震后曲山镇
房屋损毁

地震引起的山体
滑坡与房屋损毁

彩图 1 四川省北川县地震灾情解译结果（见正文 20 页）

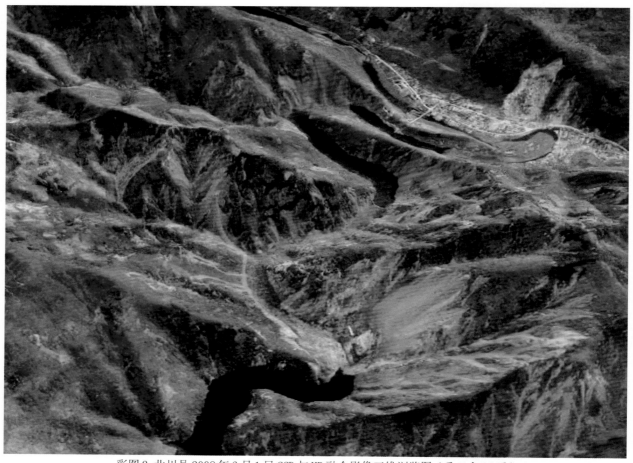

彩图 2 北川县 2008 年 6 月 1 日 CCD 与 HR 融合影像三维浏览图（见正文 20 页）

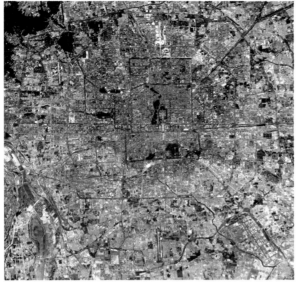

彩图3 研究区CCD真彩色合成影像（见正文37页）

彩图4 研究区植被丰度彩图（见正文38页）

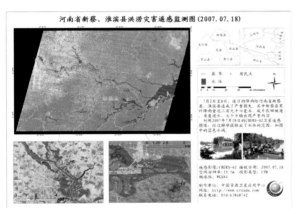

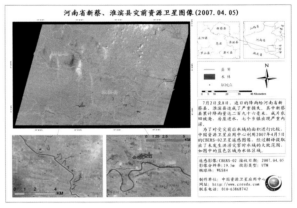

彩图5 河南省新蔡县和淮滨县灾前CBERS-02卫星CCD图像（见正文53页）

彩图6 河南省新蔡县和淮滨县CBERS-02卫星CCD灾害监测图（见正文53页）

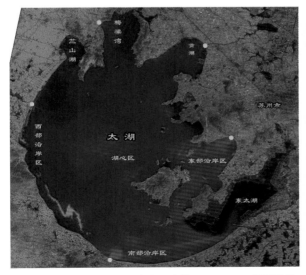

彩图7 2007年3月28日太湖"水华"CBERS-02监测结果（见正文48页）

彩图8 2008年1月香港菠萝山火灾监测结果（见正文57页）

（a）火灾发生前　　　　　　　（b）火灾发生后　　　　　　　（c）过火区域

彩图9　香格里拉火灾发生前后遥感图像对比以及2008年4月10日CBERS-02B卫星CCD图像提取的过火区域（见正文58页）

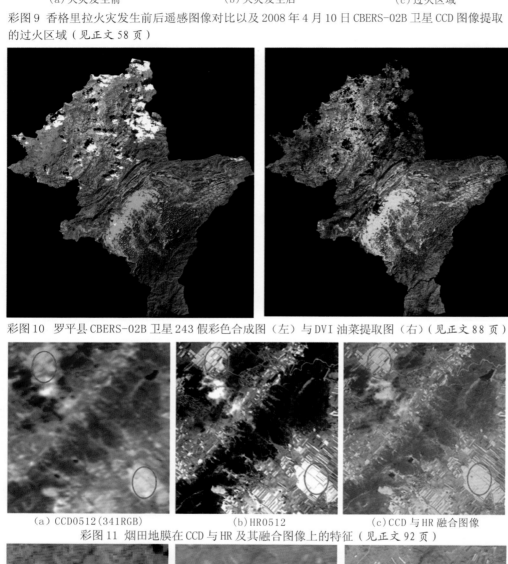

彩图10　罗平县CBERS-02B卫星243假彩色合成图（左）与DVI油菜提取图（右）（见正文88页）

（a）CCD0512（341RGB）　　　　（b）HR0512　　　　（c）CCD与HR融合图像

彩图11　烟田地膜在CCD与HR及其融合图像上的特征（见正文92页）

（a）TM0524（743RGB）　　　　（b）CCD0512（341RGB）　　　　（c）CCD与HR融合图像

彩图12　不同时期烟田面积扩展的影像特征（见正文92页）

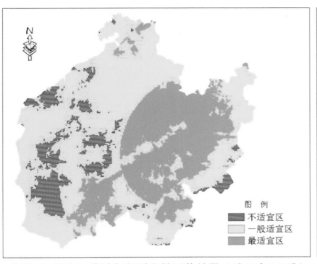

彩图 13 研究区橡胶气候适宜性评价结果（见正文 98 页）

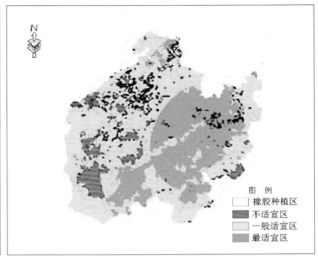

彩图 14 研究区橡胶分布图（见正文 98 页）

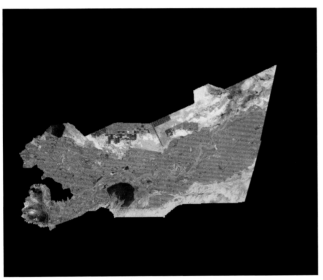

彩图 15 研究区 2005 年 7 月 CBERS-02 遥感影像（见正文 109 页）
（4，3，2 波段合成）

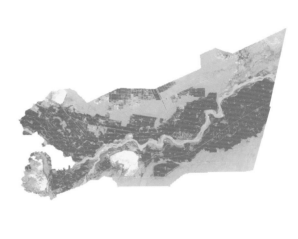

彩图 16 研究区的 NDVI 图像（见正文 112 页）
（绿色越深表明 N D V I 值越大）

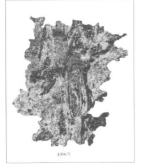

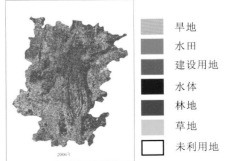

彩图 17 研究区各期土地利用分类图（见正文 117 页）

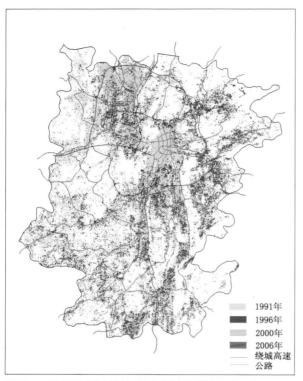

彩图 18 研究区城市扩展与道路交通关系图（见正文 121 页）

1991年
1996年
2000年
2006年
绕城高速
公路

覆盖度
100%
0%

2002 年

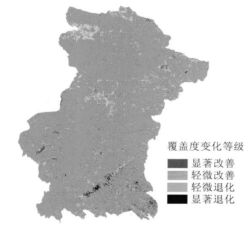

覆盖度变化等级

显著改善
轻微改善
轻微退化
显著退化

彩图 19 研究区 2006 年与 2002 年覆盖度变化分级图（见正文 126 页）

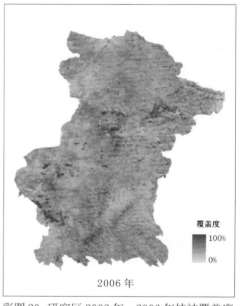

覆盖度
100%
0%

2006 年

彩图 20 研究区 2002 年、2006 年植被覆盖度
（见正文 125 页）

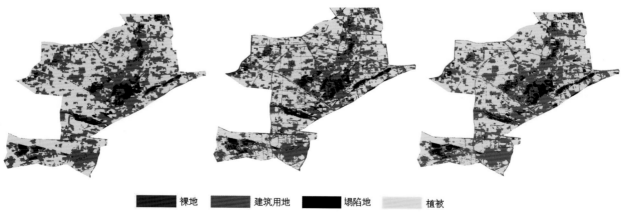

裸地　　建筑用地　　塌陷地　　植被

彩图 21 研究区多时相 CBERS 卫星 CCD 影像的 SVM 分类结果（见正文 130 页）

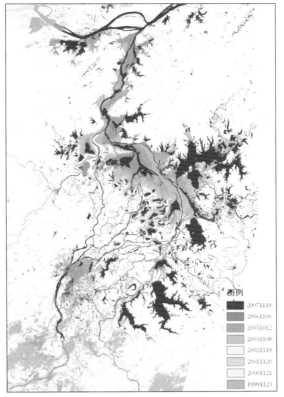

彩图 22 不同时期鄱阳湖水域面积图（见正文 152 页）

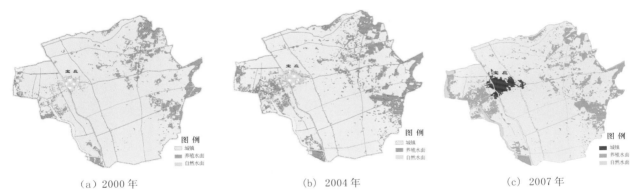

（a）2000 年 　　　　　　　（b）2004 年 　　　　　　　（c）2007 年

彩图 23 基于 CBERS-02 卫星 CCD 影像的养殖水面提取结果图（见正文 157 页）

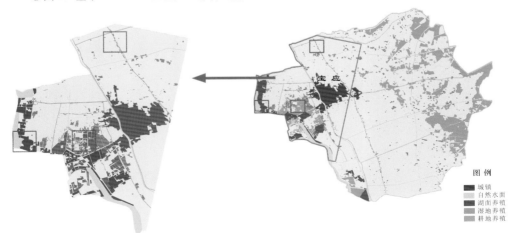

（a）HR 影像的养殖水面提取结果图 　　　　　（b）CCD 影像的养殖水面提取结果图

彩图 24 CBERS-02B 卫星影像的养殖水面提取结果及相应样区分布图（见正文 158 页）

彩图 25　浮梁县归一化植被指数图（见正文 164 页）

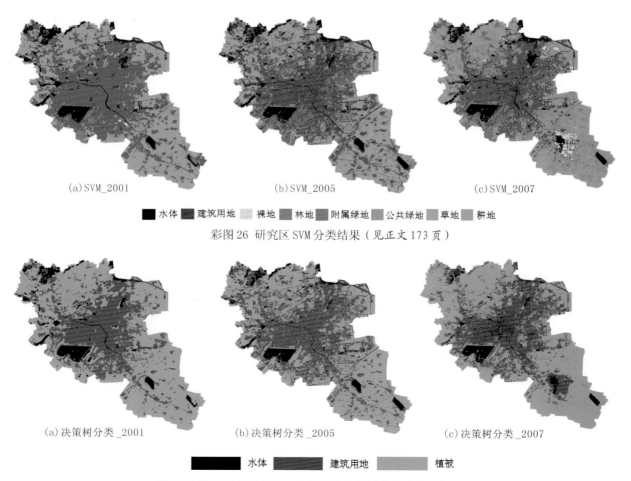

(a) SVM_2001　　　　(b) SVM_2005　　　　(c) SVM_2007

■水体　■建筑用地　□裸地　■林地　■附属绿地　■公共绿地　■草地　■耕地

彩图 26　研究区 SVM 分类结果（见正文 173 页）

(a) 决策树分类_2001　　　(b) 决策树分类_2005　　　(c) 决策树分类_2007

■水体　■建筑用地　■植被

彩图 27　研究区 NDVI 和 B4 特征值的决策树分类（见正文 174 页）

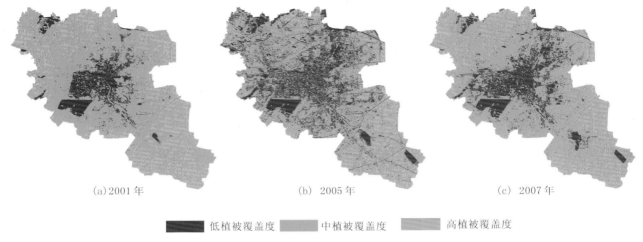

(a) 2001 年   (b) 2005 年   (c) 2007 年

■ 低植被覆盖度   ■ 中植被覆盖度   ■ 高植被覆盖度

彩图 28 研究区不同年份植被覆盖度等级图（见正文 176 页）

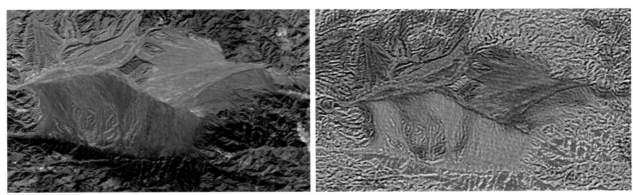

彩图 29 视反射技术应用于洪积扇期次判读（见正文 203 页）

彩图 30 大孤山褶皱解译图（见正文 211 页）   彩图 31 龙王庙褶皱解译图（见正文 211 页）

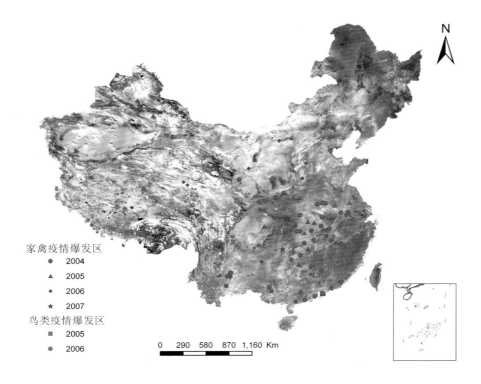

家禽疫情爆发区
● 2004
▲ 2005
◆ 2006
★ 2007
鸟类疫情爆发区
■ 2005
● 2006

0　290　580　870　1,160 Km

彩图 32　中国禽流感疫情发生分布图（见正文 227 页）

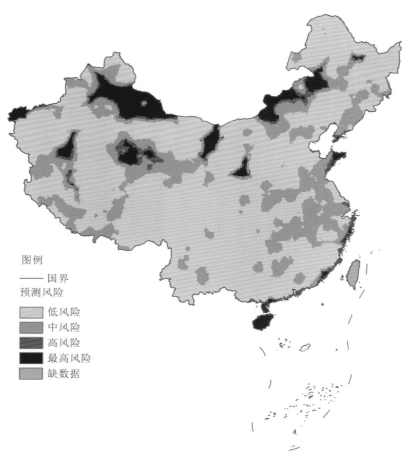

图例
——— 国界
预测风险

低风险
中风险
高风险
最高风险
缺数据

彩图 33　中国禽流感预测风险图（见正文 230 页）

遥感数据:中巴地球资源CBERS-02B星
数据来源:中国资源卫星应用中心
成像时间:2008.03.02

CBERS-02B(CCD 543)+ HR --> HSV Fusion
1:25 000 Scale

制作单位:湖南师范大学GIS研究中心
制作人员:杨波 李德平 刘宇鹏 李芳
制作时间:2008.06.28

彩图 34 庐山-星子地区 CBERS-02B 卫星 543 波段与 HR 波段融合图像 (见正文 247 页)

彩图 35 庐山－星子地区遥感地质图（见正文 248 页）

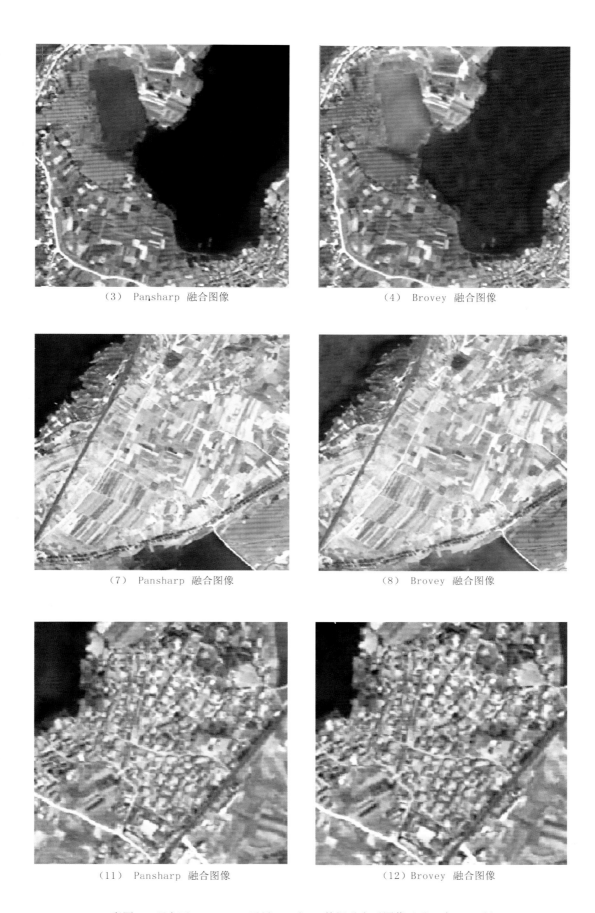

（3） Pansharp 融合图像　　　　　　　　　　　　　（4） Brovey 融合图像

（7） Pansharp 融合图像　　　　　　　　　　　　　（8） Brovey 融合图像

（11） Pansharp 融合图像　　　　　　　　　　　　（12）Brovey 融合图像

彩图 36 研究区 CBERS-02B 卫星 CCD 和 HR 数据融合后图像（见正文 264 页）

（a）Brovey 变换后的图像

（b）Mutiplicative 变换后的图像（234）

（c）主成分变换后的图像（124）

彩图 37 研究区融合变换后的图像（见正文 268 页）

（a）CBERS-02B CCD 影像

（b）CBERS-02B HR 影像

（c）CCD 与 HR 的 GS 融合影像

（d）CCD 与 HR 的 HPF 融合影像

（e）CCD 与 HR 的 Brovey 融合影像

（f）CCD 与 HR 的 PC 融合影像

（g）CCD 与 HR 的 SFIM 融合影像

（h）CCD 与 HR 的小波变换融合影像

（m）CCD 与 HR 的 IHS 融合影像

彩图 38 汕头地区裁减的 CCD 和 HR 影像以及两者 7 种不同方法的融合影像（RGB432 假彩色合成）（见正文 273 页）

彩图 39 北京市朝阳区环铁地区 CCD 和 HR 数据融合假彩色合成影像（见正文 291 页）

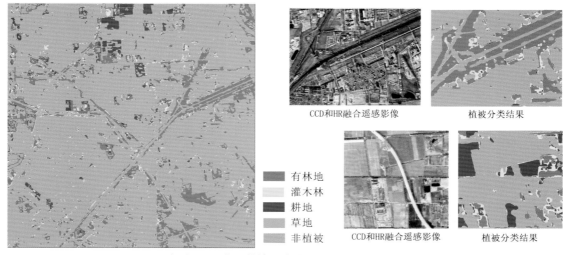

CCD和HR融合遥感影像　　　　植被分类结果

有林地
灌木林
耕地
草地
非植被

CCD和HR融合遥感影像　　　　植被分类结果

彩图 40 研究区植被分类结果（见正文 292 页）

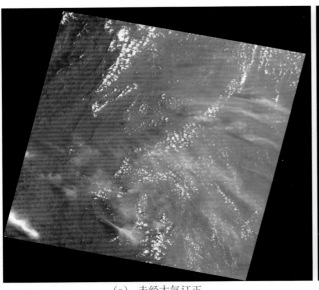 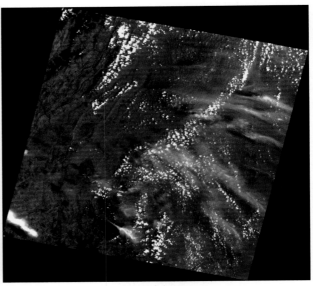

(a) 未经大气订正　　　　　　　　　　　　　　(b) 经大气订正

彩图 41 研究区假彩色合成图(4, 2, 1 波段)(见正文 320 页)

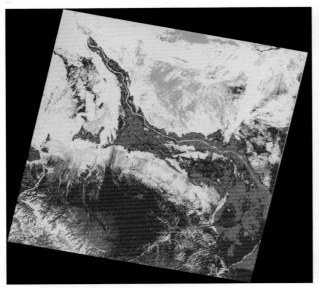 

彩图 42 研究区原始图像的分类结果（见正文 329 页）　　　彩图 43 研究区辐亮度图像的分类结果（见正文 330 页）

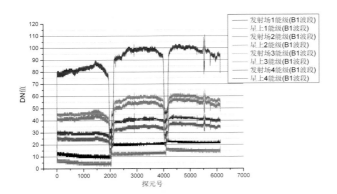 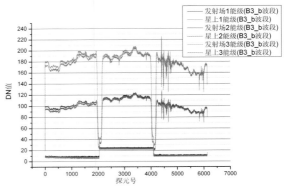

彩图 44 B1 谱段不同入射能级下发射前后响应对比
（见正文 346 页）

彩图 45 B3_b 谱段不同入射能级下发射前后响应对比
（见正文 346 页）

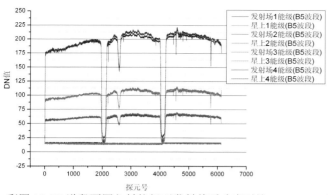

彩图 46 B5 谱段不同入射能级下发射前后响应对比
（见正文 346 页）

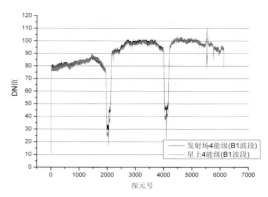

彩图 47 B1 谱段 4 能级入射状态下发射前后响应对比
（见正文 347 页）

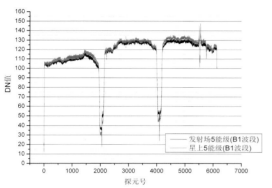

彩图 48 B1 谱段 5 能级入射状态下发射前后响应对比
（见正文 347 页）

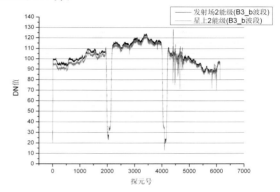

彩图 49 B3_b 谱段 2 能级入射状态下发射前后响应对比
（见正文 347 页）

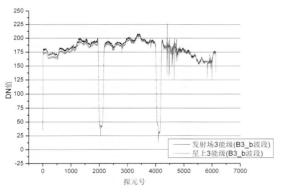

彩图 50 B3_b 谱段 3 能级入射状态下发射前后响应对比
（见正文 347 页）

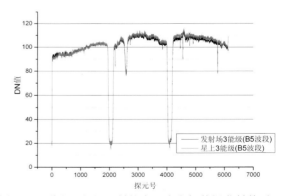

彩图 51 B5 谱段 3 能级入射状态下内定标数据发射前后
响应对比（见正文 348 页）

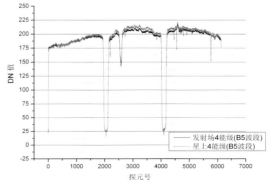

彩图 52 B5 谱段 4 能级入射状态下内定标数据发射前后响应对比（见正文 348 页）

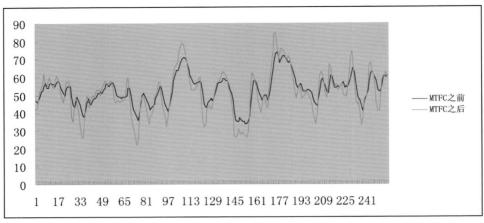

彩图 53 CCD 建筑物图像 MTFC 前后的某一相同行的灰度轮廓（见正文 356 页）

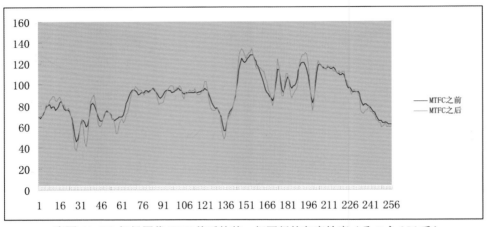

彩图 54 CCD 机场图像 MTFC 前后的某一相同行的灰度轮廓（见正文 356 页）

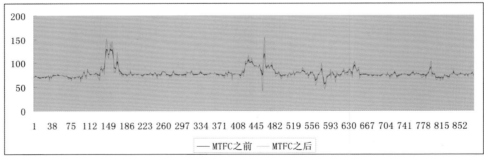

彩图 55 HR 机场图像 MTFC 前后的某一相同行的灰度轮廓（见正文 356 页）

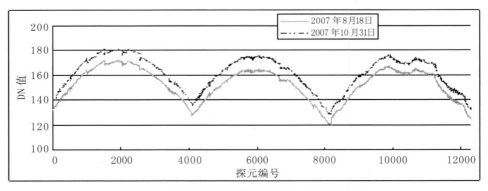

彩图 56 两次内定标原始数据（见正文 365 页）

彩图 57　研究区 3 景 02B 星数据镶嵌图（见正文 62 页）

彩图 58　岩体在影像上的反映（见正文 68 页）

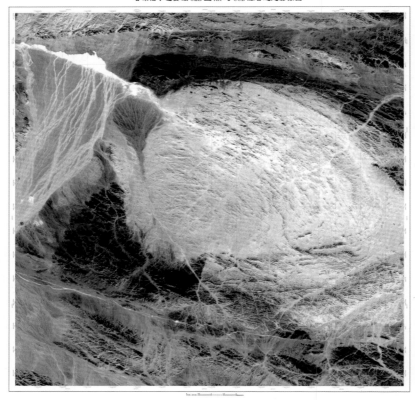

彩图 59　02B 星 HR 和 CCD 数据融合图（见正文 68 页）

砾石滩幅卫星遥感解译图
（K-47-66-丁）

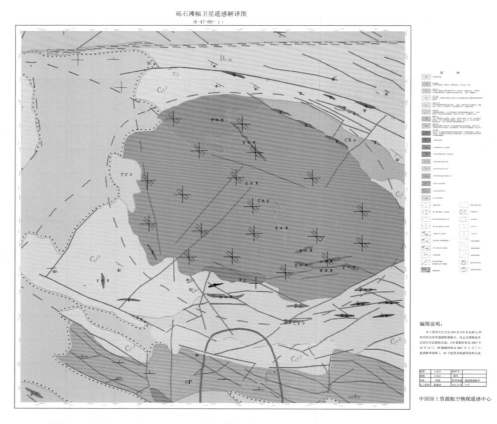

彩图 60　基于 02B 星 HR 和 CCD 融合数据的地质解译图（见正文 68 页）

彩图 61　HR 数据叠加矿化异常信息进行空间分析（见正文 68 页）

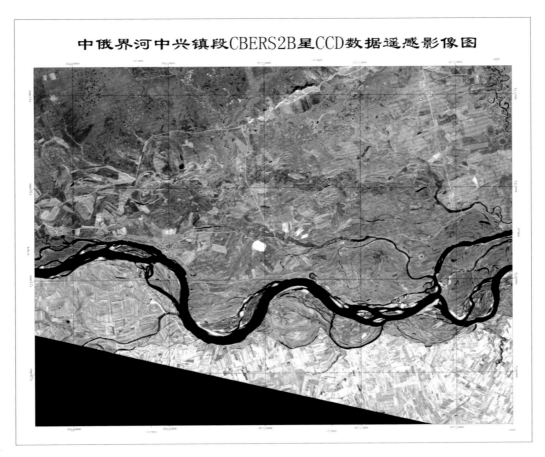

彩图 62　中俄界河塌岸地质灾害遥感影像图（见正文 69 页）

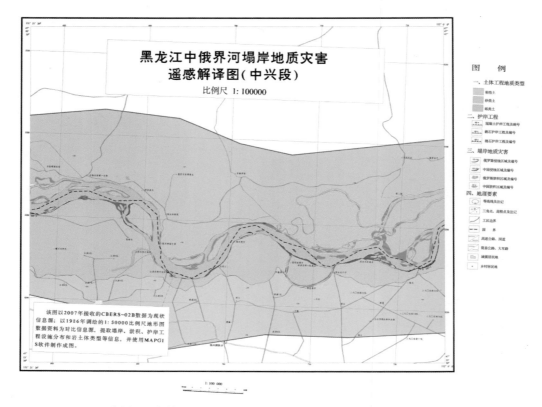

彩图63 中俄界河塌岸地质灾害遥感解译专题图（见正文69页）

彩图64 矿山环境调查与监测（见正文69页）

（a）整个震后湔江流域

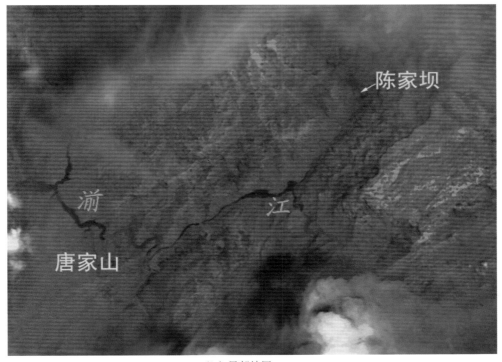

（b）局部地区

彩图65　震后湔江流域利用02B星图像进行堵江调查（见正文71页）

（a）HR 与 CCD 多光谱数据融合图

（b）滑坡地质灾害识别

彩图66 地质灾害识别（2008年6月1日震区北川县）（见正文71页）

中巴地球资源卫星02B星应用研究文集

Disquisition Collection
on the Application and Research of CBERS – 02B Data

中国资源卫星应用中心 编

中国宇航出版社

·北京·

图书在版编目(CIP)数据

中巴地球资源卫星 02B 星应用研究文集/中国资源卫星应用中心编. —北京:中国宇航出版社,2008.9
ISBN 978 - 7 - 80218 - 428 - 2

Ⅰ. 中… Ⅱ. 中… Ⅲ.地球资源卫星—文集 Ⅳ. V474. 2 - 53

中国版本图书馆 CIP 数据核字(2008)第 141302 号

责任编辑	张艳艳 刘亚静		**封面设计**	03 工舍
	马 航		**责任校对**	祝延萍

出 版
发 行 中国宇航出版社

社 址	北京市阜成路 8 号	**邮 编** 100830
	(010)68768548	
网 址	www.caphbook.com/ www.caphbook.com.cn	
经 销	新华书店	
发行部	(010)68371900	(010)88530478(传真)
	(010)68768541	(010)68767294(传真)
零售店	读者服务部	北京宇航文苑
	(010)68371105	(010)62529336
承 印	北京画中画印刷有限公司	

版 次 2008 年 10 月第 1 版
　　　　2008 年 10 月第 1 次印刷
规 格 880×1230
开 本 1/ 16
印 张 26 彩 插 28 面
字 数 824 千字
书 号 ISBN 978 - 7 - 80218 - 428 - 2
定 价 98.00 元

本书如有印装质量问题,可与发行部联系调换

《中巴地球资源卫星 02B 星应用研究文集》

编　委　会

序

  中巴地球资源卫星02B星（CBERS-02B）是中国和巴西联合研制的第3颗地球资源卫星，于2007年9月19日发射成功。CBERS-02B卫星的有效载荷保留了中巴地球资源卫星01/02星的全色多光谱CCD相机和宽视场成像仪（WFI）。为扩展中巴地球资源卫星的应用领域，提高卫星的使用性能，在CBERS-02B卫星上新增配置轻型高分辨率CCD相机（简称HR相机），其空间几何分辨率为2.36 m，是我国目前民用遥感卫星配置的最高分辨率相机，可满足用户对高分辨率卫星遥感数据的需求。

  CBERS-02B卫星正式交付使用后，广大用户应用CBERS-02B卫星数据十分踊跃，尤其是对HR数据应用反响强烈，HR数据获得了用户的充分肯定，已广泛应用于城市规划、灾害监测、基础测绘及生态环境监测等领域。在国家重大工程建设和重大自然灾害监测等方面，CBERS-02B卫星发挥了积极作用。CBERS-02B卫星HR数据积极服务于奥运场馆及周边交通设施建设，圆满完成了"中巴地球资源卫星数据服务于奥运场馆建设、中巴地球资源卫星三维可视化系统"的研制任务，中国资源卫星应用中心（以下简称"中心"）获得了由北京奥运经济研究会、国家国防科技工业局新闻宣传中心联合颁发的"2008卓越贡献奖"奖牌及证书。2008年年初，我国南方地区遭受了罕见的雨雪冰冻灾害，从1月29日到2月22日，中心累计监测国土面积2.2亿 km^2，识别我国南方积雪覆盖面积85万 km^2，向上级有关部门提供21期灾害监测简报，监测结果支持了救灾减灾工作。"5·12"汶川特大地震发生后，中心迅速启动应急反应机制，安排卫星成像计划，于5月13日便获取了地震灾区的图像，此后，中心安排CBERS卫星每天对灾区成像，共进行了23次地震灾情监测，及时将编写的灾情监测报告上报给上级领导部门和国家减灾部门。中心与部分受灾省市及相关部门联系，在中心网站上开设FTP站点，主动提供相应数据和监测结果，共合计分发震前和震后数据587景，用户反映良好。

  CBERS-02B卫星在国土资源调查中发挥了巨大作用。国土资源部作为中国资源卫星的主用户，利用资源卫星HR数据开展了全国84个50万人口以上城市土地利用变化情况监测、基础地质与地质环境调查、矿产资源遥感调查、遥感地质灾害调查及矿产资源开发多项目遥感调查与监测。

  在CBERS-02B卫星运行近1周年之际，中心组织力量编辑和出版了本文集。本文集主要收集了近1年来用户及中心使用CBERS-02B数据特别是HR数据的应用成果，涉及重大工程及灾害监测、农业、林业、生态环保、地质矿产等行业应用，也包括中心对CBERS-02B数据质量改进的技术方法。本文集充分展示了应用CBERS-02B数据的新方法和新成果，表达了广大用户对我国资源卫星应用事业的关注和支持，体现了国内遥感界的同仁们与中心的友谊和团结合作精神。本文集必将为用户应用成果的广泛交流起到积极的推动作用。

  在这本文集中，我们欣喜地看到，资源卫星应用领域不断扩展，应用深度不断加深，新技术、新方法、新领域成为资源卫星应用的突出亮点。

  "十一五"期间，我国还将研制和发射多颗陆地观测卫星，中心将负责陆地观测卫星数据的统一处理、存档、分发和服务，并最终建设成国家陆地卫星数据中心，将为国内外广大用户提供多星、多传感器、连续稳定的遥感数据源。不久的将来，我国对地观测卫星系列产品必将更好地满足广大用户的需求，我国的遥感卫星应用事业也必将跨上一个新台阶。

2008 年 9 月

前　言

　　中巴地球资源卫星02B星（CBERS - 02B）自2007年9月19日11点26分由CZ - 4B运载火箭发射成功后，目前已在轨运行近1年。CBERS - 02B卫星是CBERS - 02卫星的接替星，是我国第一颗民用高分辨率遥感卫星。星上有效载荷除保留CCD相机（CCD）、宽视场相机（WFI）外，新增加高空间分辨率的全色相机（HR）。截止到2008年8月为止，CBERS - 02B星已接收并存档CCD数据8.3万景，WFI数据0.96万景，HR数据36.6万景，处理的标准产品均已上网免费分发。

　　在3个月的在轨测试期间，中国资源卫星应用中心对CBERS - 02B卫星技术参数进行在轨测试和参数调整与评价。针对卫星进行了CCD增益调整和主备份切换，HR增益和积分级数调整和HR相机调焦等工作，优化了卫星参数。针对地面处理系统改进了CCD、HR相对辐射校正，HR图像拼接，图像几何定位，图像去噪和MTFC补偿等算法，优化了地面系统技术流程。在广大用户的大力支持和参与下，CBERS - 02B卫星的图像质量与CBERS - 01、CBERS - 02卫星的图像质量相比有较大幅度的提高，得到用户的好评和认可，并很快投入交付运行。

　　CBERS - 02B卫星业务化运行后立即投入到服务于北京奥运会的行列之中，按照北京奥组委的需要，积极安排、调度CBERS - 02B卫星高分辨率相机及CCD相机，对北京、天津、上海、秦皇岛、沈阳、青岛和香港等地新建、改扩建和临建的北京第29届奥运会比赛场馆的成像，满足北京奥组委及奥运会安保运部门的需要。鉴于CBERS - 02B卫星在服务于奥运场馆建设的任务中发挥了巨大作用，北京奥运经济研究会、国家国防科技工业局新闻宣传中心授予中国资源卫星应用中心"2008卓越贡献奖"奖牌及证书，2008年CBERS - 02B卫星就创立了开门红。

　　2008年5月12日四川汶川发生8级特大地震，中国资源卫星应用中心立即调动CBERS - 02B卫星，同时启动处于在轨休眠状态的CBERS - 02卫星，一道对地震灾区进行持续跟踪观测，基本做到每天有1颗卫星经过震区并成像。很多用户单位也投入到汶川大地震的抢险救灾之中，对能不断获取到震区的CBERS遥感图像十分赞扬。CBERS - 02B卫星重点对灾区的大面积滑坡、堰塞湖和建筑物损坏的灾情进行监测，通过三维可视图像直观、逼真地显示唐家山堰塞湖的危险性，为政府部门进行防震救灾提供了决策依据。

　　本论文集共收录和编辑了40余家用户单位撰写的59篇CBERS - 02B数据的应用论文，并根据内容分为以下8部分。

　　第1部分，在重大工程和自然灾害调查中的应用，共计8篇。主要内容为CBERS - 02B数据在奥运场馆建设、汶川地震监测及其他灾害监测中的应用。

　　第2部分，在农业、林业中的应用，共计6篇。主要内容为汶川地震森林资源损失快速评估，油菜监测与识别，烟草种植面积、引黄灌区冬小麦的播种面积监测等。

　　第3部分，在土地利用中的应用，共计7篇。主要内容为贵阳市土地利用动态变化监测、植被覆盖度动态变化监测、矿区土地覆盖变化监测、城市土地利用变化监测及养殖水面动态监测等。

　　第4部分，在生态环境中的应用，共计8篇。主要内容为在生态县建设规划中的应用、海南生态遥感监测、梢或死亡人工刺槐监测、青藏高原雪被覆盖监测、内蒙古东部地区遥感地质解译及地震活断层监测等。

　　第5部分，在新扩展领域中的应用，共计6篇。主要内容为海上船只探测能力研究、GIS采集器和移动GIS中的遥感应用、禽流感预测模型中的应用、卫星导航兼容系统应急装备与减灾应用服务、遥感影像辅助地图制图的研究及在庐山综合地理实习中的应用等。

第 6 部分，技术方法和应用研究，共计 9 篇。主要内容为影像融合研究及数据质量评价、HR 数据正射纠正研究及 CBERS Earth 关键技术研究等。

第 7 部分，定量化基础技术和应用研究，共计 3 篇。主要内容为 CCD 影像大气校正研究及影像数据表观辐亮度的计算及应用等。

第 8 部分，图像质量改进方法技术研究，共计 12 篇。主要内容为 CBERS-02B 数据在辐射质量及几何质量方面改进的技术方法研究。

本论文集突显出以下 3 个方面的应用热点。

1）用户使用高空间分辨率图像的热情十分高涨，称赞 CBERS-02B 卫星的成功发射是开辟了我国民用高分辨率卫星及应用的新时代。许多用户在 HR 数据与 CCD 数据融合方面开展了大量工作，并应用到土地、农业、林业以及地震、生态环境等许多领域中，提高了地物识别的能力和分类精度。

2）遥感定量化是遥感应用的高级阶段，是遥感技术发展的必经之路。遥感定量化的基础研究和应用是本论文集的第二热点。本论文集推出了不需要现场测试数据，而从遥感图像上提取参数，从而进行业务化大气订正的算法研究，文章深入浅出，既是遥感定量化入门的通俗读物，又是遥感数据大气订正研究的引玉之砖。

3）CBERS-02B 卫星数据除了应用在农业、林业、土地利用、生态环境和地质矿产等传统领域外，又扩展了新领域，这是本论文集的第三热点。例如，应用 CBERS-02B 数据结合 GIS 数据可搜索、识别海上船只。经用户实验表明：船只识别能力达 82%，可发现船长大于 31 m、航速大于 11 kn 的运动船只和船长大于 88 m、航速大于 9.2 kn 的运动船只。高校还以庐山为教学实习基地，应用 CBERS 数据编制综合地理专业的地质、地貌、植被、土壤、遥感目视解译以及地形图判读与填图等实习专用图件的教具，通过专业图件的实习增加学生的直观感觉和读图能力，提高综合地理实习教学的效果。地图出版社应用 CBERS-02B 数据结合 GIS 数据可生产出现势性强的地图。并例举利用卫星影像更新岛屿、海洋和湖泊等通过调绘难以完成的任务是其他信息采集方式无可比拟的。此外还将 CBERS 数据应用到基于 GIS 与遥感的禽流感预测模型以及 IT 产业之中。

在本文集的编辑过程中，得到了各用户单位领导、专家及各界朋友的指导与帮助，在此表示衷心感谢。

由于时间仓促，水平有限，不足之处，恳请读者批评指正。

《中巴地球资源卫星 02B 星应用研究文集》编委会

2008 年 9 月

目　　录

在重大工程和自然灾害调查中的应用

在主用户中的应用

在农业、林业中的应用

在土地利用中的应用

在生态环境中的应用

新扩展领域中的应用

技术方法和应用研究

定量化基础技术和应用研究

图像质量改进方法技术研究

Contents

Application in Monitoring of Main Projects and Natural Disasters

Application in Main User

Application in Agriculture and Forest

Application in Land Use

Application in Environment Monitoring

Application in New Fields

Techniques and Methods Research

Quantitative Techniques and Application Research

Methods Research of Image Quality Improvement

确保卫星稳定运行，促进遥感应用事业

——在中巴地球资源卫星02B星在轨交付仪式上的讲话

马兴瑞　总经理

（中国航天科技集团公司）

（2008 年 1 月 24 日）

尊敬的各位领导、各位专家，同志们、朋友们：

下午好！

2007 年 9 月 19 日，我国长征四号乙运载火箭成功发射了中巴地球资源卫星02B 星，经过在轨测试和业务试运行，卫星准备交付。在这里，我代表航天科技集团公司，向多年来指导和帮助我们的各有关部门的领导和专家表示衷心感谢；向全体参加卫星、运载火箭、发射、测控及应用系统研制、建设的科技人员和管理人员表示热烈祝贺，并致以崇高的敬意！

中巴地球资源卫星02B 星是根据国防科工委和国家发改委的指示，遵照连续、稳定、继承、发展、提高的要求，由我国和巴西联合研制的中巴地球资源系列卫星的第 3 颗卫星。该星新增配置了轻型高分辨率 HR 相机，是我国目前民用遥感卫星配置的最高分辨率相机。卫星发射成功后，经过几个月在轨测试，结果表明星上设备、部件工作可靠，卫星平台功能和性能满足要求，有效载荷成像质量良好，为卫星长期使用提供了可靠保证。

02B 卫星的及时发射及其数据产品与 02 星的及时衔接，确保了各用户单位的连续稳定使用。新增 HR 相机图像数据较以往的卫星数据质量有了极大的提高，图像质量与图外同类卫星相当，有效扩展了中巴地球资源卫星卫星的应用领域，提高卫星的使用性能，受到了全国多部门各类用户的欢迎和好评。现在，国土资源部已经成为 02B 卫星的主用户，我相信，在国土资源部的大力支持和推动下，该卫星的交付必将极大提高和扩展我国遥感卫星的应用能力和领域，增强我国遥感卫星在农业、林业、水利、土地规划、国土资源、城市规划、环境保护、灾害监测等众多应用领域的使用水平，在国家政治、经济、文化、教育、外交、科研和生产实践中发挥重要作用。

今年正好是中巴航天领域合作 20 周年，在中巴地球资源卫星系列卫星研制过程中，我国科研人员与巴西同行们密切协作，共同攻关克难，共同执行发射任务，建立了深厚的发谊。通过中巴资源卫星的研制，树立了我国与国外开展航天领域合作的典范，实现了共同发展。

今天，卫星已在轨交付，航天科技集团公司将竭尽全力做好卫星在轨长期稳定运行的技术支持工作，确保实现中巴地球资源卫星02B 星的稳定运行。目前，在上级部门的支持关怀下，集团公司已经全面展开了资源系列后续卫星的研制工作，我们将一如既往，充分利用成功的研制经验，不断提高研制水平，按期保质地完成资源系列后续卫星的研制工作，为建设我国长期运行的对地观测体系作出应有的贡献。

发展资源系列卫星，任务艰巨，意义重大。我们将以"十七大"精神为指导，以百倍的努力和高昂的斗志全力完成承担的各项任务。我们有决心也有信心，在上级部门的领导下，在用户和兄弟单位的理解、支持和帮助下，为国家和各用户部门早日制造出满足更高需求的宇航产品，为我国全面建设小康社会作出新的、更大的贡献。

谢谢大家。

发挥高分数据优势，开拓卫星应用新局面

——在中巴地球资源卫星02B星在轨交付仪式上的讲话

孙来燕　副主任

（原国防科学技术工业委员会）

（2008 年 1 月 24 日）

各位领导、同志们：

下午好！

受张庆伟主任的委托，首先，我代表国防科工委，对中巴地球资源卫星 02B 星顺利实现在轨交付表示热烈的祝贺！也向卫星的主用户——国土资源部表示热烈的祝贺！对参与工程研制、发射、测控和应用的全体参研、参试人员致以崇高的敬意！对在工程建设中给予指导、关心和大力支持的有关政府部门和军队部门，表示衷心的感谢！

中巴地球资源卫星 02B 星是中国和巴西联合研制的，同时具有高、中、低 3 种空间分辨率的对地观测卫星。它的交付使用，改变了国外高分辨率卫星数据长期垄断国内市场的局面，必将在我国国土资源、城市规划、环境监测、减灾防灾、农业、林业及水利等众多领域发挥重要的作用，也将对深化中巴合作，促进巴西的经济、社会建设作出贡献。

中巴地球资源卫星 02B 星是我国第一颗试行主用户机制的卫星，开创了我国卫星新的应用管理模式。国土资源部作为主用户，在卫星在轨测试期间组织了一系列评价、试用工作，对数据质量的提高发挥了积极的作用。我们相信，在卫星交付运行后，主用户也会进一步大力推动卫星数据的业务化、规模化和产业化应用，成为我国卫星遥感应用产业的典范。

中巴地球资源卫星 02B 星的应用在国际上也产生了广泛的影响。2007 年 5 月，我国政府以资源系列卫星加入国际空间及重大灾害宪章机制，承担为全球重大灾害提供监测服务的义务；2007 年 11 月在南非召开的国际对地观测组织会议上，中国政府代表宣布与非洲共享资源卫星数据，反响热烈。

今天中巴地球资源卫星 02B 星能够正式交付使用，特别要感谢工程"两总"、研制部门、发射测控和卫星应用部门所作出的努力。希望各系统继续大力协同，密切合作，做好卫星在轨管理和支持工作，确保卫星性能稳定，安全运行，延长寿命；也希望各应用部门加大卫星数据在本领域的开发、利用和推广力度，使得资源系列卫星在国民经济建设和社会发展中发挥更大的作用。同时，我们也积极研究后续的措施办法，保证中巴地球资源卫星 02B 星数据的连续、稳定使用。

同志们，今年是继续深入贯彻党的十七大精神、全面实施《航天发展"十一五"规划》的关键年，也是中巴航天合作 20 周年。我们要深入学习贯彻党的十七大精神，全面把握科学发展观的内涵和精神实质，切实抓好国家重大科技专项和其他民用航天工程的立项和科研工作，大力推进航天"十一五"规划的实施；我们要团结拼搏，开拓创新，真抓实干，按照今年国防科技工业工作会议的要求，全面完成今年的发射任务和其他各项工作；我们要认真总结资源系列卫星应用的成功经验，扩大卫星应用产业的规模，为国家经济社会发展更好地服务；我们还要总结中巴合作的成功经验，进一步提高对外开放水平，深化航天国际合作与交流。

最后在新春佳节即将来临之际，祝各位领导和同志们身体健康，工作顺利，万事如意！

谢谢大家。

发挥主用户作用，推动国产卫星应用

编者按：中国航天科技集团公司领导对资源卫星的应用非常关心，要求做好对用户的服务，马兴瑞总经理亲自写信给国土资源部徐绍史部长，介绍中心的工作，征求国土资源部的意见。国土资源部部长徐绍史对马兴瑞总经理的来信作出了重要批示，明确提出了抓紧开展国土资源系列卫星的发展、规划论证和探索卫星运行服务模式的要求。目前，徐部长所要求的相关工作正在逐步落实。本次特别刊发徐部长的来信以表达我们对领导关心的感谢。

尊敬的马兴瑞总经理：

您好！

函悉。感谢您的盛情邀请以及对国土资源工作的支持和关注。

在汶川地震地质灾害应急调查中，中国航天科技集团公司及时提供了资源卫星数据保障。国土资源事业发展一直深深受益于卫星遥感、卫星导航定位等高新技术。在土地和矿产资源调查评价、地质灾害和地质环境调查监测中，卫星技术及装备得到了广泛应用。在国土资源监管和行政执法中，卫星遥感更是主要的技术手段和工作支撑。但由于目前国产卫星的数量和品种较少，我们非常关注国产卫星，特别是资源卫星的发展。

目前，我部正在深入开展学习实践科学发展观试点活动，着力构建保障和促进科学发展新机制，就是要通过强化调控和严格监管，完善体制机制法制，落实坚守18亿亩耕地红线和合理开发利用矿产资源的责任。管好、用好国土资源，最首要的就是要实时准确地掌握国土资源的动态变化信息。在实施全国第二次土地调查、完善土地利用动态监测体系的基础上，我们提出了"以图管地管矿"，构建统一的国土资源监管平台，用遥感技术每年全面更新一遍国土资源利用现状图，并以此作为土地资源监督执法和参与宏观调控的依据。按照这一目标，现有卫星遥感数据短缺的矛盾更加突出。为此，我们正在组织开展国土资源卫星应用与发展规划研究，在认真分析国土资源应用需求的基础上，提出构建国土资源系列卫星和数据保障体系的发展设想。

中巴地球资源卫星20年来的发展历史，取得了令人瞩目的成就，有力地支持了国土资源部的工作，我部与航天科技集团的合作前景十分广阔。根据02B星主用户机制试点，国土资源部在促进资源卫星发展中能够发挥更大的作用。

希望今后能从以下两方面共同推动资源卫星工作，一是共同组织研究国土资源卫星发展规划，力争年底前提出系列星建议方案；二是进一步加强02B星应用合作，探索以应用为主导的卫星运行服务模式。

顺致

秋安！

2008 年 8 月 22 日

发挥航天科技优势
支撑湖北西部地区生态健康与可持续发展
——在湖北生态健康论坛上的讲话

袁家军 副总经理

（中国航天科技集团公司）

党的十七大提出：要坚持以人为本，贯彻全面、协调、可持续的科学发展观，推动整个社会走上生产发展、生活富裕、生态良好的文明发展道路，促进经济发展与人口资源环境相协调，使人民在良好生态环境中生产生活，实现经济社会永续发展。这一高瞻远瞩的战略目标，为新时期全社会各界的工作指明了方向，也提出了一项重大课题。我们应积极响应党的号召，贯彻落实科学发展观，围绕"保护环境、关爱生命、改善民生、和谐发展"提出科学系统的解决方案，为促进经济社会和生态环境全面协调可持续发展，加快生态文明建设，构建社会主义和谐社会作出积极贡献。

一、生态健康与可持续发展

1941 年，美国著名生态学家 Aldo Leopold 提出了"土地健康"这一专业术语，勾绘了生态健康概念的雏形，也把生态健康首次引入人们的视野。目前，生态健康尚没有一个确切、公允的定义。Rapport，Costanza 等人认为：生态健康是指生态系统具有活力、稳定和自我调节能力。它包含两个内涵：满足人类社会合理要求的能力和生态环境自我维持与更新的能力，前者是后者的目标，而后者是前者的基础[1]。以蒋正华、王如松和朱兆良等为代表的我国专家学者认为：生态健康是指居民的衣食住行环境及其赖以生存的生命支持系统的代谢过程和服务功能的健康程度，包括居民的生理和生态健康，产业系统和城市系统代谢过程的健康；景观和区域生态系统格局和生态服务功能的健康；以及人类生态意识、理念、伦理和文化的健康[2-4]。

可以看出，生态健康已不单纯是一个生态学上的定义，而是一个将生态—经济—社会三个领域整合在一起，与经济发展紧密关联、有机耦合的综合性定义。生态健康与经济发展都是生态—经济—社会这一复杂巨系统的基本要素，生态健康是经济发展的根本保证，而经济发展势必会对生态健康造成一定的影响，二者相互制约，相互影响，存在复杂的作用机制与关联关系。

谋求经济发展，提升社会生产力，在某种意义上是对包括生态环境在内的原有状态进行改造，但这种改造不应违反生态规律，更不能成为践踏自然法则的无节制行为。在实现经济社会发展的同时，要更加充分考虑资源消耗、环境污染等对生态环境带来的不利影响，尊重和维护这一赖以维持生命的支持系统。唯有如此，才能实现经济发展与生态健康的和谐共赢，才会保障经济社会的健康可持续发展，否则，就会事与愿违，继而危及生态健康乃至人类自身的生存健康。

二、航天科技对促进生态健康与可持续发展的作用

航天科技在近半个世纪里飞速发展并取得了一系列辉煌成就，导航定位卫星、地球资源卫星、气象卫星和海洋卫星等已经与人类生活密不可分，而由航天技术衍生而来的新技术、新产品、新能源和新材料也正源源不断地移植、渗透到其他民用领域，造福于生态健康与可持续发展。

1. 在全球气候与环境变化监测领域的作用

当前，臭氧空洞、海冰消融、沙漠扩张和雨林消失等环境问题已超越国界和地区界限，成为严峻

的全球性问题。在对影响地球生命支撑系统的全球环境变化的监测中，航天技术已发挥了突出作用，例如，地球观测系统极轨卫星，可以用于全球天气、冰的分布和储量、水气循环、生物地球化学循环等观测，可以对雨林破坏、沙漠化、水质污染等进行监测；环境污染监测卫星，可以搜集地球环境污染、地震、资源开发等方面的资料，还可用来观测臭氧层被破坏的程度等现象。

截至目前，我国已成功发射了4颗极轨和4颗静止轨道气象卫星，共计8颗风云系列气象卫星，3颗中巴地球资源卫星和2颗海洋卫星。利用HY-1A卫星，我国对海岸带重点地区（黄河口、长江口和珠江口）的岸线动态变化、河口地区悬浮泥沙消长以及环境变迁等进行了长期动态监测研究；已制作出我国第一幅西北太平洋和印度洋（部分）叶绿素分布图，为我国研究全球气候变化提供了重要依据。利用中巴资源卫星所提供的丰富的对地观测卫星数据，我国许多部委和省市在环境变化监测与研究方面开展了大量有成效的工作，其遥感数据还应用于蒙古、越南和马来西亚等发展中国家的环境变化监测之中。

2. 在国土资源调查与观测领域的作用

基于立体式、大视野、宽领域的观测优点，航天遥感技术在国土资源监测与调查方面具有其他技术不可比拟的优势，并在世界得到广泛应用。土地资源调查方面，主要应用于土地利用现状、土壤和土地资源退化现状调查等；在农业资源调查方面，主要应用于耕地面积调查、农作物估产、农作物病虫害（如小麦锈病、马铃薯枯萎病）监测；在林业资源监测方面，主要应用于森林资源分类、调查和核实，估算森林蓄积量、观测森林面积变化；在矿产资源调查方面，利用红外线扫描遥感，可进行煤田、石油的勘察等。

我国利用卫星遥感对30个样区进行调查，查清了我国的耕地面积在1998年为18.8亿亩，而1960年公布的数字为15.7亿亩；1984年~1991年，利用100多张卫星照片再结合20 000张航空照片，对西藏土地利用状况进行了调查，查出了800多个湖泊，而根据过去100多年的野外调查资料，只查出了500多个湖泊；通过遥感调查，已查清我国大陆海岸线长度约为18 000 km，而不是1937年公布的9 000 km，沿海岛屿的个数约为5 000个，而不是1937年公布的3 300个。

3. 在自然灾害预防与消减领域的作用

世界各主要国家通过发射各种与灾害监测和防御应用关系密切的气象卫星、资源卫星和通信卫星等，可以有效了解主要降水的发展和运动方向，从而提高准确的降水和雨量预报；可以估算出某一区域遭水淹后造成作物绝收或减产的面积，并计算出受灾范围和程度；可以确定森林、草场发生火灾的时间、地点、灾情及火灾蔓延速度；可以清晰发现地表的断裂带条数、分布、延伸及走向，确认重点地震带；可以将灾害情报资料、救灾指挥信息远距离、大容量、高可靠、灵活机动地进行传输，是灾情上报、救灾指挥调度与组织救灾抗灾的必要手段。

我国借助于气象卫星、资源卫星和海洋卫星等各种科技资源，在1987年大兴安岭的特大森林火灾、2003年淮河流域洪涝灾害、2004年印度洋海啸以及对我国太湖、鄱阳湖、洞庭湖区及长江干流和嫩江、松花江流域的污染与灾害监测中，都发挥了重要作用。特别是在2008年初的南方雨雪冰冻灾害中，我国每天利用中巴地球资源卫星02B星数据提取各灾区的雪盖面积，并制作成积雪覆盖图，及时把遥感监测的雪情上报给国家有关部门，为跟踪雪情变化和抗灾救灾提供决策依据，在灾后重建工作中发挥了突出的科技优势。当前，我国已研制并成功发射升空风云二号C/D双星，这2颗气象卫星将成为北京奥运会期间气象观测的主力卫星，对奥运期间的天气变化趋势可进行更准确的预报，确保航天科技更加有效地助推2008年北京奥运会。

初步分析表明，未来10年我国每年因自然灾害造成的直接经济损失将逐年增加，每年的经济损失平均达1 000亿元。若建立航天防灾应用系统，每年的灾害损失可减少10%~15%。由此可见，依托航天科技建立防灾系统是利国利民的有效途径。

4. 在节能环保与降排领域的作用

随着航天科技产业链条的不断延伸，航天科技服务空间也不断拓展，在节能、减排、降耗等领域发挥着日益突出的作用。利用航空涡轮机和推进器设计技术，研制出的先进风力发电系统，已获得广泛的应用。应用光电能转换技术开发的太阳能发电设施，已广泛应用于住宅、远距离通信设施、农业水泵装置以及偏僻农村和医院的电力保障等。

基于航天技术进行二次创新与应用转移，我国开发了防治大气污染的气动乳化脱硫除尘一体化技术、燃煤锅炉燃烧的优化控制技术、有毒废气和废液焚烧及资源化处理技术、天然气汽车复合材料技术等，对防治大气污染发挥了重要作用。以气动脱硫技术为例，具有建设和运行成本低，脱硫率和除尘率高，可靠性强等优点，经过十几年的创新与发展，已经完成了从科技成果向产业化转变的过程，应用于燕山石化等多家企业，并中标华能 2×200 MW 机组脱硫项目，该技术在环保领域的发展前景广泛。

5. 在疫情监测中的作用

流行病流行离不开环境因素，许多病原体及其媒介的孳生及消长与自然地理、生态景观和气象条件之间有着极为密切的联系，现有的卫星遥感技术已能较准确地对其中绝大多数环境因素进行监测和反演。遥感技术应用于流行病监测主要是用来获取地理流行病学研究中所需的环境因素资料，进而对流行病进行监测和预警。国内外在遥感监测流行病方面进行了大量研究。我国在血吸虫病、SARS、肾综合征出血热（HFRS）、莱姆病等流行病方面使用遥感手段进行监测，取得了许多成果。在最近几年禽流感监测预警方面，国内的一些研究机构利用遥感建立了禽流感预警模型。

三、湖北西部地区生态健康建设面临的挑战

湖北西部地处我国内陆腹地，区域范围包括十堰、神农架、宜昌、恩施 4 个市（州、区）所辖的 29 个县市区以及襄樊市的保康、南漳两个山区县。这里既有举世瞩目的世界最大水利枢纽——三峡工程，也有南水北调中线工程的渠首——丹江口水库；既有阻止我国西部沙漠化东移南下、酸雨区北上东进的天然生态屏障——秦岭、大巴山系，也有调节我国南北生态气候、保障全国生态安全的"生态调节器"——神农架国家地质公园。在 7 万 km2 的地域范围内集中了众多的重大人工工程与重要自然生态功能区，区域生态地位十分显要。

多年来，湖北西部始终高度重视环境保护，大力维护生态健康，特别是党的十七大以来，积极贯彻落实科学发展观，以建设秀美山川、服务大三峡、保障社会经济可持续发展为目标，进一步加快推进生态建设进程，谱写了生态建设的新篇章，取得了引人瞩目的新成就。

在取得成绩的同时，我们也要清醒地看到，与促进社会经济和生态环境全面协调可持续发展的内在要求相比，与党的十七大所倡导的建设文明生态的战略高度相比，当前湖北西部局部区域生态建设仍然面临巨大的挑战，主要体现在以下几方面。

1. 森林生态健康建设面临的挑战

森林是陆地生态系统的主体。近年来，湖北西部通过实施天然林保护、退耕还林和长江防护林建设等系列工程，森林生态建设成效显著。但由于曾经的过度消耗、乱砍滥伐和毁林开荒等原因，湖北西部局部地区的森林生态仍具有一定的脆弱性，存在森林林种单一、林木结构简单、林龄结构幼小和地面覆盖缺乏等问题[5]，森林生态功能不能有效满足区域健康、协调、可持续发展的要求。在这种情况下，加强湖北西部森林生态特别是三峡库区、神农架以及武当山等重点区域森林生态的动态监测，以全面掌握森林生态要素状态，合理研判森林生态发展趋向，准确定位森林生态脆弱区域，对于进行脆弱区域森林生态恢复、修补与完善，强化森林抗病虫害的防护与抵御能力，充分发挥其保持水土、涵养水源、净化空气、调节气候、维护物种多样性等多重生态功能，保障三峡水利工程以及南水北调中线工程的可持续性，乃至观察与判定刚刚发生的特大冰冻雨雪灾害的侵袭对森林生态的后续影响，都具有十分重要的意义。

2. 土地生态健康建设面临的挑战

长期以来，湖北西部地区持续实施水保工程，积极开展综合治理与防护工作，土地生态环境明显

改善。但也要看到,当前湖北西部土地生态仍面临挑战。一方面,由于自然地形条件的制约,宜耕良田有限,加之三峡工程的修建,在带来巨大社会、经济、生态效益的同时,也因工程蓄水造成地势较为平坦、土壤较为肥沃的土地的淹没,在一定程度上降低了土地的生态承载力。另一方面,山地居多,土壤肥力不足,且抗蚀性和抗冲性弱,易遭水力的侵蚀和冲刷,形成水土流失,土地生产力不高。对区域土地资源与生态实施动态监测,以充分掌握土地的类型、分布、赋存、利用与消长,实时了解土地的植被覆盖、水网布局、水土流失和荒漠沙化等状况,摸清影响土地生态环境变迁的因素及演变规律,这对于维持土地生态系统内部正常的新陈代谢,提高土地生态系统的承载能力,改善土地生态系统的服务功能,缓解土地供需矛盾,舒缓人地紧张关系,支撑湖北西部地区可持续发展具有重要现实意义。

3. 水生态健康建设面临的挑战

作为三峡工程与南水北调中线工程所在地,湖北西部地区水生态环境的保护,不仅是经济工作,也是政治工作,具有事关国家全局和谐稳定的战略意义,要求我们必须始终以高度的责任感和警惕性时刻对之加以关注。当前,随着城市污水、工业废水排放的增加以及农业化肥使用量的持续增长,使得湖北西部地区水生态保护面临的压力逐步加大。三峡工程的修建对本区域水生态的影响评价,尚缺乏深入的系统研究和确切的数据支撑,丹江口水库的水域监测仍存在一些空白,不能满足对水库全流域的水资源进行全面监测与评价的要求[6],对丹江口水库长期稳定保持优质水质构成了潜在威胁。构建更加全面的区域水生态预警监测系统,实时获取水体监测信息,准确预报水质发展趋势,及时发现水体污染隐患,为及早采取措施进行规避提供决策依据,唯有防患于未然,才能确保三峡工程发电、灌溉、养殖、旅游等综合效益的发挥,才能确保洁净的丹江水源源不断地输向北京。

4. 地质生态健康建设面临的挑战

地质环境是生态系统的重要功能单元。由于特殊的地质构造,湖北西部局部地区地表切割严重,地形高差大,破碎、溶蚀及易风化、易侵蚀的各类岩土体广布,加之断裂构造,地质生态环境比较脆弱,是我国地质灾害的多发区。三峡工程的建设,在相当程度上改变了当地地质形态,对区域地质生态的影响也需要我们密切审视。加强湖北西部地区的灾害地质调查与监测势在必行,只有全面勘察、了解本地区地质构造与地理形态,确定与判别易发生水土流失、易引发滑坡、崩塌、危岩、泥石流以及存在地震隐患的地质脆弱或灾害频发区,探究地质灾害与三峡水库运行的关系,正确解读地质灾害动态监测信息并准确预报,才能提前采取措施进行有效预防,提高应急快速反应能力,维护人民生命财产与库区大坝安全。

5. 物种生态健康建设面临的挑战

物种是维护生态多样性的基础要素。湖北西部独特优越的自然环境孕育了众多珍稀动植物物种资源,长江三峡沿江两岸产有荷叶铁线蕨、疏花水柏枝等库区特有珍稀植物,神农架更是享有"天然动植物园"、"物种基因库"、"自然博物馆"等众多美誉。但近年来在人口扩张、环境污染、三峡移民搬迁、生物资源过度开发利用、外来物种的侵入等因素的作用下,动植物的原始生境受到干扰,在一定程度上影响了区域物种多样性与丰富度。由于物种消失具有不可逆性,物种生态重建与恢复更具艰巨性,所以必须要预防为主,做好充分的预先防护准备工作。而物种生态维护必须建立在生态健康科学诊断的基础上,政策取向必须由健全的监测和可靠的调查结果所支撑,才能切实取得实效。这样,如何有效跟踪、定位动物行踪,准确确定动物被迫迁移的路径,如何透彻盘查动物活动空间、生活习性、种群数目的变化,如何全面掌握生境变迁后珍稀特有植物生长区域、植株数量的变化,如何准确监测三峡库区消落带植物群落演变等,就成为湖北西部物种生态健康建设必须要解决的问题。

6. 大气生态健康建设面临的挑战

近年来,湖北西部在经济社会快速发展的同时,大气环境保护取得了积极进展,主要空气污染物排放强度得到了有效控制,大气环境质量总体上保持良好、稳定态势。但随着城市化、工业化进程的加快,工业废气污染源、机动车尾气排放、农业不正当施用化肥和农药等过程产生的有害物质挥发与扩散,以及三峡移民工程拆迁后大批工业项目陆续上马、投产,污染减排难度提高,大气环保压力加大。构建更加完善的大气环境应急监测系统,全天候实时地对大气质量环境进行监测,提高对突发环境事件的应急监测能力,同时大力推广应用节能、降耗、减排技术成为当务之急。

综上可知,湖北西部地区生态健康建设面临诸多挑战,不同的生态系统已形成错综复杂的关系,环环相扣,相互作用。如果其中一个环节出现问题,就会被层层放大,可能引起整个生态系统运行的混乱。因此,区域生态健康是复杂的系统问题,需要不断深化理论研究和实践探索。

四、航天遥感对生态建设与可持续发展的工作回顾

以航天遥感技术为主要服务依托手段,国家气象局与国家海洋局于 1971 年和 2000 年相继组建了国家卫星气象中心与国家卫星海洋应用中心,分别负责我国气象卫星与海洋卫星数据的接收处理与分发。中国航天科技集团公司于 1991 年组建了中国资源卫星应用中心,主要负责我国陆地观测卫星的数据接收、数据预处理、数据分发和用户服务。当前,航天遥感数据已广泛用于资源调查、环境保护、灾害监测、城镇扩展调查等生态建设与可持续发展相关领域。

——在生态资源调查方面,与贵州科技厅合作开展了“贵州森林资源调查”、“黄河三角洲土地利用现状调查”等;

——在生态环境监测方面,开展了“洞庭湖湿地动态变化监测”、“北京城区绿地变化动态调查”、“中国海及临近海域平均叶绿素浓度及水体悬浮泥沙监测”等;

——在灾害监测方面,开展了“云南火灾动态监测”、“2001 年北方地区沙尘暴监测”、“2004 年10 月全国干旱监测”、“2008 年南方雪灾监测”等;

——在定量化应用方面,开展了“白洋淀地区土壤热通量反演”、“贵州黎平地表温度、叶面积指数(LAI)及生物量反演”等;

——在城镇扩展调查方面,开展了“无锡市 2000 – 2003 年城镇扩展调查”等。

当前,依托航天遥感技术,在湖北西部地区开展或参与实施的工作主要有以下几项。

1. 在三峡水环境动态监测中的应用

中国资源卫星应用中心联合长江流域水资源保护局、中国遥感应用协会环境遥感分会共同开展了“关于利用 CBERS 数据联合开展长江三峡水库水环境动态监测研究”。为充分利用长江三峡库区宝贵的水资源,及时监测三峡水库不同蓄水阶段水环境动态变化,掌握库区地表水体动态变化特征,获得了丰富的数据与研究资料。

2. 在三峡工程生态环境评价与监测中的应用

1996 年,中国科学院遥感应用研究所参与了长江三峡工程生态与环境监测系统的启动与实施,依托航天遥感技术,组建了遥感动态监测子系统,对三峡建库前后的库区及长江上游到河口地区的生态与环境进行了全面的跟踪监测,及时发现问题并提出减轻不利影响的措施,预测不良趋势并及时发布警报,为三峡工程建设与运行、保护库区和流域的环境、保证资源的持续利用和国家有关部门的决策,提供了科学的决策依据和完善的信息服务。

3. 在长江三峡库区地质灾害调查中的应用

中国资源卫星应用中心与重庆地理信息中心合作,应用 CBERS – 01 星的 21 景 CCD 数据,镶嵌成长江三峡库区(重庆河段)1:500 000 CBERS 影像图和三维立体影像图,以及重庆市 40 个区、县的1:100 000 CBERS 影像图和三维立体图,并建立相关 CBERS 影像库,为重庆市人民政府建立三峡库区地质灾害预警系统提供了强有力的科技支撑。

4. 在南水北调中线生态监测中的应用

2003 年 11 月,我国启动实施了“南水北调中线工程生态环境遥感监测”项目,根据工程建设前后水资源状况的变化情况,选取了南水北调中线工程区及其辐射区中的 3 个子区作为试验区,主要运

用航天遥感技术，开展了生态环境遥感评价指标体系的建立、建立生态环境本底数据库、生态环境遥感动态监测技术研究及生态环境遥感监测运行系统总体方案设计和系统集成 4 个方面的研究，对南水北调中线生态监测起到了积极作用。

五、利用航天技术促进湖北西部地区生态健康与可持续发展

根据中国航天"十一五"规划，我国计划"十一五"期间将陆续发射新一代极轨气象卫星、新一代静止轨道气象卫星、海洋水色卫星、海洋动力环境卫星、资源卫星 03/04 星、环境减灾卫星和高分辨率立体测图卫星等众多新型应用卫星。结合我国航天科技能力、资源优势与湖北西部生态建设及可持续发展需求，建议开展以下工作。

1. 构建生态资源监测定位跟踪系统

依托航天资源卫星、气象卫星、海洋卫星、通信卫星等科技资源与遥感、导航等技术能力，构建湖北西部生态资源监测定位跟踪系统，系统流程参见图 1。由航天遥感部门提供生态环境动态监测模型，在湖北国土资源、生态环保、测绘等部门提供的基础地理信息的支持下，对湖北西部的水、大气、土地、森林、物种等资源进行全天候、全天时、全方位体观测与动态监测，全面了解各种生态资源的类型、分布、赋存、利用与消长，有效跟踪、盘查动物因生境变迁后的行踪、路径、活动空间及其差异，结合遥感技术建立血吸虫等疫情监测模型，准确研判不同生态资源的变化规律与发展趋向，为林业部门提供森林资源动态监测信息，为农业部门提供耕地变化监测信息，为国土资源部门提供土地利用变化信息，为生态环保部门提供环境污染信息，为水利部门提供水资源利用信息等，从而为相关部门的科学决策制定与系统分析研究提供信息与数据支撑。

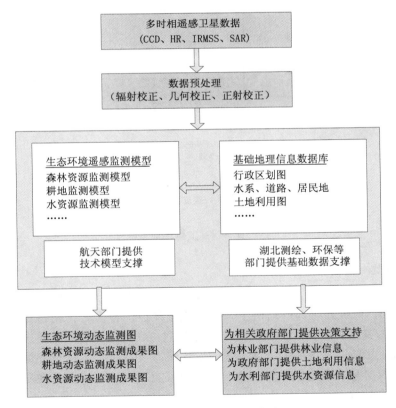

图 1　生态资源遥感监测系统流程

2. 构建生态灾害监测预防评估系统

依托航天卫星遥感技术，构建湖北西部生态灾害监测预防评估系统，系统流程参见图 2。由航天

遥感部门提供滑坡泥石流、洪涝灾害、森林火灾、水体污染等灾害遥感模型，在湖北民政减灾、环保等部门提供基础资料数据的支持和配合下，及时发现生态灾害隐患，及早进行灾情预报，合理定位灾害发生范围，实时获取灾害监测信息，准确研判灾害发展趋势，提高生态灾害快速反应能力，为防灾、减灾、灾情评估及救灾提供更加全面、准确的科学决策依据。

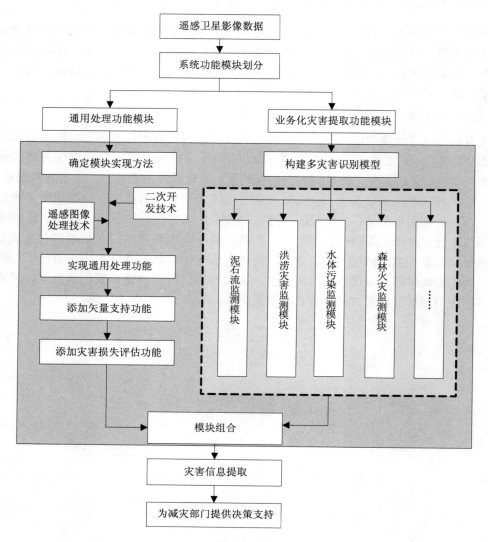

图 2　西部灾害遥感监测评估系统流程

3. 构建生态气候监测预报预警系统

依托航天气象卫星、海洋卫星、资源卫星等综合资源，构建湖北西部生态气候监测预报预警系统，系统基本构成参见图3。航天遥感部门提供生态气候监测预报预警模型，在湖北气象、生态环保等部门提供基础资料数据的支持和配合下，可以实时、动态、大范围地对气候状况进行宏观性、综合性的监测，对可能会波及、影响本地区的灾害性天气的发生机率及灾害程度进行评估，及时采取有效手段积极进行人工干预，及早采取措施做好防护性准备，把可能发生的灾情扼杀在萌芽状态，有效地规避或减少自然灾害所带来的危害。

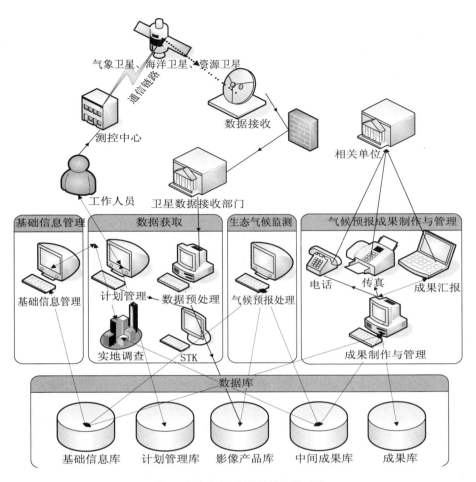

气象卫星、海洋卫星、资源卫星

通信链路

测控中心

数据接收

工作人员

卫星数据接收部门

相关单位

基础信息管理

数据获取

生态气候监测

气候预报成果制作与管理

基础信息管理

计划管理

数据预处理

气候预报处理

电话

传真

成果汇报

实地调查

STK

成果制作与管理

数据库

基础信息库

计划管理库

影像产品库

中间成果库

成果库

图 3 生态气候监测预报预警系统

4. 构建生态危机通信指挥保障系统

依托航天卫星通信技术，构建湖北西部生态危机通信指挥保障系统（系统构成参见图4），可以充分发挥其特殊的时空优越性和传统通信方式不可比拟的技术优势，在极端性灾害或危机发生而造成常规通信方式中断或受到干扰时，将有关灾情的信息准确、无障碍地传输、集中到信息指挥控制中心，进行汇总、融合、显示，为灾害资料传送、灾情上报以及救灾指挥调度提供全面可靠的信息保障。

利用我国已有的极轨卫星数据采集功能，在需要关注的区域设置数据采集设备（200～300 台套），卫星每天过境时可将环境生态数据采集并传回中心，作为日常监测资料收集，当发生极端灾害时，灾区信息可以每天收集，并建立语言通信链路用作指挥调度。本工作涉及环境保护、民政等部门应急响应业务，航天科技将组织卫星通信、数据处理的优势单位合作研发，可先建立一套生态环境应急响应的通信保障示范系统。

航天技术积极开展民用产业技术创新，培植和形成了一大批独具特色、优势明显的航天技术，例如，基于液体火箭发动机燃烧技术的热能燃烧技术，基于卫星空间用太阳能电池技术的太阳能发电技术，基于航天空气动力技术的气动脱硫技术等。构建航天技术应用推广系统，将航天技术优势与湖北西部生态建设需求实行有效对接，加速推进航天技术成果的转化与产业化，既可以充分实现航天技术的直接应用价值，拓展其在节能、降耗、减排、环保等多领域的应用空间，又可以促使其向生态环保领域进行移植与嫁接，促进湖北西部生态环保产业的改造与升级，创造可观的间接生态效益，最终为湖北西部生态建设增添更加强劲的动力。

航天科技集团在上述应用领域，愿与湖北省遥感应用及业务部门结合，进一步开展湖北西部地区

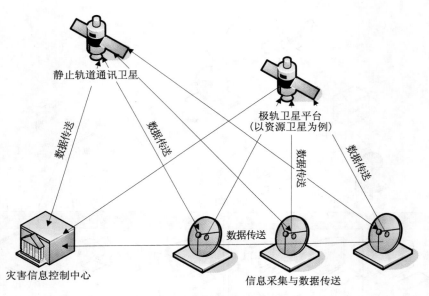

静止轨道通讯卫星

极轨卫星平台
(以资源卫星为例)

数据传送

数据传送

数据传送

数据传送

数据传送

灾害信息控制中心

信息采集与数据传送

图4 构建生态危机通信指挥保障系统

生态健康建设应用示范工作，并将应用成果推广至全国其他地区。

参 考 文 献

[1] RAPPORT D J, COSTANZA R, MCMICHAEL A J. Assessing ecosystem health [J]. Trends in Ecology and Evolution, 1998, 13: 397 – 402.

[2] 蒋正华. 社会、发展与生态健康 [J]. 科技导报, 2005, 3: 8 – 11.

[3] 王如松. 生态健康的科学内涵和系统调理方法 [J]. 科技导报, 2005, 3.

[4] 朱兆良. 高度重视生态健康构建经济、人和环境协调发展的社会 [J]. 科技导报, 2005, 3.

[5] 国家环保总局. 2005 中国环境统计年报 [J]. 中国环境科学出版社, 2006, 10: 34.

[6] 赵文耀. 丹江口水库流域生态环境保护现状 [J]. 人民长江, 2006, 12: 112 – 114.

中巴地球资源02B卫星数据
服务于北京奥运会场馆建设

曾湧，何伟

（中国资源卫星应用中心，北京 100094）

摘 要：CBERS－02B卫星的成功发射和运行，标志着我国的航天遥感应用进入了一个崭新的阶段。中国资源卫星应用中心根据北京奥运会的需要，结合各奥运场馆所在城市的GPS数据，利用CBERS－02B的高分辨率相机及CCD相机对奥运场馆及周边地区进行成像；根据CBERS－02B星轨道特性，结合气象部门的天气预报，主动安排制定奥运场馆的成像计划，并为满足北京奥组委及奥运会安保部门的需要进行有针对性地成像。成像结果表明：成像任务安排科学、高效，及时、准确地为奥运场馆建设提供了完善的服务，满足北京奥运会场馆建设和奥运会安保部门的需要。

关键词：中巴地球资源卫星02B星（CBERS－02B） HR相机 任务安排

1 引言

中巴地球资源卫星01星和02星（简称CBERS－01、CBERS－02）是由中国和巴西联合研制的第一代传输型资源遥感卫星，凝聚着两国航天科技工作者的艰苦努力与非凡智慧，是发展中国家"南南合作"的典范。CBERS－01、CBERS－02成功发射并经过在轨测试后，正式交付中国资源卫星应用中心（以下简称应用中心）转入应用运行阶段，结束了我国长期以来只能依靠进口外国卫星遥感数据的历史。CBERS－02B卫星于2007年9月19日发射，CBERS－02B卫星相比于CBERS－01、CBERS－02在保留空间分辨率为19.5 m的CCD相机的基础上，新增加了2.36 m空间分辨率相机（HR相机），开创了我国民用高分辨率卫星的新时代。

CBERS－01、CBERS－02和CBERS－02B卫星数据产品已广泛应用于农业资源调查、农作物估产、生态环境监测、城市规划、国土资源调查、灾害监测及军用等领域，标志着我国的航天遥感应用进入了一个崭新的阶段，取得了显著的经济效益和社会效益。

第29届奥林匹克运动会和第13届残奥会在我国举行，实现了中华民族几代人的梦想，也吸引着全世界人民的广泛关注。如何科学利用CBERS－02B等卫星，合理调度卫星资源，服务于奥运场馆建设的需要，是摆在中国航天人面前的迫切任务。

2 卫星在轨测试与质量改进

中巴地球资源卫星服务于北京奥运会必须有高质量的遥感图像，自2007年9月22日CBERS－02B

［作者简介］ 曾湧（1972— ），工学硕士，高级工程师。致力于卫星遥感图像的辐射校正、图像恢复等领域的研究，已发表多篇论文。

卫星发射成功并开始对地成像后，应用中心立即组织卫星研制、卫星测控、遥感数据接收、遥感数据应用等40余个单位，对 CBERS－02B 卫星技术参数进行在轨测试和参数调整与评价。通过3个月的在轨测试，针对卫星进行了 CCD 增益调整和主备份切换，HR 增益和积分级数调整和 HR 相机调焦等工作，优化了卫星参数，针对地面处理系统改进了 CCD 相机和 HR 相机的辐射校正、HR 图像拼接、图像几何定位、图像去噪和 MTFC 补偿等算法，优化了地面系统技术流程。在全体参试人员的努力下，经过调试的遥感图像比原图像更加清晰，CBERS－02B 卫星图像质量与 CBERS－01、CBERS－02 卫星图像质量相比有大幅度的提高，得到用户的好评和认可，CBERS－02B 卫星转入业务化运行。图1为 HR 相机调焦前、后的图像对比，图2为 HR 相机 MTFC 补偿前、后的图像对比。

图1　HR 相机调焦前（左）、后（右）的图像对比

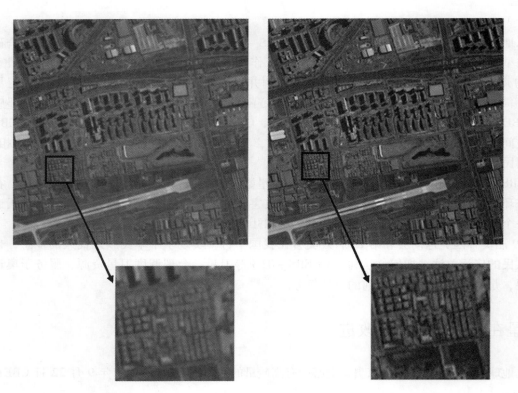

图2　HR 相机 MTFC 补偿前（左）、后（右）的图像对比

3　科学高效的成像任务安排

　　根据奥运会比赛项目的需要，北京奥运会建设37个比赛场馆，其中北京建设31个，京外6个。北京建设的31个比赛场馆中有12个是新建，11个是改扩建，8个是临建，并完成奥运场馆周边59条城市道路的建设。为了尽早体现中国对国际奥委会关于比赛场馆建设的承诺，北京奥组委计划于2008年年初将比赛场馆的建设情况向国际社会展示。中巴地球资源 CBERS－02B 卫星投入业务性运行后，立即对北京和京外的奥运场馆及其周围地区进行拍摄。应用中心根据不同阶段任务的情况要求，合理安排、调度 CBERS－02B 卫星高分辨率相机及CCD 相机成像，以更好地为北京奥运会服务。

　　为了满足北京奥组委及奥运安保部门的需要，应用中心一方面根据各奥运部门需求，以及各场馆所在城市的 GPS 数据，利用 CBERS－02B 的高分辨率相机及 CCD 相机对奥运场馆及周边地区进行成像；另一方面，结合 CBERS－02B 卫星轨道特性和

图3　北京奥林匹克公园中心区及比赛场馆 HR 图像

气象部门的天气预报，及时、主动、有针对性地安排北京、天津、上海、秦皇岛、沈阳、青岛和香港奥运场馆的成像计划，成像后及时提供多景 HR、CCD 的数据产品，见图3～图5。

图4　北京奥运会用于足球比赛的
天津"水滴"体育场 HR 图像

图5　北京奥运会用于足球比赛的
上海奥运场馆 HR 图像

　　服务于北京奥运会的 CBERS－02B 卫星图像具有快速、准确的突出特点。接收后一般3天后就上网公布，特殊情况可当天提供产品。由于中巴地球资源卫星是我国自主研制的卫星，有独立的知识产权，能够不断地对奥运场馆进行拍照，向北京奥组委无偿提供最新时相的图像资料。

　　北京市地图的更新速度尽管居全国之首，但仍赶不上北京奥运会比赛场馆和周围道路建设日新月

异的变化速度，更赶不上北京奥运会安保部门对比赛场馆运行方案的设计需要。像奥林匹克公园及其国家体育场、水立方游泳馆等比赛场馆和道路等，常规的地图更新速度无法满足需要。北京奥组委相关部门巧妙地以奥林匹克公园及其周边地区的卫星影像为背景，增加道路和地铁、公交车站等地理信息和交通元素，制成《奥林匹克公园中心区公交场站、地铁车站位置分布图》，成为引导人们到该地区出行的重要依据和指南，满足了北京奥运会运行的急需。

CBERS－02B 卫星图像的视野开阔，显示性强，成为拟定北京奥运会比赛场馆安全、保卫、运输方案的好助手。北京奥运会 8 月 8 日的开幕式召开之际，汇集了 80 多个国家的元首和贵宾，204 个国家和地区的运动员，1.5 万人的开幕式节目演员，4 万多观众，5 万多仪式和志愿者工作人员，共计约 16 万人聚集在鸟巢周围。而散场时这 16 万人同时退场，只用了 75 分钟就全部疏散完毕，成为世界的奇迹。这一奇迹的创造充分体现了北京奥组委及安保运行部门工作人员的无穷智慧和辛勤劳动，其中也有中巴地球资源 CBERS－02B 卫星的一份贡献。

2008 年 7 月 20 日，由北京奥运经济研究会、国家国防科技工业局新闻宣传中心联合举办的"军工服务奥运及国民经济建设高峰论坛"在北京召开。此次论坛旨在宣传国防科技工业企事业单位服务北京奥运的卓越成果，总结成功经验，推进国防科技工业更好地服务于国民经济建设，促进军工又好又快发展。

鉴于中国资源卫星应用中心圆满完成了"中巴地球资源卫星数据服务于奥运场馆建设、中巴地球资源卫星三维可视化系统"的研制任务，中心受邀参加会议并获得"2008 卓越贡献奖"奖牌及证书。与会期间，中心代表详尽介绍了中巴地球资源卫星及其数据的应用情况，备受参会代表的关注和好评，为推广 CBERS－02B 数据应用起到促进作用。

4 结论

通过严格的卫星在轨测试，CBERS－02B 卫星的成像质量大大提高，卫星地面处理系统流程更加科学。

根据各奥组委各职能部门的需要，各场馆所在城市的 GPS 数据和气象部门的天气预报，中心主动安排制订奥运场馆的成像计划，并有针对性地成像，及时提供相关图像产品，尽量满足北京奥组委及奥运安保部门的需要，得到上级部门好评。

参 考 文 献

［1］ 陈芳允，贾乃华. 卫星测控手册. 北京：科学出版社，1992.
［2］ 杨颖，王颖. STK 在计算机仿真中的应用. 北京：国防工业出版社，2004.
［3］ 中国资源卫星应用中心. 中巴地球资源卫星 02B 星（CBERS－02B）工程在轨测试报告（内部），2007.

CBERS－02B Data Server Olympic Venues Construction

Zeng Yong，He Wei

（China Center for Resources Satellite Data and Applications，Beijing　100094）

Abstract：CBERS－02B Satellite's successful launch and operation，indicates that China's aerospace remote sensing applications enter a new stage. In accordance to Beijing Olympic Organizing Committee（BOCOG）requirements，the various Olympic venues GPS data and meteorological data were taken into account to optimize imaging task plan. The results showed that imaging plans were scientific，efficient and timely.

Key words：CBERS－02B　High　Resolution　camera（HR）　Task plan

基于 CBERS-02/02B 卫星数据的
地震灾害监测研究
——以 2008 年汶川地震为例

李杏朝，傅俏燕，陈君颖

（中国资源卫星应用中心，北京 100094）

摘 要：通过将 CBERS-02/02B 卫星数据应用于 2008 年汶川地震灾害监测，探讨了利用 CBERS-02/02B 卫星 CCD 和 HR 数据进行地震灾害应急监测的可行性和主要技术途径，为辅助政府部门进行防震救灾提供了决策依据。

关键词：CBERS-02/02B 地震灾情 监测 汶川

1 引言

地震灾害是人类面临的危害最大的自然灾害之一，它能够在短时间内产生极大的破坏力，并产生严重的次生灾害，对人民生活和社会经济造成巨大影响。我国位于全球两大地震带之间，东临环太平洋地震带，西南为地中海-喜马拉雅地震带，不仅是一个多地震的国家，而且也是世界上遭受地震灾害最为严重的国家[1]。加强地震灾害监测研究，是实现国家防震减灾目标，保障人民生命财产安全的重要途径。在地震应急救援工作中，需要对灾区进行全面、宏观的了解并对灾害损失进行快速评估，遥感技术具有快速实时、全面、直观、不受地面自然条件限制等特点，可以大大节省人力、物力和时间，在地震灾害监测中显现出极为突出的应用前景。

随着遥感技术的快速发展，美国、日本等一些国家相继把遥感技术引入到地震灾害的监测中。如日本阪神大地震、土耳其地震、希腊雅典地震、印尼地震海啸、南亚地震等发生后，均采用了遥感方法及时、全面地获取灾区灾情信息，进行震害损失评估；我国在邢台、海城、唐山、龙陵、大同等地震震后也均进行了航空遥感摄影与震害判读[2]。以上工作成果表明，利用遥感技术进行地震灾害应急监测具有可行性。但是由于卫星遥感影像获取时效性不足等因素影响，目前遥感技术在地震灾害监测和研究中的应用较多地停留在航空遥感层面上，其应用成本较高，观测范围有限，难以在灾情判断和实施救援等方面发挥快速、全面的优势。

本文对采用 CBERS-02 和 CBERS-02B 卫星数据，利用其大角度侧摆成像的功能，对地震灾区进行大面积、持续性观测进行详细叙述。通过其在 2008 年汶川地震灾害监测中的应用，探讨利用 CBERS-02/CBERS-02B 卫星数据进行地震灾害应急监测的可行性和主要技术途径。

2 研究区和数据源

北京时间 2008 年 5 月 12 日 14 时 28 分，我国四川省汶川县（北纬 31°，东经 103.4°）发生了里氏 8.0 级的强烈地震，震中位于四川省汶川县映秀镇，震源深度为 33 km。地震造成近 7 万人遇难，37 万

[作者简介] 李杏朝（1965— ），研究员。主要从事遥感与地理信息系统（GIS）在资源调查与环境监测方面的应用与研究、遥感信息定量化研究，已发表多篇论文。

多人受伤，近2万人失踪，累计受灾人数约4 610多万人，经济损失高达2 000多亿元。此次地震灾区总面积达41万平方公里，受灾最严重的地区是四川省北川、什邡、绵竹、汶川、彭州等地，灾区涉及四川、甘肃、陕西、重庆、云南等地（见图1）。重灾区内多为高山峡谷地形，易引发滑坡、泥石流等地质灾害。

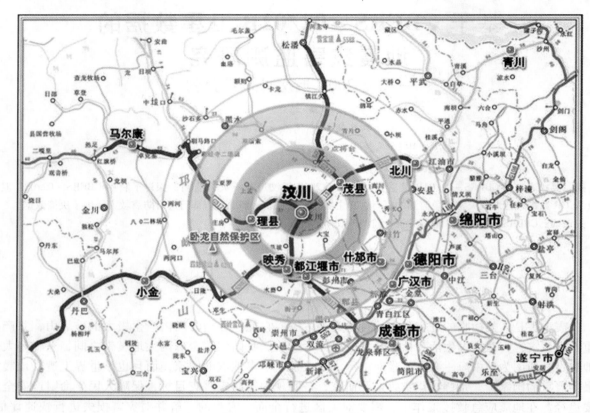

图1　汶川地震震中区示意图

CBERS-02和CBERS-02B卫星都搭载了CCD相机，其空间分辨率为19.5 m，且能进行大角度侧摆，可较好地满足地震灾害连续监测的需求。同时CBERS-02B卫星还搭载了空间分辨率为2.36 m的HR相机，能反映城市的细节部分，如道路、桥梁、房屋等的破坏情况，可用于对重点地区的地震灾情监测。CBERS-02/CBERS-02B卫星有效载荷的基本参数如表1所示。

表1　CBERS-02/02B星上传感器的基本参数

传感器名称	CCD 相机	HR 相机
传感器类型	推扫式	推扫式
可见/近红外波段	1：0.45~0.52 μm 2：0.52~0.59 μm 3：0.63~0.69 μm 4：0.77~0.89 μm 5：0.51~0.73 μm	6：0.50~0.80 μm
辐射量化/bit	8	8
扫描带宽/km	113	27
空间分辨率/m （星下点）	19.5	2.36
侧视功能	有（-32°~+32°）	有（-4°~+4°）
重访周期/d	26	104
数据传输率/（Mbit/s）	2×53	60

汶川地震灾害发生后，中国资源卫星应用中心迅速安排启动处于在轨休眠状态的 CBERS－02 和 CBERS－02B 卫星一道对地震灾区进行持续跟踪侧摆观测，基本做到每天有一颗卫星经过震区并成像。覆盖的范围包括四川省汶川县、平武县、茂县、北川县、安县、什邡县、理县、绵竹县、绵阳市、德阳市、都江堰市、青川县、江油市，以及甘肃省文县和陕西省宝鸡市等地震灾区。5 月 13 日至 6 月 7 日，接收了覆盖地震灾区的 CBERS－02/CBERS－02B 卫星数据 23 轨，共计 186 景数据，其中包括 120 景 CCD 影像、66 景 HR 影像。受天气影响，CCD 数据 72 景被云覆盖，48 景未被或部分被云覆盖；HR 数据 35 景被云覆盖，31 景未被或部分被云覆盖。同时还查询、下载了地震灾区震前影像共计 500 景数据，包括 CCD 数据 70 景和 HR 数据 430 景。

3 地震灾害动态监测技术方案

地震灾害动态监测技术流程包括启动地震灾害监测应急预案、制定卫星数据获取计划、基础数据准备、数据预处理、地震灾害信息提取和地震灾情监测成果整理等，具体技术路线如图 2 所示。

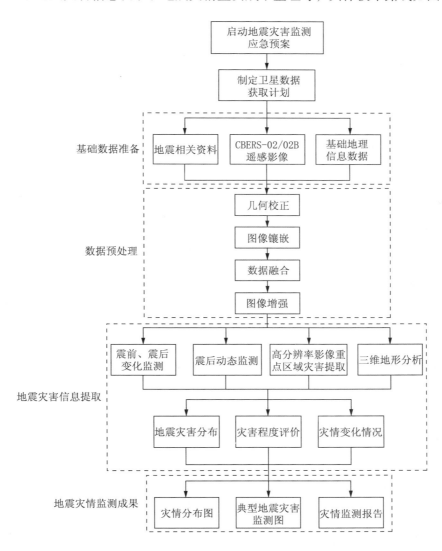

图 2　地震灾害动态监测技术流程图

3.1 启动地震灾害监测应急预案

根据地震灾区区位和社会经济情况，结合地震灾害严重程度，组织技术人员制定地震应急预案和工作计划。在汶川地震于 5 月 12 日 14 时 28 分发生后，中国资源卫星应用中心于 12 日 15 时就开始安排资源卫星 CBERS-02/02B 数据成像计划，12 日晚即对 CBERS-02 卫星的工作做出初步安排，开启了在轨休眠的 CBERS-02 卫星。并于次日 9 时前把任务安排及时发送至卫星测控部门，通知地面站更新任务、协调光纤传输数据。

3.2 制定卫星数据获取计划

灾情发生后，中国资源卫星应用中心与卫星测控部门、卫星研制部门多次沟通，制定卫星数据获取计划。在本次汶川地震灾情监测过程中，中国资源卫星应用中心积极安排成像计划，最大限度地接收灾区数据，成功接收、及时处理了 13 日的汶川图像，从 5 月 13 日至 6 月 7 日共安排接收 23 轨灾区遥感影像，基本做到每天有一颗卫星经过地震灾区并成像。

3.3 基础数据准备

查阅地震地区历史震害等相关资料，搜集最新灾情新闻报道，准备灾区基础地理信息数据，确定需要重点监测区域，获取实时和存档的 CBERS-02 和 CBERS-02B 卫星 CCD 相机和 HR 相机的遥感影像。

3.4 数据预处理

对获取的遥感影像进行预处理，包括几何校正、辐射校正、图像镶嵌、数据融合和图像增强等，并对各种基础地理信息数据进行整理，提取重点监测地区的详细地理信息数据。

3.5 地震灾害信息提取

采用人工目视判读结合特征提取、波谱分析、地物分类等自动提取技术解译地震灾区灾害信息。将灾前、灾后的卫星影像进行对比，监测变化，提取灾害类型、灾害分布和严重程度等灾情信息。对震后获取的不同时相影像及时进行对比分析，掌握灾情发展变化的情况。同时对重点受灾地区采用高分辨率的 HR 影像提取道路损毁、房屋倒塌等灾情信息。中国资源卫星应用中心自主开发的中巴地球资源卫星三维可视化系统能将 CBERS 影像数据产品以三维的形式展现出来，用于地震灾情分析更为直观。

3.6 地震灾情监测成果

结合地震灾情监测结果、基础地理信息和各种属性信息，制作各种灾情监测专题图件，并将监测结果汇总、整理成报告形式，为抗震救灾指挥部门提供决策依据。

4 汶川地震灾害监测

4.1 滑坡体监测

中国资源卫星应用中心利用 CBERS-02/CBERS-02B 数据解译出了灾区的大量滑坡体。滑坡体垮塌会摧毁道路和民房，给居民人身安全造成危害，也会阻碍灾害救援的顺利开展。如利用 HR 与 CCD 融合影像能清楚地解译出北川县山体滑坡引起的河道阻塞和城市建筑物损毁情况（见彩图 1），将融合影像通过中巴地球资源卫星三维可视化系统展现，灾区的地形地貌更为直观，滑坡体的分布一目了然（见彩图 2）。

4.2 堰塞湖监测

由于滑坡体阻塞河道，在地震灾区形成的堰塞湖给下游居民的生命财产安全造成严重威胁。实时监测堰塞湖的宽度和面积变化，有助于减灾部门及时了解灾情发展状况，为抢险救援工作提供决策依据。汶川地震发生后，资源卫星应用中心基于 CBERS–02/CBERS–02B 卫星数据共解译出灾区多处堰塞湖，特别对北川县通口河漩坪乡段堰塞湖（北纬 31°52′17.04″，东经 104°23′20.07″）进行了跟踪监测。通过将震前及震后 5 月 14 日、5 月 16 日和 5 月 19 日的 CCD 图像进行对比分析（见图 3），得到地震前水面面积约 14.5 万 m²，宽度约 66 m，通口河上游河道宽度约 59.97 m；地震后 5 月 14 日水面面积约 63.5 万 m²，宽度约 380 m，通口河上游河道宽度约 66.65 m；5 月 16 日水面面积约 70.2 万 m²，宽度约 465 m，通口河上游河道宽度约 75.82 m；5 月 19 日水面面积约 75.5 万 m²，宽度约 531 m，通口河上游河道宽度约 126.25 m，说明堰塞湖的险情不断加剧，需要及时排除险情，保障人民生命财产安全。

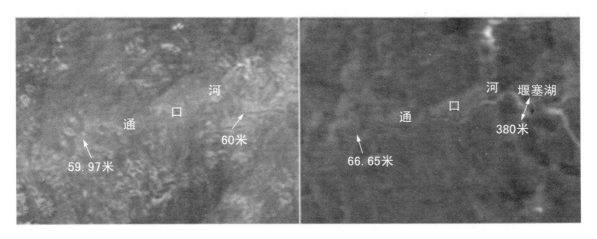

(a) 北川县通口河漩坪乡段CCD图像（震前）   (b) 北川县通口河漩坪乡段CCD影像（2008年5月14日）

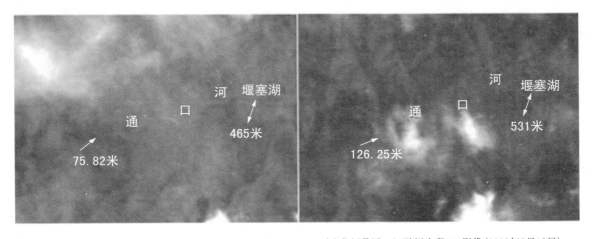

(c) 北川县通口河漩坪乡段CCD影像（2008年5月16日）   (d) 北川县通口河漩坪乡段CCD影像（2008年5月19日）

图 3 北川县漩坪乡堰塞湖及上游河道区震前及震后 CCD 影像对比

4.3 建筑物监测

通过高分辨率的 HR 遥感影像，能清晰地看见建筑物损毁和居民安置情况。如在图 4、图 5 所示的 2008 年 6 月 1 日获取的甘肃省文县 HR 与 CCD 融合影像上，能清楚地辨别出地震中损毁的房屋、公路、桥梁以及安置灾民的临时安置点。

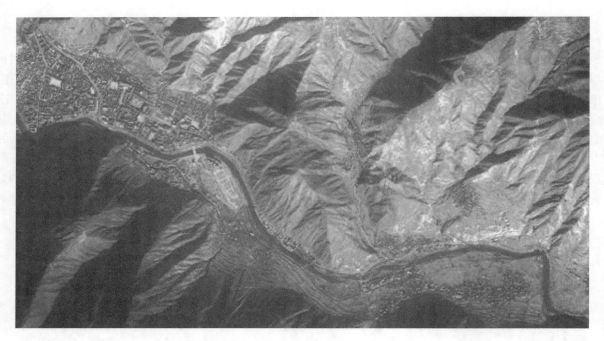

图4　甘肃省文县震前 CCD 和 HR 融合影像

图5　甘肃省文县震后 CCD 和 HR 融合影像

资源卫星应用中心通过卫星数据进行汶川地震灾害监测，解译出灾区多处滑坡、堰塞湖和桥梁损毁，为辅助政府部门进行防震救灾提供了决策依据。

5　结论

汶川地震发生后，利用 CBERS–02/CBERS–02B 卫星数据实现了快速、连续地震灾情遥感监测，其搭载的中等分辨率和高分辨率相机能提供宏观和细节不同尺度的数据，使抗震救灾指挥人员能全面细致地掌握灾情发展情况，表明运用 CBERS–02/CBERS–02B 卫星数据进行地震灾害监测是行之有效的。

参 考 文 献

[1] http：//info. secu. hc360. com/list/ztxlb_ 002. shtml.

[2] 王龙，王晓青，丁香，窦爱霞. 基于遥感和 GIS 的建筑物震害损失评估方法研究与实现［J］. 地震，2007，
27（4）：77－83.

Study on Monitoring Earthquake Damage Based on CBERS － 02/02B Data
——A Case of Wenchuan Earthquake in 2008

Li Xingchao，Fu Qiaoyan，Chen Junying

（China Centre for Resources Satellite Data and Application，Beijing   100094）

Abstract：Through monitoring Wenchuan earthquake damage based on CBERS － 02/CBERS － 02B CCD
and HR data，the possibility and technique methods of earthquake damage real-time monitoring using CBERS －
02/CBERS － 02B were discussed. The results were help to earthquake relief decision-making.

Key words：CBERS － 02/CBERS － 02B   Earthquake damage   Monitor   Wenchuan

基于 CBERS–02B 资料的
四川汶川震区地震次生灾害监测

李三妹，赵洪淼，黄签，刘诚

（中国气象局国家卫星气象中心，北京 100081）

摘　要： 本文介绍利用 CBERS–02B 卫星 CCD、HR 传感器所获取的四川汶川震区系列资料，监测北川县地震次生灾害信息的方法，包括利用 CCD 资料提取滑坡、堰塞湖等灾害造成的植被覆盖、水体范围等下垫面变化信息；利用高程数据判断 CCD 图像中震区山体滑坡区域；利用多时相 CCD 资料监测堰塞湖范围的动态变化；应用 CCD、HR 和 DEM 等多源数据融合方法，编制空间分辨率为 2.36 m 的多光谱合成彩色图像和三维图像。国家卫星气象中心利用 CBERS–02B 的 CCD 资料处理生成的震区山体滑坡监测图像、北川县漩坪乡堰塞湖范围变化的时间序列监测图像、唐家山堰塞湖的 CCD 与 HR 融合图像和三维图像，为震区的山体滑坡空间分布和唐家山堰塞湖抢险救灾工作提供了大量有价值的资料。

关键词： CBERS–02B　汶川震区　山体滑坡　堰塞湖　监测

1　引言

2008 年 5 月 12 日四川汶川特大地震发生后，由于震区地处内陆高山地区，地形复杂，交通道路、通信设施遭到毁灭性破坏，同时受灾地域范围大，灾情信息难以快速、准确获取，遥感技术成为当时及时了解震区灾情的重要手段。

中巴地球资源卫星 02B 星（CBERS–02B），是我国与巴西合作于 2007 年发射的第 3 颗地球资源卫星，其携带了 CCD 相机、高分辨率相机（HR）和宽视场成像仪（WFI）3 种遥感器。由于 CCD 相机具有侧摆能力，因此最短的回归周期为 3 天，在重大环境和灾害事件发生时，可以及时获取观测资料。在这次四川汶川大地震监测中，CBERS–02B 连续向各应用部门提供地震发生前后的四川北部卫星影像数据，是地震期间监测滑坡和堰塞湖的主要资料来源，在抗震救灾中发挥了重要的作用。

在抗震救灾期间，国家卫星气象中心利用中国资源卫星应用中心提供的中巴地球资源卫星 02B 星的数据资料，经处理分析，获得了许多有关地震次生灾害（如山体滑坡、堰塞湖等）及震区受损情况的信息，生成并制作了多幅监测图像和分析报告，在震区的抢险救灾和天气预报等服务工作中发挥了重要作用。

此次汶川地震在大范围地区发生了多处山体滑坡、泥石流、堰塞湖等次生灾害，分布范围广，造成的破坏严重。许多小尺度空间范围的灾害，用中低分辨率的卫星资料难以有效反映其细节特征，尤其是震区分布密集的山体滑坡、多处堰塞湖，以及道路交通设施受损情况等。中巴地球资源卫星 CCD 资料，凭据光谱特性、分辨率、覆盖范围等特点，在监测地震次生灾害中具有独特的重要作用。我们利用 CCD 多光谱合成图像，提取震区大范围山体滑坡、堰塞湖等地质次生灾害信息；利用逐日连续时相的 CCD 数据，监测北川唐家山漩坪乡堰塞湖水体范围的动态变化和发展情况，处理生成了唐家山堰塞湖的时间序列水体监测图像；利用 CBERS–02B 的 HR 影像资料在分析震区建筑物、道路交通设施

[作者简介]　李三妹（1978—　），理学硕士，国家卫星气象中心遥感应用室任分析师，工作领域主要为生态环境、自然灾害以及气候分析等方面的遥感应用监测及研究。

受损情况中获得许多重要信息。北川唐家山堰塞湖险情发生后，我们利用 6 月 1 日的 HR 数据和 CCD 数据，通过多源数据融合等方法，处理生成了唐家山堰塞湖和北川县城一带的高分辨率彩色三维图像，清楚地反映出唐家山堰塞湖对北川县城的严重威胁。

利用 CBERS – 02B 监测的山体滑坡等次生灾害信息同时得到地面灾情实况的验证，例如北川县受灾严重的陈家坝一带，从图像分析来看，此处存在大量山体滑坡，经地面实况调查证实确系滑坡，由此认定了同一地区在影像上具有相似特征的区域存在山体滑坡的可靠性。

2 利用 CBERS – 02B 监测地震滑坡区

2.1 滑坡介绍

滑坡是世界十大自然灾害之一，是仅次于地震和洪水的一种严重的地质灾害，多发生在山区。我国有 70% 的地域为山区，因此滑坡发生密度大、频率高，是世界上受滑坡影响最严重的国家之一。地震是滑坡的主要诱因之一。在这次四川汶川大地震期间，由于地震区主要为山区，地理和地质环境极为复杂，因此滑坡发生范围很大，多条道路受阻，部分村庄被掩埋，在地震灾区因为滑坡体阻挡河流形成多个堰塞湖，可能引发出更多的自然灾害，再次威胁灾区人民生命财产的安全。

地震发生后，由于气象卫星分辨率较低，难以反映地震灾害造成的直接破坏（如房屋倒塌，道路损坏等），需要用较高分辨率的地球资源卫星资料进行监测。CBERS – 02B 卫星的 CCD 相机的空间分辨率为 19.5 m，其 HR 相机的空间分辨率为 2.36 m，通过 CCD 与 HR 资料融合，对地表环境监测能够取得较好的效果。中国资源卫星应用中心充分发挥 CCD 资料侧摆观测功能，并且迅速安排启动处于在轨休眠状态的 CBERS – 02 和 CBERS – 02B 卫星一道对地震灾区进行持续跟踪侧摆观测，每隔 1~2 天就能获取到地震灾区的 CCD 资料。地震后 1 个月，中国资源卫星应用中心一共提供了约 20 余次的 CBERS 资料，其间在 6 月 1 日还获取了星下点分辨率为 2.36 m 的 HR 资料，这些资料在对地震灾情评估尤其是滑坡和堰塞湖的监测中起到了十分重要的作用。

2.2 应用 CBERS – 02B 资料识别地震引发滑坡的主要依据和标志

四川汶川大地震发生在 2008 年 5 月 12 日，此时当地的植被已完全返青，农田中的油菜等农作物尚未收割，正是植被繁茂期，因此，地震前该地的植被覆盖比较广泛和茂盛。这次地震为浅源地震，强度为 8.0 级以上，烈度达到 12 级，破坏力极强。地震引发的滑坡多为大范围的山体滑坡，由于山体的重力作用，含有大量坠石的土石方迅速下滑，不仅使滑床范围内的植被遭到严重破坏，而且滑坡体堆积堵塞河道，在河流上游形成堰塞湖。因此，通过地震区的植被变化分析、三维地形分析和区域增长分析，能够监测出地震灾区的滑坡体。

2.2.1 地震区植被变化分析

滑坡能严重破坏当地的植被，因此植被变化是监测滑坡区的主要依据之一。滑坡体发生后，滑坡区的植被不是被滑坡体掩埋，就是被滑移到滑坡体前缘堆积，造成滑坡区几乎无植被覆盖或植被覆盖较少，形成裸土区。根据卫星校正场地面和典型地物波谱数据集提供的裸土和植被在可见光到短波红外的波谱数据（见图 1）分析，在 CBERS 卫星 CCD3 波段（0.63~0.69 μm）裸土的反射率高于植被，在 CCD4 波段（0.77~0.89 μm）裸土的反射率远低于植被，并且裸土在 CCD4 波段的反射率高于 CCD3。因此，裸土的归一化差分植被指数（NDVI）约为 0.15，而植被的 NDVI 因植被覆盖度和植被类型的差异虽然有所不同，但一般在 0.3 以上，这样就可以通过地震前后 NDVI 指数的变化识别出滑坡体。

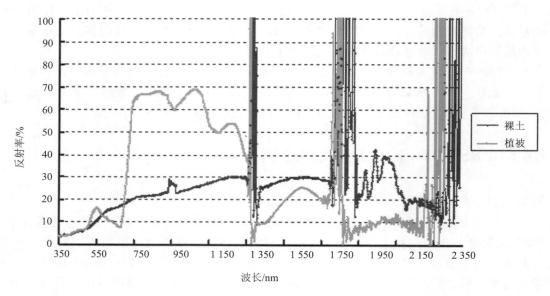

图 1　植被与裸土波谱反射率曲线图

　　从 2008 年 3 月 25 日地震前由 CBERS－02 卫星获取的四川省北川县陈家坝羌族乡一带晴空时的 CCD 资料（见图 2）分析，虽因季节原因该地区植被尚未完全返青，但从 CBERS－02 卫星的 CCD3 和 CCD4 资料分析 CCD4 反射率较高，CCD3 反射率较低，经计算植被指数达到 0.45 左右，反映了该地区此时植被条件较好。

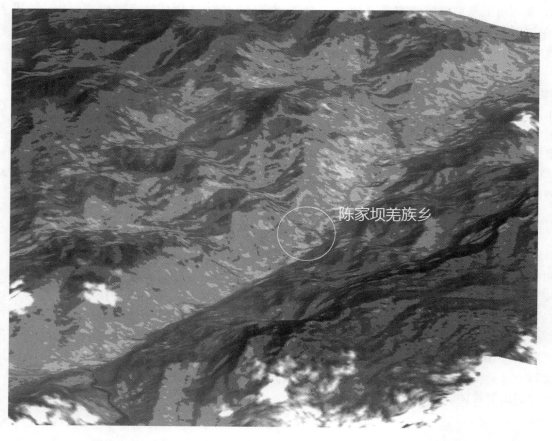

图 2　2008 年 3 月 25 日四川省北川县中巴地球资源卫星三维影像图

从获取同一地区 2008 年 5 月 18 日（地震发生后第 6 天）的 CBERS－02B 卫星 CCD 合成影像（见图 3）的分析来看，与 3 月 25 日相比，该区域整体植被信息虽明显增强，但是部分地区发现很多紫色斑块。经过对 CCD3 和 CCD4 的反射率分析发现，这些紫色斑块在 CCD3 的反射率较高，而在 CCD4 的反射率较低，光谱特征与裸土接近，裸土区的植被指数仅为 0.2 左右，远低于 3 月 25 日相应地区的植被指数。通过与该地区震前 2007 年 6 月 16 日的 CBERS－02 卫星 CCD 资料对比分析，紫色斑块区在 2007 年 6 月 16 日左右植被信息较强。经与当地气象部门联系，该地此时尚未到达农作物（油菜等）的收割季节。因此，这一植被信息的变化可能是地震滑坡引起的山体移动，导致滑坡区植被破坏严重，紫色斑块区主要为裸土或裸岩组成，因此从光谱特性来看，与裸土十分接近，植被指数较低。

因此，从滑坡区的植被变化分析，可以有效地反映出山体滑坡区发生的位置和范围等信息。

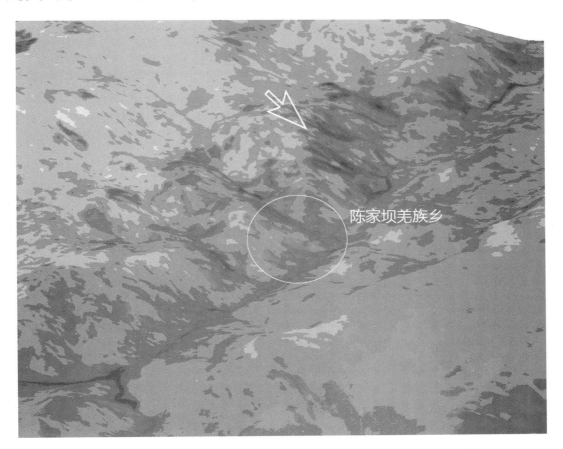

图 3　2008 年 5 月 18 日四川省北川县中巴地球资源卫星 02B 星滑坡三维影像图

2.2.2　地震区三维地形分析

单从植被变化来看，仍无法完全肯定这些紫色斑块是否为地震滑坡区。考虑到地震引发的滑坡主要是在地震内动力作用下产生大量的山体崩塌，庞大的崩塌堆积物在重力作用下失稳，导致滑坡体向下滚滑俯冲引发大规模的山体滑移。因此，滑坡区应该分布在山体坡度较陡的区域。通过对滑坡区的三维地形分析，紫色斑块区域可以认定为滑坡区。

将灾区的 CBERS－02 卫星影像数据，叠加到 1:50 000 地震灾区 DEM 数据上，再通过三维虚拟技术，将地震灾区进行地形模拟，以此为基础再次对这些紫色斑块作进一步的分析发现，这些紫色斑块多位于沿山脊向下延伸，且坡度较陡的山坡面。这一结果再次表明这些植被骤减区是地震引发的滑坡区。

2.2.3　地震滑坡区区域增长分析

区域增长分析是遥感图像处理分析的一种手段，通过验证已确定其属性的区域为种子点，将待定区的光谱特性与种子点进行比较分析，确定出待定区的属性。这一分析手段同样可以用到地震滑坡区的监测中来。

唐家山堰塞湖是由于湔江行至唐家山处，遇到长度范围达 800 m 的山体滑坡，河流受阻而形成的一个高峡湖。该处的山体滑坡是被验证过的滑坡体，因此，可将唐家山滑坡区作为种子像元区。将 CBERS‑2 CCD 资料中陈家坝一带的滑坡体与唐家山滑坡体进行光谱特性比较，则可以确定陈家坝一带的紫色斑块的属性。

经过对滑坡区作区域增长分析，陈家坝一带的紫色斑块在 CCD 的 5 个通道上的光谱特征与唐家山滑坡体十分接近，且与周边的植被区分明显。

通过对滑坡区的植被变化分析、三维地形分析和区域增长分析，最终判定陈家坝一带出现的异常紫色斑块为地震滑坡区。

后经四川省气象局核实，四川省北川县陈家坝一带在这次大地震中确实发生了大范围的山体滑坡群，滑坡范围和规模都属于地震灾区中最严重的地区之一。

2.3 CBERS‑2 监测到的地震滑坡区的分布特点

应用 CBERS‑2 的数据资料，经过多种分析，最终确定了地震滑坡区的范围和空间分布情况。通过对滑坡区进行面积估算等分析，在这次四川省汶川大地震中，卫星遥感资料监测到的大范围山体滑坡达数百处，仅陈家坝一带的山体滑坡累计面积约为 15 km²，影响区域达 50 km² 以上。从滑坡区的整体形状分布来看，滑坡区主要沿着地震带的东北方向展布。表明这些滑坡体是由这次地震引发的次生灾害。

3 震区的堰塞湖监测

四川省汶川 5.12 特大地震发生后，由于山体滑坡等次生灾害，造成震区部分河道堵塞，出现多处堰塞湖，对下游产生了严重的威胁。利用 CBERS‑02B 的 CCD 资料提取震区堰塞湖水体信息，监测堰塞湖的动态变化，成为卫星遥感监测的重要任务之一。

3.1 堰塞湖监测原理

水体判识是堰塞湖监测的基础。水体、植被、裸土等在可见光和近红外波段的反射光谱特性有较大差异（见图 4）。水体在近红外波段有很强的吸收，反射率极低，而在可见光波段的反射率较近红外波段高。植被在可见光波段的反射率比近红外波段低。在近红外波段波长范围内，植被的反射率明显高于水体，而在可见光波段波长范围内，水体的反射率高于植被。裸土的反射率在可见光波段波长范围高于植被和水体，在近红外波段高于水体，低于植被。因此，对于近红外波段和可见光波段的反射率比值，在水体部分小于 1，在植被部分大于 1，而在植被稀少的裸土地带将处于 1 左右。

CBERS‑02B 的 CCD4 谱段为近红外波段，CCD2 和 CCD3 分别为可见光的绿光和红光波段。根据上述分析，可以利用 CBERS‑02B 的 CCD 可见光和近红外波段数据提取地表水体信息。

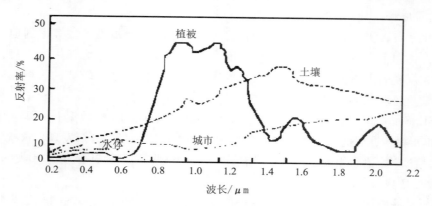

图4 常见地物的光谱曲线

3.2 堰塞湖监测方法

3.2.1 堰塞湖水体的判断

根据水体、植被、裸地、云区等在近红外和可见光波段的光谱特征，多光谱合成图像可以更好地反映出水体信息。为此，生成由CCD2、CCD4、CCD3（R、G、B）多通道组合的多光谱合成图像。在合成前，分别对各通道进行分段线性拉伸，突出水体和植被等地物的反差。在合成图中，蓝色（或黑色）、绿色、白色及暗红色分别反映水体、植被（包括农作物）、云系及城市等信息。

3.2.2 堰塞湖水体提取和面积计算方法

设立各通道判识水体的阈值，对监测区域进行检索，判识符合阈值条件的水体判识信息，利用人机交互方式，检验水体判识的精度。根据效果再对阈值作适当的修正，直到满足判识精度为止。

堰塞湖水体面积是动态监测堰塞湖的重要依据。估算堰塞湖水体面积即计算堰塞湖水体中所有单个像元面积的总和。

先求出单个像元面积 ΔS

$$\Delta S = N_p \times N_1$$

式中　N_p——纬度方向距离；

　　　N_1——经度方向距离。

再求泛滥水体面积 S，即所有像元面积的总和

$$S = \sum_{i=1}^{n} \Delta S_i$$

式中　i——像元序号；

　　　n——泛滥水体的总像元数。

3.2.3 堰塞湖水体范围的动态监测

通过对不同时相堰塞湖水体面积的比较，可以区分堰塞湖水体的变化部分，判断异常增大水体范围及位置。用震前堰塞湖所在位置的数据资料作为背景，震后堰塞湖水体与之相比的扩大部分一般为堰塞湖水体；而用堰塞湖涨水最大时期的水体作为监测背景，泄水后与之相比的缩小部分可反映堰塞湖的退水范围。

3.2.4 山体阴影和水体的区分

此次汶川震区多处于高山深谷地带，CBERS-02B卫星观测时，部分地区由于地形起伏很大，有较大的阴影区，造成在近红外及可见光波段图像上呈现极低的反射率，这些阴影区容易和水体相混。为区分山体阴影和水体，利用大比例尺高程数据，通过生成多光谱合成的三维图像，可判断低反射率区是否位于山谷或山坡，位于山坡的低反射率区应为山体阴影所致，从而有效地区分山体阴影和水体。

3.3 监测产品的应用

地震发生后，利用中国资源卫星应用中心提供的CBERS-02B卫星的CCD实时资料，对北川等震区出现的唐家山、漩坪乡堰塞湖进行了连续监测，处理生成了多幅反映震区堰塞湖水体动态变化的监测产品。

3.3.1 漩坪乡堰塞湖水体范围动态监测

汶川地震后，唐家山滑坡体拦截湔江，在上游迅速形成堰塞湖，其中位于漩坪乡段的淹没水体增长速度最快，反映了堰塞湖水体的发展变化。利用CBERS-02B卫星5月16日至5月22日的CCD资料，对漩坪乡堰塞湖水体进行了连续监测。监测结果反映，在北川县城西北方湔江漩坪乡段，地震后出现的堰塞湖一直在维持。在5月16日的图像中，湔江漩坪乡河段的堰塞湖（见图5）面积约43万 m²，最宽处约520 m。同时，湔江从漩坪乡至北川县城的河段宽度也较震前有所增宽，最宽处近300 m。在5月18日的图像中（见图6），湔江漩坪乡河段的堰塞湖水体面积由43万 m²扩大到约48万 m²，湔江漩坪乡至北川县城的河段宽度没有明显变化。在5月19日的图像中（见图7），湔江漩

坪乡河段的堰塞湖水体继续扩大，面积约 55 万 m²，宽度约 560 m。依据 5 月 22 日的 CCD 资料制作的四川省北川县地表监测图显示，北川县城西北方湔江地震后出现的堰塞湖仍在维持（见图 8）。与 5 月 19 日的图像相比，湔江漩坪乡段的堰塞湖水体范围略有增大。与 5 月 18 日的图像相比，湔江从漩坪乡至北川县城的部分堰塞河段宽度也略有增加，最宽处约 330 m。

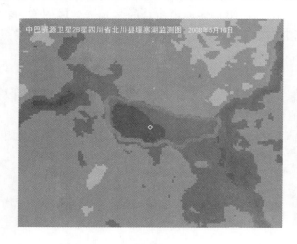

图 5　CBERS－02B 北川县堰塞湖面积估算图
（2008 年 5 月 16 日）

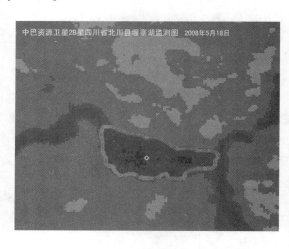

图 6　CBERS－02B 北川县堰塞湖面积估算图
（2008 年 5 月 18 日）

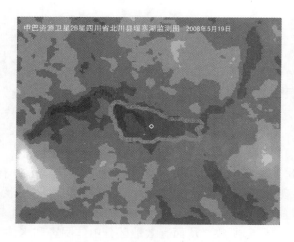

图 7　CBERS－02B 北川县堰塞湖面积估算图
（2008 年 5 月 19 日）

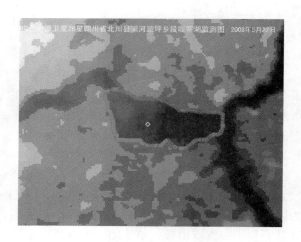

图 8　CBERS－02B 北川县堰塞湖面积估算图
（2008 年 5 月 22 日）

3.3.2　唐家山堰塞湖三维图像

唐家山堰塞湖形成后，由于其位置与下游有显著的落差，对下游造成严重威胁。利用地震前、后 CBERS－02B 卫星的 CCD 资料，结合高程数据，处理生成了多幅堰塞湖监测三维图像。图 9、图 10、图 11 分别为地震前、后湔江堰塞湖监测的三维图像，通过对比可见，地震后形成的堰塞湖距下游成都平原的显著落差，反映出唐家山堰塞湖存在重大险情。

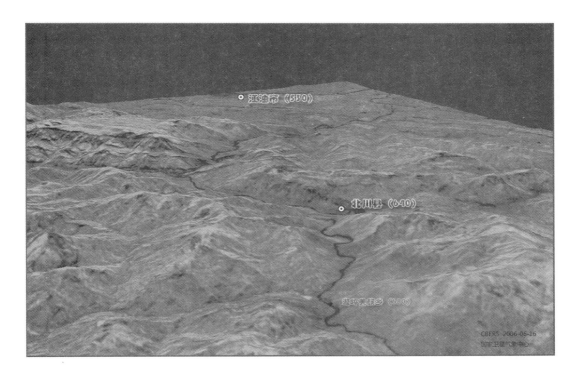

图9 四川省北川县 2006 年 6 月 16 日中巴地球资源卫星 02B 星地表监测图

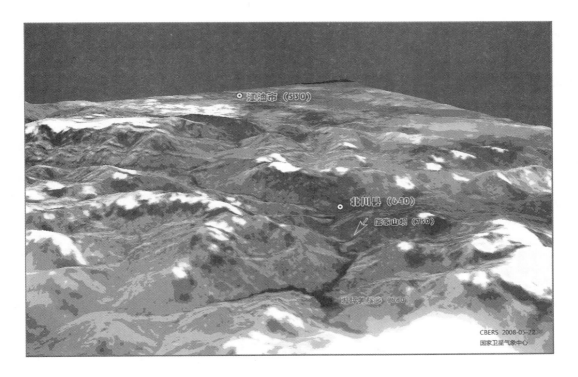

图 10 四川省北川县 2008 年 5 月 22 日中巴地球资源卫星 02B 星堰塞湖监测图

图11 四川省北川县2008年6月1日中巴地球资源卫星02B星堰塞湖监测图

4 CCD与HR资料融合在唐家山堰塞湖监测中的应用

CCD相机资料的空间分辨率为19.5 m，由5个通道组成。而HR相机资料为空间分辨率2.36 m的全色通道。通过将CCD与HR资料的空间融合，既能充分利用CCD相机的多光谱特点，同时又能发挥HR相机高空间分辨率的优点。

4.1 空间融合方法

空间融合方法较多。在此次四川汶川地震监测中，主要采用了色彩融合方法，以HR资料为高分辨率资料，CCD资料为低分辨率资料，利用HSV颜色模型，将RGB色彩转换为HSV，再结合最近邻域插值、其他图像处理的方法得到融合影像。

处理过程中首先需要对CCD影像和HR资料进行预处理，包括几何校正、二者的空间匹配处理。

图12为HR相机2.36 m分辨率的全色通道黑白图像，虽然影像纹理清晰，但对于地物的解译难度较大。图13为CCD相机219.5 m分辨率的三通道合成图像，虽然影像地物分类清楚，有利于图像解译和判读，但空间分辨率较低，地物细节不突出。图14为二者经HSV色彩融合后的2.36 m分辨率的影像，从影像上看，纹理清晰、细节突出，地物分类十分明确，植被、滑坡体、水

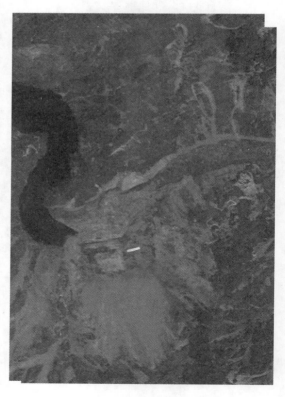

图12 唐家山堰塞湖HR黑白图像

体甚至唐家山堰塞湖施工工地的简易工棚房都十分清楚，图像解译和判读难度大大降低，效果远优于原 HR 黑白影像和 CCD 彩色合成图像。

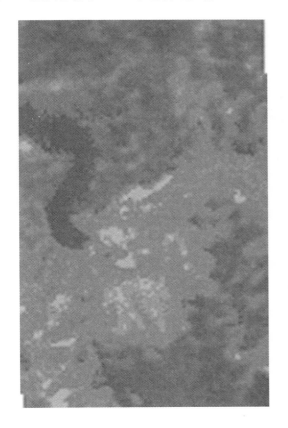 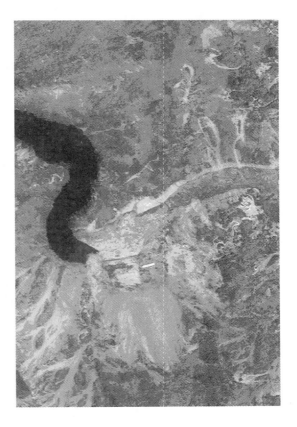

图 13　唐家山堰塞湖 CCD 合成图像　　　　　　图 14　唐家山堰塞湖 HR 与 CCD 融合后的影像

4.2　空间融合后的影像在唐家山堰塞湖监测中的应用

HR 和 CCD 的空间融合影像图（见图 15），能够清晰识别植被、水体、滑坡和云区等地物。当时，唐家山堰塞湖水位已远超过警戒水位，险情十分严峻。而当地交通几乎中断，地形险峻，通过地面观测很难获取到较为全面的堰塞湖险情信息。因而这张影像图在帮助抢险救灾人员了解唐家山滑坡体的分布范围，堰塞湖的水体范围、水位情况等活动中都发挥了较为重要的作用。

从影像上看，湔江在北川县内有多处滑坡，其中以唐家山滑坡体范围最大，经计算，此处山体滑坡长约 800 m，堆积在河床中，形成一个巨大的拦河坝，湔江在此受阻，在唐家山上游方向形成了一个巨大的堰塞湖，河流上游的漩坪乡等多个村庄被堰塞湖淹没。而上游来水仍在不断增加，加之降雨等因素的影响，使堰塞湖水位不断上涨，水淹范围不断扩大，随时有溃坝的危险。而湔江在此段海拔较高，下游的绵阳等地海拔较低，二者落差达数百米，一旦唐家山堰塞湖溃坝，将严重威胁到下游数万居民的生命财产安全。

为进一步了解当地的地形和堰塞湖的高程分布，利用 1∶50 000 的 DEM 数据对融合后的唐家山堰塞湖一带影像图作进一步处理（见图 16）。首先通过 3D 技术将影像进行三维虚拟模拟，将融合后的影像叠加到三维影像上，使得地形和植被等地物信息分布较为清晰。同时，以堰塞湖水体为模板，将水体边缘所在位置的高程线进行等高线提取和掩膜处理，模拟出堰塞湖的分布情况，经过 3D 处理后的影像取得了较好的效果。

图 15　唐家山堰塞湖 2008 年 6 月 1 日 CBERS – 02 卫星的 HR 和 CCD 融合影像图

图 16　北川县堰塞湖 2008 年 6 月 1 日 CBERS – 02B 卫星的 HR 和 CCD 数据融合三维图像

在地理信息技术的支持下，通过提取漩坪乡、唐家山和北川县城等关键位置的高程信息，了解当时堰塞湖的水深和水位等情况。漩坪乡海拔高度为 680 m（被堰塞水体淹没），唐家山海拔高度为 750 m，北川县城海拔高度为 640 m，由此判断当时堰塞湖的水深至少已超过 70 m。

5　小结

在这次四川汶川特大地震灾害中，遥感技术为指挥抗震救灾的决策部门提供了大量重要信息，其中 CBERS－02B 卫星发挥了重要作用。CBERS－02B 卫星的 CCD 相机的空间分辨率和光谱范围，可以确保有效地提取由山体滑坡、堰塞湖等次生灾害造成的植被覆盖、水体等下垫面特征的急剧变化信息，特别是通过侧摆可以连续获得多个时相的观测资料，为堰塞湖灾害的动态监测提供了数据保障。HR 相机数据能够反映地震对交通、建筑物造成的破坏程度，其高分辨率特点得到了充分体现，在地震灾害监测中发挥了重要作用。高程数据的应用有着明显的辅助作用，可以在图像判识、解读中进一步体现遥感数据的监测作用。

在灾后重建中，CBERS－02B 卫星将继续发挥对震区生态环境恢复情况进行监测的重要作用，尤其是对山体滑坡、堰塞湖等地震次生灾害的动态监测，将继续为灾后重建、恢复生产提供指导。

参 考 文 献

[1]　陈剑，杨志法，刘衡秋. 滑坡的易滑度分区及其概率预报模式［J］. 岩石力学与工程学报，2005，7，24（13）：2392－2396.

[2]　吴益平，唐辉明. 滑坡灾害空间预测研究［J］. 地质科技情报，2001，20（2）：87－90.

[3]　刘传正. 突发性地质灾害的监测预警问题［J］. 水文地质工程地质，2001，2（4）：1－4.

[4]　董超华，章国材，等. 气象卫星业务产品释用手册. 北京：气象出版社，1999：129－146.

[5]　卢乃锰，张玉香，等. 卫星校正场地面和典型地物波谱数据集. 北京：气象出版社，2008.

Geological Hazards Monitoring in Wenchuan Earthquake by Using CBERS－2B Data

Li Sanmei, Zhao Hongmiao, Huang Qian, Liu Cheng

(National Satellite Meteorological Center, China Meteorological Administration, Beijing　100081)

Abstract：This paper introduces the methods and results of geological hazards monitoring after Earthquake happened in Wenchuan county of Sichuan province by using CBERS－2B CCD and HR data. The geological hazards caused by Earthquake mainly include landslide and barrier lake. The CCD data are used to derive the changing information of vegetation cover and water body caused by landslide and barrier lake; Elevation data are used to discern the region of landslide; The multiple observation of CCD data are used to monitor the dynamic changing of water body of barrier lake; By using fuse method for CCD and HR data, the 3D multiple spectrum color image with the resolution of 2.63 m are produced associated with large scale elevation data. Also, a number of image products of landslide and barrier lake monitoring by using CBERS－2B data produced by NSMC/CMA after Wenchuan Earth quake are introduced, including: landslide in earth quake region monitoring image; the water body changing monitoring of barrier lake in Xuanping town by using CCD data in time series; The 3D color image with the resolution of 2.63 m for Tangjiashan barrier lake monitoring by using fuse method from CCD and HR data. The spatial distribution characteristics of landslide in Wenchuan earth quake region are analyzed by using CCD data.

Key words：CBERS－2B　Wenchuan earth quake region　Massif landslide　Barrier lake　Monitoring

CBERS 卫星 CCD 影像城市绿地信息提取研究

李俊杰，李杏朝，傅俏燕，冯春

（中国资源卫星应用中心，北京　100830）

摘　要：城市绿地是城市的重要景观，城市绿地的分布和覆盖度直接关系着城市居民的生活环境，因而受到重视。利用中等分辨率卫星遥感数据来提取城市绿地分布和覆盖度信息具有速度快、范围大、成本低和工作量小的优点。论文使用 CBERS－02B 卫星 CCD 影像数据提取北京城区的绿地信息，先用 NDVI 阈值将影像分割为植被区域和非植被区域，然后对植被区域进行混合像元分解，最后得到北京城市绿地的分布和每个像元内绿地的覆盖度。

关键词：CBERS　CCD　城市绿地　光谱混合分析

1　引言

全世界有一半以上的人口居住在城市，城市的快速扩展带来了很多环境问题，研究城市地表及其变化对了解和改善人们居住的城市环境具有重要意义。遥感技术为研究和监测城市地表提供了可能，中等分辨率卫星遥感影像由于其价格便宜、全球覆盖和长时间序列的优势，被广泛应用于城市地表的研究中，如土地利用/覆盖分类。但由于城市复杂的异质性地表，中等分辨率卫星影像元分辨率大于需要探测的城市地表目标的大小，造成了混合像元的出现，限制了使用中等分辨率卫星影像研究城市地表的精度。

城市绿地是城市重要的景观，城市绿地的空间分布和范围影响着城市的下垫面状况，进而影响到城市的微气候。城市绿地对于清新空气，改善城市热岛效应有着显著的作用。城市绿地的分布直接影响城市居民的生活环境，因此大家都十分关注城市绿地的分布及其动态变化。中分辨率卫星遥感影像提取城市绿地的常用方法是 NDVI 阈值分割或基于每像元的分类提取，这两种方法都没有考虑混合像元的因素，而假设像元是纯净的，只对应某一个特定的类别，因而最后的结果会有一定的误差。为了得到更高精度的城市绿地信息，对于中分辨率遥感影像，可以考虑采用混合像元分解的方法，得到亚像元精度的城市绿地覆度信息。

国内外已有一些研究者利用光谱混合分析方法对中分辨率卫星影像分解提取城市植被覆盖信息[1-4]，他们的研究主要是基于 TM/ETM 数据。论文以 CBERS－02B 卫星的 CCD 影像为数据源，以北京五环内的主城区作为研究区域，首先使用 NDVI 阈值分割得到城市植被覆盖区域，然后对植被覆盖区域进行混合像元分解，得到城市植被覆盖区域植被的覆盖度。

2　研究区概况及数据预处理

2.1　研究区概况

北京是中国的首都，是中国的政治、文化中心和国际交往的枢纽。北京位于华北平原西北边缘，市中心位于北纬 39°，东经 116°。北京的西、北和东北，群山环绕，东南是永定河、潮白河等河流冲积而成的、缓缓向渤海倾斜的平原。北京的地势是西北高、东南低，西部是太行山余脉的西山，北部

[作者简介]　李俊杰（1983—　），硕士，主要从事资源环境遥感研究工作。E-mail：lijunjie299@126.com。

是燕山山脉的军都山，两山在南口关沟相交，形成一个向东南展开的半圆形大山弯，人们称之为北京弯，它所围绕的小平原即为北京小平原。

论文所选取的研究区域为北京五环线附近及以内区域，主要为北京东南的平原区域，属于北京城市的主要部分（见彩图3）。

2.2 数据预处理

论文使用的遥感数据是 CBERS－02B 卫星的 CCD 影像，它包含有 5 个波段，空间分辨率均为19.5 m，论文只使用 CCD 影像的蓝、绿、红和近红外 4 个多光谱波段，影像的成像时间是 2008 年 5 月10 日，行列号为 1－55。

CCD 影像数据的预处理主要包括：几何精校正、裁剪、DN 值转化为表观反射率值、NDVI 计算和植被区域提取。几何精校正以同区域正射 ETM 影像为参考进行校正，精度控制在 0.5 个像元以内，然后对精校正数据用矩形框进行裁剪，保证能完整包括北京五环线内区域；使用裁剪区域影像的第 3 和第 4 波段计算影像的 NDVI 值，交互显示 NDVI 影像和原始多光谱真彩色合成影像，确定 NDVI 阈值，分割 NDVI 影像，最后得到植被区域和非植被区域。

3 混合像元分解

CBERS 卫星 CCD 影像的一个像元表示地表 380.25 m^2（19.5 m×19.5 m）的面积，对于城市区域的 CCD 影像来说，由于城市细碎的地表组成，一个 CCD 像元往往包含多种不同的地表组分，如房屋、水体、植被等，因此城市区域 CCD 影像的像元往往是混合像元。为了得到更高精度的城市绿地分布信息有必要对 CCD 影像的混合像元进行分解。

光谱混合分析（Spectral Mixture Analysis，SMA）是混合像元分解的常用模型。它被定义为：像元在某一光谱波段的反射率（亮度值）是由构成像元的基本组分（端元，endmember）的反射率（光谱亮度值）以其所占像元面积比例为权重系数的线性组合[5]。可用式（1）表达

$$x = Mf + e \qquad (1)$$

假定像元的端元有 c 类，光谱波段为 n，式（1）中的列矢量 $\boldsymbol{x} = \{x_1, x_2, \cdots, x_n\}^T$ 表示 1 个像元 n 个波段的光谱反射率值，M 是一个（n×c）的矩阵，每列对应某个端元的 n 个波段光谱反射率值，列矢量 $\boldsymbol{f} = \{f_1, f_2, \cdots, f_c\}^T$ 表示一个像元内 c 类端元各自所占的面积比例（proportion），e 为残余误差值（即光谱的非模型化部分）。

模型求解包括两个子问题，一个是对于给定的一系列样本数据的残余误差值 e 的估计问题；另一个是 f 的估计问题，给定 x 和 M，求解 f，要求式（2）值最小，即残余误差值的平方最小。

$$\| \boldsymbol{Mf} - \boldsymbol{x} \|^2 \qquad (2)$$

并且受到两个约束，第一个是端元的面积比例和为 1 的约束

$$\boldsymbol{1}^T\boldsymbol{f} = \begin{bmatrix} 1 & 1 & \cdots & 1 \end{bmatrix} \boldsymbol{f} = 1 \qquad (3)$$

第二个是端元的面积比率不为负值的约束

$$f_j \geqslant 0, \quad j = 1, 2, \cdots, c \qquad (4)$$

利用光谱混合分析对混合像元分解时，首先要确定混合像元包含哪几类地表组分，确定地表组分的光谱曲线，然后选用合适的算法进行求解。一般大家采用较多的城市地表组成概念模型是 VIS 模型[6]，该模型认为城市地表由植被、不透水地表和裸土组成，因而混合像元可以被看成是由植被、不透水地表和裸土组成。但由于 CCD 影像的多光谱波段数量有限，而城市的不透水地表光谱变异性较大，VIS 模型并不适合 CCD 影像混合像元的分解。论文认为城市 CCD 影像的混合像元可以被看成是由低反照度地物、高反照度地物和植被组合而成的。由于我们关心的是植被，而不用去进一步考虑低反照度和高反照度地物所对应的更具体的类别。对 4 个波段的 CCD 多光谱影像进行 MNF 变换（Minimum

Noise Fraction Transform）得到 3 波段的 MNF 影像，经过 MNF 变换后第 1 和第 2 波段保留了影像大部分的信息。在 MNF 第 1 和第 2 波段的散点图上选取端元可以发现，它们都分布在散点图的顶点区域（见图 1）。

数据处理后可以得到 3 种不同端元的丰度图以及分解的残差图，图 2 是混合像元分解后研究区的植被丰度（植被在像元内所占的面积比率）图。

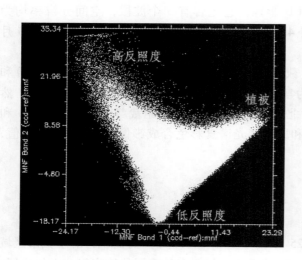

图 1　MNF 变换后第 1 和第 2 波段的散点图

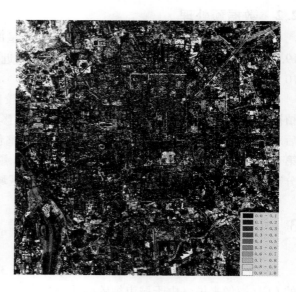

图 2　研究区植被丰度图

4　结论与展望

城市绿地的遥感监测具有范围大、动态、经济和工作量较小的优势。使用光谱混合分析方法对城市区域的 CBERS 卫星 CCD 影像进行混合像元分解后，能得到较高精度的城市绿地分布信息。相对于传统的方法，它能得到更高的精度，同时它得到的植被丰度图给出了城市遥感影像上每个像元内区域植被覆盖度的定量数值，能使我们定量和定性地把握城市区域内绿地的分布情况（见彩图 4），为城市绿地的规划提供一定的信息支持。

论文研究表明利用 CBERS 卫星 CCD 影像提取城市绿地信息是可行的，而且由于 CCD 数据的较短回归周期（26 天）以及实时数据免费下载的政策，它可以很容易地被用来对城市绿地进行动态监测。

参　考　文　献

［1］　钱乐祥. 城市热岛研究中地表温度与植被丰度的耦合关系［J］. 广州大学学报：自然科学版，2006，5（5）：62 - 68.

［2］　岳文泽，徐建华，武佳卫，等. 基于线性光谱分析的城市旧城改造空间格局遥感研究：以 1997 - 2000 年上海中心城区为例［J］. 科学通报，51（8）：966 - 974.

［3］　Lu D S，Weng Q H. Spectral mixture analysis of ASTER images for examining the relationship between urban thermal features and biophysical descriptors in Indianapolis，Indiana，USA［J］. Remote Sensing of Environment，2006，104：157 - 167.

［4］　Weng Q H，Lu D S，Schubring J. Estimation of land surface temperature-vegetation abundance relationship for urban heat island studies［J］. Remote Sensing of Environment，2004，89：467 - 483.

［5］　赵英时，等. 遥感应用分析原理与方法［M］. 北京：科学出版社，2003：330 - 331.

[6] RIDD M K. Exploring a V − I − S (vegetation-impervious surface-soil) model for urban ecosystem analysis through remote sensing: comparative anatomy for cities [J]. International Journal of Remote Sensing, 1995, 16 (12): 2165 −2185.

Research of Urban Greenbelt Information Extraction from CCD Images of CBERS Satellite

Li Junjie, Li Xingchao, Fu Qiaoyan, Feng Chun

(China Center for Resources Satellite Data & Application, Beijing   100830)

Abstract: Urban greenbelt is an important landscape of a city. Due to the close relation between the distribution of greenbelt and living environment of citizens, the distribution and cover proportion of urban greenbelt is studied by many people. Using moderate satellite remote sensing images to extract distribution of urban greenbelt has the virtue of rapidness, large-scale, low-price, labor-save. This paper extracts greenbelt information of Beijing city from satellite CBERS − 02B CCD image. The vegetation cover area was firstly extracted using threshold value of NDVI; then the pixel of vegetation area was unmixed. Finally, the distribution of greenbelt and proportion of greenbelt in every pixel were achieved.

Key words: CBERS   CCD   Urban greenbelt   Spectral mixture analysis

CBERS-02B 卫星数据在黄河内蒙古凌汛溃堤监测中的应用

许志辉，马浩录

（黄河水利委员会信息中心，郑州　450004）

摘　要：2008 年 3 月 20 日黄河内蒙古鄂尔多斯市杭锦旗奎素段出现凌汛溃堤险情，灾情监测部门利用 3 月 21 日、3 月 24 日、3 月 27 日的中巴地球资源卫星 02B 星（以下简称 CBERS-02B 卫星）的 CCD 数据，对凌汛溃堤口门位置、溃堤洪水推进及淹没范围、蓄滞洪区启用等进行了跟踪监测，对灾情进行了初步评估，为黄河防汛部门全面掌握凌情、科学调度水库、及时部署防凌工作提供了科学依据。

关键词：凌汛　CBERS-02B 卫星　黄河　遥感　灾害监测

1　引言

黄河凌情是我国大江大河中的一种特殊水文现象，一般每年从 11 月中旬开始出现流凌，12 月上旬封河，次年 3 月份解冻开河。在封河期间易出现冰坝现象，在开河期易出现冰塞现象，这两者都能够阻塞河道，抬高水位，引发凌汛灾害。2008 年 3 月 20 日 1 时 50 分黄河内蒙古鄂尔多斯市杭锦旗奎素段出现凌汛溃堤险情，为及时对凌灾做出科学评估，分别于 3 月 21 日、24 日和 27 日采集了 3 景 CBERS-02B 卫星 CCD 数据，对溃堤口门位置、溃堤洪水演进及淹没范围、蓄滞洪区启用等情况进行了跟踪监测，监测工作取得了非常积极的成果。

2　凌汛遥感监测原理

2.1　CBERS-02B 卫星 CCD 数据

CBERS-02B 卫星于 2007 年 9 月 19 日在中国太原卫星发射中心成功发射，9 月 22 日首次获取了对地观测数据，2008 年 1 月 29 日 CBERS-02B 卫星数据正式对用户发布。

CCD 传感器是 CBERS-02B 卫星搭载的 3 个可见光传感器之一，获取的 CCD 数据包括蓝、绿、红、近红外以及全色光谱通道，空间分辨率为 19.5 m（参见表 1）。CCD 数据幅宽达 113 km，能够观测较大范围的目标。CBERS-02B 卫星的固定轨道重访周期为 26 d，但由于其具有 ±32° 侧摆能力，能够大大提高数据获取的时效性，因此对于自然灾害等突发事件的监测，具有非常快速的响应能力。

表 1　CBERS-02B 卫星 CCD 数据参数

通道	光谱范围/μm	空间分辨率/m	幅宽/km	侧摆能力	重访周期/d
B_1	蓝光：0.45~0.52	19.5			
B_2	绿光：0.52~0.59	19.5			
B_3	红光：0.63~0.69	19.5	113	±32°	26
B_4	近红外：0.77~0.89	19.5			
B_5	全色：0.51~0.73	19.5			

［作者简介］　许志辉（1979—　），工程师，主要从事水利遥感研究与应用工作。E-mail：zhxu@ yellowriver. gov. cn。

2.2 凌汛监测原理

清水与其他地物相比具有低反射率光谱特性,并且这种特性不随区域和时相而变化[1],特别是在近红外通道,水体的光谱吸收特性更强,其反射率很低,水体在遥感数据上基本呈黑色调,与周围地物相比色调反差较大。

黄河是高含沙河流,水中悬浮泥沙会提高可见光区水的反射率,提高的幅度随着悬浮泥沙的浓度和粒径增大而增加,并使最高反射率从蓝绿光区向红光区和近红外区移动[1]。但总体上与其他地物相比,水体仍保持低反射率特性。利用水体的低反射率光谱特性,特别是在近红外光谱区与其他地物明显不同的特性,在遥感数据上能够有效识别出水体范围及水陆边界。这为遥感识别黄河凌汛水体提供了理论基础。

CBERS – 02B 卫星 CCD 数据的第 4 通道 B_4 位于 0.77 ~ 0.89 μm 近红外光谱区,该通道的数据对于准确地识别凌汛溃堤洪水的淹没范围非常有利。

3 CCD 数据在凌汛溃堤监测中的应用

3.1 数据采集

溃堤险情发生后,监测部门通过中国资源卫星应用中心,获取了 2008 年 3 月 21 日景号为 9 – 54 的固定轨道 CCD 数据,同时中国资源卫星应用中心启动 CBRES – 02B 卫星的侧摆功能,成功获取了 3 月 24 日景号为 9 – 54 的编程 CCD 数据,随后 3 月 27 日获取了景号为 8 – 54 的固定轨道 CCD 数据。这 3 景 CCD 数据受云雾影响很小,图像清晰,范围覆盖溃堤洪水淹没范围及蓄滞洪区,为凌汛溃堤险情及灾情的动态监测提供了条件。

3.2 数据处理

3.2.1 几何精校正与配准

通常,用户获取的 CBERS – 02B 卫星的 CCD 数据是粗校正产品,需要根据用途和具体地理位置,对数据作进一步处理。为了保证 3 次获得的 CCD 数据地理位置精确一致,采用一次多项式法进行几何精校正与配准处理。首先以该地区 1:50 000 地形图为参考,投影系统选择高斯 – 克吕格投影 6°分带法的第 19 带,对 2008 年 3 月 21 日 CCD 数据进行几何精校正,误差控制在 1 个像元内,然后利用遥感图像处理软件 ENVI 中的自动配准功能,将 3 月 24 日和 3 月 27 日的 CCD 数据与精校正处理后的 3 月 21 日的 CCD 数据配准。

3.2.2 图像增强

人的视觉对彩色的分辨能力远远高于对灰度的分辨能力,根据应用目的选择适当的数据通道进行图像彩色增强处理,能够大大提高遥感数据的目视解译性能。选择 CBERS – 02B 卫星的 CCD 数据的第 4 通道 B_4、第 3 通道 B_3、第 2 通道 B_2 的数据分别对应近红外、红、绿通道进行假彩色图像合成,生成对水体反映敏感、可视性好的解译图像。

3.3 凌汛信息解译

凌汛信息解译是在数据处理的基础上,采用人机交互方式,结合水文以及地形资料,判读溃堤口门位置、溃堤洪水淹没范围、蓄滞洪区蓄水等信息。

3.3.1 溃堤口门及退水口门位置

黄河大堤奎素段在 2008 年 3 月 20 日凌晨 1 时 50 分和 3 时 45 分先后发生两处溃堤,分别称为东口门和西口门。据现场察看,东口门最大宽度约 100 m,于 3 月 25 日 17 时 30 分堵复;西口门最大宽度约 60 m,于 3 月 23 日 2 时 30 分堵复。

CBERS-02B 卫星 CCD 数据对溃堤口门和退水口门均有反映，两个溃堤口门相距约 1.4 km。2008 年 3 月 21 日的 CCD 数据显示口门过流较大（参见图 1），3 月 24 日的 CCD 数据显示两个溃堤口门基本不过流（参见图 2）。退水口门是人为对黄河大堤破口，以使堤外淹没区洪水尽快退入黄河，监测显示退水口门位于杭锦旗淖尔乡隆茂营村附近黄河大堤。

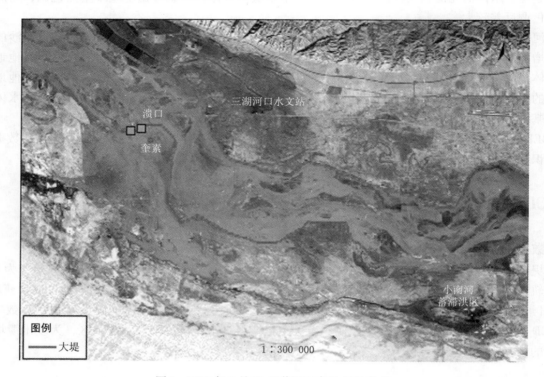

图 1　2008 年 3 月 21 日黄河奎素段 CCD 数据

图 2　2008 年 3 月 24 日黄河奎素段 CCD 数据

3.3.2 凌汛淹没范围

淹没范围是凌汛遥感监测获取的重要基础信息，淹没区域及变化都是通过水体表现出来的，因此水体的准确识别及水体边界的准确提取是遥感应用的关键。

通过人工判读，识别溃堤洪水淹没范围，勾绘出水体边界线，并经过拓扑处理得到淹没区域面积。根据 2008 年 3 月 21 日 CCD 数据解译的淹没区域面积约为 62 km²，3 月 24 日 CCD 数据解译的淹没区域面积约为 108 km²（不含杭锦旗小南河蓄滞洪区蓄水面积），3 月 27 日 CCD 数据解译的淹没区域面积为 109 km²（不含杭锦旗小南河蓄滞洪区蓄水面积）（参见图 3）。

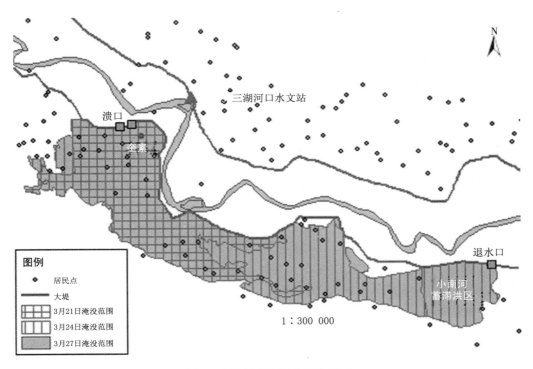

图 3　溃堤洪水淹没范围专题图

3.3.3 蓄滞洪区

鄂尔多斯市在 2008 年开河期根据防凌形势紧急修建了 3 个应急分凌蓄滞洪区：杭锦旗小南河蓄滞洪区、达拉特旗蒲圪卜蓄滞洪区和昭君坟蓄滞洪区。3 月 21 日凌晨 4 时和 5 时，蒲圪卜蓄滞洪区和昭君坟蓄滞洪区分别开始分凌蓄水，截止到 3 月 23 日下午统计，2 个蓄滞洪区分别蓄水 420 万 m³ 和 1 200 万 m³。杭锦旗小南河蓄滞洪区位于溃堤淹没区域下游，通过人工疏通淹没区与小南河蓄滞洪区之间的通道，洪水于 3 月 21 日进入杭锦旗小南河蓄滞洪区。

2008 年 3 月 24 日的 CCD 数据监测显示 3 个应急蓄滞洪区均有蓄水，水面总面积约 32 km²，其中杭锦旗小南河蓄滞洪区水面面积约 17.6 km²；蒲圪卜蓄滞洪区水面面积约 8.3 km²；昭君坟蓄滞洪区水面面积约 6.1 km²，由于该蓄滞洪区东侧地势较高，至 3 月 24 日尚未全面蓄水。遥感监测表明，应急蓄滞洪区在一定程度上发挥了分凌滞洪作用，缓解了凌汛压力，避免了险情的再次出现和发展。

3.4 灾情信息统计

根据遥感解译的溃堤洪水淹没范围边界线，在本底地理空间数据库支持下，利用地理信息系统（Geographical Information System，GIS）的空间分析功能，对受灾村镇及人口、交通设施、水利设施、受淹耕地面积等情况进行分析统计，及时为防汛部门提供决策支持信息。统计结果显示，独贵特拉镇等多个居民点受灾，吉巴公路等多处重要交通设施、南干渠等多处重要水利设施受到溃堤洪水淹没或威胁。

3.5 专题制图

专题图件往往是最直接、最直观反映凌汛现状信息的表达方式，主要有凌汛遥感监测影像图、溃堤洪水淹没范围专题图等。可以利用地理信息系统的制图功能制作专题图件。

4 溃堤原因初步分析

黄河内蒙古河段特别是十大孔兑所在河段，近年来受上游及十大孔兑来水来沙不协调的影响，河床淤积抬高，滩槽高差缩小，主槽过流能力降低，这些因素直接抬高开河期间水位，三湖河口水文站2008年3月20日2时30分监测所得的水位高达1021.22 m，创历史新高[2]。高水位是此次凌汛溃堤的直接原因，溃堤河段堤防标准较低，抵御洪水能力较差，也是溃堤的客观原因。

该河段属于游荡性河段，河势极不归顺，根据CBERS-02B卫星CCD监测数据分析，该河段大堤如楔子般突入河中（参见图3）。上游来流方向与大堤夹角过大，水流直冲大堤，应是造成此次凌汛溃堤的重要原因之一。

因此，提高黄河内蒙古河段堤防设防标准，疏浚河道，有效降低洪水水位，加强游荡性河段的治理，控制不利河势，是今后预防类似灾害发生的重要措施。

5 结论

1）此次凌汛监测，在短时间内由CBERS-02B卫星连续获得监测数据，反映了CBERS-02B卫星的良好机动性能，对于灾害监测能够快速响应。

2）CBERS-02B卫星的CCD数据在2008年黄河凌汛灾害监测中是首次应用，成功对溃堤口门位置、溃堤洪水推进及淹没范围、蓄滞洪区启用等进行有效监测，表明CBERS-02B卫星数据在黄河防汛监测中具有很大的应用潜力。

3）此次灾情评估是基于1:50 000地理空间数据库进行的，内容尚不够详尽，建立黄河内蒙古河段较完善的基础地理空间数据库，作为该河段防凌非工程措施的技术手段是十分必要的。

4）建立集遥感、GIS、数字高程模型（DEM）、水力学模型于一体的凌汛预警系统具有重要意义，值得深入研究。

6 致谢

CBERS-02B卫星CCD数据由中国资源卫星应用中心免费提供，在此表示衷心的感谢。

参 考 文 献

[1] 关泽群，刘继琳. 遥感图像解译 [M]. 武汉：武汉大学出版社，2007：17-18.
[2] 关于2007—2008年度黄河防凌工作总结的报告 [R]. 黄河水利委员会防汛办公室，2008.

Application of CBERS – 02B Satellite Image on the Ice-jam Flood Monitoring of Yellow River

Xu Zhihui, Ma Haolu

(Information Center, Yellow River Conservancy Commission, Zhengzhou 450004)

Abstract: The dyke of Inner-Mongolia breach of Yellow River was breaked because of Ice-jam flood on Mar. 20, 2008. The flood was monitored and the disaster was assessed by CBERS – 02B Satellite Image of Mar. 21 and Mar. 24 and Mar. 27, 2008.

Key words: Ice-jam flood   CBERS – 02B   Yellow River   Remote sensing   Flood monitoring and disaster assessment

中巴地球资源卫星太湖"水华"遥感动态监测

郭朝辉，李杏朝，亓雪勇，芦祎霖

（中国资源卫星应用中心，北京　100094）

摘　要：2007 年 3 月，太湖发生"水华"现象，后续几个月"水华"大面积暴发，给人民的生产和生活造成了巨大影响；2008 年 6 月、7 月，太湖又发生了"水华"污染。本文利用中巴地球资源卫星 CBERS – 02/02B 星 CCD 相机和 WFI 相机遥感影像数据，对太湖"水华"污染进行了遥感动态跟踪监测，通过采用植被指数阈值法解译提取了各时期"水华"污染的分布情况，并对污染面积进行了统计分析，灾害提取和分析结果为相关部门进行污染治理决策提供了依据。

关键词：中巴地球资源卫星　水华　CCD　WFI　动态监测　NDVI 阈值

1　引言

　　蓝藻，是一种原始、古老的藻类植物，常于夏季大量繁殖，并在水面形成一层蓝绿色而有腥臭味的浮沫，称为"水华"。"水华"是水体富营养化的结果，加剧了水质的恶化。

　　太湖位于长江三角洲南缘，地理位置为北纬 30°55′40″ ~ 31°32′58″、东经 119°52′32″ ~ 120°36′10″之间，是我国的第三大淡水湖。太湖流域城镇密集，是我国经济最发达的区域之一。经济的飞速发展，也带来了环境污染的隐患。由于流域内大量工业废水和未经处理的生活污水的排放，以及化肥、农药的污染，导致太湖水污染日益严重，蓝藻年年爆发。

　　"水华"监测可以有多种方法，但从时效性和宏观性来看，遥感技术具有无可比拟的优越性。本文利用 CBERS – 02/02B 卫星的 CCD 和 WFI 影像对太湖"水华"污染进行了动态跟踪监测。

2　CBERS 系列卫星传感器特性

　　1999 年 10 月中巴地球资源卫星（CBERS）01 星顺利升空，填补了国产遥感数据源的空白，第 2 颗（02 星）和第 3 颗（02B 星）资源卫星分别于 2003 年 10 月和 2007 年 9 月顺利发射升空。01、02 和 02B 星均属于第一代传输型地球资源卫星，运行于太阳同步轨道，主要应用于地球资源和环境监测，覆盖了多个专业领域。

　　CBERS 系列卫星携带多种有效载荷，其中 CCD 相机共有 5 个波段，前 4 个波段在谱段设置上同 Landsat7 TM 相当，第 5 波段为全色波段，地面分辨率为 19.5 m，幅宽为 113 km，重访周期为 26 d；WFI 相机共有红色波段和近红外波段 2 个波段，幅宽为 890 km，空间分辨率为 258 m，重访周期为5 d，比较适合于大范围连续监测。

3　蓝藻的光谱与图像特征

　　蓝藻暴发时蓝藻覆盖区的光谱特征与周围湖面有着明显差异。由于所含高叶绿素 α 的作用，蓝藻在绿光波段有较高的反射率，在红光波段有较大的吸收峰，在近红外波段反射率明显高于水体。胡雯等[1]

［作者简介］　　郭朝辉（1975—　），工程师，中国资源卫星应用中心应用研究部工作；主要从事遥感应用方面的研究。

利用便携式地物光谱仪对"水华"发生地进行了实地采样分析，结果在水体光谱曲线上，蓝藻叶绿素的存在使得蓝藻区水体在近红外波段的反射率明显上升，主反射峰在 700 ~ 1 100 nm 范围内，比一般植物的峰值高很多。

蓝藻暴发时绿色的藻类生物体伴随着白色的泡沫状污染物聚集于蓝藻区水体表面。由于所含叶绿素 α 的作用，蓝藻区在 CBERS CCD 第 2 波段具有较高的反射率，在第 3 波段反射率略降但仍比湖水高，在第 4 波段反射率最大。因此，在 CBERS – 02 卫星第 4（近红外）波段、第 3（红）波段、第 2（绿）波段 RGB 假彩色合成图像上，蓝藻区呈绯红色，与周围深蓝色、蓝色的湖水区有明显区别。此外，蓝藻暴发聚集受风向的影响，呈条带延伸[2]，在遥感图像上呈现条状结构和絮状纹理，与周围的湖水区有明显的不同。由于 WFI 相机的第 1 波段、第 2 波段分别与 CCD 相机第 3 波段、第 4 波段的波段范围相同，在 WFI 遥感图像的第 2（近红外）波段、第 1（红）波段 RGB 假彩色合成图像上，蓝藻区呈现暗红色，比 CCD 图像上的蓝藻区域偏暗。

4　"水华"监测的常用方法

4.1　实地现场勘查

主要是使用航船作为行进工具，到现场实地勘察了解"水华"的分布。在内陆湖泊中，一些文献采用这种方法研究了藻类在太湖、滇池和巢湖中的分布[3]。这种方法的优点是能够准确获取监测地点的蓝藻发生情况，避免错判和漏判；缺点是对于面积较大的湖泊，不能迅速掌握整个水域的"水华"分布状况，速度慢且耗费巨大的人力和物力。

4.2　实地采样与遥感结合的回归模型法

实地采样法采用跑点方式进行实地采样观测，内容包括水质取样、水体光谱数据测量，同时利用手持式 GPS 记录各观测点的经纬度坐标，并观测记录风向、风速、云况等气象背景参数[1]。这些参数往往与当日的卫星遥感图像对应点的某波段或波段组合的光谱值具有明显的相关性，对二者进行回归分析，可以得到用于当前蓝藻探测的回归模型。国内有关学者在建立模型方面取得了一定的成绩。

例如，叶绿素含量常作为反映湖水营养化程度的一个重要参数。雷坤等[4]通过将同一地面监测点处的各水质要素同各单波段灰度值进行回归分析，发现在所选择的水质参数中，叶绿素 α 和总氮参数值与 CBERS CCD 影像一定形式的组合波段灰度值间有较好的相关性，并建立了二者的相关模型，在对太湖表层水体水质遥感中证明了该模型具有较高的精度。杨一鹏[5]等利用 TM4 波段和 TM3 波段分别处于叶绿素 α 浓度的特征反射峰和吸收谷的特点，以这两个波段的反射比建立反演回归模型，进行叶绿素 α 浓度的估算，取得了较好的效果。李旭文等在获取了太湖 16 个采样点的叶绿素生物量和蓝藻生物量数据后，利用两组数据分别建立了与差异植被指数 DVI 的遥感回归模型，从而得到水体中叶绿素 α 以及蓝藻生物量的空间分布信息[6]。

模型法能比实地现场勘察更快、更宏观地了解整个水体的蓝藻分布情况，但由于模型是建立在多点实测数据与遥感信息间统计分析的基础上的，所以受到季节和天气的影响较大，其精度和适应性有限，同一模型在其他时段和环境下的适用性需要更多的监测数据的修正与验证。

4.3　植被指数阈值法

目前，已经有人采用航空或卫星遥感手段对太湖、巢湖和滇池水体中的蓝藻水华分布状况进行了提取，它们要采用植被指数法或叶绿素 α 含量监测等方法[3]。

植被指数是选用多光谱遥感数据经分析计算（如加、减、乘、除等线性或非线性组合方式）得到的某些对植被长势、生物量等有一定指示意义的值。在植被指数中，通常选用对绿色植物强吸收的可见光红波段（0.6 ~ 0.7 μm）和对绿色植物高反射的近红外波段（0.7 ~ 1.1 μm），二者恰好可以用于反映"水华"的光谱特性及其反射率的变化特点，判别水体内是否有"水华"的存在。可见光红波段可以反映"水华"明显的吸收特性、近红外波段可以反映"水华"很强的反射特性。本文即采用了植被指数法来对"水华"进行动态监测。

20多年来，国内外学者已研究发展了几十种不同的植被指数模型，其中归一化植被指数（NDVI）的应用最为广泛[7]。NDVI定义为近红外波段与可见光波段数值之差和这两个波段数值之和的比值，即

$$NDVI = (DN_{NIR} - DN_R) / (DN_{NIR} + DN_R) \tag{1}$$

从波段范围来看，可以利用CBERS系列卫星CCD相机图像的第4波段和第3波段、WFI相机图像的第2波段和第1波段的数据分别作为近红外波段和红波段计算植被指数的数据来源。

植被指数与叶绿素含量具有一定的关系：叶绿素含量越增多，蓝、红波段吸收增强，绿波段反射率降低，近红外波段反射率增强，植被指数增大。因此，可以在计算出NDVI值后，通过设定"水华"NDVI阈值 T_0 来辨别"水华"区域，大于此阈值的为"水华"区，小于此阈值的为正常水体。

5 技术流程及监测示范应用

5.1 技术流程

利用地球资源卫星数据进行"水华"提取的技术流程参见图1。

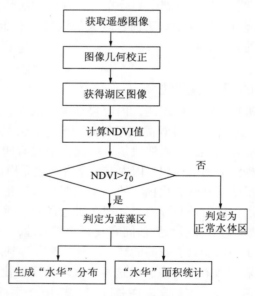

图1 太湖"水华"提取技术流程图

获取的CBERS－02卫星CCD和WFI数据为2级产品，经过了系统的辐射校正和几何校正。为了精确定位太湖水域的位置，需要对图像进行几何精校正。利用已经进行了精校正的遥感图像作为参考图像对获取的数据进行几何精校正，采用UTM投影、WGS－84椭球体将误差控制在1个像元以内。

利用近红外和红光波段进行波段运算得到NDVI图像，结合目视解译确定阈值 T_0，利用 T_0 对图像进行密度分割将正常水体区和蓝藻区进行分离，提取出蓝藻区的分布，经过统计其像元个数并将像元个数与每个像元代表的实际地面面积做乘积即可得到蓝藻的实际分布面积。

5.2 示范应用与监测结果

CBERS－02卫星2007年3月28日的分类图像上显示了当天"水华"的分布范围，见彩图7所示的红色区域。"水华"沿太湖西南湖岸呈条带状分布，梅梁湾和竺山湖的部分水域也有零星的蓝藻出现，但规模很小。统计得到蓝藻分布面积为22 km²，占整个湖区面积的0.94%。另外在发现"水华"

范围的同时，可以在 CBERS 图像上清晰地看到几处排污口的位置。

利用 2008 年 6 月 29 日 CBERS–02B 卫星的 WFI 数据进行解译，得到了蓝藻遥感监测结果（见图 2）。太湖梅梁湾聚集了大量蓝藻，太湖西部沿岸地区和湖心区也出现蓝藻聚集现象，竺山湖、贡湖也有零星分布，整个太湖蓝藻分布面积约为 157 km^2。

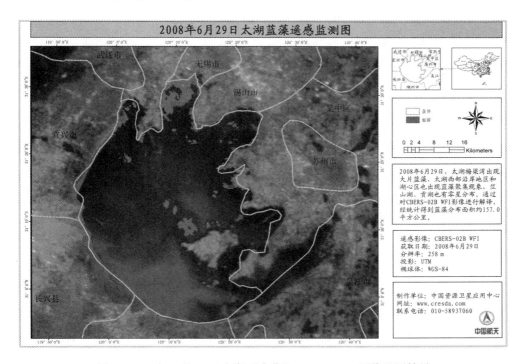

图 2　2008 年 6 月 29 日太湖"水华"CBERS WFI 图像监测结果

由于太湖地区连续几天普降大雨，2008 年 7 月 5 日的太湖 CBERS WFI 遥感监测图（图 3）上可见，蓝藻分布面积减少，只在竺山湖及西部沿岸区有零星分布，经统计得到蓝藻分布面积约为 34.2 km^2。

图 3　2008 年 7 月 5 日太湖"水华"CBERS WFI 监测结果图

可见，太湖"水华"发生面积的变化十分迅速，利用遥感技术的宏观特性和时效性可以快速、准确地监测太湖"水华"的动态变化。

6　结论与展望

CBERS系列卫星的CCD数据具有较高的空间分辨率，光谱信息丰富，能够有效监测"水华"污染和洪涝灾害；WFI数据具有监测范围广、时间分辨率高的特点。二者有效结合可以有效地对"水华"进行动态跟踪监测，为太湖水污染治理提供科学依据。

参 考 文 献

[1]　胡雯，等. NOAA卫星监测巢湖蓝藻水华的试验分析 [J]. 环境科学与技术，2002，25（1）.
[2]　黄家柱，赵瑞. 卫星遥感监测太湖水域蓝藻暴发 [J]. 遥感信息，1999.
[3]　杨顶田，潘德炉. 蓝藻的卫星遥感研究进展 [J]. 国土资源遥感，2006，4.
[4]　雷坤，等. 基于中巴地球资源1号卫星的太湖表层水体水质遥感 [J]. 环境科学学报，2004，5.
[5]　杨一鹏，等. 基于TM数据的太湖叶绿素α浓度定量遥感反演方法研究 [J]. 地理与地理信息科学，2006，2.
[6]　李旭文，等. 太湖梅梁湾蓝藻生物量遥感估算 [J]. 国土资源遥感，1995.
[7]　赵英时，等. 遥感应用分析原理与方法 [M]. 北京：科学出版社，2003.

Dynamic Monitoring of Water Bloom in TaiHu Lake by Using CBERS Data

Guo Chaohui，Li Xingchao，Qi Xueyong，Lu Yilin

（China Centre for Resources Satellite Data & Application，Beijing　100094）

Abstract：Water Bloom broke out in TaiHu Lake on March，2007 and expand to a great area in the next several months，which bring much influence to people's everyday living. Water Bloom broke out again on June of 2008. The paper used CBERS-02/02B CCD and WFI Images to monitoring the disaster dynamically. The paper got the extent of the hazard by using NDVI threshold method and analyzed the area of the hazard by statistic，The outcome of analysis provided scientific proof for administrative department's decision-making.

Key words：CBERS　Water bloom　CCD　WFI　Dynamic monitoring　NDVI threshold

CBERS-02 卫星 CCD 数据在淮河流域洪涝灾害监测中的应用

亓雪勇，李杏朝，郭朝辉，芦祎霖，黄世存

（中国资源卫星应用中心，北京　100094）

摘　要：淮河流域洪涝灾害发生频繁，利用遥感卫星动态监测洪涝灾害，快速获取灾情信息对于抗灾救灾具有重要意义。本文利用 CBERS-02 卫星 CCD 影像对 2007 年淮河流域水灾进行监测，成功获取了受灾区淹没状况。

关键词：中巴地球资源卫星　CCD　洪涝灾害

1　引言

淮河发源于河南省桐柏山北麓，淮河流域地形总态势为西高东低，整个流域洪涝灾害频繁。过渡地带复杂的气候条件是淮河流域洪涝灾害频繁的决定性自然因素，在伏牛山、大别山、沂蒙山区极易形成特大暴雨，酿成洪涝灾害，给人民的生命财产带来极大的损失。因此，动态监测洪涝灾害、及时准确地获取汛情的发展状况，能够为国家相关部门抗洪救灾、灾后重建以及恢复生产的决策提供重要的信息支持。近年来，随着遥感技术实用化程度的逐步提高，其宏观、快速和客观的优势得到充分发挥，成为一种重要的洪涝灾害监测手段[1]。

2007 年 7 月淮河流域爆发了 1954 年以来最大的流域性洪水，本文利用中巴地球资源卫星 02 星（CBERS-02）的 CCD 数据对淮河流域洪涝灾害进行了监测，及时获取了灾情信息，为相关部门提供了重要的决策依据。

2　CBERS-02 卫星 CCD 数据的特点

CBERS-02 卫星于 2003 年 10 月发射，卫星轨道是太阳同步回归冻结轨道，轨道平均高度为 778 km，倾角为 98.5°，回归周期为 26 d，星上载有 3 种传感器：CCD 相机、宽视场成像仪（WFI）和红外多光谱扫描仪（IRMSS）。其中 CCD 相机的参数[2]如表 1 所示。

表 1　CBERS-02 卫星 CCD 相机基本参数

传感器类型	推帚式		
波段范围	1：0.45~0.52 μm	辐射量化/bit	8
	2：0.52~0.59 μm	扫描带宽/km	113
	3：0.63~0.69 μm	每波段像元数/个	5 812
	4：0.77~0.89 μm	空间分辨率/m（星下点）	19.5
	5：0.51~0.73 μm	视场角/（°）	±32

［作者简介］　亓雪勇（1982—　），助理工程师，硕士学位，主要从事 CBERS 数据辐射定标、定量化产品研制及数据的应用示范。E-mail：qixueyong@ spacechina. com。

3 洪涝灾害监测原理及方法

洪涝灾害多发生在夏秋季节，这段时间往往是农作物的生长季节，地面被大片的农作物覆盖，而受灾程度又与土壤、植被密切相关，遥感洪涝监测实质上是将植被、水体、土壤等加以区分，其依据是它们的反射光谱特性的差异。从图1可以看出植被在第3波段（630~690 nm）有一个吸收峰，其反射率低于水体反射率，土壤反射率最高，而在第4波段（770~890 nm）植被有强烈的反射峰，其反射率明显高于水体的反射率，土壤反射率次之。

在洪涝灾害发生期间，水体中泥沙含量增高导致水体反射率增大，土壤含水量增大导致土壤反射率降低，致使地物的光谱特性变得复杂，增加了分类提取水体的难度。本文采用归一化植被指数（NDVI）进行水体和土壤的反差增强处理。在 NDVI 图像中，水体的值很低，而植被、土壤的值则较高，在直方图上表现为明显的双峰分布。因此，可以通过设定阈值 T_0 构建区分水体和植被、土壤的判别条件：若 $NDVI < T_0$，则为水体；若 $NDVI > T_0$，则为植被或土壤。

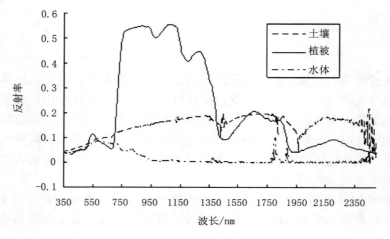

图1　典型地物光谱反射率曲线

提取出水体后，叠加上受灾区行政区划图以及居民点分布图，可以获取灾害发生的具体位置，淹没面积以及淹没居民点等信息。整个流程如图2所示。

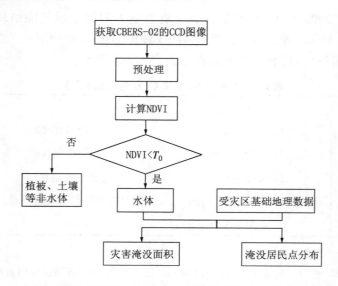

图2　利用 CBERS - 02 的 CCD 图像洪涝灾害监测流程图

4 淮河流域洪涝灾害监测及分析

2007 年 7 月，淮河发生流域性洪涝灾害，中国资源卫星应用中心一直密切关注淮河汛情发展，积极利用资源卫星的侧摆功能获取卫星影像对受灾区域进行监测。

彩图 5 为河南省新蔡县和淮滨县 2007 年 4 月 5 日的 CBERS－02 卫星 CCD 图像解译图，从图上可以看出，灾害发生前，水体集中在河道内，呈线状分布；彩图 6 为 2007 年 7 月 18 日 CBERS－02 卫星 CCD 洪涝监测图，从图中可以看出，河道水体明显充盈，并且淹没了河道旁边的大片农田及部分村庄，水体呈片状分布。

通过比较灾区受灾前后的卫星遥感影像中的两个局部放大图，可以明显看出水域面积的变化程度。在新蔡县城附近，部分沿河的农田被淹没；在淮滨县城附近，受灾的农田范围更大，有的居民点（村庄）也被洪水淹没。

将 2007 年 7 月 18 日和 2007 年 4 月 5 日的解译图进行对比，经统计，得到受灾前后水域面积如表 2 所示。

表 2　新蔡县和淮滨县受灾前后水域面积监测统计结果

县名	07 年 4 月 5 日面积／（km²／亩）	07 年 7 月 18 日面积／（km²／亩）
新蔡县	13.99/20 980	50.36/75 540
淮滨县	16.94/25 404	69.55/104 328

5 结论

本文利用 CBERS－02 卫星的 CCD 数据对淮河流域 2007 年 7 月的洪涝灾害进行了监测，及时获取了灾情发展情况，为相关部门提供了决策依据，并得出以下结论：

1）CBERS－02 卫星 CCD 相机具有较高的空间分辨率，波段设置合理，能够有效监测洪涝灾害；

2）防汛部门对于洪水水深有着强烈的需求，如何从 CBERS－02 卫星的 CCD 影像自身或借助其他传感器影像提取水深数据，充分挖掘影像包含的信息还需要进行深入的研究；

3）通常洪涝灾害发生时间非常紧急，而传感器受重访周期的限制，以及在洪涝灾害发生和发展的过程中，受灾区持续降雨，淮河干流常被云层覆盖等因素的影响，难以获取有效的卫星图像，建议后续卫星增加雷达传感器，以提高 CBERS 系列卫星对洪涝灾害的应急监测能力。

参 考 文 献

[1] 裴志远，杨邦杰. 应用 NOAA 图像进行大范围洪涝灾害遥感监测研究 [J]. 农业工程学报，1999（4），203－206.

[2] 中国资源卫星应用中心. 中国资源卫星应用中心陆地观测卫星地面系统宣传册.

Application of CBERS – 02 CCD to Monitoring Flood in Huaihe River

Qi Xueyong, Li Xingchao, Guo Chaohui, Lu Yilin, Huang Shicun

(China Center for Resource Satellite Data and Application, Beijing   100094)

Abstract: The flood in Huaihe River breaks out frequently, so it is significant for disaster resistance and rescue to monitor the flood dynamically and quickly based on remote sensing satellite. In this paper, CBERS – 02 CCD images were used to monitor the flood in Huaihe River in 2007, and the submerged condition was obtained successfully.

Key words: CBERS   CCD   Flood disaster

中巴地球资源卫星森林火灾过火面积遥感监测

郭朝辉，李杏朝

（中国资源卫星应用中心，北京 100094）

摘　要：中巴地球资源卫星系列卫星（CBERS－01、CBERS－02、CBERS－02B）自成功发射以来，在资源、环境、国土、城市规划、重大自然灾害监测等多个领域发挥了重大作用。由于资源卫星的 CCD 影像具有较高的空间分辨率，在森林火灾监测，尤其是森林火灾过火面积动态监测方面具有优势，灾害统计结果可为相关管理部门提供参考依据。

关键词：CBERS 卫星　CCD　森林火灾　过火面积　遥感　监测　NDVI

1　引言

森林火灾是一种年年发生的世界性的、危害森林资源的重大灾害。每一次森林大火都给森林植被、森林生态系统、全球生态环境和人类生命财产带来严重危害和损失，对生态系统破坏性的影响有可能长达几十到数百年，以至于某些珍稀植物和动物的毁灭永远无法恢复，如何有效地预防火灾的发生、减少森林火灾造成的损失是当前十分迫切的问题。

森林火灾往往发生在树木茂密的山地或人迹罕至的山区，当火灾发生后，扑救人员以及设备不能顺利到达现场进行扑救，不能掌握火灾蔓延的具体情况，从而贻误扑救火灾的最佳时机。卫星遥感技术在监测森林火灾方面具有宏观、快速的优势，利用卫星过境时获取的高分辨率遥感图像，可以掌握火灾发生的范围，对过火面积进行提取与统计，为相关决策部门提供科学依据。

2　CBERS 卫星森林火灾过火面积监测原理

健康绿色植物，在可见光波谱段内，由于色素的强烈吸收，叶子的反射率和透射率很低，在以 0.45 μm 为中心的蓝光波段以及 0.67 μm 为中心的红光波段呈现吸收谷，在这两个波段之间，因为吸收相对较少，形成绿色反射峰。在近红外谱段内，由于反射率急剧增加，在 0.74～1.3 μm 谱段内形成高反射，出现反射率明显的大波峰；在 1.3 μm 的短波红外谱段以外，由于水的吸收作用，反射率又开始下降。

CBERS 卫星的第 4 波段的波段范围为 0.77～0.89 μm，位于植物的高反射区，森林植被在此波段具有高反射率；以第 4 波段为 R 分量进行 RGB 假彩色合成时，健康森林等绿色植被在合成图像上呈现红色，而受病虫害侵害或冬季落叶后的植被在合成图像上则颜色发生变化，与植被部分存在明显的差异。森林中被火烧过的部分，由于植被已经不存在，在图像上没有了高反射，在遥感假彩色合成图像上，呈现颜色暗黑的火烧迹地，利用传统的目视方法即可将火灾发生的大致区域识别出来。

归一化植被指数（NDVI）能够反映植被及其变化的信息。在健康植被覆盖的部分，植被指数为正值，且随植被覆盖度的增大而增大；而遭到破坏或者被火烧掉的区域，植被指数偏低。通过设定一定

[作者简介]　郭朝辉（1975—　），工程师，中国资源卫星应用中心应用研究部工作，主要从事遥感应用与开发方面的研究。

的植被指数阈值，可以分离出健康植被及火灾过火区域。

3 森林火灾过火面积提取技术流程

森林火灾过火面积提取技术流程如图 1 所示。

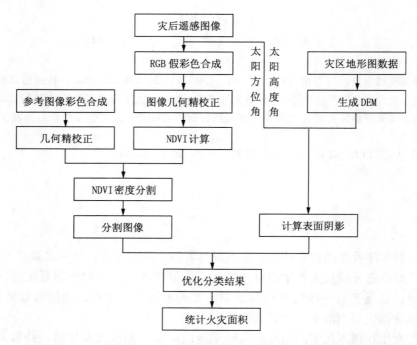

图 1 CBERS 卫星 CCD 图像森林火灾过火面积技术流程图

获取的 CBERS - 02 卫星的 CCD 数据为 2 级产品，经过了系统的辐射校正和几何校正。为了精确定位火灾发生的位置与区域，需要对图像进行几何精校正，利用已经进行了精校正的遥感图像作为参考图像对获取的数据进行几何精校正，采用 UTM 投影，WGS - 84 椭球体将误差范围控制在 1 个像元以内。

通过与参考图像进行对比，利用 NDVI 阈值分割法获得灾区的分类图像。由 DEM 数据和在图像头文件中获取的太阳高度角以及太阳方位角两个参数生成的地形表面阴影数据，对分类结果进行优化，去除分类结果中属于阴影而被误判为过火区域的部分，使影像分类的结果与实际情况更接近于一致。

灾害的图像个数即在进行影像分类之后，识别出灾害的所有像素个数的总和

$$P_{像} = \sum_{i=1}^{n} \Delta P_i$$

式中　i——像素序号；

　　　n——灾害的总像素。

在得到了灾害的像元个数后，再考虑图像的空间分辨率，进而计算出实际受灾面积

$$S_{实} = P_{像} \times R^2$$

式中　$S_{实}$——实际的受灾面积；

　　　R——图像的空间分辨率。

利用 CBERS 卫星的 CCD 图像进行火灾过火面积监测时，R 的取值为 19.5 m。

4 森林火灾过火面积遥感监测实例

4.1 香港森林火灾遥感监测

2007 年 11 月 26 日晚，香港特别行政区大屿山东涌牛牯塱发生山火，11 月 28 日下午 4 时，香港屯门发生山火，2008 年 1 月 1 日下午，香港屯门菠萝山发生 3 级大火。

火灾发生后，中国资源卫星应用中心利用 2007 年 9 月发射升空的中巴地球资源卫星 02B 星（CBERS – 02B）的侧摆功能，及时获取了受灾地区的 CCD 遥感影像，从归档数据中获取了受灾地区未发生火灾时的影像。具体参数如表 1 所示。

表 1 香港森林火灾数据产品表

火灾地点		传感器	成像日期	Path	Row	侧摆方向及角度
大屿山、屯门	灾后图像	CCD	2007 – 12 – 01	372	75	西，30°
	参考图像	CCD	2007 – 11 – 16	372	75	0°
菠萝山	灾后图像	CCD	2008 – 01 – 04	371	75	东，12°
	参考图像	CCD	2007 – 12 – 01	372	75	西，30°

对比火灾发生前后的图像，可见火灾发生区域火灾发生前比较完整的植被，火灾发生后已不存在，呈现颜色暗黑的火烧迹地。利用火灾过火面积提取流程，提取和统计了火灾的发生区域和过火面积。两次受灾的大致范围分别见图 2（c）和彩图 8 中的绿色部分。

（a）火灾发生前　　　　　　（b）火灾发生后　　　　　　（c）火灾监测结果

图 2　2007 年 11 月香港火灾发生前后遥感图像对比及火灾监测结果

4.2 云南香格里拉森林火灾遥感监测

2008 年 4 月 6 日 17 时，云南省迪庆藏族自治州香格里拉县洛吉乡发生森林火灾。火灾地点距香格里拉县城 87 km，灾情直接威胁到洛吉乡普达措国家森林公园。CBERS – 02B 卫星在 4 月 10 日过境时进行侧摆获取了火灾发生区的遥感影像，并以 2007 年 12 月 19 日的 CBERS 卫星的 CCD 图像为参考图像进行对比。具体参数如表 2 所示。

表 2　2008 年 4 月云南香格里拉森林火灾数据产品表

	传感器	成像日期	Path	Row	侧摆方向及角度
灾后图像	CCD	2008 – 04 – 10	14	69	西，24.64°
参考图像	CCD	2007 – 12 – 19	14	69	0°

受灾地区 2007 年 12 月 19 日的部分 CBERS – 02B 卫星 CCD 相机影像上可见受灾地区为比较完整的植被所覆盖，而 2008 年 4 月 10 日获取的受灾地区 CCD 相机影像上相对于周围地物颜色较暗，过火区域的西偏南、北部和东北方向的部分区域仍有少量升起的烟雾。经过遥感图像处理与解译、灾害信息

提取，获得了受灾区的大致范围（彩图9）。灾害监测与统计结果与云南省相关部门进行了沟通，双方结果基本一致。

5　结论与展望

CBERS-02B卫星数据的高空间分辨率以及较高的成像质量能够满足森林火灾过火面积的及时、动态监测；CBERS-02B卫星的侧摆功能使其在灾害应急方面的主动性增强，在突发自然灾害的图像获取上具有高时间分辨率的优势。

尽管利用遥感技术监测森林火灾过火面积的优势十分明显，但是灾害监测结果的精确性仍然需要地面实际调查来进一步确定，并通过地面实际调查的结果进一步改进灾害提取的方法，提高遥感监测的能力。

参 考 文 献

[1]　冯春，李杏朝，等. 利用中巴地球资源卫星图像分析云南安宁"3·29"森林火灾［C］. 中巴地球资源卫星应用研究文集，北京：中国宇航出版社.
[2]　赵英时，等. 遥感应用分析原理与方法［M］. 北京：科学出版社，2004.
[3]　梅安新，等. 遥感导论［M］. 北京：高等教育出版社，2001.

Remote Sensing Monitoring of Forest Fire's Burned Area by Using CBERS Data

Guo Chaohui, Li Xingchao

(China Center for Resources Satellite Data & Application, Beijing　100094)

Abstract：CBERS satellite series, such as CBERS-01, CBERS-02 and CBERS-02B, have took an important role on several fields, such as resource, environment, soil, urban planning and major disaster monitoring. As CBERS CCD images data have a high spatial resolution, they have advantage on forest fire monitoring, especially on monitoring of forest fire's burned area. The statistic outcome of burned area can provide scientific proof for administrative department.

Key words：CBERS　CCD　Forest fire　Burned area　Remote sensing　Monitoring　NDVI

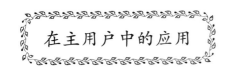
在主用户中的应用

国土资源部应用 02B 卫星数据情况

国土资源部02B星数据应用与推广办公室

摘　要：02B卫星在国土资源调查中发挥了巨大作用。国土资源部作为我国资源卫星的主用户，利用资源卫星HR数据开展了全国84个50万人口以上城市土地利用变化情况监测、基础地质与地质环境调查、矿产资源遥感调查、遥感地质灾害调查及矿产资源开发多项目遥感调查与监测。

关键词：CBERS－02B　国土资源　汶川震区

1　主用户应用管理情况

随着我国航天科技的进步与发展，航天产业的应用业务化能力不断增强。国务院、国家发改委以及原国防科工委不断推进卫星应用的产业化，逐步实现卫星应用由试验应用型向业务服务型的转变。中巴地球资源卫星02B星（以下简称02B星）的成功发射为国土资源部和国防科工委就卫星的产业应用提供了合作的契机。

在2007年9月，双方签署了《国防科工委国土资源部关于中巴地球资源卫星02B星主用户机制试点的协议》，明确了国土资源部作为02B星的唯一主用户。为了落实协议的精神，按照部领导指示，由国土资源部科技与国际合作司、规划司和地籍司组成了卫星应用指导小组，并成立了02B星数据应用与推广办公室，以便更好地推动国产卫星的数据应用。

国土资源部围绕02B星主用户协议的相关精神，一方面，积极组织部系统相关技术力量开展02B星在轨测试应用评价，针对应用评价中存在的问题，及时组织应用关键技术攻关，并开展应用示范与数据推广工作；另一方面，也加强机制建设，统筹并协调02B星数据应用，逐步理顺数据获取、任务安排、发展规划等方面的关系，大力推进02B星数据在国土资源部系统内的应用。

1.1　成立相应机构，统筹并协调02B星数据应用

尽管国土资源部作为国内资源类卫星数据的最大用户，但所用卫星数据绝大多数依靠国外。从中巴资源一号卫星01星1999年发射成功以来，受数据技术指标等限制，在国土资源领域应用较少。02B星是目前国内民用空间分辨率最高的资源类卫星，其高分辨率数据在国土资源调查、监测等中具有广阔的应用前景。

国土资源部非常重视卫星高技术在国土资源调查中的作用，为了积极推进02B星的数据应用，根据协议的精神，并按照部领导的指示，由多个部门联合成立了国土资源卫星指导小组，协调相关司局以及业务单位的关系，统筹并协调卫星数据应用，这为02B星数据的应用铺平了道路。

与此同时，由部科技与国际合作司牵头，由中国国土资源航空物探遥感中心（以下简称航遥中心）和中国土地勘测规划院（以下简称规划院）相关业务单位成立了02B星数据应用与推广办公室，专门负责与02B星数据应用相关的一切事务，包括数据的接收、任务的安排，并组织在轨测试评价、关键技术的研发，开展应用示范与技术推广等。

在上述机构的领导下，02B星数据的业务应用正循序渐进地开展。国土资源系统对02B星的数据

质量、应用领域和应用精度等有了比较深入的认识，并在相关的调查、监测以及研究中有的放矢地使用02B星数据。

1.2 组织部系统开展02B星国土资源应用在轨测试评价，指导02B星数据应用

要用好02B星，并将其作为国土资源调查与监测的数据源，就需要对02B星的数据质量、成图能力和国土资源可应用性开展综合评价，以便有的放矢地在国土资源调查与监测中加以充分利用。为此，在中国资源卫星应用中心的组织下，在国土资源部02B星数据应用与推广办公室的领导下，由中国土地勘测规划院和中国国土资源航空物探遥感中心专门成立了各应用领域的专家组成的国土资源02B星在轨测试应用评价小组。

通过对73景CCD数据、91景HR数据（其中18景HR侧视数据（截至2007年12月4日统计））的应用评价，对02B星的数据质量与专题应用能力有了比较客观的认识和了解。

1.3 研究国产卫星数据应用政策，激励部系统优先使用国产卫星数据

由卫星应用指导小组牵头，根据02B星等国产数据应用的可行性，制定激励性政策，鼓励部系统各单位在所承担的国家项目中优先使用国产卫星数据。

1.4 制定任务规划，落实相关经费，强力推进02B星业务应用

由02B星数据应用与推广办公室牵头，针对土地利用动态监测，矿山开发状况监测，以及1:50 000区调、地质灾害调查等国土资源调查业务，协同相关业务单位，制定了02B星数据业务应用规划（详见2.1），经卫星应用指导小组审定后实施。

同时，为保障02B星数据的业务应用，多方协同，落实了相关经费，稳步地推进02B星数据在土地、地质等国土资源调查中的应用。

1.5 建立数据获取任务协调机制，促进02B星数据服务方式改变

根据制定的02B星数据业务应用规划，由02B星数据应用与推广办公室牵头，向资源卫星应用中心提出任务安排请求，紧急任务随时安排。所有数据及产品在部内共享。2008年3月，航遥感中心、规划院分别与中国资源卫星应用中心利用FTP建立了数据传输网络专线，基本保证了02B星数据的传输。

通过与资源卫星应用中心就数据获取的多次沟通，双方进一步了解到各自的工作方式。国土资源卫星应用的数据需求模式是在一定时间段按片、按区域开展工作，这对卫星数据的服务提出了更高的要求，促进了数据服务方式的改变。

1.6 组织关键技术攻关，开展应用培训与数据应用推广

与国外同类商业化运行的卫星相比，02B星在波段设置、卫星姿控和数据传输方式等方面还存在缺陷，比如HR数据内部几何畸变较大，波段配准精度不高等问题可能对02B星数据的大规模应用不利。部02B星数据应用与推广办公室积极组织相关业务单位开展应用关键技术攻关，以提高数据处理效率、改善制图精度，并优化处理流程。目前在2008年的调查计划中已落实了配套项目，由航遥中心、规划院组织实施。

针对相关业务就02B星应用中存在的问题，部02B星数据应用与推广办公室在关键技术攻关的基础上及时开展应用培训。该培训工作于2008年8月28日~8月31日在吉林市举行，涉及02B星数据基本特征与数据服务，02B星数据在国土资源领域的应用特点，以及数据共性处理技术等，并演示02B星数据地质、土地典型应用范例，全面指导并推广02B星数据的应用。

1.7 推进02C星卫星立项工作，以期保证02B星数据的连续性

02B星顺利发射后，国防科工委有意发射中巴资源一号02C星，以作为02B星的后续星，保持数据的连续性。航天五院也希望与国土资源部联合，尽快立项。在双方的共同推动下，开展了02C星立项前期准备工作。

1.8 编写国土资源卫星应用发展规划，持续推进国产资源卫星数据应用

根据国家发改委、原国防科工委《关于促进卫星应用产业发展的若干意见》和《民用航天"十一五"发展规划》，我国的民用卫星及应用已步入由试验应用型向业务服务型转变的转型期，卫星发展也逐步进入需求牵引、应用为核心的产业化发展轨道。在02B星数据应用的基础之上，为持续推进国产资源卫星数据的应用，正在组织专家编写国土资源卫星应用发展规划，推动国土资源业务星进入按需、按质研制轨道，大幅度提升国土资源卫星的数据供给与保障能力，整体提高国土资源规划、管理、保护与合理利用的科学化水平。

2 主用户应用情况

自02B星成功发射以来，国土资源部积极进行相关业务安排，组织开展02B星数据应用关键技术攻关，开展相关专题应用研究。在国土资源部的领导下，02B星数据不仅参与到日常的国土资源大调查等重要业务中，也在汶川大地震等极端事件的监测中发挥了一定作用。

2.1 业务安排

针对土地利用动态监测、矿山开发状况监测，以及基础地质调查、地质灾害调查等重大任务需要，提出详细的任务编排计划，经卫星应用指导小组审定后，向中国资源卫星应用中心提出了任务安排请求，并由相关业务单位负责实施。

2.1.1 土地利用动态遥感监测

自2008年开始，02B星数据被列为土地利用动态遥感监测项目数据源之一，在满足需要的前提下优先使用02B星数据，在第一季度监测工作中，有5个城市监测应用了部分02B星数据。同时安排了年度监测的数据接收请求：获取时相为2008年8月～11月，获取范围为84个城市完整城市辖区，包括CBERS–02B星HR数据和CCD数据，要求HR数据和CCD数据同时接收，数据图像中云、雪量不高于10%，并覆盖城乡结合部等关键区域。同时从222个国家级开发区中优选部分地区，获取HR数据，开展应用试点工作，获取要求同前。除此之外，还开展了基于02B星数据进行宏观监测的应用研究。

2.1.2 基础地质与地质环境调查

根据中国地质调查局2008年的遥感基础地质与地质环境调查业务安排，以青藏高原生态地质环境遥感调查与监测、黄河流域基础地质环境遥感调查与监测以及中国东部重要经济区带基础地质环境遥感调查与监测3个遥感调查类项目需求为目标，开展02B星规模化应用试点工作。

获取要求为：1）覆盖青藏高原全区、哈拉胡–念青唐古拉中央隆起带南段典型区和河西走廊典型区，共计318万km²面积。2008年度4月～8月CBERS–02B星CCD和部分HR数据。2）黄河流域总面积约80万km²，2008年度5月～10月CBERS–02B星CCD和部分HR数据。3）中国东部重要经济区带总面积约100万km²，环渤海区2008年夏秋季、长三角珠三角区2008年春冬季的CBERS–02B星HR数据及CCD数据。

2.1.3 矿产资源遥感调查

选择青藏铁路沿线和西昆仑，利用CCD数据和HR数据开展遥感地质解译与矿产资源调查研究。

获取要求为：2008 年年内数据以及部分地区 2009 年年内数据。

2.1.4　地质灾害调查

以喜马拉雅山地区重大地质灾害遥感调查和川东缓倾斜坡地区特大型滑坡遥感识辨技术研究为依托，利用 02B 星 HR 数据和 CCD 数据，选择部分重点区开展重大地质灾害 1:50 000 遥感调查，基本查明工作区重大地质灾害类型、分布和发育的地质环境条件，分析其分布发育规律，指出重大灾害隐患部位。

获取要求为：覆盖喜马拉雅山地区以及重庆及四川东部地区 40 余处大型滑坡体。喜马拉雅山地区数据要求 2008 年年内 5 月~9 月或存档数据，重庆及四川东部地区为 2008 年~2009 年间 CBERS-02B 星任意时相、任意时间的 HR 数据。

2.1.5　矿产资源开发多目标遥感调查与监测

2008 年计划对 60 多个矿山（矿点），开展矿产资源开发利用、矿山环境和规划执行状况多目标遥感调查动态监测。比例尺为 1:10 000 ~1:50 000。拟选择部分矿山，一方面，利用 02B 星数据开展调查（对于尚未开展调查的矿山）；另一方面，利用 02B 星数据开展动态监测（对于已利用遥感数据开展调查的矿山）。

获取要求为：2008 年 10 月前，覆盖矿山监测区的 CBERS-02B 星 CCD 数据和 HR 数据。

2.2　应用关键技术研究情况

根据中巴资源卫星 01 星、02 星数据的应用情况分析，结合 02B 星的数据特点与在轨测试评价情况，在 02B 星数据应用与推广办公室的领导下，中国地质调查局启动了"中巴 02B 星遥感数据应用与数据共享"课题，并结合国防科工委"中巴地球资源卫星 02B 星数据模拟与数据应用潜力评估"、"国产资源卫星数据规模化应用示范"等项目对一些关键技术开展了研究，直接推动了 02B 星数据的应用。

2.2.1　规模化应用数据处理技术

主要针对 02B 星数据在区域连片规模化应用中影响工作效率以及制约图像解译精度的关键环节，如几何精度校正、几何拼接、色调调整、去重叠和图像镶嵌以及波段配准等开展针对性的技术方法研究，为规模化数据处理与应用提供技术支撑。

彩图 57 是由 20-58，20-59，21-58 共 3 景 CCD 图像数字镶嵌处理生成的。通过单轨道图像镶嵌处理以及几何校正，并进行匀光以及图像增强处理后，提交给专业应用人员进行专题信息的识别、提取与制图。

CBERS-02B 卫星 HR 数据的灰度范围比较差，其有效灰度响应范围多在 30~155 之间，其灰阶动态度仅为 49.1%，比对 SPOT-5 影像数据的 72.5%，仅相当于其灰阶动态度的 67.7%，进行处理后其动态度可提升至 76.4%。CBERS-02B 卫星 CCD 多光谱各波段数据的灰度范围比较差，其有效灰度响应范围多在 20~100 之间，其灰阶动态度仅为 30.5% 左右，比对 SPOT-5 影像数据的 56.5%，仅相当于其灰阶动态度的 53.9%，进行处理后其动态度可提升至 65.5% 左右。

2.2.2　02B 星 HR 数据正射图像制作技术

国外高分辨率数据如 Quickbird、Ikonos 数据等都提供影像成像模型，可以非常方便地进行高精度的正射影像图制图。而 02B 星没有提供成像模型、也没有提供精确的内方位元素。因此，需要开展针对此条件下 02B 星特点的正射影像制图技术，以提高 02B 星 HR 数据的几何精度与应用能力。

利用西藏市区及其周边的航空高分辨率数据，建立控制点库，对 02B 星 HR 数据进行正射制图研究。以 156 控制点做空间后方交会时，平均精度在 3 个像元左右，少部分大于 5 个像元，最大达到 7 个像元（图 1）。这样，在有足够的控制点的情况下，应用严密成像模型，02B 卫星 HR 相机影像的几何定位精度平面可以达到 10 m，接近 1:25 000 正射影像的精度。

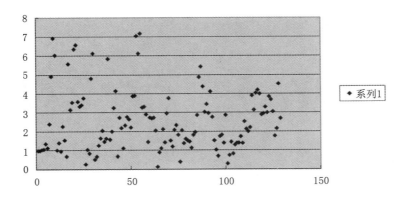

图 1　地面控制点与 02B 星数据几何校正精度的关系

2.2.3　02B 星 HR 数据和 CCD 数据的融合技术研究

HR 数据与 CCD 数据在空间分辨率上相差达到近 10 倍。在这种空间分辨率相差悬殊的情况下，如何选择适当的融合技术来提高或增强融合的质量，需要进一步进行研究。

选取东天山地区 20 - 52 - L20000028138CCD 数据和 20 - 53 - C - 2 - L20000027701HR 全色数据作为试验数据。对多光谱 CCD 数据首先进行辐射校正，并与经过精几何校正的 HR 数据配准，应用 HIS 变换融合法、主成分变换融合法、Brovey 变换融合法、GS 变换融合等算法进行试验，比较不同融合算法对 02B 星数据的适用性，以期指导 02B 星数据的应用。

从目视效果看（图 2、图 3），Brover 变换效果较差，其他算法均能较好地提高多光谱波段的目视效果。CN 变换效果有较大改善。HSV 融合结果色调较浓，与原始图像比较有一定偏差，掩盖了部分纹理信息，在单波段图像中可看出 HSV 变换方法具有一定的拉伸效果。主成分变换融合法、GS 变换融合结果纹理清晰度较好，两种方法目视效果较相似，光谱保真度较好。

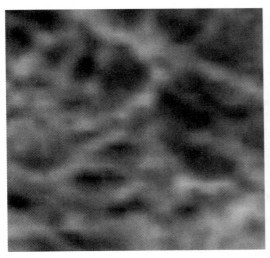

多光谱 CCD 数据

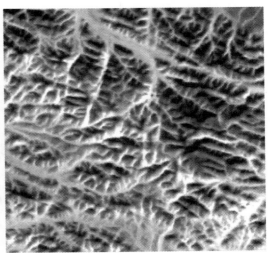

HR 数据

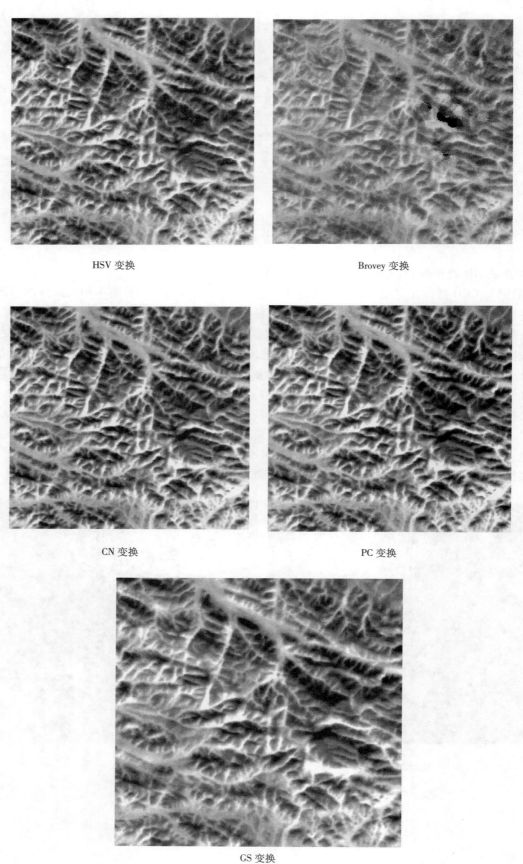

HSV 变换

Brovey 变换

CN 变换

PC 变换

GS 变换

图 2　不同融合方法融合结果比较（图像显示时已进行拉伸处理）

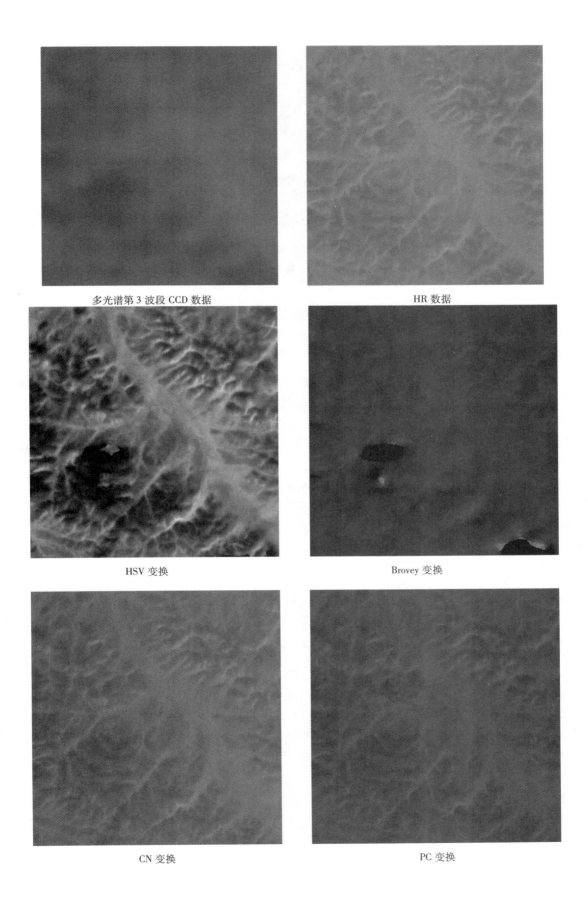

多光谱第 3 波段 CCD 数据

HR 数据

HSV 变换

Brovey 变换

CN 变换

PC 变换

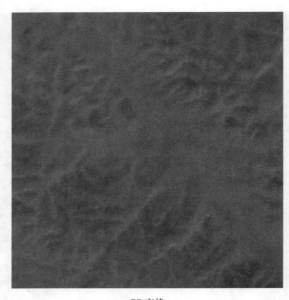

GS 变换

图 3　波段 3 融合结果的比较分析

定量统计指标（表 1）所示，从统计结果可看出，Brovey 变换效果较差，HSV 变换灰度均值与原始图像偏差较大，光谱特征存在一定偏差，信噪比较低，其他指标统计相对较高，能量、对比度、平均梯度、信息熵均明显好于其他方法。利用 CCD 相机第 5 波段模拟 GS 变换的低分辨率输入的融合结果统计值优于 PC 变换，其光谱特征保真度相对较好，纹理清晰。在实际应用中应根据不同的目的选用不同的融合方法。

表 1　波段 3 不同融合方法部分图像质量评价指标

	熵	信噪比	平均梯度	灰度均值	对比度	能量	方差
原始图像	4. 672 6	19. 300 3	0. 248 5	73. 715 7	3. E – 04	0. 995	6. 403 7
HR 图像	5. 004 4	16. 426 8	1. 317 3	98. 977 8	0. 048 1	0. 640 1	8. 018 7
Brovey 变换	4. 389 3	14. 632 9	0. 924 4	30. 366 8	0. 011 8	0. 898 8	7. 567 2
HSV 变换	7. 023 7	8. 900 3	5. 273 5	79. 568 2	0. 179 9	0. 199 6	34. 072 9
CN 变换	5. 349 7	15. 758 9	1. 657 7	119. 030 4	0. 069 5	0. 578 0	10. 120 7
PC 变换	5. 152 5	14. 028 7	1. 512 2	71. 461 7	0. 017 8	0. 910 4	8. 847 8
GS 变换	5. 173 8	14. 159 9	1. 533 8	71. 305 2	0. 019 3	0. 902 6	8. 992 7

Brovey 变换、CN 变换、HSV 变换、PC 变换、GS 变换等不同融合算法对 02B 星 HR 数据和 CCD 相机多光谱数据进行了融合试验。试验结果表明 Brovey 变换方法融合结果较差，CN 变换相对较好，HSV 由于拉伸处理，统计结果相对较好，但光谱保真度目视效果略差。PC 变换和 GS 变换方法融合结果纹理信息较清晰，光谱保真度较好。利用低分辨率的全色数据对 GS 变换进行了改进，利用 CCD 相机第 5 波段模拟 GS 变换的低分辨率输入，统计结果显示该方法略好于 PC 变换。

2.3　相关专题应用情况

主要针对土地资源调查、区域地质（含变迁）调查以及行政性监管三个方面，结合这三个方面所涉及的不同应用领域与在轨测试评价情况，总结 02B 星专题应用情况。

2.3.1　土地利用调查监测

土地资源调查与监测是国土资源部一项重要的日常性业务。土地资源调查与监测主要集中在全国土地利用动态遥感监测，土地利用基础图件与数据更新以及土地调查等方面。土地利用动态遥感监测是指利用遥感手段，监测特定时间段内的土地利用变化情况，包括变化前后地类、范围、位置及面积等。土地调查，指以现势性的航空（天）正射影像图为底图，采用统一的土地分类，对土地利用现状进行实地调查。土地资源调查与监测的特点决定了土地资源遥感调查与监测需要利用高空间分辨率的数据对土地地块类型、范围与边界以及面积进行测量，不仅需要利用高空间纹理信息，也需要利用多光谱的光谱信息。从土地资源调查与监测的特点出发，根据相关的技术标准与规范，从土地类型识别能力、最小监测图斑面积精度以及面积量测精度等方面评价 HR 数据与 CCD 数据在土地资源调查与监测领域的应用情况。

（1）制图能力分析

采用定性评价和定量评价相结合的方式，对 CBERS－02B 卫星数据的影像质量进行综合评估。CBERS－02B 卫星 HR 数据，建筑物、城市街道、桥梁等地物清晰可见，地类层次清晰，纹理信息较丰富，由于压缩比较高，造成原始影像局部地区平滑、地类边界模糊。CCD 数据因分辨率较低，在目视效果上，其光谱信息比较丰富，目视可分辨目标较多，但纹理清晰度较低，纹理边缘较为模糊。

CBERS－02B 卫星全色波段数据的灰度范围比较差，其有效灰度响应范围多在 30～155 之间，其灰阶动态度仅为 49.1%，比对 SPOT－5 影像数据的 72.5%，仅相当于其灰阶动态度的 67.7%。CBERS－02B 卫星 HR 数据经过处理后，其动态度可提升至 76.4%。CBERS－02B 卫星 CCD 数据直方图分布范围较窄，并且分布于灰度值较低的区域；波段间相关性较高。其有效灰度响应范围多在 15～90 之间，其灰阶动态度仅为 29.4%。通过处理可以将灰阶动态度提升至 52.9%。

CCD 波段多光谱数据的 5 个波段存在匹配误差，偏移量在景间分布情况无规律，最小偏移量在 1 个像素之内，最大偏移量可达到几十个像素。通过选择 15～25 个同名点，采用一次或二次多项式模型进行匹配处理，可以将波段间的匹配误差缩小至 1 个像素之内。

02B 星 HR 数据纠正中误差在 10～15 m 之间，可满足 1:25 000～1:50 000 比例尺制图精度要求。02B 星 CCD 数据纠正中误差在 30～45 m 之间，可满足 1:100 000 比例尺制图精度要求。

（2）土地利用现状信息解译能力分析

对北京和潮州试验区进行了 1:10 000 标准分幅土地利用现状信息提取。北京试验区使用的是 2007 年 9 月的 02B 卫星 HR 与 CCD 融合影像；潮州试验区使用的是 2007 年 10 月的 02B 卫星 HR 与 CCD 融合影像。将融合后的 02B 卫星影像调入 GIS 系统中，以人工发现的方式按照《土地利用现状分类》一级类进行了 1:10 000 标准分幅土地利用现状信息提取。试验分析，在试验区内中巴地球资源卫星 02B 星影像上提取的土地利用现状最小图斑面积为 0.66 亩。

（3）土地利用变化信息解译能力分析

根据数据收集情况，对北京试验区和潮州试验区进行了新增建设用地提取。北京试验区选用的是 2007 年 9 月的 02B 卫星 HR 与 CCD 融合影像对比 2006 年 9 月的 SPOT－5 DOM 影像提取新增建设用地信息。潮州试验区选用的是 2007 年 10 月 02B 卫星 HR 与 CCD 融合影像对比 2005 年 10 月的 SPOT－5 DOM 提取新增建设用地信息。

02B 星多光谱数据最小可检测到的新增建设用地图斑约为 30 亩；在可检测到的新增建设用地图斑中属性精度可达到 90% 以上，监测面积精度约为 75%，HR 数据可提取的最小变化图斑面积为 0.5～1 亩，新增建设用地属性精度可达到 80% 以上，但图斑面积误差较大，与 SPOT－5 比较，平均相对偏差为 10%～15%。

北京市朝阳区提取新增建设用地图斑 83 块，7 951.0 亩。提取的最小变化图斑面积为 1.5 亩。在 SPOT－5 影像上室内判读确定变化前地类属性信息的图斑 68 个，占变化图斑总数的 81.9%。在中巴地球资源卫星 02B 星影像上室内判读确定变化后地类属性信息的图斑 28 个，占变化图斑总数的 33.7%。

（4）土地利用更新调查能力分析

提取了 F50H030085 和 F50H034087 这 2 个 1:10 000 标准分幅数据库更新信息。其中，F50H030085 分幅内地貌以平原为主，包括独立工矿、养殖水面、河流和耕地等多种地类类型。F50H034087 分幅内地貌以山地为主，包括村庄、耕地、果园、未利用地和水库水面等多种地类类型。02B 卫星影像能发现的最小图斑面积为 0.22 亩。宽度小于 5 m 的线状地物在 02B 卫星影像中不能识别，宽度在 5~8 m 范围内的线状地物基本可以识别，宽度大于 8 m 的线状地物可以在影像上清晰地识别。

根据《土地利用动态遥感监测技术规程》、《第二次全国土地利用调查技术规程》、《全国土地利用分类》和《第二次全国土地利用调查底图制作技术规定》，土地利用现状与变化遥感监测的最小上图图斑为：建设用地，4.0 mm²；耕地，园地，6.0 mm²；林地、草地及其他地类，15.0 mm²；建设用地、耕地图斑属性判译精度优于 90%，其他类型图斑属性判译精度优于 85%。建设用地、耕地图斑面积量测精度优于 80%，其他类型图斑面积量测精度优于 75%。结合 02B 星的数据制图能力、影像的地类识别能力、最小监测图斑面积和面积量测精度等指标综合分析，并在不考虑数据获取能力限制和正射影像图生产成本的前提下，02B 卫星数据适用于以下领域的应用：

1）根据我国土地利用分区和 CBERS－02B 星 HR 数据覆盖范围与获取能力分析，一类区、二类区的土地利用变化速度快，在不考虑天气因素的情况下，HR 数据适合于目标区域能被 1 轨 HR 数据完全覆盖的土地督察和土地执法检查，如开发区的土地利用动态遥感监测，也可用于宏观监测精度评价样本采集基准；三类区、四类区的土地利用变化速度较慢，在不考虑天气因素的情况下，可满足能被 2~3 轨 HR 数据完全覆盖的区县的土地利用变更调查和县级土地利用调查。

2）02B 星多光谱 CCD 相机最小可检测到的新增建设用地图斑约为 30 亩；在可检测到的新增建设用地图斑中属性精度可达到 90% 以上，即伪变化图斑和遗漏图斑个数所占比例不足 10%，监测面积量测精度约为 75%，不能直接进行土地利用动态遥感监测与调查，但可用于宏观监测，也可与其他高精度全色数据配合使用。

2.3.2　区域地质调查

遥感区域地质调查已经纳入了区域地质调查的先期业务范围内，并贯穿于整个区域基础地质调查。目前，遥感技术不仅仅作为区域基础地质调查的支撑技术，也直接作为一种调查手段，为国土资源管理、规划等提供相关调查信息，比如青藏高原遥感生态地质调查、长江流域生态地质调查、界河生态地质调查等。主要从遥感地质解译、矿化蚀变信息提取、区域生态地质调查、地质灾害调查以及矿山开发多目标调查等国土资源遥感调查业务开展分析。

（1）遥感区域地质解译

主要是利用遥感影像，进行遥感影像单元和遥感形态单元（线形、环行）划分，对照参考已有地质资料，拟定全区岩性和构造地质解译标志，根据解译标志编绘遥感地质解译图，提供野外踏勘与调查使用。彩图 58 为岩体在 02B 星影像上的反映。

辅助于相关地质资料，可以编绘出遥感解译地质解译图（彩图 58）。经与已有的利用遥感地质解译图对比分析，02B 星 CCD 数据的地质体与地质界线填绘精度基本能够满足 1:100 000 遥感地质解译工作的要求。

利用 HR 与 CCD 多光谱融合影像（彩图 59），可开展 1:25 000 地质构造专题信息提取（彩图 60）。与该区已有的地质资料对比分析，02B 星可以辅助用于 1:25 000 地质构造解译应用。

（2）遥感矿化异常提取应用评价

利用"战略性矿产远景调查技术要求（DD2004－04）"中的遥感技术应用流程，对 02B 星 25－23 数据（2007 年 11 月 30 日）通过低端切割、高端切割和比值切割进行掩膜后，利用其 1~4 波段做主成分分析，提取铁染遥感异常。与使用 TM 数据提取的铁染异常（已查证）相比，仅有局部区域吻合。

但是，利用 02B 星 HR 几何精校正数据作为底图，叠加矿产资源异常信息，可以分析异常的空间分布关系（见彩图 61）。

（3）遥感区域生态地质环境调查应用

遥感区域生态地质环境调查是指利用遥感技术对由地质作用而形成并影响人类生存和发展的地质空间环境进行调查、分析与评价，主要调查要素包括植被、地貌、土壤、第四纪松散堆积物、岩石、地下水以及人类活动对环境的影响等，分析环境的演变。

以中俄界河为例，从生态地质环境调查的角度，利用 02B 星数据开展界河两侧护岸工程设施分布现状调查，分析塌岸地质灾害现状、历史和发展趋势调查。对 02B 星 CCD 数据与 1986 年的 1:50 000 比例尺地形图配准和套合之后，通过人机交互解译形式，采用拉帘对比、透明对比等对比方法，解译岸线位置变迁，进而编制 1:100 000 中俄界河塌岸地质灾害遥感解译专题图（彩图 62、彩图 63）。

护岸工程主要为水泥护岸和砌石护岸，紧邻江面，通常靠近居民地和重要工矿企业，有一定的长度，表面平整，基本无植被发育，属于强反射体，显示为明亮的白色条带，边界整齐，由于护岸宽度有限，识别主要受分辨率影响。02B 星 HR 数据可以有效地进行识别。

（4）遥感地质灾害调查应用

遥感地质灾害监测主要以遥感数据和地面控制为信息源，获取地质灾害及其发育环境要素信息，在基础图像上建立典型地质灾害类型、构成要素、地貌、地质构造、岩（土）体类型、水文地质现象和土地覆盖类型等的遥感解译标志。确定地质灾害的类型、规模及空间分布特征，分析地质灾害形成和发育的环境地质背景条件，编制地质灾害类型、规模、分布遥感解译图件。该部分内容详见应急事件总结部分。

（5）遥感矿产开发利用状况调查与监测应用

按照"矿产资源开发多目标遥感调查与监测基本技术要求（2006）"，矿产资源开发利用状况遥感调查与监测，主要是调查和监测矿产资源开采点的分布位置、数量、开采方式（露天、地下、露天＋地下）、矿产开发的开采状态（正在开采或已经关闭、是否无证开采以及有无乱采滥挖或越界开采等情况）、以及矿产开发区的固体废物堆放情况（包括排土场、固体废弃物堆积、尾矿库等）等。彩图 64 为利用 02B 星数据进行矿山环境调查与监测，采矿坑等清晰可见。

2.3.3 行政性监测与执法监管应用评价

目前，土地资源违规使用，矿山开发越界开展或无证开采等违法事件逐步增多，人为造成的地质灾害也日益频发。为此，需要采用新思维方式以及新的技术方法加大对这些国土资源违法事件的监管力度。该类行政性监测对数据的实效性与数据的有效覆盖能力有较高的要求。

在数据保障的情况下，对于这些违法事件的监测可以在放宽地理空间几何精度的同时，重点从地物属性的变化来评判违规与违法事件是否发生。因此，数据的最大判识能力，即最小图斑的识别精度是影响行政性监测准确性的主要因素。

（1）土地执法检查

《中华人民共和国土地管理法》第三十条规定："国家建立全国土地管理信息系统，对土地利用状况进行监测"。近年来，随着我国现代化建设进程的日益加快，经济发展对土地资源需求的急剧增加，出现了建设用地总量增长过快，低成本工业用地过度扩张，违法违规用地、滥占耕地现象屡禁不止等问题，党中央国务院高度又提出了加强土地调控与监管的重大决策。

2004 年 10 月，《国务院关于深化改革严格土地管理的决定》（国发〔2004〕28 号）正式提出建立国家土地督察制度；2006 年 7 月，国务院决定建立国家土地督察制度。土地监管工作逐步规范化、程序化和制度化，要求实现事前、事中、事后全程监管，实时监控土地利用和开发情况，通过"影像举报"等方式创新土地违规违法发现机制，提高运用先进技术发现土地违法行为的能力。根据我国国情，土地监管和执法监查需要对 1 亩以上地块实施监测，需要空间分辨率优于 5 m 的遥感影像；事前预防、事中监督和事后核查可采用一般监测方法，采用年度、半年和季度相结合的方式，需 20～30 日内获取满足覆盖完整监测区域的遥感影像数据，重大违法案件应急监测需 3～5 日内获取满足覆盖完整监测区域的遥感影像数据。此外，土地监管和土地执法监察工作对遥感影像空间定位精度要求也较高，为便于实地定位目标，遥感影像绝对定位精度要求优于 10 m，为提高面积量算的可靠性，影像内部几何畸变要求较小，量算的面积相对误差要求不超过 10%，相对定位精度应不超过 0.5 个像素。

02B 星 HR 相机数据空间分辨率可以满足土地监管和土地执法监察工作需要，当核查区域范围较小，恰好能够单景 02B 星 HR 数据范围内时，由于轨道重访周期在 1 个月内，其时效性也可以满足需要；但当区域范围较大时，其数据获取周期较同类卫星数据长，很难满足实际工作需要。

（2）矿山开采活动监测

主要监测矿山是否已按相关要求，进行了关闭。一般以周围有无人类活动迹象和图斑的色调差异进行判断，HR 影像能够显示矿山开采的相关信息（图 4（a）、（b）），为矿山开采状态的调查与监测提供重要依据；但是矿山开采的输送带及运煤车辆无法分辨。关闭煤矿色调较浅，在 HR 影像上仍可以分辨进行判识（图 4（c）、（d））。

根据 1:10 000 矿山关键区遥感监测最小识别图斑 4 mm² 的要求，02B 星 HR 数据能够发挥重要作用。

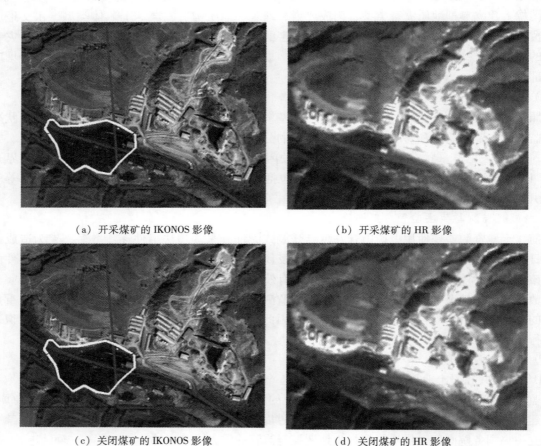

（a）开采煤矿的 IKONOS 影像　　　　　　（b）开采煤矿的 HR 影像

（c）关闭煤矿的 IKONOS 影像　　　　　　（d）关闭煤矿的 HR 影像

图 4　矿山开采状况监测

（3）在矿山开发状况监测中的应用

利用遥感手段进行矿山开发状况监测，主要依靠从遥感影像提取正在活动的开采信息，和采矿登记数据库中采矿范围进行比对，从空间关系上判断其是否违法。

图 5 为本溪南部地区利用 2007 年采矿登记矿界线和 HR 数据解译成果叠加后制作的采矿状况 1:10 000监测示意图。局部放大图件内有 4 个采矿活动面，显示采矿痕迹明显，边界清晰。1 号、4 号采矿活动面的边界跨越了采矿登记范围，属于越界开采；3 号开采面在开采范围之外，属于无证开采；2 号开采面的堆积区在采矿登记范围之外，属于正常开采。

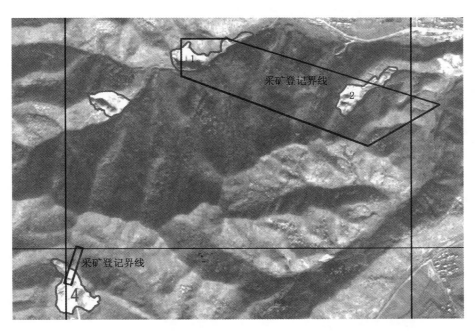

图 5　本溪市矿山试验区 HR 数据监测图（局部）（1:10 000）

2.4　汶川大地震应急应用总结

采用 02B 卫星数据与其他卫星数据结合作为遥感数据源，与地理控制信息相结合制作解译基础，基于地质灾害地学原理，以人机交互方法进行解译，获取数字形式的，有各自位置信息及属性的地质灾害体基本信息，再在 GIS 平台上进行空间分析，了解地质灾害的特征。在四川汶川地震发生后，国土资源部领导非常重视中巴资源卫星 02B 星数据在地震灾情监测中的应用。部 02B 星数据应用与推广办公室立即组织相关力量，专人负责震区中巴资源卫星数据的接收、处理与灾情分析，并及时上报调查与监测结果。

从 2008 年 5 月 13 日至 6 月 4 日，收到震后震区多期中巴资源卫星多光谱 CCD 数据共 103 景和高分辨率 HR 数据 114 景。制作了整个震区震后中巴资源卫星数据标准影像图（图 6）。该数据主要用于大型灾害体的识别。

根据所收到的震区有效中巴资源卫星数据，识别出部分堰塞湖的分布。并通过与航空影像对比解译，监测了个别堰塞湖的水位变化情况，利用多期中巴资源卫星数据监测了堰塞湖的变化趋势。部分无云的中巴资源卫星数据已用于中大规模崩滑体等地质灾害的遥感调查。

根据 2008 年 5 月 14 日航拍图与 2008 年 5 月 18 日 02B 星的 CCD 数据对比（图 7），该处水面面积从 76 000 m^2 增加到 150 000 m^2，漩坪乡及张家坝已全部被淹，估计漩坪乡水位上涨 10 m，张家坝到漩坪乡距离 7.3 km，平均水宽 120 m，估算库容增加 1 倍，达 1 600 万 m^3。漩坪乡上游未见大型堰塞湖。对湔江流域 5·12 地震后堵塞江段的 02B 遥感调查（彩图 65）结果统计，共解译了 120.6 ~ 2 665.8 m 的 54 段堵江，堵江总长度为 31.564 km^2。

利用 6 月 1 日获取的 HR 数据和 CCD 数据进行融合后，开展地质灾害识别。从图像中共识别出滑坡体 10 多处（见彩图 66）。

汶川地震后中巴卫星CCD遥感图像

地图投影： TM投影
地球模型： 克拉索夫椭球体
像元大小： 19.5米
图像时间： 2008年5月16日+2008年5月19日
制作时间： 2008年5月

制作单位：中国国土资源航空物探遥感中心

图6　汶川地震区震后02B卫星遥感图像

(a) 2000年ETM影像图

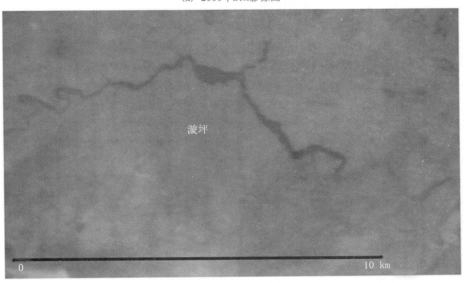

(b) 2008年5月18日CBERS-02B星影像图

(c) 2008年5月14日航摄

图7 堰塞湖水位变化监测

3 主用户应用总结

2008 年 4 月，02B 星数据应用与推广办公室向中国资源卫星应用中心提交了数据获取任务请求。国土资源部也积极组织相关技术力量开展了技术攻关及国土资源调查与监测业务。但到目前为止，这些调查与监测业务仅青藏高原生态地质环境调查业务获得了部分有效的多光谱 CCD 数据；高分辨率 HR 数据覆盖呈梳子状分布或零星分布，基本上不成片，离业务应用还有一定的距离。通过一些应用情况分析，利用 02B 星多光谱 CCD 数据可制作 1∶100 000 的遥感影像图，通过 HR（全色）数据与 CCD 多光谱数据融合可制作 1∶50 000 的遥感影像图（平地）。

1）在土地业务中，利用 02B 星 CCD 数据可开展 1∶100 000 比例尺国家级土地资源调查与监测；HR 数据可用于中小尺度土地利用遥感动态监测中建设用地的监测。

2）在地质调查中，利用 02B 星数据可开展 1∶100 000 遥感地质解译以及 1∶250 000 的区域地质调查；可辅助开展 1∶50 000 地质调查和 1∶25 000 构造地质解译。

3）在地政、矿政监管中，如放宽地理几何精度要求，根据可判识的最小图斑，利用 02B 星 HR 数据可开展 1∶10 000 矿山开发情况监测，以及土地执法检查。

与国外同类商业化运行的卫星相比，02B 星在波段设置、卫星姿控和数据传输方式、HR 与 CCD 相机的视场同一性等方面还存在缺陷，这些对 02B 星数据的大规模应用不利。

1）HR 数据内部几何畸变较大，波段配准精度不高，在应用中数据处理工作量成倍增加（如用于影像校正的控制点数不能低于 30 个，而 SPOT - 5 只需 6~9 个），在一定程度上影响了工作效率，增加了数据处理成本。

2）HR 载荷幅宽窄，只有 27 km（SPOT - 5 为 60 km），短时间内难以实现土地利用变化、基础地质与地质环境、矿产资源、地质灾害以及矿产资源开发多目标等任务的连片调查与监测。

3）由于 HR 与多光谱 CCD 二者的幅宽、覆盖范围以及视场的非同一性，难以保障国土资源业务应用中充分利用融合图像开展区域性资源的基础地质与地质环境、矿产资源、地质灾害以及矿产资源开发多目标等任务的调查与监测。

4）HR 数据的压缩比过高（1∶8），影响地类边界勾绘、面积以及长度等量测的精度，用于大比例尺调查（1∶10 000）有困难。

5）由于几何畸变、波段配准、影像色差等综合影响，造成 02B 星数据多景数据图像镶嵌、几何拼接、色调调整上的困难。

Application of 02B Satellite Data in Ministry of Land and Resources

Office of 02B Data Application and Extension of Ministry of Land and Resources

Abstract：Satellite 02B plays a great role in land and resources survey. China's Ministry of Land and Resources as the main user of satellite resources, uses resources satellite data to the National HR 84 a population of over 500 000 urban of land use change monitoring, basic geological and geological environment survey, mineral resources of remote sensing surveys, remote sensing geological disaster investigation and mineral resources exploitation of multi-project monitoring and remote sensing survey.

Key words：CBERS - 02B Land and resources Earthquake area in Wenchuan

CBERS-02B 卫星数据在国土资源应用方面的分发与服务

中国资源卫星应用中心

摘　要：根据 CBERS-02B 星主用户国土资源部的数据获取请求，中心迅速启动主用户机制工作计划，本文简要介绍了为主用户提供 CBERS-02B 卫星数据所安排的计划接收、查询、生产及数据提供情况。

关键词：CBERS-02B　国土资源　分发与服务

1　引言

中国资源卫星应用中心根据 CBERS-02B 星主用户国土资源部国际合作司"关于请安排 2008 年度 02B 星数据获取任务函"及关于《国土资源部 2008 年度 02B 星数据获取需求》，迅速启动主用户机制工作计划，立即安排计划接收、查询、生产，确保任务完成。

2　国土资源部 2008 年度 02B 星数据获取需求

2.1　城市土地利用变化情况监测

获取要求为：提供 2008 年 8 月~12 月间，覆盖 84 个城市完整市辖区的 CBERS-02B 卫星 HR 数据和 CCD 数据。HR、CCD 同时接收，数据图像中云、雪量不高于 10%，并覆盖城乡结合部等关键区域。

2.2　基础地质与地质环境调查

根据中国地质调查局 2008 年的遥感基础地质与地质环境调查业务安排，以青藏高原生态地质环境遥感调查与监测、黄河流域基础地质环境遥感调查与监测以及中国东部重要经济区带基础地质环境遥感调查与监测 3 个遥感调查类项目要求为目标，开展 CBERS-02B 卫星规模化应用的试点工作。

具体获取要求为：

1）覆盖青藏高原全区、哈拉胡—念青唐古拉中央隆起带南段典型区和河西走廊典型区，共计 318 万 km²。2008 年度 4 月~6 月 CBERS-02B 卫星的全部 CCD 数据和部分 HR 数据。

2）黄河流域总面积约 80 万 km²，2008 年度 5 月~10 月 CBERS-02B 卫星的全部 CCD 数据和部分 HR 数据。

3）中国东部重要经济区带总面积约 100 万 km²，环渤海区 2008 年夏秋季、长三角珠三角区 2008 年春冬季的 CBERS-02B 卫星的 CCD 数据和 HR 数据。

[作者简介]　蔡伟，中国资源卫星应用中心市场部主管，负责资源卫星数据的市场推广和开发。

2.3 矿产资源遥感调查

选择青藏铁路沿线和西昆仑，利用 CCD 数据和 HR 数据开展遥感地质解译与矿产资源调查研究。获取要求为：2008 年年内数据以及部分地区 2009 年年内数据。

2.4 遥感地质灾害调查

以喜马拉雅山地区重大地质灾害遥感调查和四川东部缓倾斜坡地区特大型滑坡遥感识辨技术为依托，利用 CBERS – 02B 星的 CCD 数据和 HR 数据，选择部分重点区开展重大地质灾害 1:50 000 遥感调查，基本查明工作区重大地质灾害类型、分布和发育的地质环境条件，分析其分布发育规律，指出重大灾害隐患部位。

获取要求为：覆盖喜马拉雅山地区以及重庆及四川东部地区 40 余处大型滑坡体。覆盖喜马拉雅山地区的数据要求为 2008 年年内 5 月 ~ 9 月或存档的数据，重庆及四川东部地区的数据要求为 2008 年 ~ 2009 年间 CBERS – 02B 星任意时相、任意时间的 HR 数据。

2.5 矿产资源开发多目标遥感调查与监测

2008 年计划对 60 多个矿山（矿点），开展矿产资源开发利用、矿山环境和规划执行状况多目标遥感调查动态监测。比例尺为 1:10 000 ~ 1:50 000。拟选择部分矿山，一方面，利用 CBERS – 02B 星数据开展调查（对于尚未开展调查的矿山）；另一方面，利用 CBERS – 02B 星数据开展动态监测（对于已利用遥感数据开展调查的矿山）。

获取要求为：2008 年 10 月前，覆盖矿山监测区的 CBERS – 02B 星 CCD 数据和 HR 数据。

3 中心具体实施方案

根据上述工作计划，中心领导安排中心有关部门编制卫星接收计划，积极组织所需数据的查询、生产，合理安排 CBEERS – 02B 卫星的成像计划，并定期对所需数据进行检索，保证了最新采集的数据及时上网、提供给用户。

由于 CBERS – 2B 卫星携带高分辨率 HR 相机，为了保证地面采集区域的覆盖特性，需要有计划安排常规侧摆，即通过 4 次侧摆及 1 次星下点成像实现地面成像全覆盖，见表 1 所示。此外，根据天气预报，结合历史成像记录，主动安排 HR 成像，填补数据漏洞。中心根据数据漏洞制订了合理、有效的成像计划，并针对任务需要编写了专用的计划安排软件，只需输入缺漏数据的经纬度及所要成像的时间，即可自动编排成像计划，大大提高了计划安排的准确性。

在 2008 年 7 月 CBERS – 02B 卫星测控权从西安测控中心向巴西方面移交期间，中心通过多种渠道对测控权移交问题进行沟通，并敦促尽快执行常规侧摆，减小对国土资源部所需数据成像的影响。

表 1　5 次侧摆的安排

侧摆次数	1	2	3	4	5
侧摆距离/km	42.8	21.4	0	− 21.4	− 42.8
侧摆角度/（°）	3.17	1.58	0	− 1.58	− 3.17

在 5·12 汶川地震期间，中心根据国土资源部对震区影像的需求，通过 CCD 相机、HR 高分辨率相机，及时对震区主动安排成像，见表 2 所示。同时，中心启用 CBERS – 02 星对震区进行成像，实现了 02B 星、02 星对震区无间断的连续观测，并获得了大量的震区数据，及时将数据上网提供给国土资源部。

表 2　对震区的计划安排

序号	城市名称	Path	经纬度	成像日期	卫星及传感器	申请单位
1	汶川、茂县、北川	11	Lon：103.58 Lat：31.48	2008 – 05 – 13	02 星 CCD	国土资源部
2	汶川、茂县、北川	11	Lon：103.58 Lat：31.48	2008 – 05 – 14	02B 星 CCD	国土资源部
3	汶川、茂县、北川	11	Lon：103.58 Lat：31.48	2008 – 05 – 15		国土资源部
…	……	…	…	…	……	……
25	千阳县城、南郑县城	10		2008 – 06 – 12	02B 星 CCD	国家减灾委
…	……	…	…	…	……	……
31	汶川、茂县、北川	11	Lon：103.58 Lat：31.48	2008 – 06 – 17	02 星 CCD	国土资源部

中心共安排常规平台侧摆 5 次，主动平台侧摆 44 次，CCD 相机侧摆 27 次。

4　提供数据情况

截至目前，中心向国土资源部提供 02B 星数据合计 16 800 景，其中 HR 数据 12 444 景、CCD 数据 4 002 景、WFI 数据 357 景。其中：

1）基础地质与地质环境调查。中心提供 CCD 数据 2 882 景、HR 数据 6 882 景。

2）地质灾害调查（重庆川东特大型滑坡）。中心共提供 HR 数据 356 景。

3）矿产资源开发多目标遥感调查与监测（矿山监测工作区和矿产资源调查区）。中心共提供 CCD 数据 1 017 景、HR 数据 5 206 景、WFI 数据 357 景。

对于全国 84 个 50 万人口以上城市土地利用变化情况监测所需的 HR 数据，中心分 3 批共完成潍坊、呼和浩特、西安等 37 个城市的 02B 星 HR 数据并报送国土资源部（接收时间 2008 年 8 月前）。

目前中心已开通国土资源部（中国土地规划院、航遥中心）利用固定 IP 地址可直接上网查询、订购 02B 数据。中心对于其他尚未提供的数据产品，依时相要求、任务缓急安排卫星接收计划，并将计划安排及时上报国土资源部并保持联系、沟通，及时反馈用户信息。待 02B 星下传数据后立即安排生产，确保定单完成。

CBERS – 02B Data in Land and Resources Application in Distribution and Services

China Center for Resources Satellite Data & Application

Abstract：According to Ministry of Land and Resources 02B satellite of the main user access to the data request, centre for the prompt start of the primary user mechanism work plan. This thesis introduces the main users of data provided by the 02B plan for the reception, enquiries, production and availability of data.

Key words：CBERS – 02B　Land and resources　Distribution and services

利用 CEBRS – 02B 卫星数据进行汶川地震森林资源损失快速评估

张文，周立江，潘发明，刘波，骆建国，王峰

（四川省林业调查规划院，成都　610081）

摘　要：地震灾害的特殊性使得地震灾害评估不能深入灾区现场，本文采用遥感方法，利用中巴地球资源卫星（CEBRS）遥感数据，结合区域以往资料，进行了汶川地震重灾区域森林资源快速评估。在遥感解译的基础上，详细分析了汶川地震对区域森林资源、大熊猫栖息地、生态系统等方面的影响，这些分析结果不仅为抗震救灾提供了及时的决策依据，也给灾后重建提供了大量翔实的科学依据。通过实践应用充分证明，综合运用遥感和地理信息系统技术，CEBRS 遥感数据完全能够满足森林资源快速评估的需要。

关键词：中巴地球资源卫星　遥感　森林资源　损失　快速评估

汶川特大地震震区位于四川盆周西缘龙门山区域，是青藏高原东缘山地生态脆弱区域，是我国大熊猫等珍稀野生动物的主要栖息地和自然保护区集中分布的区域，是长江上游极为重要的水源地。为了比较全面、科学、客观地评价地震及次生山地灾害给林业与生态建设造成的损失，为灾后重建制定规划提供本底背景、基础数据与相关依据，我们利用中巴资源卫星（CEBRS）数据，结合区域以往相关的一些专题信息，借助遥感（RS）和地理信息系统（GIS）技术，对地震灾害的主要区域进行了森林资源损失快速评估。

1　评估范围及其基本情况

1.1　评估区域

地震灾害影响森林资源的主要形式有滑坡、崩塌、坠石、泥石流和淹没（堰塞湖水淹）。汶川地震主震发生在四川省阿坝藏族羌族自治州汶川县境内的映秀镇与漩口镇之间，北纬 31.0°，东经 103.4°，高地表深度 33 km；距离都江堰市西 21 km（267°），崇州市西北 48 km（327°），大邑县西北 48 km（346°），成都市西北 75 km（302°）。

根据地震发生位置，结合区域地质地貌和森林资源分布情况，本研究和评估区域选择成都市、德阳市等 5 个市（州）的 12 个县（市）作遥感数据处理与解译的范围，它们分别是成都市所辖的都江堰市和彭州市 2 市，德阳市所辖的什邡市和绵竹市 2 市，绵阳市所辖的平武县、北川县、安县和江油市 3 县 1 市，阿坝藏族羌族自治州汶川县、理县和茂县 3 县，广元市青川县 1 个县（见图 1 所示）。评估区域总面积 33 448 km²。

[作者简介]　张文（1969—　），高级工程师，1992 年毕业于西南林学院，现于四川省林业调查规划院森林资源监测中心办公室工作，主要从事森林资源监测、林业 3S 应用及生物多样保护等工作。

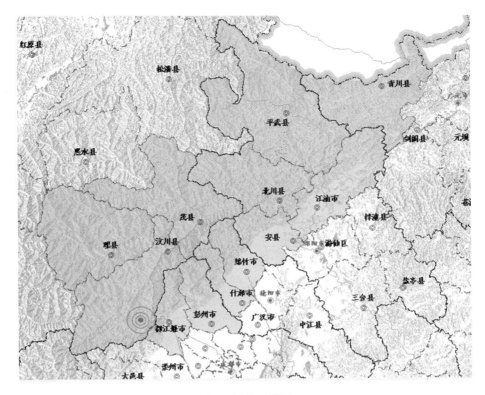

图 1　评估区域图

1.2　评估区域基本情况

评估区是岷江、涪江、嘉陵江流域的上游流域及众多支流的发源地，是四川省长江上游生态屏障建设的重要组成部分，按照生态区位重要性划分标准，其生态区位重要性等级为"重要"。由于特殊的地貌和地质条件，该区域是四川省各种山地灾害的频发区，水土流失严重，按照生态敏感性划分标准，其生态敏感性等级为"脆弱"。鉴于该区域特殊的生态区位和独特的地质、地貌条件，一直是四川省生态屏障建设的重点地区。

1.2.1　林地资源

评估区 12 县（市）林地面积 2 188 441.7 hm²，有林地森林覆盖率为 44.3%。林地面积按权属分列分别为国有 950 472.3 hm²，集体 761 504.9 hm²，其他（包括个人）476 464.5 hm²，各占评估区域林地面积的 43.4%、34.8% 和 21.8%。林地面积地类构成为：有林地 1 419 940.4 hm²，疏林地 48 666.8 hm²，灌木林地 573 066.5 hm²，未成林地 56 852.0 hm²，其他林地 89 916.0 hm²，地类结构所占百分比依次为：64.9%、2.2%、26.2%、2.6% 和 4.1%（详见表 1 所示）。

表 1　林地面积统计表　　　　　　　　　　　　　　　　　　　　　（单位：hm²）

林地权属	林地	有林地	疏林地	灌木林地	未成林地	其他林地	森林覆盖率/%
总计	2 188 441.7	1 419 940.4	48 666.8	573 066.5	56 852.0	89 916.0	44.3
国有	950 472.3	679 519.5	15 757.3	235 218.9	3 314.9	16 661.7	
集体	761 504.9	406 758.6	22 574.6	264 203.5	14 870.3	53 097.9	
其他	476 464.5	333 662.3	10 334.9	73 644.1	38 666.8	20 156.4	

1.2.2　蓄积资源

评估区 12 县（市）活立木总蓄积量为 16 852 万 m³，其中国有 11 322 万 m³，集体 3 530 万 m³，其他权属 2 000 万 m³，各占总蓄积量的 67.2%、20.9% 和 11.9%。活立木蓄积结构为：有林地蓄积 15 985 万 m³，疏林地蓄积 148 万 m³，散生木蓄积 439 万 m³，四旁树蓄积 280 万 m³，蓄积各类别占总量的百分比依次为 94.8%、0.9%、2.6% 和 1.7%（详见表 2 所示）。

表 2　各类蓄积统计表　　　　　　　　　　　　　　　　　　（单位：m³）

林木权属	活立木总蓄积	有林地蓄积	疏林地蓄积	散生木蓄积	四旁树	
					株数/株	蓄积
合计	168 515 225	159 852 300	1 476 835	4 386 382	95 745 994	2 799 708
国有	113 215 390	108 879 892	516 536	3 770 361	445 715	48 601
集体	35 303 718	31 714 153	670 873	404 464	94 918 421	2 514 228
个人	19 996 117	19 258 255	289 426	211 557	381 858	236 879

1.2.3　自然保护区

评估区域是野生动物的生物多样性富集地区，自然保护区数量多，所占比例大。大熊猫、斑尾榛鸡、雉鹑、四川雉鹑、四川山鹧鸪、绿尾虹雉等物种分布较多。作为大熊猫栖息地分布的核心区域，区域大熊猫栖息地面积达 144 万 hm²，占全部四川省熊猫栖息地面积的 81.4%，野外大熊猫数量达 1 028 只，占全部四川省大熊猫数量的 85.2%。区域内自然保护区总面积为 928 739 hm²，占区域幅员面积的 27.8%，占区域林地面积的 42.4%。在 19 个自然保护区中，有国家级保护区 6 个，面积 397 067 hm²；省级保护区 11 个，面积 517 605 hm²；其他等级保护区 2 个，面积 14 067 hm²（详见图 2 和表 3 所示）。

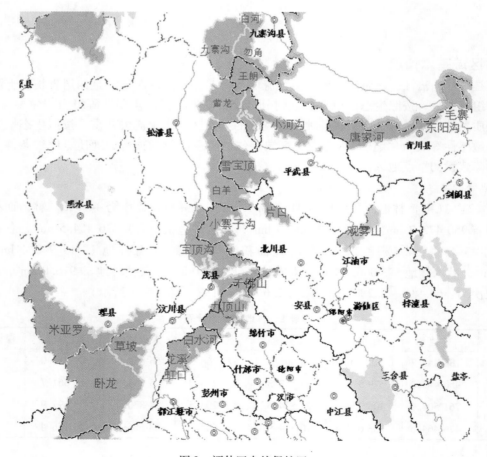

图 2　评估区自然保护区

表3 评估区内自然保护区一览表

级别	名称	地点	批建时间	面积/hm²	主要保护对象
国家级	四川卧龙自然保护区	汶川县	1963	200 000	大熊猫及森林生态系统
国家级	四川唐家河自然保护区	青川县	1978	40 000	大熊猫及森林生态系统
国家级	四川王朗自然保护区	平武县	1963	32 297	大熊猫及森林生态系统
国家级	四川龙溪－虹口自然保护区	都江堰市	1995	31 000	大熊猫及森林生态系统
国家级	四川白水河自然保护区	彭州市	1996	30 155	大熊猫及森林生态系统
国家级	四川雪宝顶自然保护区	平武县	1993	63 615	大熊猫及森林生态系统
省级	四川片口自然保护区	北川县	1993	8 829	大熊猫及森林生态系统
省级	四川小寨子沟自然保护区	北川县	1979	44 384	大熊猫及森林生态系统
省级	四川小河沟自然保护区	平武县	1993	28 227	大熊猫及森林生态系统
省级	四川千佛山自然保护区	安县、北川县	1993	17 710	大熊猫及森林生态系统
省级	四川宝顶沟自然保护区	茂县	1993	88 400	大熊猫及森林生态系统
省级	四川草坡自然保护区	汶川县	2002	55 678	大熊猫及森林生态系统
省级	四川九顶山自然保护区	绵竹、什邡市	1999	41 700	大熊猫及森林生态系统
省级	四川米亚罗自然保护区	理县	1999	166 732	大熊猫及森林生态系统
省级	四川东阳沟自然保护区	青川县	2003	30 761	大熊猫及森林生态系统
省级	四川毛寨自然保护区	青川县	2003	14 150	大熊猫及森林生态系统
省级	四川观雾山自然保护区	江油市	2004	21 034	森林生态系统及野生植物
市州级	大小沟自然保护区	青川县	2000	4 067	森林、野生动物
县级	龙门山冰川漂砾自然保护区	彭州市	1999	10 000	地质遗迹

2 评估方法

2.1 遥感方法

利用灾后卫星影像资料,判释灾区地震及次生山地灾害产生的崩塌、滑坡、泥石流及堰塞湖淹没与泄洪冲毁等灾害迹地,并通过实地典型调查和调绘,对坠石造成的林地灾害迹地进行分析估算。

2.1.1 CEBRS 数据

汶川地震灾害四川林业专项评估项目所使用的遥感数据全部为中巴地球资源卫星02B星(CEBRS－02B)的遥感数据。数据时相自2008年5月14日至6月4日,参考数据多达122景,其中CCD影像64景,HR影像58景(详见表4所示)。

表4 CEBRS 遥感数据一览表

日期	CCD		HR	
	景幅	数量	景幅	数量
2008.05.14	12/63,12/64,12/65	3		
2008.05.15	11/62	1		
2008.05.16	11/63,11/64,11/65,11/66,11/67	5		
2008.05.17	12/63,12/64,12/65,12/66,12/67	5		
2008.05.18	11/63,11/64,11/65,11/66,11/67	5		
2008.05.19	11/64,11/65,12/63,12/66,12/67	5		
2008.05.20	12/63,12/64,12/65,12/66	4		
2008.05.22	11/63,11/64,11/65,11/66,11/67	5		
2008.05.23	12/63,12/64,12/65,12/66	4		
2008.05.24	10/63,10/64,10/65	3		
2008.05.25	11/64	1		
2008.05.26	11/63,11/66,11/67	3	13/63/C(1),13/65/C(1,2,3,4,5)	6
2008.05.28	11/63,11/64,11/65,11/66,11/67	5		

日期	CCD		HR	
	景幅	数量	景幅	数量
2008.05.29	12/63，12/64，12/65，12/66，12/67	5	12/63/A—12/67/A 各 5 景	25
2008.06.01	11/63，11/64，11/65，11/66，11/67	5	11/63/B（3，4）	2
2008.06.04	10/61，10/62，10/63，10/64，10/65	5	10/61/C—10/65/C 各 5 景	25
合计		64		58

2.1.2 CEBRS 数据处理

考虑到评估的快速性要求，对 CEBRS 数据校正仅作粗校正。利用国家基本比例尺地形图作参考，一是利用 ERDAS9.0 Image Geometric Correction 进行影像校正，使用二次或三次多项式变换，将遥感影像校正到地形图投影；二是首先利用 Erdas Reproject 将遥感影像投影变换到地形图使用的投影，再利用 ArcMap9.0 中的空间参考（GeoReferencing）工具，选择明显地物点（一般为 8 个左右）做空间配准，再利用一次多项式（1st order polynomial affine，仿射变换）将遥感影像粗略地纠正到工作区定制的空间参考体系中。

采取直方图拉伸、灰度变换和方差调整等方法，增加遥感影像目视解译的可读性与可判性。利用多时相同传感器遥感数据进行同区域的反复解译和对比分析，克服解译误判和云层覆盖问题。

2.2 其他方法

2.2.1 专题叠加分析

在完成崩塌地判释获取灾害迹地的基础上，采用近年完成的森林资源分布图、自然保护区布局图、植被类型分布图等专题资料，与崩塌等灾害迹地图形结合进行叠加分析，获取相关专业范畴灾害损失信息，并与图形数据库资料结合，进行灾害损失评估和影响分析。

2.2.2 统计分析

根据解译结果，利用森林资源数据库进行森林资源实物量统计与分析，进一步评价灾害对森林资源的影响。

3 评估结果

3.1 森林资源损失

3.1.1 损失森林资源数量大

区域森林资源面积减少 17.3 万 hm^2、蓄积受损 1 030.4 万 m^3。区域森林覆盖率降低 3 个百分点，导致四川省森林覆盖率下降 0.2%，为四川省年初制定的森林覆盖率增长 0.5 个百分点的 1/2。

受灾区域森林资源受损最严重的林地类型是其他林地，受损面积为 1.5 万 hm^2，占区域受灾前同类面积的 17.7%；其次是未成林地，受损比例达 10.5%。

最突出的受损类型是崩塌，面积达 11.4 万 hm^2，占受损森林资源面积总量的 66.2%，其次是滑坡，比例达 33.2%（详见表 5 所示）。

表 5　评估区域森林资源受损统计表 　　　　　　　　　　　　　　（单位：hm^2）

灾害类型	林地	有林地	疏林地	灌木林地	未成林地	其他林地
合计	172 959.9	99 027.3	637.1	51 992.0	5 953.2	15 350.3
滑坡	57 492.4	34 995.7	162.8	16 366.4	1 507.6	4 459.9
崩塌	114 473.5	63 472.6	469.1	35 277.9	4 441.8	10 812.1
坠石	95.5	78.6	0.0	16.9	0.0	0.0
泥石流	280.1	179.1	0.0	100.2	0.0	0.8
堰塞湖	618.4	301.3	5.2	230.6	3.8	77.5

3.1.2 区域森林质量总休下降

评估区域损失森林蓄积量 10 30.4 万 m³，受损有林地面积 9.9 万 hm²，平均每公顷蓄积为 104.1 m³，据此估算，受灾范围内所有森林平均单位蓄积量下降 7.5 m³/hm²，按四川省森林的综合生长率计算，相当于每公顷林地 2 年的生长量。

森林资源质量下降还体现在森林郁闭度明显下降。坠石是导致森林资源郁闭度下降的主要原因。评估区域所处环境为四川盆地边缘，山高坡陡，为四川省典型的峡谷区域（后山），森林立地极其脆弱。山体上部虽然没有形成崩塌面，但巨石坠落，造成林木受损，其影响范围更大。据江油市、什邡市等线路调查结果显示，坠石造成的森林资源受损面积是同区域崩塌面积的 1.5~2.5 倍。

评估区域森林资源多分布于山体的中、上部，也就是当地一直称作为"后山"的区域，受地形地势限制，这些区域长期以来都一直处于相对原始的状态。这次地震灾害导致的山地次生灾害也主要发生在这些区域内，因此，在受损森林资源中，天然、原始林损失所占比重大（近70%），这也是森林资源质量下降的主要原因之一。

3.1.3 森林分布更加破碎

通过 12 个县（市）卫星数据的解译与森林植被叠加对比分析，森林系统班块数量增加 57 946 个，为地震前的 1.7 倍。从地震前后的变化来看，该区域以常绿阔叶林、常绿阔叶落叶混交林、山地灌丛、竹林生态系统的受破坏情况尤为突出，其次为低中山落叶阔叶林、亚高山落叶阔叶林、低山常绿针叶林、中山常绿针叶林、低山针阔混交林、山地硬叶常绿阔叶林受损也较明显。亚高山灌丛、亚高山草甸、高山流石滩植被等所受影响最小（详见表6所示）。

表6 各植被类型生境指标变化情况

植被类型	边缘指数/（m/km²）			破碎度指数/（个/km²）		
	震后	震前	差值	震后	震前	差值
常绿阔叶林	603.02	389.4	213.62	5.98	3.6	2.38
常绿、落叶阔叶混交林	456.49	259.96	196.53	4.33	2.3	2.03
低中山落叶阔叶林	433.22	337.83	95.39	3.72	2.68	1.04
亚高山落叶阔叶林	516.66	337.83	178.83	4.28	2.68	1.6
山地硬叶常绿阔叶林	310.23	169.6	140.63	1.74	0.88	0.86
低山常绿针叶林	531.83	366.49	165.34	3.43	2.26	1.17
中山常绿针叶林	459.51	366.49	93.02	3.11	2.26	0.85
低山针阔混交林	423.18	22.32	400.86	3.28	2.17	1.11
亚高山常绿针叶林	443.65	396.34	47.31	3.41	2.85	0.56
竹林	1 546.13	1 132.89	413.24	21.7	15.09	6.61
山地灌丛	460.54	207.44	253.1	3.52	1.35	2.17
亚高山灌丛	302.39	176.49	125.9	1.93	1.69	0.24
亚高山草甸	327.08	143.89	183.19	0.85	0.49	0.36
高山草甸	678.73	489.46	189.27	1.94	1.28	0.66
高山流石滩植被	680.32	588.97	91.35	1.97	1.77	0.2

3.2 大熊猫栖息地损失

3.2.1 大熊猫及珍稀野生动植物生存面临挑战

汶川特大地震引发了山体滑坡、泥石流、堰塞湖等次生灾害，对林地、林木破坏严重，较大范围和较宽幅度上对珍稀野生动物栖息地的生态环境产生了深远的影响。特别是大大小小、数量众多的堰塞湖使得栖息地的范围缩小，生态环境的破碎化程度进一步加大，给野生动物的迁徙和繁殖带来了很大障碍。大熊猫、金丝猴、小熊猫、牛羚、梅花鹿、豹等有可能被分割成小种群，可能导致区域性绝迹。东北－西南走向的震区是我国大熊猫南北迁移的主要廊道，地震造成了保护区与廊道的切割与破碎，适宜于大熊猫等珍稀野生动物生存与繁衍的生态系统难以在短时间内恢复。

3.2.2　野生动物的食物结构构成威胁

任何生态系统都有一个完整的食物链。食物链的结构和效率决定该生态系统的稳定性和持续性。地震前由于对保护区珍稀野生动物实行了严格的生态保护，形成了一个稳定有序、高效开放的食物链。地震产生的次生灾害导致栖息地部分丧失，受地震惊吓等因素使一些动物被迫迁移他地，从而影响了食物链的稳定性、有序性、效率性和开放性。致使一些野生动物天敌减少，由少数种成为当地优势种，从而更加深远地影响震区的食物链结构，为生物多样性保护带来更大的威胁。

3.2.3　为大熊猫等珍稀野生动物提供救助的难度增大

近年来，国家对林业生态建设的投入不断增加，天然林资源保护工程、野生动物保护区及自然保护区建设工程以及其他林业生态建设，使得林业的基础设施得到了明显的改善，盗伐、偷猎、采集、割漆、割竹、砍薪及朝山等人为活动明显减少，游客进入保护区后野外宿营、随意用火、大声喧哗、乱扔垃圾等问题得到了明显的遏制。汶川特大地震使得重灾区的林业办公用房、职工用房、管护站点等多数被夷为平地，保护区内生态保护与建设的基础条件基本丧失，这必然影响到对大熊猫等珍稀野生动物的保护工作，对大熊猫及其他野生动物的救助难度显著增大。

3.3　生态系统影响

3.3.1　生态系统脆弱性更趋突出

汶川特大地震的主震区龙门山断裂带，跨越了岷山山系和邛崃山系，多为陡峭的山地森林生态系统，本身具有一定的脆弱性。按生态地质环境的脆弱性分为 3 个类型。一是风化层深厚区：地表岩石形成的风化层较厚且结构松散，从而导致表层地质结构的不稳定性，易发生水土流失、山体滑坡、崩塌及泥石流等地质灾害，很多地方形成了的大面积的裸露区域，生态系统功能被严重削弱。二是石灰岩区：这类岩区在地震前植被保护较好，一旦破坏将形成裸岩。这次特大地震造成的山体滑坡、崩塌及泥石流形成了大面积的裸岩，其生态系统的恢复与重建将极其困难。三是陡坡区：主震区内岩石多为断裂发育，且以垂直断裂为主，使得山峰挺拔峻峭、地形复杂、沟深坡陡，震前有良好植被护坡，较为稳定，但地震使得山体松动，林地受损严重，在余震和暴雨的影响下极易发生泥石流和滑坡等地质灾害，将更加凸显其生态系统的脆弱性。

3.3.2　水源地涵养水源能力显著降低

龙门山地区丰富的森林植被类型和良好的森林覆盖，是岷江、涪江、沱江、嘉陵江等长江上游水系重要的水源涵养区，也是成都平原重要的生态屏障。整个龙门山脉以前从南到北终年都有茂密的森林覆盖，形成纵贯全川的绿色巨龙和川西天然屏障。根据损失的森林植被面积并结合已有的研究资料估算，灾区受损森林系统共损失蓄水能力约 219 731.7 万 m^3，其中森林植被截流蓄水能力损失 94 626.2 万 m^3，林地土壤层蓄水能力损失 125 105.7 万 m^3。森林系统损失的蓄水能力已相当于 2 座库容为 10 多亿 m^3 的大型水库。

3.3.3　水土流失危害进一步加剧

特大地震引发大面积的山体滑坡、崩塌、林地坍塌裂缝等，林木损毁、植被系统破坏，坡角和沟谷大量松散物堆积，并且岩土裸露区在很长一段时间还将产生新的水土流失。特别是进入雨季，暴雨频发形成泥石流和洪水的强度侵蚀，造成无数的林木被淹没、冲毁，有的则发生腐烂，岩土体成片地被冲进河沟，产生强度甚至剧烈水土流失。按松散堆积物量与本区域泥沙输移比为 0.25 估算，将有 107 393.2 万 m^3 的岩土松散物质逐年流入下游河道。

4　结语

中巴地球资源卫星遥感数据在四川汶川地震灾害林业专项损失及影响评估中发挥了至关重要的作

用。地震灾害发生突然，灾害影响评估工作受到很多现场条件的制约，通过遥感解译，能够及时获取大量受灾区域的相关信息，有效克服和解决了评估工作信息缺乏的技术难题。中巴地球资源卫星具有数据获取快捷、获取手续简便、同区域数据时相多、存档数据丰富等优势，更加广泛开辟了我国资源遥感技术的应用领域，快速地推广和普及了我国资源遥感专业技术的应用层次。通过 CEBRS-02B 卫星的 HR 数据，不仅可以快速验证多光谱影像解译精度，而且可以融合 CCD 数据，极大地提高了遥感数据的质量，可以满足资源遥感应用不同层次、不同分辨率的要求。通过汶川地震灾害林业专项影响快速评估项目可以充分地证明，CEBRS-02B 卫星遥感数据完全能够满足森林资源调查不同层次的具体要求。

同时，通过个案应用也说明，CEBRS-02B 卫星遥感数据还存在波段亮度偏低、条带与噪声明显、5 波段与其他多光谱波段位移、HR 与 CCD 多光谱位移，需要借助遥感处理软件或地理信息系统软件进行再次处理等缺陷。但通过本研究对近 100 景数据的应用情况来看，这些应用中的技术问题不仅可在 ERDAS 中处理解决，也可在 ArcMap 中处理解决。

5 致谢

感谢四川省林业损失评估项目组所提供的帮助与支持。参加项目工作的同志还有：马茂江、曹昌楷、蔡凡隆、杨洪国等。

参 考 文 献

[1] 四川省林业调查规划院. 汶川地震灾害四川省林业损失评估报告 [R]. 2008, 6.
[2] 韩颖娟, 李剑萍, 张学艺, 亢艳莉. 中巴资源卫星在宁夏水稻种植面积调查中的应用 [J]. 农业网络信息, 2006, 11.
[3] 四川植被协作组. 四川植被 [M]. 成都：四川人民出版社, 1980.

The Application CEBRS to Wenchuan Earthquake Rapid Assessment of Loss of Forest Resources

Zhang Wen, Zhou Lijiang, Pan Faming, Liu Bo, Luo Jianguo, Wang Feng

(Sichuan Forest Inventory and Planning Institution, Chengdu　610081)

Abstract：Earthquake disaster makes the disaster assessment can not be at the scene. The paper using remote sensing methods, based on the CBERS satellites (CEBRS) remote sensing data, with the past regional information, carries out the Wenchuan earthquake disaster rapid assessment of regional forest resources. According to the interpretation of remote sensing, the paper detailed analysis the Wenchuan earthquakes on regional forest resources, the giant panda habitats, ecosystems, such as the impact. These results not only for earthquake relief in a timely manner to provide the basis for decision making, but also to post-disaster reconstruction provides a large, detailed and accurate scientific basis. Application through practice has fully proved that the integrated use of remote sensing and geographic information system technology, CEBRS remote sensing data completely meets the needs of rapid assessment for forest resources.

Key words：CEBRS　Remote sense　Forest resource　Loss　Rapid assessment

基于中巴地球资源 02B 卫星遥感数据的
油菜识别技术研究

钟仕全[1,2]，陈燕丽[1,2]，陈玉兰[3]

（1 广西壮族自治区气象减灾研究所，南宁 530022）

（2 国家卫星气象中心遥感应用试验基地，南宁 530022）

（3 广西壮族自治区遥感中心，南宁 530022）

摘 要： 中巴地球资源 02B 卫星（CBERS－02B）是我国新发射的地球资源卫星，为了提高国产卫星遥感数据的应用率，充分发挥国产卫星在国民经济建设中的作用，本研究利用 CBERS－02B 卫星遥感资料，通过光谱分析法，分析研究油菜作物的光谱反射特性，建立油菜作物遥感信息识别模型，并利用该模型对云南省罗平县油菜作物进行信息提取研究。该油菜作物的识别技术，可为了解我国油菜种植情况，进行长势监测和产量估测提供技术参考。

关键词： CBERS－02B 卫星　油菜　遥感识别

1 引言

CBERS－02B 卫星于 2007 年 9 月 19 日 11 时 26 分发射成功。星上有效载荷主要有 5 谱段空间分辨率 19.5 m 的 CCD 相机和 2 谱段空间分辨率 258 m 的宽视场成像仪（WFI），增加空间分辨率为 2.36 m 的高分辨率相机（HR），回归周期为 26 d。利用 CBERS－02B 卫星遥感数据产品开展植被识别能力的研究，开发国产卫星遥感数据的应用潜力具有重要意义。

云南省罗平县是我国西南地区的油菜生产基地县，年播种油菜面积达 30 多万亩，油菜生产在带来油料经济效益的同时，又为罗平的旅游开发带来了新的产业。每年 2 月、3 月是油菜开花的时节，是罗平旅游的好季节。本研究选择云南省罗平县为例进行油菜作物识别研究。

2 遥感数据预处理

本研究选用了 CBERS－02B 卫星 CCD 成像的第 1～第 4 波段，谱段 1 为蓝波段（0.45～0.52 μm），谱段 2 为绿波段（0.52～0.59 μm），谱段 3 为红波段（0.63～0.69 μm），谱段 4 为近红外波段（0.77～0.89 μm），成像日期为 2008 年 2 月 24 日。该数据由中国资源卫星应用中心提供，列属二级数据产品。

2.1 几何校正

以经过精校正的 ETM 遥感数据为参考影像，对 CBERS－02B 卫星的遥感数据进行几何校正。采用人机交互式方法选择地面控制点（同一地区范围的景图像内均匀选取 9 个以上对应控制点），利用二次多项式和最邻近内插法对图像进行几何精度校正，经重新选点检验，将误差控制在 1 个像元内。为了保持

[作者简介] 钟仕全（1964— ），高级工程师，1988 年毕业于河北地质学院，现任广西自治区气象减灾研究所副所长，主要从事遥感应用研究工作。

[资助项目] 广西气象局重点科研项目（项目合同号：QK200602）。

CBERS–02B 卫星的高空间分辨率特性，几何校正前将 ETM 遥感数据重采样至 19.5 m，与 CBERS–02B 卫星的数据空间分辨率相匹配。

2.2　假彩色合成

根据植被的光谱特征和 CBERS–02B 卫星 CCD 数据的特点，本研究中采用第 2、第 4 和第 3 波段组合进行假彩色合成，分别对应绿波段、近红外波段和红波段。该组合较之于传统的 RGB 组合（对应 CBERS–02B 卫星数据的第 3、第 2 和第 1 波段）更利于油菜的目视解译。

3　建立识别模型

3.1　光谱特征分析

遥感影像上主要有两种植被：油菜和其他植被，但二者所处的生长期不同。油菜从现蕾至初花称为现蕾抽薹期，为营养生长和生殖生长并进时期，一般在 2 月中旬至 3 月中旬，所获 CBERS–02B 遥感影像成像时间为 2 月 24 日，正处于油菜的现蕾抽薹期，此时的其他植被刚开始返青。

此外，裸地和水体的光谱反射曲线在某些波段与植被覆盖地区具有相似性，因此我们在中巴地球资源 02B 卫星第 2、第 4 和第 3 波段合成图上选取了油菜、其他植被、水体、裸地四大地类的典型样区，分析各典型样区像元的直方图分布特征（见图 1）。

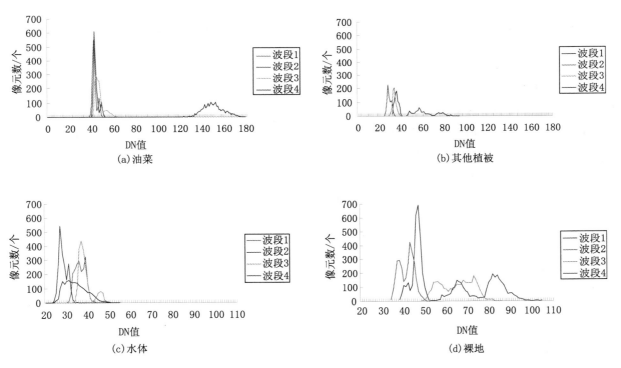

图 1　罗平县各典型样区像元直方图统计

由图 1 可以得知，油菜与其他植被在近红外波段（波段 4）的反射特性有显著差异。油菜在近红外波段表现为高反射特性，像元值均大于 110，分布集中，且与其他波段没有交叉现象；其他植被在近红外波段的高反射特性不明显，像元值均小于 110，分布不集中，与其他波段亦无交叉现象。水体与裸地的近红外波段像元值与其他波段均有交叉现象。其中，水体的近红外波段与其他波段均有交叉，裸地的近红外波段仅与第 3 波段有交叉。

由于裸地与其他植被的像元值在近红外波段具有相近的区间分布，因此仅利用近红外波段并不能对二者进行很好的区分；另外，虽然 DN＝110 的阈值设定可在很大程度上区分油菜与其他植被，但对于生长期在现蕾抽薹期之前的油菜或返青较快的其他植被，该阈值对二者的区分效果并不理想。

由对各地类的最大值、最小值和平均值统计（见表1）可知，利用红波段（波段3）我们可以建立一个载体，使得油菜在近红外波段的高反射特性得以突出体现，即油菜的第 4 与第 3 波段的 DN 差值最大，而其他地类的第 4 与第 3 波段的差值最小，其中，油菜的 DN 平均值差值为 104；其他植被的为 28；裸地的为 12。

表 1　CBERS－02B 卫星数据中罗平县各地类特征值统计

	油菜			其他植被			裸地		
	最小值	最大值	平均值	最小值	最大值	平均值	最小值	最大值	平均值
波段 1	39	50	43	32	41	36	38	52	46
波段 2	38	52	44	25	35	29	34	51	41
波段 3	41	64	47	29	41	34	48	87	65
波段 4	117	177	151	45	94	62	52	107	77

3.2　油菜识别模型

通过对地物光谱特征的分析，我们确定了 CBERS－02B 卫星油菜识别的数学模型，即差值植被指数模型，公式如下

$$DVI = b2 - b1$$

式中　$b1$、$b2$——CBERS－02B 卫星 CCD 的红波段和近红外波段的特征值；

　　　　DVI——差值植被指数。

为了验证 DVI 对罗平县油菜识别的有效性，我们还同时计算了该研究区的归一划差值植被指数模型（NDVI）及比值植被指数模型（RVI），并统计了三种模型的特征值（最大值、最小值、平均值），籍此分析比较各模型对识别油菜的有效性。

由对各地类各种识别模型的特征值统计（见表2）可知，对于 NDVI 而言，油菜与其他植被、裸地均有交叉值，交叉区间分别为：0.37～0.39 和 0.37～0.61；对于 RVI 而言，油菜与裸地无交叉值，但与其他植被有交叉值，交叉区间为 2.16～2.30；但对于 DVI，油菜与其他植被及裸地均无交叉值。

表 2　罗平县各地类不同识别模型特征值统计

	油菜			其他植被			裸地		
	最小值	最大值	平均值	最小值	最大值	平均值	最小值	最大值	平均值
NDVI	0.37	0.61	0.52	0.14	0.39	0.27	0.00	2.41	0.26
RVI	2.16	4.10	3.21	1.33	2.30	1.76	0.85	1.35	1.12
DVI	58.00	131.00	103.33	12.00	48.00	26.63	－10.00	23.00	7.42

4　遥感信息统计分析

根据油菜识别模型 DVI，计算罗平县差值植被指数图像，选择 DVI 图像油菜地样点，统计样区 DVI 值分布区间，设定阈值，对油菜进行提取。

将提取的油菜区域与 CBERS 的 CCD 第2、第4和第3波段组合的假彩色图像进行叠加分析，检验提取效果，如不满意，可修改阈值重新提取。试验提取结果如彩图 10 所示，CBERS－02B 卫星假彩色合成图中绿色区域为油菜，DVI 图中黄色区域为油菜。

本次试验设定油菜的 DVI 阈值为 60～130，提取出罗平县油菜面积为 224.65 km² （该面积不包括云层覆盖部分）。

5 结束语

1）根据油菜生长发育情况，每年 2 月至 3 月为油菜的现蕾抽薹期，油菜与其他植被有着明显的不同特征。在 CBERS – 02 卫星数据中，油菜种植区在近红外波段（波段 4）的反射特性有显著差异。

2）油菜在 CBERS – 02B 卫星遥感数据的第 4 和第 3 波段的 DN 平均值差值明显高于其他植被和裸地，为建立油菜识别模型提供了可靠依据。

3）CBERS – 02B 卫数据获取容易、时效快，使采用多时相 CBERS – 02B 卫星遥感数据开展油菜长势动态监测成为可能。结合 HR 高分辨率全色波段数据可以提高油菜长势动态监测的精度，在开展油菜长势动态监测的基础上，可以进行油菜种植面积和产量估算等方面的应用研究。

参 考 文 献

[1] 潘建刚，赵文吉，宫辉力. 遥感图像分类方法的研究 [J]. 首都师范大学学报：自然科学版，2004，25（3）：87 – 91，80.

[2] 王圆圆，李京. 遥感影像土地利用/覆盖分类方法研究综述 [J]. 遥感信息，2004（1）：53 – 59.

[3] 张晓霞，王垚. 遥感图像分类方法在土地利用分析中的比较 [J]. 科技情报开发与经济，2007（9）：136 – 137.

[4] 姚凤梅，张佳华. 全球及区域模式中陆面过程的地表植被覆盖分类方法 [J]. 干旱区地理，2006（6）：872 – 877.

Cole Feature Extraction from CBERS – 02B Remote Sensing Images

Zhong Shiquan[1,2], Chen Yanli[1,2], Chen Yulan[3]

（1 Guangxi Meteorological Disaster Mitigation Institute, Nanning 530022）

（2 Remote Sensing Application and Validation Base of NSMC, Nanning 530022）

（3 Guangxi Remote Sensing Centre, Nanning 530022）

Abstract：CEBRS is used for the extraction of cole area in Luoping town. This is a reliable basis to know the cole area in Ningxia. The extraction technique may provides references with condition monitoring and yield estimation.

Key words：CBERS – 02B Cole feature extraction

利用 CBERS-02B 卫星数据监测烟草种植面积的可行性研究

彭光雄[1,2]，崔伟宏[1,2]，刘东晖[1,2]，邓梨梨[3]

（1 中国科学院遥感应用研究所，北京 100101）

（2 国家遥感应用工程技术研究中心，北京 100101）

（3 中国矿业大学（北京），北京 100083）

摘　要：烟草是重要的经济作物，监测烟草种植的面积和产量具有十分重要的意义。通过对 TM 和 CBERS-02B 卫星图像的比较分析，对基于 CBERS-02B 卫星数据进行烟草种植面积遥感监测的可行性作了研究和论证。结果表明，当 CBERS-02B 卫星图像质量良好时，通过 CCD 多光谱图像与 HR 高分辨率全色图像的融合处理，可以较好地识别烟田地膜，从而实现对烟田种植面积的遥感监测。

关键词：CBERS-02B 卫星　遥感　烟草　地膜

1　引言

烟草是重要的经济作物，是国家和地方财税的重要经济来源，同时鉴于吸烟对人体的危害，受到有关部门的高度重视。烟草种植面积和产量是国家宏观管理和决策的重要经济信息，是管理指导烟草生产、优化布局、规范种植的重要依据，对于有效控制烟叶总量、维护烟草市场秩序具有重要意义。遥感技术具有快速、准确、低成本和高效率的特点，在烟草作物监测中发挥了重要作用。具有我国自主知识产权的中巴地球资源卫星 CBERS-01，CBERS-02，尤其是 CBERS-02B 卫星的发射，促进了基于国产遥感数据的烟草遥感监测，推进了烟草种植向现代烟草农业的发展。

我国已经利用国产中巴地球资源卫星遥感数据在多个领域进行了深入研究和实际应用，并取得了重要的社会和经济效益[1-5]。我国在烟草遥感监测方面已从试验研究走向了工程应用阶段[6,7]。国家遥感应用工程技术研究中心在我国南部地区每年对烟草种植情况进行遥感监测，并将监测数据定时递交给相关部门。目前的烟草遥感监测大部分使用 SPOT 和 TM 等国外遥感数据，利用中巴地球资源卫星的应用和研究还相对较少。本文通过对 TM 和 CBERS-02B 卫星图像的比较分析，对基于 CBERS-02B 卫星数据进行烟草种植面积遥感监测的可行性作了研究和论证，对于拓展中巴地球资源卫星遥感数据的应用领域，推进烟草遥感监测数据源的国产化具有一定的指导意义和实用价值。

2　研究区概况与数据来源

云南烟草在全国烟草中占有十分重要的地位。研究区选在云南省的某个县（下称 X 县），如图 1 所示。X 县是云南烟草种植面积较大的县之一，而且烟田比较集中，规模化程度较高。云南的烤烟移栽时间一般在 4 月底开始到 5 月下旬全部结束。烤烟移栽时都要覆盖地膜，以抢抓有效积温、实现早

［作者简介］　彭光雄（1978—　），中国科学院遥感应用研究所博士后，主要从事资源环境遥感研究。E-mail：pgx457600@ gmail. com。

生快发、提高烟叶内在质量。烤烟和其他农作物的叶片在光谱特征上是比较接近的，如果单从烤烟叶片光谱的角度来识别烟田往往比较困难。烤烟的移栽期间基本没有同样需要覆盖地膜的其他作物，因此地膜的存在为烟田种植面积的遥感监测提供了极为有利的条件。

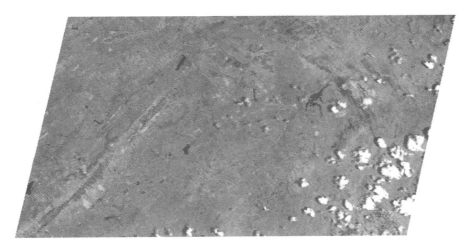

图1　研究区位置示意图

X 县的烤烟移栽于 4 月底开始，至 5 月下旬基本完成。实验所采用的遥感数据为 2008 年 5 月 8 日和 5 月 24 日的 TM 数据（轨道号为 129 - 43），以及 2008 年 5 月 12 日的 CBERS - 02B 卫星的 CCD 多光谱数据（轨道号为 9 - 72 和 9 - 73）和 HR 高分辨率全色数据（轨道号为 9 - 72 E5 和 9 - 73 E1）。另外还有历年的烟田遥感监测数据、烟田 GPS 实地测量的训练样区数据，以及基础地理信息数据等。由于 TM 数据和 CBERS - 02B 卫星数据的重叠区域仅在 X 县部分地区，因此选择重叠区域作为研究区域。

3　遥感影像比较分析

单从叶片光谱来识别烟草比较困难，而借助烟田地膜和烤烟叶片形成的混合光谱来进行遥感识别是比较容易且可行的。为了对利用 CBERS - 02B 卫星数据进行烟草种植面积遥感监测的可行性和监测能力进行评价，利用相近时段的 TM 数据与之进行比较分析。

3.1　烟田地膜光谱特征

烤烟移栽后的烟田及其地膜的典型图片如图 2 所示。CBERS - 02B 卫星 CCD 多光谱的第 1 ~ 第 4 波段与 TM 的第 1 ~ 第 4 波段的波长及波段范围比较类似。分别在 CBERS - 02B 卫星 CCD 图像和 TM 图像上采取地膜、裸地、植被和水体四种典型地物的光谱曲线（如图 3 所示）。由图 3 可见，地膜与烤烟叶片及耕地形成的混合光谱的光谱特征与其他地物存在较明显的差异，有利于烟田地膜的遥感分类和解译。

图2　烟田及地膜实地图片

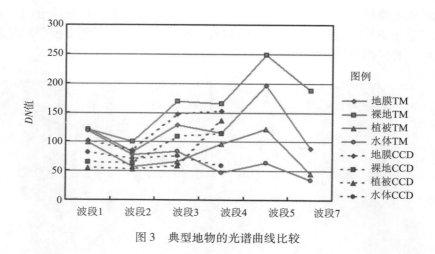

图3 典型地物的光谱曲线比较

CBERS-02B 卫星 CCD 图像和 TM 图像上所反映的烟田地膜遥感影像如图4所示。图4中，2008年5月8日的 TM 743 波段 RGB 彩色合成图像（见图4（a））中烟田地膜呈浅蓝色，而 TM 的 341 波段 RGB 彩色合成图像（见图4（b））对烟田地膜的识别能力相对较弱，可见 TM7 波段对于烟田地膜比较敏感。由于 CBERS-02B 卫星 CCD 图像没有与 TM7 相应的波段，因此在烟田识别能力方面 CCD 图像比 TM 图像要弱，烟田地膜在 2008年5月12日 CBERS-02B 卫星的 CCD 的 341 波段 RGB 彩色合成图像（见图4（c））中呈灰蓝色，与 TM 的 341 波段 RGB 彩色合成图像也存在差异。

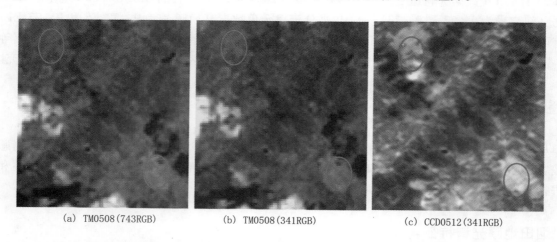

(a) TM0508（743RGB）　　　　　(b) TM0508（341RGB）　　　　　(c) CCD0512（341RGB）

图4　TM 图像和 CCD 图像烟田地膜识别能力的比较

3.2 影像分析与烟田判读

CBERS-02B 卫星不但具有 19.5 m 分辨率的 CCD 多光谱图像，还具有 2.36 m 高分辨率的 HR 全色图像，CCD 图像与 HR 图像的融合会大大提高 CBERS-02B 卫星数据对烟田的识别能力，如彩图11所示。彩图11中的融合图像中烟田的边界清晰可辨，而地膜的蓝色色调也有较好的保留，为烟田的判读解译和监督分类提供了重要信息。

5月12日正处在 X 县烤烟移栽过程中，部分烟田已经移栽且覆盖上了地膜，也有部分烟田还是整理好的裸地等待移栽，彩图12反映的正是这种现象。彩图12中，2008年5月24日是已经全部移栽完后的 TM 烟田景象（见彩图12（a）），因此所反映的烟草种植面积要比 2008年5月12日的 CCD 图像（见彩图12（b））所反映的面积要大一些，5月24日增加的烟田基本在5月12日的烟田周围扩展，说明 CBERS-02B 卫星数据在烟田识别和边界定位方面具有较好的监测能力。

4 烟田分类及修正

选择 X 县部分区域，利用 2008 年 5 月 12 日 CBERS – 02B 卫星 CCD 图像与 HR 图像的融合结果（如图 5 所示）进行烟田分类和目视判读修正。监督分类的结果如图 6 所示，在监督分类的基础上还需要进行目视判读以修正分类中产生的不正确的地类，进一步提高烟草种植面积监测的精度。利用 GPS 野外实地采样数据对烟田提取结果进行检验，使烟草种植面积监测的精度可以达到实际应用的要求。

图 5 用于烟田提取实验的 CBERS – 02B 卫星数据融合影像

图 6 CBERS – 02B 卫星数据融合影像烟田监督分类结果

5 结论与讨论

通过本次试验研究表明，利用 CBERS – 02B 卫星数据进行烟草种植面积的遥感监测在技术上是可行的。无云、图像质量较好、烟草种植规模化程度较高的地区，监督分类后经人工判读修正，得到的烟草种植面积遥感监测精度可以达到实际应用的要求。TM 的第 7 波段对于烟田地膜的光谱比较敏感，有助于烟田的识别。CBERS－02B 卫星的 CCD 没有相应波段，因此对于烟田地膜的识别能力与 TM 相比相对较弱，但 HR 高分辨率全色图像与 CCD 图像的融合处理可较大地提高其烟田地膜的识别能力。

CBERS－02B 卫星数据对国内用户的免费开放，为遥感应用提供了极为便利的遥感数据获取途径，大大促进了遥感事业的发展。CBERS－02B 卫星的数据质量不够稳定，数据获取存在空白地带，许多地区和时相的 CBERS－02B 卫星数据难以获取，在一定程度上制约了它在烟草遥感监测中的高效应用。

6 致谢

CBERS－02B 卫星遥感数据由中国资源卫星应用中心免费提供，感谢中国科学院王宽诚博士后工作奖励基金对本次工作的支持。

参 考 文 献

[1] 彭光雄，何宇华，李京，等. 中巴地球资源 02 星 CCD 图像交叉定标与大气校正研究 [J]. 红外与毫米波学报，2007, 26（1）：22－25.

[2] 刘海江，周成虎，程维明，等. 基于多时相遥感影像的浑善达克沙地沙漠化监测 [J]. 生态学报，2008, 28（2）：627－635.

[3] 魏锋华，李才兴，扎西央宗. 基于中巴资源卫星数据的积雪监测研究 [J]. 国土资源遥感，2007, 3：31－35.

[4] 蔡哲，殷剑敏，辜晓青. 中巴地球资源卫星在土壤侵蚀监测中的应用研究 [J]. 水土保持研究，2007, 14（6）：59－61.

[5] 辛晓洲，柳钦火，唐勇，等. 用 CBERS－02 卫星和 MODIS 数据联合反演地表蒸散通量 [J]. 中国科学 E 辑，2005, 35（B12）：125－140.

[6] 吴孟泉，牛振国，崔伟宏，等. "数字烟草"中空间数据的集成与管理方法 [J]. 遥感信息，2007, 4：71－75.

[7] 杨小冬，黄勇奇，危双丰，等. 基于 WebGIS 的生态农业监测与决策支持系统设计 [J]. 地球信息科学，2007, 9（1）：99－103.

The Feasibility Study of Monitoring Tobacco Cultivation Area Using CBERS－02B Satellite Data

Peng Guangxiong[1,2], Cui Weihong[1,2], Liu Donghui[1,2], Deng Lili[3]

（1 Institute of Remote Sensing Applications, Chinese Academy of Sciences, Beijing 100101）

（2 National Engineering Research Center for Geomatics of China, Beijing 100101）

（3 China University of Mining & Technology (Beijing), Beijing 100083）

Abstract：Tobacco is an important economic crop, monitoring the area and production of tobacco cultivation is of great significance. Through comparative analysis between TM and CBERS－02B satellite images, the feasibility study of tobacco cultivation area remote sensing monitoring based on CBERS－02B satellite data has been demonstrated. The results showed that, when CBERS－02B satellite image has good quality, it can identify tobacco field's film through the image fusion between multi-spectral CCD image and high-resolution HR image. Using CBERS－02B satellite data to monitor tobacco cultivation area can be achieved successfully.

Key words：CBERS－02B Remote sensing Tobacco Field's film

基于 RS 和 GIS 技术的海南橡胶气候适宜性评价

关学彬[1]，张翠萍[2]，蒋菊生[1]，翟德利[3]

（1 中国热带农业科学院橡胶研究所，儋州 571737；

海南大学环境与植物保护学院，儋州 571737）

（2 海南省环境科学研究院，海口 570206）

（3 海南农垦科技创新中心，海口 570206）

摘 要：以海南省中西部地区为研究区，通过 GIS 空间分析方法，对温度、风速等气候因子进行空间插值分析，并结合橡胶生长对生态环境的需求，进行了橡胶气候适宜性综合评价，为研究区橡胶产业的发展提供了基础性依据，可以避免盲目扩大种植面积带来的损失，提高经济效益。同时，通过 CBERS 遥感影像提取橡胶林专题信息进行验证，表明本分析方法切实可行。

关键词：GIS 橡胶 空间分析

1 引言

天然橡胶与煤炭、钢铁、石油并列为四大工业原料，橡胶产业是关系国计民生的基础产业，在国民经济发展和国防建设的各个方面具有十分广泛的产业关联度，历来被世界各国作为战略物资。随着我国经济的快速发展，天然橡胶的缺口越来越大。海南省天然橡胶在全国的橡胶产业中占有举足轻重的地位，其面积和产量均占全国的 40% 多[1]，为保证海南橡胶产业的可持续发展，优化橡胶的种植格局，本文采用 GIS 技术，以 DEM（数字高程模型）数据作为基础，对气候因子进行了较为精细的模拟[2]，通过综合评价，得出研究区域内橡胶树最适宜种植区、适宜种植区和不适宜种植区，为研究区橡胶产业的发展提供科学的依据，避免盲目种植带来的损失，具有较强的现实意义和推广应用价值。

2 研究区概况

海南省东部是台风频发的地区，为避免风害，采取了橡胶种植重点向中西部转移的策略，规划到 2010 年中西部地区植胶面积达到 300 万亩，占垦区橡胶总面积的 75%。因此本研究选择中西部的部分区域（见图 1），其中包括儋州、屯昌、昌江、白沙、琼中、东方、通什 7 个市县，区域面积为 1.395 km²，约占海南省土地面积的 41%。该区气候属热带季风海洋性气候，基本特征为四季不分明，夏无酷热，冬无严寒，气温年较差小，年平均气温在 23 ~ 25 ℃ 之间，中部山区较低，西南部较高。全年没有冬季，1 月至 2 月为最冷月，平均温度为 16 ~ 24 ℃，平均极端低温大部分在 5 ℃ 以上。全年降雨充沛。台风季节集中在夏末、秋初，8 月至 10 月是台风高发期。地势从中部山体向外由山地、丘陵、台地、平原顺序逐级递降，构成层状垂直分布和环状水平分布带。

［作者简介］ 关学彬（1977— ），硕士研究生，研究方向为遥感和地理信息系统在生态环境领域的应用。E-mail：guanxuebin2006@126.com。

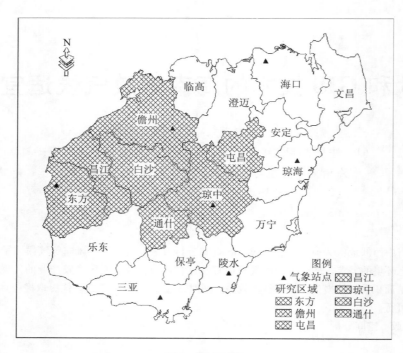

图1　研究区域

3　研究内容与方法

3.1　评价因子的选择

根据橡胶树具有喜温怕寒，喜微风怕强风，喜充足阳光和湿润的生态习性，故本研究选取中西部地区的温度[2]、风速、年均降雨量和空气相对湿度4个主要因子作为橡胶种植气候适宜性分析的指标。

3.2　评价因子的数据来源

本研究采用的数据包括：

1）气候数据。本研究所用的基础数据来源于国家气象局，时间为1991年至2001年，数据内容为省内7个气象站的经度、纬度和海拔高度，历年最冷月（1月）平均温度，台风易发区（10月）平均风速，逐月降雨量和相对湿度。

2）DEM数据。所用数字高程模型（DEM）数据是由海南省1∶50 000地形图数字化生成的。DEM数据的空间分辨率为10 m，具有较高的高程采样精度。

3.3　本研究工作流程

本研究工作流量如图2所示。

3.4　评价因子的空间分布模拟

3.4.1 基于DEM的温度模拟

把各气象站气温通过气温直减率公式转换为

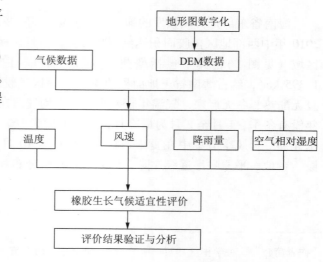

图2　研究工作流程

零海拔气温，利用 ARC/INFO 中提供的 Kriging 插值方法对零海拔气温数据进行内插，得到水平面上气温的空间分布趋势；利用 DEM 得到研究区高程数据，然后再通过气温直减率法与温度之间的相关关系对研究区实际地形下的平均气温进行分布式模拟，就得到各栅格不同高程的平面气温分布[3,4]。通过以上方法得到研究区 1 月平均气温模拟图（图 3）。图中由暖色调红色到冷色调绿色，表示温度由低到高变化。研究区平均温度为 8.45~21.30 ℃，气温西北部高，中部山区低，随着海拔高度的增加，温度逐渐降低。

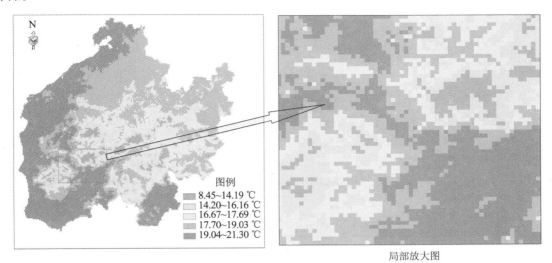

图 3　研究区 1 月平均气温模拟图

3.4.2　基于 DEM 的风速模拟

根据通用的计算风速的幂指数公式，将 7 个气象台站的风速统一换算到 7 个气象台站的平均海拔（78.57 m）上，采用克里金插值法对该平面气象站点的风速进行内插，生成 78.57 m 平面上的风速分布格网图层，再将其与 DEM 格网图层在 ARC/INFO 的 Spatial Analyst 模块下按照指数律公式进行栅格运算，得到不同栅格高程上的风速分布[5]。通过以上方法得到研究区 10 月风速模拟图（见图 4）。整个研究区 10 月平均风速范围为 0.35~7.44 m/s，西部沿海地区风速较大。

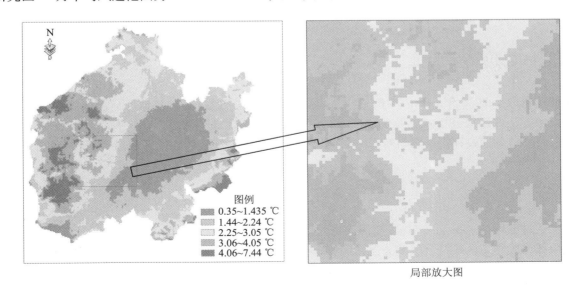

图 4　研究区 10 月风速模拟图

3.4.3 年降雨量空间插值的实现

通过7个气象站提供的年降雨量和相对湿度信息在Arcinfo下通过Spline内插获得，再用研究区轮廓图切割成年平均降雨量模拟图（见图5）。降雨充沛，多雨中心在中部偏东的山区，年降雨量约为2 126～2 357 mm，年降雨量最多的地区为琼中县，西部少雨区年降雨量约为1 000至1 400 mm。

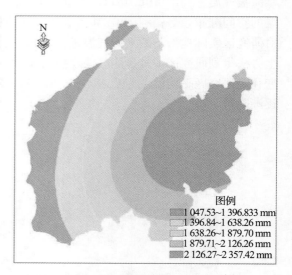

图5 研究区年降雨量模拟图

图例
- 1 047.53～1 396.833 mm
- 1 396.84～1 638.26 mm
- 1 638.26～1 879.70 mm
- 1 879.71～2 126.26 mm
- 2 126.27～2 357.42 mm

4 研究区橡胶气候适宜性评价

橡胶气候适宜性是由各个评价因子综合决定的，因此需要确定各因子的权重。本研究权重的确定采用层次分析法[6]，它是一种定性与定量相结合的决策分析方法。本文在参考已有研究成果和实地调查的基础上，确定了各因子的相对重要性，并利用层次分析法计算了各因子的权重（见表1）。

表1 海南橡胶气候适宜性评价因子

评价因子	权重	分级标准		
		最适宜	一般适宜	不适宜
台风易发月风速/（m/s）	0.4	<2	2～3	>3
最低月平均温度/℃	0.3	>18	15～18	<15
年均降雨量/mm	0.3	>2 000	1 500～2 000	<1 500
赋值		5	3	1

通过在ArcGIS中进行叠加计算[5]得到研究区橡胶气候适宜性评价结果（见彩图13），其中最适宜种植面积为3 944.79 hm²，占研究区总面积的29%；一般适宜种植面积为8 362.62 hm²，占研究区总面积的61.54%；不适宜种植面积为1 282.59 hm²，占研究区总面积的9.46%。

5 研究区评价结果验证

本研究选取了2005年CBERS - 02卫星的遥感影像数据，通过颜色拉伸，突出橡胶树林纹理。运用面向对象方法的影像分析软件Ecognition和ArcGIS软件，提取了研究区已经种植的橡胶树的分布情况（如彩图14）。通过评价结果与解译结果对比分析得到，橡胶园98%落在最适宜区和一般适宜区。

6 结论

本文通过地理信息系统（GIS）对海南中西部地区橡胶进行气候适宜性分析，通过遥感监测表明，目前中西部橡胶种植区较符合气候分区，但影响橡胶生长和产量的因素还有很多，如土壤条件（土壤中PH值、坡度）等，因此要对橡胶的生产有实际指导意义，需要更多的因子在GIS中作叠加分析，这将是我们下一步研究工作的重点。

参 考 文 献

[1] 蒋菊生，王如松. 海南橡胶产业生态［M］. 北京：中国科学技术出版社，2004.

[2] 邬伦，刘瑜. 地理信息系统原理、方法和应用［M］. 北京：大学出版社，2000.

[3] 李迎春，张建萍. GIS 支持下的井冈山区毛竹种植气候区划［J］. 中国生态农业学报，2002.

[4] 李军，游松财，黄敬峰. 中国 1961—2000 年月平均气温空间插值方法与空间分布［J］. 生态环境 2006，15（1）：109 – 114.

[5] 史同广，闫业超，王林林，王智勇. 基于 DEM 的大尺度季风风速空间分布模拟研究［J］. 地理与地理信息科学，2007，（2）：3 – 4.

[6] 杜红悦，李京. 土地农业适宜性评价方法研究与系统实现——以攀枝花为例［J］. 资源科学. 2001，23（5）：41 – 45.

Research on Climinate Suitability Evaluation for Rubber-tree in Hainan based on GIS and Remote Sensing

Guan Xuebin[1], Zhang Cuiping[2], Jiang Jusheng[1], Zhai Deli[3]

(1 Rubber Research Institute, CATAS, Danzhou   571737;

Environment and Plant Protection Institute of Hainan University, Danzhou   571737)

(2 Environment science research institute of Hainan, Haikou   570206)

(3 Innovation Center of Science and Technology, Hainan State Farm Bureau, Haikou   570206)

Abstract：The spatial changes of temperature, wind speed and other factors has been analyzed by GIS topography analysis in mid-west zone of Hainan Province; In order to provide the foundational basis for the rubber industry's development research, avoid the loss which brings out by expanding planting area and improve economic efficiency, rubber climate-suitability synthesis evaluate has been given as considering the growth requirement of the rubber for environmental conditions. At the same time, Rubber trees thematic information extracting for CBERS verify that the analysis method feasible.

Key words：GIS   Rubber   Spatial analysis

利用 CBERS-02B 影像监测黄河下游引黄灌区冬小麦的播种面积及分布情况

张楠楠[1,2]，罗毅[2]，王崇倡[1]

（1 辽宁工程技术大学测绘与地理科学学院，阜新　123000）
（2 中国科学院地理科学与资源研究所，北京　100101）

摘　要： 农作物的播种面积及其空间分布是农业用水管理中的两个重要因素。利用遥感进行农业监测是一种有效的技术手段，应用多源遥感数据进行作物识别和播种面积监测是农业遥感中的两大研究主题。本文以 2007 年 9 月 19 日发射成功的 CBERS-02B 卫星的 CCD 多光谱影像为数据源，利用多源信息建立规则，监测黄河中下游地区冬小麦的播种面积和空间分布情况。结果表明：利用 CBERS-02B 卫星的 CCD 多光谱数据进行农业监测是可行的；与传统的非监督分类方法相比，本文提出的基于规则的作物识别方法对冬小麦的识别精度有一定的提高；Google Earth 在样本选取和结果的精度评价中是一个有效的可利用的工具。

关键词： CBERS-02B　冬小麦　播种面积　基于规则　Google Earth

1　引言

　　遥感技术作为地球信息科学的前沿技术，可以在短时间内连续获取大范围的地面信息，实现农业信息的快速收集和定量分析，反应迅速，经济，客观性强，是目前最为有效的对地观测技术和信息获取手段。利用遥感进行农业监测可以大面积快速获得田间数据，准确监测作物空间分布，与传统的地面调查相比，可以较大程度地排除人为因素的干扰，客观性强，并且可以极大地节省人力、物力、财力和时间，具有很高的经济效益和社会效益。特别是在引黄灌区，监测作物种植情况对于农业水资源管理和合理分配具有重要意义。

　　自中巴地球资源卫星 CBERS-01 星和 CBERS-02 星发射以来，基于 CBERS 数据的应用示范已逐渐展开，鉴于其适合的光谱分辨率和空间分辨率，CBERS 数据在农业和灾害监测方面应用得较为广泛，杨邦杰[1]和李静[2]分别应用 CBERS-01 和 CBERS-02 卫星数据监测新疆地区棉花种植面积并取得了显著的效果。2007 年 9 月 19 日，CBERS-02B 卫星的成功发射开辟了我国民用高分辨率卫星及应用的新时代。CBERS-02B 卫星的目的是接替 CBERS-02 卫星在轨工作，保证 CBERS 卫星的连续性。CBERS-02B 卫星数据比 CBERS-02 卫星数据在图像的清晰度、色彩、纹理等方面都有较大提高，CCD 数据空间分辨能力明显好于 TM 和 CBERS-02 卫星数据，基本达到了 SPOT4、P6 等同类型数据的水准，增加的轻型高分辨率相机（HR），可提供 2.36 m 高分辨率的全色数据，可实现中、高分辨率数据的互补与结合。此外，中国资源卫星应用中心对中巴地球资源卫星 CBERS-02B 星的数据实行免费网上分发，具有大面积推广应用的潜力。本文即以 CBERS-02B 卫星的 CCD 多光谱数据为遥感数据源进行冬小麦种植面积的监测。

　　在农作物遥感监测中，从遥感影像图中正确识别目标作物是非常关键的一个环节。对于识别作物类型而言，国内外的不少学者探讨了作物分类的方法，并取得了不错的效果。Cohen 结合影像和地理

[作者简介]　　张楠楠（1982—　），在读硕士研究生，研究方向：遥感应用，电话：13488790868，E-mail：zhnn0117
@ sina. com。

数据利用 NDVI 指数、降雨数据和土壤类型数据，通过基于知识的聚类分析法识别出地中海地区的不同种类的作物[3]。Lucas 利用 eCognition 软件分析 1 年内的多期影像，将坎伯兰山脉的居民地和农作物分类[4]。随着计算机技术的不断发展，涌现出了不少遥感图像分类的新方法，如：统计方法、神经网络法[5]、专家分类方法[6]和小波变换理论分类法等，这些方法在分类过程中考虑了地物的纹理、形状和尺寸等空间特征，使得分类精度在一定程度上有所提高，并且也取得了一些经验和成果[7]。但是这些方法应用在农作物分类中往往忽视了时相信息和作物的物候特征。近年来，以专家知识和经验为基础的光谱信息和其他辅助信息综合的影像理解技术已成为遥感应用研究领域的一个重点，一个专家分类系统就是针对一个或多个假设建立的一个层次性规则集或决策树，而每一条规则就是一个或一组条件语句，用于说明变量的数值或属性。借助专家知识分析遥感数据往往事半功倍，是遥感信息提取的发展趋势。为此，本论文提出利用基于规则的作物识别方法来监测黄河中下游地区冬小麦的播种面积和空间分布情况。

2 研究区域

项目研究区域为山东省德州市，地处鲁西北平原，位于北纬 36°24′ ~ 38°0′、东经 115°45′ ~ 117°24′之间，黄河下游北岸，山东省西北部，总面积 10 356 km²。土壤类型主要有壤土、黏土和沙土等，其中以壤土为主。地势平坦，绝大部分土壤肥沃，适宜多种农作物的生长。冬小麦、夏玉米和棉花是项目区主要的三大作物，其中冬小麦是最典型的粮食作物，其他植被和作物非常少，农业在全市经济中占重要地位。冬小麦的生育期是 10 月中旬至次年 6 月初；夏玉米的生育期是 6 月 ~ 10 月；棉花的生育期是 4 月 ~ 10 月。该地区年平均降雨量为 560 mm，在冬小麦生育期内，平均降雨量只有150 mm，远远不能满足冬小麦生长的用水需要。因此，引黄灌溉在该地区农业生产中具有突出重要的地位。

该地区的土地利用情况比较复杂，尽管主要的农作物种类只有冬小麦、夏玉米和棉花，但是零散地分布着一些植被、田间路、沟渠、水体和居民地，这为提取冬小麦带来一定影响。

3 数据准备及预处理

3.1 数据准备

对于德州市这样中等尺度范围的农作物监测，一般都采用中高分辨率的 LANDSAT TM/ETM，SPOT 等，CBERS 卫星数据的应用还不是很广泛。本文在选取影像时考虑了影像的分辨率、成本可行性等因素，CBERS - 02B 卫星上搭载的 CCD 相机有 5 个波段，波段范围分别是：0.45 ~ 0.52 μm，0.52 ~ 0.59 μm，0.63 ~ 0.69 μm，0.77 ~ 0.89 μm 和 0.51 ~ 0.73 μm，波段设计与 Landsat TM 相似，其星下点的空间分辨率为 19.5 m，其光谱分辨率和空间分辨率都非常适合农业监测，因此，选择 CBERS - 02 卫星的 CCD 影像为遥感数据源。

图像的光谱特征与农作物的生育期是紧密相连的，对于农作物的提取，时相的选择或时相信息的利用就成了影响作物分类精度的一个不容忽视的因素[8]。冬小麦的物候历如表 1 所示。

表 1　德州地区冬小麦物候历

月	10			11			12			1			2			3			4			5			6
旬	上	中	下	上	中	下	上	中	下	上	中	下	上	中	下	上	中	下	上	中	下	上	中	下	上
冬小麦	播种—出苗			出苗—分蘖			分蘖—越冬			越冬						返青—起身			起身—拔节			拔节—抽穗		抽穗—灌浆	灌浆—成熟

有利于监测冬小麦的时期为 11 月至次年 4 月，其中，3 月的影像质量较好，这一时间段作物种类

比较单一，夏玉米和棉花都还没有种，耕地里生长的作物大部分为冬小麦，处于起身—拔节期，有一定的 NDVI 值，因此影像的时相应尽量选在 3 月左右，识别冬小麦不易受其他作物的干扰。本研究所使用的遥感数据是从中国资源卫星应用中心免费下载的 6 景数据，轨道号分别为：372 – 57（2008 年 3 月 26 日）、372 – 58（2008 年 3 月 26 日）、372 – 59（2008 年 3 月 26 日）、373 – 57（2008 年 3 月 25 日）、373 – 58（2008 年 3 月 25 日）、373 – 59（2008 年 3 月 25 日）。以上影像除第 2 波段的质量不是很好外，其他波段质量都较好，时相十分接近，但部分地区上空有少量云覆盖。

除了上面的影像数据还需要一些辅助数据，如：项目区的行政区划图、土地利用图、土壤类型图、DEM 数据、Google Earth 数据等。这些辅助数据将以条件语句的形式表达，作为提取冬小麦的规则。

3.2 数据预处理

下载的 6 景影像数据是经过二级处理的，只做过系统的辐射校正和几何校正，所以首先要进行影像的几何精校正。利用山东省的 TM 数据为参考影像分别对 6 景 CEBRS – 02B 影像进行配准，控制点尽量在全图范围里均匀选取，每景影像都选取了 20 个以上的控制点，将配准好的 6 景影像拼接到一起，同时做色彩的直方图匹配，这样减小了由于不同成像时间和成像条件造成的色彩差异，得到的影像质量比较好。最后利用项目区的行政区划图裁剪出项目区的影像，生成的德州市的镶嵌图如图 1 所示。

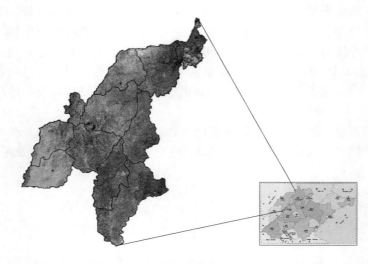

图 1　镶嵌后的山东省德州市 CBERS – 02B 卫星影像

4　研究方法

图像知识是辅助进行地物目标提取的依据，从图像中提取地物潜在的有用信息，形成具有语义意义的知识，构成识别目标的知识库，然后将知识库里的知识通过某种方式加以表达来描述要识别的目标。目前，常见的知识表示方法有产生式规则、谓词逻辑法、语义网络法等。其中，产生式规则是一种应用最广泛的表示方法，其一般表示形式为"if A then B"，即为 A→B，其含义是如果前提 A 满足，则可推出结论 B[9]。产生式规则简单直观，适合纹理等特征知识的表示，本文提出的基于规则的作物识别方法就是将光谱知识、纹理知识和土壤类型知识等多种约束条件综合起来判定冬小麦。

4.1 样本选取

选取的训练样本的质量好坏直接决定提取的精度，样本应具有较好的代表性，选取的数目能提供待识别作物的足够信息。

由于项目区范围较大，在进行样本选取时发现，由于地区和冬小麦生长条件（如土壤条件、种子质量的好坏、是否受到病虫害、是否得到充足的灌溉和施肥等）的差异导致不同地区的冬小麦在影像上表现出的特征存在差异。同时，这种差异的产生还有一些影像质量的原因，本文采取分区采样分别进行提取的方法来解决这个问题，根据冬小麦在影像上表现出的光谱差异，将项目区划分为两部分：Ⅰ（庆云县、乐陵县、宁津县、陵县、德城区、平原县、武城县、夏津县），Ⅱ（临邑县、禹城市、齐河县）。下面的研究将针对冬小麦在这两个区域不同的生长特征分别采样进行分析。

为了保证训练样本的代表性和准确性，本研究结合现有的土地利用图并充分利用了 Google Earth 这一免费资源，Google Earth 上的影像具有较高分辨率，能够显示地物的细节信息。在 3 月下旬，利用 GPS 到实地进行采样，对冬小麦和一些与冬小麦易混的地物，如植被、大棚等都选取了一定数量的训练样本，辅助分析。最后在影像的Ⅰ区选取了 378 个冬小麦的训练样本，Ⅱ区选取了 217 个冬小麦样本，足以代表各种长势的冬小麦。同时对植被、田间小路和零散的居民地也采集了一定数量的样本，分析这些地物与冬小麦的差别。

4.2 光谱分析

地物的光谱曲线反映了该地物在各个波谱范围内的光谱特征。下面对冬小麦及易与冬小麦混淆的地物光谱特征进行分析。图 2 是各类地物的光谱响应曲线。

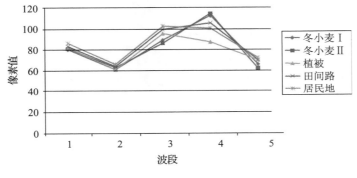

图 2 部分地物波谱曲线

通过对各种地物光谱值的分析可以得出如下结论：

1）冬小麦在第 4 波段与其他地物的可区分性最好，通过设定规则 B4 > T1 可区分出冬小麦；

2）通过在第 1、第 3、第 5 波段设定规则 B1 < T2，B3 < T3，B5 < T4 可以在一定程度上将冬小麦与道路和居民地区分开；

3）通过设定 B4 > B3 有助于区分冬小麦与其他地物，其他几种地物的 B4 < B3。

计算 NDVI（归一化植被指数）。NDVI 在植被遥感中的应用最为广泛，它是植被生长状态及植被覆盖度的最佳指示因子。本研究中，NDVI =（B4 − B3）/（B4 + B3），但是 NDVI 有高植被区易饱和、低植被区易受土壤背景影响的缺点，在计算中有时会出现分母为 0 的情况，利用语句 "EITHER（B4 − B3）/（B4 + B3 + 0.0001）IF（B4 + B3 = = 0）OR（B4 − B3）/（B4 + B3）OTHERWISE" 就可以避免分母为 0，而且不会给应用带来影响。通过对冬小麦样本的分析得到 NDVI > T5 能够较好的提取出冬小麦。

利用上述规则提取出来的冬小麦没有很好地与土壤背景区分开，因此需要加入 MSAVI（修正后的土壤调节植被指数）。MSAVI 是对土壤调节植被指数 SAVI 的改进，改进后的 MSAVI 能增强植被信号，并且可以最大限度地消除土壤背景的影响。在本研究中 MSAVI =（B4 + 0.5）−［（B4 + 0.5）2 − 2（B4 − B3）］1/2[10]。本研究尝试通过规则 MSAVI > T6 来减小土壤背景对冬小麦提取精度的影响。

4.3 纹理分析

图像的纹理一般理解为图像灰度在空间上的变化和重复，或图像中反复出现的局部模式（纹理单元）和它们的排列规则。纹理是遥感影像上的重要信息，是进行目视判读和计算机自动解译的重要基础。遥感影像专题信息提取中，在原始影像光谱信息的基础上加上纹理信息可以使分析的准确性和精度提高[11]。在目前的图像纹理特征计算方法中，Haralick 等提出的灰度共生矩阵计算方法应用最为广泛。灰度共生矩阵（空间灰度相关方法）通过对图像灰度级别之间联合条件概率密度 $P(i, j/d, \theta)$ 的计算表示纹理特征。$P(i, j/d, \theta)$ 表示在给定空间距离 d 和方向 θ 时，灰度 i 为始点，出现灰度级为 j 的概率[12]。Haralick 等一共定义了 14 种纹理特征的计算方法，本文选用了其中的 mean（平均值）、Variance（方差）和 Entropy（熵）这 3 种在影像上最具代表性的纹理特征，在这里，d 取 1 个像元距离，θ 方向取为 135°。在影像上选取纹理比较清晰的第 3 波段进行分析，纹理提取的窗口大小不同对分类精度有很大的影响，通过比较 3×3，5×5，7×7 这 3 种不同大小的纹理分析窗口发现 3×3 的窗口大小更能够清晰详细地表达地物信息，图 3 为选择 3×3 窗口提取出的地物纹理特征。

Mean

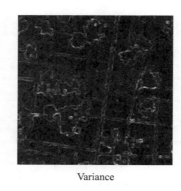
Variance

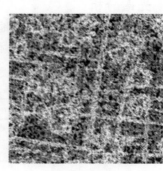
Entropy

图3　选择 3×3 窗口提取的影像纹理特征

对冬小麦样本的纹理特征值进行统计分析，为 Mean，Variance 和 Entropy 选取合适的阈值，将这 3 条纹理信息作为规则参与冬小麦的提取，加入纹理信息后的识别结果明显好于单纯用光谱信息分析的结果，在很大程度上消除了田间路和细小沟渠等地物对冬小麦种植面积监测的影响，见图 4。

原始影像

未加纹理特征

加入纹理特征

图4　未加入纹理特征和加入纹理特征提取出的冬小麦对比

4.4 其他辅助信息

地物在空间上的分布受地域自然条件的控制和人为因素的干预，往往存在某种地域分异规律。地形因子是研究地物空间布局特征的主要控制因素。利用 DEM 可以生成坡度、坡向和高程等数据，越来越多的研究都将这些数据作为辅助信息参与规则的建立来提高分类精度，甘淑等利用专家分类系统在滇西北植被信息提取中就加入了 DEM 作为辅助变量[6]。在本研究中，分析项目区的 DEM，可以看出该区域地势平坦，所以 DEM 数据在本研究中对于识别冬小麦没有太大意义。

传统的分类方法中很少有人把土壤的类型信息作为辅助数据加入到分类规则中。在本研究中，项目区的土地利用图详细地区分了各种土壤类型和土地利用类型。将项目区土地利用图中的土壤类型和土地利用的矢量数据转换为栅格格式，充分利用冬小麦生长的土壤条件，排除土壤类型为沙地、戈壁、沼泽和裸岩石砾地的区域，同时也去除了土地利用类型常年为林地和草地的区域，建立以这些空间数据为基础的规则，减小非种植农作物的区域对提取冬小麦的干扰。

4.5　分类后处理

基于上述规则提取出 2008 年德州市冬小麦的空间分布情况，但是在结果中会有一些面积很小的图斑，无论从专题制图的角度还是从实际应用的角度，都有必要对这些小图斑进行剔除，最终得到相对理想的分类结果（见图 5）。最后统计出德州地区 2008 年冬小麦的播种面积为 3 515.97 km²。

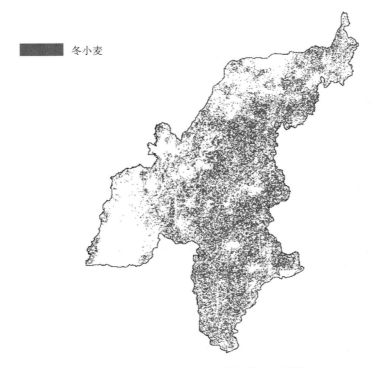

图 5　2008 年德州地区冬小麦种植分布情况

5　精度评价

遥感影像分类精度评价是对分类结果是否可信的一种量度。基于像素级的精度评价是一种常用的精度评价方法。像素级分类精度的计算是以误差矩阵（Error Matrix）为基础，衡量分类精度的主要指标有生产精度、用户精度、总体精度、漏分精度、错分精度和 Kappa 系数等[13]。在利用 CBERS－02B 影像和基于规则的作物识别方法得到的冬小麦分布图上随机选取了 400 个样本点，这些点的参考值是根据 Google Earth、土地利用图和人为判断确定的，通过建立混淆矩阵，计算结果的生产者精度、用户精度及 Kappa 系数等。同时，采用基于 ISODATA 算法的非监督分类方法提取冬小麦，将此结果与用本研究提出的基于规则的方法得到的结果进行对比，如表 2 所示。

表 2 精度评价

方法	类别	参考点总数	分类点总数	正确点总数	生产者精度/%	用户精度/%	总体精度/%	Kappa系数/%
基于规则的作物识别方法	冬小麦	159	169	145	91.19	85.80	92.4	0.79
	其他	341	331	317	92.96	95.77		0.87
非监督分类	冬小麦	171	170	139	81.29	81.76	87.4	0.72
	其他	329	330	298	90.58	90.30		0.71

从表 2 可以看出,运用基于规则的冬小麦识别方法提取冬小麦的精度高于传统的非监督分类方法。通过分析误差矩阵看出,在本研究中传统的非监督分类方法将很多与冬小麦光谱相似的地物划分为冬小麦,而基于规则的冬小麦识别方法在异物同谱方面有很大改善,有效去除了田块与田块之间道路和细小沟渠的干扰,提高了冬小麦种植面积监测的精度。

6 结论和讨论

本文的主要目的是利用 CBERS-02B 卫星监测 2008 年德州市的冬小麦种植分布情况和种植面积,并为黄河中下游地区利用中巴地球资源卫星影像进行农业监测提供一种方法。得出的主要结论有以下几点:

1)运用 CBERS-02B 卫星的 CCD 数据能够满足监测农作物的要求,其波段设计和 Landsat,TM 类似,但空间分辨率高于 TM,所以 CBERS-02B 数据还可以被推广应用到更大范围的农业遥感监测。

2)本文提出采用分区的方法来解决农作物长势存在差异的问题,这样有针对性的做法能在很大程度上提高识别的精度,这种分区的思想也可以用来解决在农业监测中影像时相存在差异的问题。

3)基于规则的作物识别方法能够较灵活地利用各种数据源来解决各种问题,在本研究中较好地将光谱信息、纹理信息和地理空间信息综合起来建立规则提取出冬小麦,与非监督分类结果相比精度有所提高,纹理规则的加入很好地去除了麦田中的道路和沟渠。

4)Google Earth 在选取训练样本精度评价中发挥了重要作用,其中的高分辨率图像能够显示出地物的细节信息,还能够识别出混合像元。因此,Google Earth 丰富的影像信息应在遥感解译等工作中得到充分利用。

虽然采用分区的方法能够在一定程度上解决同物异谱的问题,但是仅仅从影像上的光谱差异来分区还不能将区域划分得十分准确,还应结合其他一些具体的资料准确划定界限。运用基于规则的作物识别方法监测得到的结果精度比常规方法有所提高,但是受影像质量的影响,纹理特征提取的不是很理想,基于多个规则提取出的麦田分布零散,田块碎小,影响成图的外观。更多的辅助信息,如地物的拓扑分析、多时相的影像数据源可以加入到农作物监测中,以获得满意的监测结果。

参 考 文 献

[1] 杨邦杰,裴志远,焦险峰,等. 基于 CBERS-01 卫星图像的新疆棉花遥感监测技术体系 [J]. 农业工程学报,2003,19 (6):146-149.

[2] 李静,柳钦火,刘强,等. 基于波谱知识的 CBERS-02 卫星遥感影像棉花像元识别方法研究 [J]. 中国科学 E 辑,信息科学,2005 (35) (增刊 I):141-155.

[3] COHEN Y, SHOSHANY M. A National Knowledge-Based Crop Recognition in Mediterranean Environment [J]. International Journal of Applied Earth Observation and Geoinformation, 2002 (4):75-87.

[4] LUCAS R, ROWLANDS A, BROWN A, et al. Rule-Based Classificatiion of Multi-Temporal Satellite Imagery for Habitat and Agricultural Land Cover Mapping [J]. ISPRS Journal of photogrammetry & Remote Sensing, 2007 (62):165-185.

［5］ 阎静，王汶，李湘阁. 利用神经网络方法提取水稻种植面积——以湖北省双季早稻为例［J］. 遥感学报，2001，5（3）：227－230.

［6］ 甘淑，袁希平，何大明. 遥感专家分类系统在滇西北植被信息提取中的应用试验研究［J］. 云南大学学报：自然科学版，2003，25（6）：553－557.

［7］ 许文波，田亦陈. 作物种植面积遥感提取方法的研究进展［J］. 云南农业大学学报，2005，20（1）：94－98.

［8］ 贾建华，刘良云，竞霞，等. 基于多时相 MODIS 监测冬小麦的种植面积［J］. 应用技术：遥感信息，2005，6：49－51

［9］ 张文元，秦昆，张成才，等. 基于知识的遥感图像地物提取方法研究［J］. 地理空间信息，2007，5（1）：66－69.

［10］ 池宏康. 沙地油蒿群落覆盖度的遥感定量化研究［J］. 植物生态学报，2000，24（4）：494－497.

［11］ 舒宁. 卫星遥感影像纹理分析与分形分维方法［J］. 武汉测绘科技大学学报，1998，23（4）：370－373.

［12］ 朱秀芳，贾斌，潘耀忠，等. 不同特征信息对 TM 尺度冬小麦面积测量精度影响研究［J］. 农业工程学报，2007，23（9）：122－129.

［13］ Chen Xiaoling, Cai Xiaobin, Hui Li. Expert Classification Method Based on Patch-Based Neighborhood Searching Algorithm［J］. Geo-spatial Information Science, March 2007（10）：37－43.

Identification of Winter Wheat Sown Area and Its Distribution Using the CBERS－02B Images in An Irrigation District along the Lower Yellow River，China

Zhang Nannan[1,2]，Luo Yi[2]，Wang Chongchang[1]

（1　School of Geomatics，Liaoning Technical University，Fuxin　123000）

（2　Institute of Geographic Sciences and Natural Resources Research，Chinese Academy of Sciences，Beijing　100101）

Abstract：Crops and spatial distribution of their planting area are two important factors for agricultural water management. Remote sensing has been proved an effective technique in agricultural monitoring. Crop recognition and sown area monitoring are important topics in agricultural remote sensing using data sources from variety of sensors. This paper made efforts in extracting winter wheat and its sown area in an irrigation district along the lower Yellow River stream using the newly launched CBERS－02B sensor. Based on selection of the winter wheat training samples, spectral features, NDVI, MSAVI, spatial information of soils and texture analysis, a rule sets were developed for extracting winter wheat and its sown area. Google Earth was also employed to identify specific ground truth at a high resolution. It is tentatively concluded that the newly launched CBERS－02B CCD data is a reliable source for remote sensing monitoring for agriculture. The rule-based method proposed in this paper has improved the accuracy of crop monitoring. Integration of the spectral information, texture information, information of soils and land use/cover into the rule sets has strengthened identification capacity of the rule-based method. Compared to the unsupervised classification result, the rule-based crop recognition method achieved a better accuracy. Google Earth is a powerful tool which can be employed in sample selection and accuracy assessment. Its high resolution makes lots of small objects identifiable and identification mixed classes possible.

Key words：CBERS－02B　Winter wheat　Sown area　Rule-based　Google Earth

基于 CBERS-02 卫星遥感图像的
棉花光谱识别模型的建立
——以南疆阿拉尔垦区为例

伍维模，王家强，牛建龙，彭杰

（新疆塔里木大学植物科技学院，阿拉尔 843300）

摘 要：新疆南疆地区是中国重要的棉花产区，准确及时地获取棉区播种面积及长势状况对于棉花生产与管理有重要的意义。本研究以 2005 年 7 月 10 日中巴地球资源卫星 CBERS-02 卫星 CCD 第 1～第 4 波段遥感图像为数据源，分析了阿拉尔垦区棉花、果园、草地、居民地、盐碱地及水库 6 种典型地物的光谱特征，建立了遥感解译标志。以 CCD1～CCD4 图像 DN 值及 NDVI 值组合为条件判断表达式，建立了棉花遥感光谱识别模型，并采用 ERDAS 遥感图像处理软件的空间建模方法提取了棉花面积及分布信息。

关键词：CBERS-02 光谱识别模型 棉花

1 引言

中巴地球资源卫星（CBERS）是我国自主研制的第一代传输型地球资源卫星，其主要任务是用先进的空间遥感技术，为调查、开发、利用和管理国土资源服务，其成果可广泛应用于农、林、牧、水利、地矿、测绘、海洋、环境监测、灾害监测、气象及交通选线等国民经济众多领域。中巴地球资源卫星 CBERS-02 星上搭载有电荷耦合器件摄像机 CCD，红外多光谱扫描仪 IRMSS，宽视场相机 WFI 三种传感器。其中的 CCD 相机有 5 个波段，即在可见光、近红外光谱范围内的 4 个波段和 1 个全色波段，波段范围的设计与 Landsat TM 相似，分别为 0.45～0.52 μm（CCD1），0.52～0.59 μm（CCD2），0.63～0.69 μm（CCD3），0.77～0.89 μm（CCD4）和 0.51～0.73 μm（CCD5）。CCD 相机在星下点的空间分辨率达到了 19.5 m，扫描宽度为 113 km，具有侧视功能，侧视范围为 ±32°[1]。CBERS 的 CCD、IRMSS 和 WFI 1、2 级数据产品在国内实行免费分发政策，这将极大地促进遥感技术在各行业的广泛应用，尤其是西部经济比较落后地区。

新疆是我国最大的商品棉生产出口基地，而南疆的棉花种植面积、总产量约占到全新疆的 2/3。棉花是南疆地区的重要支柱产业，是农民增收的重要保障。南疆地区棉花播种面积大，棉田规整且面积大，统一种植与栽培管理，再加上南疆地区晴天多，阴天少，属于灌溉农业，具有开展遥感研究的优势。曹卫彬等提出了建立新疆棉花遥感监测技术体系的对策[2]。杨邦杰等建立了 CBERS-01 遥感图像上新疆棉花的解译标志及基于 CBERS-01 卫星图像的新疆棉花遥感监测技术体系[3]。李静等从中国典型地物标准波谱数据库中收集到 3 年共 16 天的地面实验测量数据，并进行统计分析，模拟得到不同日期棉花像元对应的 CBERS-02 卫星 CCD 各波段的反射率，并以新疆生产建设兵团农八师 143 团农场为实验区，实现了 CBERS-02 卫星 CCD 图像棉花像元提取[4]。本研究将以南疆棉花主产区阿拉

[作者简介] 伍维模（1971— ），副教授，塔里木大学植物科技学院教师。主要从事新疆南疆地区农业资源与遥感研究工作，任新疆土壤肥料学会理事。工作以来参加或主持省部级课题 5 项，发表论文 17 篇。E-mail：wwmxjtlm@taru.edu.cn，wwmxjtlm@126.com。

尔垦区为实验区，利用 CBERS－02 卫星 CCD 遥感图像为数据源，探讨基于图像 DN 值提取棉花信息的方法，从而为棉花播种面积、长势及产量预测提供依据，以便为将来在南疆棉花遥感监测领域深入地应用国产 CBERS－02/CBERS－02B 卫星数据奠定技术基础。

2　材料与方法

研究区选择在南疆的阿拉尔垦区，位于天山南麓、塔克拉玛干沙漠北缘、塔里木河干流上游。年平均气温 10.8 ℃，降水量 40.1 ~ 98.8 mm，日照时数 2 556 ~ 2 991 h，无霜期 180 ~ 224 d，属典型的暖温带大陆性干旱荒漠气候，非常适合于棉花种植，棉花播种面积占垦区农作物面积的 95% 以上。阿拉尔市辖 10 个团场（七团至十六团）、塔里木灌区水利管理处、水利水电工程处、托喀依乡等 52 个单位，总面积（3.647 7 × 105）hm²。市总人口 27.9 万人，其中维吾尔族、回族等少数民族人口占 7.6%[5]。塔里木河从垦区中间穿过，垦区有 3 座大型的平原水库。

2005 年 7 月对阿拉尔垦区的棉花、果园、草地、水库、居民地和盐碱地等典型地物进行了调查，利用 GPS 接收机定位，并标记了地面控制点（GCPs）。遥感数据源采用的是 2 景覆盖阿拉尔垦区大部分地区的 CBERS－02 卫星的 CCD 1 ~ 4 波段遥感影像（接收时间是 2005 年 7 月 10 日，Path/Row：38 –54 及 38 –55），经 ERDAS IMAGINE Professional 8.7 遥感图像处理软件进行几何校正、影像拼接与裁剪，形成多波段的研究区遥感影像图（见彩图 15）。工作流程见图 1。

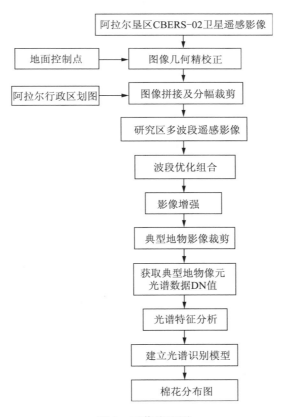

图 1　工作流程图

3 结果与分析

3.1 棉花与其他地物的解译标志

由于图像是人的视觉所能感受到的一种形象化的信息，因此卫星遥感图像所包含的信息量远比文字描述更为丰富、直观和完整。根据实地调查研究区的典型地物数据，首先建立了阿拉尔垦区的地物解译标志（见表1）。在7月，棉花、果园、草地等绿色植被在图像上是显著的红色。这很容易与其他非绿色植被的地物相区别。由于"同谱异物"现象的存在，棉花与部分果园的区分还是有一定的困难。

表1 阿拉尔垦区 CBERS－02 卫星图像（4，3，2 波段假彩色合成）解译标志

影像	地物类型	描述
	棉花	红色，色调较深，鲜艳，面积大，呈规则的长方形居多，连片分布，是整个图像的主体部分。纹理均匀、光滑或者有格子状的浅条纹
	果园	深红色，色调比棉花深暗，面积比棉田小，多呈规则的长方形，但少数边缘不清晰，常镶嵌在棉花的大面积红色图像之中，旁边一般有居民地分布，纹理比较均匀，但是不细腻
	草地	浅红色，色调暗，面积较大，分布不规则，位于塔里木河两岸，夹杂着盐碱地或河滩地
	居民地	以阿拉尔市区面积最大，灰白色，内部有规则的几何形状分布的建筑物，同时夹杂着绿地或林木。纹理比较粗糙
	水库	黑色，水越深，色调越深。三大水库面积大，形状成规则的几何形，边缘清晰，纹理光滑细腻
	盐碱地	灰白色，有时内部夹杂着深黑色斑块，面积大，形状不规则，主要分布在绿洲外围，纹理比较均匀

3.2 棉花与其他地物的光谱均值特征分析

为了从 CBERS－02 图像中发现不同地物的光谱特征知识，以建立基于光谱知识的棉花提取模型，利用实地调查数据并结合解译标志，在图像上对阿拉尔垦区棉花、居民地、水库、草地及盐碱地等典型地物进行光谱采样，并求出各样本的均值、标准差、最小值、最大值等统计值（见表2）。

表2 CBERS－02 卫星 CCD1～CCD4 波段各地物 DN 值

波段	典型地物	最小值	最大值	均值	标准差
CCD1	棉花	62	78	70	2.0
	果园	55	78	63	4.5
	草地	66	116	83	6.6
	水库	54	124	67	11.0
	居民地	68	153	101	15.3
	盐碱地	68	143	108	5.5

波段	典型地物	最小值	最大值	均值	标准差
CCD2	棉花	95	124	103	3.0
	果园	79	124	93	8.6
	草地	96	197	136	13.7
	水库	67	191	92	19.7
	居民地	101	255	168	30.9
	盐碱地	97	245	191	13.9
CCD3	棉花	49	64	55	1.6
	果园	41	67	48	5.2
	草地	52	104	76	7.6
	水库	39	99	51	8.7
	居民地	55	140	92	15.1
	盐碱地	62	136	108	8.6
CCD4	棉花	219	238	227	2.3
	果园	172	240	205	14.1
	草地	65	246	161	17.0
	水库	40	209	60	18.1
	居民地	118	241	174	19.8
	盐碱地	63	215	175	13.1

注：典型地物棉花、果园、草地、水库、居民地和盐碱地的像元数分别是 3 584，1 377，17 053，127 489，2 621，121 484。

根据表 2，在 CBERS - 02 卫星 CCD 各波段上对地物进行排序，以分析地物间在各波段上的光谱差异。

在 CCD1 上，盐碱地 > 居民地 > 草地 > 水库 > 棉花 > 果园，棉花与果园、水库容易相互混淆。

在 CCD2 上，盐碱地 > 居民地 > 草地 > 棉花 > 水库 > 果园，棉花与水库、果园容易相互混淆。

在 CCD3 上，盐碱地 > 居民地 > 草地 > 棉花 > 水库 > 果园，棉花与水库、果园容易相互混淆。

在 CCD4 上，棉花 > 果园 > 居民地 > 盐碱地 > 草地 > 水库，棉花与果园容易相互混淆。

棉花与果园差异最大的波段是在 CCD4 上，（CCD1 + CCD2 + CCD3）- CCD4 可以增大棉花与果园的差异；棉花与草地的最大差异是在 CCD2 上，（CCD1 + CCD4 + CCD3）- CCD2 可以增大棉花与草地的差异。

将图像中所有像元的 DN 值进行分析，求不同波段之间的相关系数（见表 3），可知，近红外波段 CCD4 与可见光波段的 CCD1、CCD2、CCD3 各通道之间的相关性最小，表明 CCD4 在利用光谱特征进行地物分类中将具有重要的作用。可见光波段 CCD1、CCD2、CCD3 之间的相关性均较高，达到了 0.97 以上。

表 3　阿拉尔垦区所有地物在 CBERS - 02 卫星影像上各波段 DN 值之间的相关系数

	CCD1	CCD2	CCD3	CCD4
CCD1	1	0.98	0.97	- 0.24
CCD2		1	0.99	- 0.19
CCD3			1	- 0.24
CCD4				1

根据表 2，对棉花以及各地物的谱间关系进行分析。首先，分别对各地物的波段进行排序，其结果如下。

棉花：CCD4 > CCD2 > CCD1 > CCD3；

果园：CCD4 > CCD2 > CCD1 > CCD3；

草地：CCD4 > CCD2 > CCD1 > CCD3；

居民地：CCD4 > CCD2 > CCD1 > CCD3；

水库：CCD2 > CCD1 > CCD4 > CCD3；

盐碱地：CCD2 > CCD4 > CCD3 > CCD1。

从以上分析可以得到，对于绿色植被和居民地，均有 CCD4 大于 CCD2，而水库与盐碱地却恰好相反。根据这一特征可以将他们区分开来。对于棉花而言，CCD4 与 CCD2，CCD3，CCD1 光谱均值的差异都最大，这与其他地物均有较大差别。

NDVI 是一种常用的有效描述波谱特征的植被指数。为了更清楚地发现棉花的光谱知识，可以通过计算 NDVI（即归一化植被指数）来更确切地观察它们在波谱之间的差异。NDVI 的计算公式是：$NDVI = (R_{NIR} - R_{RED}) / (R_{NIR} + R_{RED})$ 针对 CBERS－02 卫星的 CCD 数据，$NDVI = (CCD4 - CCD3) / (CCD4 + CCD3)$。图 2 是由采样光谱计算的典型地物的 NDVI 值。NDVI 值介于 －1 与 ＋1 之间，棉花和果园的 ND-VI 值最大的，大于 0.6，而且二者相当接近，但是平均而言，棉花的 NDVI 还是要高于果园的 NDVI 值，这是进行光谱识别模型的建立时要依据的一个重要条件。彩图 16 是阿拉尔垦区 NDVI 图。结合彩图 16 与图 2 可知，在阿拉尔垦区，7 月份绿色植被的 NDVI 值最高，水库的 NDVI 值最低。

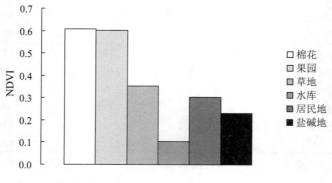

图 2　不同地物的 NDVI 值比较

3.3　基于光谱知识的棉花提取模型

根据上述分析，利用发现的一些光谱知识，建立基于光谱知识的棉花提取模型，其模型公式为

$$\begin{cases} CCD4 > K_1 \\ K_2 < CCD2 - CCD3 < K_3 \\ CCD1 + CCD2 + CCD3 < K_4 \\ NDVI > K_5 \end{cases} \tag{1}$$

第 1 个表达式利用了棉花近红外（CCD4）波段 DN 值最大的光谱特征。该表达式的含义是如果 CCD4 大于 K_1，那么，该像元就为棉花，该表达式的使用可以减少一部分草地与果园被误提为棉花的错误。K_1 为 219 时，可以将全部棉花提取出来，但是由于果园、草地及居民地采样光谱中 CCD4 仍然有一部分大于 219，表明 $CCD4 > K_1$ 所提取的棉花图像中包含了一部分果园、草地及居民地像元（见图 3）。

第 2 个表达式的含义是如果（CCD2 － CCD3）大于 K_2 且小于 K_3 时，那么该像元就是棉花。由表 1 可知，K_2 和 K_3 的取值分别为 46 和 60，经过这个限制性条件之后，可以消除部分草地与居民地像元的干扰。

第 3 个表达式的含义是如果可见光范围内的 3 个波段之和（CCD1 ＋ CCD2 ＋ CCD3）的值小于 K_4，可以将大部分的草地与居民地从影像中剔除，从而留下棉花与部分果园。

由于棉花与果园的光谱值相近，而 NDVI 值有一些差异，就利用第 4 个表达式来提取大部分的棉花信息，消除其他地物的干扰。经过对 NDVI 值的分析，发现 K_5 取值为 0.57 时，效果较好，可以将大部分果园从图像中剔除出去，而保留下棉花的信息（见图 5）。

从图 3、图 4 中提出的棉花像元数分别是 1 764 275 个和 1 672 325 个。而利用棉花光谱识别模型式（1），对阿拉尔垦区的遥感影像进行提取，棉花像元数为 1 591 850 个，面积为 60 530.1 hm^2，占垦区总面积（280 654.9 hm^2）的 21.57 ％。

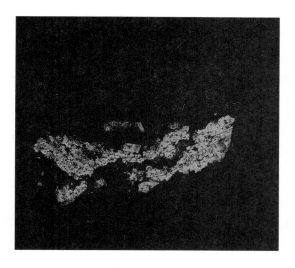

图3　CCD4 > 219 时提取的研究区图像

包括棉花及部分果园、草地及居民地等

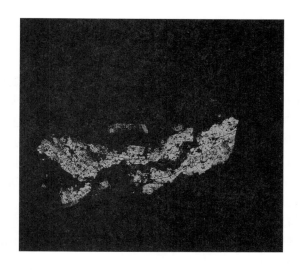

图4　在图3基础上利用 K_2、K_3、K_4

限制条件提取的研究区图像

包括棉花及部分草地、果园等

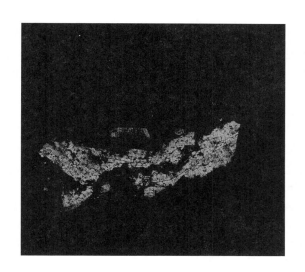

图5　提取的棉花分布图像

绿色为识别出的棉花像元

3.4　棉花光谱识别模型的验证

利用该模型对阿拉尔垦区 2005 年 7 月 10 日的 CBERS – 02 影像图进行棉花识别验证。从影像图中用 AOI 工具选择出有棉田、果园、草地和居民地的一块图像,作为评价单元,该单元包含了 14 355 个像元数,面积为 545.84 hm²。根据表 1 建立的解译标志,目视解译测出棉田的像元数为 6 489 个,面积为 246.74 hm²。而用棉花光谱识别模型提取出棉花的像元数为 5 871 个,面积为 223.24 hm²,验证判对率达到 90.47%,说明棉花识别正确率较高。识别不正确的地方主要表现在棉田周围的防护林带以及与棉田相邻的果园,它们与棉花之间会产生混合像元的情况。另一方面,部分长势差的棉花,其影像与草地有混淆情况发生。

4　小结

在棉花遥感监测中，尤其在大尺度的棉花遥感监测运行系统中，建立一种操作简单、准确度较高的识别方法或模型是非常重要的。曹卫彬等开展了 TM 影像中基于光谱特征的棉花识别模型的研究，该模型只利用了 TM4 和 TM3 这 2 个波段的信息[6]。本文在分析了南疆阿拉尔垦区 7 月份典型地物在 CBERS - 02 卫星 CCD 多波段图像上光谱特征的基础上，建立了棉花光谱识别模型，经验证其判对率达到了 90% 以上，该光谱识别模型综合了 CCD1 至 CCD4 的所有波段光谱信息。

地物特征主要有光谱特征、空间特征和时间特征。地物的这些特征在图像上是以灰度变化的形式表现出来，因此图像的灰度是以上三者的函数[7,8]。利用光谱特征建立识别模型在水体、居民地等地物信息的提取上已有了成功的先例[8]。本研究所建立的基于光谱特征的棉花识别模型中有两个表达式是基于 DN 值的绝对值的，同时，只针对了 7 月份的遥感影像，这对模型的应用会带来一定的限制。另外，由于光谱识别模型仅考虑了 CBERS - 02 卫星 CCD 图像中的光谱特征，未充分地利用地物纹理及空间特征信息，在今后的研究中应将这二者结合起来，从而提高棉花识别的精度。

5　致谢

本次工作得到了塔里木大学校长基金硕士资金项目"海岛棉长势遥感监测研究"（编号：TDZKSS06004）的资助。研究中所用 CBERS 卫星遥感影像由中国资源卫星应用中心提供。参加此工作的还有塔里木大学植物科技学院资环 07 班王成芳、农学 07 - 3 班吕德存同学。在此对上述单位及个人表示衷心的感谢。

参 考 文 献

[1]　http：//www. cresda. com/cn/products. htm.

[2]　曹卫彬，杨邦杰，裴志远，宋金鹏. 新疆棉花遥感监测系统建立的对策 ［J］. 石河子大学学报：自然科学版，2003，7（2）：165 - 168.

[3]　杨邦杰，裴志远，焦险峰，等. 基于 CBERS - 01 卫星图像的新疆棉花遥感监测技术体系 ［J］. 农业工程学报，2003，19（6）：146 - 149.

[4]　李静，柳钦火，刘强，等. 基于波谱知识的 CBERS - 02 卫星遥感图像棉花像元识别方法研究 ［J］. 中国科学：E 辑，信息科学 2005，35（增刊 1）：141 - 155.

[5]　新疆建设兵团年鉴社. 兵团年鉴（2005 年）［R］. 乌鲁木齐：新疆大学出版社，2005.

[6]　曹卫彬，杨邦杰，宋金鹏. TM 影像中基于光谱特征的棉花识别模型 ［J］. 农业工程学报，2004，20（4）：112 - 116.

[7]　孙家抦. 遥感原理与应用 ［M］. 武汉：武汉大学出版社，2003.

[8]　周成虎，骆剑承，等. 遥感影像地学理解与分析 ［M］. 北京：科学出版社，1999.

Research on the Cotton Recognition Model Based on Spectral Information of CBERS – 02 Satellite Remote Sensing Image——Taking Alar Reclamation Region of Southern Xinjiang as An Example

Wu Weimo, Wang Jiaqiang, Niu Jianlong, Peng Jie

(Institute of Plant Science and Technology, Tarim University, Alar   843300)

Abstract: Southern Xinjiang is one of China's key cotton producing areas, so it is very important to accurately and timely obtain the areas and growing state of cotton for better management. This paper, based on CBERS – 02 satellite CCD 1 ~ 4 remote sensing image of the July 10, 2005 in Alar Reclamation region, analyzed the typical objects spectral characteristics of cotton, orchard, lawn, town, salt soil and reservoir and gained the CBERS – 02 image interpretation keys of such objects. Using CCD 1 ~ 4 remote sensing image DN (digital number) values and NDVI, established a cotton remote sensing spectral recognition model, and by the Spatial modeling method and ERDAS remote sensing image processing software, the cotton image information can be extracted.

Key words: CBERS – 02   Spectral recognition model   Cotton

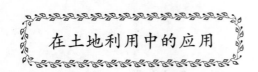

基于 RS 和 GIS 的贵阳市土地利用动态变化分析

李卫海[1]，李阳兵[1]，周焱[2]，陈鑫[1]

（1 贵州师范大学地理与生物科学学院，贵阳 550001）

（2 贵州大学生命科学学院，贵阳 550025）

摘　要：以贵阳为研究区，利用 1991、1996 年两期 TM 影像资料和 2000、2006 年两期中巴资源卫星遥感影像资料，运用人机交互目视解译方法以及地理信息系统的空间分析和数理统计功能，获得贵阳土地利用的现状、动态度、土地利用类型转移矩阵等专题图、数据，并结合社会经济及人口数据对贵阳市土地利用的时空变化情况进行深入分析。结果显示：①建设用地和林地面积持续上升；耕地面积持续下降；草地和未利用地面积则呈现出先减少后略有增加的趋势；水域的转移比例一直很小。②1991～2006 年间，土地利用的主要变化是：耕地与建设用地、耕地与林地、未利用地与耕地之间的相互转化。③1996～2006 年间，耕地主要转向建设用地和林地。在整个研究期内，一直有耕地转向未利用地；林地主要来自耕地、草地和未利用地。④1991～2006 年间，研究区土地利用变化强度较大，总体来看，经济发展是土地利用变化的主导因素。

关键词：RS／GIS　土地利用　贵阳市

1　引言

在全球环境变化研究中，土地利用/土地覆盖动态变化越来越被认为是一个关键而迫切的研究课题[1]。城市化的加速，引起了土地利用/土地覆盖情况的变化，从而导致社会、经济和环境的进一步变化[2]。城市土地利用变化已经成为影响自然生态系统的一个重要因素[3]，日益受到国际组织和世界各国的普遍关注。对城市土地利用变化情况的研究目前已成为国际上全球变化研究的前沿和热点课题。

遥感基于"3S"技术集成遥感影像、地形图及历史图件等多源空间数据，重建城市空间变化过程，解决了不能长期监测城市土地利用变化的难题[4]，为定量分析和预测城市土地利用变化的格局和过程提供了重要的技术手段。

近几年，国内外对一些大都市和经济发达地区的城市土地利用变化研究较多，而对中小城市，尤其是我国西南地区的城市土地利用变化研究相对较少。本文以贵阳市为研究区，利用 1991、1996 年两期 TM 影像资料和 2000、2006 年两期中巴资源卫星遥感影像资料和地形图，运用 RS、GIS 技术，获得贵阳土地利用的现状、动态度、土地利用类型转移矩阵等专题图、数据，结合社会经济及人口数据对贵阳市土地利用的时空变化情况进行了深入研究和分析，并探讨了引起变化的驱动力，以期为贵阳市土地资源的合理开发利用起到一定的作用。

［作者简介］　李卫海（1981—　　），硕士研究生在读，现就读于贵州师范大学地理与生物科学学院，主要从事土地资源与景观生态方面的研究。E-mail：liweih85@ gmail. com。

2 研究区概况

研究区位于贵州省中部，东经 106°07′至 107°07′、北纬 26°11′至 27°22′之间，范围为云岩区、花溪区、南明区、乌当区、白云区、小河区等六区，主要包括云岩城区、黔灵镇、南明城区、后巢乡、乌当城区、新天寨、东风镇、野鸭乡、花溪城区、花溪镇、金竹镇、小河区、白云城区、艳山红乡等26 个区、镇，总面积约 1 496.122 km²。地貌属山地、丘陵为主的盆地地区。最高海拔为 1 762 m，最低海拔为 506 m，海拔高差达 1 256 m，市中心平均海拔为 1 000 m。研究区地貌类型为溶丘洼地地貌，气候具有明显的高原性季风气候特点，属亚热带湿润温和型气候，年平均气温在 15.3 ℃左右。

3 研究方法

3.1 数据来源及数据处理

以 1991、1996 年两期 TM 影像资料和 2000、2006 年两期中巴资源卫星遥感影像资料为基础，采用4、3、2 波段假彩色合成影像为基本数据源，辅以 1:50 000 地形图及相关的数据资料、1:100 000 DEM（数字高程模型），以及土壤、植被、土地利用等专题图和外业调查资料，弥补遥感影像中存在的"同物异谱"和"同谱异物"等缺陷，以提高分类精度。

在进行土地利用类型分类时，采用分层分类方法对遥感数据进行专题信息提取，实现土

地利用/土地覆盖的分类。分层分类方法是从某一类地物的光谱、空间、时间特征分析入手，找到反映这些特征的典型波段，采取适合此类地物的信息提取方法，进行专题信息提取。当一种地物成功提取后，通过图像处理方法，将其从原始图像中去除，以避免它对其他地物提取产生影响，从而为以后的信息提取创造纯净的环境。这样在每层处理时，目标明确，只针对一类目标进行提取，问题相对简单，提高了每一类目标的提取精度，从而提高了最终结果的精度。

3.2 土地利用类型的划分与处理

在利用地理信息系统进行统计处理时，考虑到采用二级分类系统数据过于庞杂的问题，结合本研究区的特点，土地利用分类试验采用了一级分类，即将土地利用类型分为 6 大类。这 6 大类分别为：耕地（主要是农田），包括旱地农田和水田；林地，包括林地、灌木林地、疏林地和其他林地；草地，包括高覆盖度草地（覆盖度大于 50% 的天然草地、改良草地和割草地）、中覆盖度草地（覆盖度在20% ~50% 的天然草地和改良草地）、低覆盖度草地（覆盖度在 5% ~20% 的天然草地）；水域，包括河渠、湖泊、水库、坑塘、滩地等；建设用地，包括城镇用地、农村居民点用地及其他诸如工交建设用地等；未利用土地，包括未利用地和难利用地等。

应用 GIS 软件 ARC/INFO 将生成矢量数据文件，建立地理信息库，利用 ERDAS8.5 完成数据文件转换。在 GIS 的支持下，进行图形叠加生成动态图，按所建立的土地利用变化分析模型计算，求出各土地利用类型的状态、结构、土地利用类型的变化指数及土地利用转移矩阵[5]，定量地反映研究区 15年间土地利用变化的时空演变规律及趋势。彩图 17 为 1991 年 ~2006 年各期土地利用分类图。

3.3 土地利用变化动态度

刘纪远等[6]与王思远等[7]的土地利用动态度模型，认为土地利用动态度可以利用土地利用类型年变化率来反映区域土地利用类型变化的剧烈程度。土地利用动态度可定量描述一定时间范围内区域某种土地利用类型变化的速度，表达一定时间范围内区域某种土地利用类型的数量变化情况，它对比较土地利用变化的区域差异和预测未来土地利用变化趋势都具有积极的作用。公式表达为：

$$K = \frac{U_{\mathrm{a}} - U_{\mathrm{b}}}{U_{\mathrm{a}}} \times \frac{1}{T} \times 100\%$$

式中　U_{a}、U_{b}——分别为研究期初及期末某种土地利用类型的数量;

　　　　K——研究时段内某种土地利用类型的动态度;

　　　　T——研究时段长度(年)。

4　结果分析

4.1　土地利用总体分析

彩图 3-01-1 表明,在 1991~2006 年期间,研究区的土地利用结构发生了很大变化,其中林地、城乡建设用地呈现增长趋势,耕地、水域、草地呈现减少趋势。从各种土地利用类型的单一动态度看(表1),城乡建设用地的变化最大,从 1991~2006 年城乡建设用地增加了 97.273 km²,总变化率达到 84.13%,年增加达到了 5.61%,所占比重从 1991 年的 7.72%,提高到 2006 年的 14.22%。从 1991 年起耕地和水域比例有所下降,尤其耕地在 2000~2006 年间大量减少,面积从 2000 年的 480.102 km² 锐减至 2006 年的 382.972 km²,净减少了 97.13 km²,耕地面积的百分比也从 2000 年的 72.62%,降至 2006 年的 69.35%。总体上看,研究区在 1991~2006 年,土地利用变化强度较大,土地利用处于发展期。

表1　不同时期研究区土地利用类型的变化状况 　　　　　　　　　　　　　　　(%)

年份		1991~1996		1996~2000		2000~2006		1991~2006	
变化情况		变化率	动态度	变化率	动态度	变化率	动态度	变化率	动态度
土地利用类型	旱地	0.02	0.004	-15.78	-3.95	-23.00	-4.60	-34.03	-2.27
	水田	-11.79	-2.36	-5.47	-1.38	-16.62	-3.32	-30.48	-2.03
	林地	0.52	0.104	9.70	2.43	7.92	1.58	19.00	1.27
	水体	-3.52	-0.70	-4.85	-1.21	-2.45	-0.49	-10.45	-0.70
	建设用地	28.81	5.76	31.29	7.82	23.87	4.78	84.13	5.61
	草地	-4.55	-0.91	-8.28	-2.07	4.61	0.92	-8.42	-0.56
	未利用地	-8.11	-1.62	-16.46	-4.12	11.17	2.23	-14.66	-0.98

4.2　土地利用转移矩阵分析

从表2,表3,表4中可以看出,1991~1996 年,1996~2000 年,2000~2006 年 3 个时段研究区各种土地利用类型的空间动态转移情况如下。

耕地面积显著减少,且变化的速度在三个研究时段逐渐增大。耕地主要向建设用地和林地转化,特别是向城镇、农村居民点和工矿用地转化。城镇、工矿和交通用地的迅速增加,说明研究区从 1991 年到 2006 年,土地利用处于发展期,土地利用强度逐渐加大。造成耕地减少的主要原因是产业结构调整和城镇扩展,次要原因是部分耕地转向未利用地和草地,这是由于农村人口大量流入城市、农村劳动力减少、耕地废弃造成的。

林地面积逐年增加。尤其在 1996~2000 年及 2000~2006 年这两个时段,林地面积分别增加了 53.704 km² 和 48.077 km²。林地增加主要源自耕地、草地两种地类。林地的增加,一方面是贵阳市为提高城市形象、建设"森林之城"的结果。自 20 世纪 50 年代以来,贵阳市政府就着力加强城市环城林带的建设,尤其自 2000 年以来,贵阳在原有环城林带的基础上,建设第二环城林带,形成了全国省会城市中独有的森林景观。另一方面,贵阳处于石漠化较为严重的地区,在石漠化治理过程中,退耕还林、退耕还草政策的实施,也促进了研究区林地的增加。

城乡建设用地始终处于增长阶段。从 1991 年到 2006 年,城乡建设用地增加了 97.273 km²,总增长率为84.13%，年增长率为5.61%。从来源上看，耕地是其主要的转入对象。研究区城乡建设用地的增加除了由于人口增长，城区、农村居民点不断扩建，基础设施和交通用地日趋完善外，还与各种开发区、工业区的兴起有关。尤其是贵阳作为贵州省会城市，为发挥龙头辐射带动作用，建设一个新的增长极，发展新的高新科技产业，建设了金阳新区，拓展了贵阳城市空间，给中心旧城松绑，形成旧城新区双提高、双中心良性互动的格局。这充分说明了研究区城乡建设用地的增长与工业区和投资区的加快建设和大力发展密切相关。

草地主要转向林地，其次为耕地和未利用地。在1996～2000年期间，草地转入面积少于转出面积。在2000～2006年间，草地转入面积大于转出面积，草地面积略有增长。

未利用地主要转向草地，其次为建设用地和林地。在2000～2006年间，未利用地略有增加。这说明，在整个研究期内，未利用地一直在被开垦利用，或变为草地、林地，或被建设用地所占用。

表2　1991～1996年研究区土地利用类型转移矩阵　　　　　（a：km²；b：%）

土地利用类型	数据类型	旱地	水田	建设用地	林地	水域	草地	未利用地	总计
旱地	a	217.349	8.404	10.119	64.928	0	9.601	6.403	316.804
	b	68.607	2.653	3.194	20.495	0	3.031	2.021	100
水田	a	30.351	212.334	0.712	0	0	0	6.851	250.248
	b	12.128	84.849	0.285	0	0	0	2.738	100
建设用地	a	0	0	115.619	0	0	0	0	115.619
	b	0	0	100	0	0	0	0	100
林地	a	75.399	0	1.058	447.157	0	26.946	2.944	553.504
	b	13.622	0	0.191	80.787	0	4.868	0.532	100
水域	a	0.175	0.340	0	0	14.101	0	0	14.616
	b	1.197	2.326	0	0	96.476	0	0	100
草地	a	10.139	0	0.969	29.980	0	121.784	7.812	170.684
	b	13.792	0	5.671	21.132	0	55.211	4.195	100
未利用地	a	1.439	0	2.422	8.574	0	17.951	48.256	78.642
	b	1.830	0	3.080	10.903	0	22.826	61.362	100
总计		334.852	221.078	130.9	550.639	14.101	176.282	72.266	

注：1. 行中数据代表期初土地利用类型的去向，列中数据代表期末土地利用类型的来源，行与列中同一土地利用类型对应的数据代表期初期末没有发生变化的土地利用类型；

　　2. a代表土地利用类型发生变化的面积，b代表土地利用类型变化面积的比例。

表3　1996～2000年研究区土地利用类型转移矩阵　　　　　（a：km²；b：%）

土地利用类型	数据类型	旱地	水田	建设用地	林地	水域	草地	未利用地	总计
旱地	a	187.476	0	21.396	67.37	0	26.371	19.681	322.294
	b	58.169	0	6.639	20.903	0	8.182	6.107	100
水田	a	9.413	208.184	3.141	0	0	0	0	220.738
	b	4.264	94.313	1.423	0	0	0	0	100
建设用地	a	0	0	130.9	0	0	0	0	130.9
	b	0	0	100	0	0	0	0	100
林地	a	43.928	0	1.668	486.02	0	16.139	5.749	553.504
	b	7.936	0	0.301	87.808	0	2.916	1.039	100
水域	a	0	0.684	0	0	13.417	0	0	14.101
	b	0	4.851	0	0	95.149	0	0	100
草地	a	27.209	0	11.187	41.689	0	108.921	8.276	197.282
	b	9.522	0	4.346	20.649	0	61.788	3.695	100

土地利用类型	数据类型	旱地	水田	建设用地	林地	水域	草地	未利用地	总计
未利用地	a	5.959	0	3.57	12.129	0	10.251	38.160	70.069
	b	8.504	0	5.095	17.31	0	14.63	54.461	100
总计		273.985	208.868	171.862	607.208	13.417	161.682	60.371	

注：表中数据说明同表2。

表4　2000~2006年研究区土地利用类型转移矩阵　　　　（a：km²；b：%）

土地利用类型	数据类型	旱地	水田	建设用地	林地	水域	草地	未利用地	总计
旱地	a	152.681	0	34.174	47.204	0	18.163	19.212	271.434
	b	56.250	0	12.590	17.391	0	6.691	7.078	100
水田	a	20.021	173.979	2.310	0	0	0	1.218	197.528
	b	10.136	88.078	1.169	0	0	0	0.617	100
建设用地	a	0	0	171.862	0	0	0	0	171.862
	b	0	0	100	0	0	0	0	100
林地	a	2.657	0	1.417	581.970	0	2.504	9.872	598.42
	b	0.438	0	0.233	95.844	0	0.412	1.626	100
水域	a	0.329	0	0	0	13.088	0	0	13.417
	b	2.452	0	0	0	97.548	0	0	100
草地	a	14.987	0	0.276	24.559	0	129.070	6.790	175.682
	b	8.531	0	0.157	13.979	0	73.468	3.865	100
未利用地	a	5.256	0	5.163	1.552	0	18.379	30.021	60.371
	b	8.706	0	8.552	2.571	0	30.443	49.728	100
总计		195.931	173.979	215.202	655.285	13.088	168.116	67.113	

注：表中数据说明同表2。

4.3　土地利用类型变化机制分析

4.3.1　自然因素驱动土地利用变化

城市土地利用变化实质上是各种资源在城市地域空间上的不断重新配置组合[8]。城市地貌系统与结构对城市用地选择、功能区组织和规划布局等都具有强烈的控制作用。城市用地选择是城市总体规划布局和城市功能区组织的基础。研究区地处黔中典型岩溶山区（贵阳盆周山地的坡度多在15°以上），适合作城市建设发展的平缓地稀缺，致使贵阳城市发展主要局限在狭窄岩溶盆地内。20世纪80年代后期以来，根据岩溶地貌结构特征，贵阳建设用地布局便沿着贯穿盆地的河流阶地和岩溶山地垭口方向拓展，并在贵阳盆地外围一些适合城设的坝子上建立起卫星城镇，彻底改变了贵阳城市早期的用地形态布局模式。

4.3.2　人口增长及经济发展驱动土地利用变化

人口增加是城市扩展的基本动力之一[9]。从1991年到2006年，贵阳市人口由156.14万增长到353.09万，国内生产总值由51.49亿元增长到525.62亿元（图1），特别1995年以来，GDP增长速率基本保持在10%以上。人口的增长和人均可支配收入的提高，必然导致对住房及公共用地的需求，加之近年来农村人口不断向城市流动，城区居民用地不断增长，从而推动城市建设用地的进一步扩展及用地结构的相应变化。农村居住用地扩张的原因主要来自人口数量增长、人口密度变化以及人均居住用地面积增加等。

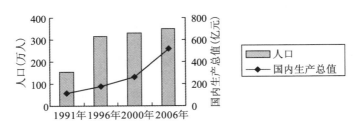

图1　研究区人口与国民生产总值关系图
（数据来源：贵阳市统计年鉴）

4.3.3　交通因素驱动土地利用变化

贵阳处于岩溶山区，交通对城市扩展起着重要的带动作用。由彩图18可知，贵阳市的城市用地扩展除建设新的卫星城镇之外，主要沿交通和河道扩展。交通等基础设施的建设拉大了城市框架，为城市扩展提供了空间导向。

4.3.4　政府政策因素驱动土地利用变化

一方面，政策制度作为一种激励机制制约或助长城市土地利用情况的变化，另一方面，政策制度对城市土地利用类型的形成分化起着导向作用。近年来，随着政府政策的转变，贵阳逐渐由单一的行政中心转变为经济、政治双核心，积极以经济建设为中心，经济的发展成为社会发展的重心，城市用地范围也迅速扩展，城市的发展逐步形成以中心区为市级中心，小河、白云片区为市级次中心的组团式布局结构。

5　结论与讨论

1）1991～2006年，贵阳市土地利用类型发生了很大变化，其中建设用地大量侵占耕地，这种变化与贵阳市近年来的迅速发展，特别是与政府在宏观决策上支持贵阳市的发展有很大关系。这种变化主要是经济利益驱动的结果，由于经济的发展成为社会发展的重心，人们倾向于经济效益高的生产方式。

2）随着城市化进程不断加快，贵阳市今后几年土地利用的演变速度也在加快，因此，遥感技术和地理信息系统技术在监测和研究分析土地利用动态变化方面将发挥出更大的作用。

3）从对研究区15年间的土地利用变化情况分析中，可以看出近年来西南地区城镇土地利用变化的一些基本情况。总的来说，随着经济的高速发展，城镇化进程不断加快，城市建设面积扩展迅速，城区周围的大量耕地被占用；独立工矿用地增加迅速，且主要增建"热点[10]"区域为交通较为便利的公路沿线；耕地面积大量减少，转变的主要类型为城镇建设用地和独立工矿用地，减少"热点"区域为城区周边及交通道路沿线。针对以上变化情况，在未来的土地利用监测中，应有重点地加大对"热点"区域的监测力度。

4）由于研究区地形地貌条件的限制，随着城市化进程的加快，人口和资本的高度集中和资源的高强度利用，必然给环境带来较大的影响，合理开发利用土地资源，寻求经济、社会、生态综合效益的最大化应该得到更多的关注，在以后的研究中，这也是一个不容忽视的问题。

参 考 文 献

[1]　李秀彬. 全球环境变化研究的核心领域土地利用/土地覆盖变化的国际研究动向［J］. 地理学报，1996，51
　　　（6）：553－557.

[2]   Weber C, Puissant A. Urbanization pressure and modeling of urban growth: example of the Tunis metropolitan area. Remote Sensing of Environment, 2003, 86: 341 – 352.

[3]   Yeqiao Wang, Xinsheng Zhang. A dynamic modeling approach to simulating Socioeconomic effects on landscape changes. Ecological Modeling, 2001, 140: 141 – 162.

[4]   匡文慧，张树文，张养贞，盛艳. 1900 年以来长春市土地利用空间扩张机理分析 [J]. 地理学报，2005，60（5）：841 – 850.

[5]   史培军，陈晋，潘耀宗. 深圳市土地利用变化机制研究 [J]. 地理学报，2003，55（2）：151 – 160.

[6]   刘纪远，布尔敖斯尔. 中国土地利用变化现代过程时空特征的研究——基于卫星遥感数据 [J]. 第四纪研究，2000，20（3）：229 – 239.

[7]   王思远，刘纪远，张增祥，等. 中国土地利用时空特征分析 [J]. 地理学报，2001，56（6）：631 – 639.

[8]   苏维词. 贵阳城市土地利用变化及其环境效应 [J]. 地理科学，2000，20（5）：462 – 468.

[9]   李飞雪，李满春，刘永学，梁健，陈振杰. 建国以来南京城市扩展研究 [J]. 自然资源学报，2007，22（5）：524 – 535.

[10]   Chi Xu, Maosong Liu, Cheng Zhang, Shuqing An, Wen Yu, Jing M Chen. The spatiotemporal dynamics of rapid urban growth in the Nanjing metropolitan region of China. Landscape Ecol, 2007, 22: 925 – 937.

Analysis on Dynamic Change of Land Use in Guiyang Based on RS&GIS

Li Weihai[1], Li Yangbing[1], Zhou Yan[2], Chen Xin[1]

（1   College of Geography and Biology, Guizhou Normal University, Guiyang   550001）

（2   College of Life Sciences, Guizhou University, Guiyang   550025）

Abstract: Take Guiyang as the research area, using the remote sensing data of 1991, 1996, 2000, 2006 and topographic map, the data about the present situation and the dynamic degree of land use and the conversion matrix of land use was obtained based on RS and GIS, a thorough analysis to the Guiyang land use temporal and spatial variation was carried on unified social economy and the demographic data. The following results were obtained: (1) The areas of construction land and woodland maintains the constant rise from 1991 to 2006. In this period the area of cropland presents drop, while the area of grassland and unused land has not presented reduces first, slightly has increases. the water body was infrequently transformed. (2) From 1996 to 2006, the cropland were chiefly transformed into construction land and woodland. The woodland was chiefly transformed from cropland, grassland and unused land. (3) From 1991 to 2006, the intensity of land use change was great. In the point of land use change, development of economy was the leading driving force.

Key words: RS/GIS   Land use   Guiyang

基于 CBERS 影像的植被覆盖度动态变化监测研究

——以宁夏盐池县为例

边振，张克斌，夏照华

（北京林业大学水土保持学院，北京　100083）

摘　要：植被覆盖变化遥感监测是区域生态监测的一个重要部分，可为区域生态建设和可持续发展提供科学依据。利用宁夏盐池县 2002 年 8 月 23 日和 2006 年 9 月 5 日的 CBERS 数据，采用基于归一化植被指数（NDVI）的像元二分模型，计算了这 2 个时期的植被覆盖度，并对盐池县 2002～2006 年间植被覆盖的变化情况进行了遥感监测和定量分析。结果表明，盐池县的植被覆盖度由 2002 年的 45.6% 下降为 2006 年的 30.6%；盐池县植被变化总体上以轻微退化为主。在空间格局上，退化与改善并存，表现为总体退化，局部改善。

关键词：盐池县　CBERS　植被覆盖　NDVI　植被退化

1　引言

1999 年，我国与巴西联合研制的中巴地球资源一号卫星（CBERS－01）顺利发射升空并投入试运行。此后随着 CBERS－02、CBERS－02B 星的不断发展，CBERS 数据已相继在农业、林业、土地利用与城市规划、环境与灾害监测、海洋和地质调查等方面得到了应用。本次研究主要是选择覆盖宁夏盐池县的 CBERS CCD 数据，对其波段进行运算，提取植被指数及植被覆盖度影像并进行效果评价，将 CBERS 数据应用于我国西部地区的荒漠化监测中[1]。

植被覆盖度是区域生态环境评价的重要指标之一，遥感技术的大范围、快速、客观等特点，使其在大面积植被监测方面具有独特的优势，目前已成为地表植被覆盖变化监测的主要手段。

植被指数法是指通过对光谱信号的分析，建立植被指数与植被覆盖度的转换关系，来估算植被覆盖度（Choudhury et al，1994；Toby et al，1997；Boyd et al，2002）。利用植被指数近似估算植被覆盖度是一种比较简便、快速的方法，随着研究的进一步深入，其精度也越来越高，相对于经验模型的发展更具有普遍意义[2]。

像元二分模型是线性像元分解模型法中最简单的一种，它假设一个像元只由有植被覆盖的地表和无植被覆盖的纯土壤所组成，通过遥感传感器获取的光谱信息也由这 2 个组分因子组成，各因子的权重是各自面积在像元中的比例，像元二分法就是通过建立植被覆盖度和全植被覆盖、纯土壤覆盖之间的关系模型来计算植被覆盖度的方法。

根据像元二分模型原理，利用宁夏盐池县 2002 年 8 月 23 日和 2006 年 9 月 5 日的 CBERS 数据，结合归一化植被指数（NDVI），计算植被覆盖度，对盐池县植被覆盖及其动态变化进行了遥感监测，研究盐池县这 2 个时期植被覆盖动态变化规律，为盐池县的生态建设和可持续发展提供决策支持。

［作者简介］　边振（1983—　），硕士，主要研究方向：荒漠化防治。责任作者：张克斌，博士，副教授。

［资助项目］　半荒漠地区湿地植被群落时空分布特征研究（30771764）。

2 研究区概况

盐池县位于宁夏回族自治区东部,北纬 37°04′~38°10′,东经 106°30′~107°41′。北与毛乌素沙地相连,南靠黄土高原,在地理位置上属于一个典型的过渡地带,即自南向北,地形上是从黄土高原向鄂尔多斯台地(沙地)过渡地带,气候上是从半干旱区向干旱区的过渡地带,植被上是从干草原向荒漠的过渡地带,资源利用上是从农区向牧区过渡地带。这种地理上的过渡性造成了盐池县自然条件资源的多样性和脆弱性特点。盐池县主要为剥蚀的准平原地形,地势南高北低,海拔 1 295~1 951 m,南北明显分为黄土丘陵和鄂尔多斯缓坡丘陵 2 大地貌单元。属于典型中温带大陆性气候,年均气温 8.1℃,极端最高温 34.9℃,极端最低温 −24.2℃;年降水量仅 250~350 mm,而且从南向北,从东南向西北递减。土壤类型以灰钙土为主,其次是黑垆土和风沙土,此外有黄土,少量的盐土、白浆土等。盐池县植被在区系上属于亚欧草原区亚洲中部亚区,中国中部草原区的过渡带。植被类型有灌丛、草原、草甸、沙地植被和荒漠植被,其中灌丛、草原、沙地植被数量较大,分布也广。盐池县内没有天然森林,只有少量人工乔木林和大面积灌木林,其中包括北沙柳(Salix Psammophilia)灌丛,小叶锦鸡儿(Caragana Microphylla)灌丛。草原分干草原和荒漠草原,典型草原包括大针茅(Stipa Grandis)、长芒草(Stipa Bungeana)、冰草(Agropyron Crisatum)、百里香(Thymusserphyllum var. Mongolicus)等类型,群落中常见植物种类以旱生和中旱生类型为主。荒漠植被包括川青锦鸡儿(Caragana Tibetica)、猫头刺(Oxytro Pisaciphylla)、西伯利亚白刺(Nitraria Sibirica)和盐爪爪(Kalidiu Foliatum)。

3 植被覆盖度计算

文中采用的遥感影像是 CBERS – CCD 影像,空间分辨率为 19.5 m,时间分辨率为 26 d。影像适用于较大区域范围、景观尺度上的植被遥感研究。影像的获取时间分别为 2002 年 8 月 23 日和 2006 年 9 月 5 日。这几景影像质量良好,图像清晰,云、雾量少,且都是在植被生长季节获取的,植被覆盖也基本稳定,影像时相接近(13 d),因此,非常适合进行植被覆盖度动态监测。

3.1 数据处理

3.1.1 几何校正

整个盐池县需要 4 景影像覆盖,对 4 景影像直接拼接发现有错位现象,故在拼接之前对 4 景影像分别进行几何校正。根据盐池县 1:10 万地形图,对 2006 年 9 月 5 日影像进行几何校正,采用二次多项式拟合法进行影像配准,然后运用邻近点插值法进行重采样,误差控制在 0.5 个像元内。以校正好的 2006 年 9 月 5 日影像为基准,采用上述同样方法对 2002 年影像进行几何订正,精度均优于 0.5 个像元。

3.1.2 影像拼接与裁剪

对 4 景影像拼接时发现影像边缘存在黑色条带,分析认为是同一景影像不同波段间有微小错位造成的。故对校正好的 4 景图像边缘区域进行裁剪,然后利用 mosaic 工具进行拼接。基于实际研究的需要,用 ERDAS 生成盐池县掩膜图像,运用 mask 功能裁剪出盐池县所在区域。

3.1.3 去云处理

因 2006 年影像只有零星云团,且出现在植被覆盖较稳定的地带,因此,用替换法去云对结果的影响很小[2]。在对 2006 年影像中的云区域用 2005 年影像相同的区域来替换。运用 ERDAS IMAGING 8.7 对校正好的 2006 年影像勾画出云区域并生成 AOI,并对 2005 年同期影像进行校正,用该 AOI 在 2005 年影像上裁剪出需要的无云数据,并替代 2006 年云区域。

3.1.4 直方图匹配

直方图匹配是对图像查找表进行数学变化,使一幅图像某个波段的直方图与另一幅图像对应波段类似，或使一幅图像所有波段的直方图与另外一幅图像所有对应波段类似（党安荣，王晓栋，陈晓峰等，2003）。通过直方图匹配可以部分消除由于太阳高度角或大气影像造成的研究区不同时相影像的效果差异。本次研究将2002年的影像与2006年的影像匹配。

3.2 归一化植被指数计算

归一化植被指数（NDVI）是目前众多植被指数中应用最广泛的一种，它与植被分布密度有相关性，是反映植物生长状况及生长空间分布密度的最佳指示因子。NDVI计算公式为[3]：

$$\text{NDVI} = \frac{N - R}{N + R} \tag{1}$$

式中 N，R 分别为近红外波段反射率和红光波段反射率。

影像的3波段和4波段分别对应红光波段和近红外波段，因此，可直接利用公式（1）计算得出2002年和2006年的NDVI图像[4]。

3.3 计算植被覆盖度

利用像元二分模型计算植被覆盖度。像元二分模型对影像辐射订正的影响不敏感，且计算简便、结果可靠，因此得到了广泛应用[5]。其基本原理是假定一个像元信息 S 只由植被和土壤两部分所贡献，分别记为 S_v 和 S_s。设植被覆盖度为 f_c、纯植被覆盖信息为 S_{veg}、纯土壤覆盖信息为 S_{soil}，则有 $S_v = f_c \cdot S_{veg}$ 和 $S_s = (1 - f_c) \cdot S_{soil}$，又因 $S = S_v + S_s$，所以有：

$$f_c = \frac{S - S_{soil}}{S_{veg} - S_{soil}} \tag{2}$$

把NDVI同像元二分模型相结合，得到基于NDVI的植被覆盖度像元二分模型[6]：

$$f_c = \frac{\text{NDVI} - \text{NDVI}_{soil}}{\text{NDVI}_{veg} - \text{NDVI}_{soil}} \tag{3}$$

式中 NDVI_{veg} 和 NDVI_{soil} 分别代表全植被覆盖像元和全土壤覆盖像元NDVI值，是上式中仅有的2个参数。

按像元二分原理，其理论取值应分别为1和0，但影像不可避免地存在噪声，故在计算中分别选择积累像元百分数1%和99%为置信区间，积累百分比小于1%的为近似纯土壤覆盖，大于99%的为全植被覆盖，并取对应的NDVI值为纯土壤覆盖和全植被覆盖像元的NDVI值。然后用公式（3）计算出这2个时期的植被覆盖度图像（彩图20）。

4 植被覆盖变化监测分析

4.1 各时期覆盖度分级监测

植被覆盖度图像还不能直观地反映该时期植被覆盖情况和不同覆盖度的植被分布情况，因此，需对植被覆盖度进行分级显示。植被覆盖度的分级标准在一些文献中也提到过（丁国栋，2004；牛保茹，刘俊荣，王政伟，2005；丁建丽，塔西甫拉提·特依拜，2002；李苗苗，吴炳方，颜长珍等，2004；卢正中，高会军，丘少鹏等，2001；王晓慧，李增元，高志海，2005）。这些文献中关于植被覆盖度分级的阈值也不完全相同。参考这些文献中所提到的阈值，结合地面定位监测资料，制定盐池县植被覆盖度的分级标准为0～10%，10%～30%，30%～60%，60%～100%，其目的在于更微观地监测不同等级植被的变化情况。各覆盖度等级的植被所对应的地物如下[7]：

Ⅰ级：植被覆盖度0～10%，对应于地面流动沙地、撂荒地、居民点、水域及交通用地等，属极低覆盖度植被。

Ⅱ级：植被覆盖度10%～30%，对应于地面半固定沙地、低产草地、疏林地、严重退化土地等，属低覆盖度植被。

Ⅲ级：植被覆盖度30%～60%，对应于地面固定沙地、中高产草地、林地、农田等植被，属中覆盖度植被。

Ⅳ级：植被覆盖度60%～100%，对应于地面固定沙地、优良草地、密灌地、密林地、优良耕地等，属高覆盖度植被。

根据分级显示的结果，统计出盐池县各级植被覆盖度的面积分布及2个时期的变化情况如表1和彩图20。

表1　不同覆盖度等级的面积变化 （km²）

覆盖度分级	Ⅰ级 0～10%	Ⅱ级 10%～30%	Ⅲ级 30%～60%	Ⅳ级 60%～100%
2002年	119.02	598.05	4 921.26	761.80
2006年	481.57	2 814.80	2 733.71	370.04
2006与2002年的面积差	362.55	2 216.76	−2 187.55	−391.76

由表1可以得出：（1）盐池县植被覆盖整体上呈下降趋势，通过对覆盖度影像像元加权平均得到全县平均植被覆盖度从2002年的45.6%下降为2006年的30.6%；（2）面积增加最大的是第Ⅱ级植被，其面积从2002年的598.05 km²增加到2006年的2 814.80 km²，2006年第Ⅱ级植被面积占全县面积的43.98%；（3）面积减少最大的是第Ⅲ级植被，其面积从2002年的4 921.26 km²减少到2006年的2 733.71 km²，该类植被在全县所占比例从2002年的76.89%下降到2006年的46.71%；（4）第Ⅰ级植被有所增加和第Ⅳ级植被的减少，也表明盐池县植被覆盖度有所下降。通过对盐池县多年逐月气象数据收集、统计，得到2002年、2006年的年降雨量分别为399.1mm和212.1mm，分析认为，植被覆盖度的总体下降主要是由于降雨减少造成的。遥感影像分析结果也与各年7月份的外业调查数据相符。

4.2　植被覆盖变化监测

为了定量分析2002～2006年间盐池县植被退化和改善的详细情况，对2006年和2002年的覆盖度图像作差值运算（彩图19），并对差值运算的结果进行分类显示，据此可以直观了解全县植被覆盖空间动态变化的详细情况。

由彩图19可以看出，2006年与2002年相比，全县植被变化以轻微退化为主。中部、西北部及东部县城周围程轻微改善状况。沿县城东北至西南一线有散布的显著改善区域，这些区域均有湿地分布，分析植被改善原因为降雨减少导致湿地水域面积减小，从而为植物生长提供了水分充足的土壤。县城东南部的黄土区有零星的植被显著退化区域，考虑到黄土区海拔较高，多为裸露丘陵，接受太阳辐射强烈，蒸发量大，故在降雨较少的年份不利于植被生长。

由表2可以看出：盐池县植被变化总体上以轻微退化为主，轻微改善次之。在空间格局上，退化与改善并存，表现为总体退化，局部改善。在植被覆盖变化的4个等级分类中，轻微退化的占80.47%，总面积为5 149.934 km²。盐池县植被改善总面积为1 211.982 km²，约占整个盐池县总面积的19%，其中以轻微改善为主。各个变化类别的面积由大到小依次为：轻微退化＞轻微改善＞显著改善＞显著退化，因为轻微退化处于退化的边缘，因此，要对轻微退化区域进行重点保护，采取封育或轮牧措施，进一步提高全县的生态环境质量。

表2　各植被变化类型的面积及其占总面积的比例

变化类型	显著改善	轻微改善	轻微退化	显著退化
面积/km²	48.229 11	1 163.753	5 149.934	38.202 56
所占比例/%	0.75%	18.18%	80.47%	0.60%

5　结论与讨论

近年来遥感生态监测的作用逐渐受到重视。本文利用中巴资源卫星2002年影像和2006年影像对盐池县近年来的植被覆盖动态变化进行了遥感监测，结果如下：

1）2002～2006 年这 4 年间盐池县的植被覆盖度呈下降趋势，平均覆盖度由 2002 年的 45.6% 下降为 2006 年的 30.6%，由于全县范围内地形地势差异较大，导致各地的变化情况不一样，变化的类型也不同。

2）2002～2006 年植被覆盖度为 10%～30% 的区域面积增加最大，2006 年比 2002 年增加 2 216.76 km^2。同时，覆盖度在 30%～60% 的中高植被覆盖区域面积大幅减少，减少面积为 2 187.55 km^2，是造成整个盐池县植被退化的根源。

3）造成盐池县植被退化的原因主要是气象因素和人类活动，另外地形地貌等也是造成盐池县植被变化的原因之一。随着经济发展和人口增加，过度放牧、采挖甘草、发菜等，都对植被覆盖产生了影响。针对这种人为干涉的结果，建议主要采用封育措施进行修复，特别是出现轻微退化的生态脆弱区，要继续加大封育的管理力度。对于严重退化的区域要结合人工修复，开展飞播、人工种植柠条等生态修复工程来改善盐池县的生态环境。

参 考 文 献

[1] 丁峰，高志海，魏怀东. CBERS-1 数据评价及在荒漠化监测中的应用 [J]. 遥感技术与应用，2004，19（5）：339-342.

[2] 李苗苗，吴炳方，颜长珍，等. 密云水库上游植被覆盖度的遥感估算 [J]. 资源科学，2004，26（4）：153-159.

[3] 赵英时. 遥感应用分析原理与方法 [M]. 北京：科学出版社，2003：374-393.

[4] 陈晋，陈云浩，何春阳，等. 基于土地覆盖分类的植被覆盖率估算亚像元模型与应用 [J]. 遥感学报，2001，5（6）：416-422.

[5] 范建友，丁国栋，关博源，等. 正蓝旗植被覆盖动态变化的遥感监测 [J]. 中国水土保持科学，2005，3（4）：54-59.

[6] 李晓琴，孙丹峰，张凤荣. 基于遥感的北京山区植被覆盖景观格局动态分析 [J]. 山地学报，2003，21（3）：273-280.

[7] 丁国栋. 区域荒漠化评价中植被的指示性及盖度分级标准研究——以毛乌素沙区为例 [J]. 水土保持学报，2004，18（1）：159-160.

Study on the Vegetation Coverage Changes Monitoring Base on CBERS Data——Take Yanchi County, Ningxia as a Case

Bian Zhen, Zhang Kebin, Xia Zhaohua

(College of Soil and Water Conservation, Beijing Forestry University, Beijing　100083)

Abstract：Monitoring vegetation coverage change from remote sensing data is very important for ecological restoration. In this paper, there were two CBERS images of Yanchi County, Ningxia which acquired on August 23, 2002 and September 05, 2006, selected. The vegetation coverage were calculated based on two components sub-pixel model. The vegetation coverage and its changes between 2002 and 2006 were also analyzed. The result showed that the vegetation coverage decreased from 45.6% % in 2002 to 30.6% in 2006; the main change of vegetation coverage mainly is slight degradation. And on the space pattern, local improvement and general degradation coexist.

Key words：Yanchi county　CBERS　Vegetation coverage　NDVI　Vegetation degradation

基于多时相 CBERS CCD 影像的矿区土地覆盖变化研究

袁林山[1]，杜培军[1]，郑辉[2]，李光丽[1]，王莉[1]

（1 中国矿业大学测绘与空间信息工程研究所，徐州 221116）

（2 兖州矿业集团地测部，邹城 273500）

摘 要：采用多时相 CBERS CCD 影像，分别运用最大似然、支持向量机（SVM）、面向对象和决策树的分类方法对多时相遥感影像进行分类处理。与其他分类器相比，SVM 分类器在研究区域具有最高的分类精度，所以本文运用 SVM 的分类结果进行矿区土地覆盖变化分析，实验结果和分析表明，CBERS CCD 数据在矿区土地覆盖分析中具有较好的应用效果，能为矿区城市与区域可持续发展提供决策支持。

关键词：中巴地球资源卫星（CBERS） 矿区 土地利用/覆盖变化 多时相处理

1 引言

矿山开采对于我国工业化、城市化、现代化进程都具有特殊的重要作用。以资源开采与利用为主发展起来的煤矿区，给人类带来了能源，但在造福人类的同时也造成了矿区生态环境的破坏。矿山开采产生大量有毒的重金属元素，影响范围巨大，危害严重时将危机人类的生命安全。矿业开发必然带来诸如矿产资源浪费、占用和浪费土地资源、植被破坏造成生态环境恶化、环境污染和地质灾害等各种各样的环境地质问题。矿产资源的开发，特别是不合理的开发，已对矿山及其周围环境造成污染，破坏了生态环境，并诱发了多种地质灾害[1-2]。

我国目前虽然经济发展速度较快，但今后的发展面临着自然资源供应后劲严重不足的问题[3]。矿产开发造成的土地资源破坏和引发的严重生态环境问题，制约着资源与环境的可持续发展。因此，重视加强矿山开采工程环境地质调查、监测与质量评价，不仅对矿山的可持续发展，而且对矿区环境的改善，减少、减缓由于矿山开采造成的损失至关重要[1]。

目前，国内外已有许多学者利用遥感技术对矿区生态环境监测进行了研究。Legg 利用遥感技术对地表采矿引起的环境问题和矿区土地复垦做了定性评价[4]；Silva，M. P. S 等利用遥感影像数据库分析了矿区格局的变化[5]；陈华丽等应用 Landsat TM 影像对矿区生态环境进行动态监测并着重讨论了 30m 分辨率的陆地卫星影像在矿区生态环境监测中的作用及不足[6]；彭苏萍等利用 Landsat TM 遥感影像提取煤矿区积水塌陷面积扩展变化的信息，对煤矿区积水塌陷进行动态监测[7]；杜培军等基于 GIS 支持下对遥感图像中采矿塌陷地提取方法进行了研究[8]。

本文以多时相 CBERS CCD 影像为数据源，分析徐州市 2001 年到 2007 年矿区土地覆盖变化，实验 CBERS CCD 应用于矿区进行土地覆盖变化的应用效果，进而为矿区城市与区域可持续发展提供决策支持。

［作者简介］ 袁林山（1983— ），硕士研究生，目前主要从事灰色理论研究应用、CBERS 影像处理与应用等研究工作。E-mail：apralyuan@ 163. com。

［资助项目］ 国家 863 高技术发展计划支持项目（2007AA12Z162）、教育部新世纪优秀人才支持计划资助项目（NCET－06－0476）、江苏省自然科学基金创新人才青年学术带头人项目（BK2006505）和江苏省高等学校"青蓝工程"中青年学术带头人培养计划资助项目。

2　研究区域和数据预处理

2.1　研究区域概况

徐州市位于江苏省西北部，地处东经116°22′~118°40′、北纬33°43′~34°58′之间，处于陇海、津浦铁路干线交点，京杭运河流经矿区。徐州矿区交通发达，煤炭储量较丰，品种较全，是年产原煤千万吨以上的大型煤矿区，也是中国重点煤炭基地之一。徐州矿区由老徐州煤田和丰沛煤田组成，本文研究区域选择徐州西部夹河矿区和西北部庞庄矿区，简称西矿区。结合矿区土地利用与土地覆盖变化研究的时空尺度与精度要求，以及资料获取的可行性与成本因素，本文选用多时相CBERS CCD遥感数据分析矿区土地覆盖变化，为矿区城市环境保护和生态恢复提供决策支持。

2.2　数据预处理

本文选用的多时相CBERS数据包括：2001年3月31日、2005年3月18日和2007年4月11日的CCD数据。各影像辐射校正之后，通过影像 – 影像的模式进行影像配准，匹配精度控制在0.6个像素之内，最后通过对矿区区域的裁减处理得到研究区域的遥感数据。

3　研究原理与方法

3.1　数据处理流程

煤矿区土地覆盖变化分析包括三个步骤：（1）遥感影像预处理，包括辐射校正和几何校正等；（2）土地覆盖分类，方法有目视解译和计算机自动分类；（3）土地覆盖变化，通过地物类型面积的变化和混淆矩阵来分析矿区土地覆盖变化。

3.2　土地覆盖分类方法

在遥感图像应用中，图像分类是最重要的工作之一。一些传统的分类方法包括监督分类方法和非监督分类方法已被广泛应用，但是这些分类方法有时在一些特殊应用分类中效果不是很有效。现阶段，一些新的图像分类方法相继出现，例如：决策树分类器、支持向量机分类器、面向对象的分类方法、模糊分类和多分类器系统。本文将最大似然、支持向量机、面向对象和决策树四种分类方法应用于矿区遥感影像分类。考虑到区域和地物特点，将土地覆盖划分为四个类别：植被、建筑用地、积水塌陷区和裸地，根据这四个类别来分析矿区土地覆盖变化情况[9]。

3.2.1　最大似然分类（MLC）

最大似然分类是最常用的监督分类方法，它通过求出每个像素对于各类别的归属概率，把该像素分到归属概率最大的类别中去。最大似然法假定训练区地物的光谱特征近似服从正态分布，利用训练区可求出均值、方差以及协方差等特征参数，然后求出总体的先验概率密度函数，并利用Bayes公式进行后验概率的计算，根据其最大值原则判定类别归属[10]。

3.2.2　支持向量机分类（SVM）

支持向量机（Support Vector Machines，SVM）是一种基于统计学习理论的机器学习算法，采用结构风险最小化（Structural Risk Minimization，SRM）准则，在最小化样本误差的同时缩小模型泛化误差的上界，从而提高模型的泛化能力[11]。

3.2.3　面向对象分类（OOC）

面向对象分类是一种智能化的自动影像分析方法，它的分析单元是基于多边形而不是单个像素。通常面向对象的分类方法包括两个步骤：多分辨率分割和模糊逻辑分类[12]。面向对象的影像分析方法在eCognition软件下实现。eCognition允许以任意分辨率进行影像同质区域的分割，故称多分辨率分割。

多分辨率分割可以产生不同的分割水平，以满足不同目的的分类的需要[13-14]。

3.2.4 决策树分类（DT）

决策树有非参数的特点且具有简单、明确、直观的分类结构，知识支持条件下的决策树理论成熟、技术先进、流程清晰而严谨[15-16]，能够处理噪声数据，尤其是能自动选取特征；对于预测新数据，能给出一个易于解译的树结构，故用于遥感分类具有很大优势[17]。

3.3 分类结果和比较

通过目视解译选择四种地物的训练样本，本文对实验区选择三组样本：第一组作为最大似然分类器、支持向量机分类器和决策树的训练样本；第二组样本作为面向对象分类器的训练样本；在分类精度检验方面，本文通过专家知识和实地野外调查相结合的方法进行分类精度检验，在专家知识和野外调查的基础上选择第三套样本作为三种分类方法的测试样本。为试验分类方法的适应性，训练样本和测试样本的选择区域没有重叠，相同地物的多个样本也相隔一定距离选取。

决策树是通过 RuleGen 模块来训练样本自动建立决策树，决策树、支持向量机和最大似然分类都是通过第一组样本在软件 ENVI 4.3 下进行分类的；利用第二组样本在软件 eCognition 下进行面向对象分类；利用第三组测试样本建立混淆矩阵，以此来评价分类精度。四种不同分类方法的分类精度如表1所示。

表1 四种不同分类方法的分类精度

分类方法	2001 年		2005 年		2007 年	
	Kappa	总精度	Kappa	总精度	Kappa	总精度
MLC	0.782 3	85.434 2%	0.727 4	80.157 0%	0.829 7	89.212 3%
DT	0.765 6	82.983 2%	0.793 4	85.762 3%	0.847 8	90.411 0%
OOC	0.843 2	89.564 4%	0.845 8	89.694 3%	0.804 9	87.382 2%
SVM	0.810 3	87.465 6%	0.885 4	92.339 8%	0.887 8	92.865 3%

从表1可以看出，对于不同影像，采用不同分类器的分类精度有很大差别。总体来说，SVM 和 OOC 的分类精度要高于其他两种分类器，而 SVM 的分类结果得到了最高的精度，所以本文采用 SVM 的分类结果来进行矿区土地覆盖变化分析。彩图 21 为 CBERS CCD 影像的 SVM 分类结果。

3.4 土地覆盖变化分析

在本研究区域内，多时相 CBERS CCD 数据的支持向量机分类结果被用于土地利用/覆盖变化分析。利用土地覆盖转移矩阵来分析类型的变化，并对土地利用/覆盖变化的空间分布进行详细讨论，找出那些变化的区域并研究其空间位置、变化的原因和特征。

由表2可以得到 2001 年到 2007 年间的矿区土地覆盖变化。从 2001 年到 2005 年，植被面积减少了 4.774 6 km^2，从 2005 年到 2007 年增加了 1.753 3 km^2。从 2001 年至 2007 年，建筑用地的面积一直在增加，该地区的建筑用地在过去 6 年扩大了 4.197 4 km^2。积水塌陷区面积从 2001 年到 2005 年增加了 3.013 7 km^2，但从 2005 年至 2007 年减少了 3.566 4 km^2。裸地在所有类型中最小面积，从 2001 年到 2007 年连续下降，其面积从 0.649 3 km^2 减少到 0.025 9 km^2。这些数据表明，建筑面积有扩展的趋势，伴随着城市发展，植被已得到越来越多的重视，裸地利用增强，积水塌陷区面积伴随着矿区的综合治理而减少。2001~2005 年间，2005~2007 年间土地覆盖转移矩阵分别见表3和表4。

表2 徐州市西矿区 SVM 分类土地覆盖分类面积 （km^2）

影像	年份	总面积	植被	建筑用地	积水塌陷区	裸地
CBERS 影像	2001	187.192 8	94.327 2	79.022 7	13.193 6	0.649 3
	2005	187.192 8	89.552 6	81.171 4	16.207 3	0.261 5
	2007	187.192 8	91.305 9	83.220 1	12.640 9	0.025 9

表 3　2001~2005 年间土地覆盖转移矩阵　　　　　　　　　　　　　　　　（km²）

类型	裸地	建筑用地	植被	积水塌陷区
裸地	0.022 9	0.076 4	0.159 3	0.002 9
建筑用地	0.373 0	59.844 0	16.926 8	4.027 6
植被	0.253 4	13.137 6	75.899 1	0.262 5
积水塌陷区	0	5.964 7	1.342 0	8.900 6
类别变化	0.626 4	19.178 7	18.428 1	4.293 0
图像差异	-0.387 8	2.148 7	-4.774 6	3.013 7

注：行中数据代表期末土地覆盖类型的来源；列中数据代表期初土地覆盖类型的去向；对角线上的数据代表期初期末没有发生变化的土地覆盖类型。

表 4　2005~2007 年间土地覆盖转移矩阵　　　　　　　　　　　　　　　　（km²）

类型	裸地	建筑用地	植被	积水塌陷区
裸地	0.005 2	0.017 1	0.003 6	0
建筑用地	0.223 8	67.015 8	9.229 6	6.750 9
植被	0.026 3	10.615 6	80.195 8	0.468 2
积水塌陷区	0.006 2	3.522 9	0.123 6	8.988 2
类别变化	0.256 3	14.155 6	9.356 8	7.219 1
图像差异	-0.235 6	2.048 7	1.753 3	-3.566 4

注：表中数据说明同表 3。

根据对三个时期中巴地球资源卫星数据的分类结果，将 2001~2005 年间、2005~2007 年间的土地覆盖类型的变化分析和总结归纳如下：

裸地：一方面，大部分裸地从 2001 年到 2007 年转变为建筑用地和植被；另一方面，一些建筑用地和植被也变为裸地。总的来说，该地区裸地从 2001 年到 2005 年减少了 0.387 8 km²，从 2005 年至 2007 年减少了 0.235 6 km²。这些数据表明，伴随着矿区的发展，加大了对裸地的利用，但新裸地的出现也不容忽视。

建筑用地：从 2001 年到 2005 年和从 2005 年到 2007 年，由于植被对矿区生态环境的重要性，13.137 6 km² 和 10.615 6 km² 的建筑用地分别转变为植被，伴随着煤炭开采的扩展，5.964 7 km² 和 3.522 9 km² 的建筑用地分别转变为积水塌陷区。但随着矿区小城镇的发展，一些植被为建筑用地所取代，一些积水塌陷区经矿区治理后被开发为建筑用地。总的来说，建筑用地增加了 4.197 4 km²。调查资料表明，6 年来建筑用地不断得到扩展和增加。

植被：从 2001 年到 2005 年和从 2005 年到 2007 年，伴随着矿区城镇的扩展，分别有 16.926 8 km² 和 9.229 6 km² 的植被变为建筑用地。随着煤炭开采，一些地区的植被也变为积水塌陷区。与此相反，伴随着矿区环境保护和积水塌陷区的土地复垦，建筑用地和积水塌陷区转变成了植被。从 2001 年到 2005 年，植被减少了 4.774 6 km²，但 2005 年至 2007 年增加了 1.753 3 km²，它表明在发展矿区的同时，加大了土地复垦力度和植被绿化，植被景观得到了重视。

积水塌陷区：从 2001 年到 2007 年部分积水塌陷区转变为建筑用地，小部分积水塌陷区转变为植被。一些建筑用地和植被也变为积水塌陷区。从 2001 年到 2005 年，积水塌陷区增加了 3.013 7 km²，从 2005 年到 2007 年减少了 3.566 4 km²。这表明，由于煤炭开采造成的积水塌陷区的综合整治逐步得到加强。

4　结论

以徐州市的西部矿区为例，中巴地球资源卫星 01 号 02 号图像被用来分析土地覆盖变化。对多时相影像采用了四种分类方法，包括最大似然、支持向量机、面向对象和决策树分类方法。通过比较，支持向量机的分类精度最高。支持向量机分类器的分类结果被应用于土地覆盖变化分析。实验结果表明，中巴地球资源卫星用于分析矿区土地覆盖变化是完全可行的，且具有较好的应用效果。

通过本文的分析，徐州市西矿区在过去六年的土地覆盖变化可归纳如下：裸地面积有缩小的趋势，建筑用地面积有扩大的趋势。该地区植被面积先减后增，积水塌陷区变化情形正好相反。这表明，随着矿业城市的发展，建筑用地逐渐增加，裸地随着充分利用一直在减少，植被以及积水塌陷区的综合治理在逐步加强，矿区环保已经受到政府及其他组织越来越多的重视。

利用中巴地球资源卫星数据进行土地覆盖变化和环境分析是有效的，由于其传感器具有一定的优势，并且中国用户可以低成本（甚至免费）获得其数据，2007年9月又发射了CBERS-02B卫星，其影像数据具有2.36m空间分辨率，因此，利用CBERS CCD和HR的融合影像来监测矿区土地覆盖变化和环境退化将会相当有效，中巴地球资源卫星数据具有很大的应用前景。这些数据对于其他遥感图像（如Landsat TM/ETM+和SPOT）是潜在的补充信息，将会得到广泛应用。

如上所述，目前仍有一些问题需要进一步研究，例如矿区景观格局分析、生态监测、生态污染、环境退化和土地复垦的生态安全评估，从而对矿区的可持续发展提供决策支持。

参 考 文 献

[1] 梁晖，杨士道. 遥感技术在蓟县北部矿山开采动态监测中的应用 [J]. 地质调查与研究，2005，28（3）：180-186.

[2] 郭达志，盛业华，胡明星，等. 矿区环境灾害动态监测与分析评价 [M]. 徐州：中国矿业大学出版社，1998.

[3] 张成梅. 加入WTO背景下我国矿产资源的形势与对策 [J]. 中学地理教学参考，2002（6）：15-15.

[4] LEGG C A. Applications of remote sensing to environmental aspects of surface mining operations in the United Kingdom [C] //Remote sensing: an operational technology for the mining and petroleum industries [J]. London: Conference, IMM, 1990: 159-164.

[5] SILVA M P S, CAMARA G, SOUZA R C M, et al. Mining Patterns of Change in Remote Sensing Image Databases [C]. Proceedings of the Fifth IEEE International Conference on Date mining, 2005.

[6] 彭苏萍，王磊，孟召平，等. 遥感技术在煤矿区积水塌陷动态监测中的应用——以淮南矿区为例 [J]. 煤炭学报，2002，27（4）：374-378.

[7] 陈华丽，陈刚，郭金柱. Landsat TM在矿区生态环境动态监测中的应用 [J]. 遥感信息，2004（1）：31-34.

[8] 杜培军，郭达志. GIS支持下遥感图像中采矿塌陷地提取方法研究 [J]. 中国图像图形学报，2003，8（2）：231-235.

[9] 卞正富，张燕平. 徐州煤矿区土地利用格局演变分析 [J]. 地理学报，2006，61（4）：349-358.

[10] JUSTIN D P, ROBERT A S. A detailed comparison of back propagation Neural Network and Maximum-Likelihood Classifiers for urban land use classification [J]. IEEE Transactions on Geoscience and Remote Sensing, 1995, 33（4）：981-996.

[11] 张学工. 关于统计学习理论与支持向量机 [J]. 自动化学报，2000，26（1）：32-42.

[12] Wang Ziyu, Wei Wenxia, Zhao Shuhe, et al. Object-oriented classification and application in land use classification using SPOT-5 PAN imagery [C] //Geoscience and Remote Sensing Symposium, 2004. IGARSS '04. Proceedings. 2004 IEEE International, 2004（5）：3158-3160.

[13] 孙晓霞，张继贤，刘正军. 利用面向对象的分类方法从IKONOS全色影像中提取河流和道路 [J]. 测绘科学，2006，31（1）：62-63.

[14] Cognition User Guide 4 [EB/OL]. http://www.Definiens-imaging.com, 2004：6-7~6-14，7-4~7-5，6-83~6-92.

[15] GOEL P K, PRASHER S O, PATEL R M, et al. Classification of hyperspectral data by decision trees and artificial neural networks to identify weed stress and nitrogen status of corn [J]. Computers and Electronics in Agriculture, 2003, 39: 67-93.

[16] MAHESH P, PAUL M M. An assessment of the effectiveness of decision tree methods for land cover classification [J]. Remote Sensing of Environment, 2003, 86: 554-565.

[17] FRIEDL M A, BRODLEY C E. Decision Tree Classification of Land Cover from Remotely Sensed Data [J]. Remote Sensing of Environment, 1997, 61（3）：399-409.

Monitoring Land Cover Change in Mining Areas Using CBERS CCD Imagery

Yuan Linshan[1], Du Peijun[1], Zheng Hui[2], Li Guangli[1], Wang Li[1]

(1 Institute of Surveying and Spatial Information Engineering, China University of Mining and Technology, Xuzhou 221116)

(2 Department of Production, Yanzhou Mining Industrial Group, Zoucheng 273500)

Abstract: Land cover change were analyzed based on multi-temporal CBERS images and Beijing-1 small satellite images captured in 2001, 2005 and 2007 in the western part of Xuzhou coal mining area. Image classification was conducted by Maximum Likelihood Classification (MLC), Support Vector Machines (SVM), Decision Tree Classification (DTC) and Object-Oriented Classification (OOC), and then classification results of multi-temporal CBERS derived by SVM were selected to analyze land cover dynamic change owing to their higher accuracy in contrast with other classifiers. With experiments and analysis, it proves that CBERS CCD data have intrinsic advantages for land cover change analysis in mining areas as the effective and cheap complementarity to other information sources and it can offer decision support to mining cities and regional sustainable development.

Key words: CBERS (China-Brazil Earth Resources Satellite)　Mining area　Land use/cover change (LUCC)　Multi-temporal processing

应用 CBERS－02B 星数据在
城市土地利用变化监测中的研究

王奇，李杏朝，张浩平

（中国资源卫星应用中心，北京　100094）

摘　要：CBERS－02B 星搭载了高分辨率全色相机 HR 和多光谱传感器 CCD，HR 可以用来监测城区的土地利用变化，CCD 可以监测大面积的土地利用变化并识别地物变化属性，因此可以在土地利用变化监测中发挥重要作用。本文使用 4 种不同的变化监测方法分别对 HR、CCD 和融合后的数据进行变化监测，并对监测结果进行分析，得到效果比较好的监测方法和阈值。

关键词：CBERS－02B　HR　CCD　土地利用变化监测　评价

1　引言

土地利用变化监测是遥感技术的主要应用领域之一[1]。遥感土地利用变化监测利用同一地区两幅经过严格几何校正的不同时相的遥感影像，进行叠加分析，通过变化监测算法监测变化区域。国外数据始终在土地利用变化监测应用中占主导地位，2007 年 9 月 19 日发射成功的 CBERS－02B 星搭载有高分辨率的全色相机 HR 和多光谱相机 CCD，其 HR 相机得到的高分辨率全色影像可达 2.36 米，多光谱相机 CCD 有 5 个波段，具有较高的光谱分辨率，提供了适合土地利用变化监测的国产数据。本文将采用 CBERS－02B 影像进行城市土地利用变化监测的研究。

2　土地利用变化监测方法

土地利用变化监测方法较多，分别适合不同目的和不同精度要求，主要方法有以下几种。

2.1　图像差值法

这种方法是将时间 t_1，t_2 获取的两幅影像进行严格配准，然后逐像素相减，从而得到一幅结果影像，以表示在这两个时间当中所发生的变化，通过对差值分析设定合适的阈值即可得到地表变化的结果。这种方法的主要特点是简单、直接、便于解释结果，不足之处在于不能提供地物变化的信息。

2.2　图像比值法

图像比值法是指将多时相遥感图像按波段逐个像元相除，那么未发生变化的像元其比值接近 1，发生变化的像元则偏差较大，根据比值设定阈值便可得到变化的区域。图像比值法需要对多时相图像进行某种标准化或辐射校正。作为一种变化监测方法，比值法在一定程度上能减少影像间太阳高度角、阴影和地形不同造成的影响[2]。

［作者简介］　王奇（1983—　　），硕士研究生，主要从事遥感与地理信息系统应用研究。E-mail：wqabc111@ya-hoo.com.cn。

2.3 植被指数监测法

该方法利用植被在红波段的吸收和近红外波段的差异，通过比较不同时相数据的植被指数来确定变化的一种监测方法。根据实际需要在实施变化监测时可采用不同的植被指数，比如比值植被指数（RVI）、归一化植被指数（NDVI）、转换植被指数（TVI）等。这种方法专门针对植被的变化监测，对其他地物的监测效果不理想。

2.4 图像回归法

此方法假定时相 t_1 是时相 t_2 的线性函数，通过最小方差回归法可以做出 $x_{ij}^k(t_1)$ 与 $x_{ij}^k(t_2)$ 之间的回归方程（x 是波段 k，i 行，j 列的像素值）有关的线性函数，而那些两个日期之间发生变化的像素将会与确定函数的预测值有显著的差异。如果 $\bar{x}_{ij}^k(t_2)$ 是从回归方程计算出的预测值，差值影像可由 $Dx_{ij}^k(t_2) = x_{ij}^{-k}(t_2) - x_{ij}^k(t_1)$ 得到。通过相减实际值和预测值，再使用阈值，就可实现变化监测。这种方法减少了大气状况和太阳高度角不同带来的不利影响。

2.5 主成分分析法

该方法是对多时相数据按一般主成分分析研究或标准主成分分析的方法进行线性变换，得到反应各种变化的分量，这些分量互不相关，而且按其强度及影响范围顺序排列。通过对进行主成分变化的变化分量进行分析就可以总结变化规律，揭示变化原因。这种方法减少了波段之间的数据冗余，强调了衍生成分的不同信息[3]。但是，这种方法不能提供一个完全的类别变化信息矩阵，且需要阈值确认变化的区域。

2.6 分类后比较方法

首先是将不同时相的图像各自进行分类，然后对分类后的图像进行叠加分析，得到变化监测的结果[4]。将不同时相图像的所有波段混在一起进行分类，分类的结果可以反映出变化类型。这种变化监测的方法较为明显，需要比较独立生成的分类图像，通过对两个时相的分类结果进行适当编码，分析人员能够生成一个变化图来反映完全的变化矩阵[5]。这种方法可以避免对不同时相数据的精确配准问题[6]。

总之，现有的遥感变化监测方法较多，这些方法分别适用于不同的实际需求，根据实际情况选择合适的方法，可以达到较好的监测结果[7]。

遥感影像变化的监测方法很多，根据不同需求可以选择不同的方法。本文拟以北京市为试验对象，以 CBERS – 02B 星 HR 和 CCD 影像为基础影像数据，对北京市土地利用的变化情况进行分析，以找出最适合 CBERS – 02B 星的城市土地利用变化算法。

3 遥感土地利用变化监测试验

近年来，国家经济快速发展，城市土地利用变化频繁，尤其是建筑用地面积剧增，各类违法用地时有发生，而某些部门对土地利用的变化情况特别是城市土地利用的变化情况掌握不够，因此急需一套城市土地利用变化的监测机制。

本文选取北京市为研究区域，利用 CBERS – 02B 星 HR 数据空间分辨率高、纹理清晰的特点，监测城市建筑用地的变迁。本文将主要采用图像差值法、图像比值法、图像回归法和主成分分析法研究北京市的城市土地利用变化情况。选取 2007 年 12 月 6 日和 2008 年 5 月 10 日的 HR、CCD 以及 HR 与 CCD 的融合数据进行监测，其中 HR 与 CCD 的融合采用了 GS（Gram – Schimdt）融合方法。

对各类监测图像所采用的不同方法的阈值如表 1、表 2 和表 3 所示。

表1 北京土地利用变化监测试验变化监测方法阀值设定1

	HR	CCD	融合影像
图像差值法阈值	50	45	50
图像比值法阈值	1.5	1.3	1.5
图像回归法阈值	60	55	65

表2 北京土地利用变化监测试验变化监测方法阀值设定2

	HR	CCD	融合影像
图像差值法阈值	60	55	60
图像比值法阈值	1.8	1.5	1.8
图像回归法阈值	70	65	75

表3 北京土地利用变化监测试验变化监测方法阀值设定3

	HR	CCD	融合影像
图像差值法阈值	70	65	70
图像比值法阈值	2.0	1.8	2.0
图像回归法阈值	80	75	85

图1为两个不同时相获取的 HR 全色图像,图2为用不同监测方法对两幅 HR 图像进行监测的结果。

(a) 2007年12月6日　　　　　　　　　　　　(b) 2008年5月10日

图1 两个不同时相获取的 HR 全色图像

通过图1和图2可以看出三种监测方法效果的优劣,图像差值法的效果最不理想,图像比值法的效果好一些,图像回归法的效果最好。HR 图像较为准确地反应出了实际的土地利用变化区域。在实际应用中,可以考虑用图像回归法并将阈值设在80~85之间进行监测,以获得比较好的监测结果。

图3为两个不同时相获取的 CCD 图像,图4为用不同监测方法对两幅 CCD 图像3A 波段进行变化监测的结果。

通过图3和图4可以看出三种方法的效果与在 HR 图像中的效果一致。而阈值设定2的碎斑效应同样较设定1要减少很多。CCD 图像大致地反应出实际的土地利用变化区域。在实际应用中,可以考虑用图像回归法并将阈值设在65~70之间进行监测,以获得比较好的监测结果。

图5为两个不同时相获取的 CCD 图像主成分分析变换第一分量图,图6为用不同监测方法对两幅分量图进行变换监测的结果。

(a) 图像差值法　　　　　　　　(b) 图像比值法　　　　　　　　(c) 图像回归法

图 2　用不同监测方法以阀值设定 2 时两幅 HR 图像进行监测的结果

(a) 2007年12月6日　　　　　　　　　　　　　(b) 2008年5月10日

图 3　两个不同时相获取的 CCD 图像

(a) 图像差值法　　　　　　　　(b) 图像比值法　　　　　　　　(c) 图像回归法

图 4　用不同监测方法以阈值设定 2 时对两幅 CCD 图像 3A 波段进行变化监测的结果

通过图 5 和图 6 可以看出，经过主成分分析变换后，CCD 图像的变化监测结果有明显的改善，说明这种方法对于多光谱图像 CCD 有效并且可行。对未做主成分分析变换之前的 CCD 图像直接进行变化监测，收到的效果并不十分理想，所以，在实际应用中，应尽量对 CCD 图像先做主成分分析变换再监测，以收到更好的效果。

(a) 2007年12月6日　　　　　　　　　(b) 2008年5月10日

图5　两个不同时相获取的 CCD 图像主成分分析变换第一分量图

(a) 图像差值法　　　　　　　(b) 图像比值法　　　　　　　(c) 图像回归法

图6　用不同监测方法对两幅分量图进行变换监测的结果

图7 为两个不同时相获取的 HR 与 CCD GS 融合图像，图8 为用不同监测方法对两幅融合图像第二波段进行变化监测的结果。

(a) 2007年12月6日　　　　　　　　　(b) 2008年5月10日

图7　两个不同时相获取的 HR 与 CCD GS 融合图像

经过比较，HR 与 CCD 的融合影像在变化监测中的效果略好于 HR 自身的效果，三种变化监测的效果依然是图像回归法最好，图像比值法次之，图像差值法最差。综合三种阈值设定的变化监测结果，可以总结出将阈值设定在 65～75 之间较为合适。

(a) 图像差值法　　　　　　　(b) 图像比值法　　　　　　　(c) 图像回归法

图 8　用不同监测方法以阈值设定 2 对两幅融合图像第二波段进行变化监测的结果

4　试验结果分析

根据变化监测的结果图可以看出，HR 和融合数据由于其较高的空间分辨率，在监测城区建筑土地利用变化中起到了较好的效果，比较准确地反应出北京城区的土地利用变化区域，而 CCD 在城区土地利用变化中表现的效果相对较差。两者的融合影像的变化监测精度略高于 HR 影像，说明融合之后的影像结合了两者的优点，表现出更好的变化监测效果。此外，本文采用了三组不同的阈值，并比较三组阈值在变化监测试验中的不同效果，通过表 4 ~ 表 6 可以看出：通过阈值的调整，虽然监测的准确率没有太大的提高，可是误判率却大大降低；虽然第三组阈值的两项指标均为最好，但是有很多较为明显的变化区域没有得到监测。综合准确性和完整性，第二组阈值是变化监测中效果较好的阈值。当然，阈值的设定还要根据实际目的来决定，不同的监测目的，阈值设定也有所不同。

以下主要从判别的准确率和误判率两个方面来比较几种方法的监测结果，通过表 4 ~ 表 6 可以看到图像回归法的监测最为精确，其次是图像比值法，图像差值法的效果最差，主要原因是图像差值法受两个时相的大气状况和太阳高度角的影响较大，而其他两种方法受此影响较小。此外，对 CCD 图像先主成分分析法再变化监测的方法比直接监测精度提高了很多，说明这种方法确实可行有效。

表 4　北京 HR 图像变化监测方法精确度对比

监测方法	准确率			误判率		
	阈值设定 1	阈值设定 2	阈值设定 3	阈值设定 1	阈值设定 2	阈值设定 3
图像差值法	52.3%	52.5%	53.0%	35.2%	27.4%	25.4%
图像比值法	75.8%	76.6%	76.8%	19.7%	16.3%	16.0%
图像回归法	82.7%	84.0%	85.5%	13.1%	12.2%	11.9%

表 5　北京 CCD 图像变化监测方法精确度对比

监测方法	准确率			误判率		
	阈值设定 1	阈值设定 2	阈值设定 3	阈值设定 1	阈值设定 2	阈值设定 3
图像差值法	36.3%	36.8%	37.2%	40.5%	32.8%	31.6%
图像比值法	62.5%	64.3%	66.2%	24.0%	20.1%	19.8%
图像回归法	73.3%	75.5%	76.2%	15.5%	10.8%	10.5%
先主成分分析再差值法		52.6%			27.2%	
先主成分分析再比值法		70.4%			20.7%	
先主成分分析再回归法		82.2%			11.8%	

表6　北京 HR 与 CCD 融合图像变化监测方法精确度对比

监测方法	准确率			误判率		
	阈值设定 1	阈值设定 2	阈值设定 3	阈值设定 1	阈值设定 2	阈值设定 3
图像差值法	61.0%	62.2%	63.0%	25.7%	20.6%	19.6%
图像比值法	78.5%	79.8%	80.7%	10.8%	8.5%	8.3%
图像回归法	83.7%	85.4%	86.1%	9.0%	7.3%	7.2%

5　总结与讨论

通过本次试验可以得出以下主要结论。

1）CBERS－02B 星 HR、CCD 以及两者的融合影像完全可用于城市土地利用变化监测；

2）利用 HR 和融合图像在监测城区土地利用变化中效果较好，能比较准确地监测出北京城区的土地利用变化区域，说明 HR 和融合数据在城市土地利用变化监测中有巨大潜力，CCD 在土地利用变化监测方面的潜力则有待于进一步挖掘；

3）图像回归法对 HR 和融合图像表现出更好的效果，而主成分分析法对 CCD 更为适用，在实际应用中，可根据对象数据有针对性地选择变化监测方法；

4）在变化监测之前最好进行相对辐射校正，尽量减少大气、太阳高度角、地形等因素的影响，可以提高变化监测的精度；

5）CBERS－02B 星于 2007 年 9 月 19 日上天，HR 相机并没有获取到同季节的影像，如选用的变化监测图的获取时间间隔为一年，变化监测的效果可能会更好。

参 考 文 献

［1］　史培军，宫鹏，李晓兵，等. 土地利用、覆盖变化研究的方法与实践［M］. 北京：科学出版社，1996.

［2］　BORAK J S, LAMBIN E F, STRAHLER A H. The use of temporal metrics for land cover change detection at coarse spatial scales［J］. International Journal of Remote Sensing, 2000, 21（6）：1415－1432.

［3］　黎夏，叶嘉安. 利用主成分分析改善土地利用变化的遥感监测精度［J］. 遥感学报，1997（4）：282－289.

［4］　刘直芳，张继平，张剑清，等. 基于 DSM 和影像特征的城市变化监测［J］. 遥感技术与应用，2002，17（5）：240－244.

［5］　张红，舒宁，刘刚. 多时相组合分类法在土地利用动态监测中的应用［J］. 武汉大学学报：信息科学版，2005（2）：131－134.

［6］　马建文，等. 遥感变化监测技术发展综述［J］. 地球科学进展，2004（4）：195－196.

［7］　FRANKLIN S E, DICKSON E E, FARR D R, HANSEN M J, MOSKAL L M. Quantification of landscape change from satellite remote sensing［J］. Forestry Chronicle, 2000, 76：877, 886.

The Study of Application of CBERS－02B Data in Land Use Change Detect

Wang Qi, Li Xingchao, Zhang Haoping

（China Center for Resources Satellite Data and Application, Beijing　100094）

Abstract：CBERS－02B satellite has a high resolution camera HR and a multi-spectral sensor CCD. HR can be used to detect change of urban area and CCD can reflect change of Huge change of land use and identify the change property. Then it could play an important role in land use change detection. This paper use four kinds of change detect methods to detect, then analyze and acquired the better method and threshold value.

Key words：CBERS－02B　HR　CCD　Change detect　Estimate

中巴地球资源系列卫星数据在
曹妃甸工业区建设中的应用研究

赵春雷[1]，张文宗[1]，李二杰[2]

（1 河北省气象科学研究所，石家庄 050021）

（2 河北省气象与生态环境实验室，石家庄 050021）

摘 要：遥感图像的多时相特性为生态环境动态监测提供了可供定性及定量分析的丰富信息来源。应用 2003～2008 年 CBERS－02、CBERS－02B 星的 CCD 数据对曹妃甸工业区建设进行了遥感监测分析，建设区域的面积统计显示，曹妃甸工业区的建设正在有条不紊地进行，年际变化十分明显。同时遥感监测显示，因海水的自然洋流运动被阻隔，在工业区的东西两侧，海洋水色存在明显差异。

关键词：CBERS CCD 数据　曹妃甸　建设环境　遥感监测

1 引言

近年来，随着"3S"技术的迅速发展，遥感技术的应用已经渗透到多种领域，与此同时，生态环境遥感研究工作正向快速、精确、实用、经济的方向发展。遥感信息是地表各种地物要素的真实反映，能清晰地显示各种生态环境类型的特征与分布。

1999 年 10 月 14 日，中巴地球资源卫星 01 星（CBERS－01）成功发射，在轨运行 3 年 10 个月；02 星（CBERS－02）于 2003 年 10 月 21 日发射升空，目前仍在轨运行；CBERS－02B 星于 2007 年 9 月 19 日成功发射，星上不仅搭载了 19.5 m 的中分辨率多光谱 CCD 相机，还首次搭载了一台自主研制的高分辨率 HR 相机，其分辨率高达 2.36 m，是目前国内最高分辨率的民用卫星。在近 9 年的时间里，中巴地球资源卫星的应用经历了数据源从无到有、卫星技术水平和地面数据处理水平不断提高、应用领域越来越广泛和深入的过程，我国的资源卫星遥感事业取得了长足发展。

曹妃甸工业区是国家首批发展循环经济试点产业园区之一，先后被河北省、唐山市列为"一号工程"，曹妃甸基础设施建设 2003 年开始启动，其功能定位为以建设国家科学发展示范区，按照国家"十一五"规划要求，曹妃甸工业区初步规划面积为 310 km²，利用地理区位、深水大港、资源组合和产业后发等优势，大力构筑现代港口物流、钢铁、石化和装备制造等产业集群，逐步把曹妃甸建成我国北方国际性能源、原材料主要集疏大港，世界级重化工业基地，国家商业性能源储备和调配中心，国家循环经济示范区。最终建成现代工业先行区、腹地发展龙头带动区、经济增长方式转变创新区、与国际市场接轨高开放区和循环经济示范区。

本文采用中巴地球资源卫星 02 星、02B 星图像资料对曹妃甸工业园区自 2003 年开工建设以来的实况进行遥感分析，通过对遥感数据进行图像处理、解译等工作，对大规模建设所产生的生态环境变化进行了遥感分析，实现了对曹妃甸工业园区建设过程的动态监测，可为曹妃甸工业园区的生态安全和可持续发展提供良好依据。

[作者简介]　赵春雷（1967— ），大学本科学历，高级工程师。1986 年 7 月，在河北省气象科学研究所工作，从事遥感技术应用研究 20 余年，主要研究方向：遥感与地理信息系统。主持省部级和司局级科研项目 5 项，先后获省部级科技进步奖 4 项，现任河北省气象科学研究所遥感监测研究室主任。E-mail：z920604@163.com。

2 实验区概况

曹妃甸地处唐山市南部沿海，原是一座东北、西南走向的带状沙岛，为古滦河入海冲积而成，至今已有 5 500 多年的历史，因岛上原有曹妃庙而得名。

曹妃甸地区属于大陆性季风气候，具有明显的暖温带半湿润季风气候特征。极端最高气温 36.3 ℃，极端最低气温 -20.9 ℃，多年年平均气温 11.4 ℃。多年年平均降水量 554.9 mm。

曹妃甸毗邻京津冀城市群，距唐山市中心区 80 km，距北京 220 km，距天津 120 km。交通便利发达，铁路有京山、京秦、大秦等国铁干线东西贯通，唐遵、卑水、汉南、滦港 4 条国铁支线南北相连；公路与京沈、唐津、唐港高速和沿海高速、唐承高速互通。

3 数据源的选取

在本研究中，遥感数据采用中国资源卫星应用中心提供的 CBERS - 02 星、CBERS - 02B 星 CCD 数据，轨道号 PATH/ROW 均为 372/56，数据依次为：景序列号 292600，采集时间 2003 年 12 月 3 日；景序列号 336540，采集时间 2004 年 6 月 2 日；景序列号 426466，采集时间 2005 年 5 月 6 日；景序列号 806992，采集时间 2006 年 3 月 14 日；景序列号 859149，采集时间 2007 年 4 月 8 日；景序列号 403161，采集时间 2008 年 6 月 11 日。数据质量为 9 级，级别为 2 级，数据经过了辐射校正和系统几何校正，未做几何精校正。

地理数据使用国家基础测绘中心提供的 1:5 万矢量数据，格式为 esri 公司的 arcinfo coverage。

4 遥感数据处理

4.1 主要技术流程

本次工作采用的主要路线为：利用 CBERS 的 CCD 数据，以曹妃甸开工建设之前的 2003 年为底图，应用 ERDAS 图像处理软件的 AOI 工具，从 2003 年到 2008 年逐年提取建设区域面积，以此验证曹妃甸工业园区的发展状况。主要技术流程见图 1。同时对建设区东西两侧的水色进行对比分析。

4.2 基本作业平台

根据实验区的基础数据情况，主要选择 ERDAS 8.7、ARCGIS 9.0 等商业遥感图像处理和地理信息系统软件为基本工作平台。

4.3 遥感数据波段最佳组合

根据地物波谱特征，决定对遥感数据选取 CCD 传感器的 4、3、2 波段为提取建设区域面积用最佳 RGB 彩色合成图像组合。

4.4 遥感数据处理

在 ERDAS 软件下逐年将遥感数据的 4、3、2 波段进行假彩色合成，得到研究区的假彩色合成图像，应用 1:5 万基础地理数据（水系边线、公路线等）对遥感数据进行几何精校正，为了保持其光谱特性和较高的几何精度，采用二次线性内插法，运用最邻近法进行灰度值的重采样，影像的几何均方差（RMS）严格控制在 1 个像元以内。应用划定的研究区域，对 372/56 整景数据进行裁剪，裁剪后的曹妃甸工业园区 CCD 相机遥感影像图（分辨率：19.5 m）见图 2 ~ 图 7。

4.5　建设区域面积提取步骤

由于曹妃甸位于海中，在各景 4、3、2 波段的假彩色合成图像中，建设区域具有十分明显的地物特征。由此，本研究应用了 ERDAS 软件中的 AOI（感兴趣区域）工具，手工选定和勾划建设区域，逐一取得所选区域面积后再汇总求和。

为了提高计算精度，增强对曹妃甸工业园区的感性认识，研究人员多次对研究区域进行了野外考察，在曹妃甸港区，笔者看到一幅繁忙的建设场面，吹沙填海工作正在紧张有序地进行，同时也注意到，在通往港口公路的东西两侧，因施工等因素影响，水色存在明显差异，见图 8。最终提取的曹妃甸工业园区逐年建设面积见表 1。

表 1　卫星遥感监测的曹妃甸工业园区建设面积　　　　　　　　　　　　　　（hm²）

时间	2003 年 12 月 03	2004 年 06 月 02	2005 年 05 月 06	2006 年 03 月 14	2007 年 04 月 08	2008 年 06 月 11
面积	568.5	833.7	994.9	2 738.0	5 831.7	13 480.3

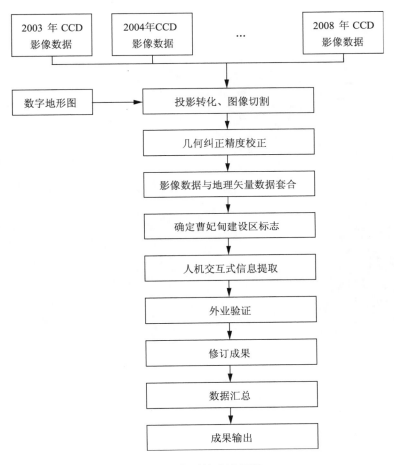

图 1　主要技术流程图

图 2　曹妃甸工业园区建设初期遥感监测图
（中巴地球资源卫星曹妃甸区域影像，分辨率：19.5 m，时间：2003 年 12 月 3 日）

由图 2 可知，曹妃甸公路桥刚刚开始建设，紧靠海岸部分已经可以看到。

图 3　曹妃甸工业园区建设初期遥感监测图
（中巴地球资源卫星曹妃甸区域影像，分辨率：19.5 m，时间：2004 年 6 月 2 日）

　　由图 3 可知，曹妃甸工业园区的公路桥已经建成通车，曹妃甸岛的面积基本没有变化，吹沙填海工程尚未大规模动工。近海洋流带有一定的污染物和悬浮物，在公路桥前被隔阻，因此，公路桥两侧海水颜色有明显差别。

图 4　曹妃甸工业园区工程初期吹沙填海已见雏形

（中巴地球资源卫星曹妃甸区域影像，分辨率：19.5 m，时间：2005 年 5 月 6 日）

由图 4 可知，在曹妃甸本岛西南方向，大规模吹沙填海已初见成效，图中公路桥与曹妃甸本岛衔接处的白色是扩建的码头。近海洋流仍然带有一定的污染物和悬浮物，在公路桥前被隔阻，因此，公路桥两侧海水颜色有一定的差别。

图 5　曹妃甸工业园区初期工程基本完成

（中巴地球资源卫星曹妃甸区域影像，分辨率：19.5 m，时间：2006 年 3 月 14 日）

由图 5 可知，曹妃甸工业园区吹沙填海的初期工程已经完成，曹妃甸本岛和公路桥已经连成一片，新建码头延伸部分已经建成。近海洋流仍然带有一定的污染物和悬浮物，在公路桥前被隔阻，因此，公路桥两侧海水颜色有明显的差别。

图6 曹妃甸工业园区二期工程吹沙填海面积进一步扩大

（中巴地球资源卫星曹妃甸区域影像，分辨率：19.5 m，时间：2007 年 4 月 8 日）

由图6可知，曹妃甸工业园区吹沙填海面积比去年同期扩大了 3 倍以上，另外，在近海岸又有大规模的吹沙填海工程在进行，新码头建设也明显扩大。近海洋流仍然带有一定的污染物和悬浮物，在曹妃甸工业园区前被阻挡，因此，曹妃甸工业园区对近海洋流的自净能力有一定的影响。

图7 曹妃甸工业园区二期工程初步完成

（中巴地球资源卫星曹妃甸区域影像，分辨率：19.5 m，时间：2008 年 6 月 11 日）

由图7可知，曹妃甸工业园区二期工程的基本建设初步完成，近海岸和曹妃甸本岛的原地貌已经发生很大变化。整个工业园区两侧的海水颜色仍然有一定的差别，说明两侧的海水里污染物和悬浮物的含量是由差别的。

5 结果分析

从提取的曹妃甸工业园区建设面积年际变化可以看出，2003～2004 年间园区建设以修筑公路等为主，并已经开始造地工程，2005 年，曹妃甸基础设施建设正式拉开序幕，到 2008 年 6 月 11 日，造地面积比 2003 年扩大了 22.7 倍。施工过程中对沿海海域水质造成不可避免的影响，例如，在吹沙填海过程中，海水透明度急剧下降，悬浮物显著增加。在 2004 年以后的遥感卫星影像上，不断监测到曹妃甸近海岸的水体光谱特征和曹妃甸工业区建设前（见 2003 年卫星遥感图像）有明显的变化。尤其是通往港口的公路两侧水体色度有明显差异，这一点从图 8 中也能明显看到。

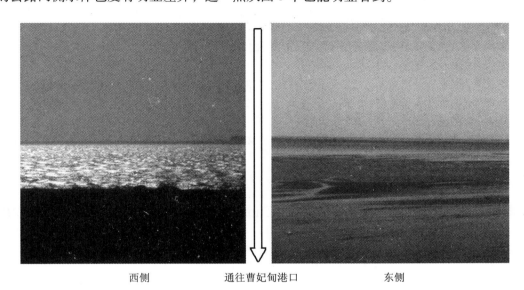

西侧　　　　　通往曹妃甸港口　　　　　东侧

图 8　通往港口的公路两侧水体色度差异

6　结论与建议

开发建设曹妃甸是党中央、国务院和河北省委、省政府顺应国家能源、交通发展战略，调整优化我国北方地区重化工业生产力布局和产业结构，加快推进环渤海地区经济一体化发展，引领现代工业走循环经济之路所做出的重大战略决策。被誉为"国宝之地"的曹妃甸依托"面向大海有深槽，背靠陆地有浅滩"的自然地理特征，正在向"钻石级"港口发展。在循环经济发展规划的指导下，正在成为引领中国循环经济发展的示范区。但是，在建设过程中，生态建设和环境保护体系建设不容忽视，应当引起有关方面的高度重视。

通过对中巴地球资源卫星 6 年来获取的数据进行处理，并结合实地考察进行综合分析，对曹妃甸工业区及其附近海域的生态环境评估如下。

1）从 2005 年开始曹妃甸工业园区陆地生态环境发生的变化主要是，沿海滩涂通过大面积吹沙填海造地，地表生态发生了明显的变化。

2）曹妃甸工业园区及附近海域由于大面积吹沙填海，水体中悬浮物质（SS）含量明显增加，水体浑浊度发生了明显变化。

3）曹妃甸工业园区及附近海域没有发现明显的污染排放源和污染水体。

两点建议：

1）曹妃甸工业园区的生态安全十分重要，在建设的同时应该把对曹妃甸工业园区生态环境的动态监测切实抓实抓好。

2）气象灾害对曹妃甸工业园区的安全有潜在的威胁，应当十分重视气象灾害及其衍生的海洋灾害的监测、预报和预警。

参 考 文 献

[1] 陈涛，杨武年. 3S 技术在生态环境动态监测中的应用研究 [J]. 中国环境监测，2003，19（3）：19 – 22.

[2] 孙静，赵伟，赵鲁全. 土地利用遥感动态监测技术方法介绍 [J]. 山东国土资源，2005，21（4）：38 – 41.

[3] 刘玉机，胡远满，等. 中巴地球资源卫星在辽东区域环境监测中的应用评价研究 [J]. 测绘科学，2000，25（2）：30 – 32.

[4] 罗扬，朱军，等. 中巴地球资源卫星数据在贵州森林资源调查中的应用 [J]. 南京林业大学学报：自然科学版，2005，29（2）：92 – 95.

[5] 李玉霞，杨武年，郑泽忠，等. 中巴地球资源卫星（CBERS – 02）遥感图像在生态环境动态监测中的应用研究 [J]. 水土保持研究，2006，13（6）：198 – 200.

[6] 郭庆十，谷延群，张亚宁，等. 中巴地球资源卫星 02 星数据在河北省土地利用监测中的应用 [G] //中国资源卫星应用中心. 中巴地球资源卫星应用研究文集，北京：中国宇航出版社，2006：149 – 154.

Applied Research on the Construction of Caofeidian Industrial Zone with CBERS Data

Zhao Chunlei[1], Zhang Wenzong[1], Li Erjie[2]

（1 Hebei Meteorological Science Institute, Shijiazhuang 050021）

（2 Hebei Mete and Eco-Environmental Monitoring Laboratory, Shijiazhuang 050021）

Abstract：The character that the multi-temporal remote sense image has provided rich source of information for the qualitative and quantitative analysis for ecological environment dynamic monitoring. Use the CBERS – 02, CBERS – 02B – CCD data from 2003 to 2008 of the Caofeidian Industrial Zone for Analysis of remote monitoring. Through the building of the regional area statistics show that the construction of Caofeidian Industrial Zone is orderly, annual change is very clear. At the same time, remote monitoring showed that there is an obvious difference on seawater Color in the industrial zone on either side of things, it's due to ocean currents movement was separated.

Key words：CBERS – CCD data Caofeidian Eco-Environmental Remote sensing

利用多时相 CBERS CCD 数据动态监测
鄱阳湖水域变化

芦祎霖，亓雪勇，李杏朝，傅俏燕

（中国资源卫星应用中心，北京　100094）

摘　要：本文利用多时相 CBERS CCD 数据对 2000 年到 2007 年鄱阳湖水域年际和 2007 年内变化进行动态监测，得出以下结论：从 2000 到 2007 年，鄱阳湖同一时期（11 月份至次年 1 月）水域面积呈逐年下降趋势，2005 年由于降水比其他年份多 20%，且影像时间早于其他年份，因此水域面积高于其他年份；2007 年 7 月份至 11 月份，鄱阳湖水域面积呈逐月下降趋势，11 月底达到历史低点，鄱阳湖发生旱灾。

关键词：鄱阳湖　水域　动态监测　CBERS CCD

1　引言

鄱阳湖是国际重要湿地，是长江干流重要的调蓄性湖泊，在中国长江流域发挥着巨大的调蓄洪水和保护生物多样性等特殊生态功能，是我国十大生态功能保护区之一，也是世界自然基金会划定的全球重要生态区之一，对维系区域和国家生态安全具有重要作用。

近年来，随着全球气候变化，鄱阳湖及长江流域降水总体呈下降趋势，导致鄱阳湖流域性枯水问题开始呈现。尤其是 2007 年以来，由于遭遇了 50 年以来的最大旱情，鄱阳湖的水域面积大幅减小，给当地的生态环境及居民的生产生活带来巨大影响。

本文利用 CBERS – 01、02 及 02B 星 CCD 多时相数据，对 2000 年到 2007 年鄱阳湖水域年际和 2007 年内变化进行动态监测，并分析其变化成因。

2　研究区概况

鄱阳湖位于江西省北部，长江中下游交界处南岸，是我国最大的淡水湖泊，亚洲最大的生态湿地，又是长江中下游极为重要的洪水调蓄区（图 1）。该湖属吞吐型、季节性浅淡水湖泊。上承赣江、抚河、信江、饶河与修水五河之水，调蓄后经湖口注入长江，受五河和长江的双重作用，湖泊形态在年内洪枯水季节差异悬殊，形成"高水是湖、低水似河"，"洪水一片、枯水一线"的独特景观。当湖口站水位升至历史最高 22.59 m（1998 年）时，相应的湖体容积为 320×10^8 m³；当降至历史最低 5.90 m（1963 年）时，湖面面积仅有 146 km²，湖体容积仅 4.5×10^8 m³。

鄱阳湖形似葫芦，以松门山为界，分南、北两部分。南湖为主湖区，湖面宽广、较浅，北部狭窄、较深，为入江水道区。全湖南北长 173 km，东西平均宽 16.9 km，入江水道最窄处是星子县以下的屏峰卡口，宽仅 3 km。

[作者简介]　芦祎霖（1982—　），助理工程师，湖北武汉人，2004 年毕业于武汉大学空间信息工程系，2006 年在武汉大学测绘遥感信息工程国家重点实验室获地图学与地理信息系统硕士学位，主要从事遥感应用研究工作。E-mail：lyl @ cresda. com。

鄱阳湖属亚热带湿润季风型气候。冬春常受西伯利亚冷气流影响，多寒潮，盛行偏北风，气温低；夏季冷暖气流交错，潮湿多雨，形成"梅雨季节"；秋季为太平洋副热带高压控制，晴热干旱，盛行偏南风，偶有台风侵袭。

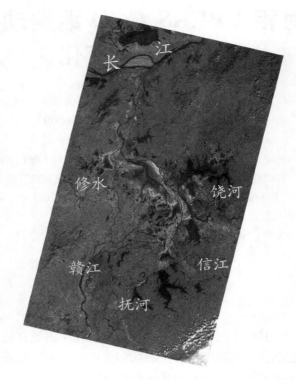

图 1　鄱阳湖水系

3　影像选择及数据处理

3.1　影像数据

自 1999 年以来，已成功发射 3 颗中巴地球资源卫星（简称 CBERS 卫星），分别称为 CBERS–01 星、CBERS–02 星与 CBERS–02B 星，其有效载荷之一 CCD 相机的标称参数是相同的，如表 1 所示。本文共选择了 26 景 CBERS CCD 数据用于鄱阳湖水域面积动态监测，如表 2 所示。这些数据的时间跨度从 1999 年 11 月至 2007 年 11 月。除 2007 年 9 月 28 日图像有部分厚云，2006 年 11 月 6 日与 2007 年 7 月 24 日有少许薄云外，其余图像均为无云图像。

表 1　CBERS–01、02、02B CCD 相机基本参数

传感器类型	推帚式
波段范围	1：0.45 ~ 0.52 μm
	2：0.52 ~ 0.59 μm
	3：0.63 ~ 0.69 μm
	4：0.77 ~ 0.89 μm
	5：0.51 ~ 0.73 μm
辐射量化	8bit
扫描带宽	112 km
空间分辨率（星下点）	19.5 m

表 2　所选择的用于鄱阳湖动态监测的 CBERS 图像

成像时间	path	row
20001121	371	67
20001121	371	68
20010115	370	67
20010115	370	68
20011120	370	67
20011120	370	68
20011123	371	67
20011123	371	68
20021027	370	67
20021027	370	68
20021119	371	67
20021119	371	68
20041108	371	67
20041108	371	68
20051012	371	67
20051012	371	68
20061106	371	67
20061106	371	68
20070724	371	67
20070724	371	68
20070928	371	67
20070928	371	68
20071024	371	67
20071024	371	68
20071119	371	67
20071119	371	68

3.2　图像预处理

首先将 DN 值图像转化为表观反射率图像,以部分消除不同日期获取图像引起的辐射差异。然后将所有的数据进行几何精校正,精校正均方根误差控制在 0.5 个像素以内。几何校正采用图像对图像的校正,参考图像为已经做过精校正的 CCD 图像

然后对影像进行镶嵌,利用矢量图对图像进行裁剪,得到鄱阳湖区影像。

3.3　水体信息提取

水体在可见光和近红外波段具有很强的吸收作用,表现在图像上色调很暗,与其他地物(如植被、土壤等)具有明显的差别。清洁的水在可见光波段的反射率很低(<10%),但是当水中的泥沙含量增大时,水体反射率会出现明显增大。

目前,已经出现了许多水体提取的方法[1][2]。其中密度分割(Density Slicing)和阈值法由于方便和简单得到广泛应用,应用这些方法基于 TM 数据能够对水体进行较高精度提取。本文选择高效简单的波段比值方法归一化差值水体指数 NDWI(Normalized Difference Water Index),并结合密度分割方法提取水体,NDWI 定义如下:

$$NDWI = [\rho(G) - \rho(IR)] [\rho(G) \rho(IR)]$$

式中　ρ——表观反射率;

　　　G——绿光波段,即 CCD 的第 2 波段;

IR——近红外波段，即 CCD 的第 4 波段。

理论上讲，较纯净的水体的 NDWI 值是大于 0 的，由于浅水区，混合了水底泥沙及水草的反射光，其 NDWI 值会小于 0，因此本文设定阈值 $t = -0.07$，大于 -0.07 的即为水体。

由于提取的水体里面包含了城市中的池塘等小水域，需要剔除这些小水域。本文采用了 ENVI 中分类后处理的 sieve 处理，设定小于 50 个像元的水域为小水域，进行滤波。最后统计各个时期鄱阳湖水域面积。整个过程的技术流程如图 2 所示。

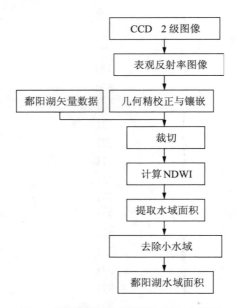

图 2　鄱阳湖水域面积提取技术流程图

4　结果分析

表 3 为利用 CBERS 图像数据信息提取的鄱阳湖不同时期水域面积。图 3 为鄱阳湖同一时期（11 月份至次年 1 月份）水域面积年际变化曲线图。从图 3 可以看出，除 2005 年外，从 2000 年到 2007 年，鄱阳湖水域面积变化呈逐步下降趋势，2007 年，达到极小值 1 508 km²。2005 年水域面积上升有两个方面的原因：一方面，是由于 2005 年数据为 10 月份数据，而其他几年数据为 11 月份的数据；另一方面，是由于 2005 年降水比往年偏多 20%，水域面积达到极大值 3 168 km²。

图 4 为鄱阳湖 2007 年不同月份水域面积变化曲线图，从图中可以看出，从 2007 年 7 月份到 10 月份，水域面积呈逐步下降趋势。这是由于截至 2007 年 12 月 16 日，江西省年平均降水 1 251 mm，偏少 24%。尤其是自 2007 年 9 月 15 日至 12 月 31 日，江西省（即鄱阳湖流域）平均降水量仅 42 mm，较正常年份（多年平均情况）偏少 70%，造成江西赣、抚、信、饶、修五大江河入湖水量大幅减少。加上长江汉口水文站 2007 年 10～12 月来水量分别偏少 38%、41% 和 23%，九江水文站 2007 年 10～12 月来水量分别偏少 22%、36% 和 21%，致使鄱阳湖泄入长江的水量加大，出水速度加快，湖水入不敷出，造成湖水水位持续下降。

从 CBERS CCD 影像来看，在丰水期，鄱阳湖水面连成一片，而在枯水期，鄱阳河水面比较破碎，湖底显露，以前的水面长出许多植被（彩图 22 中黄色地物）。

表3　鄱阳湖不同时期水域面积统计表

时间	鄱阳湖水域面积/km²
2000 年 11 月	2 550
2001 年 11 月	2 469
2002 年 11 月	2 514
2004 年 11 月 8 日	2 460
2005 年 10 月 12 日	3 168
2006 年 11 月 6 日	2 380
2007 年 7 月 24 日	3 323
2007 年 9 月 28 日	2 929
2007 年 10 月 24 日	2 012
2007 年 11 月 19 日	1 508

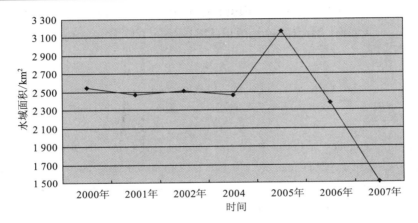

图 3　鄱阳湖同一时期水域面积年际变化曲线图

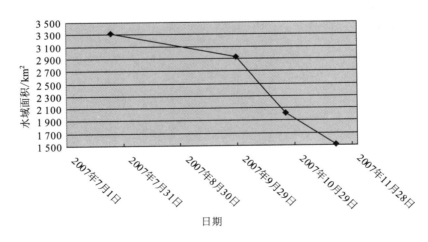

图 4　鄱阳湖 2007 年不同月份水域面积变化曲线图

5　结论

通过利用 CBERS CCD 影像对鄱阳湖水域面积进行动态监测，可以得出以下结论。

1）从 2000 到 2007 年，鄱阳湖同一时期（11 月份至次年 1 月）水域面积呈逐年下降趋势，2005 年由于降水量比其他年份高 20%，因此水域面积高于其他年份；

2）2007 年 7 月份至 11 月份，鄱阳湖水域面积呈逐月下降趋势，11 月底达到历史低点，鄱阳湖发生旱灾；

3）CBERS CCD 数据可以有效地对鄱阳湖等水域进行动态监测。

参 考 文 献

[1] MCFEETERS S K. The use of the normalized difference water index（NDWI）in the delineation of open water features [J]. International Journal of Remote Sensing. 1996（17）：1425 – 1432.

[2] CHOPRA R, VERMA V K, SHARMA P K. Mapping, monitoring and conservation of Harike wetland ecosystem, Punjab, India, through remote sensing [J]. International Journal of Remote Sensing, 2001（22）：89 – 98.

Changes Monitoring of Poyang Lake
Using Multi-temporal CBERS CCD Imagery

Lu Yilin, Qi Xueyong, Li Xingchao, Fu Qiaoyan

（China Centre For Resources Satellite Data and Application, Beijing   100094）

Abstract：Water area changes of Poyan Lake was monitored dynamically from 2000 to 2007 and during 2007 using multi-temporal CBERS CCD imagery. It can be concluded that the water area of Poyan Lake decreased at the same time between November and January next year since 2000 to 2007, except the year of 2005, when the water area of Poyan Lake is the largest, as the annual rainfall is 20% more than that in the other years. During July to November in 2007, the water area of Poyan Lake decresed month by month. In November, it reached the minimum value, and drought occurred.

Key words：Poyang Lake   Water area   Dynamic monitoring   CBERS CCD

基于 CBERS 系列遥感影像的
养殖水面动态监测研究

陈云[1,2]，戴锦芳[1]

（1　中国科学院南京地理与湖泊研究所，南京　21008）

（2　中国科学院研究生院，北京　100039）

摘　要：以宝应县为例，在研究不同类型养殖水面的光谱特征和纹理特征的基础上，对 CBERS 星多时相遥感影像进行对比分析，寻找差异性和一致性，在 GIS 技术和图像处理软件的支持下，提取养殖水面专题信息，建立养殖水面数据库，反演、重建了宝应县养殖水面的动态变化过程和规律。同时，以 CBERS–02B CCD 和 HR 影像为数据源，对养殖水面信息提取结果进行了对比分析，用 HR 影像获得的高精度空间分类数据，对同时相的 CCD 影像提取的养殖水面面积数据进行了修正，提高了分类精度。

关键词：CBERS　养殖水面　宝应县

1　引言

宝应县具有悠久的水产养殖历史，其水产养殖以湖泊、湿地为主要载体。近年来，在经济利益的驱动下，养殖规模越来越大，养殖密度越来越高，由于高强度开发，湖泊、湿地渐趋消亡，养殖方式也从湖泊、湿地的开发利用，逐步发展到大水面高密度的围网养殖及利用大量耕地改造进行水产养殖的趋势。大面积水产养殖虽然带来了可观的经济效益，但也产生了一定的负面作用。一方面，过度的开发利用对环境造成了不利影响。高密度的水产养殖加速了水体的富营养化过程，同时高密度的围网造成了水流速度减缓、行洪不畅、河道堵塞等问题；另一方面，造成了耕地的快速流转，长远来看，不利于国民经济持续健康稳定地发展。

遥感影像是对地表信息的客观反映，随着各国空间计划的逐渐实现，目前获取的遥感图像具有多时相、多分辨率、多传感器等特点。CBERS 系列卫星的成功发射，为实现资源环境的动态监测提供了条件[1]，可以满足不同空间尺度，进行周期性、连续性资源环境调查与监测的需要[2]。本论文在研究不同类型养殖水面遥感影像特征的基础上，对多时相遥感数据进行对比分析，寻找其差异性和一致性；在 GIS 技术和图像处理软件的支持下，提取水产养殖专题信息，建立水产养殖数据库，客观、准确地查清宝应县养殖水面的分布现状并监测其动态变化过程；在研究区布设样区，利用 HR 高分辨率影像进行养殖水面信息提取，获得高精度的空间分类数据，建立细小地物修正模型，对同时相 CCD 影像提取的养殖水面面积数据进行修正，获取更高精度面积数据，为主管部门对水产养殖业进行合理布局与科学调控提供重要依据，促进地区经济与环境的和谐健康发展[3,4]。

[作者简介]　　陈云（1984—　），硕士研究生，2006 年毕业于南京信息工程大学地理信息科学专业，2006 年至今，就读于中国科学院南京地理与湖泊研究所，主要从事遥感应用研究。E-mail：cheny013@163.com。

2 研究区概况

宝应县位于扬州市北部,属里下河地区,跨京杭大运河两岸,西临白马湖、宝应湖,全境地势以大运河西岸地区最高,高程6~8米,东岸地区较低,高程3~5米,东部湖荡地区最低,高程仅1.5~2.5米。境内河、渠纵横,湖、荡连接,大运河纵贯南北。运河东有大溪河、宝射河、向阳河、芦氾河、潼河等河流,还有射阳湖、广洋湖、绿草荡、獐狮荡、和平荡等湖荡,湖荡水面占总面积的22.2%。此外,还有湖荡草滩地14万余亩,占总面积的6.4%,为发展水产养殖提供了优越的条件。

3 基于 CBERS CCD 影像的宝应县养殖水面动态监测

3.1 数据获取

本研究选用了2000年4月、2004年4月、2007年3月和2007年4月的CBERS CCD多光谱数据,采用CCD数据中的蓝、绿、红三个可见光波段和一个近红外波段。表1为CBERS-02波段编号及对应波段的光谱范围。

表1　CBERS-02 波段编号及对应波段的光谱范围

波段编号	1	2	3	4	5
光谱范围（μm）	0.45~0.52	0.52~0.59	0.63~0.69	0.77~0.89	0.51~0.73

3.2 数据预处理

以1:100 000宝应县地形图为数学基础,对多时相遥感影像进行配准,采用二次多项式模型进行几何校正,通过立方卷积法重采样完成校正过程。

由于利用传感器接受目标物辐射或反射的电磁波能量时,传感器得到的测量值与目标物的光谱辐射值或反射值等物理量不一致,同时,由于观测时的传感器类型、大气状况、太阳高度角等不同,造成同一地区多时相影像间存在着辐射量的差异,因此,当利用多时相遥感数据进行地物变化监测时,必须进行辐射校正,以减少或消除非地物变化因素所导致的地物波谱响应的变化。论文采用绝对辐射校正的方法,经过辐射定标和大气校正两个过程,绝对校正系数从 GSMF. ODL 文件中获取[6,7]。大气校正过程采用6S大气校正模型。

利用宝应县行政边界矢量图对各时相影像进行裁减、拼接。

3.3 养殖水面信息提取

3.3.1 养殖水面光谱特征分析

采用4、3、2波段组合,见图1,结合地形图,可以辨明影像中有自然水体、养殖水面、农作物和其他地物。分析比较各时相影像中养殖水面光谱特征的一致性及与其他地物之间的差异性,养殖水面与城镇、农作物、其他地物及大面积自然水体之间有较明显的光谱差异,但是与小面积自然水体存在着一定的光谱相似性。

3.3.2 养殖水面纹理特征分析

纹理是遥感影像的重要信息,它不仅反映了影像的灰度统计特征,而且反映了地物空间排列的关系,是影像判读的重要依据。影像中养殖水面与小面积自然水体的光谱特征相似,但由人工围垦的养殖水面在影像中反映出明显的纹理结构[8],利用这些特征能有效地提取影像中养殖水面信息[9],研究采用光谱特征和纹理分析相结合的方法来提高养殖水面信息提取精度。

Haralick 于1973首次提出灰度共生矩阵(GLCM),它成为最常见和广泛应用的一种纹理统计分析方法。灰度共生矩阵通过对影像灰度级之间联合条件概率密度 $P(i, j, d, \theta)$ 的计算表示纹理。$P(i, j, d, \theta)$ 表示在给定空间距离 d 和方向 θ 时，以灰度为 i 为始点，出现灰度级 j 的概率。$P(i, j, d, \theta)$ 常用矩阵形式表示，故称为灰度共生矩阵。通常 θ 取为：0°，45°，90°，135° 四个方向。利用灰度共生矩阵进行纹理分析时涉及到三个重要参数：移动窗口的大小，移动步长，移动方向。本次研究中移动窗口的大小选为 5×5，移动步长为 1，移动方向为 0°。由于灰度共生矩阵不能直接用于描述影像的纹理特征，因而人们在此基础上定义了一些统计指标来提取它所反映的纹理特征，常用的主要有均值（Mean），方差（Variance），逆矩阵（Homogeneity）等[10,11]。经比较，研究采用均值指标反映影像的纹理特征（见图 2），均值计算公式如下：

$$f_1 = \sum_{i=0}^{L-1} \sum_{j=0}^{L-1} i \cdot P(i,j) \tag{1}$$

 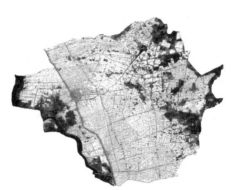

图 1　预处理后的 4、3、2 波段合成影像　　　　图 2　用均值反映影像纹理特征

3.3.3　养殖水面信息的提取

在图像处理软件支持下，将反映光谱特征影像与纹理影像叠加分析，通过多时相遥感影像对比分析，根据养殖水面与其他地物的光谱和纹理特征差异，采用人机交互方式，提取各时相养殖水面信息，提取结果如彩图 23 所示，并统计面积，建立图形数据库。

3.3.4　宝应县养殖水面变化动态监测

宝应县地处里下河水网地区，水面滩地资源丰富，为水产养殖提供了发展空间。近年来，宝应县的养殖业得到长足发展，养殖规模不断扩大。

从结果图也可以看出：2000～2007 年间，宝应县养殖水面范围越来越大，2007 年养殖水面面积已达到了 264.08km²；2000～2004 年间，是宝应县养殖业发展最为迅速的时期，2004 年养殖水面在原有养殖水面的基础上呈现出了集聚态势；2007 年，宝应县积极推广健康水产养殖，由单纯追求数量向数量与质量、效益、生态并重的方向转变，提取结果图也显示，2004～2007 年间，养殖水面面积也有了一定的增长，但增长速度明显低于 2000～2004 年间的增长速度。

宝应县水产养殖的载体为：湖面围垦养殖，尤其是在原有养殖水面的基础上，大量自然水面被用于养殖；由于交通条件的便利，道路两侧的很多耕地也被用于养殖；东部湿地基本上都已被开发，用于发展水产养殖。

4　CBERS－02B 星 CCD 和 HR 影像的养殖水面信息提取结果对比分析

CBERS－02B 星可获取高分辨率数据，为进一步调查宝应县养殖水面现状提供了可靠数据源。研究利用 2007 年 10 月 4 日的 CBERS－02B CCD 多光谱影像提取了养殖水面信息，并结合 HR 高分辨率影像，对提取结果进行了修正，获得了高精度的养殖水面面积数据。

4.1 数据获取及预处理

采用 2007 年 10 月 4 日 CBERS – 02B CCD 影像的蓝、绿、红和近红外四个波段，和同一时相的 HR 高分辨影像。

对影像进行几何精校正、辐射定标和大气校正、裁减等处理。

选用 Brovey 变换融合方法对 CCD 和 HR 影像数据进行融合，得到了较理想的影像，在一定程度上保持了丰富的多光谱信息，又显示地物的细部结构信息[12]。

4.2 CBERS – 02B 影像的养殖水面信息提取

4.2.1 CCD 和 HR 影像的养殖水面信息提取

采用光谱特征和纹理分析相结合的方法，提取 CCD 影像中养殖水面信息，进一步揭示宝应县养殖水面的分布特点。宝应县养殖水面分为三种类型：湖面养殖、湿地养殖和耕地养殖。湖面养殖水面面积为 34.5 km²、湿地养殖水面面积为 188.21 km²、耕地养殖水面面积为 41.37 km²，总养殖水面面积为 264.08 km²。

受到 CCD 影像空间分辨率的影响，CBERS – 02B HR 影像的成功获取，为获得高精度养殖水面分类结果提供了可能。以宝应县西北部 HR 影像为例，采取布设样区的方法，对 CCD 影像提取结果进行修正[13]。在每类养殖水面各布设一个 3 km × 3 km = 9 km² 样区，养殖水面信息提取结果见彩图 24。

4.2.2 对 CCD 和 HR 影像养殖水面提取结果的对比分析

利用高分辨率影像进行信息提取，获取高精度的空间分类数据，建立地物修正模型，可对基于较低空间分辨率影像提取的面积数据进行修正[14]。统计每个样区内各类养殖水面面积，对比分析 CCD 影像提取养殖水面面积与 HR 影像提取面积的差值，见图 3、图 4，统计结果如表 2。

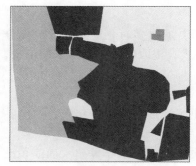 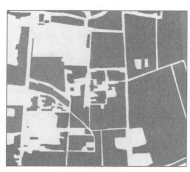 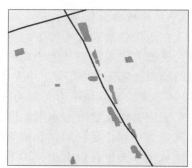

| 湖面养殖水面 | 湿地养殖水面 | 耕地养殖水面 |

图 3 HR 影像提取的养殖水面样区选取

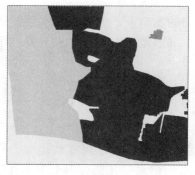 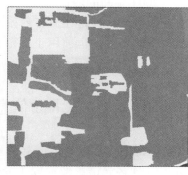 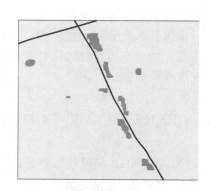

| 湖面养殖水面 | 湿地养殖水面 | 耕地养殖水面 |

图 4 CCD 影像提取的养殖水面样区选取

表 2　样区内各类养殖水面面积统计

		湖面养殖	湿地养殖	耕地养殖	养殖总计	自然水面
湖面养殖样区	HR	3.562	0	0.038	3.6	2.206
	CCD	3.475	0	0.031	3.506	2.577
	面积之差	0.087	0	0.007	0.094	−0.371
湿地养殖样区	HR	0	5.021	0.914	5.935	0
	CCD	0	5.513	0.871	6.384	0
	面积之差	0	−0.492	0.043	−0.449	0
耕地养殖样区	HR	0	0	0.227	0.227	0
	CCD	0	0	0.216	0.216	0
	面积之差	0	0	0.011	0.011	0

　　将选取的 HR 影像提取的养殖水面样区作为检验样区，建立修正模型，修正 CCD 影像养殖水面的提取结果，得到修正后各类养殖水面面积为（单位均为 km^2）：

　　湖面养殖水面面积：$X = 34.5 \times (1 + 0.087/3.562) = 35.32$

　　湿地养殖水面面积：$Y = 188.21 \times (1 - 0.492/5.201) = 170.41$

　　耕地养殖水面面积：$Z = 41.37 \times [1 + (0.007 + 0.043 + 0.011) / (0.038 + 0.914 + 0.227)] = 43.51$

　　总养殖水面面积：$35.32 + 170.41 + 43.51 = 249.24$

4.3　结果分析

　　由于受到 CCD 影像分辨率的限制，一些较小面积的养殖水面没有得到很清楚的反映，在 HR 影像上得到了很好的显示。

　　CCD 影像上，大面积自然水体与湖面养殖水面没有混淆，只是在确定两者边界时稍有误差；从样区对比分析看，湿地养殖水面分布比较密集，CCD 影像提取养殖水面信息时，一些小面积的自然水体被误判为养殖水面，因而通过修正模型修正后的湿地养殖水面面积小于修正前面积；由于一些耕地养殖水面面积较小，在 CCD 影像上没有充分显示的养殖水面在 HR 影像上得到了很好的反映。

5　结语

　　基于 2000 年、2004 年和 2007 年 CCD 影像提取养殖水面信息，客观、准确地查清了宝应县养殖水面的分布现状和面积，反演、重建了宝应县养殖水面的动态变化过程和规律。进一步分析宝应县养殖水面的空间分布，直观地揭示了宝应县养殖水面的开发现状，为主管部门对水产养殖业进行合理地布局与科学管理提供了重要依据。

　　CBERS – 02B HR 影像的成功获取，为利用高分辨率影像提取更高精度的养殖水面信息提供了条件，为以后开展大规模的养殖水面动态监测提供了可靠的保证。

参 考 文 献

[1]　中国资源卫星应用中心应用简讯，2007（1）：2 – 3.

[2]　汪静，杨媛媛，王鸿南，等. CBERS – 1 卫星 02 星图像数据质量评价 [J]. 航天返回与遥感，2004，25（2）：34 – 38.

[3]　沈芳，匡定波. 太湖流域典型中小湖群水资源利用及动态变化的遥感调查与分析 [J]. 遥感学报，2003，7（3）：221 – 226.

[4]　杨英宝，江南，殷立琼，等. 东太湖湖泊面积及围网养殖动态变化的遥感监测 [J]. 湖泊科学，2005，17（2）：133 – 138.

[5]　陈云，戴锦芳，李俊杰. 基于影像多种特征的 CART 决策树分类方法及其应用 [J]. 地理与地理信息科学，

2008, 24 (2): 33 - 36.

[6] 彭光雄, 何宇华, 李京, 等. 中巴地球资源02星CCD图像交叉定标与大气校正研究 [J]. 红外与毫米波学报, 2007, 26 (1): 22 - 25.

[7] 潘志强, 傅俏燕, 张浩平. CBERS - 02星CCD波段平均太阳辐照度反演及应用 [J]. 地球信息科学, 2008, 10 (1): 109 - 113.

[8] Zhang Q, Wang J, Gong P, et al. Study of urban spatial patterns SPOT panchromatic imagery using texture analysis [J]. International Journal of Remote Sensing, 2003, 24 (21): 4137 - 4160.

[9] 李俊杰, 何隆华, 戴锦芳, 等. 基于遥感影像纹理信息的湖泊围网养殖区提取 [J]. 湖泊科学, 2006, 18 (4): 337 - 342.

[10] 姜青香, 刘惠平. 利用纹理分析方法提取TM图像信息 [J]. 遥感学报, 2004, 8 (5): 458 - 464.

[11] 张锦水, 潘耀忠, 韩立建, 等. 光谱与纹理信息复合的土地利用/覆盖变化动态监测研究 [J]. 遥感学报, 2007, 11 (4): 500 - 510.

[12] 朱长青, 王倩, 杨晓梅. 基于多进制小波的SPOT全色影像和多光谱遥感影像融合 [J]. 测绘学报, 2000, 29 (2): 132 - 136.

[13] 阳小琼, 朱文泉, 潘耀忠, 等. 作物种植面积空间对地抽样方法设计 [J]. 农业工程学报, 2007, 23 (12): 150 - 155.

[14] 吴炳方, 张峰, 刘成林, 等. 农作物长势综合遥感监测方法 [J]. 遥感学报, 2004, 8 (6): 498 - 513.

The Application of CBERS Remote Sensing Image in Dynamic Monitoring of Enclosure Culture in Baoying

Chen Yun[1,2], Dai Jinfang[1]

(1 Nanjing Institute of Geography and Limnology, Chinese Academy of Science, Nanjing 210008)

(2 Graduate University of Chinese Academy of Science, Beijing 100039)

Abstract: In this paper, Baoying county is taken as an example to discuss the application of CBERS remote sensing image in dynamic monitoring of enclosure culture. On the basis of analyzing the spectral characteristics and texture characteristics of different types of enclosure culture area and the comparative analysis of multitemporal CBERS01/02 image, the enclosure culture area was extracted and the corresponding database was got by GIS techniques and image processing software. The results indicated and reconstructed the dynamic process and law of the enclosure culture area in Baoying county. At the same time, CBERS - 02B CCD and HR images were taken as data source. Compared with the result extracted form HR images and CCD images, the high-precision classification result of enclosure culture was obtained based on the HR image was used to correct the extraction result from CBERS - 02B CCD multi-spectral data as the same time phase.

Key words: CBERS Enclosure culture Baoying

CBERS-02B 影像在生态县建设规划中的应用与实践

廖兵，刘足根，刘志刚，李惠民

（江西省环境保护科学研究院，南昌　330029）

摘　要：在实践的基础上，探讨利用 CBERS-02B 星遥感影像和 GIS 技术在生态县建设规划中的应用；利用 CBERS-02B 高时相的特点，通过对遥感图处理和信息提取，综合分析了研究区的生态环境状况，为江西省生态县建设规划提供了科学依据。

关键词：CBERS-02B　遥感影像　生态县建设规划

1　引言

江西省环境保护科学研究院将 CBERS 系列卫星数据广泛地应用于环境保护、生态建设规划等各个方面，如在井冈山、浮梁、铜鼓等生态县的建设规划，九江出口加工区等生态工业园区的建设规划及相关环境影响评价等都有应用。

CBERS-02B 数据在江西省生态环境保护中成功的应用于多个项目，在应用中也积累了一定的经验。限于篇幅，本文仅以浮梁生态县建设规划为例进行探讨。

生态县建设以全面贯彻落实科学发展观为指导，以发展生态经济（循环经济）为核心，以改善环境质量为根本，统筹城乡发展，促进人与自然和谐，推动区域社会经济的可持续发展。因此，为保护和改善区域生态环境，2003 年，原国家环保总局在"生态示范区建设"工作的基础上，在全国范围内组织开展生态省、生态市和生态县的创建工作。全国已有 500 多个县开展了生态县规划和建设。江西省在原有"生态示范区建设"的基础上，于 2007 年大规模推动建设省级生态县，规划于 2010 年前完成大部分的生态县规划；已有 20 多个县完成或启动了生态县建设规划。浮梁县即为江西省较早进行生态县建设规划的区域之一。

2　研究区域概况

浮梁县位于江西省东北部丘陵山区的昌江中游，介于东经 117°01′~117°42′、北纬 29°0.9′~29°56′之间。境内以中低山、低山和丘陵为主，地形起伏变化较大，最高峰五股尖海拔 1 618.4 m，最低点金竹坑海拔仅 28 m，最大相对高差 1 590.4 m。

所处区域属亚热带季风性气候，雨量充沛，光照充足，无霜期长。山环水绕，丘谷平原兼备，水源充足，草木繁茂。植被类型多样，植被覆盖率达 80% 以上，为常绿阔叶林植物区。根据《江西省第二次土壤普查技术规程》的分类原则，浮梁县境内土壤可划分为 7 个土类，11 个亚类，25 个土属和 50 个土种。

[作者简介]　廖兵（1982— ），工程师，2007 年毕业于华中科技大学，获硕士学位，主要从事环境规划、环境地理信息系统研究工作。E-mail：heartherd@126.com。

饶河支流昌江自北向南穿越浮梁县境内，境内主流域全长 61 km，自祁门至波阳主河道平均坡降 0.458‰。包括东河、西河、南河、北河 4 大主要支流。

浮梁县辖 8 个镇、9 个乡：浮梁镇、鹅湖镇、经公桥镇、蛟潭镇、湘湖镇、瑶里镇、洪源镇、寿安镇、王港乡、庄湾乡、三龙乡、黄坛乡、兴田乡、江村乡、峙滩乡、勒功乡、西湖乡。共有 4 个居委会、158 个村委会。总面积 2 867 km²。总人口 28.9 万人，其中非农业人口 5.89 万人。

3 遥感数据处理与技术路线

CBERS – 02B 星采用太阳同步回归轨道，轨道高度 778 km，轨道倾角 98.5°，回归周期为 26 天。CBERS –02B 星搭载了 CCD 相机、高分辨相机（HR）和宽视场成像仪（WFI），并增加了星载敏感器和 GPS 设备。地面系统利用星敏数据和 GPS 数据，大幅提高图像产品的定位精度。CCD 相机在可见光和近红外光谱段产生 4 个多光谱谱段和一个全色谱段的地面景物图像，提供幅宽为 113 km 的全色地面景物图像[1]。

根据项目要求和研究区域的基础数据情况，选择 2007 年 10 月 27 日轨道号为 370/67 的 CBERS – 02B 数据，产品信息见表 1。软件主要选择 ERDAS 9.1、ARCGIS 9.2、ENVI 4.2 等商业遥感图像处理和 GIS 软件为基本工作平台。

表 1　CBEFS – 02B 产品信息

产品级别	LEVEL2	波段	2, 3, 4, 1, 5
卫星标识	CBERS – 02B	传感器	CCD
Path	370	Row	67
地图投影	UTM	地球模型	WGS _ 84
重采样技术	CC	像素空间	19.5
旋转类型	MAP	采集日期	2007 – 10 – 27

主要技术路线如图 1：

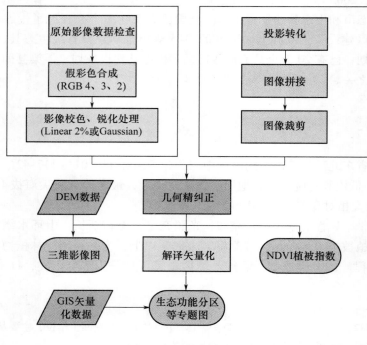

图 1　主要技术路线图

4 应用结果

根据 CBERS – 02B 影像特点和地物波谱特征，选取 CBERS – 02B 卫星 CCD 敏感器的 4，3，2 波段为 RGB 彩色合成图像组合。在 ERDAS 软件下将 4，3，2 波段进行了假彩色合成，得到浮梁县的假彩色合成图像如图 2。

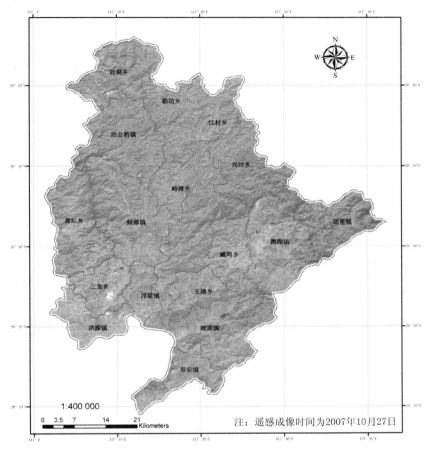

图 2　2007 年 10 月 27 日 CBERS – 02B 卫星遥感影像

规划中，为真实展现浮梁县生态环境现状和地形地貌特征，研究人员采用 ArcScene 叠加浮梁高程数据生成的 tin 数据和 CBERS 影像数据生成 3D 影像图（见图 3），得到了很好的效果。

图 3　浮梁县 3D 影像图

规划中采用归一化植被指数（*NDVI*）反映研究区域的植被覆盖情况。归一化植被指数广泛应用于植被覆盖的遥感监测与定量研究中，是一个反映地表植被生长势和生长量的重要间接指标，与植被覆盖分布密度呈线性相关。归一化植被指数在有植被覆盖的情况下为正值（＞0），且随植被的覆盖度增大而增大；为负值时（＜0），表示植被覆盖度小，负值越小表示几乎没有植被，为裸土或岩石[2]。彩图25为浮梁县归一化植被指数图。

归一化植被指数 *NDVI* 的计算如下：

$$NDVI = \frac{\rho_{NIR} - \rho_{R}}{\rho_{NIR} + \rho_{R}}$$

式中　ρ_{NIR} 与 ρ_{R}——近红外波段、红色波段的反射率[3]。

5　结论与建议

本文从生态县建设规划角度介绍了 CBERS－02B 数据在环境保护、生态建设领域的广泛应用。通过 CBERS－02B 数据得到了遥感影像图、3D 影像图、归一化植被指数图等产品，取得了良好的效果。但在后续工作中，还可以从以下几个方面进行研究和改进：

1）虽然 CBERS－02B 数据质量较 02、01 星数据有了很大的改进，但 CCD 数据的第 1，2，3 及 5 波段的条纹现象仍然较重，一定程度上影响了应用范围。如何在实践中寻找经济合理、简便易行的处理方法仍是研究者的重要课题。

2）全色波段的 HR 数据虽然空间分辨率很高，但由于 CCD 精度与其差别较大，造成融合未能达到所希望的效果。而且江西境内尚未覆盖全部区域，造成感兴趣区域部分缺失，无法完整表达。若能在开发后续星及预订影像等工作方面有所突破，将会极大的促进 CBERS 数据在环境保护领域的应用。

3）后续工作中，在环境保护领域，还可以进行城市热岛效应研究、定量化的植被指数研究、水污染监测、生态环境监测等，以提高应用 CBERS 的广度和深度。

6　致谢

感谢中国资源卫星应用中心提供的 CBERS－02B 数据。

参 考 文 献

[1]　董双发，梁春利，李名松. 遥感分类方法在 CBERS－02B 星 CCD 数据上的应用效果分析.

[2]　李晓兵，史培军. 中国典型植被类型 NDVI 的动态变化与气温、降水变化的敏感性分析［J］. 植物生态学报，2000，24（5）.

[3]　孙红雨，王长耀，牛铮，等. 中国地表植被覆盖变化及其与气候因子关系［J］. 遥感学报，1998，2（3）.

The Application and Pratices of the CBERS－02B Satelitte Romote Sensing Image in the Plan-Compiling of Ecological County Constrution

Liao Bing, Liu Zugen, Liu Zhigang, Li Huimin

(Jiangxi Academy of Environmental Sciences, Nanchang　330029)

Abstract：Based on the practices, the application of CBERS－02B satellite remote sensing image and GIS in plan-compiling of ecological-county construction were expounded in this article. Using High-time-graph feature of CBERS-02B, remote images and its information were treated and extracted, then the eco-environment of the region were analysed and integrated, which will give somescientific support for the plan-compiling of ecological county constructionin Jiangxi province.

Key words: CBERS −02B satelitte Romote sensing image Plan-compiling of ecoligical county constuction

基于 CBERS 遥感影像的海南生态遥感监测研究

张翠萍，叶映

（海南省环境监测中心站，海口　570206）

摘　要：生态退化已成为我国可持续发展的限制因素，运用遥感技术进行生态遥感监测，以满足时间序列和空间尺度上进行比较综合分析的需要，为政府部门决策提供科学依据的工作十分迫切地摆在面前。海南生态监测中心站以 CBERS 遥感影像为基础数据源，采用面向对象的方法进行自动分类，然后辅以 GPS 调查点、专题植被图层和 GIS 地理要素图库对解译结果进行修正，可以大大提高解译准确度和工作效率，为解决热带雨林地区生态遥感监测提供可借鉴经验。

关键词：CBERS　生态遥感监测　面向对象

1　引言

20 世纪以来，由于日益严重的环境恶化、生态系统退化和生物多样性降低等问题所造成的压力，生态系统的长期观测与研究受到了前所未有的重视。为了满足观测数据在时间序列和空间尺度上进行比较和综合分析的需要，开展常规性生态监测工作十分必要。随着我国空间技术的发展，宏观生态监测有了一定的进步，3S 技术成为近几年来生态监测工作者们研究的重点内容，并显示出其快速准确的明显优点，是宏观监测技术发展的趋势。"六五"期间的内蒙古草场资源遥感调查、"七五"期间的三北防护林遥感调查和黄土高原遥感调查均包括生态监测内容。新疆环境监测中心站利用全区气象卫星 NOAA－12 五个波段影像数据，完成了全区土地荒漠现状的评价工作。近年来，利用遥感技术监测牧场产量、农作物产量、资源调查、水土保持状况和灾害预测等方面都取得了一定的成果，为宏观生态监测积累了经验。其中，热带森林植被的动态变化遥感监测课题是世界自然基金会（原称世界野生生物基金会）西双版纳自然保护资助合作项目，由中方和比利时遥感技术人员共同完成，利用多时相遥感图像判读，系统分析了西双版纳森林植被的动态变化，其结果经地面实况验证基本属实，为结构极为复杂的热带森林植被动态变化监测探索了一条新路。海南生态监测中心站近年来也开展了生态遥感监测工作，针对海南岛多云多雨的天气特点，不易获得较好质量遥感影像的问题，采用了多源数据结合应用的办法，对海南岛植被覆盖状况及其变化进行分析研究，经地面核查，表明遥感解译结果精度较高，基本符合研究工作以及政府管理工作的要求。几年来，中心站掌握了海南植被覆盖动态变化情况，积累了宝贵的经验。为进一步提高解译准确度，提高工作效率，在应用中巴地球资源卫星（CBERS）的基础上，采用面向对象的方法进行分类，不但提高解译精度，同时也提高了工作效率。

2　研究区域

海南省位于我国的最南部，陆地面积约 3.4 万平方千米，地处北纬 3°20′～20°18′，东经 107°50′～119°10′之间，在我国所处的纬度最低。海南省的主体大陆——海南岛，是一个穹形山体的海岛，中间高四周低，中部偏南地区高山起伏，山地中散布着丘陵性的盆地，地形地貌复杂。丘陵主要分布在岛

［作者简介］　张翠萍（1970—　），生态学硕士，工程师，主要研究兴趣为 RS 和 GIS 在生学领域的应用，生态遥感监测。E-mail：ping_zc@163.com。

内陆和西北、西南部等地区，环岛多为滨海平原。海南省地处热带，属热带季风气候，是我国最具有热带海洋季风气候特征的地方，全年暖热，雨量充沛，干湿季节明显，常风较大，夏季热带风暴和台风比较频繁，气候资源多样。比较大的河流大都发源于中部山区，组成辐射状水系。各大河流均具有流量丰富、夏涨冬枯等水文特征，年均径流量约为 $557 \times 108 \ m^3$。地带性土壤为砖红壤，土壤垂直带谱明显。海南生物资源丰富，植被种类繁多。自然植被类型有常绿季雨林，落叶季雨林，沟谷雨林，山地雨林，山地常绿阔叶林，热带针叶林，海岸红树林，稀树灌丛，稀树草地，湿性草地，低丘台地草地，丘陵山地草地等。人工植被类型有橡胶林、椰子树、腰果林、荔枝林、茶园、胡椒园以及木麻黄、桉树林、母生、柚木、农作物植被和稻田等。海南省植物资源极为丰富，有维管束植物 4 600 多种，其中 630 多种为海南所特有。植物资源的最大蕴藏量在热带森林植物群落类型中，热带森林主要分布于五指山、尖峰岭、霸王岭、吊罗山、黎母山等林区。生态系统类型多样，生态系统服务功能丰富。

3 数据处理

3.1 遥感和地理信息系统数据的准备

遥感影像采用中巴地球资源卫星的 CCD 遥感数据，空间分辨率为 19.5 m，光谱波段分别为蓝色、绿色、红色、近红外 4 个波段，其中近红外波段对绿色植被较敏感。选择影像原则为单景影像平均云量小于 10%，受人为干扰影响比较大易发生生态变化的区域没有云覆盖。其他用于辅助的地理信息系统数据是非常重要的，对于精纠正、辅助解译有帮助。本研究使用的地理基础数主要有以下几种：海南省1：250 000DEM（数字高程模型），用于地貌分区、坡向、坡度分级等空间信息的提取；海南省1：250 000矢量地形图库，用于遥感影像精纠正以及野外调查；历年 GPS 地面采集点记录及数字照片；多年实地核查记录；以及其他单位提供的有关专题图层等，用于辅助解译，提高解译准确度。

3.2 其他数据

其他数据主要包括各市县水资源总量、降雨量。水资源总量及降雨量来源于海南省水务局发布的水资源公报；土壤侵蚀数据来源于水务局提供的全国第 2 次土壤侵蚀遥感调查成果（2000 年）；COD，SO_2 和固体废物等数据来源于海南省环境统计资料汇编。数据用于生态环境状况研究。

3.3 技术路线

研究运用了遥感技术（RS）、地理信息系统技术（GIS）和全球定位系统（GPS）技术，依托海南省环境科学研究院地理信息系统工作站，以遥感数据、数字化地理要素和数字化高程数据等为主要信息源，结合野外调查和其他资料，提取植被类型等相关专题数据，进行生态环境状况评价分析。其中，遥感影像精纠正是以1：250 000 地形图为基准，使用 ERDAS 专业软件进行校正，并建立影像库。应用流程见图1。

4 解译目标的图像特征及解译结果

根据项目研究目的及影像可解译度，依据中国环境监测总站制定的生态遥感调查规范，制定了分类系统，分为 2 级，第 1 级分为耕地、林地、草地、水域、城乡工矿用地和未利用地 6 大类，第 2 级分类又将 1 级分类细分，共 27 类，其中水田和旱地又各自细分为 3 级分类。本研究运用 eCogintion 软件，使用面向对象的方法，对遥感影像进行分类，通过光谱特征分析、计算 NDVI 以及其他方法，按分类系统区分出各个类型，见图2。

天然林主要分布在海南中南部丘陵地区，颜色深红，色泽较均一，无颗粒，在纹理方面，常伴随着沟谷及山体阴影。橡胶林红褐色，条带清晰划一，无颗粒。农田呈浅蓝色或浅红色。草地为淡黄色，

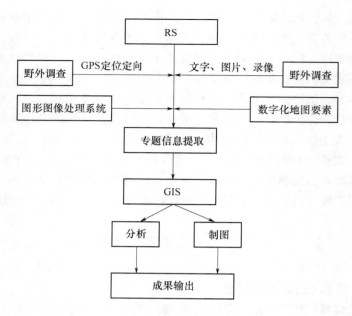

图 1　3S 技术在研究中的应用

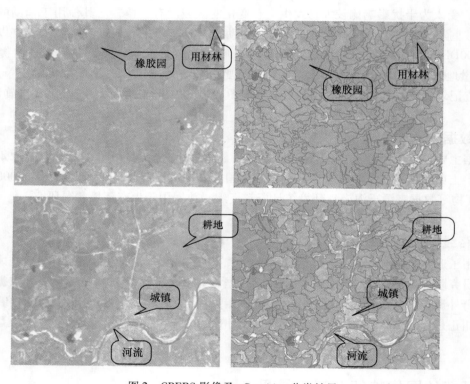

图 2　CBERS 影像及 eCognition 分类结果

多分布在山脊或山腰，色泽均匀。加勒比松等用材林为褐色，色调均匀。水面为蓝色，滩地为白色。从颜色、纹理、光谱特征等方面，能较容易地分出各个类型。

　　运用面向对象方法分类完成后，将结果导出 Shape 格式，运用 ArcGIS 强大直观的显示及分析功能，叠加 GPS 点、居民点、道路、水系、各种用于辅助解译的专题图层，修改 eCogintion 难以区分的细节，提高解译准确度。经过实地核查，核查工作覆盖十二个县市，行程 1 000 多千米，共选取类型核查点 300 个，边界点 102 个（见图 3）；数码相片 1 000 多幅。总体来说，判读精度较高，1 级类型正确率大于 90%，2 级类型判读正确率大于 85%。两次核查共采集 300 个典型类型核查点，其中 43 个点判读类型与实地核查不一致，正确率 85.7%。遥感解译结果见表 1。

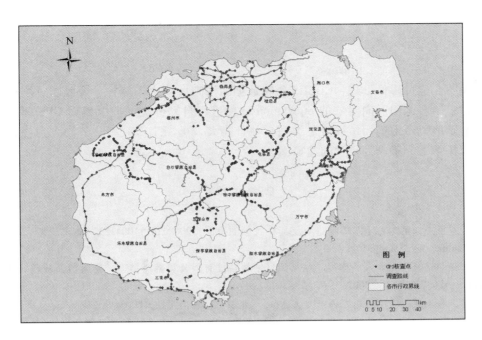

图 3　遥感调查及核查路线图

表 1　海南省 2005 年植被覆盖统计表

类型		面积百分比/%
1 级分类	2 级分类	
林地	有林地	50.44
	灌木林地	1.77
	疏林地	1.66
	其他林地	11.14
草地	草地	1.15
水域	河渠	0.84
	湖泊	0.06
	水库\坑塘	1.89
	海涂	0.65
	滩地	0.79
建设用地	城镇用地	0.89
	农村居民点	0.71
	工交建设用地	0.33
未利用地	沙地	0.13
	盐碱地	0.10
	裸土地	0.01
	其他	0.09
耕地	水田	12.18
	旱地	15.18
合计		100.00

5 结论

研究结果表明，经过影像处理，CBERS 遥感数据能清晰区别出天然林、橡胶园、用材林等不同林种以及其他地物，结合运用面向对象的 eCognition 软件进行自动分类，辅以地面 GPS 调查点以及其他专题图层，能准确地解译出地面植被覆盖类型，并且能大大提高工作效率，节约人力物力，为我省生态遥感监测工作探索了一条较为科学的途径。

参 考 文 献

[1] 马天，王玉杰，郝电. 生态环境监测及其在我国的发展. 2060216/11004123. html, 206 – 02 – 16. http：// www. studa. net/huanjing/

[2] 德国 definiens 公司专业人员编写. 北京天目创新科技有限公司翻译整理. 易康培训教程（Definiens professional 5. 0）基础应用. 2007.

[3] 赵英时，等. 遥感应用分析原理与方法 [M]. 北京：科学出版社，2003.

CBERS-Based Remote Sensing Image of The Ecological Remote Monitoring Research in Hainan

Zhang Cuiping, Ye Ying

（Hainan Ecological Monitoring Central Station，Haikou 570206）

Abstract：Ecosystem degradation has become the limiting factor for sustainable development of China. Remote monitoring the ecological environment with remote sensing technology, to meet the time series and space scales for amore integrated analysis of the need for government departments to provide a scientific basis for decision-making, is the very urgent task before us. In this paper, Hainan ecological monitoring central station with CBERS-based remote sensing image data source, using object-oriented approach to automatic classification, and then supplemented with GPS survey, thematic layers of vegetation and geographical factors Gallery GIS interpretation of the results of the rectification, can greatly improve the accuracy of the interpretation and efficiency of resolving the tropical rain forest eco-region, can draw on to provide remote monitoring experience.

Key words：CBERS Ecological remote monitoring Object-oriented

基于多时相 CBERS 影像分析矿业城市植被景观变化

——以徐州市为例

袁林山[1]，杜培军[1]，赵卫常[1,2]，王光彦[1]，王莉[1]

（1 中国矿业大学测绘与空间信息工程研究所，徐州　221116）

（2 河北省煤田物测队，邢台　054000）

摘　要：基于多时相 CBERS 影像，运用支持向量机分类方法对遥感影像进行分类处理，根据景观生态学原理分析了徐州市 2001 年、2005 年和 2007 年的城市植被景观格局及其动态变化。最后再利用 CBERS 的 NDVI 数据和线性混合像元分解模型对植被景观的变化进行综合分析。试验结果证明 CBERS 数据能有效地进行城市植被景观格局分析。

关键词：中巴地球资源卫星（CBERS）　植被景观格局　变化监测　混合像元

1　引言

景观是由一组以类似形式重复出现且相互作用的生态系统所组成的具有高度异质性的区域[1]。植被景观的破坏和恢复已成为全球环境问题[2]。因此，对植被景观的研究有着举足轻重的作用，它是分析格局、了解其作用机制、保护和改善植被景观的前提。城市植被景观有以下特点：具有人的适宜性和调控性；大多是引进嵌块体，个数多而单个面积小；景观高度破碎，各景观要素分布不均匀等。城市植被景观变化分析能为城市景观生态规划和改善生态环境提供科学的依据和创建性启示，为城市的更好发展提供决策支持。

中巴地球资源卫星（01 星）是我国第一代传输型陆地资源遥感卫星，CBERS–01 卫星于 1999 年 10 月发射成功，运行共 4 年；2003 年 10 月 21 日成功发射了 CBERS–02 卫星，目前在轨运行稳定。2007 年 9 月 19 日继又发射了 CBERS–02B 星，星上有效载荷保留了中巴地球资源卫星 02 星上 4 谱段 20 m 分辨率的 CCD 相机和两谱段 258 m 分辨率 WFI 相机，同时增加了高分辨率（2.36 m）全色谱段相机（HR）。CBERS 数据已经在农业、林业、土地、城市、环境、灾害、地质、海洋、测绘等领域中得到较多的应用[3-8]。但相对而言，在城市景观生态和生态环境遥感中的应用还比较少，特别是对于大量矿业城市植被景观分析，尚未见有国产遥感信息源应用的研究。采空区表面沉陷的扩展，井下煤层自燃对地表景观影响力度加大等因素，迫使城市耕地、植被锐减，是矿业城市的突出特点。因此，有必要试验和分析 CBERS 数据在矿业城市植被景观格局分析中的应用效果，以推进国产遥感信息源的应用，同时为矿业城市和工矿区可持续发展提供信息支持。

本文首先应用景观生态学原理，基于类别尺度分析了城市植被景观动态变化，然后基于 NDVI 和线性混合像元分解模型分析植被景观总体变化，最后对这 3 种植被景观分析方法的结果进行比较。

［作者简介］　袁林山（1983—　），硕士研究生，目前主要从事灰色理论研究应用、CBERS 影像处理与应用等研究工作。E-mail：apralyuan@ 163. com。

［资助项目］　国家 863 高技术发展计划支持项目（2007AA12Z162）、教育部新世纪优秀人才支持计划资助项目（NCET–06–0476）、江苏省自然科学基金创新人才青年学术带头人项目（BK2006505）和江苏省高等学校"青蓝工程"中青年学术带头人培养计划资助项目。

2 研究区域及数据预处理

2.1 研究区域概况

徐州市位于江苏省西北部，是华东地区典型的矿业城市，地处东经 116°22′～118°40′、北纬 33°43′～34°58′之间。东西长约 210 km，南北宽约 140 km，总面积 11 258 km²，占江苏省总面积的 11%。徐州是淮海平原的一部分，区内以平原为主，约占土地总面积的 90%，海拔一般在 20～50 m，丘陵海拔在 100～200 m，境内河流纵横湖泊众多，城市的森林覆盖率为 22.5%。

2.2 数据预处理

本文选用的多时相 CBERS 数据包括：2001 年 3 月 31 日、2005 年 3 月 18 日和 2007 年 4 月 11 日的 CCD 数据。各影像辐射校正之后，通过影像–影像的模式进行影像配准，匹配精度控制在 0.6 个像素之内，最后裁减处理得到研究区域的遥感数据。

3 基于景观生态学的城市植被景观格局变化分析

景观格局是服务于人居环境变化分析、选择居住地、防止环境恶化等生态系统能力的一种综合度量标准，也是景观生态学研究的核心内容之一，而植被景观格局的研究一直是生态学研究的热点和难点[9]。景观格局分析包括数学指标分析和图形图像分析两种方法。数学分析法是指用一系列景观指数描述空间结构和相互关系，是景观生态学最常用的空间分析手段（表1）。本文运用景观形状指数、斑块密度、平均面积分布指数等来分析城市植被景观格局变化。

表1 景观格局指数及生态内涵[10-12]

指数	生态内涵	表达式	备注
斑块周长面积	描述各景观斑块的大小和形状	由 Fragstats 软件统计	
斑块密度（PD）	反映景观的破碎化程度	$PD = \sum N_i / \sum A_i$ $PD_i = N_i / A_i$	$\sum N_i$ 和 $\sum A_i$ 分别为斑块的总数目和总面积
景观形状指数（LSI）	表示景观空间的聚集程度，也可以表示景观形状的复杂程度。指数大，表明景观空间分布离散，景观形状不规则	$LSI = E / E_{min}$	E：景观边界总长 E_{min}：最小景观边界总长
平均斑块面积分布（AREA_MN）	描述景观被分割的破碎程度	$AREA\_MN = \sum_{j=1}^{n} x_{ij} / n_i$	$\sum_{j=1}^{n} x_{ij}$：第 i 种类型斑块的总面积 n_i：第 i 种类型斑块的总数目

3.1 方法流程

从面向城市植被景观格局总体分析和面向特定景观组分的格局分析两方面出发，基于 CBERS 遥感影像分析，城市植被景观格局变化分析主要包括以下 4 个步骤：1）遥感数据预处理，包括辐射校正、几何校正和图像配准等；2）通过人工解译和自动分类的方法对遥感影像进行景观分类；3）利用 Fragstats 软件计算城市植被景观格局指数；4）分析植被景观格局变化特点和趋势。

3.2 支持向量机分类方法（SVM）

支持向量机（Support Vector Machines，SVM）是一种基于统计学习理论的机器学习算法，采用结构风险最小化（Structural Risk Minimization，SRM）准则，在最小化样本误差的同时缩小模型泛化误差的上界，从而提高模型的泛化能力[13]。

根据试验区的地物特性和城市植被景观格局分析的要求，遥感影像被划分为 8 个类别：耕地、林地、草地、公共绿地、附属绿地、建筑用地、水体和裸地，其中植被景观包含了耕地、林地、草地、公共绿地、附属绿地这 5 个类别。

3.3 分类实现与精度评价

本文对实验区选择两组样本：第一组作为支持向量机分类器的训练样本；第二组作为支持向量机分类方法的测试样本。为试验分类方法的适应性，训练样本和测试样本的选择区域没有重叠，相同地物的多个样本也相隔一定距离选取。利用第一组样本在软件 ENVI 4.3 下进行支持向量机分类；利用第二组测试样本建立混淆矩阵，以此来评价分类精度。3 个时像的 CBERS CCD 影像的支持向量机分类方法的分类图见彩图 26，分类精度如表 2 所示。

表 2　SVM 分类方法的总精度和 Kappa 指数

方法	CBERS（CCD）					
	2001		2005		2007	
	Kappa	总精度	Kappa	总精度	Kappa	总精度
SVM	0.900 3	92.284 0%	0.902 3	92.544 0%	0.927 5	94.592 7%

3.4 城市植被景观格局变化

分析不同时期 5 个城市植被景观类型的景观时空变化，进行基于类别尺度的景观格局分析。徐州市城市植被景观类型特征指标的特征值如表 3 所示：

对不同类别的城市植被景观格局变化分析如下：

耕地：2001 年～2007 年，耕地面积从 71.407 8 km² 减少到 51.087 6 km²，而耕地斑块数目从 682 个增加到 996 个，导致斑块密度从 1.080 9 上升到 1.580 3。景观形状指数增大和平均面积分布指数下降，这说明耕地斑块形状越来越不规则，而且空间分布离散度也增大，这些主要是由于人类活动对耕地的改造促使耕地趋于破碎化。从彩图 26 可以看出，耕地主要分布在徐州市的西北和东南区域，2001 年城市周边地区的耕地在 2007 年已经转变为建筑用地。

林地：从 2001 年～2005 年，徐州市林地面积减少，而到 2007 年又有所增加，总体来说林地面积没有大的变化。但林地斑块数目增加很多（从 1 060 个增加到 1 607 个），而且斑块密度，景观形状指数也增长很多。从以上分析可以得出，自然林地面积减少，而零碎的人工林地面积增加。

公共植被：从 2001 年～2005 年，公共植被面积减少 19.082 7 km²，而 2005 年～2007 年却增加 12.989 7 km²，这主要是因为 2005 年以来徐州市对城市建设综合整治的结果，在城市整治中，新植大量公共植被。景观形状指数、斑块数目和密度都增加许多，这说明徐州市重视环保工作地，政府对改进生态环境的力度不断加强。

草地：草地面积在 2001 年～2005 年间增加了 6.270 3 km²，但在 2005 年～2007 年间却减少了 7.915 5 km²。斑块数目、斑块密度、边缘密度和景观形状指数增长许多且平均面积分布指数减少。这暗示着大块面积的草地在减少，零散的草地面积在增加，且由于人类的改造活动造成草地形状的多样性。

附属植被：从 2001 年～2007 年附属植被的面积一直在下降，斑块数目、斑块密度和景观形状指数也减少了很多，由此得出，居民区的植被越来越少且大部分都被建筑用地所取代。

表3　徐州市景观类型特征指标的特征值

景观	年份	耕地	公共植被	草地	林地	附属植被
总面积/km²	2001	71.407 8	72.755 0	22.147 2	22.953 6	0.027 0
	2005	65.718 0	53.672 4	28.417 5	19.573 2	0.007 2
	2007	51.087 6	66.662 1	20.502 0	21.760 2	0.000 9
斑块数目 （NP）	2001	682	2 003	1 514	1 060	27
	2005	671	2 582	1 729	973	8
	2007	996	3 036	3 678	1 607	1
斑块密度 （PD）	2001	1.080 9	3.174 4	2.399 4	1.679 9	0.042 8
	2005	1.063 4	4.092 1	2.740 2	1.542 0	0.012 7
	2007	1.580 3	4.817 1	5.835 7	2.549 8	0.001 6
边缘密度 （ED）	2001	18.254 0	43.855 2	15.499 2	11.518 8	0.054 2
	2005	17.629 3	39.931 7	19.191 6	9.752 9	0.015 2
	2007	17.671 9	47.338 9	27.724 0	12.883 3	0.001 9
景观形状 指数（LSI）	2001	34.042 6	81.054 5	51.920 4	37.856 3	5.181 8
	2005	34.275 4	85.877 3	56.702 2	34.769 5	2.666 7
	2007	42.392 7	92.774 3	86.685 7	42.423 2	1.000 0
最大斑块 指数（LPI）	2001	1.490 5	1.139 8	0.307 1	0.415 1	0.000 3
	2005	1.374 4	0.342 8	0.471 4	0.355 4	0.000 1
	2007	0.500 7	1.237 4	0.054 7	0.432 0	0.000 1
平均斑块 面积分布 （AREA_MN）	2001	10.474 0	3.632 3	1.462 8	2.165 4	0.100 0
	2005	9.794 0	2.078 7	1.643 6	2.011 6	0.090 0
	2007	5.129 2	2.195 7	0.557 4	1.354 1	0.090 0
平均形状 指数分布 （SHAPE_MN）	2001	1.450 1	1.480 0	1.343 0	1.367 2	1.000 0
	2005	1.458 7	1.486 8	1.356 7	1.329 0	1.000 0
	2007	1.411 8	1.428 3	1.330 4	1.260 9	1.000 0

4　基于归一化植被指数（NDVI）的城市植被景观分析

首先，分别计算 2001 年，2005 年，2007 年的 NDVI 值。其次，采用 3 年的 NDVI 数据和近红外波段数据（B4）进行决策树（DT）分类，决策树如图 1 所示，将研究区划分为 3 个类别：水体、建筑用地和植被（参见彩图 27）。B4 用来划分水体和非水体，NDVI 用来区分建筑用地和植被。

在此基础上，分别计算这 3 年中的植被面积和建筑用地面积（表 4），并比较 3 年的植被面积并计算植被景观的变化。

由彩图 27 可以看出，水体在 6 年里变化不大，从表 4 和图 2 可以得出，徐州市植被景观面积从 2001 年到 2007 年一直减少，且 2001 年到 2005 年减少迅速，2005 年到 2007 年减少相对缓慢，而建筑用地却一直保持增长。随着城市的发展，城市的建筑物以及道路的扩建，新城区的建设等，大量植被用地被占用，导致植被景观面积减少。

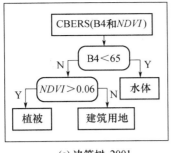 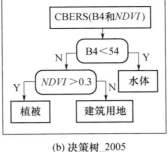 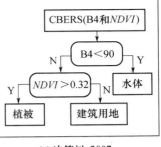

(a) 决策树_2001　　　　　　(b) 决策树_2005　　　　　　(c) 决策树_2007

图1　决策树分类流程图

表4　2001年到2007年的植被和建筑用地变化图

年份	植被面积/km²	建筑用地面积/km²
2001	194.521	113.846
2005	174.761	135.314
2007	166.948	143.743

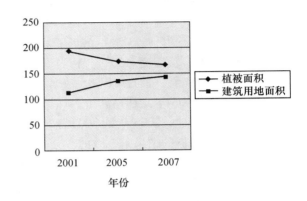

图2　6年中植被和建筑用地变化曲线图

5　基于混合像元分解的植被景观变化

假设像元只由两部分构成：土壤信息 S_s 和植被信息 S_v。通过遥感传感器所测的像元光谱信息 S 只由这两个因子的线性组合，而它们各自的面积在像元中所占的比率即为各因子的权重，其中植被占像元的百分比即为该像元的植被覆盖度。因而可以使用线性模型来估算植被覆盖度[14]。

$$S = S_v + S_s \tag{1}$$

$$S = f_g \cdot S_g + (1 - f_g) \cdot S_o \tag{2}$$

$$f_g = (S - S_o)/(S_g - S_o) \tag{3}$$

式中　f_g——像元中有植被覆盖的面积比例，即该像元的植被覆盖度；

　　　S_g——全由植被所覆盖的纯像元所得的遥感信息；

　　　S_o——全由土壤所覆盖的纯像元所得的遥感信息。

其中 S_g 与 S_o 都是参数，即土壤与植被的纯像元所反映的遥感信息，因此，可以根据公式（3）来利用遥感信息估算植被覆盖度。

根据像元线性分解模型，图像中每个像元的 $NDVI$ 值可以看成是有植被覆盖部分的 $NDVI_v$ 与无植被覆盖部分的 $NDVI_s$ 的加权平均，由公式（2）和公式（3）变换可得利用 $NDVI$ 计算植被覆盖度的公式：

$$NDVI = f_g \cdot NDVI_v + (1 - f_g) \cdot NDVI_s \tag{4}$$

$$f_g = (NDVI - NDVI_s)/(NDVI_v - NDVI_s) \tag{5}$$

其中，$NDVI_s$ 为裸土或无植被覆盖区域的 $NDVI$ 值，即无植被像元的 $NDVI$ 值；而 $NDVI_v$ 则代表完全被植被所覆盖的像元的 $NDVI$ 值，即纯植被像元的 $NDVI$ 值。有植被覆盖部分的 $NDVI$ 的权重即为此像元的植被覆盖度 f_g，无植被覆盖部分的 $NDVI$ 的权重则为 $1 - f_g$。

由于图像中不可避免地存在着噪声的影响，它可能产生过低或过高的 $NDVI$ 值，取给定置信度的置信区间内的最大值与最小值。而置信度的取值主要由图像大小、图像清晰度等依实际情况来决定[15]。一般说来，特征观测值在一维特征空间的分布可以认为满足正态分布，设均值为 μ 标准差为 σ，特征观测值落人 $[\mu-3\sigma, \mu+3\sigma]$、$[\mu-2\sigma, \mu+2\sigma]$、$[\mu-\sigma, \mu+\sigma]$ 范围的概率分别为 99.7%，95.4%，68.3%[15]。本文假设各时相影像 NDVI 数据满足正态分布，置信区间取 $[\mu-3\sigma, \mu+3\sigma]$，所以 $NDVI_s$ 取值为 $\mu-3\sigma$，$NDVI_v$ 取值为 $\mu+3\sigma$。由于 $NDVI_s$ 取为 $\mu-3\sigma$，$NDVI_v$ 取为 $\mu+3\sigma$，所以通过公式（5）计算出 f_g 的值可能会小于 0 和大于 1，在本文中对负值取 0 而大于 1 的值取 1 来处理。

根据基于归一化植被指数（NDVI）估算植被覆盖度的模型，对 2001 年，2005 年和 2007 年的 ND-VI 影像统计出各自的均值和方差，从而确定参数 $NDVI_s$ 和 $NDVI_v$ 的值，利用公式（5）计算出这 3 年的植被覆盖度。

为便于统计分析，同时结合徐州市地物特性，本文把研究区植被盖度分为 3 个等级（如彩图 28 所示），各级指标与含义如下[16]：

高植被覆盖度：覆盖度≥60%，相当于优良耕地和密草地，属优等植被覆盖。

中植被覆盖度：覆盖度 31%~60%，相当于灌木林地、中低产草地和密集公共植被。

低植被覆盖度：覆盖度≤30%，相当于稀疏公共植被，建筑用地，裸地和水体。

从表 5 的统计来看，通过 CBERS 数据计算得到 3 年植被覆盖度的比较，2001 年的植被覆盖度的均值高于 2005 年而 2005 年又都稍高于 2007 年，这充分说明了徐州市在近 6 年植被面积在减小，且 2001 年到 2005 年减少迅速，2005 年到 2007 年减少缓慢。这与本文前面部分——景观格局植被变化分析和 NDVI 植被变化的分析的结果是一致的。

从表 6，图 3 可知，徐州市低植被覆盖度增长很多，从 2001 年研究区面积的 11.35% 增加到 2005 年的 19.27%，而到 2007 年又减少了 2.16%。从彩图 28 可以看出，低植被覆盖度的增加部分基本都在徐州市市区范围及周边地区，这说明在城市发展进程中由于大量建筑用地的增加，导致大量植被（主要为公共植被和附属植被）遭到破坏，植被面积减少，最后表现为市区及周边地区的植被覆盖度下降。中植被覆盖度植被的减少大部分是由于低植被覆盖度的增加而造成的（见图 3）。2001 年到 2005 年中植被覆盖度植被减少了 5.82%，而从 2005 年到 2007 年又增加了 2.94%，这和徐州市从 2005 年开始的城市建设综合整治有关。从表 6 可以看出高覆盖度植被（主要为耕地和密集草地）也有所减少，从 2001 年研究区面积的 27.31% 减少到 2007 年的 24.43%，从彩图 28 可以看到，高覆盖度植被的减少区域主要集中在西部矿区、东部矿区和东南部的大龙口水库周围。随着矿区开采范围的扩大及开采程度的增加，塌陷区范围也逐渐扩大，导致大量耕地丧失，由于新城区的建设，原来东南部大龙口水库周边的耕地已变为建筑物和道路，这两方面原因使得高植被覆盖度植被减少。

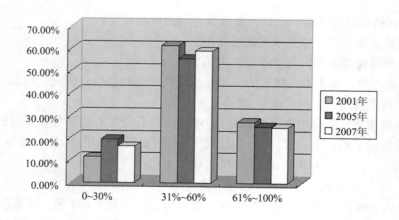

图 3　各年份植被覆盖度所占比例

表 5　2001 年，2005 年和 2007 年植被覆盖度图像统计结果

植被覆盖度	均值	最小值	最大值
2001 年	0.505 746	0.000 000	1.000 000
2005 年	0.464 924	0.000 000	1.000 000
2007 年	0.461 995	0.000 000	1.000 000

表 6　2001 年，2005 年和 2007 年植被覆盖度所占比例

植被覆盖度	2001 年	2005 年	2007 年
高覆盖度植被	27.31%	25.11%	24.43%
中覆盖度植被	61.34%	55.52%	58.46%
低覆盖度植被	11.35%	19.27%	17.11%

6　结论

本文以徐州市为研究区，利用 CBERS – 01 和 CBERS – 02 影像分析了矿业城市植被景观格局变化。通过本文的研究，可以得出以下结论：

1）利用支持向量机的分类方法，从方法的分类结果和精度分析可以看出，支持向量机分类器具有较高的分类精度，CBERS 数据可以用于城市植被景观分类。

2）本文利用 3 种方法来分析徐州市城市植被景观变化，3 种方法得到了近似的结果。从结果可以得出徐州市植被变化体现以下特点：① 2001 年 ~ 2005 年植被面积减少迅速，2005 年 ~ 2007 年植被减少缓慢；② 在城镇建设占用耕地使耕地面积逐年减少，而城市建设中，又加强了绿化植被建设；③ 高植被覆盖度植被逐年减少，中植被覆盖度植被呈增加趋势，低植被覆盖度植被呈减少趋势。

3）由本文分析可以得出以 CBERS 为数据源，利用基于类别尺度、基于 NDVI 值以及基于像元线性分解模型设计的植被景观变化分析是可行的，而且在研究区也得到了较好的应用效果，3 种方法可以互为补充和检验。

研究表明，基于 CBERS 影像进行城市植被景观变化分析是可行的，而且具有广阔的应用前景，这对于推进国产遥感信息源的深入高水平应用具有重要的指导意义。针对本文的研究结论，还有一些问题需要进一步研究，例如：遥感分类和景观分析的精度评价，植被景观格局变化的生态环境响应，以及 CBERS 数据与其他遥感信息如 Landsat TM/ETM + 、ASTER 数据等的结合等，这些将在今后的研究中予以进一步分析。

参 考 文 献

[1]　R 福尔曼，M 戈德伦. 肖笃宁，译. 景观生态学［M］. 北京：科学出版社，1990：7 – 14.

[2]　钱乐祥，陈云增. 福建植被景观空间格局及其环境响应特征［J］. 河南大学学报：自然科学版，2000，30（4）：66 – 71.

[3]　SANTOS J R, MALDONADO F D, GRACA P M L A. New change detection techniqueusing ASTER and CBERS – 2 images to monitor Amazon tropical forest［J］. Geoscience and Remote Sensing Symposium, 2005. IGARSS'05. Proceedings. 2005 IEEE International, 2005, (7)：5026 – 5028.

[4] Wu Bingfang, Xu Wenbo, Zhang Yong, et al. Evaluation of CBERS−2 CCD data for agricultural monitoring [J]. Geoscience and Remote Sensing Symposium, 2004. IGARSS'04. Proceedings. 2004 IEEE International, 2004, (6): 4025−4027.

[5] Zhang Yong, Gu Xingfa, Yu Tao, et al. In-flight method for CBERS-02 IRMSS thermal channel absolute radiometric calibration at Lake Qinghai (China) [J]. Geoscience and Remote Sensing Symposium, 2005. IGARSS'05. Proceedings. 2005 IEEE International. 2005, (3): 2227−2230.

[6] Yang Zhonghua, Chen Lin, Ma Haolu. Application of CBERS Satellite Data forIce Flood Monitoring of The Yellow River [J]. Aerospace China, 2006, 7 (3): 12−14.

[7] Zhou Yi, Wang Shixin, Zhou Weiqi, et al. Applications of CBERS−2 Image Data in Flood Disaster Remote Sensing Monitoring [J]. 2003. IGARSS'03. Proceedings. 2003 IEEE International, 2003, (4): 2553−2555.

[8] 张勇, 余涛, 顾行发, 等. CBERS−02 IRMSS 热红外数据地表温度反演及其在城市热岛效应定量化分析中的应用 [J]. 遥感学报, 2006, 10 (5): 789−797.

[9] 马克明, 祖元刚. 植被格局的分形特征 [J]. 生态学报, 2000, 24 (1): 111−117.

[10] 全斌, 朱鹤健, 孙文君. 基于遥感的厦门市景观生态环境格局定量分析研究 [J]. 集美大学学报: 自然科学版, 2003: 8 (3): 275−279.

[11] 全占军, 程宏, 于云江, 等. 煤矿井田区地表沉陷对植被景观的影响——以山西省晋城市东大煤矿为例 [J]. 植物生态学报, 2006, 30 (3): 414−420.

[12] Wang S Y. Analysis of Landscape Patterns and Driving Factors of Land Use in China [J]. Geoscience and Remote Sensing Symposium, IGARSS 03. Proceedings. 2003 IEEE International, 2003, (5): 3374−3376.

[13] 张学工. 关于统计学习理论与支持向量机 [J]. 自动化学报, 2000, 26 (1): 32−42.

[14] 马志勇, 沈涛, 张军海, 等. 基于植被覆盖度的植被变化分析 [J]. 测绘通报, 2007, (3): 45−48.

[15] 于子凡, 林宗坚. 遥感影像分类的一种二叉决策树自动生成方法 [J]. 测绘信息与工程, 2006, 31 (4): 42−44.

[16] 弋良朋, 尹林克, 王雷涛. 基于 RDVI 的尉犁绿洲植被覆盖动态变化研究 [J]. 干旱区资源与环境, 2004, 1 (6): 66−71.

Analysis to Urban Vegetation Landscape Pattern Change Based on Multi-temporal CBERS Imagery
——Taking Xuzhou City as An Example

Yuan Linshan[1], Du Peijun[1], Zhao Weichang[1,2] Wang Guangyan[1], Wang Li[1]

(1 Institute of Surveying and Spatial Information Engineering, China University of Mining and Technology, Xuzhou 221116)

(2 Geophysical Prospecting &Survey Administration of Hebei Province Coalfield Geology Bureau, Xingtai 054000)

Abstract: The urban vegetation landscape pattern and its dynamic change was analyzed based on multi-temporal CBERS images and Landscape Ecology theories by quantitative analysis to landscape pattern index of Xuzhou city in 2001, 2005 and 2007. Image classification was conducted by Support Vector Machines. Then, thechanges of vegetation landscape were discussed based on NDVI data and linear mixed spectral model as special interests. It proves that CBERS data is suitable for urban vegetation landscape analysis as the effective complementarity of otherinformation sources.

Key words: CBERS Vegetation landscape pattern Change detection Mixed pixel

利用多时相 CBERS－02 CCD 数据检测枯梢或死亡人工刺槐试验研究

刘庆生[1]，刘高焕[1]，姚玲[2]

（1 中国科学院地理科学与资源研究所，北京　100101）

（2 武汉大学，武汉　430072）

摘　要：利用多时相 CBERS－02 CCD 数据信息的方法流程检测死亡或枯梢的人工刺槐林，选择刺槐休眠期、叶芽萌动期、展叶盛期和开花期的四景影像，经辐射校正到大气层顶部反射率，以减少传感器和数据获取方面的影响。选择孤岛林场一块面积约 4.97 km² 的几乎为纯人工刺槐林地作为试验区，分别计算四景影像的比值植被指数（RVI）。综合物候、野外调查数据和四景影像上枯梢、死亡刺槐的时间序列光谱特征，将人工刺槐林地分为健康或轻度枯梢、中度枯梢、重度枯梢、死亡刺槐或灌草地、非植被五类。结果表明，人工刺槐林冠变化与中巴地球资源卫星02星CCD反射光谱数据之间的关系，足以用于人工刺槐林地健康状况详细评估之前的预判和分层取样预设。

关键词：中巴地球资源卫星02星CCD　枯梢　人工刺槐　检测

1　引言

刺槐是一种中等大小尺度的落叶树，具有蓝绿色羽状复叶，窄树冠，近顶部时树冠最大，容易被移植，生长快速，喜光，能适应多种土壤，耐旱、耐盐碱、耐热、抗污染，能固氮，是水土保持的优良树种，因此被广泛种植，遍及整个中国。在黄河三角洲，人工刺槐是主要的造林树种，自20世纪80年代中期开始被广泛种植，到1999年，种植面积已达 120 km²，成为华东平原地区面积最大的人工刺槐林[1]。但在20世纪90年代末期，黄河三角洲某些地区的人工刺槐林发生了枯梢、甚至死亡。其原因可能是刺槐老而枯，可能是由于土地或者其他人类诱导产生的变化（例如，污染、石油开发、林火、采伐）和自然灾害（例如，病虫害、风暴潮）的影响。当地的林业管理者迫切需要现实和准确的信息去监测和评估人工刺槐林地动态变化和健康状况，以便更好地管理和保护这片林地。

对森林健康条件的传统评估方法限于基于地面的目视评估或航空调查和航空目视解译。这种基于地面的评估活动费用高，且随着评估详细程度和精度要求的提高其费用还会上升。虽然这些评估活动给森林管理者提供了有价值的信息，但同时这些信息大都带有主观性，使用起来比较费力，经常不能揭露森林生理的变化，而这些变化恰恰表征了早期森林遭受的压力[2,3]。现在，随着遥感技术的不断进步，可以基于检测叶子细胞质、生物化学成分、叶子生物量和结构去监测森林冠层变化或扰动。这会大大减少总的森林管理费用，因为详细的野外评估可以完全集中于那些被发现变化了的或受扰动的森林区。基于卫星的传感器，如中巴地球资源卫星（China Brazil Earth Resources Satellite，CBERS）和陆地卫星 TM（Landsat Thematic Mapper，TM）能宏观（幅宽 113 km，185 km）和重复（重访周期26天、16天）获取用来区分植被特征的电磁波数据（例如，可见光、近红外、短波红外和热红外波段）。因此，这些传感器有潜力去检测、识别和进行森林健康、森林变化和森林扰动的制图，从森林资源管理者角度来讲，这些是非常重要的。目前，利用 Landsat TM/ETM＋数据监测森林冠层动态和健康主要集

［作者简介］　刘庆生（1971—　），副研究员，1993年毕业于中国地质大学（武汉）矿产系，1996年在中国地质大学（北京）获硕士学位，1999年在中国科学院遥感应用研究所获博士学位，主要从事遥感与GIS在区域资源环境评价中的应用研究工作。E-mail：liuqs@lreis.ac.cn。

中在由林火、病虫害、风倒等引起的林冠变化方面，也有一些涉及干旱等因素引起的林冠变化[4]，所用的方法可分为两类：一类是图像分类[5-9]，另一类是图像运算[10-14]。所有研究都取得了不错的结果。

CBERS 是中国第一颗地球资源卫星，CBERS-02 是它的第二颗后续星，于 2003 年 10 月 21 日从山西省太原发射升空，其 CCD 相机空间分辨率为 19.5 m，包括 4 个可见近红外光谱波段加一个全色波段（B1：0.45 ~ 0.52 μm；B2：0.52 ~ 0.59 μm；B3：0.63 ~ 0.69 μm；B4：0.77 ~ 0.89 μm；B5：0.51 ~ 0.73 μm）。与 TM 数据相比，CBERS CCD 数据有较高的空间分辨率，但时间分辨率相对较低，没有短波红外波段（TM 第 5，7 波段）和热红外波段（TM 第 6 波段），而这些波段对于检测由于冠层动态、扰动和健康状况的变化引起的林冠湿度和温度变化非常有用。尽管有这些不足，但自 2006 年 4 月 1 日起，CBERS-02 CCD 数据在全国免费使用，而且许多研究也表明，只要使用正确合理的方法，如仅使用可见和近红外波段数据，也能检测和进行森林健康和冠层动态变化制图。论文研究的主要目的就是发展一种客观的方法，利用多时相中巴地球资源卫星 02 星 CCD（CBERS-02 CCD）数据，检测死亡或枯梢的人工刺槐林，为森林管理者提供性价比高、简单、可靠的森林健康状况的初步调查，目标是使该方法可在大范围应用。

2 研究区概况

研究区位于山东省东营市现代黄河三角洲。土壤质地是砂泥质，是海、陆、黄河交互作用的产物。该区属于暖温带大陆季风气候，年平均降雨量在 530 ~ 630 mm，其中 70% 的降雨在夏季。年平均蒸发量是 1 900 ~ 2 400 mm，大约是降雨量的 3.6 倍。由于平的地形和成陆时间短，该区土壤盐渍化严重，地表下 1 ~ 2 m 处的地下水矿化度达 > 10 g/l[15]。

人工刺槐在现代黄河三角洲主要被种植于北部黄河故道（沿刁口和神仙沟黄河故道分布）和东部现黄河入海口处（孤岛林场），见图 1 所示。人工刺槐东营市物候期[16]：刺槐于每年 4 月 9 日叶芽才开始萌动，4 月 24 日为展叶盛期，5 月 25 日为开花盛期，10 月 6 日到 11 月 20 日为落叶期。自 20 世纪 90 年代末期以来，在现代黄河三角洲某些地区的人工刺槐林就发生了枯梢、甚至死亡，但对于此并没有完整、详细的记录和研究。为了减轻工作量，作者在孤岛林场选择了一块几乎纯净、相对完整的人工刺槐林作为试验区，面积约 4.97 km²。

图 1　试验区位置示意图

3 数据和方法

3.1 数据的准备

自 1999 年开始，我们每年都对研究区进行野外考察，并分别于 2004 年 10 月和 2006 年 5 月对试验区人工刺槐林冠状况进行了样方调查。在试验区，大部分刺槐林冠都呈现出不同程度的枯梢、甚至死亡。按遥感图像的时间序列，人工刺槐林健康情况应用 RVI 值可被分成健康或轻度枯梢（叶损失 0 ~ 20%）、中度枯梢（叶损失 21% ~ 40%）、重度枯梢（叶损失 41% ~ 100%）、死亡刺槐或灌草地和非植被五类（见图 2（a））。

在考虑当地人工刺槐物候期和 CBERS – 02 CCD 数据获取质量的情况下，四景不同时相 CBERS – 02CCD 数据被选择（2005 年 3 月 18 日（刺槐休眠期）、4 月 13 日（叶芽萌动期）、5 月 9 日（展叶盛期）和 6 月 4 日（开花期））。

3.2 遥感图像预处理

首先，四景图像通过两步被校正到大气顶层反射率以减少传感器校正偏差和数据获取时的误差。第一步，利用公式（1）将图像灰度值转化为辐射亮度[17]，第二步利用公式（2）将辐射亮度转化为大气顶层反射率值。

$$L_\lambda = DN_\lambda / a_\lambda \tag{1}$$

式中　$L_\lambda, DN_\lambda, a_\lambda$ ——分别是辐射亮度、灰度值和增益。

$$\rho_p = \frac{\pi \cdot L_\lambda \cdot d^2}{ESUN_\lambda \cdot \cos\theta_s} \tag{2}$$

式中　ρ_P ——无量纲的大气顶层反射率；

　　　L_λ ——辐射亮度；

　　　d ——日地距离；

　　　$ESUN_\lambda$ ——平均太阳顶层辐照度；

　　　θ_s ——太阳天顶角。

这些参数部分可从中国资源卫星中心网站获得。

然后，将 2005 年 4 月 13 日的影像进行几何纠正，投影设置为：UTM，50N，WGS84。将纠正后的 2005 年 4 月 13 日影像作为参考影像，将其余三景影像进行几何纠正，总的几何纠正误差控制在 0.49 个像素以内。

3.3 植被指数计算

因为比值植被指数（RVI）能够增加植被亮度，减弱地形、坡度对植被的影响，而且 RVI 和植被生物量之间为线性正相关关系，所以 RVI 经常被用来监测森林落叶和林冠健康状况。

刺槐林冠枯梢或死亡造成林冠反射率显著的变化，特别是在可见近红外光谱区域。因而利用 CBERS – 02 CCD 数据可以进行林冠枯梢或死亡状况的识别。死亡或重度枯梢的刺槐生物量显著减少，在一整年中生物量变化不大，但由于林下植被的生长，会增强这种变化。总的来说，健康或轻度枯梢、中度枯梢、重度枯梢或死亡刺槐的 RVI 在刺槐展叶盛期分别应有较高、高和较低的值。RVI 的计算公式为 $RVI0604 = \rho_4 / \rho_3$。$\rho_4$ 和 ρ_3 分别代表 CBERS – 02 CCD 第 4，3 波段的大气顶层反射率，RVI0604 代表 2005 年 6 月 4 日的 RVI 值。

尽管图 2（a）表明时间序列遥感图像中五类典型 RVI 存在差别，特别是 2005 年 5 月 9 日的差别更为明显，但重度枯梢与死亡刺槐或灌草地这两类之间相互重叠，并不能够被区分开来，因此将它们合并为一类，故在人工刺槐林冠健康分类图（见图 2（b））中分为四类。健康或轻度枯梢刺槐的 RVI 时间序列曲线表明处于刺槐叶芽萌动到展叶盛期从 2005 年 4 月 13 日到 5 月 9 日 RVI 快速增加，而相比之下，处于展叶盛期到开花期从 2005 年 5 月 9 日到 6 月 4 日 RVI 增加相对较慢。与健康或轻度枯梢刺槐相比，中度枯梢刺槐的 RVI 时间序列曲线表明同处于刺槐叶芽萌动到展叶盛期从 2005 年 4 月 13 日到 5 月 9 日 RVI 增加相对较慢，同处于展叶盛期到开花期从 2005 年 5 月 9 日到 6 月 4 日 RVI 增加相对较快，可能是由于林下植被的生长。重度枯梢或死亡刺槐的 RVI 时间序列曲线表明处于刺槐叶芽萌动到展叶盛期从 2005 年 4 月 13 日到展叶盛期从 2005 年 4 月 13 日到 5 月 9 日 RV 增加相对较慢，处于展叶盛期到开花期从 2005 年 5 月 9 日到 6 月 4 日 RVI 快速增加，可能是由于林下植被的快速生长。非植被的 RVI 时间序列曲线表明从 2005 年 5 月 9 日到 6 月 4 日 RVI 几乎没有变化，从 2005 年 5 月 9 日到 6 月 4 日 RVI 缓慢增加。由此可见，人工刺槐林冠健康状况分类能够通过 RVI_{0509} / RVI_{0413} 和 RVI_{0604} / RVI_{0509} 制定规则获得。

3.4 刺槐林冠健康状况分类

首先计算 RVI_{0509} / RVI_{0413}（R_1）和 RVI_{0604} / RVI_{0509}（R_2），然后寻找阈值去分类人工刺槐林为非植被（Class 1）、重度枯梢或死亡刺槐或灌草地（Class 2）、中度枯梢刺槐（Class 3）和健康或轻度枯梢刺槐（Class 4）。分类规则和阈值以及每一类的面积见表 1 和图 2（b）。健康或轻度枯梢刺槐的面积仅占整个人工刺槐林的 14.2%，中度枯梢刺槐占 45.8%，重度枯梢或死亡或灌草地占 40.0%。

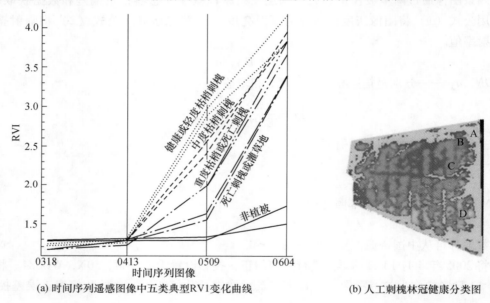

(a) 时间序列遥感图像中五类典型 RVI 变化曲线　　　(b) 人工刺槐林冠健康分类图

图 2　人工刺槐林冠健康分类图

A（暗黄色）—非植被；B（暗紫色）—重度枯梢或死亡刺槐或灌草地；
C（紫色）—中度枯梢刺槐；D（绿色）—健康或轻度枯梢刺槐

表 1　人工刺槐林分类规测和面积统计

	Class 1	Class 2	Class 3	Class 4
分类规则	$R_1 < 1.4$ 且 $R_2 < 1.8$	（$R_1 < 1.6$ 且 $R_2 > 1.8$）或（$1.4 < R_1 < 1.6$ 且 $R_2 < 1.8$）	（$R_1 > 1.6$ 且 $R_2 > 1.5$）或（$1.6 < R_1 < 1.9$ 且 $R_2 < 1.5$）	$R_1 > 1.9$ 且 $R_2 > 1.5$
面积/km²	1.580	1.356	1.551	0.483
占总面积百分比/%	31.8	27.3	31.2	9.7

4 结论与讨论

根据上述孤岛林场一块几乎纯净和相对完整的人工刺槐林的研究结果，现代黄河三角洲人工刺槐林地健康状况相当差，大约85.5%的人工刺槐为中度到重度枯梢，一般地，重度枯梢或死亡刺槐沿林内道路或沟渠分布。目前，迫切需要调查和检测现代黄河三角洲人工刺槐林地健康状况，详细研究其枯梢或死亡发生机理，当然，本论文研究结果可作为深入研究的参考依据。

人工刺槐枯梢或死亡检测方法前景广阔。当合适时相的图像和正确的分类规则被使用后，本论文所述方法可以利用多时相 CBERS – 02 CCD 数据自动检测可能枯梢的人工刺槐。尽管由于野外验证样方有限没有对分类结果进行精度检验，但根据目视解译、时间序列图像的光谱特征和作者多年的野外观察，分类结果精度还是可信的。当然，为了得到更好的分类结果，在更大区域或不同枯梢林地使用本文所给分类规则和阈值时必须经过测试和调整。

在本研究中，人工刺槐林冠健康状况分类误差主要源于没有进行大气校正或绝对辐射校正和少量的野外训练样方。这些方面在将来的研究中将得到考虑。当然，本论文所述方法在大区域的应用精度和适用性还有必要进一步进行检验。总之，本研究结果表明人工刺槐林冠变化与中巴地球资源卫星02星 CCD 反射光谱数据之间的关系，足以用于人工刺槐林地健康状况详细评估之前的预判和分层取样预设。

参 考 文 献

[1] 王树民. 加快黄河三角洲造林绿化步伐 [J]. 国土绿化，2002，3：18.

[2] NICHOLAS C C, CHRISTINE S, DARIUS S C, et al. Assessmentof crown condition in Eucalypt vegetation by remotely sensed optical indices [J]. Journal of Environment Quality, 2004, 33：956 – 964.

[3] Pol R Coppin. The potential contribution of pixel-based canopy change information to stand-based forest management in the northern U. S. [J]. Journal of Environment Management, 1995, 44：69 – 82.

[4] 郭志华，肖文发，将有绪. 遥感在林冠动态监测研究中的应用 [J]. 植物生态学报，2003，27（6）：851 – 858.

[5] 肖胜. 利用 TM 卫星图像进行森林变化的特征提取 [J]. 福建林业科技，1998，25（1）：26 – 30.

[6] RADELOFF, V G, BOYCE M S, MLADENOFF D J. Effects of tnteracting disturbances on landscape patterns：Budworm defoliation and salvage logging [J]. Ecological Applications, 2000, 10：233 – 247.

[7] MUKAI Y, HASEGAWA I. Extraction of damaged areas of Windfall trees by typhoons using Landsata TM data [J]. International Journal of Remote Sensing, 2000, 21（4）：647 – 654.

[8] 马荣华，贾建华，胡孟春，等. 基于 RS 和 GIS 方法的海南植被变化分析 [J]. 北京林业大学学报，2001，23（1）：7 – 10.

[9] Guo H, Lu Y H, Hong L X, et al. Dynamic spatial-temporal changes of forest resources in Xixia County based on RS and GIS [J]. Journal of NanjingForestry University（Natural Sciences Edition），2005, 29（4）：53 – 56.

[10] SPANNER M A, PIERCE L L, PETERSON D L, et al. Remote sensingof temperate coniferous forest leaf area index：the Influence of canopy closure, understory vegetation and background reflectance [J]. International Journal of Remote Sensing, 1990, 11：95 – 111.

[11] BROCKHAUS J A, KHORRAM S, BRUCK R I, et al. A Comparison of Landsat TM and SPOT HRV data for use in the development of forest defoliation models [J]. International Journal of Remote Sensing, 1992, 13：3235 – 3240.

[12] FRANKLIN S E, RASKE A G. Satellite remote sensing of Spruce Budworm forest defoliation in western Newfoundland [J]. Canadian Journal of Remote Sensing, 1994, 20：30 – 48.

[13] COLLINS J B, WOODCOCK C E. An assessment of several linear change detection techniques for mapping forest mortality using multi-temporal Landsat TM data [J]. Remote Sensing of Environment, 1996, 56：65 – 77.

[14] ROYLE D D, LATHROP R H. Monitoring hemlock forest health in New Jersey using Landsat TM data and change de-

tection techniques [J]. Forest Science, 1997, 43: 327-335.

[15] 刘高焕, 汉斯·德罗斯特. 黄河三角洲可持续发展图集. 北京: 测绘出版社, 1997: 23.

[16] 陈坤军. 东营市园林树种物候期观测 [J]. 山东林业科技, 1998, 增刊: 12-14.

[17] CBERS. Absolute radiometric calibration coefficients of China Brazil Earth Resources Satellite-02 CCD data and the primary application, http: //www. cresda. com/cn/News/News. asp? id=174, 2006.

The Experiment Study on Detection of Dead or Dieback of Artificial Robinia Pseudoacacia Forests Using Multi-temporal CBERS-02 CCD Data

Liu Qingsheng[1], Liu Gaohuan[1], Yao Ling[2]

(1 Institute of Geographic Sciences and Natural Resources Research, CAS, Beijing   100101)

(2 Wuhan University, Wuhan   430072)

Abstract: This experiment study was to develo Pan objective methodology for detection of dead or dieback of artificial Robinia pseudoacacia forests using multi-temporal CBERS-02 CCD data that would provide a cost-effective and simple and reliable first-level indication of forest health for forest managers. On the basis of phonological calendarof artificial Robinia pseudoacacia in the local region, imagery from four different dates were calibrated to exoatmospheric reflectance to minimize sensor calibration offsets and standardize data acquisition aspects. A nearly pure artificial Robinia pseudoacacia forest land was selected as the experimental area, with area of about 4. 97 km^2. Ratio Vegetation Index (RVI) was calculated for four images. Integrated phonological calendars and field observation data with RVI of four temporal images, artificial Robinia pseudoacacia forests were classified into healthy or slight dieback, Moderate dieback, dead or severe dieback or shrub and grass lands, non-vegetation land. The results show that the relationshi Pbetween reflective CBERS-02 data and forest canopy change is explicit enough to be of operational use in a forest health stratification phase prior to a more detailed assessment.

Key words: CBERS-02 CCD   Dieback   Artificial Robinia pseudoacacia forest   Detection

基于 CBERS-02B/CCD 的青藏高原雪被覆盖监测研究

张圣微[1,2]，雷玉平[1]，李红军[1]，唐天均[1,2]

（1 中国科学院遗传与发育学研究所农业资源中心，石家庄　050021）

（2 中国科学院研究生院，北京　100049）

摘　要：应用 CBERS-02B 数据对青藏高原地区雪被覆盖情况进行研究，探讨 CBERS-02B 数据在冰川雪被判别及其检测研究中的适用性。结果表明 CBERS-02B 数据适宜冰川雪被信息的提取，并且可以通过不同时期的数据进行冰川雪被的动态监测研究。

关键词：CBERS-02B　青藏高原　冰川雪被　动态监测

1　前言

青藏高原地区是全球海拔最高的一个巨型构造地貌单元，具有独特的自然环境和空间分布规律，受大气环流和高原地势影响，形成了独特的水热状况地域组合，其气候变化与全球环境变化密切相关[1]，被认为是"全球气候变化的驱动机与放大器"[2]，是全球对气候变化最为敏感的地区之一[3]。很多研究都表明，近几十年来，青藏高原地区气温变化呈现上升趋势[4,5]，且明显高于全国和全球的增长率[6]。气温的上升加速了冰川的消退速度，据青藏高原生态地质环境遥感调查与监测项目，30 年来青藏高原冰川雪被总体呈明显减少趋势，预计到 2050 年冰川面积将减少到现有面积的 72%，到 2090 年将减少到现有面积的 50%[7]。而青藏高原地区的冰川雪被是我国长江、黄河和澜沧江的源头，其变化势必会影响到各大河流及其支流的水文过程，进而对水资源的时空分布产生影响，因此有必要对冰川雪被尤其是季节性雪被进行动态监测。但是传统的基于气象站的雪被观测只能观察其周围很小区域的雪被变化情况，对于那些海拔很高不宜到达的地区根本无法观测，也就无法对雪被的空间分布及其变化情况进行监测。随着遥感技术的快速发展，很多研究人员将遥感应用到雪被的监测工作中，并取得了一定的成果[8]。但是，目前广泛应用的卫星数据还都是国外的政府或公司所有，不但费用昂贵，而且还受到很多限制。CBERS-02B 于 2007 年 9 月成功发射，为我国遥感事业的发展提供了新的契机，进一步提高了我国国产民用遥感数据的空间分辨率和数据质量，对推动我国遥感事业发展有重要意义。

本文利用 CBERS-02B 数据对青藏高原的拉斯地区季节性雪被进行了观测，提取雪被面积和分布范围并利用不同时期的数据对雪被变化进行了动态监测，结果表明 CBERS-02B 数据对雪被的识别精度很高，同时也能满足动态监测工作的需要。

2　研究区域概况

拉萨市位于西藏自治区东南部，雅鲁藏布江支流拉萨河北岸，地理坐标为东经 91°06′，北纬 29°36′。东邻林芝地区，西连日喀则地区，北接那曲地区，南与山南地区交界。总面积 31 662 km²。拉萨市区地处海拔 3 650 m 的河谷冲积平原，是世界上海拔最高的城市之一。地势由东向西倾斜，

[作者简介]　张圣微，中国科学院遗传与发育生物学研究所农业资源研究中心博士研究生，主要从事遥感及 GIS 在水文水资源中应用研究。

气候属高原温带半干旱季风气候区，年日照时数 3 000 h 以上，故有"日光城"的美称。年降水量为 200~510 mm，集中在 6~9 月份，多夜雨。最高气温 28 ℃，最低气温零下 14 ℃。空气稀薄，气温低，日温差大，冬春干燥，多大风。年无霜期 100~120 天。图 1 为研究区域 DEM 及 CBERS – 02B 卫星的 432 波段彩色合成图像。

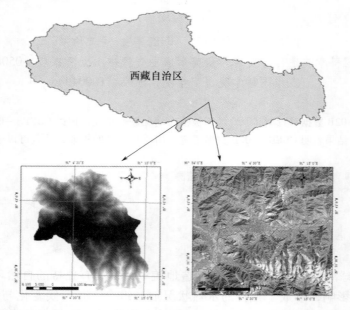

图 1   研究区域 DEM 及 CBERS – 02B 卫星的 432 波段彩色合成图像

3   主要研究内容

3.1   研究方法

研究中所用数据从中国资源卫星应用中心下载，经过几何校正后利用堆栈技术将各个波段数据合成为一个多通道的图像文件，并利用拉萨数字地图将研究区域裁剪出来。经以上处理的图像文件作为分类的输入数据，在 ENVI™ 中利用目视解译和监督分类技术对冰雪进行分类，并结合 DEM 和坡度坡相对分类结果进行修正。最后在 ArcGIS™ 中对不同时相的分类结果进行分析，提取面积和变化检测。

雪被信息的提取如图 2 和表 1 所示，2008 年 2 月 5 日（图 2 左）雪被主要分布在南部山区海拔 4 800 m 以上地区，面积为 4 138 km²，占该地区总面积的 9.085%。与该地区的坡向图对照可知其主要分布坡向为东和东北。2008 年 3 月 2 日雪被在南部和北部山区都有较大范围分布，且雪线已延伸到

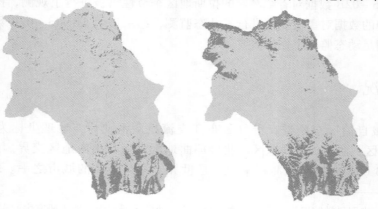

图 2   CBERS – 02B 提取 2008 年 2 月 5 日（左）和 3 月 2 日（右）雪被覆盖图

4 400 m，总面积为 8 959 km²，占总面积的 19.67%。且几乎所有坡向都有积雪分布。

表 1　雪被面积提取情况

日期	冰雪单元格个数	面积/km²	所占比例
2008 年 2 月 5 日	11 076	4 138	9.085%
2008 年 3 月 2 日	23 981	8 959	19.67%

3.2　雪被变动监测

通过拉萨地区雪被信息的提取结果我们可以看出，3 月初比 2 月初的雪被面积和分布范围有了较大幅度的增加，增加近 10%。由此可以判断 2 月到 3 月该地区有较大范围的降水产生，通过与拉萨气象站了解情况得知，2008 年 2 月至 3 月拉萨市平均气温基本正常，但波动大，降雪过程较为频繁，其中 2008 年 2 月墨竹工卡和拉萨市区降水量为 6～8 mm，较常年同期偏多 1.5～5 倍，与拉萨气象站检测结果一致[9]。

4　结论与评价

通过利用 CBERS－02B 两期图像数据对拉萨地区进行雪被提取和动态监测的结果，可以得出以下结论：

1）CBERS－02B 数据对雪被识别效果较好，且其空间分辨率较高，能够满足中尺度雪被监测需要。

2）CBERS－02B 数据的 CCD 扫描系统的回归周期较适合进行动态监测，但是云对数据影响较大。

3）在使用 CBERS－02B 数据过程中发现个别数据有条带现象，如本次应用的 2008 年 2 月 5 日数据的第一波段，条带现在比较严重。

5　致谢

本研究中所用 CBERS 卫星遥感影像由中国资源卫星应用中心提供。

参 考 文 献

［1］　郑度. 青藏高原自然地域系统研究［J］. 中国科学：D 辑，1999，26（4）：336－341.

［2］　潘保田，李吉均. 青藏高原——全球气候变化的驱动机与放大器［J］. 兰州大学学报：自然科学版，1996，32（1）：108－115.

［3］　Tang Maocang，Cheng Guodong，Lin Zhenyao. Contemporary Climatic Variations over Qinghai-Xizang Plateau and Their Influence on Enviroments［J］. Guangdong Science & Technology Press，1998：121－139.

［4］　Wei Zhigang，Huang Ronghui，Dong Wenjie. Interannual and interdecadal variations of air temperature and precipitation over the Tibetan Plateau［J］. Chinese Journal of Atmospheric Sciences，2003，27（2）：157－170.

［5］　Wang Yan，Li Xiong，Miao Qiling. Analyse on varity characteristics of temperature in Qinghai-Tibet Plateau in recent 50 years［J］. Arid Land Geography，2004，27（1）：41－46.

［6］　杜军. 西藏高原近 40 年的气温变化［J］. 地理学报 2001，56（6）：682－690.

［7］　中国地质调查局，2006，http：//old. cgs. gov. cn/NEWS/Geology%20News/2006/20061230/20061230001. htm.

［8］　Pu Z，Xu L，Salomonson V V. MODIS/Terra observed seasonal variations of snow cover over the Tibetan Plateau，Geophys. Res. Lett.，2007，34，L06706，doi：10. 1029/2007GL029262.

［9］ 拉萨气象站网站，2008，http：//www. weatherinfo. com. cn/abc/product/qhyc. htm.

Snow Cover Monitoring in Tibet Plateau Region Based on CBERS－02B Data

Zhang Shengwei[1,2], Lei Yuping[1], Li Hongjun[1], Tang Tianjun[1,2]

(1 Center for Agricultural Resources Research, Institute of Genetic and Developmental Biology, CAS, Shijiazhuang 050021)

(2 Graduate University of the Chinese Academy of Sciences, Beijing 100049)

Abstract：The CBERS－02B data was used to monitor the snow cover in Tibet plateauin this study. The applicability of CBERS－02B data was evaluated through this effort. The result show that the CBERS－02B data was comfortably in snow cover information extracting, also the snow cover dynamic monitor between different periods.

Key words：CBERS－02B Tibet plateau Snow cover Dynamic monitoring

基于 CBERS－02 的内蒙古东部地区
遥感地质解译与成矿因素分析

王丽娟，杨锋杰，崔圆圆，杨树杰

（山东科技大学地质学院，青岛　266510）

摘　要：通过对 CBERS－02 的 CCD 数据进行几何精校正、最优波段选取、对比度增强、空间增强、彩色合成等系列处理，提取研究区的岩性、线性构造、环状构造的相关信息，根据影像解译将研究区的断裂划分为北东向、北北东向和北西向（北北西）三组断裂，解译了 8 个环状构造，同时利用已知矿区的位置对研究区的成矿因素进行分析，认为华力西晚期的弱酸－酸性侵入体和北东向断裂是研究区主要的控矿因素，在此基础上，提出了乌兰拉布台、白辛哈达、西五棵树三个成矿远景区，从而证实了 CBERS－02 的 CCD 数据在遥感地质解译方面有很好的效果。

关键词：中巴地球资源卫星　线性构造　环形构造　华力西晚期

1　引言

　　遥感探测所获取的大尺度图像，具有丰富的地质构造信息。通过地质解译，可发现大量的线性构造和环形构造。遥感图像上所反映的线性构造，在数量上可超过常规研究成果的数倍，它是岩金矿化作用的重要条件。与线性构造有类似级别和密度的热环形构造，多与大型线性构造带相伴生，是构造地质热事件的记录，对分析岩金矿的形成背景与空间分布规律有突出效果。因此，遥感构造解译在金属矿产地质勘察和研究工作中，已成为极重要的技术手段。中巴地球资源卫星 02B（CBERS－02B）星自 2007 年 9 月成功发射升空，经在轨测试于 2008 年 1 月正式交付中国资源卫星应用中心，截止目前，已将 CBERS 数据产品广泛应用于国民经济各个领域。本文试图从遥感地质的理论出发，选取 CBERS－02 的 CCD 数据，通过对卫星影像的精校正、最优波段选取、反差拉伸、边缘增强、彩色合成等处理，对内蒙古小白音胡少地区内的岩性、环形和线性构造进行初步解译，进而分析成矿因素，对金属矿的远景预测提出建议。实现此研究主要的软件平台是 ERDAS IMAGINE 9.1，ENVI 4.2。

2　区域地质概况

　　内蒙古小白音胡少地区位于大兴安岭中南段的南东麓，科尔沁草原东北端与松嫩平原西北端交错地带，属低山丘陵区。区内发育多处金、铜、铁矿化点，有较丰富的矿产资源。

　　本区大地构造分区属于天山—内蒙古中部—兴安地槽褶皱区（I），内蒙古中部地槽褶皱系（II），西乌珠穆沁旗华力西地槽褶皱带（II₁），又属于大兴安岭中生代火山岩区。

　　研究区内出露的地层包括了上石炭统—下二叠统沉积岩和火山岩；中生界侏罗系、白垩系沉积岩、火山岩及火山沉积岩；新生界半胶结岩石和松散沉积物。

　　研究区的侵入岩发育，岩性从超基性到酸性均有出露，占本区面积三分之一。主要有华力西晚期第二次侵入体、燕山早期第二次和晚期侵入体。华力西晚期第二次侵入体主要由弱酸到酸性的斜长花岗岩、斑状黑云母花岗岩组成，呈岩株状、岩基状产出，北东向延伸；燕山早期第二、三次侵入体主

───────────────

［作者简介］　　王丽娟（1984—　），2006 年毕业于山东科技大学地球科学与工程学院，现就读于山东科技大学（青岛）研究生院，攻读矿产普查与勘探硕士学位，主要研究方向是矿产勘察与评价。E-mail：goudan06@163.com。

要由中细粒闪长岩、白岗花岗岩组成，呈岩脉状、岩株状产出，北东向延伸；燕山晚期侵入体由花岗正长岩、文象花岗岩组成，呈岩株状产出。这些不同期次不同旋回的的侵入岩在遥感影像上有不同的影像特征，可以通过色调、轮廓与围岩的界线以及岩体的展布方向在遥感图像上勾画出来。

区内断裂主要为北东向、北北东向压扭性冲断层、张扭性断层，同时也发育北西向或北北西向张扭性断层扭断层。北东向断层主要有两家子断层、伊力特—傲包吐冲断层、万宝—查干居鲁河冲断层、巴音胡少—哈拉哈达填充断层等，走向20°～45°，断裂破碎带具有不同程度的矽卡岩化、硅化，为区内主要控矿构造。北西或北北西向断裂主要有三间房—新生扭断层，这些断层一般都与北东向挤压带相伴生。区内最大的环形构造主要发育在哈拉哈达—哈拉街吐—哈尔朝楚地带。上述构造在遥感影像上均能清晰的反映出来。

3 遥感数字图像处理技术

3.1 数据源

本文所使用的数据源是中巴地球资源卫星02B（CBERS－02B）的CCD数据，成像时间是2008－03－03，轨道号为371－47，共包括五个波段数据：B1（0.45～0.52 μm），B2（0.52～0.59 μm），B3（0.63～0.69 μm），B4（0.77～0.89 μm），B5（0.51～0.73 μm）。其空间分辨率为19.5 m，与Landsat TM数据相比，具有空间分辨率较高优势，且该数据波段的设置基本上能满足遥感地质解译和线性信息提取的要求，所获得的遥感图像云量少，成像时间好，不同地物的层次感较强，纹理细节清晰，故适用于从事大中比例尺的遥感地质解译。

3.2 最优波段选择

多波段假彩色合成图像是地质解译工作和做其他功能图像处理的基础图像。这种图像色彩鲜艳，影像清晰，立体感强，岩性和构造解译效果均好。波段选择要遵循信息总量大、相关性要弱、目标地物与其他地物具有很好的可分性。依据以上原则，对CBERS－02B的CCD数据的1，2，3，4，5波段进行统计分析，综合考虑均值、方差、相关系数、目标地物的光谱特性以及目视效果，最终选择4（R）、3（G）、1（B）波段组合作为遥感地质解译的最优彩色合成波段。其合成后的图像纹理清晰、颜色协调、对比度好，能够满足地质目视解译的要求（见图1（a））。因为影像为反立体，山体等正地形在影像上呈凹陷状态，而河流等负地形在影像上呈隆起状，所以解译时将影像反转180°（图1（b））。

 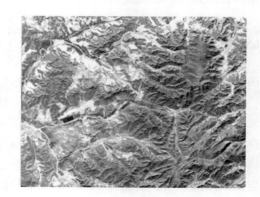

（a）CCD431波段假彩色合成效果图　　　　　（b）图1（a）反转180°后的效果图

图1

3.3 几何精校正

本文使用的资源数据是二级产品，已经经过了辐射校正和系统几何校正处理，所以需要将合成的图像进行几何精校正，本文是进行了 1:200 000 地形图和和遥感影像的校正，在几何校正中采用多选均匀分布的 30 个以上的控制点，确定这些点在 1:200 000 地形图上的地理坐标和图像上的像元坐标，在最小二乘法的准则下建立图像坐标与地理坐标之间的三阶多项式，把图像坐标变换为地理坐标，实现几何校正。同时选择双线性内插法作为图像重采样及内插的函数模型，对选取的控制点进行误差分析，经过删除误差较大的控制点，总体的均方根误差为 0.989 936，该值符合精度要求。

3.4　对比度增强

由于遥感传感器需要尽量满足不同地物的照射条件，因此大部分图像的灰度值只占灰度值范围的很小一部分。若以图像原始数值显示，则灰度值范围很小，不同地物的反差度小，掩盖了它们的细微差别。对比度增强方法就是要扩展灰度值范围，其方法有多种，主要有两类：线性拉伸与直方图均衡拉伸。本研究所采取的是线性拉伸法，其主要是将原始图像灰度值范围均匀拉伸到显示器容许范围中，以更好地突出图像上的构造信息。图 2（a）、图 2（b）分别是未作拉伸处理的和作过线性拉伸处理的效果对比图。

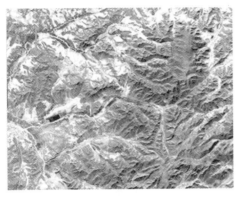
（a）线性拉伸前

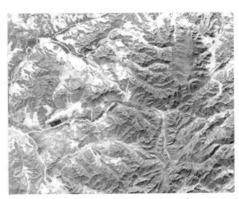
（b）线性拉伸后

图 2

3.5　边缘增强

线性构造信息和环形构造信息在遥感图像中往往体现为影像单元的边缘，因此从遥感图像中提取线性构造、环形构造信息时，需要考虑图像边缘信息，常用而且有效的边缘增强算法主要有罗伯特梯度算子、索贝尔梯度算子、拉普拉斯算子等。在这里我们采用空间滤波中的卷积运算对第三波段中北西向和北东向线性构造行迹进行定向增强，采用拉普拉斯算法对环状构造进行边缘增强，两种信息的边缘增强效果图如图 3，图 4。

图 3　北东向滤波效果图

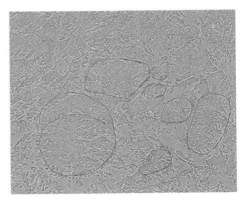
图 4　拉普拉斯边缘增强效果图

4 地质构造解译

遥感图像的地质解译过程，可以说是遥感成像过程的逆过程，即在成矿理论的指导下，根据遥感影像特征（色调、阴影、大小、形状、纹理、图案、位置、组合等），结合已有的地质资料，识别与成矿、控矿有关的地层、岩性、线环型构造、构造交叉部位等地质信息。现将本区岩性信息、线性构造和环形构造的解译概述如下。

4.1 岩性信息

研究区内的地层由于岩性特征，植被、地貌形态不同，在遥感图像中，具有完全不同的色彩和影纹，可以勾画出来，如图5。各个地层岩性如下：下二叠统——上石炭统新生组（$C_3 - P_1$）x 主要出露在研究区北西部，主要岩性为千枚岩与强片理化流纹岩互层。二叠系下统新林组（P_1x）主要出露在研究区中部，主要岩性为千枚状板岩、片理化粉砂岩、长石质硬砂岩夹流纹斑岩质凝灰岩、凝灰粉砂岩。二叠系下统高家窝棚组（P_1g）零星出露在研究区内，主要岩性为蚀变安山玢岩及其凝灰熔岩、凝灰岩、安山玢岩质凝灰岩夹粉砂岩、大理岩透镜体。二叠系下统神山组（P_1sh）出露在研究区北东角及矿区的南部，主要岩性为泥质灰岩大理岩及粉砂岩、黏土岩夹蚀变安山玢岩。侏罗统上大磨拐河含煤组（J_3d）主要出露在研究区西北部，主要岩性为砂岩、砂砾岩，中酸性凝灰岩、凝灰岩夹粉砂岩、黏土岩夹煤层，该层与新生组（$C_3 - P_1$）x 地层呈不整合接触。白垩系下统龙江组〔K_1l〕零星出露在神山组（P_1sh）地层分布区，与神山组（P_1sh）地层呈不整合接触，主要岩性为安山玢岩及其凝灰岩、凝灰熔岩夹流纹岩。第四系全新统（Q_4^{al}）岩性主要为冲积砾石层及粉砂黏土层。

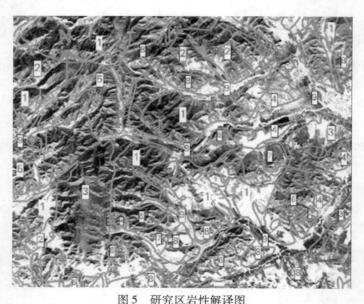

图 5 研究区岩性解译图

1—花岗岩岩组；2—新生组（$C_3 - P_1$）x；3—白岗质花岗岩岩组；
4—白岗花岗岩、花岗斑岩；5—新林组（P_1x）；6—高家窝棚组（P_1g）；
7—神山组（P_1sh）；8—大磨拐河含煤组（J_3d）；9—全新统（Q_4^{al}）

4.2 线性构造解译

4.2.1 线性构造解译标志

这里所指的线性构造主要为断裂构造。断裂构造的线性影像具有平直或微弯的直线状形态特征。这种形态特征多半通过图像上的色调深浅，地貌形态，影纹图案表现出来，本区线性构造的解译标志有：

1）色调标志，沿线性构造走向出现明显的与背景色调又显著差异的色调异常线、色调异常带以及色调异常分界面，充分利用多波段的图像对比分析；

2）断层破碎带沿一个方向时隐时现，断断续续地出现，如巴音胡少—哈拉哈吐断层，断层呈北东向延伸，在遥感影上可以看到其是一条北东向断续延伸的暗色条带。

3）呈线性延伸的负地形。如三间房—新生张扭断层，北西向，基本沿河流延伸。

4）岩浆活动标志，呈线状展布的矿化带、蚀变带是基底断裂和隐伏断裂的重要标志，如：哈尔朝楚断层。在其断裂的东盘，有矽卡岩化带，硅化带。

5）水系呈直线状和折线状或呈角状拐弯。如道英乌拉断层。

6）岩性地层标志，岩性、地层影像标志被切割和错开，地层重复或缺失，如：伊力特—傲包吐冲断层，在4，3，1假彩色影像上，断层两侧岩性不同，色调也不同，西侧为花岗闪长岩，色调呈较偏亮的褐色，而断层东侧为二叠的蚀变安山玢岩，色调总体上也呈褐色，但是明显的比西侧的色调暗。

4.2.2 线性构造解译

根据上述解译标志，在研究区上共解译出20条断裂，总体可划分为北东向、北北东向和北西向三大组。如图6。

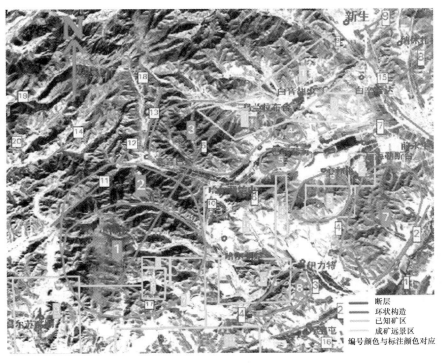

图6　研究区构造解译与已知矿区分布图

红色—断层；紫色—环状构造；绿色—已知矿区；蓝色—成矿远景区

1）北东向：主要出现于花岗岩体之间，属基底断裂，其深度较大，成生时期大约在中生代中晚期的三叠纪晚期至侏罗纪中晚期，构造走向以北东向为主，褶皱和断裂均较发育，控制了上三叠统至下中侏罗统的沉积和燕山早期花岗岩的分布。该组断层断裂破碎带具有不同程度的矽卡岩化、硅化，为区内主要控矿构造。几条主要的断层如下：

① 两家子断层：遥感影像上的断层1，该断层呈北东40°走向，断续出露，长50 km左右。其旁侧小型旋卷构造发育。

② 伊力特—傲包吐冲断层：遥感影像上的断层4，该断层面南东倾，倾角较陡。断裂带北东向延伸，长大于22 km，沿断裂破碎带有花岗闪长岩或花岗岩侵入，形成具工业意义的矽卡岩铁矿床。此断层与万宝—查干居鲁断层3形成断层面大致平行的瓦叠式构造。

③ 巴音胡少—哈拉哈达填充断层：遥感影像上的断层5，断裂沿北东45°方向延伸，该处新林组地

层缺失，为花岗岩所填充。其南端为北西向张扭断层错开。北段于新生附近遇三间房—新生张扭断层将其明显的错开，而向北东方向斜切高家窝棚组地层和花岗岩沿其填充。

2）北北东：主要出现于花岗正长岩岩体之间，是受基底断裂的控制，在燕山晚期侵入体的影响下，形成的压扭性断层，成生时期大约在中生代中晚期的晚侏罗世至早第三纪初期，构造走向以北北东为主，主要为断裂构造，控制了晚侏罗世至白垩纪—早第三纪断陷盆地的形成及其分布和燕山晚期花岗岩带。该组断层延伸方向大约在北东20°左右，为断续平行成组出现，断层延伸规模一般不大，多在 3 km 左右。在该研究区的该组断裂暂时还没有地质记载，均为遥感图像解译出来。

3）北西向或北北西向：该组断裂主要是与北东向挤压带相伴生的张扭断层，走向 NW20°～45°在区内较为发育，规模一般不小于 22 km，反映了该地区的挤压强烈。该组断裂中比较大的断裂是三间房—新生张扭断层15，断裂线北侧有新林组（P_1x）地层，而南侧全被断掉，只见新生组（$C_3 - P_1x$）地层，且较北侧新生组地层出露的宽，据此推测，其断裂南侧相对上升，北侧相对下降，由于受北北东向挤压带的影响，向东南伸向上兴安岭火山岩组（J_3s）地层，形成北西南东向的斜穿全图幅的最长的断层，除此断层有地质资料记录外，其余均为遥感解译。

综上所述，根据解译结果，这三组断裂的活动顺序，最老是北东向，其次是北北东向，而北西向或北北西向则是与北东、北北东向相伴生的，表现为多期次断裂。

4.3 环形构造解译

环形构造又称为环形体，是遥感图像上以结构或色调形式显示出的环形影像，它是实心的圆形、空心的环形、准圆形、准环形或未封闭的弧形影像的总称。地球上约 3/4 的金属矿床产于环形构造，据不完全统计，我国已发现的斑岩型铜矿约有 80% 位于不同规模的影像环形体的边缘部位。本研究区环形构造特别发育，其与成矿关系也相当密切，因此，也是遥感找矿的重要指示信息之一。

4.3.1 环形构造影像特征

经过拉普拉斯算法对环形构造进行增强，从遥感影像上，可以清晰地辨别出环形构造，本研究区环形构造的特点主要表现在：

1）通常在遥感图像上呈圆形、椭圆形、弧形、半圆环形等多种不同形态，其直径约为 0. 5～20 km 大小不等，解译图上只列出了几个规模较大、地质特征较明显的环状构造。

2）从环形构造的影像特点来看，其主要通过微地貌和影响色调异常表现出来，在 CBERS－02 的 CCD4，3，1 假彩色合成图像上一般呈正地形、褐色—深褐色调；

3）通过对比环形构造与已知矿床（点）的产出位置来看，大多环形构造与已知的矿床（点）空间关系密切，许多矿床（点）均产出在环形构造里面或其周边部位，尤其是分布在环形构造与线性构造的交汇部位以及两个或两个以上环形构造的重叠、相交部位。

环形构造成因比较复杂，结合本研究区的地质特征、成矿背景、岩浆岩特征以及环形构造的影像特点，一般认为该区环形构造具有以下几种形成可能：由隐伏岩体作用产生；由岩体周围的热液蚀变作用产生；火山活动所形成；岩浆活动的结果；穹状隆起构造。

4.3.2 环形构造解译

研究区环形构造较发育，经外业工作发现，该区岩浆活动频繁，有多期次的岩浆侵入，因此，环形构造主要系岩浆活动的结果，其中也有少量的地貌环。环形构造与成矿关系密切，其常常是成矿有利部位的直接指示信息及标志。一方面，环形构造直接表明了岩浆的侵入活动；另一方面，环形构造也间接表明了有利的构造环境（如断裂），有利于岩浆的侵入。因此，也会有利于成矿元素的富集。岩浆活动常表现为高温、高压环境，因而其影响范围远远大于岩体本身大小，常常会形成由于岩体侵入影响所形成的"晕圈"，从宏观上有利于遥感的识别，尤其是对于那些利用常规的地质方法难于识别或已被剥蚀的岩体，遥感方法的效果就显得更为明显。

1）本区内最大的环形构造发育在哈拉哈达—哈拉街吐—哈尔朝楚地带，如图6所示的环形构造1与2，为两个大小相近的套环，小环形状为较规则的圆形，直径约15 km，大环呈椭圆形，长轴近南北向，约20 km，约15 km，两环边界都比较清晰，环内色调和影纹结构均一，在影像上呈暗褐色，与背景地物（灰色）存在明显的差异；其中有巴音胡少—哈拉哈达填充断层贯穿其中，环形边部的断裂则较发育，其两侧的水系呈弧形环绕。

2）以乌兰拉布台为中心发育一环形构造，如影像上的3，形状不规则，长轴为北东方向，大约7～8 km，边界较清晰，环内岩体为黑云母花岗岩、白岗质花岗岩，环的中心颜色呈深褐色，边缘部位呈浅褐色。巴音胡少—哈拉哈达填充断层（断层5）也贯穿其中，其边远部位发育有北东向断裂。

3）巴音胡少南部则发育有两个比较小的环形构造，如图6环形构造4与5所示，形状都呈椭圆形，长轴分别为北东向和北西向，大约2 km左右，边界不是很清晰，环内岩体为白岗质花岗岩岩组，颜色仍然是中心较深，边缘较浅。环的边缘有后海勒斯台断层，其延伸方向与北西向三间房—新生张扭断层相交。河流绕环形构造而呈弧形。

4）心合屯发育环形构造6，椭圆状，长轴北东方向，大约5 km，短轴大约2 km，环内岩性为蚀变安山玢岩，此环形构造是由于穹状隆起构造形成，与边缘界线不清晰，环的南侧有矽卡岩化带，东侧有伊力特—傲包吐冲断层将其与环状构造7相隔。河流沿环的东西两侧到东北方向后会聚呈一条沿此方向延伸。环形构造7位于后海勒斯台的东南侧，长轴北东方向，约12 km，短轴大约4 km，岩体为花岗岩，其东侧和西侧各有一条断层沿其环状分布，亦有河流环绕。

5）环状构造8位于万宝屯，不规则椭圆状，长轴北东方向，约6 km左右，西北和东南方向各有一条断层，河流环绕。

5 成矿因素分析及远景区预测

5.1 成矿因素分析

在遥感影像解译出的线性构造和环形构造，将已知矿区叠合到遥感影像上，如图6。各已知矿点如下。

白音胡少金铜矿化点1在大面积的花岗岩出露区见有闪长岩侵入，在花岗岩西北向裂隙中，则有长1.2 m，宽0.1 m磁铁矿脉。该矿区附近有环形构造3和三间房—新生张扭断层，矿区周围有硅化现象。海勒斯台铜矿2在华力西晚期的白岗花岗岩中呈捕房体产出下二叠统安山玢岩，铁铜矿化产于近东西向角砾岩化裂隙中，近矿围岩有绿泥石化、绢云母化及石英化，该矿区附近有环形构造6，7和伊力特—傲包吐冲断层。巴尔嘎斯台铜矿3下二叠统安山玢岩，铁铜矿化产于近东西向角砾岩化裂隙中，近矿围岩有矽卡岩化。附近有环形构造3和伊力特—傲包吐冲断层。伊力特铜矿4、神山铁矿5和东五棵树铜铁矿6矿区地层有下二叠统高家窝棚组、神山组，神山组大理岩系矿体围岩。矿区内有多次花岗岩侵入，其中华力西期花岗闪长岩体侵入神山组大理岩，在接触带及内、外带均形成有矽卡岩体，并伴有硅化、绿泥石化现象。三个矿体都受伊力特—傲包吐冲断层控制。其中神山铁矿位于环形构造8的西北侧。哈拉街吐铜多金属7、西五棵树铜矿8、哈拉改吐铅锌矿9和德收屯铜铁矿10矿区地层有下二叠统高家窝棚组、神山组。矿区内华力西期花岗质花岗岩体侵入高家窝棚组安山玢岩，在接触外带形成矽卡岩化，4个矿体都受环状构造1、2和白音胡少—哈拉哈达断层影响。

由上述对已知矿点和遥感解译线性、环形构造的综合分析的基础上，可以得出以下结论：

1）研究区内岩性活动频繁，多期次多旋回侵入喷发，岩性从超基性到酸性均有出露，在区内分布广泛，其中华力西晚期侵入的弱酸性—酸性的闪长岩、花岗闪长岩体、白岗质花岗岩是形成矽卡岩化的主要侵入体。

2）由于华力西晚期、燕山期岩体的侵入，而使区内的岩层呈北东或北北东分布，进而形成的北北东或者北东断裂是区内的主要构造线方向，沿断裂破碎带具有不同程度的矽卡岩化、硅化、绿泥石化，成为区内的主要控矿构造。

3）区内的环状构造主要是由于岩浆活动形成，岩体以北东或北北东方向侵入，使环状构造的长轴方向基本上都为北东或北北东方向，环状构造间接表明了岩体的活动，且几乎所有已知矿点无一例外地全都落在环形构造里面，矿点受环形构造控制明显；

4）大多矿点都分布在环形构造的边缘部位，仅有少量落在环形构造的近中心部位；

5）环形构造和断裂构造是构造作用在同一地区不同的表现形式，两者往往相伴相随，存在着依存关系或复合关系。从遥感影像上看，一般环形构造被断裂切割或环的边缘出现断层，在这些部位都比较容易成矿，上述分析也印证了这一点，基本上所有的已知矿点都分布在环状构造和断裂同时发育的部位。

5.2 远景区预测

通过上述对本研究区成矿因素的分析，综合考虑其岩性、线性构造、环状构造，从上述规律出发，本文在研究区圈出了三个成矿远景区，即乌兰拉布台远景区、白辛哈达远景区、西五棵树远景区。

1）乌兰拉布台远景区：该区中心为华力西晚期花岗岩岩体，边缘有大理岩透镜体，处于环状构造2、3的边缘，且同时受白音胡少—哈拉哈达断层的控制，故有可能存在矽卡岩化或硅化现象，从而有利于成矿。

2）白辛哈达远景区：该区中心为华力西晚期花岗岩岩体、白岗花岗岩岩体，边缘有少部分的高家窝棚组安山玢岩，且同时受环状构造4、伊力特—傲包吐断层和三间房—新生断层影响，故有利于成矿。

3）西五棵树远景区：该区为花岗斑岩岩体白岗花岗岩侵入体，与围岩神山组大理岩、高家窝棚组安山玢岩等形成矽卡岩化、硅化带，且受环状构造1和白音胡少—哈拉哈达断层的控制，所以在以后的找矿工作中应该重视此地区。

6 结语

本文以 CBERS－02 的 CCD 数据为遥感信息源，通过对遥感影像的处理和研究区的应用研究，证明了 CBERS－02 CCD 数据在用于地质解译时，能很好的分辨其影纹信息，不同地物的层次感较强，且其价格低廉，基本上能满足地质矿产应用。但是本文只是初步的进行对比度增强、彩色合成、方向滤波等遥感影像的处理，对研究区进行初步的解译，因暂无 HR 数据，故对于矿区的蚀变信息没有进行提取，如果跟覆盖该地区的 CBERS－02B HR 数据进行融合，可以在保持其多光谱信息的同时提高其分辨率，以更好地分辨地物，同时用 CCD 数据的 B1，B3，B4 和 IRMSS 的 B5 波段组合进行主成分分析，可增强含 Fe^{2+} 等蚀变矿物的遥感异常信息，这些都有待于以后进一步的研究。

参 考 文 献

[1] 樊春，曾佐勋，周继彬，等. 陕甘川邻接区地质构造解译与成矿远景区预测 [J]. 地质与勘探，2001，37（6）：13－15.

[2] 蔡光顺，陈世益，彭恩生，等. 桃林铅锌矿田遥感数字处理图像地质构造解译及找矿有利地段选择 [J]. 环境遥感，1988，3（1）：47－54.

[3] 隋志龙，李德威，黄春霞. 断裂构造的遥感研究方法综述 [J]. 地理学与国土研究，2002，18（3）：34－44.

[4] 成永生，陈松岭. 基于遥感解译的环形构造研究及其找矿意义 [J]. 矿业研究与开发，2007，27（3）：53－55.

[5] 杨巍然，隋志龙. 欧亚大陆风云影像线性构造信息提取及其地质分析 [J]. 地学前缘，2004，11（4）：551－557.

[6] 张庆君，马世俊. 中巴地球资源卫星技术特点及技术进步 [J]. 中国航天，2008，4：13－18.

[7] 中国资源卫星应用中心. 中巴地球资源卫星应用研究文集 [M]. 中国宇航出版社，2006.

Remote Sensing Geological Interpretation and Mineralization Factor Studying in East Inner Mongolia Based on CBERS – 02 Satellite Image

Wang Lijuan, Yang Fengjie, Cui Yuanyuan, Yang Shujie

(College of Geology, Shandong University of Science and Techonology, Qingdao 266510)

Abstract: By processing CCD date of CBERS – 02 satellite image with procedures of geometric precision correction, optomal band selection, contrast enhancement, spatial enhancement, color composition, etc., we have extracted the correlation information of lithology, lineaments and ring-shaped structures in study area. The lineaments are classified into three groups, i. e, NE, NNE, NW and NNW trending faults, and there are eight circle structures. Simultaneously we have studied the mineralization factor of the area using the position of the known mining area, and thinked that the intrusions of later variscan and NE trending faults are the main mineralization factor of study area. Based on these, we suggest three perspective districts including wulanlabutai, baixinhada and west-five-tree. Thereby the CCD date of CBERS – 02 satellite image is very effective ingeological interpretation.

Key words: CBERS satellite   Lineament   Ring-shaped structures   Later variscan

中巴地球资源卫星数据研究
地震活动断裂的可行性分析

荆凤[1,2]，申旭辉[1]，冯春[3]，洪顺英[1]，刘静[1]，徐岳仁[1]

（1 中国地震局地震预测研究所，北京　100036）

（2 中国科学院遥感应用研究所，北京　100101）

（3 中国资源卫星应用中心，北京　100073）

摘　要： 应用我国自主研发的中巴地球资源卫星 CBERS－02 星的 CCD 数据对新疆东天山巴里坤活动断裂带进行了研究。针对 CBERS－02 CCD 数据的特点，提出了预处理中需要注意的主要环节。探索了有关洪积扇期次、断层和阶地的判读方法，并在此基础上通过对该数据的判读，简要描述了巴里坤断裂带的几何分段特征，证明了该数据在地震活动断裂研究中的可应用性。

关键词： 中巴地球资源卫星数据　地震活动断裂　巴里坤断裂带

1　引言

利用遥感资料对地震活动断裂进行目视解译是研究地震构造的一种重要手段，它有助于研究人员把握大的构造背景，确立宏观和直观的概念，在遥感解译的基础上进一步明确野外重点工作区域[1,2]。长期以来，我国缺少自主研发的陆地卫星，在数据获取方面一直依赖国外卫星，国外遥感数据获取时效性难以保证，并且价格昂贵。1999 年，我国发射了以我国为主自主研发的第一代传输型地球资源卫星——中巴地球资源卫星（CBERS），结束了我国单纯依靠国外卫星数据从事科学研究的历史，尤其是 CBERS－02 星 CCD 数据实行免费分发政策以来，使 CBERS 数据更加得到广泛的应用。本文利用 2003 年发射的中巴地球资源卫星 CBERS－02 的 CCD 数据对新疆东天山巴里坤活动断裂带进行了初步研究，为下一步开展野外工作打下了基础，同时对 CBERS－02 CCD 数据在地震活动断裂中的可应用性进行了评价。

2　卫星数据选取

本次工作选择新疆东天山地区为研究区，数据选取了自 2003 年 CBERS－02 星发射以来的部分数据（表1），选取原则是数据质量高于 5 级，波段数全（1～5 波段），没有大片云层遮挡。

表 1　研究区 CBERS－02 CCD 数据产品表

Path/Row	景号	采集日期	接收站	波段数	质量	轨道
25/51	766716	2005/09/13	乌鲁木齐	1, 2, 3, 4, 5	7	降轨
26/51	759615	2005/08/15	乌鲁木齐	1, 2, 3, 4, 5	5	降轨
27/51	765152	2005/09/07	乌鲁木齐	1, 2, 3, 4, 5	7	降轨
28/51	686275	2004－09－05	乌鲁木齐	1, 2, 3, 4, 5	7	降轨

［作者简介］　荆凤（1979—　），中国地震局地震预测研究所空间对地观测技术应用研究室助理研究员，中国科学院遥感应用研究所在读博士，主要从事遥感技术在地震中的应用等研究。E-mail：jennyfer1111@163. com。

［资助项目］　中国地震局地震预测研究所基本科研业务费项目资助。

3 数据质量评价

CBERS-02 CCD 数据与 Landsat-7 ETM+ 的各项参数对比如表2所示。

表2 Landsat-7 ETM+ 和 CBERS-02 CCD 参数对比

项目	Landsat-7 ETM+	CBERS-02 CCD
轨道类型	太阳同步	太阳同步
姿控	三轴稳定	三轴稳定
星下点空间分辨率/m	15	19.5
谱段设置/μm	B1：0.45~0.52	B1：0.45~0.52（蓝）
	B2：0.52~0.60	B2：0.52~0.59（绿）
	B3：0.63~0.69	B3：0.63~0.69（红）
	B4：0.76~0.90	B4：0.77~0.89（红外）
	B5：1.55~1.75	B5：0.51~0.73（全色）
	B6：10.4~12.5	
	B7：2.08~2.35	
	PAN：0.5~0.9	
量化值/bit	8	8
重访周期/d	16	26
图像大小	185 km × 185 km	113 km × 113 km
发射日期	1999 年 4 月 15 日	2003 年 10 月 21 日

从表2可以看出，CBERS 星在可见光和近红外波段（即 1~4 波段）的设置上基本参考了美国陆地卫星，两种数据具有可比性。

选取研究区中相同区域的 CBERS-02 CCD 数据和 Landsat-7 ETM+ 数据进行了波段合成。Landsat 数据的成像时间是 2001 年 9 月 24 日，CBERS-02 CCD 的成像时间是 2005 年 9 月 7 日，并且将 CBERS-02 CCD 数据的空间采样率重采样至 28.5 m。两景数据的成像月份相同，更加便于对比。从两种数据真彩色合成图像（图1）的清晰度和反映的地物信息来看，CBERS-02 CCD 数据的成像质量不逊色于美国的 Landsat 数据。

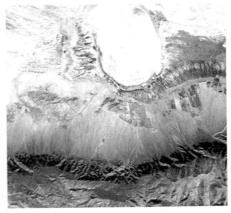

图1 Landsat ETM+ 数据（左）CBERS-02 CCD 数据（右）

4 数据预处理

应用数据之前，首先针对 CBERS-02 CCD 部分数据尚存在条带噪声、波段间不匹配等问题做了相应处理，同时针对可能会对研究活断层产生干扰的云覆盖和山体阴影进行了去除，增强了 CBERS-02 CCD 数据的可用性。

4.1 辐射校正

研究所用的遥感数据为经过系统辐射校正的二级产品，但是由于 CBERS-02 CCD 成像采用的是推扫式成像方式，图像中存在扫描方向条带噪声，在开展研究之前，必须先对这些条带噪声进行去除。通过对 CBERS-02 CCD 数据的各类中值滤波进行试验，发现采用窗口大小为 5×5 的中值滤波处理后，噪声压制的效果比较明显，同时地表细节信息得以保留（图2）。

 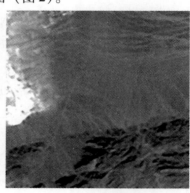

(a) 原始图像   (b) 处理后图像

图2   利用中值滤波进行噪声去除前后的图像

4.2 几何校正

通过几何校正，可以将研究所需的所有数据统一到同一投影系统下，以适应多源信息集成的需要。本次研究将所有的数据统一在横轴墨卡托投影，北46带，WGS-84 坐标系下。由于个别 CBERS-02 CCD 数据存在边缘畸变大和波段错位的问题，在校正时要特别针对这两点展开工作。

利用 1:10 万地形图对研究区的遥感影像进行高精度的几何校正，针对边缘畸变大的特点，在影像边缘应选择较多的控制点，且尽量做到均匀分布，然后在图像中间均匀选取多个控制点，提高校正精度。根据选取的控制点在最小二乘法的准则下建立图像坐标与地理坐标之间的三阶多项式，把图像坐标变换为地理坐标，实现几何校正。

针对部分 CBERS-02 数据波段间的不匹配现象，采用波段间的高精度配准，配准之后再进行波段彩色合成。图3为 CBERS-02 CCD 数据进行波段匹配前后的图像。

4.3 图像镶嵌

为了研究方便，研究区涉及的所有 CBERS-02 影像需镶嵌成一幅图像以建立起全区的整体概念。根据经验，图像镶嵌应以中心图像为基准，其余图像尽量与其匹配，可更好的实现多景图像镶嵌后的色彩均衡。

4.4 薄云去除

云的存在会遮挡很多有用信息，影响对活动断裂信息的提取，在对遥感图像进行解译之前，对有云图像的云去除是很重要的一个步骤。蓝波段、绿波段、红波段波长较短，对云十分敏感，从近红外波段开始，对云的敏感性逐渐降低。对 ETM + 数据设计的薄云去除算法基本思路是，在受薄云影响最

(a) 原始图像　　　　　　　　　　　　(b) 匹配后的图像

图 3　波段匹配前后效果对比

为严重的 3 个可见光波段（1，2，3）中匹配对应相同地类的直方图。地类是利用受薄云影响相对较小的 3 个近红外和中红外波段（4，5，7）通过聚类分析来确定。这种针对 TM 和 ETM + 图像设计的薄云去处算法在处理 CBERS - 02 图像时效果并不理想，因为 CBERS - 02 的 CCD 数据中只有第 4 波段 1 个近红外通道，仅利用第 4 波段这一个近红外波段进行聚类分析，并不能较好的反应地表覆盖类型，处理结果可能改变原始图像的地块类别[3]。

利用基于同态滤波的云去除方法[4]对 CBERS - 02 CCD 数据中云的去除效果良好。

选取研究区中 25/51 图像中的有云部分进行去云试验，去云前后的对比如图 4。选择的两块区域分别有较薄云层和较厚云层覆盖，利用基于同态滤波的去云方法后，在一定程度上减小了云层的干扰，从效果上来看，薄云的去除效果要优于较厚云层的去除效果。

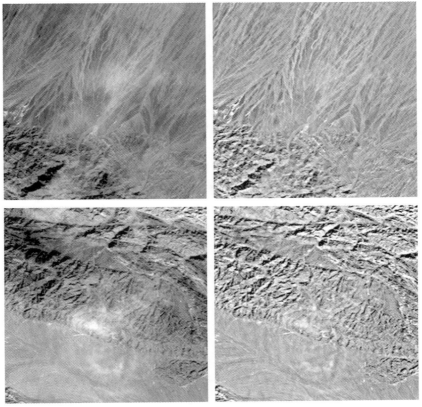

图 4　去云效果图

（上图：较薄云层；下图：较厚云层）

4.5 山体阴影去除

山体阴影常常给地质构造的解译带来一定困难，背阳区域中发育的活动断裂的破裂痕迹会被阴影遮盖，在进行某些特定区域的构造遥感解译时，需要尽可能的消除这种阴影的干扰。对于多波段的遥感影像可以运用波段间的比值运算消除这种由于太阳高度角、地形光照变化等引起的地形坡度和坡向的阴影。表3是对选取的 CBERS－02 CCD 数据进行山体阴影去除的原理解释。从表中可以看出，对于阴坡和阳坡各波段的 DN 值相差较大，但是通过两个波段比值之后，这种差别被缩小了。去除效果如图5所示。

表3　山体阴影的去除

光照情况	波段1	波段2	波段3	波段4	波段比值2/3
阳坡	50	30	55	27	0.55
阴坡	9	10	22	15	0.45

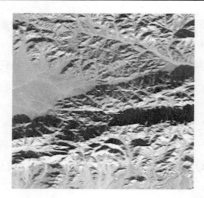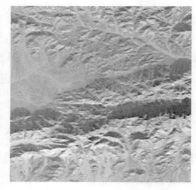

图5　阴影去除效果

5　CBERS－02 CCD 数据在活断层研究中的典型应用

5.1　研究区概况

本次数据应用的研究区为新疆东天山地区，地理范围是北纬：43°～44°，东经：91°～94°。巴里坤活动断裂带是区内的主要活动断裂带，该断裂带是新疆东天山活动构造带的重要组成部分。根据中国地震台网（CSN）地震目录，该区在 1842 年 6 月 11 日和 1914 年 8 月 5 日分别发生了 7 级和 7.5 级地震。有研究表明，这两次地震的发生与该断裂带的活动有关。研究巴里坤活动断裂带对东天山地区地震预测有重要意义[5-8]。

巴里坤活动断裂带大体上分布于七角井和巴里坤两个盆地的南缘，西起西盐池，东至巴里坤，分隔了博格达山和巴里坤山。该断裂带由多条活动断裂组成，这些活动断层以七角井盆地南部为界分为东西两段，西段分布于西盐池南部，称为西盐池断裂，东部分布于东盐池东南部和巴里坤盆地南缘大拐弯处，称为东盐池—巴里坤断裂。东西两部分断裂呈右阶排列。西盐池断裂和东盐池—巴里坤断裂两条断裂内部又分别包含几个次级断裂，次级断裂大致呈左阶排列（图6）。

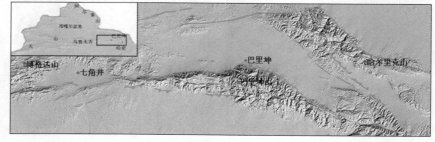

图6　研究区位置及地貌图（根据 NASA SRTM3 数据）

延伸到新第三系或第四系地层的断裂是判断活动断裂的重要依据，而这些新地层的断裂痕迹由于受多种因素的影响，断裂信息十分微弱和隐蔽，影响对活动断裂信息的提取和研究，本文对这种弱信息进行专题处理，增加了 CBERS 数据在地震研究中的可用性。

5. 2　洪积扇期次判读

在对 CBERS－02 CCD 数据的处理中发现，通过对数据利用对数残差求取视反射率后再进行色度变换，可以很好地区分洪积扇的形成期次（参见彩图29）。洪积扇是第四纪的沉积物，洪积扇期次的识别对研究活动断裂的延续性和活动性十分有价值。图中左边是托莱泉盆地 CBERS CCD 数据321波段的真彩色合成图，右边是基于视反射基础上对图像作的彩色变换。通过数据处理，可以清晰地看到盆地内洪积扇的形成期次，桃红色的扇体形成时期较新，绿色的扇体形成时间早于它。这些信息在简单的假彩色合成图像中则很难识别。

5. 3　断层判读

利用主成分分析的方法去除弱信息干扰，能够进一步突出断层信息，对判断活动断裂的破裂痕迹和走向十分有利。选取了巴里坤盆地洛包泉洪积扇的图像进行了处理，结果如图7，可以看出，主成分分析后，洪积扇上的断层信息明显得到了增强。值得注意的是选择的波段数量越多获得的主成分变换后的第一分量得到的信息越多，从图7可以看出4个波段主成分分析后的 PC1 分量比3个波段主成分分析后的 PC1 分量得到了更清晰的断层信息。

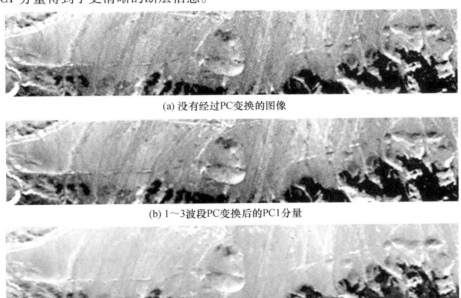

(a) 没有经过PC变换的图像

(b) 1～3波段PC变换后的PC1分量

(c) 1～4波段PC变换后的PC1分量

图7　主成分变换前后洛包泉洪积扇上断裂痕迹

5. 4　阶地判读

从遥感图像发现在巴里坤盆地红山口附近隐约出露的老一级阶地，通过干扰信息掩膜、主成分分析、假彩色合成可以进一步突出阶地信息，同时断层陡坎信息也有所增强（图8）。

6　巴里坤断裂带分段特征遥感研究

通过对 CBERS－02 CCD 数据影像的判读，分析了巴里坤断裂带的几何形态，并根据其分布对该断

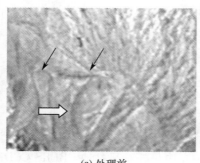

| (a) 处理前 | (b) 处理后 |

图 8　巴里坤盆地红山口附近阶地判读

裂带进行了分段研究。巴里坤断裂带在七角井盆地南缘分为东西两部分，西段断裂（本文称西盐池断裂）和东段断裂（本文称东盐池—巴里坤断裂），两断裂呈右阶排列。

6.1　西段断裂——西盐池—东盐池断裂

西盐池断裂自西向东分为 a，b，c，d 四段，四段断裂呈左阶排列（图 9）。

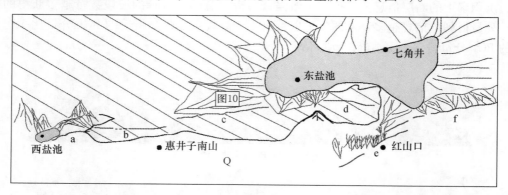

图 9　西盐池断裂分布图（根据 CBERS－02 CCD 数据绘制）

a 段：西盐池断裂，发育于西盐池盆地东南边缘，分隔了第四纪盆地和博格达山的古生代基岩，断裂近北东东走向，全长约 4.5 km，在遥感影像上断裂的痕迹清晰。

b 段：惠景子断裂，分布于博格达山的山体基岩之中，东西走向，全长约 9.6 km，该断裂较为隐伏，从遥感影像上看断裂痕迹断续。

c 段：东盐池西断裂，分布于七角井盆地西南洪积扇的南部边缘，大致分隔了七角井盆地和博格达山的古生代基岩，东西走向，全长约 15.1 km。断裂痕迹在遥感影像上反映清晰，在洪积扇上能够看到线形分布的断裂痕迹（图 10）。

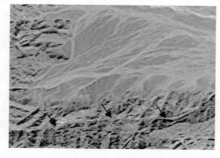

图 10　东盐池西断裂洪积扇上的断层痕迹

d 段：东盐池西断裂，发育于七角井盆地正南的博格达山的基岩当中，东西走向，长约 7.6 km。断裂痕迹在遥感影像上反映清晰且连续。

6.2 东段断裂——东盐池—巴里坤断裂

东段断裂与西段断裂呈右阶排列，根据其位置将其分为四段（e，f，g，h），这四段在形态上呈左阶排列（图11）。

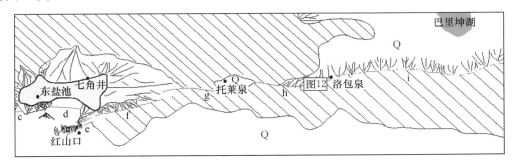

图11 东盐池-巴里坤断裂分布图（根据 CBERS-02 CCD 数据绘制）

e 段：红山口断裂，发育于东盐池南约 10 km 处，在红山口附近斜切 312 国道，北东走向，长约 8.5 km。在遥感影像上断裂痕迹不连续。

f 段：七角井断裂，该断裂沿七角井盆地东南边界发育，分隔了七角井盆地和博格达山的古生代基岩，北东东走向，长约 22.5 km。遥感影像上断裂痕迹较清晰。

g 段：托莱泉断裂，近东西走向，长约 20.0 km，东起托莱泉盆地南缘延伸入七角井盆地。在遥感影像上断裂痕迹表现清晰，托莱泉盆地南缘洪积扇上有清晰的线状断层陡坎，陡坎与坡向相同，为正向陡坎。

h 段：洛包泉断裂，近东西向，长约 19 km，东起巴里坤盆地西南缘洛包泉，西至托莱泉盆地东缘，从遥感影像上可以看到断裂在洛包泉附近的洪积扇上有清晰的线性陡坎（图12），陡坎线性痕迹长约 12 km，在断层中部，陡坎穿过一个山包，形成陡崖。在本区出露的断裂中，这段的断层构造地貌在遥感影像上是反映最明显的，是主要的地震形变带，应作为野外重点观测区。

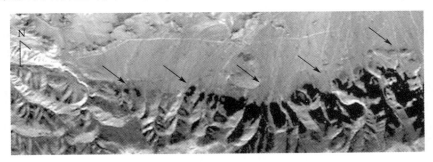

图12 巴里坤盆地洛包泉洪积扇上断裂痕迹

i 段：巴里坤断裂，近东西向，该段大致为巴里坤盆地的南边界，从遥感影像来看，该断裂自西向东痕迹越来越不清晰，至东侧逐渐表现为断续隐伏（图13），在巴里坤盆地红山口附近的洪积扇上可见断裂

图13 巴里坤盆地南侧断层的断续出露位置（根据 CBERS-02 CCD 数据绘制）

出露的痕迹，同时遥感影像上也可见明显的二级阶地，此处也应是野外重点关注的区域（图14）。

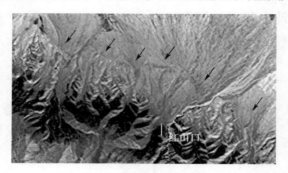

图14　红山口出露的断裂痕迹

7　结论

本次研究利用我国自主研发的中巴地球资源卫星 CBERS – 02 CCD 数据，研究了新疆巴里坤活动断裂带。CBERS – 02 CCD 数据本身存在条带噪声等问题增加了图像应用的难度，这对数据的预处理提出了更高的要求，本文根据该数据的特点和地震活动断裂的研究需求，对数据预处理方法进行了研究，并利用基于对数残差的视反射率图像生成法、主成分分析法、色度空间变换等方法对洪积扇期次、断层和阶地等进行了判读，在此基础上，对巴里坤活动断裂带开展了分段研究，取得了很好的应用效果。研究结果表明 CBERS – 02 CCD 数据在地震活动断裂的研究中能够满足地震工作者的需求。

参 考 文 献

［1］　洪顺英，申旭辉，赖木收，等. 阿尔泰上东缘主要活动断裂遥感影像特征分析［J］. 地震地质，2006，28（1）：119 – 128.
［2］　荆凤，申旭辉，洪顺英，等. 基于遥感技术研究依兰—伊通断裂带［J］. 地震，2006，26，（3）：79 – 84.
［3］　马建文，顾行发，冯春，郭建宁. CBERS – 02 卫星图像薄云的去除方法研究. 中国科学 E 辑信息科学 2005，35（增刊 I）：89 – 96.
［4］　冯春，马建文，戴芹，等. 一种改进的遥感图像薄云快速去除方法. 国土资源遥感. 2004，12（4）：1 – 3.
［5］　杨章，丁德轩. 1842 年 6 月 11 日新疆巴里坤 7. 5 级地震. 西北地震学报，1987，9（2）：72 – 76.
［6］　罗福忠，张斌，柏美祥，等. 碱泉子—洛包泉活动断裂带几何学特征及分段特征. 内陆地震，2002，16（3）252 – 259.
［7］　江娃利. 航片判读新疆东天山巴里坤活动断裂带展布及变位地形特征. 内陆地震，1993，7（4）：350 – 355.
［8］　柏美祥，麻勇，今泉俊文，等. 新疆鄯善碱泉子—巴里坤洛包泉活动断裂带研究. 内陆地震，1999，13（4）：291 – 298.

The Application of CBERS – 02 CCD Data in Earthquake Active Fault Studying

Jing Feng[1], Shen Xuhui[1], Feng Chun[2], Hong Shunying[1], Liu Jing[1], Xu Yueren[1]

(1 Institute of Earthquake Science, CEA, Beijing 100036)

(2 Institute of Remote Sensing Applications, Chinese Academy of Science, Beijing 100101)

(3 China Center for Resources Satellite Data and Application, Beijing 100073)

Abstract: The application of CBERS – 02 CCD data in Balikun active fault zone was discussed in this paper. Some problems related to CBERS – 02 CCD data pre-processing that should pay attention to were suggested, e. g. radiometric correction, geometric correction, cloud removal, shadow removal and the like. Based on these works, the author analyzed the geometry feature of Balikun active fault zone using CBERS – 02 CCD data, and divided the fault zone into two parts according to the form, at the same time described some formation phenomena on the earth's surface related to earthquake. At last, the author provided some methods about identifying active fault, the period of alluvial fans and terrace based on the technology of apparent reflective and principle component analysis. The study shows that CBERS – 02 CCD data can use in the study of earthquake active fault successfully. It is hope that this study will hel Pthe future work about earthquake active fault study.

Key words: CBERS – 02 CCD data   Earthquake active fault   Balikun fault zone

中巴地球资源02B卫星数据在辽南金州地区构造解译和分析中的应用

杨树杰，杨锋杰，张丽萍，王丽娟

（山东科技大学，青岛 266510）

摘 要：辽南金州地区，构造岩浆活动复杂，在中巴地球资源02B星影像上，地质构造信息清晰明显。本文通过一系列遥感影像线性增强处理方法，结合地质图与处理后的中巴地球资源02B星影像进行配准叠加，对研究区的遥感影像进行了地质构造解译和分析，然后综合分析了该区的构造演化。结果表明，02B星的构造解译结果是可靠的。

关键词：金州 中巴地球资源卫星02B星 地质图 构造解译

1 引言

遥感技术具有视域广、波段多、信息丰富的特点，能为地球科学研究提供宏观性、直观性、客观性的数字化基础资料。在遥感图像的地质解译中，断裂与线性构造的解译效果最好，常常比常规野外工作更有效，而且有助于识别出那些在地面工作中不易发现或遗漏的断裂构造，可以有效弥补地面地质工作的局限性，提高地质工作精度。

中巴地球资源02B星，分辨率高，图像质量好，将其与地质图配准、叠加，并结合已有资料，可以增加解译工作的可靠性。对于辽南地区，应用遥感影像进行地质分析的研究工作几乎没有。本文运用中巴地球资源02B星影像对辽南金州地区各种类型的线性构造信息进行提取，并进行相应的地质分析，推断该区的构造演化，以期能为该地区构造的发生、发展、演化提供参考。

2 研究区地质背景

金州地区位于辽东半岛南部，华北板块东部、郯庐断裂以东、城子坦断块之上，经鞍山、吕梁、印支、燕山等构造旋回改造[1]，该地区构造作用、岩浆作用较复杂。

研究区出露的主要地层有：太古代—早元古代的变质基底和新元古代—古生代的沉积盖层。变质基底由太古代鞍山群（2 590 Ma）角闪岩相和早元古代（辽河群，1 668~2 156 Ma）角闪—绿片岩相组成[2]。自中元古代开始，半岛南部经稳定的新元古代—古生代沉积作用后，形成了一套巨厚的沉积盖层。盖层中，除永宁组快速堆积形成的冲积扇—河流相砂岩、砂砾岩和石炭—二叠系的海陆交互相沉积外，主要是陆表海碳酸盐岩和碎屑岩沉积。印支旋回大规模强烈的收缩作用与伸展作用，结束了研究区相对稳定的盖层发展史，使盖层发生了强烈变形及区域变质作用[1]，使之与太古宙变质岩系呈韧性滑脱断层接触[3,4]。许志琴认为该区的这种构造特征是典型的薄壳构造，其组成可分为原地系统（太古宙及早元古代变质基底）、外来系统（晚元古代至古生代盖层岩片）和滑移系统[2]。

[作者简介] 杨树杰（1983— ），2006年毕业于山东科技大学地质科学与工程学院，现就读于山东科技大学研究生学院，攻读地球探测与信息技术专业硕士学位。E-mail：yangshujie45@163.com。通讯地址：山东科技大学硕研06-5班，266510。手机：13697681531。

3 遥感影像处理

3.1 影像数据源

本次研究所采用的遥感数据来自中巴地球资源卫星02B（CBERS－02B）星，该星2007年9月成功发射升空，经在轨测试于2008年1月正式交付中国资源卫星应用中心。影像轨道为368－56，2级CCD传感器产品，已经辐射校正和系统几何校正，图像质量较高。共有5个波段，分别是0.45～0.52 μm，0.52～0.59 μm，0.63～0.69 μm，0.77～0.89 μm，0.51～0.73 μm，覆盖宽度113 km，空间分辨率19.5 m。地图投影为UTM投影，地理坐标为WGS_84。

3.2 图像数字处理

3.2.1 波段选择

CCD数据中的第5波段相当于全色波段，和1、2、3、4波段相关性均较大，所以舍弃第5波段。利用ENVI对遥感影像1、2、3、4四个波段的均值、标准差、协方差矩阵以及它们之间的相关系数矩阵进行统计分析，结果为：均值大小顺序为3＞1＞4＞2，标准差大小顺序为4＞3＞2＞1，标准偏差大小为4＞3＞2＞1。标准差越大，波段信息量越丰富。而2，3波段之间的相关系数最大，且3波段比2波段标准差偏大，因此所含信息量更为丰富，更有利于进行地质研究，所以最终选择4、3、1波段组合来进行研究（见图1）。

图1　4、3、1波段组合

3.2.2 图像增强处理

在ERDAS软件中，首先利用1∶50 000地形图对遥感影像进行了精校正。由于影像中的地形为反立体，所以处理过程中将影像旋转了180°，以便于利用正立体进行目视解译。

运用遥感影像进行地质构造的研究，图像中地质体的界限、纹理、地面形迹等是本次研究重点。各种边界、线性形迹及线性构造在影像上通常都表现出一定的空间分布频率，因此借助于遥感影像处理软件进行处理时，主要依据遥感影像的地质—地貌—景观背景，选择有效的处理方法和数学模型，对线性特征进行增强，从而从不同侧面突出不同等级、不同层次、不同形态构造线性体的空间分布信息[5,6]，以便对区域构造线性体影像要素的基本特征进行更有效的信息提取。

在对中巴地球资源02B星影像的空间增强处理过程中，主要采用了卷积核为3×3的中值滤波方法，然后对所获得的影像进行了2%对比度增强（见图2）。

通过处理后的影像与图1对比可以看出，前者滤除了噪声和孤立点，改善了图像质量，而且边界更加清晰，达到了突出各种线性构造的目的，从而提高了目视解译的效果。针对提取线性构造这一目的，研究中还利用了3个主成分量对旋转后的影像进行主成分分析，由图可见，处理后影像中地质体和地物间的边界更加明了（见图3）。

图 2　中值滤波和 2% 线性增强后的影像　　　　　　　图 3　主成分分析

4　地质构造解译及分析

本次研究解译的重点是利用地质构造的解译标志，提取影像上的线性构造信息。

4.1　解译标志

断裂构造的解译标志包括直接和间接两种[6]。

直接解译标志就是显示在遥感影像上的断裂的某些地质证据。主要是岩性地层标志和构造标志，如地质构造的不连续、构造破碎带直接出露等。

间接解译标志是通过相关分析，确定为断裂、线性构造存在的标志，如色调、地貌、水系等线状排列或线性异常等。

1）色调标志。沿线性构造走向出现与背景色调存在显著差异的色调异常线、色调异常带以及色调异常分界面。

2）水系标志。直线状发育的水系、地貌特征点的直线状延伸线、水域的串珠状展布都暗示了断层的存在。

3）土壤和植被标志。土壤的含水量、矿化作用使之与周围土壤具有不同的色调和影纹结构。由于断裂带内地下水比较丰富，有利于植物生长，因此，植物生长的茂密情况及其呈某一形状分布（线状、带状）都可能指示有断裂存在。

4）综合景观标志。大型断裂带两侧的地貌形状、水系类型、构造线方向、土壤成分、植被密度和种类，岩性等都会有较大的差异，从而在遥感图像上表现为不同的色调和影纹结构。

4.2　地质构造特征及其演化分析

在解译地质构造过程中，以尊重图像上所反映的客观事实为基础，重点参照了相关的区域地质资料及 1:200 000 区域地质图。在图件使用过程中，扫描的地质图没有与遥感影像（UTM，WG84）一致的投影信息，所以要给地质图附上地理坐标，使其投影同遥感影像一致起来，然后将其和遥感影像图进行配准，最后，把地质图矢量化，并与遥感影像进行叠加，与目视解译相结合，得到研究区线性构造解译图（见图 4）。

4.2.1　地质构造特征

由图 4 的解译图可知该区的地层与构造发育情况如下：太古宙变质岩基底主要集中分布在研究区东部的亮甲店地区。在研究区北部，有中生代岩浆岩侵入体[4]，地层比较简单。影像中，太古代地层线性构造不太发育。震旦系与寒武系的碳酸盐岩主要分布在普兰店湾、金州湾等沿海地区，碎屑岩主要分布在金县地区，震旦系与寒武系分布的这些地区，地质构造较复杂，线性构造发育。第四系以冲

图4　研究区线性构造解译图

积、洪积、海积为主，分布在滨海平原、沿河谷地。

本次从遥感影像上共解译出50多条线性构造。

太古代基底与元古代盖层之间色调、影纹结构、地貌及水系类型等都有明显的差异，识别出断层1~6，主要发育在金州—普兰店和金州—大李家两个方向，规模较大，分别为北北东（1）、北东向（3、4、5、6）及北西向（2）。并且在断层1附近，有平行或者斜列式排列的线状构造带，中间弯曲部位发育褶皱推覆构造，说明断层1具有平移断层的特征。

北东向的断层17、19与北西向的断层14、16、20、22之间表现为在A区和B区，较长的断层与短而密集的细纹带交替出现，具有韧性剪切带的特征，与区域地质资料相吻合。这组断层应该属于该区较早的构造。

断层7发育在太古代地层中，北东向延伸，在地貌上表现为山脊被错断；断层8，北北东向，延伸较长，两侧色调差异明显，并且存在串珠状排列的水系，在已有的地质图上没有表示出，由此可见，通过解译可以发现野外工作不易发现的隐伏构造。

断层9~52都发育在盖层中。根据断层发育的区块，主要分为三个区。第一区：金州—三十里堡方向发育的断层，出露迹线较平直，两侧色调差异明显，断层较密集，北东向和北西向发育最多，例如断层14、16、17。第二区：董家屯—曲家屯方向发展的断层，迹线平直，且发育断层三角面，特征较易识别，以北东向和北西向为主，例如断层45、42、49。另外还发育一组近东西向断层，如断层46、47。其中，北西向断层将盖层与基底之间的断层（如3、4）错断，说明盖层中的断层形成时间较晚。还可以发现，在平面上两组断层之间隔着太古代地层遥遥相对，在方向和规模上相似，故判断第一区和第二区中同方向的断层应是在同一构造背景下形成的。第三组是金州镇南面发育的几条断层，同属于盖层中的构造，在延伸方向上与前面两组一致，主要是北西向和北东向。从解译图上还可以看出，盖层中主要发育的北东向和北西向断层，不存在相互错断的现象。

大孤山岩层在影像上呈带状弯曲，岩层三角面对称重复出现，呈一面缓，一面陡的马蹄形（见彩图30）。因为地质图上，大孤山的岩层倒转，所以判断此处为一褶皱。同理，在龙王庙地区也解译出一褶皱（见彩图31），两翼岩层三角面的形态明显不同。由此说明，该区盖层曾经遭受了近南北向的挤压作用。据已有资料，该区岩性为泥晶灰岩及页岩[3]，为软弱岩层，因此构造应力作用下没有发生脆性断裂，而是形成了褶皱。

4.2.2　构造演化分析

从4.2.1遥感影像线性解译的结果分析中可以看出，辽南金州地区在地壳构造演化过程中经历了多期构造作用。下面结合影像解译，以及前人对该区构造演化的认识，分析如下：首先，盖层与基底间的断层1~6，被盖层中的断层截断，说明盖层与基底的断层形成的时间较早，形成时代是中三叠世即印支运动时期，构造驱动力源于古太平洋向亚洲大陆的俯冲挤压[2,3]作用。在逆冲推覆的过程中，促使盖层发生脆性断裂。然后在晚三叠世晚期，自东向西的顺层剪切力转变成东西向挤压作用，这种转变的动力学机制可能亦与太平洋板块相对亚洲东部边缘的作用以及陆内俯冲有关[2,3]，形成南北向的龙王庙褶皱和孤山褶皱，并伴生有北北西及北西向的脆性断层，切割已形成的盖层与基底间的断层。之后，中国大陆东部被郯庐断裂分成了两大块体，在太平洋板块向北北西向快速运动导致郯庐断裂作大规模左行平移的动力学背景下，区内产生了自南向北的侧向挤压作用，受北东—南西向张应力控制，形成以北东、北北东向为主，少数近东西向的正断层或平移正断层为边界的断块构造[2,3,8]，并使早期断裂复活，主要断裂有金州断裂（断层37）与董家沟断裂（断层3），两者在金州城东部交汇，促使二者间夹的太古宙基底呈断块隆起，此时地壳较前期有了较大幅度抬升。最后一次是晚白垩世，在引张力支配下的断块差异升降明显，地壳进入新的隆升期，并延续至今。

5　结论

通过中巴地球资源卫星数据对辽南金州地区的地质构造进行遥感解译，根据已有地质资料，从解译出的构造特征及其相互关系来分析辽南金州地区的构造演化，得到的结论与研究资料一致。此次研究说明，利用中巴地球资源地球卫星影像来解译地质构造是可靠的，有助于宏观的了解一个地区的构造演化。后面工作中，作者将根据此次研究，进一步尝试利用中巴地球资源卫星数据，对整个辽南地区进行构造解析，以期为将来在该区的野外地质工作起到宏观的指导作用。

参 考 文 献

[1]　杨中柱，孟庆成，等. 辽南变质核杂岩构造 [J]. 辽宁地质，1996，12（4）：241 – 250.

[2]　许志琴，李海兵，王宗秀，等. 辽南地壳的收缩作用及伸展作用 [J]. 地质评论，1991，37（3）：193 – 202.

[3]　李显东，陈荣度，单学东，等. 辽东半岛南部盖层褶皱与构造演化 [J]. 辽宁地质，2000，17（3）：190 – 198.

[4]　杨进辉，吴福元，柳小明，等. 辽东半岛小黑山岩体成因及其地质意义：锆石U—Pb年龄和铪同位素证据 [J]. 矿物岩石地球化学通报，2007，26（1）：29 – 43.

[5]　梅安新，彭望，秦其明，等. 遥感导论 [M]. 北京：高等教育出版社，2001. 116 – 120.

[6]　朱亮璞. 遥感地质学 [M]. 北京：地质出版社，1994. 130 – 139.

[7]　高景昌，王光杰. 遥感图像线性构造信息微机机助提取 [J]. 环境遥感，1994，9（1）：62 – 67.

[8]　杨中柱. 辽南印支期伸展构造研究 [D]. 西安大学博士学位论文，2002.

Application of CBERS – 02B Satellite Image to Structure Interpretation and Analysis for Jinzhou Area in South Liaoning Province

Yang Shujie, Yang Fengjie, Zhang Liping, Wang Lijuan

(Shandong University of Science and Techonology, Qingdao 266510)

Abstract: The structure and magmatic anctivity is complex in the Jinzhou area south of Liaoning province, which is clearly showed on the remote sensing image of the CBERS – 02B satellite. In this paper, the author do a series of linear enhanced processing to the image, and make the geological map georeferenced and stacked with the processed image. And then the author interpretate the geographical structure on the image for the studying area. After analysising the structure, the author generalized analysis this area's structure evolution, and discover that the 02B star was reliable in the structure interpretation.

Key words: Jinzhou CBERS – 02B satellite Geological map Structure interpretation

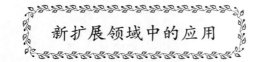

资源一号卫星探测海上船只能力研究

孙立伟，王长力，王学军，蔡德荣

（信息工程技术研究所，1014 信箱 16 分箱，北京　102249）

摘　要：海上船只众多，世界上很多国家均已将卫星手段作为其海洋船只监视的重要手段。研究我国相关卫星船只发现能力显得非常重要。本文结合一批典型船只样本，阐述了资源一号卫星光学图像，对海上船只发现能力应用研究的具体过程，展示了资源一号卫星在海洋船只监视方面的应用潜力。

关键词：资源一号　海上船只　探测能力

1　引言

随着航天遥感技术的发展，卫星资源已成为海洋船只监视的重要手段。卫星获取的海洋图像范围广阔，背景单一，海上船只活动范围广、机动分散。研究我国相关宽幅卫星船只发现能力显得非常重要。目前，我国已陆续发展了多颗传输型光学成像卫星，其中资源一号卫星作为较早发展的民用卫星，已经获取了大量的有价值的数据，在国内外应用广泛，资源一号卫星应用于海洋船只监视具有以下两大优势。

（1）卫星观测范围大，分辨率高低搭配，适用于大范围海上船只的搜索和识别

目前在轨的资源一号 02 星，载有一台多光谱相机，幅宽 113 km，空间分辨率为 19.5 m，宽幅度、中低分辨率使得其在大范围内对海上船只具有很好的探测发现能力；02B 星在 02 星的基础上新增空间分辨率为 2.36 m 的高分辨率相机，并具有 ±32°的侧视功能，可以满足海上船只的识别确认的要求。

（2）卫星数量和载荷日益丰富，数据源可靠稳定

资源一号卫星后续还将陆续发展 03、04、05、06 等一系列卫星，传感器在现有多光谱相机的基础上还将新增合成孔径雷达，后续卫星的发展增加了我国可用于海上船只观测的卫星数量，保证了卫星数据源的连续性和可靠性，同时多类型、高性能的传感器的使用大大提高了对海上船只的观测能力，为海上船只的个体识别奠定了牢固的基础。

充分利用资源一号卫星图像开展海上船只探测能力，对维护国家主权和海洋权益具有十分重要的意义。

2　数据处理流程

资源卫星图像船只发现能力研究的数据处理流程如图 1 所示。主要由数据录入、数据预处理、船只显示与标绘、船只自动关联、船只样片制作 5 部分组成。

[作者简介]　孙立伟（1976—　），工程师，1999 年毕业于武汉大学摄影测量与遥感系，2006 年获解放军信息工程大学计算机应用技术硕士学位，主要从事卫星资源军事应用研究工作。

2.1 数据录入

将资源卫星图像数据和船只位置回报数据录入。

2.2 数据预处理

将录入的资源卫星图像数据和船只位置回报数据分别进行处理，完成坐标系的统一。

对于资源卫星图像，由于系统校正精度偏低，需要利用海图，选取一定数量的控制点，通过多项式方法进行几何精校正；对于船只回报数据通过解码，获得包括船籍、船型、位置、航向、航速、航行状态等属性信息。并将这些属性数据转换为地理信息系统的矢量数据和属性数据。通过对船只回报数据和卫星影像的投影坐标的分析，完成坐标系变换，将两种数据统一到同一坐标系（WGS84）下。

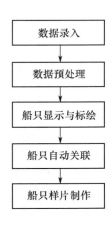

图1 系统流程图

2.3 基于 AIS 数据的船只显示与标绘

根据 AIS 数据中的船只坐标位置，以符号的形式自动标注在图像上，包括船只编号、航向等属性信息均能显示出来。

2.4 船只关联

根据卫星遥感影像的定位精度，设定搜索范围阈值，通过对船只图像进行自动检测，完成船只回报信息和船只图像的关联。对于复杂的多船只情形，可通过船只之间的相对位置关系，完成图像上船只整体关联。然后进行对应船只的符号标注，点号与前面 AIS 标注的点号对应，半自动／自动修正标绘结果。具体船只关联表现为航向关联、几何关联和位置关联。

航向关联：将回报的船只航向信息和提取的船只航向信息进行关联；

几何关联：将回报的长、宽信息和提取的长、宽信息进行关联；

位置关联：将回报的多艘船只的相对位置信息和提取的相对位置信息进行关联。

2.5 船只样片制作

对经过印证的船只图像数据进行样片切割，将船只图像切片与对应的属性信息入库，同时，能够有效地显示样片及其属性信息（长、宽、航速等），便于进行统计分析。

3 样本选择情况

研究资源一号卫星图像海上船只探测能力，必须选择船只数量、种类较多的区域图像，同时，为了获得足够的定位精度，方便进行与 AIS 数据的套合分析，必须有足够数量的用于图像校正的地面控制点，这就要求选择离海岸线较近的区域。基于以上搜索原则，获得一幅包含大量船只样本的近岸图像，即图2中的背景影像。

4 研究结果及分析

本研究通过数据处理将 AIS 航迹与资源卫星图像进行套合显示。图2为图像航迹叠加图。

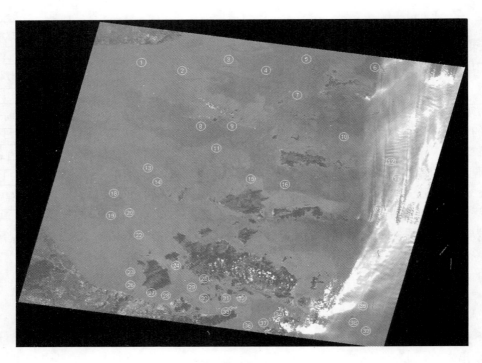

图 2 AIS 航迹与资源卫星图像叠加图

4.1 研究结果

本研究通过目视判读，将位置和航行路线相近的图像与 AIS 航迹进行关联分析，实现对船只的发现、印证，结果如表 1 所示。详细船只图像切片及相应属性信息见图 3、图 4 和图 5 所示样本切片（1）、样本切片（2）和样本切片（3）。

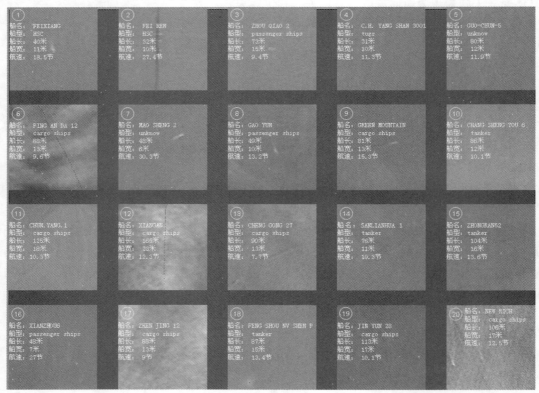

图 3 样本切片（1）

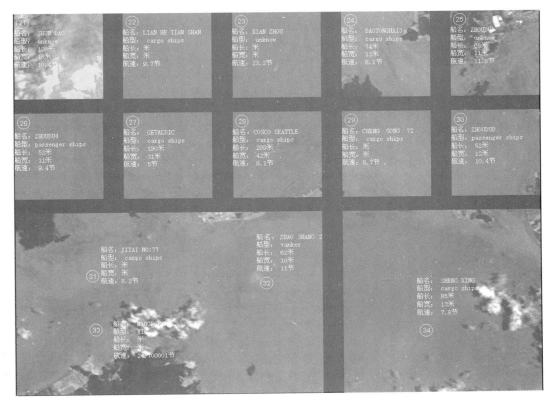

图4 样本切片（2）

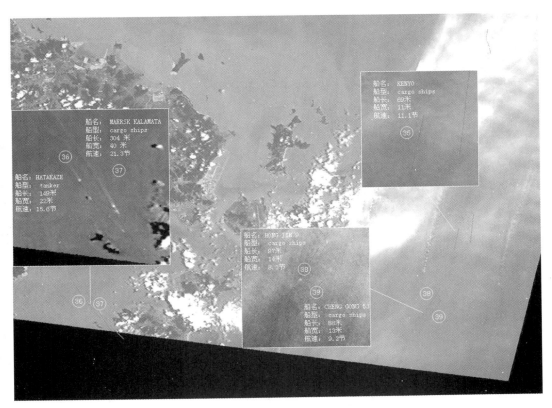

图5 样本切片（3）

表1 船只属性与在资源一号图像上的可视性一览表

序号	mmsi	船名	船型	船长/m	船宽/m	航速/kn	可视性
1	412317172	FEIXIANG	HSC	40	11	18.5	●
2	412372010	FEI REN	HSC	32	10	27.4	●
3	412413440	ZHOU QIAO 2	passenger ships	73	15	9.4	●
4	412373080	C. H. YANG SHAN 3001	Tugs	31	10	11.3	●
5	412413190	GUO – CHUN – 5	Unknown	80	12	11.9	●
6	412435730	PING AN DA 12	cargo ships	88	13	9.6	○
7	412413170	MAO SHENG 2	Unknown	48	6	30.3	●
8	412406490	GAO YUN	passenger ships	49	10	13.2	●
9	563111000	GREEN MOUNTAIN	cargo ships	81	13	15.3	●
10	412442440	CHANG SHENG YOU 6	Tanker	86	12	10.1	●
11	412354750	CHUN. YANG. 1	cargo ships	125	18	10.3	●
12	412042060	XIANGAN	cargo ships	165	23	12.3	○
13	412443470	CHENG GONG 27	cargo ships	90	13	7.7	●
14	412440060	SANLIANHUA 1	Tanker	76	11	10.3	●
15	413097000	ZHONGRAN52	Tanker	104	16	13.6	●
16	412422520	XIANZHOU6	passenger ships	48	7	27	●
17	412408460	ZHEN JING 12	cargo ships	88	13	9	●
18	412523270	FENG SHOU NV SHEN	Tanker	87	15	13.4	●
19	412469370	JIN YUN 28	cargo ships	113	17	10.1	●
20	477153000	NEW RICH	cargo ships	106	17	12.5	●
21	412355230	SHUN DAO	Unknown	128	18	10.4	○
22	412523310	LIAN HE TIAN SHAN	cargo ships			9.7	●
23	412407540	XIAN ZHOU	Unknown			23.2	●
24	412371850	BAOTONGHAI3	cargo ships	74	12	8.1	○
25	412410270	ZHOUDU1	Unknown	65	11	11.8	●
26	412410240	ZHOUDU4	passenger ships	52	11	9.4	●
27	238206000	GETALDIC	cargo ships	190	31	5	●
28	636012561	COSCO SEATTLE	cargo ships	299	42	8.1	●
29	412701090	CHENG GONG 72	cargo ships			8.7	○
30	412410210	ZHOUDU9	passenger ships	52	12	10.4	●
31	412427510	JITAI NO：77	cargo ships			8.2	●
32	412371180	ZHAO SHANG 2	Tanker	62	10	11	○
33	111111111	NINGBOPORT	WIG			24.7	○
34	515626000	KENYO	cargo ships	69	11	11.1	●
35	412373170	SHENG XING	cargo ships	85	13	7.8	●
36	355969000	HATAKAZE	Tanker	149	22	15.6	●
37	237866000	MAERSK KALAMATA	cargo ships	304	40	21.3	●
38	412458890	HONG JIN 9	cargo ships	97	14	8.3	●
39	412700740	CHENG GONG 53	cargo ships	88	13	9.2	●

注：● 可视；○ 不可视。

4.2 研究结果分析

4.2.1 在资源卫星图像上能够发现宽度不足一个像元的运动船只

由表1可以看出，对于宽度不足一个像元的运动船只是能够发现的，这是因为船只在运动过程中产生气泡侧流和较大的气泡尾流，并且随着航速的增加，气泡侧流和气泡尾流的面积和强度均随之增大和增强，如图6所示[1]。

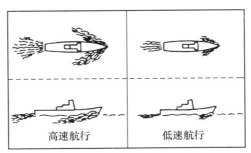

图6 航速与侧流、尾流关系示意图

气泡尾流的横向剖面形状呈高斯分布形状；气泡尾流的起始端宽度仅为船体宽度的一半，但在螺旋桨和船尾涡所产生湍流的强烈作用下，尾流中的气泡会在近程初始扩散区沿宽度以40°~60°的角度向左右迅速扩展，到达船后几十米距离处的远尾流衰减区后，扩展角转变为1°左右[1]，如图7所示。

图7 尾流和侧流示意图
a为俯视图；b为侧流图；c为尾流图

由图8可以看出，运动船只在高分辨率图像上表现为清晰的船体、尾流和侧流，而在资源卫星图像上，对于较大运动船只表现为船体和侧流的组合亮斑和尾流，这一亮斑主要得益于尾流侧流中泡沫的高亮反射。

图8 运动船只高分图像与资源图像对比图

4.2.2 分析总结本次研究可发现的最低船长、航速

本次研究，在AIS报告的39个样本中，其中22号、23号、29号、31号和33号没有船长参数。航速最低的为27号，其航速为5 kn，船长为190 m；能发现的船长最短的为4号，其船长为31 m，航速为11 kn。

研究中发现一些矛盾样本，以4号（船长31 m/航速11 kn）为前提，能够推出资源卫星能够发现船长大于 31 m/航速大于 11 kn 的运动船只，那么，应能发现 32 号（船长 62 m/航速 11 kn）和 12 号（船长165 m/航速 12.3 kn），但却未能发现。

以 39 号（船长 88 m/航速 9.2 kn）为前提，能够推出资源卫星能够发现船长大于 88 m/航速大于 9.2 kn 的运动船只，那么，应能发现 6 号（船长 88 m/航速 9.6 kn）和 21 号（船长 128 m/航速 10.4 kn），但却未能发现。

24 号（船长 74 m/航速 8.1 kn）未能发现，但缺乏必要的前提作为参考。

原因分析：进一步结合船只图像切片得出样本 6 号、12 号、21 号、32 号均为多云区域样本图像，从而可以排除这 4 个矛盾样本，初步确定资源卫星能够发现船长大于 31 m/航速大于 11.3 kn 的运动船只，和船长大于 88 m/航速大于 9.2 kn 的运动船只。

样本 24 号未见明显云团，需进一步印证。

5 小结

本文以研究资源一号卫星对海上船只发现能力为基本出发点，通过研究其数据处理过程，并结合一批船只图像样本，展示了资源一号卫星对海上船只的发现能力。通过这次研究，初步认定：资源一号卫星能够发现船长大于 31 m/航速大于 11.3 kn 的运动船只，和船长大于 88 m/航速大于 9.2 kn 的运动船只，取得了一定的研究结果。但由于本次研究数据有限，需通过多次研究进一步验证资源一号卫星在发现海上船只方面的可用性。随着研究的深入开展，特别是资源一号 02B 高分辨数据的应用，资源一号卫星对海上发现、识别船只的能力将会得到大大加强，必将在海洋监视方面发挥更大的作用。

参 考 文 献

[1] 周德善. 船只气泡尾流几个特征参数的研究 [J]. 鱼雷技术. 西安 705 研究所，2001：140 - 152.

The Application of CBERS – 1 CCD Imagery in Finding Ship Ability

Sun Liwei，Wang Changli，Wang Xuejun，Cai Derong

(Information Engineering Technical Institute，Beijing 100249)

Abstract：Satellite is important instrument for ocean monitoring. The paper studies the applications of CBERS – 01 imagery in the finding ships. One typical experiment demonstrates it is very important for CBERS – 01 in ocean monitoring.

Key words：CBERS – 01 Ship detecting Ocean monitoring

GIS 采集器中遥感应用初探

贺维

（北京合众思壮科技股份有限公司，北京　100016）

摘　要：本文根据行业用户在空间及属性信息中的获取需求，研究 GPS、RS、GIS 结合的技术应用，探讨了集思宝 GIS 采集器和遥感影像在第三次文物普查及动物保护监测中的应用，并对遥感影像应用于 GIS 采集器中存在的问题予以讨论。

关键词：GIS 采集器　全球定位系统　遥感

1　引言

　　"3S" 技术的集成和发展，为与空间信息相关行业领域的发展提供了新技术和新方法，如数字地球、数字城市、数字水利等概念的提出；"3S" 在精准农业中的应用[1]为农业的精细化耕种、农业资源的合理利用提供了保障；"3S" 在林业方面的应用[2]，如为森林经营、森林立地分类和质量评定以及林业资源和荒漠化监测提供了依据。这些行业应用都说明了综合地利用新信息技术中的几种甚至全部技术集成，可以提供强有力的观测、信息处理、分析模拟和决策资讯等功能。

　　"集思宝" GIS 采集器是随着 "3S" 技术发展，为满足行业用户需求而研制的 GPS 手持终端。它延承了独有的 SRA（稳定性、可靠性、先进性）设计理念，具有 GeoActive 自定义属性功能，可以根据行业需求定制属性信息，导出 shp、mif、dxf、csv 等数据格式，与已有 GIS 及遥感处理系统结合，外业采集的暂停、继续、重复采集、嵌套功能，可以保证快速作业的需求，丰富的地图加载功能可以加载行业用户需要的各种矢量、栅格影像图，与已有地理数据无缝兼容。配合其防水、防尘、防震、数字字母键盘输入、导航与报警功能等，可以把 GIS 由室内移到室外，是 "3S" 应用集成和扩展的典范，已经成功应用在森林病虫害防治、测土配方施肥、第三次全国文物普查等方面。

　　本文以 GIS 采集器为例，探讨了遥感影像在 GIS 采集器中的应用过程及存在问题，希望为后期应用提供借鉴。

2　遥感影像在 GIS 采集器中的应用

2.1　概述

　　目前，GPS 技术广泛应用在农业、林业、测量等行业，它的全天候、实时定位、定时及多精度等特点，使它的用途越来越广。采集器是 GPS 接收的终端设备，在任何地区，它都可以利用获取的 4 颗以上 GPS 卫星信号快速、高精度地获取点、线、面、网格状地物的空间信息。影像是把地理环境中的各种组成地物以及它们的相互关系表现在一个缩小的平面上，最显著的特点是综合性。大量的地理信息体现在遥感图像的像素上，像素记录了对应地点上的景观信息，能很好地反映多时像、多空间分辨率及光谱分辨率信息。遥感影像在 GIS 采集器中的应用，能很好的解决 GIS 采集器对于大信息量底图数据及分析的需求，而 GIS 采集器获得的数据能更好地记录地物的属性信息，并满足不同精度的需求。两者很好的互补，为 GIS 系统提供丰富的数据源，在国民经济的各个行业都得到了广泛应用。

[作者简介]　贺维（1980—　）硕士，主要从事卫星导航技术与应用研究。

2.2 影像处理

遥感技术的目的是为了获得地物的几何属性和物理属性。原始的遥感图像并不能提供实现这个目的所需的准确而完备的条件。为了实现这个目的，原始遥感影像需要经过图像处理来消除遥感成像过程中的误差，改善遥感影像的图像质量（见图1和图2）。遥感图像的处理一般包括几个阶段：图像的校正、图像的变换、图像的增强、数据融合等。

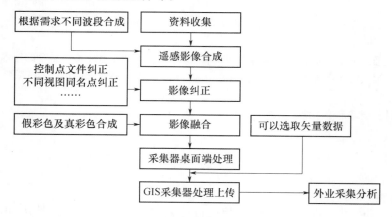

图1　采集器中遥感影像应用简单过程

图2　处理后的影像

2.2.1　影像合成

通过资源卫星（CBERS）01/02星CCD传感器获得的数据为5个波段影像，要得到彩色影像，更好地反映地物信息，需进行单波段合成。研究中使用ERDAS image遥感影像处理工具中Interpreter－>Utilities－>Layer Stack进行合成，假彩色合成波段为4（红）、3（绿）、2（蓝）。

2.2.2　影像纠正

由于遥感成像过程中多种因素的影响，致使遥感图像质量衰减。遥感图像数据的校正处理就是消除遥感图像因辐射度失真、大气消光和几何畸变等造成的图像质量的衰减。这些遥感图像质量衰减产生的原因和作用结果都不相同，因此一般采用不同的校正方法[3,4]。在此次应用中，选取了云量及大气状况好的影像，在已有粗校正的前提下，考虑到用户对于几何精度及采集器中坐标系的统一（统一到WGS84坐标系下），进行几何精校正。

几何精校正是遥感影像处理中常用的技术，常用纠正方法有多项式纠正法、共线方程式纠正法、空间投影法等，不同方法具有不同的应用，在作业中采用二次多项式法，选取GCP（控制点坐标）进行纠正，纠正误差小于一个像元，符合精度要求。

2.2.3 图像变换及增强、裁剪融合等处理

图像变换可以突出图像中的某些信息，同时抑制或去除某些不需要的信息来提高遥感图像质量。当前遥感图像处理中的图像变换方法主要有傅立叶变换、沃尔什变换、离散余弦变换、小波变换、K－L变换、KT变换等。图像增强可以改善图像质量，使之更适合于人的视觉或机器识别系统。遥感图像增强主要包括空域增强、频域增强、色彩增强等方法。

在GIS数据采集器中使用遥感影像，既要突出影像的色差差异，以便用户能很好地分辨及读取，又要比较清晰地显示物体的轮廓纹理信息，所以对影像的空间分辨率及色彩要求都较高。获取的资源卫星数据有两种空间分辨，19.5 m影像经合成可以得到真彩色或假彩色影像，用于车载导航终端，对于宽的道路及大的建筑物等显示满足要求，但是精度不能满足采集器的需要；而2.5 m影像为全色波段数据，精度满足要求，黑白影像色彩差异又不是特别明显。所以需要进行不同传感器下两种影像的融合。

3 采集器行业应用简论

对于经过处理后的遥感影像，通过采集器桌面端软件进行读取处理，转换成专用的map数据格式，上传到采集器中，用户可以通过自行加载不同副影像，来进行导航、数据采集，或通过影像、矢量数据的叠加，在实地调查中，进行空间分析，如污染源普查中，对矢量的污染点源进行缓冲区分析，再和影像叠加，可以看到点源周围现时段的空间信息情况，为决策服务。

3.1 GIS采集器在文物普查中的应用

文物是国家不可再生的文化资源。文物普查是国情国力调查的重要组成部分，为了普查国家的文物资源，以便文物保护单位在后期采取合理的保护措施，也为旅游行业提供服务，采集器和遥感影像在此次第三次文物普查工作中发挥了很大作用。

在此次作业中，先对前期的影像数据进行校正、拼接、裁剪等工作，再使用桌面端软件进行处理后加载到数据采集器中。把原始矢量图也加载到采集器中，然后去野外进行调查。在调查过程中不仅可以直接记录地物的空间三维信息，同时要填写文物属性信息，如文物毁坏原因、毁坏类型、调查人员评价等。这时，遥感影像为属性信息的判断提供了很大的帮助，作业人员可以通过文物点周围的环境信息进行定性的判断与推测，比如在叠加的底图中，可以看到某处石林的周围目前积水很多，或其周围现有高大建筑物部分环绕，那么有经验的作业人员就可以在图上标注出积水和建筑物的范围，可以判断出目前石林由于风蚀或水蚀造成的危害情况，并可以在外业采集中写出当前状况及后期所需的保护措施，避免了早期纸质调查中出现户外采集，室内无法对照的情况。内业进行整饰，利用记录的信息结合遥感地图进行勾汇，并通过三维显示功能及文物行业特定属性库的制作，使系统中的文物数据既有空间图形信息，又具有最新的属性信息，便于后期查询分析、出图应用。如图3和图4所示，在野外采集时填入文物属性信息，并采集坐标信息，在地图界面进行缓冲区分析，根据遥感地图和实际情况直接确定缓冲带，得出文物保护范围等。

3.2 GIS采集器在湿地鸟类监测中的应用

在林业湿地监测中，需要对鸟类信息及周围环境情况进行记录。而行进的过程较快，作业现势性要求较严，如在一定的作业带内，调查人员开车进行调查，碰到飞禽走兽时，需要快速记录种群类型并估算种群数量及其他信息，采集器通过前期属性自定义，可以把调查区内常见的生物信息建立调查属性表，用户在调查过程中可以直接选择，尽可能的减少输入量，提高作业反应速率。而对于周边地理信息，不可能通过定义属性库等提前输入，但可以应用遥感影像，根据定位信息和影像判断环境类

型等，直接在采集器中进行标注，内业导出定位信息、动物属性信息和影像进行叠加，通过解译和已有信息分析出动物类型和其生长环境的状况，进行动物分布、迁徙及与周边环境的关系等分析。

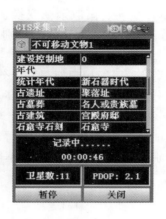

图3　属性采集界面　　　　　　　　　　　图4　文物采集及分析图

采集器+遥感影像在动物监测中的另一个应用就是作业监督调查。在调查监测中，作业人员较多，分布较广，作业环境恶劣。调查中心需要知道调查人员的行踪，一是为了作业监督，保证作业人员安全。利用 GIS 采集器配合影像图进行行走轨迹的记录，在内业中可以直接下载记录数据和底图，直观的看出作业过程是否符合要求，所走过地区的环境情况，在作业人员有危险时，也可以通过通信手段直接联系监测中心，以达到实时监测与决策的目的。

4　遥感影像应用在 GIS 采集器中存在的问题

4.1　影像处理问题

采集器屏幕较小，对于影像色彩分辨率及空间分辨率要求较高，在进行应用中，需要进行增强等处理。遥感影像以其信息量丰富、覆盖面广成为 GIS 系统运行中一个重要数据源，而一景影像的数据量往往在几十甚至上百兆。而"GIS 采集器"等野外终端设备为了降低功耗量、满足作业时间及考虑到外业作业方便性等因素，一般内存、机型大小等都不能和内业桌面端机器相比，所以大量的数据要放到手持端，需要考虑手持端空间大小，并要保证机器运行速度，所以必须运用影像压缩等技术，并能和采集器硬件很好的兼容。

目前各遥感行业有专门的压缩算法和软件[6]，像常用的 JPEG2000 标准和 SPIHT 改进算法，但是都是随着压缩比增加，压缩后的影像质量均逐渐下降。根据研究，当压缩比不超过 4:1 时，两种压缩算法得到的影像效果均较好，但在 4:1 的压缩比下，影像的数据量仍然比较大，对机器的读取效率要求较高。另影像存储技术采用影像金子塔，但一般需要在桌面端进行预处理，比较麻烦。

4.2　投影问题

采集器的行业用户非常广，不同客户提供的影像地图格式和投影坐标是多种多样的，而作为手持端，需要对投影坐标进行规整，和需采集数据进行统一。一般都转换成 GIS 采集器默认的 WGS84 坐标，大量应用时统一坐标系转换的参数及获取方式成为一个关键因素。最常用的是利用已有控制点对影像进行纠正[7]，计算出转换参数，再使用 GIS 采集器桌面端或手持端进行投影转换。或利用已有地形图等进行纠正、转换，但是在没有控制点的地区，转换参数的求取是一个主要问题，所以需要客户前期导入成规定数据格式再进行影像处理、加载。

4.3 系统普及及人员培训

采集器和遥感的应用，需要作业人员对于"3S"有一定的理解。所以在采集器系统应用中对专业人员培训需要耗费一定的时间和精力，同时为了方便专业人员掌握，需要研发单位在影像数据的前期处理、影像加载及调用、外业操作中尽可能的简单化，而"3S"的原理及应用又决定了其复杂性，所以给用户需求及研发带来了很多矛盾。

5 小结

GIS 采集器结合遥感影像应用是未来 GIS 数据获得的重要手段，笔者仅以文物及动物保护监测中简单应用为例说明了 GIS 采集器及遥感应用，在后续中随着技术的成熟会有大量行业应用。但在前期应用中也存在很多问题，如大量遥感影像的前期处理、大容量数据和手持端内存小、处理速度相对较慢的矛盾，数据投影如何统一、影像压缩与调用问题等，在未来会随着计算机、遥感等相关技术的发展而逐渐解决，同时也需要"3S"行业的同人一起努力探索。

6 致谢

本次工作中的遥感影像由中国资源卫星应用中心提供，感谢中心同志在应用过程中对所遇到问题的耐心解答和帮助。

参 考 文 献

[1] 宋绪钦. 河南农业科学, 2005, 2: 5 - 7.

[2] 马华文. 贾炜玮. 林业科技情报, 2006, 38（4）, 9 - 11.

[3] 党安荣等. ERDAS IMAGE 遥感图像处理方法［M］. 北京: 清华大学出版社, 2003.

[4] 孙家柄. 遥感原理与应用［M］. 武汉: 武汉大学出版社, 2003.

[5] 孙晓娟, 范文义, 蔡体久, 等. GPS 在 SPOT 遥感影像空间配准中的应用. 东北林业大学学报, 2005, 33（4）: 110 - 112.

[6] 何宗, 牟玉香. 基于 GPS 的遥感图像纠正. 铁道勘察, 2005, 2: 22 - 25.

[7] 翟亮, 唐新明, 李霖. 基于模糊综合评判方法的遥感影像压缩主观质量评价. 地理与地理信息科学, 2007, 23（3）: 24 - 28.

To Confer the Application of Remote Sensing in GIS Collateor

He Wei

（Beijing Unistrong Science & Technology Co, Ltd, Beijing   100016）

Abstract: This essay studies the integration of GPS, RS, GIS technology in the demand of spatial data and attributes. And it shows the use of GIS collector and remote sensing in the third cultural relic survey and animal heritage protection and investigation, and then discusses problems in the process and application.

Key words: GIS collator   GPS   RS

基于 GIS 与遥感的禽流感预测模型初步实现

孙珂，潘志强，李杏朝，闵祥军

（中国资源卫星应用中心，北京 100830）

摘 要：2003 年以来，东南亚地区许多国家相继爆发了高致病性禽流感，目前禽流感已在全球许多国家爆发。虽然这些疫情已经被控制，但仍然面临着反复爆发的危险。已有研究表明许多疾病病原体或其媒介的存在、滋生及消长与环境因素密切相关。本研究收集了中国区域基础地理数据、遥感数据和 2004 年以来的禽流感爆发数据，并以此为基础建立了数据库。在禽流感爆发与各潜在环境影响因素相关性分析基础上，利用 Logistic 回归模型，建立了基于各种环境因素的中国大陆高致病禽流感预测模型，并计算出禽流感爆发的预测风险图。

关键词：禽流感 遥感 地理信息系统 Logistic 模型

1 引言

禽流感（avian influenza）是禽流行性感冒的简称，根据禽流感对禽只致病力的大小可分为高致病性禽流感和低致病性禽流感。2003 年 12 月以来，东南亚地区的许多国家相继爆发了高致病性禽流感（HPAI），随后欧洲，非洲的一些地方也出现了疫情。2004 和 2005 两年爆发的 HPAI，波及了我国的大部分地区，给家禽养殖业造成了巨大的损失。

自 1878 年以来，国际上的学者在禽流感研究方面进行了广泛的交流与合作。各国学者主要从禽流感病毒学、传播特征和潜在环境因素等方面进行了研究。2004 年禽流感爆发以来，疫情暴发呈现空间跳跃式传播，且表现出明显的季节性规律。一些研究对候鸟迁徙、区域环境、气候变化等因素进行了分析，证实了候鸟的季节性迁徙是禽流感在世界各地区频繁暴发的主要原因[1,2]。而在局部地区，家禽和野鸟的活动，禽类产品贸易，各种地理环境、气象因素等也对禽流感传播有重要影响。运用 GIS、遥感进行的初步相关性分析显示，候鸟迁徙、温度、湿度、水体、交通线等因素与禽流感的爆发存在着不同程度的关联[3]。此外，粮食产量、人口密度、鸡鸭的密度和地形起伏与禽流感的爆发也存在着不同程度的关联[4]。这些研究成果为禽流感的防控提供了参考，也为进一步研究提供了基础。

2 禽流感数据库建立

在前人的研究成果的基础上，本研究收集了可能与禽流感爆发有关环境因素数据，并及时收集 2004 年以来禽流感爆发数据，以此为基础建立了禽流感数据库，数据库结构如图 1 所示。

2.1 禽流感数据库

禽流感疫情专题数据主要来自中国农业部网站和各大新闻媒体网站，整理并建立疫情信息数据表，包括疫情的发生日期（疑似日期、确诊日期、接触疫区封锁日期等）、发生地点、染病禽种、发病数量、死亡数量及捕杀数量等属性字段。

遥感专题数据主要包括 CBERS – 02 星、CBERS – 02B 星的 CCD 和 WFI 数据，同时收集了 MODIS 标准数据产品和地表温度产品数据。

[作者简介] 孙珂，工程师。主要从事定量遥感和地理信息系统等研究。

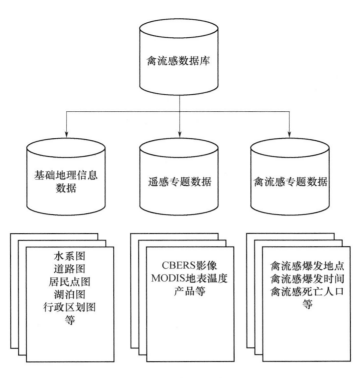

图 1　禽流感数据库示意图

　　基础地理数据包括1∶250 000 中国地理地图，另外收集了全国 DEM 数据。1∶250 000 中国地理地图中包含了多种专题信息，与本次研究相关的主要有湖泊、水库、河流、国道、铁路等信息。

　　禽流感数据资料涉及矢量、栅格、文字等不同形式的数据，通过数据库集中管理数据，为分析这些数据提供了方便。此外，并不是直接将这些原始的数据用于分析，而是根据研究的需要，对原始数据进行必要的处理，提取可用的信息。

2.2　禽流感数据的可视化表达

　　地理空间信息可视化是一种重要的技术，它通过强大的、有效的地图系统将复杂的空间和属性数据以地理的形式展现出来。空间信息的可视化是现有计算机可视化技术的具体应用，是以地理环境作为依托，强调的是地理认知与分析。透过视觉效果，探索空间信息反映的规律。

　　利用禽流感数据库中的多源数据，使用功能强大的地理空间信息可视化和分析工具 ArcGIS 软件，将禽流感数据和环境因素数据制作成地图或时间序列动态地图集的形式（见彩图 32）。这样可以直观的表达禽流感爆发的地理位置空间分布，便于挖掘数据之间的关联性和发展趋势，了解禽流感动态、发现底层的模式和规律，从而及时做出正确的判断和决策。

3　模型介绍

　　禽流感的传播表现出明显的时空聚类特征，并且其发生概率与某些环境因素有很强的相关性。候鸟迁徙、气候、水库、交通、湖泊和河流等环境因素对禽流感的发生有重要的影响[3]。这些研究工作主要采用了诸如叠加分析、缓冲区分析、直方图、散点图和空间聚类等 GIS 空间分析功能和探索性空间数据分析技术，所得到的结论为禽流感的预防和控制提供了重要的线索。然而，这些分析的结果仅仅显示了 HPAI 特征的一些描述性的信息。为了进一步理解 HPAI 发生和流行的机理，有必要更加深入地定量分析禽流感发生与这些环境因素之间的相关性。除了空间上的相关性，HPAI 发生的时间行为也具有一般传染病的特征。如疫情发生数随着时间的推进先增加后减少的特点，累计疫情发生数随时间呈现 logistic 函数曲线的形式等[5]。这种现象的本质是由于传染病传播的时间自相关性。因此，要正确描述 HPAI 的传播行为，需要从疫情发生的空间和时间相关性两个方面进行分析和考虑。

3.1　Logistic 回归模型

Logistic 回归建模主要包括：模型建立、参数估计、模型评价、系数统计推断和模型应用等方面。假定一个事件发生的条件概率为

$$p_i = P(y_i = 1 \mid x_i)$$

logistic 回归模型假定这个概率能表达为如下形式：

$$p_i = \frac{1}{1 + \exp - (\alpha + \beta x_i)}$$

如果令 $\eta_i = \alpha + \beta x_i$，则

$$p_i = \frac{1}{1 + e^{-\eta_i}}$$

这里 p_i 是 η_i 的函数，其形式就是 Logistic 函数形式。Logistic 函数中随着 x 的增加 p_i 值跟着增加，但是它们之间的关系是非线性的。另外，随 x 趋于负的无穷，p_i 的值无限逼近零，但始终大于零。随 x 趋于正的无穷，p_i 的值无限接近 1。x 从负无穷向正无穷变化的过程中，p_i 的值是先加速增加并在某个临界点达到最大后再减速增长。以上所描述的变化可以用于表达很多实际的情况。如某疾病的爆发概率，随温度的升高而增加，在某个临界温度附近变化最大等。

3.2　HPAI 与环境因素相关性建模

由于空间自相关的存在，传统的 Logistic 方法不适用于对空间数据的分析。从而一种针对空间数据分析的二分类变量回归模型，空间自相关 Logistic 回归模型（autologistic）被提出了。该模型是在传统 Logistic 模型的基础上以空间权形式引入了空间自相关因子，从而解决了空间统计分析问题中固有的空间自相关效应的影响。

假定 n 例疫情发生在某个时空域，分别用 U 和 T 表示其空间域和时间域。按疫情发生的时间顺序将其分别编号为 1，2，$\cdots$，n。如果用集合 $\{(x_i, t_i), i=1, 2, \cdots, n\}$ 表示所有疫情的空间位置和发生时间，则有 $t_i \leqslant t_j$，$i < j$。现在，到任意给定时间 t_g（$t_1 < t_g < t_n$）为止，已发生的疫情数是有限的，在 t_g 及其以前时间发生的疫情集用 $I(t_g)$ 表示，$\{(x_i, t_i), i \in I(t_g)\}$ 则为相应的空间位置和发生时间。假定时空位置 (x_i, t_i)，$x \in U$ 疫情出现的条件概率与 $I(t_g)$ 及其相应的环境因素满足 Logistic 函数形式，则可以将疫情发生的条件概率表达为如下形式[5]：

$$p(y_i = 1 \mid \alpha, \beta, \gamma) = \frac{\exp\left(\alpha + \beta X_i + \gamma \sum\limits_{j \in I(t_i)} w_{ij}\right)}{1 + \exp\left(\alpha + \beta X_i + \gamma \sum\limits_{j \in I(t_i)} w_{ij}\right)}$$

式中　w_{ij}——时空点 i 和 j 的时空相关权。

并且 $w_{ij} = m(\tilde{\omega}_{ij}, \omega_{ij})$。$m(*, *)$ 是一个链接函数，$\tilde{\omega}_{ij}$ 和 ω_{ij} 分别是时空位置 i 和 j 之间的空间权和时间权。

4　模型实现

HPAI 与环境因素相关性模型中，参数包括交通、水体、湖泊邻近度等要素。邻近度是一类重要指标，主要通过它们来研究禽流感发生与各类水体（湖泊、水库、河流），交通（铁路、国道）等因素

之间的相关性。对于空间两要素之间的邻近度，通过它们之间的距离来量化。对于两个点要素之间的距离，直接按如下距离公式进行计算：

$$d = \sqrt{(x_1 - x_2)^2 + (y_1 - y_2)^2}$$

式中　(x_1, y_1)，(x_2, y_2)——分别是两个点要素的平面位置坐标。

　　然而，当要计算一个空间位置与非点类型（线和面）的要素集之间的空间距离时，情况就变得复杂。首先我们定义点到线要素的距离，即：点到线要素的距离是该点到组成线的所有点的距离的最小值。而一个要素类是某一类要素的集合，它们通常被组织为一个图层，一个非点类型的要素集与一个点的距离定义为该点到所有要素距离的最小值。这样可以明确地表达空间位置与各种因素之间的空间临近度。比如：空间某个位置与湖泊之间的邻近度即为该点与所有湖泊要素之间的最小距离。

4.1　环境信息提取

　　为了提高运算精度，以0.1°×0.1°的方格为间隔将全国矢量图形分割成9万多个方格（见图2）。初步选择国道临近度、湖泊临近度、河流临近度3种危险因素，在ArcGIS中并没有提供直接计算邻近度的功能，AO（ArcObjects）接口Proximity提供Returnnearestpoint方法。使用ArcGIS提供的二次开发组件ArcObjects，在ARCGIS平台下的VBA模块中利用相关接口计算每一个方格与全国国道、湖泊、河流的最近距离，并将距离保存在对应的属性表中。利用ArcToolbox工具，将属性表中国道、湖泊、河流临近度输出成栅格影像。由于计算量巨大，针对每一个实体都建立了搜索区，这样提高了效率，减少了运算时间。代码如下：

```
searchRadius = ConvertPixelsToMapUnits（Unitnum）'//将屏幕坐标点转换成地理坐标点
Set penv = point. Envelope
penv. Height = searchRadius '// 设置搜索区高度
penv. Width = searchRadius '// 设置搜索区宽度
penv. CenterAt point '// 设置搜索区中心点坐标
pDoc. FocusMap. SelectByShape penv, Nothing, False '//在搜索区范围内选择实体
```

　　根据计算道路、湖泊和河流邻近度结果，运用ArcGis软件进行可视化表达（见图3、图4和图5）。

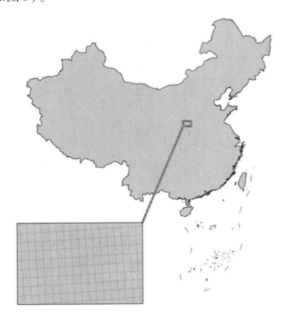

图2　中国区域网格图

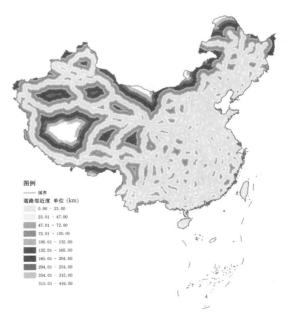

图例
—— 国界
道路邻近度 单位（km）
0.00 - 23.00
23.01 - 47.00
47.01 - 72.00
72.01 - 100.00
100.01 - 132.00
132.01 - 165.00
165.01 - 204.00
204.01 - 254.00
254.01 - 315.00
315.01 - 416.00

图3　中国区域道路邻近度图

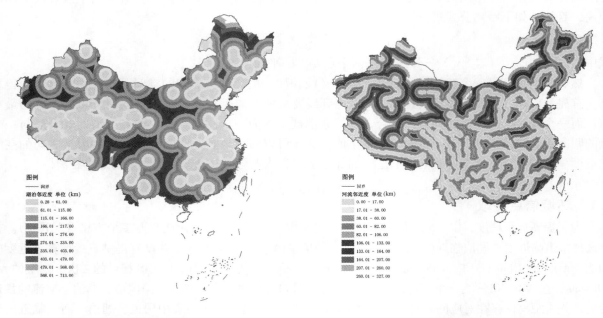

图4　中国区域湖泊邻近度图　　　　　　图5　中国区域河流邻近度图

4.2　预测模型的运算

本研究中选择道路、河流、湖泊临近度作为禽流感爆发的预测因子，将计算得到邻近度图像，利用建立的 Logistic 预测模型运算得到了中国区域内禽流感爆发的概率图（彩图33）。

5　结语

本研究中，主要选择了国道临近度、铁路临近度、水库临近度、湖泊临近度、河流临近度等环境因素，与禽流感爆发数据的进行了相关性分析，初步建立了中国区域禽流感预测模型，并计算出禽流感预测风险图。基于现有的研究，今后在模型发展和高级参数估计方法开展更深入的研究和应用。收集更多类型环境因素的数据，例如 DEM、天气状况等因素，分析其与禽流感爆发的相关性，并将相关性定量化表达，优化预测模型，建立禽流感预警系统，为禽流感的预防提供依据。

参 考 文 献

[1]　TRACEY, J P, WOODS R, ROSHIER D, et al. The role of wild birds in the transmission of avian influenza for Australia: an ecological perspective. Emu, 2004（104）: 109 – 124.

[2]　CHEN, H, SMITH G J, Zhang S Y, et al. Avian flu: H5N1 virus outbreak in migratory waterfowl. Nature, 2005（436）: 191 – 192.

[3]　CAO C X, CAO W C, ZHONG, S B, et al. Study on the Highly Pathogenic Avian Influenza Epidemic Using Land Surface Temperature from MODIS Data. In Proceedings of IEEE/IGARSS held at Soul, Korea, 25 – 29 July 2005: 3599 – 3602.

[4]　MARIUS G X, X W K, M J O. Mapping H5N1 highly pathogenic avian influenza risk in Southeast Asia. PNAS, 2008105（12）: 4769 – 4774.

[5]　钟少波，薛勇，曹务春，等. GIS 和遥感应用于传染病流行病学研究 – 以乙肝和高致病性禽流感为例 [D]. 北京：中国科学研究生院，2006.

Primary Implement of Model for Highly Pathogenic Avian Influenza Risk Based on GIS and Remote Sensing

Sun Ke, Pan Zhiqiang, Li Xingchao, Min Xiangjun

(China Centre For Resources Satellite Data and Application, Beijing   100830)

Abstract: The highly pathogenic avian influenza (HPAI) has broken out successively in many countries in Southeast Asia since 2003, and in many countries around the world at present. The epidemic situation still faces repeated outbreaks, although it has been controlled. Researches show that the existence, the propagation and decease of many pathogens are closely related with the environmental factors. In this paper, the database has been build up based on the Chinese basicgeographical data, remote sensing data and HPAI data since 2004. Using the logistic regression model, the HPAI prediction model based on a variety of environmental factors in mainland China has been build up, moreover, the predicted risk ma Phas been calculated, based on the analysis of the relationshi Pbetween HPAI breakout and the potential environmental factors.

Key words: HPAI   Remote sensing   GIS   Logistic model

卫星导航兼容系统应急装备与减灾应用服务平台

赵晓林[1]，来红州[2]，贺维[1]

(1 北京合众思壮科技股份有限公司，北京　100016)

(2 民政部国家减灾中心，北京　100053)

摘　要：介绍基于卫星导航兼容系统研制的手持式应急装备和减灾应用系统，与移动 GIS、RS 技术结合服务于提高突发公共事件应急处置科技水平的研究应用。

关键词：GNSS　移动 GIS　应急救援

1　引言

我国是世界上遭受自然灾害影响最为严重的少数国家之一，灾害种类多，发生频率高，分布地域广，造成损失大。可以说，自然灾害的严重性也是我国基本国情的重要方面。改革开放以来，我国社会经济快速发展，人民生活水平日益提高，综合国力显著加强。与此同时，全球气候变暖趋势日益明显，我国人口和财富高度聚集，灾害风险日益增加，资源、环境和生态压力不断加剧，自然灾害发生频率和灾害损失呈明显上升趋势。我国自然灾害的显著特点和发展趋势昭示着未来我国救灾工作将面临更大的挑战。

随着遥感、地理信息系统等现代信息技术广泛应用于灾害监测预测、预警预报、灾情评估、应急救助和灾后重建等领域，我国减灾救灾工作的信息化、科技化水平得到显著提高。但是，GNSS 技术（卫星导航定位系统）在我国综合减灾救灾业务工作中的应用还十分有限。

2008 年以来，我国相继遭受了南方低温雨雪冰冻灾害、四川汶川 8.0 级特大地震，灾害给人民群众生命财产造成了重大损失。在全球气候变化大背景下，各类突发公共事件对社会安全构成严重威胁，GNSS 技术在减灾救灾工作中崭露头角。本文介绍了基于卫星导航兼容系统的设计开发，为国家减灾救灾管理人员研制了灾区现场手持式应急装备和减灾应用服务平台，旨在提高国家灾害应急救援能力，切实加强减灾救灾工作的技术保障水平。

2　国内外应用现状

2004 年 12 月 26 日，印度尼西亚苏门答腊岛附近海域发生 9.0 级强烈地震，并引发海啸，影响到了东南亚、南亚和东非国家，造成了巨大的人员伤亡和财产损失。这次印度洋地震海啸的最大教训之一就是灾害预警机制和灾后定位搜救通信装备的缺乏，卫星导航定位系统在各国减灾救灾工作中具有巨大的市场需求与潜力。

美国自从 9·11 事件发生后，逐步加大对突发公共事件的分析评估、预警预报、应急处置能力和装备建设水平，欧洲、日本、韩国也加快了公共安全和减灾救灾领域个人定位服务与应用。GNSS 与GIS、RS 技术结合已广泛应用于空间地理信息采集、风险评估、防灾备灾、紧急救援、重建规划等领域。在国外，救援人员配备手持式卫星导航应急装备，结合位置定位、无线通信、监控指挥系统、嵌入式 GIS 软件进行集成应用。美国国土安全部应急预防响应局（原联邦紧急事务管理署 FEMA）日趋

[作者简介]　赵晓林（1982—　），硕士，主要从事卫星导航技术与应用研究。

完善的应急管理体制和运行机制，保障了灾害应急管理系统的建设，以及应急物资和救援装备储备。

目前，在我国救灾指挥当中，高新技术应用仍然有限。救援人员对灾害信息的收集、分析、处理和评估尚无轻便、可随身携带的卫星导航应急装备，在一定程度上影响了我国灾害应急救灾指挥工作的质量和时效性。而在汶川地震抗震救灾中北斗一号和 GPS 的应用（见图 1），体现了我国 GNSS 技术在突发公共事件应急救援工作中日益迫切的需求。

图 1　北斗一号定位导航系统在汶川地震灾区得到应用

3　关键技术

3.1　多系统卫星信号接收技术

研制多系统一体化兼容接收机，可采集美国 GPS、俄罗斯 GLONASS，甚至欧洲 Galileo、北斗等系统的数据或者各系统数据的组合实现导航定位。

3.2　移动 GIS 技术

移动 GIS（Mobile GIS）是集成卫星导航定位技术、个人化计算机 PDA、移动通信技术（GPRS/CDMA）和互联网技术的嵌入式 GIS 软硬件系统。面向减灾应用领域基于卫星导航兼容系统应急装备开发救灾应急移动 GIS 系统。

3.3　减灾应用业务模型技术

采用面向业务对象的模块化功能设计，将灾害风险计算、分析，损失评估和监控指挥调度等业务模块封装，可实现灵活扩展、调用和升级维护。

3.4　灾害应急中矢量、栅格基础数据的应用

基础数据是卫星导航兼容系统应急设备应用基础，通过已有数据，如矢量数据和灾后影像数据的叠加，可以了解灾害前后地理状况变化等信息，为快速决策做出支持。

4　系统构建与功能实现

利用掌握的 GNSS 先进技术和科研成果，设计开发的手持式应急装备与减灾应用服务平台是面临突发公共事件时"整合"与"协同"救援工作的技术保障，平台能够提供全天候的导航定位功能，能够为灾区的事前调查、现场监控调度指挥、事后评估提供实时服务（见图 2 和图 3）。在灾情发生时，可追踪救援人员的行踪，上传下达指令，在一定程度上减少面临的风险，以便制定及时的应对措施。

通过对救援工作人员的实时追踪，将此类信息汇总于应用服务系统，可保证灾情信息更加具有时效性和真实性，为政府决策提供有力支持，保证各项救灾工作的顺利进行。

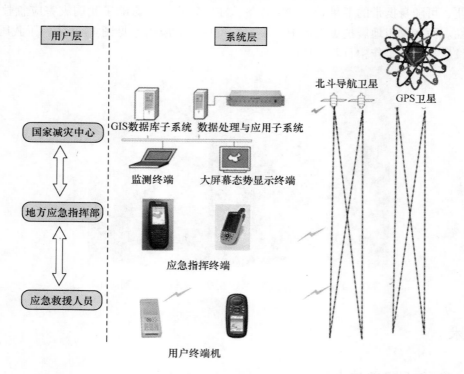

图 2　手持式应急装备与减灾应用服务平台系统架构

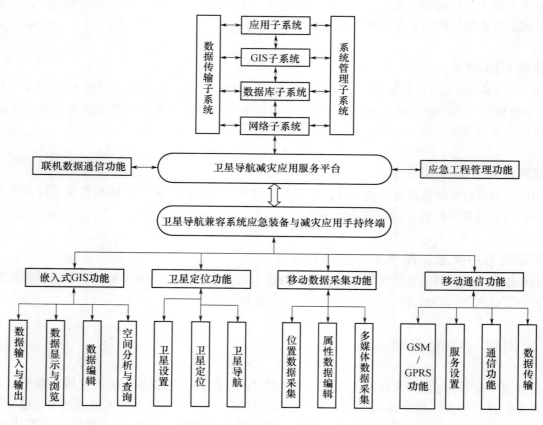

图 3　终端嵌入式软件系统和减灾应用平台框架

系统组成包括如下 3 个部分。

（1）卫星导航应急管理终端装备

手持式应急指挥终端兼容 GPS 和北斗卫星定位系统，具备卫星导航定位、加载卫星遥感图像（栅格）和电子地图（矢量）数据、通信和数据传输等基本功能。

业务功能：整合卫星定位和移动通信技术，用户终端机上具备灾情现场调查和数据采集、无线传输功能，应用于运送救援物资和参与灾区救援的实时应急指挥调度功能，结合 RS、GIS 实现灾后评估分析功能。

（2）终端嵌入式软件系统

基于用户终端机开发了救灾应用"应急通"移动端软件系统，主要包括嵌入式 GIS 模块、卫星导航定位模块、移动通信模块、数据传输模块和业务应用模块（具备灾情信息调查、灾害评估分析等功能）。

"应急通"嵌入式软件系统采用 Embedded Visual C++ 平台开发，基于 Windows 开放组件与用户终端机 SDK 二次开发，面向国家减灾中心核心需求设计业务模块，遵循 Portal、XML、Soap 和 Internet/VPN 协议将数据和服务对外部开放，依据民政救灾评估工作流程构建软件功能。

（3）减灾应用服务平台

架设在指挥中心服务器的减灾应用服务平台分为国家、省、市、县 4 级系统，支持多用户访问可并发处理受灾地区多个应急终端上报的灾害信息（包括空间数据和属性数据），并及时载入后台 GIS 数据库和应用服务系统，在减灾应用服务平台上进行数据分析和处理，判读灾害发生的地理位置与影响范围，还可将灾情统计数据、应急指令等迅速汇总、上报和下达，辅助救灾应急指挥中心直接对配备应急终端的救援人员和车辆进行实时指挥调度，提升救灾应急处置技术能力。

5 遥感影像在应急装备与减灾服务中的应用

在灾害应急中，遥感影像和矢量数据都是灾害分析、救援及灾后评估的依据，遥感影像能很好地体现灾前灾后的变化情况，现势性好，矢量数据则多应用在灾害分析及运算方面。

此次应急装备中采用中国资源卫星中心提供的 CBERS - 02B 卫星遥感数据，对 19.5 m 遥感影像进行不同波段合成得到假彩色影像（4，3，2）、进行纠正、重采样、裁剪，与 2.5 m 影像进行融合，满足灾害应急对于影像空间分辨率与色彩分辨率的需求。

把处理后的栅格数据和相同地区的矢量数据叠加，加载到应急装备中，对于地震前后出现的变化，应急人员可以很明显地判断出，如断裂的道路、高架桥及出现的滑坡地区。救援员可以通过前后对比，即矢量图和栅格图的叠加进行判断，在救援中避开危险，或确定抢修的路段以及快速进行导航定位，到达救援地区。

图 4 为灾害地区合成后的影像图。图 5 为处理后的影像图加载到应急终端中，矢量化的线状地物为道路，从影像中可以看到地震后两边的滑坡及受损的情况。图 6 为加载影像图的应急设备。应急人员可以根据图像的情况选择救援路线、进行救援地点的导航，以快速到达救援地，节省时间。

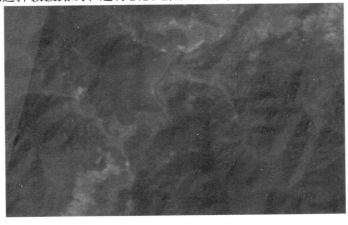

图 4　灾害地区波段合成影像（432 波段）

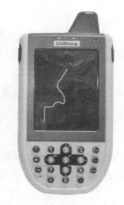 

图 5　加载矢量和影像叠加图的应急设备　　　　　图 6　加载影像图的应急设备

6　小结

GNSS 技术在我国应急救援体系的深入应用，实现了随时（Anytime）、随地（Anywhere）为所有的人（Anybody）和事（Anything）提供实时服务（4A 服务）。而遥感影像作为基础信息，结合已有矢量图，能更好地体现应急服务中需要的地物现势性的反应，有助于提高突发公共事件快速反应和应急处置能力，救援人员快速有效地获取到相关信息资源、进行资源的优化分配与整合，最大限度地减少灾害造成的损失。减灾应用服务平台决策支持和服务功能的不断改进和完善，以及遥感及矢量数据和GNSS 系统地结合，将为我国减灾救灾工作提供可靠的技术保障。

7　致谢

本次在灾害应急终端设备中应用影像为中国资源卫星应用中心提供，在此表示衷心感谢。

参 考 文 献

[1]　丁陆军. 移动嵌入式 GIS 概述 [J]. 城市勘测, 2008, (01): 64 - 65.
[2]　王攀. 移动 GIS 及其新应用 [J]. 测绘与空间地理信息, 2006, 5 (29): 129 - 131.
[3]　王兴玲. 基于北斗卫星的灾情信息采集与灾害应急指挥系统研究 [J]. 西南师范大学学报: 自然科学版, 2007, 6 (32): 136 - 140.
[4]　魏有炳, 冯学智, 肖鹏峰. PDA 在台北市城市应急系统中的应用研究 [J]. 测绘通报, 2007, (03): 60 - 62.

Hand-held Receiver and Disaster Emergency System Based on GNSS（Global Navigation Satellite System）

Zhao Xiaolin[1], Lai Hongzhou[2], He Wei[1]

（1 Beijing Unistrong Science & Technology Co, Ltd, Beijing　100016）

（2 National Disaster Reduction of Centre Ministry of Civil Affairs, Beijing　100053）

Abstract：This essay introduces a Hand-held receiver and Disaster Emergency System based on GNSS（Global Navigation Satellite System）, which integrates mobile GISand RS technology to enhance the level of public emergency management.

Key words：GNSS　Mobile GIS　Emergency rescue

遥感影像辅助地图制图的研究和应用

司连法

（中国地图出版社，北京 100054）

摘 要：随着我国道路建设步伐不断加快，读者对地图现势性要求越来越高。为了满足人们的需求，地图制图单位和人员必须掌握第一手道路变化及相关资料。地图制作单位搜集资料和制作地图的传统方式越来越不能满足要求，遥感和 GIS 的结合给地图制图单位和人员带来了福音。本文利用中巴地球资源卫星遥感资料，结合中国地图出版社已有地图数据库和 GIS 系统，对如何利用卫星遥感资料辅助地图制图进行了分析研究。

关键词：地图制图　遥感　地理信息系统

1 引言

我国幅员辽阔、人口众多，交通运输压力大，特别是节假日期间"一票难求"的状况一直难以解决，私家车出行也饱受堵车的煎熬。基于此，国家交通部加大了铁路、公路建设投资力度，提出了建设"7918"国家高速公路网的规划，规划总里程大约 85 000 km，现已基本完成"五纵七横"国道主干线系统，大概完成了 40% 左右，到 2010 年，中、东、西部地区将基本形成"东网—中联—西通"的高速网络。

道路建设如此之快，为了使其起到疏通和分流交通的目的，在第一时间向读者提供最新地图是必要的。这给制图单位和制图人员带来了压力和挑战。

传统制图方式是通过搜集规划道路资料预先在地图上表示规划道路。一般来讲，这种方式表示的道路只是示意性道路，不能准确地表达实际道路的位置和走向。一旦规划道路通车，制图人员还必须重新搜集地图资料重绘道路，绘制方法是采用扫描或目视绘制方法。这种方法无论从准确性上，还是从时间上都难以达到读者要求。

遥感影像的应用能在第一时间为制图人员提供准确的道路位置和走向信息，制图人员结合遥感影像和 GIS 技术能够实现准确制图，在制图中可以起到预知道路开通后的情况，达到了比较理想的效果。本文利用中巴地球资源卫星数字遥感影像资料，结合中国地图出版社建设的可用于公开出版的地图数据库和 GIS 系统，实现对地图数据库的更新，从而探索出了一条利用遥感和地理信息系统辅助地图制图的新途径。

2 传统制图中的不足

地图制图方式最早采用手工制图，20 世纪 90 年代开始采用机助制图。在计算机技术发展推动下，GIS 技术在 20 世纪 80 年代开始起步并在 90 年代得到了较好的发展。作为我国地图制作、出版行业权威的中央级地图出版社——中国地图出版社为了适应新世纪的要求，为了能够高效地制作出读者需要的地图出版物，开发了自有的 GIS 系统，并在此基础上建立了适合于制作公开出版地图的地图数据库。实践表明，建设地图数据库不是关键，关键是建设后如何及时地更新和维护。只有通过更新和维护得

［作者简介］　司连法（1973— ），高级工程师，2000 年毕业于武汉测绘科技大学，硕士学位，主要从事 GIS 系统开发和图形图像学研究。在中国地图出版社工作。

到的具有较高现势性的地图数据库才是满足地图制图需要的数据库，否则，很难适应地图制图的需要，基于此数据库制作的地图也难以达到读者要求。

地图信息主要包括地理信息和非地理信息。地理信息主要包括：道路位置和走向、居民地信息、河流位置和走向等。非地理信息主要包括：行政界线、居民点名称、道路名称、河流名称等。地图数据库更新和维护就是针对地图信息的变化展开工作。非地理信息可以通过政府发布获得，而且变动相对较小。地图中最复杂和关键的是道路位置和走向，河流位置和走向。地图上标错一条路可以导致读者多走很多冤枉路，甚至需要走回头路。

本文只针对地理信息获取进行研究。在传统制图中，地理信息获取主要有以下几种方法：

1）调绘。也叫外业调绘，是根据需求人工到现场进行调查测绘，在原有地图的基础上，绘出当前地物变化。依据调绘成果对地图进行更新。

2）权威部门发布的地理信息。从当前来讲，准确的地理信息很难及时发布出来，加上地方保护，并不是大多数制图单位能够在第一时间获得。

3）现有出版物转绘。一般来讲，地图制作单位出图关系有先后之分，各单位获得资料的途径和先后也不同，先获得资料的单位制作出版的地图出版以后，其他制图单位就会根据其出版物转绘。

4）GPS跟踪。利用车载GPS记录车辆行驶轨迹（见图1），从而获得道路的位置和走向。现在很多单位，特别是GPS导航图制作公司多采用这种方法。

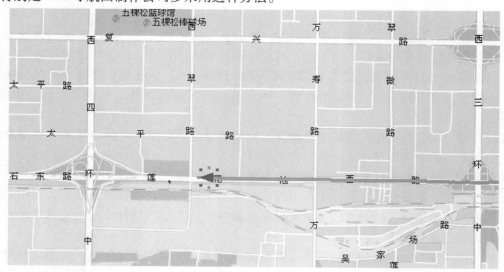

图1　GPS跟踪记录车辆行驶轨迹

综合以上几种传统地理信息获取方法可以看出它有以下不足：

1）周期长。不管是外业调绘或是GPS跟踪，完成周期都比较长。

2）资金花费大。人工到现场调绘除人员成本外，还要交通费、差旅费等，总成本较高。GPS跟踪需要驾车，要花费过路费、油费、人力成本、差旅费等。

3）时间滞后。传统方式实现的条件是必须在目标物完成以后进行，如GPS跟踪必须在道路修通以后并且允许通车的情况下完成。

4）可实现性和精度不够。有些地理信息无法使用传统方法准确地获得。如湖泊形状、岛屿形状、河流走向等。这些地理信息即使能够获得，其精度也不高。

3　卫星影像地理信息的挖掘

中国资源卫星应用中心经过多年的努力，截至2008年6月，累计分发数据产品突破30多万景，相当于覆盖我国全部国土250余遍，这些数据在我国农业、林业、水利、国土资源等众多领域得到了广泛的应用。这些数据有效地促进了社会公益事业的发展,创造了巨大的社会效益和经济效益,为我国经济建设、社会发展作出了贡献。

中巴地球资源卫星也为地图制图单位带来了福音,它可以为地图数据库建设提供最准确的地理信息,是一种成本更低的新的地理信息采集方式。中国地图出版社就是应用中巴地球资源卫星数据辅助地图制图的单位之一。为了让更多的单位来应用中巴地球资源卫星影像,使其创造更大的价值,下面结合中国地图出版社实际应用情况就中巴地球资源卫星影像辅助地图制图进行研究和分析。

3.1 岛屿形状信息

岛屿形状信息是利用卫星影像辅助地图制图最典型的优势,采用实地测量虽然能够获得较为准确的信息,但是成本较大,工作周期长,采用其他采集方式不易取得全貌信息,而利用卫星影像可以很直观地得到岛屿的形状信息,可以在短时间内得到与岛屿、海洋相关的其他信息,为绘制海岸线提供最为准确的第一手资料。图2、图3、图4是上海市长江入海口处的长兴岛和横沙岛及其周边岛屿卫星影像图,以及利用影像资料更新地图前后的情况。

图2　地图更新前

图3　地图更新后

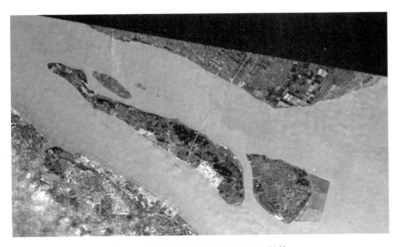

图4　地图更新所使用的卫星影像

利用卫星影像更新岛屿、海洋、湖泊等通过调绘难以完成的任务是其他采集信息方式无可比拟的。随着经济的发展,我国沿海地区有很多地方因填海或其他原因导致海岸线发生变化,如首钢新址等。这些变化如果不借助卫星影像资料来辅助制图,将很难在地图上准确地表示出来。

3.2 河流信息

河流信息是卫星影像中能够提取的另一重要信息,它可以清晰地反应河流当前的状况。历年来,我国重视水利工程建设,河流的改动也非常大,但是关于河流变化的详细信息并没有通过公共渠道发布，所以地图制图人员难以得到关于河流变化的详细信息。卫星影像能够清晰地反映河流的变化，因此借助卫星影像更新河流位置和走向成为可能。三峡工程给长江带来的变化影响到了大量自然村的变化，但自然村的变化并没有见到官方的详细统计公布，这给制图人员更新地图带来了难度，借助卫星影像，利用其精确的地理信息与原地图数据库进行匹配，通过缓冲区分析就可以准确地计算出有多少个自然村因三峡工程而搬迁，从而可以对地图进行更新。

中国资源卫星应用中心现在提供的 02B 星高分辨率的 HR 影像，不但能够清晰显示河流走向，而且能够清晰地显示河流与道路的关系，这对地图制图人员有很大帮助。

卫星影像中河流信息对导航地图具有更重要的意义，因为河流信息在导航地图中也是表示内容之一，但是导航公司不可能像通过车载 GPS 更新道路一样更新河流。因此利用卫星影像具有地理坐标属性的特点，将它匹配到地图上就能够实现河流的更新。

水上建筑也是卫星影像能够获取的信息之一，例如为 2008 年奥运会新建的皮划艇比赛场馆，利用该处的 HR 影像就能够准确地绘制出其形状（见图 5）。

图 5　北京 2008 年奥运会皮划艇场馆影像图

3.3　道路信息

道路信息是地图制图单位和人员最为关心的要素之一。目前，我国对交通地图的需求越来越多，对交通地图的现势性要求也越来越高。如何在第一时间为读者提供最新交通地图成为地图制图单位重点考虑的问题之一。其关键因素就是能不能在第一时间得到道路的变化信息及最新道路的位置和走向。

通过前述的传统采集方法都只能在道路正式开通以后完成，而且中间还需要整理制作的时间，因此采用传统采集方式更新的地图要比道路开通时间迟几个月时间。我们再看看卫星影像采集道路信息方式，道路地基一旦打好以后，卫星影像即可以反应出此道路的信息，因此，在道路开通前几个月，卫星影像就可以辅助制图人员完成道路的更新，道路开通之日制图单位不用再次绘制地图就能完成道路更新，从而消除了从道路开通到成图之间的时间差。

铁路信息通过传统方法难以得到准确的位置和走向信息，制图人员借助卫星影像来更新最新修通铁路既准确又方便。青藏铁路是我国举世瞩目的成果，在中巴地球资源卫星影像上清晰显示，将它表示在我国铁路网地图上，让每个中国人都能够目睹它的风采。

卫星影像不但能够显示道路位置和走向，而且在高分辨率影像上能够显示道路其他信息，如高速出入口、收费站、高速连接线等。这些信息也是地图必须表示的信息，也是读者关心的重要信息。

3. 4 城市信息

高分辨率卫星影像含有丰富的城市信息，如城市道路、立交桥、楼房、公园设施、绿地、护城河等，对更新城市地图具有重要的意义。

3. 5 其他信息

卫星影像是实际地物的"相片"，因此，除了上述地图制图所需要的信息外，还有大量其他信息，地图制图人员可以根据实际需要进行提取。特别是制作某区域专题图，它的作用可能超出估计。但判读专题要素需要较强的专业知识，不是一般制图人员所能够掌握的。

4 卫星影像辅助地图制图方法

中国资源卫星应用中心向用户公开提供的卫星影像是2级产品，是只经过系统纠正的产品。中心也可以提供精纠正产品，但要收取一定的费用。这里只针对2级产品来应用。

4. 1 获取影像

中国资源卫星应用中心提供2种影像下载，一种是CCD影像，一种是HR影像。CCD影像分辨率为19. 5 m，HR影像分辨率为2. 36 m。在下载影像之前制图人员需要知道自己的需求，如果是制作小比例尺地图就没有必要下载HR影像，下载CCD影像即可。在CCD影像达不到要求的情况下再下载HR影像，这样即节约下载时间又节约处理时间。

4. 2 卫星影像的处理

在使用卫星影像之前必须对它进行处理，CCD影像下载后需要先将不同波段影像合成假彩色图像，以利于更容易判读卫星影像中相关信息。影像合成后利用对应比例尺的地形图或大比例尺地形图对影像进行几何纠正，生成高精度的卫星影像。影像纠正后图像有些模糊，可以使用PHOTOSHOP软件对其进行锐化处理，并调整颜色，使不同信息区分更加明显。

另外要做的一件事是投影变换，为了在纠正影像时更容易对照地图数据库进行选点，最好将卫星影像变换成与地图数据库相同的投影方式。

纠正卫星影像要根据制图需要来决定纠正的精确度，如果要得到精纠正影像就必须选取较多且平均分布的控制点，工作量比较大；如果只是需要某一条道路，并且要求精度不高，只进行粗纠正即可，如制作小比例尺地图时就可以采用这种方法，粗纠正后根据此道路与其他要素的相对位置关系，将此条道路更新到地图数据库中。当然，我们是制作一般的出版地图，不是导航地图，如果制作导航地图就必须进行精确纠正。

4. 3 绘图

绘图过程可以采用两种方法：一是基于卫星影像处理软件，如ERDAS、Arc/Info等专业软件或其他自开发软件绘制矢量数据，再将矢量数据导入地图数据库；二是将处理后影像导入制图软件作为底图进行矢量化。

由于制图软件各不相同，具体矢量化方法在此不再细述。

在绘图过程中不要只绘制所需对象，应当尽可能绘制出所需对象的周围参照对象，特别是待更新地图数据中已有的对象。这样，不但可以验证绘制地图数据的准确性，而且可以针对其中的小偏差进行再纠正。

5 应用效果

采用上述方法利用遥感影像辅助地图制图在中国地图出版社地图数据库更新和维护中起到了重要作用，为及时地向地图编辑提供准确地图数据提供了保障。在实际应用中主要使用了岛屿、海岸线、湖泊、河流、铁路、高速公路、国道、城市道路、居民地等信息，其中岛屿和公路信息的应用最为广泛、效果最好。

6 结束语

在中国资源卫星应用中心的帮助下，中国地图出版社对中巴地球资源卫星影像辅助地图制图进行了研究和应用，效果理想。

值得提醒的是，由于卫星不可避免地受天气影像的原因，有些地区的卫星影像效果不理想，云覆盖率较大，无法应用。因此，应用卫星影像辅助地图制图不是万能的，它只能作为辅助地图制图的方式之一，不能百分之百依赖它。

同时，在应用卫星影像时要注意保密信息的处理。卫星影像含有信息比较多，特别一些高精度影像信息更多，其中可能会有一些涉密信息，制图人员必须具有一定的保密知识，正确甄别各种信息，遵守相关法律。

Research and Application on Cartographic Using Remote Sensing Image

Si Lianfa

（Sinomaps Press，Beijing 100054）

Abstract：With the development of road building, Readers have higher demand on maps updated in time than ever. In order to meet the demand of people, Cartographic companies and cartographers must master first-hand road's information. The traditional method of getting information used by cartographers can't meet the demand. Combination of remote sensing and GIS takes good news for them. This article gives a research on how to draw ma Pusing remote sensing images, ma Pdatabase and GIS, with experience of Sinomaps Press.

Key words：Cartographic Remote sensing image GIS

CBERS –02B 星遥感数据在庐山综合地理实习中的应用

杨波，李芳，刘宇鹏

（湖南师范大学 GIS 研究中心，湖南师范大学资环学院，长沙　410081）

摘　要： 庐山是国内众多大中专院校地学相关专业的实习基地，但该地区相应的实习专用图件却极为匮乏。本研究利用中国资源卫星应用中心免费发放的最新 CBERS –02B 星数据，通过快速 HSV 融合方法，对 CCD 和 HR 数据进行数据融合处理，进而制作出一系列综合地理实习图件，可广泛应用于地质、地貌、植被、土壤、遥感目视解译以及地形图判读与填图等实习内容，这对于提高综合地理实习教学的效果，增加学生的直观感觉和读图能力，将具有重要的推动作用。文章最后还对中巴地球资源卫星后续星的研发提出了意见和建议。

关键词： 庐山　综合地理实习　遥感　地理信息系统

1　引言

综合地理实习是一种综合性很强的地理实践教学活动，江西省九江市星子县及庐山风景区每年都有来自全国各地百余所大中专院校的师生在此进行综合地理实习[1]。通过实习能使同学们认识庐山地区山地地貌的基本类型及其成因，对自然地理要素（地质、地貌、土壤及植被等）的特征、形成机制、发展规律和空间分异规律，以及各要素之间的相互关系产生较为全面和深刻的认识，并且培养学生地形图判读及遥感影像目视解译的能力。通过野外教学，使学生将书本上的理论知识应用于实践，掌握区域自然地理调查研究的技能、技巧与方法，培养同学们的实践技能和独立思考、分析解决问题的能力，同时激发学生们学习地理专业知识的热情。

湖南师范大学资环学院以庐山为实习基地，已经连续开展了几十年的综合地理实习，但长期的庐山实习存在一个大问题——基础图件不完整并且不精确，尤其是地图学实习、地貌类型、地质构造与岩性解译，一直没有适合判读的基础地图数据。虽然 GIS 专业 2008 年开展的庐山综合地理实习在我院尚属首次，但本次实习选择 CBERS –02B 星数据而非 Quickbird、IKONOS 等国外高分辨率数据，最主要的原因是中巴卫星现在已经免费提供，性价比远高于其他昂贵的国外卫星遥感数据。

中巴地球资源卫星 02B 星于 2007 年 9 月成功发射升空，星上不仅搭载了 19.5 m 的中分辨率多光谱 CCD 相机和幅宽 258 m 的宽视场成像仪（WFI），还首次搭载了一台自主研制的高分辨率 HR 相机，空间分辨率为 2.36 m，光谱范围 0.5 ~ 0.8 μm。CBERS –02B 卫星数据最大的优点是具有自主知识产权、良好的性能价格比、空间分辨率较高且实现了免费发放。

目前，中国资源卫星应用中心已向国内外广大用户提供了 CBERS –02B 星数据产品近 6 万景，CBERS 数据产品已广泛应用于国民经济各个领域，主要包括农业、林业、水利、地质、土地、城市、测绘、海洋、环境保护、灾害及科研等。

[作者简介]　杨波（1974— ），湖南师范大学资源与环境科学学院讲师，博士，自然地理学专业硕士研究生导师。中国地质学会会员，主要从事资源环境与灾害遥感研究。已发表论文近 20 篇，主持、参与国家"863"项目子课题、国际合作重点项目、国土资源大调查项目等科研课题 10 余项。

[资助项目]　本文受湖南师范大学教学改革研究项目——"《遥感概论》双语教学方法探索"及湖南师范大学青年优秀人才培养计划项目资助。

2 研究区概况

2.1 自然地理概况

  庐山是中国首批国家地质公园，具有世界瞩目的、丰富的地学景观。它雄踞于江西省北部，紧靠九江市区南端，山体呈椭圆形，长约25 km，宽约10 km，面积约280 km²，绵延的90余座山峰海拔大都在1 000 m以上，最高峰汉阳峰海拔达1 474 m。山中树林密布，山下江湖环绕，加上常年雨水多，空气湿度大，使夏季山上山下的气温差异较大。每年盛夏，鄱阳湖盆地赤日炎炎，最高气温可达39 ℃以上，而山上夏季平均气温只有22.6 ℃左右，早晚常在15～20 ℃之间。再加上庐山在地质构造、地貌、山地气候、植物地理、土壤地理及自然景观方面都有着比较丰富的内容，因此是进行地理野外实习的良好场所[1]。

  星子县位于庐山山南，地质构造复杂，岩性多样，也是实习的理想场所之一。

2.2 地质地貌背景

  在岩石种类上，变质岩、岩浆岩和沉积岩均有多处相应的实习地点可供选择，比如沉积岩可在神灵湖湖岩及水泥厂对面的湖蚀崖中见到[1]。在地层上，庐山主要由震旦纪及前震旦纪地层组成，其分布具有一定的规律性。山体中部出露最宽，向东北部和西部收敛。在地质构造上，庐山内的褶皱有背斜及向斜两列，排列由北向南是：大马颈－虎背岭背斜；牯岭向斜；大月山背斜；三叠泉向斜。不论背斜或向斜均为NE走向，他们奠定了庐山的地质基础[1]。庐山地区现今存在的格局，一方面受华夏系构造体系和新华夏构造体系的控制；另一方面，还受着强烈的外动力作用的雕塑[1]。也就是说庐山地区的地貌发育受新构造运动和侵蚀、搬运、堆积等外动力，以及人类活动的多重作用所影响，从而形成了现今的地质地貌特征。

3 遥感数据处理

3.1 数据资料准备

  遥感资料的选取是遥感调查工作中十分重要的一步，它直接关系到研究结果的精度和质量。考虑到遥感资料的精度，本次实习主要应用CBERS－02B星2008年3月2日所获取的庐山－星子地区遥感影像数据，图幅号为：371－67。该数据已经做了较为粗略的几何较正，有投影信息，显示为Projection：UTM；Zone 50 North；Datum：WGS－84。其他数据详见表1，具体的研究流程见图1。

表1 研究所用数据列表

数据类型	获取/制作时间	来源	备注
CBERS－02B遥感数据	2008－3－2	中国资源卫星应用中心	天空无云，质量很好
1:5万、1:1万地形图	20世纪	江西省测绘局	
1:5万第四纪地质地貌图	1972年	江西省916大队	
1:5万庐山地质图	不详	李四光、喻德渊编	内容有些过时
庐山风景区旅游交通图	不详	网络下载	位置变形较大

3.2 遥感图像预处理

3.2.1 分波段配准

  经过细致观察与比较，发现数据质量主要有如下不足：分辨率为19.5 m的CCD多光谱数据5个

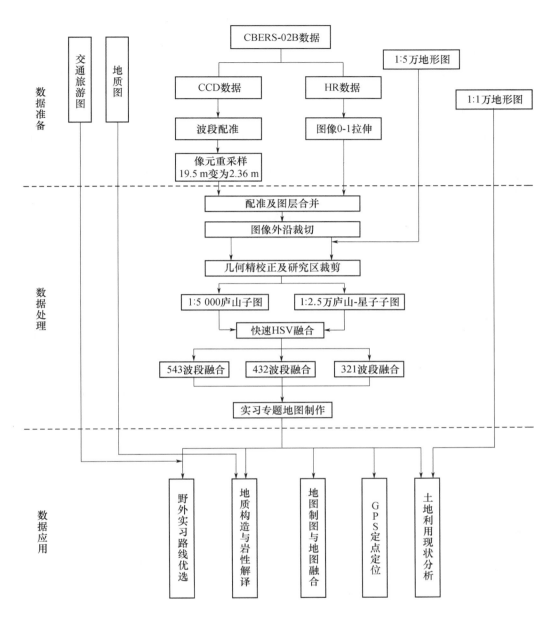

图 1　研究流程图

波段之间有错位，影像会有些许重影。其中 B1、B2、B3、B4 之间的错位较小，约 1 ~ 2 个像元；B5 与 B1 ~ B4 之间的错位大，在经线上偏移差约 12 ~ 13 个像元，在纬线上相差约 22 个像元[2]。为了提高精度，本次实习需要先选取控制点对多光谱遥感影像分波段进行配准，消除变形。即以多光谱遥感影像的 3 波段为参考，其他波段分别与之配准，其坐标系是任意的，可以没有空间参考。

　　根据蔡喜琴[3]对中巴地球资源卫星 CCD 影像几何校正方法的比较可知：由于缺少轨道星历参数和传感器参数，无法利用共线方程模型完成中巴地球资源卫星影像的精确纠正，我们在项目中采用多项式纠正、局部区域纠正模型、有理函数模型等近似纠正模型进行中巴地球资源卫星影像纠正对比实验，对这 3 种纠正方法的原理、算法效率、纠正精度等方面进行对比，通过实验数据分析获得以下结论：有理函数模型是唯一支持 DEM 数据完成中巴地球资源卫星 CCD 影像正射纠正的近似纠正数学模型，但是有理函数模型计算量较大，对控制点要求较高；局部区域纠正模型可以达到很高的纠正精度但不适用于整景影像的纠正；相比多项式模型形式简单，运算量较小，对控制点要求相对较低，如果不考虑进行影像正射纠正的话，多项式是最适用的中巴地球资源卫星 CCD 影像几何校正模型，且多项式纠正模型效率最高。

所以本实习的图像配准采用了多项式纠正法选取控制点对整幅图像进行校正。多项式纠正法（Polynomial）就是利用已知象元在影像上的位置（行列坐标）及其相应地理坐标（可利用地图获取）建立校正变换多项式，确定几何变换的多项式系数，直接用一个适当的多项式来模拟两幅图像间的相互变形，进而对整幅图像进行校正，是最常用的几何校正方法。

基于多项式的图像配准的关键是控制点的确定（GCPs 的获取可以用目视判读方式和图像自动配准方式）。多项式纠正法的精度与地面控制点（GCPs，又称图像同名点）的精度、分布、数量及纠正范围有关，GCPs 的位置精度越高，则配准的精度越高；GCPs 分布应尽可能在整幅图像内均匀分布，否则在 GCPs 密集区精度较高，在 GCPs 分布稀疏区出现较大误差。与此同时，一定要保证有足够数量的 GCPs。

3.2.2 数据融合

CBERS－02B 卫星影像数据的 HR 全色波段影像地面分辨率高，易于判读，方便进行地貌类型、地质构造、岩性及土地利用类型的遥感目视解译。然而，由于它是单波段黑白图像，无法呈现真实世界丰富的地物光谱信息，限制了其更广泛的应用。而 CBERS－02B 星多光谱 CCD 遥感影像具有丰富的光谱信息，其分辨率偏低，适用于宏观判读和分析，却难以提取城市的细节信息。如果将这两种不同空间分辨率遥感图像进行影像融合处理，使处理后的遥感图像既具有较高的空间分辨率，又具有多光谱特征（较低分辨率数据），具有丰富的色彩信息，两者取长补短，从而达到图像增强的目的，有利于进行变化信息提取和影像判读等后续处理，可以更好的应用于本次实习，也可以更大限度的发挥资源卫星的作用[4]。

图像融合的关键是融合前两幅图像的配准（Registration）以及处理过程中融合方法的选择，只有将不同空间分辨率的图像精确地进行了配准，使两种分辨率的影像覆盖同一地理区域、有相同的像素大小、影像大小以及相同的方位，才可能得到满意的融合效果；而对于融合方法的选择，则取决于被融合图像的特性以及融合的目的，同时，需要对融合方法的原理有正确的认识。

运用 ENVI 软件的 Resize Data 工具，将配准后的 CCD 多光谱影像重采样为与高空间分辨率 HR 全色波段相同的空间分辨率，放大倍数为 8.262 7，再将重采样后的多光谱数据与全色波段进行配准。共

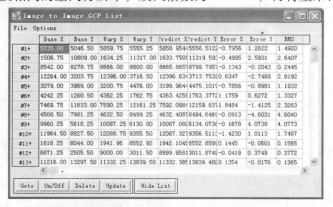

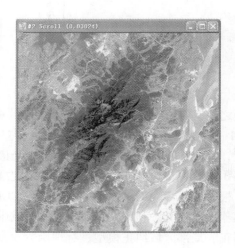

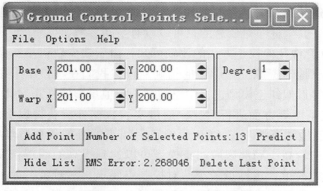

图 2　重采样加密后的 CCD 数据与 HR 数据配准时 GCPs 选取情况示意图

选取了 13 个地面控制点，RMSE 为 2.27（见图 2）。由于两种影像的分辨率相差太大，因此给配准工作带来了诸多不便，限制了配准精度的进一步提高。

运用 ENVI 软件，采用快速 HSV 融合方法，实现了 2.36 m 的 CBERS – 02B 星 HR 影像与 19.5 m 的 CBERS – 02B 星 CCD 多光谱影像的数据融合，在保留 HR 数据高空间分辨率的同时，也保留了 CCD 数据的多光谱信息。彩图 34 是研究区的融合结果，融合图像提高了影像的解译精度，信息量更加丰富，可制作细节信息准确的专题图；也较好地显示了地物的纹理信息，能够突出居民地街区的显示细节，对比全色影像，彩色模式下的影像效果更有利于地物的判读与识别。

3.2.3 遥感底图制作

为提高遥感影像的实际利用价值，并能与其他专题地图进行对比分析，需要对融合后的影像进行几何精校正。几何精校正是为了消除图像的几何畸变，产生一幅符合某种地图投影或图形表达要求的新图像的过程。本次研究利用研究区 1∶5 万地形图扫描成数字图像，并对数字图像进行几何纠正，生成高精度的数字地形图，而后在遥感图像处理软件 PCI8.2 平台上从 1∶5 万地形图上选择地面控制点，并以此为标准对融合后的遥感图像进行几何精校正。校正后的图像地图投影为高斯 – 克吕格投影，克拉索夫斯基椭球参数，6 度带中央经线为东经 117°，向西偏移量为 500 km。

在此基础上，从几何精校正后的遥感影像中裁剪出庐山 – 星子研究子区和庐山风景区子区，并选择多种假彩色合成方案（见图 1）进行数字图像的彩色增强。经过比较，发现 543 波段合成图像融合效果最好，因此，两个研究子区均分别利用 543 三个波段假彩色合成的融合影像，制作出 1∶5 000 和 1∶2.5 万比例尺的卫星遥感影像底图（见图 3 和彩图 34）。

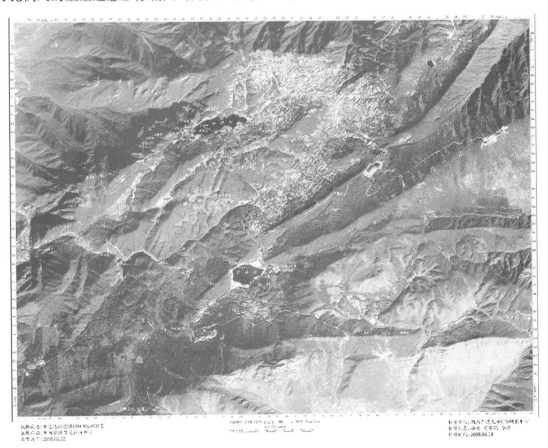

图 3 庐山综合地理教学实习区旅游交通卫星遥感影像图

3.2.4 专题地图制作

从网上下载"世界文化景观 – 庐山"旅游交通地图，通过选取同名控制点的方式与几何精校正后的庐山风景区遥感影像进行几何配准，而后在 GIS 软件中分图层进行矢量化，最终与遥感影像底图叠合在一起，制作成 1∶5 000《庐山综合地理教学实习区旅游交通卫星遥感影像图》，用于遥感目视解译实习（见图 3）。

将李四光、喻德渊等编撰的庐山地区 1∶5 万地质图，江西省地质矿产局 916 大队黄刚、王达忠、马长信、彭桂英等整理清绘的庐山第四纪地形地质图进行扫描，经过扫描图件的灰度调整和美化后，将其分别与几何精校正后的遥感影像采用选取同名点的方式进行几何配准。最终将地质图叠加在遥感影像底图上，制作成 1∶2.5 万的庐山 – 星子地区遥感地质图（见彩图 35）。

4 遥感应用

4.1 实习路线优选

在 ArcGIS 的支持下，将庐山风景区 1∶5 000 遥感影像底图、矢量化的庐山交通旅游图信息进行叠加分析，以确定本次实习各个区域的观察点信息，最终优选出了 3 条实习路线。

路线 1：牯岭—汉口峡—大校场—芦林盆地；

路线 2：牯岭—西谷—锦绣谷—仙人洞—黄龙潭；

路线 3：大月山—五老峰。

以路线 2 为例进行实习任务的具体阐述，该路线以地貌实习为主，主要包括：

1）观察分析西谷地貌特征并分析其成因。

2）观察锦绣谷岩石地貌、构造地貌以及流水地貌[1]。

3）观察锦绣谷—大林山（200～1 000 m）植物分布特点[1]。

分析认为锦绣谷袭夺河：西谷原来由虎背岭南侧向南西流入石门洞，但在天桥附近被向北西流的锦绣谷袭夺。证据为：①花径风口：风口段河谷是西谷自然延伸部分，谷内堆积物又与西谷相似，保持着棕红色—棕黄色砂砾层及棕红色网纹红土风化壳。②天桥袭夺湾及裂点：在裂点（天桥）以上为宽谷（西谷），以下为峡谷（锦秀谷）。袭夺时代为晚更新世之后，理由是裂点上溯不远，西谷内由晚更新统棕黄色堆积物所覆盖的谷底未受明显的破坏。

各个观察点的主要内容有：

1）西谷。飞来石为庐山存在第四纪冰川的证据之一，冰川学说解释为冰桌，是指在 U 形谷中或山麓地带堆积的巨大冰川漂砾横置与其他冰川漂砾之上的现象。

2）锦绣谷。该处由上至下可以观察到构造地貌、岩石地貌以及流水地貌。由新构造运动的强烈抬升，流水的强烈侵蚀，该处在早期发育有深切沟谷，并伴随着形成有稳定水源的河流。此处流水地貌与一般山区流水地貌的发育相似。沿沟谷至峰顶，可观察到植物的垂直分带情况。从翠绿的竹林向上分别为阔叶林、针阔混交林、针叶林。阔叶林中主要是枫树、槐树，针叶林以松柏为主[1]。

3）仙人洞。这是褶皱断裂经自然风化后，加上人为开凿而成的石洞，深宽均约十余米。

4.2 地质构造解译

通过将 1∶2.5 万的庐山 – 星子遥感图像与李四光的地质图进行叠加，可以清晰的看出庐山全貌以及各个区域的岩性、类别、成岩时间等属性（见彩图 35）。

遥感应用实践表明，遥感影像上的各变异带，山体走向，色调变化，河流走向变化，若干支流汇合点等形迹常常是具有某种地质成因意义的特殊遥感色、形、影信息[2]。这些信息经常可以反映一个地区的构造特征和地质规律。根据相关解译标志，并结合地质图的有关信息，利用 CBERS – 02B 卫星数据，还可以进行研究区的构造解译。

4.3 遥感目视解译制图

在"3S"技术支持下，结合第二次土地资源详查技术要求，在实习中对 12 个大类中的耕地、园地、林地、草地、建筑用地、水域及水利设施，以及其他土地等土地利用类型分别建立解译标志，解译标志的建立通常分为色（颜色、色调、阴影）、形（形状、大小、纹理）、位（位置、图型、相关布局）3 大类，并将庐山风景区解译出来的各个图斑扫描矢量化，转绘成 1:5 000《庐山风景区 2008 年土地利用现状图》。要求学生先到实地对照遥感影像图，逐地类建立各类地物的遥感影像目视解译标志，而后逐地块详细解译，并最终成图。

另外，还可以在出发前对经过几何精校正的遥感影像进行分类处理，通过去实地考察求证，可以了解分类的对错，进行精度评价等工作。

4.4　GPS 定位与测量实习

GPS 的基本功能是定位、导航和测量。在外业测绘中，这 3 个功能都能很好地发挥作用。更为重要的是，GPS 可以代替粗大笨重的平板仪、水准仪、经纬仪等完成测量工作。例如，补测地物时，只需在建筑物的 4 角采集 4 个定位点，即可将建筑物的位置标描于地形图上；在地类调查时，学生只要携带 GPS 接收机沿地类边界行走一周，边走边采集数据，即可将该边界存储于接收机中。再将接收机与电脑连接，即可将该图形直接输入到 GIS 数据库[5]。

学生在本次实习中学习使用手持式 GPS，对遥感影像中容易辨识的地物特征点（如道路交叉点、水库大坝两端、标志性的大型建筑物如庐山博物馆、湖心岛中央及山中的亭台楼阁单体等标志性地物）进行 GPS 定位。GPS 定位前要先比对遥感影像，选择在影像中容易辨识的特征地物点。要求在遥感影像图上用防水油彩标注出 GPS 采样点及其编号。并在返校后利用野外实地获取的控制点数据进行遥感影像的几何精校正。

4.5　地图制图与地图综合实习

本次地图制图的目的是提高地形图阅读能力，结合 GPS 设备和遥感影像图，完成局部地区土地利用类型的区划。在资料上，利用 1:10 000 地形图为底图，内容上调查庐山当地约 4 km^2 土地的土地利用类型，并描绘土地利用类型草图。需要说明的是，在此研究中最适合的时相是夏季[6]。在主要步骤上，第一，利用罗盘仪定向。将罗盘刻度上北字指向北图廓，然后将地形图和放在图面上的罗盘一起转动，使指北针指向罗盘仪上刻度的北，这时地图的方向与实地一致。根据地物定向。首先在地形图上找出能与实地对照的明显地物，如道路、河流、山顶、独立树、道路交叉口、小桥或其他方位物；然后在立足点转动地图，使图上地物符号与实地对应地物方向一致。

第二，在地形图上确定立足点。如果立足点附近有明显地形特征点，则在标定地形图方位后，可以根据附近的地形特征点确定立足点。如果立足点附近的地形特征不明显，可在定向后的地图上，从立足点到实地一个明显的地形特征点和图上相应的地形特征点瞄准方向线，然后目测立足点至该明显地形特征点的距离，依比例尺在方向线上确定立足点或利用 GPS 设备确定立足点。

第三，确定了地形图的方向和立足点位置以后，就可根据图上立足点周围的地形、地物，找出实地对应的地形、地物，或者观察实地地形、地物来识别其在地形图上的位置。进行地形图实地对照工作，一般采用目估法，由右至左，由近至远，分要素分区域判别，先识别主要和明显的地形、地物，再按相关位置识别其他地形、地物，通过地形图和实地对照，了解和熟识地形、地物的实际分布情况和特征，并比较地形图内容与地形、地物的变化，确定需要删除和补充、修正的内容。在最后，开始填图，通过实地对照，绘制出各土地利用类型界线，然后按规定在不同地类界线内填绘不同颜色符号。同时可利用遥感影像图，在建立正确的地类解译标志的基础上，进行土地利用类型的判读，特别是对未达地区的土地利用类型的判读，以制作成 1:5 000《庐山综合地理教学实习区旅游交通卫星遥感影像图》。

4.6　遥感影像在土壤判别上的应用

第四纪以来的新构造运动，使庐山沿着断裂上升为目前相对高度达 1 000 ~ 1 400 m 的山地，为土壤垂直地带的形成奠定了基础；庐山在气候上处于中亚热带的北缘，这决定了本区植被土壤垂直带谱的性质；地貌和水文条件对土壤的形成和发育也起着一定的作用，影响到局部地区土壤发育的方向，形成某些非地带性的土壤。

土壤类型分为以下几种。

1）垂直地带性土壤。包括：红壤——广泛分布于海拔 400 m 以下的低山丘陵地带；黄壤——分布在 900 m 或 800 m 以下的地带，局部地区可达 1 000 m 左右；山地黄棕壤——分布于海拔 800 ~ 1 200 m 地带的各种母质上，以三宝树简易公路 500 m，海拔 980 m 和三宝树简易公路 100 m，海拔 930 m 这两处的土壤剖面较为典型；山地棕壤——分布于海拔 1 200 m 以上的山地，以大月山去五老峰小路旁的土壤剖面较为典型。

2）非地带性土壤。包括：山地草甸土——这类土壤分布于山地比较平缓地段，植被为茂密的山地草甸群落，以大月山水库下游海拔 1 100 m 处的土壤剖面较为典型；山地沼泽土——该土类分布于地势平坦、低洼，容易积水之处，其有机质含量较高，粉砂粒含量也较高，黏粒也有一定的含量，心土常年或一年中有一段时期积水，土壤有机质分解程度较强，呈酸性反应；古红土——分布在海拔 1 088 m 处，植被为针阔混交林和灌木草丛。它形成的主要原因是庐山地壳运动抬升的结果。第三世纪来，庐山气候湿热，风化壳黏粒含量高，较黏重，挡水效果明显，水只能从土壤裂隙、植物根系流动，形成还原环境，氧化铁还原，三价铁还原为二价铁，二价铁溶解性强，二价铁流去，颜色变淡，初步的网纹层为白色。另外，在 1 000 多 m 还有网纹层，说明这是庐山在抬升过程中形成的。

在遥感影像中，可以清晰的看出土壤的垂直分布规律：400 m 以下山麓及山麓以外的丘陵和沉积阶地为红壤和黄壤分布区域；400 ~ 1 200 m 之间山坡地带，为黄壤和棕壤的分布区域；在 1 000 m 以上的山地，为山地棕壤和亚高山草甸土分布区域。

5 结论

由于 CBERS - 02B 星增加了 HR 高分辨率全色波段，因此有很广阔的应用前景。本研究基于 02B 星数据，采用 HSV 融合方法，成功制作了庐山综合地理实习系列图件。这些图件被具体应用于实习路线优选、地形、地貌与地质构造解译、GPS 与地图学综合实习、植被与土壤实习等各个地学相关专业的实习之中。

本研究的主要意义表现在两个方面：一方面，它极大改变了庐山综合地理实习过程中缺乏高精度、强现势性图件的不利局面；另一方面，它进一步拓展了 02B 星的应用领域，使大中专院校地学相关专业的实习有了可供选择的高精度免费国产数据，这必将极大提高地学相关专业的教学质量，促进社会经济的更好发展。

存在的不足主要是：CBERS - 02B 星 CCD 数据的标称空间分辨率为 19.5 m，略显粗糙一点；个别波段的数据质量不够稳定，有较明显的条带和错位，波段之间匹配的残差较大，但可通过几何精校正来予以消除，条带也只分布在较小区域，经滤波处理后不会影响图像的各种应用。

由于 CCD 与 HR 数据的空间分辨率相差 8 倍以上，因此很难配准，建议以后 02B 的后续星研发能将 CCD 相机的空间分辨率提高到 10 m 左右，那样将具有更为广阔的应用前景。

参 考 文 献

［1］ 曾克峰，刘超，张志. 江西星子－庐山综合地理实习指导书［M］. 2006.

［2］ 叶发旺，赵英俊，涂育红. CBERS－02B 数据在砂岩型铀矿勘察中的应用及其数据评价. http：//www. cost-ind. gov. cn/n435777/n1146913/n1864717/n1864720/appendix/2008123135811. pdf.

［3］ 蔡喜琴，曹建君，蔡迪花，等. 中巴地球资源卫星 CCD 影像几何纠正方法比较［J］. 遥感技术与应用，2006，（21）：396－398.

［4］ 廖安平，陈利军，张宏伟，等. CBERS－02B 卫星影像几何纠正与融合试验初步研究. http：//www. costind. gov. cn/n435777/n1146913/n1864717/n1864720/appendix/200812314656. pdf.

［5］ 文倩，赵丹丹. 第二次土地详查中"3S"技术的运用与探讨［J］. 国土资源导刊，2007，（5）：38－40.

［6］ 朱小鸽，丁树柏，邹立群. CBERS－1 卫星在辽河油田开发环境影响土地利用情况分析中的应用研究［D］. 中巴地球资源卫星应用研究文集，2003：248－255.

Application of CBERS－02B Remotely Sensed Data in Geographical Synthetic Field Campaign in Mt. Lushan

Yang Bo, Li Fang, Liu Yupeng

（GIS Research center, Hunan Normal university, Changsha　410081）

Abstract：Mt. Lushan is an important base for numerous domestic universities to do some geoscience related filed campaigns, but the corresponding thematic maps of this area are extremely scarce. This research taking freely downloaded CBERS－02B satellite data from CRESDA and using the fast HSV fusion method upon CCD multi-spectral image and HR data, finally produced a series of comprehensive geographical thematic maps. These maps can be widely used in Mt. Lushan field campaigns such as geology, topography, vegetation, soil, visual interpretation of remote sensing, interpretation of topographical maps and so on, and also can improve the effects of synthetic field campaigns, and increase students´ abilities of direct eye-interpretation. These authors also gave some comments and suggestions on how to improve the research effects of new CBERS satellites to be launched in recent years.

Key words：Mt. Lushan　Synthetic geographical filed campaign　RS　GIS

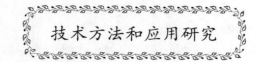

技术方法和应用研究

基于 CBERS－02B 和 SPOT－5 全色波段的图像融合纹理信息评价研究

刘廷祥，黄丽梅

（山东师范大学人口·资源与环境学院，济南　250014）

摘　要： CBERS－02B 是我国第一代传输型陆地资源遥感卫星，搭载的传感器可以获得 2.36 m 分辨率的全色波段数据。本文通过遥感影像融合技术，将 CBERS－02B 全色数据和 SPOT－5 全色数据，与 SPOT－5 多光谱数据 10 m 分辨率的图像进行了多方法的融合处理，通过对融合后图像的空间纹理信息进行比较和评价，获得了纹理信息的特征参数值。通过目视评价和定量分析，认为用 CBERS－02B 全色数据融合的影像在空间纹理上比 SOPT－5 融合的影像有优势。因此，CBERS－02B 的全色波段是一种较高质量的高分辨率数据，应用前景广阔。

关键词： CBERS－02B　SPOT－5　图像融合　纹理　灰度共生矩阵

1　引言

图像融合作为一种信息的融合，是近几年数字图像处理的一项新技术，它是通过对多源信息的综合和处理，获得新的改善了的信息和数据，以增强影像中的信息透明度和改善图像信息提取的及时性和可靠性，提高数据的使用效率[1]。遥感领域的图像融合是随着遥感技术的发展而发展起来的，现代遥感技术的发展使得可以获取同一地区的多种遥感影像数据，如多时相、多光谱、多分辨率、多传感器等，而在实际应用中，我们需要的是既有高空间分辨率又有高光谱分辨率的遥感影像。与单源遥感数据相比，多源遥感数据突出的优点是互补性和合作性。互补性和合作性表示各种数据的信息来源相互独立并且相互依赖。为了获取更多、更准确、更全面的信息，遥感影像融合技术便发展起来，并逐渐成为遥感影像处理技术研究的热点之一。

2007 年 9 月成功发射的中巴地球资源卫星 02B（CBERS－02B）是我国第一代传输型陆地资源遥感卫星的改进型，是 2003 年 10 月 21 日发射的 CBERS－02 卫星的备份地球资源卫星，它的应用和推广，结束了长期以来中国依赖外国卫星遥感数据的被动局面。尤其是 CBERS－02B 的全色波段，空间分辨率达到了 2.36 m，高分辨率的数据在我国各行各业中得到了广泛的应用，产生了很大的社会和经济效益。与 CBERS－02B 全色波段分辨率相近的法国 SPOT－5 卫星的全色波段空间分辨率为 2.5 m，近年来应用较广。本文基于图像融合技术，将 CBERS－02B 和 SPOT－5 的全色波段影像分别与 SPOT－5 多光谱数据 10m 分辨率影像进行融合，以定性和定量的方法对融合后影像的纹理信息进行评价，从而对 CBERS－02B 和 SPOT－5 的全色波段影像进行比较。

2　图像融合的方法

按照融合在处理流程中的算法和阶段可分为像素级数据融合、特征级数据融合以及分类决策数据

[作者简介]　刘廷祥（1985— ），硕士研究生，主要研究方向为地理信息系统和遥感。E-mail：ltx84070@163.com。

融合，融合的算法也有几十种。根据研究的目的，本文选择像素级数据融合中的 IHS 算法（色彩变换）、HPF 算法（高通滤波）以及 PCA（主成分）变换 + 小波变换的融合算法。这三种融合算法分别代表了保留空间纹理信息、光谱信息以及综合信息的三类方法[2]，基于这三种算法的比较，可以从不同角度评价两种全色波段数据的空间纹理特征，具有较大的价值。

2.1 IHS 变换融合

IHS 变换是目前应用十分广泛的一种 RGB 彩色融合变换方法。IHS 变换首先利用正变换将多光谱图像从 RGB 三原色空间变换到 IHS 彩色空间，得到亮度 I（Intensity）、色度 H（Hue）和饱和度 S（Saturation）三个分量；然后将高分辨率全色图像与分离出的亮度 I 分量进行直方图匹配，使其灰度的均值和方差与分量 I 图像一致；最后用匹配好的全色波段代替 I 分量，与分离出的 H、S 分量进行 IHS 逆变换，重新回到 RGB 空间。RGB 系统与 IHS 系统转换的关系式为[3]：

$$\begin{bmatrix} I \\ v_1 \\ v_2 \end{bmatrix} = \begin{bmatrix} \dfrac{1}{3} & \dfrac{1}{3} & \dfrac{1}{3} \\ -\dfrac{\sqrt{2}}{\sqrt{6}} & -\dfrac{\sqrt{2}}{\sqrt{6}} & \dfrac{2\sqrt{2}}{\sqrt{6}} \\ \dfrac{1}{\sqrt{2}} & -\dfrac{1}{\sqrt{2}} & 0 \end{bmatrix} - \begin{bmatrix} R \\ G \\ B \end{bmatrix} \tag{1}$$

$$\begin{bmatrix} R \\ G \\ B \end{bmatrix} = \begin{bmatrix} 1 & -\dfrac{1}{\sqrt{2}} & \dfrac{1}{\sqrt{2}} \\ 1 & -\dfrac{1}{\sqrt{2}} & -\dfrac{1}{\sqrt{2}} \\ 1 & \dfrac{2}{\sqrt{2}} & 0 \end{bmatrix} \begin{bmatrix} I \\ v_1 \\ v_2 \end{bmatrix} \tag{2}$$

$$H = \arctan \dfrac{v_2}{v_1} \tag{3}$$

$$S = \sqrt{v_1^2 + v_2^2} \tag{4}$$

式（1）～（4）中，I 为亮度，H 为色度，S 为饱和度，v_1, v_2 为中间变量。

2.2 HPF 融合

HPF（High Pass Filtering 高通滤波）法的主要思想是让高分辨率图像通过一个高通滤波器（如高通掩膜），然后将高分辨率图像的高频部分的空间信息叠加到多光谱图像上。该方法对光谱信息保持得非常好，但融合结果受所选滤波器影响。对不同的图像需要取不同的滤波器，由于滤波器的大小是固定的，因此如何选取滤波器成了一个难题[4]。若滤波器尺寸取得过小，则融合图像将包含过多的纹理特征，且难于融入高分辨率图像中的空间信息；反之，若尺寸取得过大，则融合图像中将难于包含高分辨率图像所包含的纹理特征[5]。在多次实验的基础上，本文选择的滤波器如下所示：

$$\begin{bmatrix} -1 & -1 & -1 & -1 & -1 \\ -1 & -1 & -1 & -1 & -1 \\ -1 & -1 & 24 & -1 & -1 \\ -1 & -1 & -1 & -1 & -1 \\ -1 & -1 & -1 & -1 & -1 \end{bmatrix} \tag{5}$$

2.3 PCA 变换 + 小波变换融合

传统的 PCA 变换融合是将全色波段图像代替 PCA 变换矩阵的第一主分量，然后进行 PCA 逆变换，从而得到融合图像。此方法在对于具有相关因子的多源图像数据进行融合时具有显著优势。变换后的新波段分量所包括的信息量不同，呈逐渐减少的趋势。事实上，第一主分量集中了最大的信息量，常常占 80% 以上；第二主分量的信息量依次很快递减；到了第 N 分量，信息几乎为零。

但是 PCA 变换矩阵的第一主分量的光谱特征与全色波段的光谱特征并不是完全一致，直接替换会导致多光谱图像信息的丢失。本文选择的算法是通过采用合适的融合算法，对 PCA 变换矩阵的第一主分量和全色波段进行融合，目的是融入全色波段的纹理细节信息的同时，又保留多光谱图像第一主分量的光谱信息，提高了融合的质量。具体步骤为[6]：

首先，对多光谱图像进行主成分变换，得到多光谱图像各个波段相关矩阵的特征值和特征向量，从而得到各个主成分；

其次，将全色波段图像和第一主成分做直方图匹配；

再次，利用基于特征的小波变换融合算法，融合全色波段和第一主成分，把融合结果代替 PCA 变换的第一主成分；

最后，进行 PCA 逆变换，最终得到融合结果。

3   图像空间纹理评价方法

影像的纹理分析是从 20 世纪 70 年代发展起来的一门技术。基于灰度共生矩阵提取纹理特征的方法是一个经典的统计分析方法，对它的研究也已经有了很久的历史，是目前公认的一种纹理分析方法[7]。Haralick 于 1973 年首先提出灰度共生矩阵（GLCM），是一种得以广泛应用的常用的纹理统计分析方法和纹理测量技术。

在图像中任意取一个点 (x,y) 以及偏离它的一个点 $(x+a,x+b)$，形成一个点对，设该点对的灰度值组合为 (i,j)。以一定的 (a,b)，令点 (x,y) 在整幅图上移动，得到各种 (i,j)。当灰度值的级数为 L 时，那么 (i,j) 共有 L^2 种。在整幅图中，统计各种 (i,j) 出现的次数，并将它们归一化为概率 P_{ij}，则称方阵 $[P_{ij}]_{L\times L}$ 为灰度共生矩阵[6]。(a,b) 可以取不同的值（［1 0］，［1 1］，［0 1］，［-1 1］ 等），则得到不同方向（$0°$，$45°$，$90°$，$135°$等）上相隔 $d=\sqrt{a^2+b^2}$ 的像元之间的灰度共生矩阵。

利用灰度共生矩阵可以得到一系列的纹理特征统计量，如反差、熵、能量、相关、逆差矩、集群荫、集群突出等。这些参数都能从不同角度衡量图像的纹理特征，但这些参数本身具有一定的相关性，剔除相关性比较大的几个指标，本文采用常用的四个：反差、熵、能量和相关，定义如下：

（1）反差（又称主对角线的惯性矩）

$$CON = \sum_{i=0}^{L-1}\sum_{j=0}^{L-1} |i-j|^k P_{ij} \tag{6}$$

对于粗纹理，P_{ij} 的值较集中于主对角线附近，$|i-j|$ 较小，所以反差就小；反之，对于细纹理，反差就大。

（2）熵

$$ENT = -\sum_{i=0}^{L-1}\sum_{j=0}^{L-1} P_{ij}\log_2 P_{ij} \tag{7}$$

熵度量图像纹理的随机性。当空间共生矩阵中所有值均相等时，它取得最大值；相反，如共生矩阵中的值非常不均匀，或者说数值较集中时，其值较小。因此，较大的熵值表示图像中灰度分布非常随机。

（3）能量（又称角二阶矩）

$$ASM = \sum_{i=0}^{L-1}\sum_{j=0}^{L-1} P_{ij}^2 \tag{8}$$

能量是图像纹理灰度变化均一的度量，反映了图像灰度分布均匀程度和纹理粗细程度。当 P_{ij} 数值分布比较集中时，能量较大，纹理变化均一、规则；反之，能量较小，纹理较差。

（4）相关

$$CORRLN = \frac{1}{\sigma_x\sigma_y}\sum_{i=0}^{L-1}\sum_{j=0}^{L-1} (i-u_x)(j-u_y)P_{ij} \tag{9}$$

其中 u_x、u_y、σ_x、σ_y 分别为 P_{ij} 在行和列方向的均值和标准差。相关度量的是空间灰度共生矩阵元素在行或列方向上的相似程度，因此，相关值大小反映了图像中局部灰度相关性。当矩阵元素值均匀相等时，相关值就大；相反，如果矩阵元素值相差很大，则相关值小。当一幅图像中相似的纹理区域有某种方向性时，其值较大。

4 图像融合

在融合前，首先对原图像进行几何校正，使不同波段的图像在几何上能完全匹配。然后分别用 IHS 变换融合、HPF 融合、PCA 变换 + 小波变换的融合算法对多光谱图像与 CBERS – 02B、SPOT – 5 的全色波段数据进行融合。结果如图 1 ~ 图 6 所示。

图 1　CBERS – 02B 全色波段 HIS 融合

图 2　SPOT – 5 全色波段 IHS 融合

图 3　CBERS – 02B 全色波段 HPF 融合

图 4　SPOT – 5 全色波段 HPF 融合

图 5　CBERS – 02B 全色波段 PCA + 小波融合

图 6　SPOT – 5 全色波段 PCA + 小波融合

5　融合图像纹理信息的评价

5.1　目视比较

　　总体来看，融合后的图像既保留了全色波段的高空间分辨率，又具有丰富的光谱信息。不同的融合算法也具有显著的特征：IHS 融合算法保留了较多的空间纹理信息，纹理细腻、清晰，但是光谱特征有些失真，如北部的耕地；HPF 融合算法虽然纹理信息量不如 IHS 算法丰富，但是保留了更多的光谱信息，最接近原多光谱图像；PCA + 小波融合算法得到的图像介于 IHS 和 HPF 之间，光谱信息接近 HPF 融合图像，空间纹理也与 IHS 融合图像相差不多。

　　对于 CBERS – 02B 和 SPOT – 5 两种全色波段图像融合的结果比较来看，三种融合算法的结果图像都表现出了一致的特征。CBERS – 02B 全色波段融合的图像纹理比 SPOT – 5 全色波段融合的图像从目视的角度更细腻，相同地物内的像元灰度变化更有明显的结构，局部的序列性和非随机性更好，边缘整齐。而 SPOT – 5 全色波段融合的图像中随机出现的噪声比较多，总体纹理比较粗糙，而细节上表现为局部纹理的变化模糊，地物边缘参差不齐，即使是相同地物内部，仍然有随机的像元出现，序列性不够好。通过将 IHS 融合的两幅图像进行放大，可以发现二者的纹理细节，如图 7、图 8 所示。其他两种融合算法得到的图像出现相同的特征。

图 7　CBERS – 02B 全色波段 IHS 融合放大

图 8　SPOT – 5 全色波段 IHS 融合放大

5.2　灰度共生矩阵分析

　　本文融合得到的图像是 8bit，灰度级为 256 级，为了提高计算速度，适当对灰度级进行了压缩，灰度级 L 取值为 16。压缩后的图像变得暗淡了一些，但对于纹理特征的影响不大。

　　由于灰度共生矩阵对应着一个方向的纹理变换，而对于整幅图像的纹理分析应当是非方向性，即旋转不变，所以本文在处理过程中取（0°，45°，90°，135°）四个方向，步长为 1，得到四个灰度共生矩阵，分别求取其特征指标，然后对这些特征指标计算其均值和方差。这样处理就抑制了方向分量，使得到的纹理特征与方向无关。

　　将融合后的六幅图像分别计算灰度共生矩阵，并在此基础上得到四个特征指标的均值和标准差，如表 1 所示。

表 1 灰度共生矩阵特征指标值

	能量		熵		反差		灰度相关	
	均值	标准差	均值	标准差	均值	标准差	均值	标准差
CBERS – IHS	0.016 6	0.004 5	4.487 5	0.233 9	3.542 7	1.360 1	0.075 2	0.005 3
SPOT – IHS	0.013 7	0.002 4	4.643 2	0.159 6	5.012 1	1.572 0	0.071 8	0.006 8
CBERS – HPF	0.018 9	0.005 1	4.370 0	0.241 2	2.907 1	1.151 0	0.076 0	0.004 3
SPOT – HPF	0.017 0	0.003 3	4.461 3	0.188 8	3.632 6	1.255 9	0.074 4	0.004 8
CBERS – P + W	0.013 7	0.003 4	4.646 3	0.209 2	4.857 9	1.765 2	0.064 3	0.005 6
SPOT – P + W	0.011 1	0.002 0	4.821 1	0.163 9	6.690 8	2.137 8	0.058 7	0.006 8

从表 1 我们可以看到，无论是以空间纹理信息保留为主的融合算法，还是以光谱信息保留为主的融合算法，或者综合算法，灰度共生矩阵特征值的指标虽然有大有小，但是都具有相同的变化趋势，这说明不同算法得到的结果对 CBERS – 02B 和 SPOT – 5 两种全色波段图像融合结果的纹理信息评价是一致的，具体表现为：

在能量上，CBERS – 02B 全色波段融合图像能量都大于 SPOT – 5 融合的能量。这说明 CBERS – 02B 融合图像的灰度分布比较集中，地物的像元灰度相对比较一致，表明较均一和规则变化的纹理模式；SPOT – 5 融合图像则灰度分布分散、均匀，灰度变化更具有随机性，纹理不规则。

在熵值上，CBERS – 02B 全色波段融合图像熵都小于 SPOT – 5 融合的熵。这同样说明了 CBERS – 02B 融合图像的灰度分布比较集中，SPOT – 5 融合图像则灰度分布比较分散，和能量值的分析结果是一致的。

在反差上，CBERS – 02B 全色波段融合图像反差都小于 SPOT – 5 融合的反差。这说明 CBERS – 02B 融合图像的 $|i - j|$ 小于 SPOT – 5，也就是说灰度变化值较小，表现为较粗的纹理，而 SPOT – 5 表现为较细的纹理。从图 7 和图 8 我们可以看到 CBERS – 02B 融合图像中相同地物内部灰度变化值较小，其变化主要是异种地物间的变化；而 SPOT – 5 中，相同地物内部灰度值有杂乱的细微变化，在灰度共生矩阵中表现为细纹理，事实上这种杂乱的细纹理是图像分类过程中误差的主要来源。

在灰度相关上，CBERS – 02B 全色波段融合图像的灰度相关值都大于 SPOT – 5 融合的灰度相关值。这说明 CBERS – 02B 的灰度共生矩阵中行和列元素的相似度比较大，局部的灰度变化一致，图像中相似的纹理区域有方向性，而 SPOT – 5 融合图像中这种方向性的纹理结构要差一些。

6 结论

本文利用常用的三种图像融合算法将 CBERS – 02B 和 SPOT – 5 两种全色波段图像与同一个多光谱图像进行了融合，对融合后的图像首先进行了目视评价，然后基于灰度共生矩阵，对两种融合图像的纹理特征进行了定量分析。结果表明 CBERS – 02B 全色波段融合的图像比 SPOT – 5 融合的图像在纹理上更细腻、更具有良好的结构；在细节上，同一地物内部像元灰度集中一致，并都表现在了灰度共生矩阵的特征值如反差、熵、能量和灰度相关上。

这说明 CBERS – 02B 的全色波段图像在纹理上达到并超过了 SPOT – 5 的全色波段质量，通过图像融合技术，CBERS – 02B 全色波段数据与多光谱数据的融合图像不仅具有良好的光谱特征，在空间纹理上更优秀，使得它在图像分类中更有优势，并可以广泛应用于国土资源调查和遥感监测工作中，促进了我国遥感研究的发展。

7 致谢

本次研究中所用 CBERS 卫星遥感影像由中国资源卫星应用中心提供，在此表示衷心的感谢。

参 考 文 献

[1] 周前祥，敬忠良，姜世忠. 不同光谱与空间分辨率遥感图像融合方法的理论研究 ［J］. 遥感技术与应用，2003, 18（1）：41 - 46.

[2] 韩玲，吴汉宁. 像素级多源遥感影像信息融合的客观分析与质量评价 ［J］. 遥感信息，2005（5）：40 - 44.

[3] 覃征，鲍复民，等. 数字图像融合 ［M］. 西安：西安交通大学出版社，2004.

[4] CASTLEMAN K R. Digitalimage processing ［M］. New-sey：Prentice Hall Press, 1996.

[5] HARRISON J R, MURRAY R, HIROSE T. IHS transform for the integration of radar imagery with other remotely sensed data ［J］. PE&RS, 1990, 56（12）：1631 - 1641.

[6] 李弼程，彭天强，彭波，等. 智能图像处理技术 ［M］. 北京：电子工业出版社，2004.

[7] WALKER R F, JACKEAY P T, LONGSTAF ID. Recent developments in the use of the co-occurrence matrix for texture recognition. Proc of 1 3 Internation Conference on Digital Image Processing. Greece, 1997.

Study on the Texture Information Evaluation of Image Fused by CBERS - 02B and SPOT - 5 Panchromatic Data

Liu Tingxiang, Huang Limei

（Shandong Normal University, Population Resources and Environment College, Jinan   250014）

Abstract：CBERS - 02B is the first generation transmission type of land resource remote sensing satellite, the sensor of which can acquire panchromatic band wave data with resolution of 2. 36m. Based on the remote sensing image fusion technology, this paper fuses the SPOT - 5 multispectral data of 10m resolution and the panchromatic data of CBERS - 02B and SPOT - 5 using multi-method. After the evaluation and comparison of the fused image spatial texture, several characteristic parameter values got. Based on the visual evaluation and quantitative analysis, fusion image of CBERS - 02B is better than that of SPOT - 5 image on spatial texture. So, the panchromatic data of CBERS - 02B is high resolution data with high quality and wide prospect of application.

Key words：CBERS - 02B   SPOT - 5   Image fusion   Texture   Gray level co-occurrence matrix

CBERS – 02B 卫星影像融合研究及数据质量评价

邓梨梨[1]，崔希民[1]，彭光雄[2]，甘永平[1]，冯玮光[1]

(1 中国矿业大学（北京）资源与安全工程学院，北京　100083)

(2 中国科学院遥感应用研究所，北京　100101)

摘　要：本实验通过对 CBERS – 02B 卫星的 CCD 数据做目视和统计分析，并与 TM 影像对比，同时对 CBERS – 02B 卫星的 HR 数据做粗略分析，并简单与 SPOT 全色数据作对比，从而对 CBERS – 02B 卫星数据做出质量评价。最后通过将 CCD 和 HR 做融合分析，提高地类的解译精度，丰富影像信息。

关键词：CBERS – 02B　遥感　数据融合　数据质量评价

1　引言

中巴地球资源 – 02B 卫星 CBERS – 02B 是我国迄今为止民用空间分辨率最高的资源卫星。在保持中巴资源卫星系列的数据稳定性与应用的基础之上，CBERS – 02B 的有效载荷配置进行了调整，以 HR 相机与相应的数传系统取代 02 星的红外相机与相应的数传系统，可以同时获取高分辨率（2.36 m）全色谱段相机（HR）、19.5 m 多光谱及全色 CCD 相机的数据。不同尺度空间分辨率的相互补充，形成了 CBERS – 02B 的特色，拓展了资源卫星的应用领域与应用潜力，提高了卫星的定位能力以及影像数据的几何精度。其具体参数表 1。

表 1　CBERS – 02B 卫星参数

平台	有效载荷	波段号	光谱范围/μm	空间分辨率/m	幅宽/km	侧摆能力	重访时间/d	数据传输速率/Mbit/s
CBERS – 02B	CCD 相机	B1	0.45～0.52	19.5	113	±32°	26	106
		B2	0.52～0.59	19.5				
		B3	0.63～0.69	19.5				
		B4	0.77～0.89	19.5				
		B5	0.51～0.73	19.5				
	高分辨率相机 HR	B6	0.5～0.8	2.36	27	无	104	60

2　数据源和研究区概况

研究区所在云南省开远县。由中国资源卫星应用中心提供的 2008 年 3 月 18 日的 CBERS – 02B 2.36 m 高分辨率 HR 影像和 19.5 mCCD 影像各一景，轨道号分别为 10 – 73 和 10 – 73 – B – 4。实验中我们还选择了一景 2008 年 4 月 6 号的 TM 影像（轨道号为 129 – 44，30 m）和一景 SPOT5 影像（全

[作者简介]　　邓梨梨（1984—　），在读硕士生，2006 年毕业于解放军信息工程大学测绘学院，现就读于中国矿业大学（北京），主要从事 3S 集成及其工程应用。E-mail：denglier0813@ yahoo. com. cn。

色，5 m）来做对比。图1 即为本实验所用 CBERS – 02B CCD 数据和 HR 数据。

图 1　研究区位置

3　CBERS – 02B CCD 数据质量分析

CCD 相机的 B1 – B4 波段光谱值与 Landsat – 5 TM 的波谱范围基本相当，其空间分辨率为 19.5 m，优于 Landsat – 5 TM 的 30 m 分辨率。CBERS – 02B CCD 相机波段范围如表 2 所示。

表 2　CBERS – 02B CCD 与 Landsat – 5 TM 图像参数对比

参数	CBERS – 02B CCD	Landsat – 5 TM
Band1	0.45 ~ 0.52 μm	0.45 ~ 0.52 μm
Band2	0.52 ~ 0.59 μm	0.52 ~ 0.60 μm
Band3	0.63 ~ 0.69 μm	0.63 ~ 0.69 μm
Band4	0.77 ~ 0.89 μm	0.76 ~ 0.90 μm
Band5	0.51 ~ 0.73 μm	1.55 ~ 1.75 μm
空间分辨率	19.5 m	30 m
图像大小	113 km × 113 km	185 km × 185 km

3.1　CBERS – 02B CCD 数据与 TM 数据目视对比分析

从实验数据中取出相应的典型区域，与 TM 对应波段做如下对比，见图 2。

(1) CBERS-02B CCDB1波段　　　　　　(2) TM B1波段

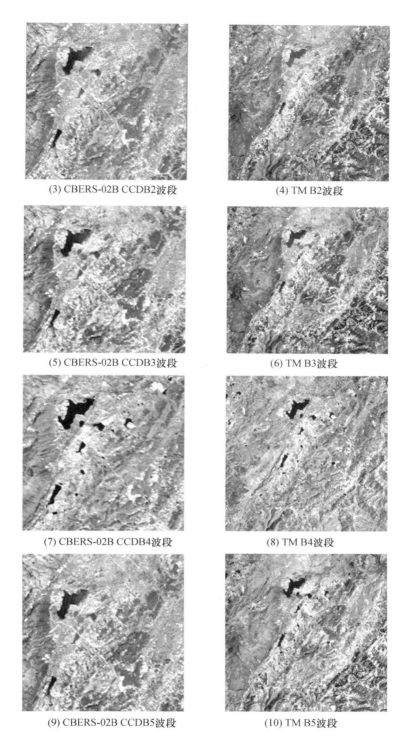

(3) CBERS-02B CCDB2波段　　　　　　　　　(4) TM B2波段

(5) CBERS-02B CCDB3波段　　　　　　　　　(6) TM B3波段

(7) CBERS-02B CCDB4波段　　　　　　　　　(8) TM B4波段

(9) CBERS-02B CCDB5波段　　　　　　　　　(10) TM B5波段

图 2　CBERS-02B CCD 和 TM 对应波段目视对比

　　从上面的图中可以看出，CBERS-02B CCD 数据和 TM 数据对比，存在着较为明显的条带噪声，尤其在 B1 和 B5 波段。

　　与 TM 数据多光谱彩色合成比较，CBERS-02B 多光谱 CCD 数据在目视效果上，其纹理更丰富，水体等的目视可分辨目标相对增多，但纹理清晰度不及 TM，纹理边缘也较为模糊。相应波段的组合比较中，TM 数据色调较为鲜明，地物边界也相对清晰；CBERS-02B 图像色调不如 TM 鲜明，图像色调比较平淡，部分地物的边界可分性较差。参见图3。

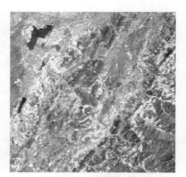

CBERS-02B CCD432波段 　　　　　　　　　　TM B5 432波段

图3　CBERS－02B CCD 和 TM 多光谱影像对比

3.2　CBERS－02B CCD 数据与 TM 数据定量分析

分别对上述的多光谱影像的光谱特征进行统计分析，直方图如图4。

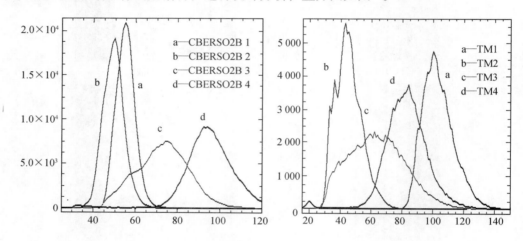

图4　CBERS－02B 数据与 TM 数据直方图对比

从图4所示的直方图形态和表3的统计结果可以看出，CBERS－02B CCD 与 TM 数据直方图总体形态相似，但 TM1、TM2、TM3 和 TM4 均有数个峰值，表明 TM1、TM2、TM3 和 TM4 更容易区分不同类型的地物。不同地类的光谱特征见图5。

表3　CBERS－02B CCD 和 TM 数据统计结果

	CBERS－02B				TM			
	波段 1	波段 2	波段 3	波段 4	波段 1	波段 2	波段 3	波段 4
最小值	0	0	0	0	0	0	0	0
最大值	163	121	204	201	220	122	196	172
均值	55.062	49.454	72.668	95.043	103.151	45.240	63.915	82.272
标准差	6.101	6.139	13.618	14.449	11.927	8.890	18.639	15.212

由图5可以看出，CBERS－02B 和 TM 的水体的光谱特征走势比较一致；而对于裸地来说，在 B2、B3 波段，CBERS－02B 均小于 TM，而在 B4 波段，CBERS－02B 略大于 TM；对于植被而言，在 CBERS－02B 中 B3 大于 B4，在 TM 中 B3 则小于 B4；而相对于居民点，在 CBERS－02B 中 B4 略大于 B3，而在 TM 中 B4 很明显的大于 B3，这更利于区别居民点。

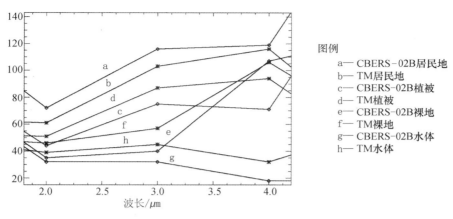

图例
a— CBERS-02B居民地
b— TM居民地
c— CBERS-02B植被
d— TM植被
e— CBERS-02B裸地
f— TM裸地
g— CBERS-02B水体
h— TM水体

图5　CBERS-02B和TM典型地物的光谱曲线对比

4　CBERS-02B HR 数据质量分析

　　CBERS-02B首次搭载自主研制的高分辨率HR相机，光谱范围0.5～0.8 μm，地面分辨率高达2.36 m，作为目前国内最高分辨率的民用卫星，其作用不可忽视。下面就同一试验区的HR数据和5 m的全色SPOT5作对比分析。考虑到SPOT5影像试验区的局限性，这里只取山地和田地来做对比。从图6可以看出，CBERS-02B HR山体结构清晰，亮度适中，而SPOT5的色调偏暗。而耕地中，HR由于其2.36 m的高分辨率，大部分的地类都清晰可辨，地类界线明显，细节特征和线性地物明显，均优于SPOT5。见而对于居民点和水体等典型地物，因为没有适合的对比区域，本实验暂不作分析。

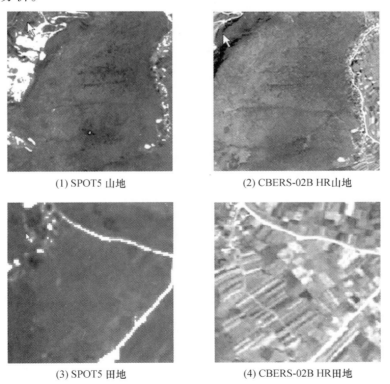

(1) SPOT5 山地　　　　　　　　　　(2) CBERS-02B HR山地

(3) SPOT5 田地　　　　　　　　　　(4) CBERS-02B HR田地

图6　SPOT5和CBERS-02B HR的目视对比

5 CBERS‑02B 数据与 HR 数据融合效果分析

HR 全色影像地面分辨率高，虽有较高的纹理分辨能力，但由于其是单波段黑白图像，无法呈现真实世界丰富的地物光谱信息，限制了其更广泛的应用。而 CBERS‑02B 多光谱 CCD 遥感影像具有丰富的光谱信息，其分辨率偏低，适用于宏观判读和分析，难以提取城市的细节信息。而融合影像恰好综合了地物的纹理和光谱信息，极大地提高了地类的判别能力，尤其是植被覆盖度、含水量等信息在融合图上的体现，使得各地类更易于区分。所以将二者不同空间分辨率遥感图像进行影像融合处理，使融合后的遥感图像既具有较好的空间分辨率，又具有多光谱特征，具有丰富的色彩信息，两者取长补短，可以更大限度的发挥资源卫星的作用。

本实验采用 Pansharp 和 Brovey 融合的方法，分别运用 PCI 和 ENVI 软件将 2.36 m 的 CBERS‑02B 全色影像与 19.5 m 的 CBERS‑02B 多光谱影像进行融合。图 7 和彩图 36 为融合前后对比结果，其中彩色融合图像（3）、（4）、（7）、（8）、（11）、（12）（参见彩图 36）分别对应原始图像（1）、（2）、（5）、（6）、（9）、（10）（参见图 7）。

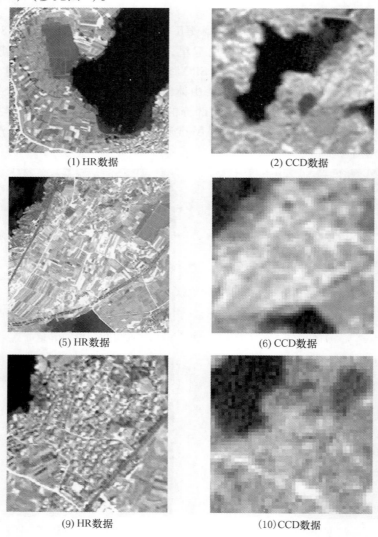

(1) HR数据　　　　　　　　　　(2) CCD数据

(5) HR数据　　　　　　　　　　(6) CCD数据

(9) HR数据　　　　　　　　　　(10)CCD数据

图 7　CBERS‑02B CCD 和 CBERS‑02B HR 数据融合前图像

由图 7 和彩图 36 可以看出，融合后的影像综合了地物的纹理和光谱信息，能够突出地物的细节，对比全色影像，彩色模式下的影像效果更有利于地物的判读和识别。

6 评价结论

1）CBERS – 02B CCD 仍存在条带噪声，尤其在 B1 和 B5 波段表现较为明显；

2）与 TM 数据多光谱彩色合成比较，02B 星多光谱 CCD 数据在目视效果上，虽纹理更丰富，但纹理清晰度不及 TM，纹理边缘也较为模糊。TM 数据色调较为鲜明，地物边界也相对清晰；02B 星图像色调不如 TM 鲜明，图像色调比较平淡，部分地物的边界可分性较差；

3）CBERS – 02B HR 分辨率高，具有较好的纹理信息，便于识别地物；

4）通过对 CBERS – 02B CCD 和 HR 做融合，使融合后的遥感图像既具有较好的空间分辨率，又具有多光谱特征，具有丰富的色彩信息，两者取长补短，可以更大限度地发挥资源卫星的作用；

5）CBERS – 02B 卫星数据对国内用户的免费开放为遥感应用提供了极为便利的遥感数据获取途径，大大促进了遥感事业的发展。但由于其数据质量不够稳定，数据获取存在空白地带，许多地区和时相的 CBERS – 02B 卫星数据都难以获取，在一定程度上制约了其应用。

7 致谢

CBERS – 02B 星遥感数据由中国资源卫星应用中心免费提供，感谢国家遥感应用工程技术研究中心崔伟宏教授为本次实验提供 SPOT 和 TM 数据。

参 考 文 献

[1] 彭光雄，何宇华，李京，等. 中巴地球资源02 星 CCD 图像交叉定标与大气校正研究 [J]. 红外与毫米波学报，2007，26（1）：22 – 25.

[2] 汪静，杨媛媛，王鸿南，等. CBERS – 1 卫星 02 星图像数据质量评价 [J]. 航天返回与遥感，2004，25（2）：34 – 38.

[3] 张振生. CBERS – 02 数据在土地沙化、矿山环境、土地利用监测中的应用 [j]. 中国科技成果，2007，10.

[4] 杨忠东，谷松岩，邱红，等. 中巴地球资源一号卫星 CCD 图像质量评价和交叉定标研究 [J]. 遥感学报，2004，8（2）：113—120.

[5] 郭建宁，等，中国巴西地球资源卫星影像图集. 北京：科学出版社，2005.

[6] 朱长青，王倩，杨晓梅. 基于多进制小波的 SPOT 全色影像和多光谱遥感影像融合 [J]. 测绘学报，2000，29（2）：132 – 136.

[7] 汤国安，张友顺，刘咏梅，等. 遥感数字图像处理 [M]. 北京：科学出版社，2004.

Image Fusion and Quality Assessment of the CBERS – 02B Satellite Data

Deng Lili[1], Cui Ximin[1], Peng Guangxiong[2], Gan Yongping[1], Feng Weiguang[1]

（1 China University of Mining & Technology (Beijing), Beijing   100083）

（2 Institute of Remote Sensing Applications, Chinese Academy of Sciences, Beijing   100101）

Abstract：Through visually and statistically analyzing of the CCD image of CBERS – 02B satellite, and rough analyzing of the HR image, and respectively been compared with TM and panchromatic SPOT, the paper make out the quality assessment of the CBERS – 02B satellite data. Finally through the image fusion between multi-spectral CCD image and high-resolution HR image, improve the precision of interpretation of the surface features, and enrich the information of the image.

Key words：CSBERS – 02B   Remote sensing   Image fusion   Quality assessment of the image

CBERS－02B 卫星图像的融合试验研究

张晓丽，吴泉源，徐刚，王晓怡，王艳泽

（山东师范大学人口·资源与环境学院，济南　250014）

摘　要：遥感影像数据融合是目前遥感界研究的新热点，作为在各个领域应用日益广泛的 CBERS－02B 卫星影像，其全色波段空间分辨率达到 2.36 m，为中巴地球资源卫星融合图像的生成创造了条件。为了既保留丰富的光谱信息又能提高空间分辨率，本文在对主成分变换、Brovey 变换、Mutiplicative 变换融合 3 种传统像素级融合方法分析、归纳与算法实现研究的基础上，对 CBERS－02B 卫星多光谱波段与全色波段的图像进行了融合试验研究，从光谱特征与空间纹理特征两个方面对融合图像效果进行定性与定量评价。分析结果表明，Brovey 变换融合法光谱退化最小，同时也最大程度地保持了高几何分辨率全色波段的空间信息。

关键词：CBERS－02B　影像融合　评价

1　引言

大比例空间数据库的变更需要高空间分辨率的遥感数据，但目前高空间分辨的遥感数据普遍价格较高，影响了数据库的更新和时效性。自中巴地球资源 02B 卫星升空以来，免费向国内用户提供了大批 2.36 m 高分辨率影像 HR 数据，为进行大比例尺空间调查和数据库的快速更新提供了保证，但目前还有许多用户对 CBERS－02B 遥感数据不太了解，作者在将 CBERS－02B 卫星的 2.36 m 高分辨率影像 HR 数据用于龙口市 1：10 000 数据库变更调查工作过程中，进行了图像融合试验研究，以期为国内广大用户提供借鉴。

遥感影像数据融合是一种数据综合处理技术，它能够对各种对地观测卫星提供的不同空间分辨率、波谱分辨率和时间分辨率的遥感图像进行综合利用，很好地解决了不同传感器信息的互补与冗余问题，使所获得的同一观测地区或目标的信息更加完整与准确，弥补了单一信息源难以充分满足资源数据监测需要的缺陷，因此遥感影像数据融合已成为学术界研究的新热点[1,2]。目前所采用的融合方法大体上包括彩色合成、IHS 变换、YIQ 变换、加与乘运算、差值与比值运算、主成分分析、相关分析、回归分析、滤波分析、小波分析以及其他的一些方法[3-7]。CBERS－02B 的全色波段的空间分辨率为 2.36 m，多光谱波段为 19.5 m，为了改善图像的可视效果，提高地物的可解译性，作者采用了主成分变换、Brovey 变换、Mutiplicative 变换 3 种典型的融合算法，对 CBERS－02B 数字遥感影像的全色波段和多光谱波段进行融合对比试验。

2　图像融合方法

2.1　主成分变换（Principal Components Transformation，PCT）

主成分变换是在影像统计特征基础上进行的一种多维（多波段）正交线性变换。其目的是把多波段的图像信息压缩或综合在一幅图像上，使各波段信息能最大限度的表现在新的图像上。其过程为：首先将多光谱图像进行主成分变换，然后将具有高分辨率的全色波段或其他数据进行灰度拉伸，使之与第一主成分分量有着相同的均值与方差，用拉伸好的高分辨率图像替代第一主成分分量，经主成分

[作者简介]　张晓丽（1984— ），在读硕士研究生。主要研究方向：土地利用与土地覆被变化研究。

逆变换，完成图像的融合。

2.2 Brovey 变换

Brovey 变换又被称为色彩标准化（Colornormalized）变换融合，应用的是乘积组合算法，将多光谱波段颜色（红、绿、蓝）归一化，将高分辨率影像与多光谱各波段相乘完成融合。计算公式如下：

$$R = Pan[R/(R + G + B)]$$
$$G = Pan[G/(R + G + B)] \tag{1}$$
$$B = Pan[B/(R + G + B)]$$

式中　R—— 光谱数据的红波段；

　　　G—— 光谱数据的绿波段；

　　　B—— 光谱数据的蓝波段；

　　　Pan—— 全色波段。

该方法融合的图像几乎完整的保持了原始图像的色调信息，视觉效果好。

2.3 Mutiplicative 变换

Mutiplicative 变换即乘积变换融合是应用最基本的乘积组合算法，直接对两种空间分辨率的遥感数据进行合成，即

$$B_{i-new} = B_{i-m}B_{i-h}$$

式中　B_{i-new}——融合以后的波段数值（$i = 1$，2，3，$\cdots$，n）；

　　　B_{i-m}——多波段图像中任意一个波段数值；

　　　B_{i-h}——高分辨率遥感数据。

乘积交换是由 Crippen 的四种分析技术演变而来的，Crippen 的研究表明，将一定亮度的图像进行交换处理时，只有乘法交换可以使其色彩保持不变。

3 数据融合实验与评价方法

3.1 数据处理

实验所采用的数据源为 2007 年 12 月扫描成像的 CBERS – 02B 影像，其全色波段空间分辨率为 2.36 m，多光谱波段为 19.5 m，从中裁切出 7 067 × 7 921 像元的区域作为试验数据。实验区内主要有农田、建设用地、道路、水体等地物。融合前首先在 ERDAS IMAGINE 中运用 2 次多项式，选取 13 个控制点（GCP）对图像进行了像对像纠正与配准，精度控制在半个像元内，以保证融合的效果。本次试验对 Brovey 变换法只选择光谱的 4、3、1 波段进行了融合，而主成分变换和 Mutiplicative 变换完成全部 5 个多光谱波段的融合，融合结果见彩图 37，其中主成分变换采用的是第 1、2、4 波段的复合，Mutiplicative 变换采用的是第 2、3、4 波段的复合。

3.2 评价方法

当前在图像融合的领域中主要依靠主观感觉，利用遥感图像的统计特性进行融合效果评价[8]。本文采用灰度差异与信息熵统计数据对融合结果的光谱真实性与空间纹理信息进行了分析。

3.2.1 光谱真实性评价

光谱真实性评价一般采用原多光谱图像（图 1）与融合后图像（彩图 37）相对应波段的灰度平均差异进行评价，具体计算公式为

$$D_i = 1/n \sum_r \sum_t |G'_{ril} - G_{ril}| \tag{2}$$

式中　n——整个影像像元数目；

r、l——分别为行列位置；

G'_{ril}和G_{ril}——分别为第 i 光谱波段融合前后相对应像元的灰度值；

D_i——融合前后相对应像元的灰度差异，差异越小，融合图像光谱信息就越好。

(a) HR数据　　　　　　　　　(b) CCD多光谱数据

图 1　融合前的图像

3.2.2　信息熵

图像的熵值是衡量图像信息丰富程度的一个重要指标，熵值的大小表示图像所包含的平均信息量的多少。对于一幅单独的图像，可以认为其各像素的灰度值是相互独立的样本，则这幅图像的灰度分布为 $p = \{p_0, p_1, \cdots, p_i, p_{L-1}\}$，$p_i$ 为灰度值等于 i 的像素数与图像总像素数之比。融合前后的图像其信息量必然会发生变化，计算信息熵可以客观地评价图像在融合前后信息量的变化。根据 Shannon 信息论的原理，一幅图像的信息熵为：

$$E = \sum_{i=0}^{L-1} p_i \log_2 p_i$$

如果融合图像的熵越大，表示融合图像的信息量增加，融合图像所含的信息越丰富，越能够增强图像纹理表现能力，从而改善图像的清晰度，融合质量越好。

4　结果分析

4.1　主观目视比较

光谱特征上（见图 1 及彩图 37），主成分变换融合结果在色彩上绝大部分接近于原始多光谱影像，色调一致性最好。Brovey 变换融合效果与相差不多，而 Mutiplicative 变换相对于 Brovey 与 PCT 变换，效果都差。由此得出：融合效果在光谱特征上，光谱信息变化最大的为 Mutiplicative 变换，再依次为 Brovey、主成分变换。Brovey 变换融合的影像与融合前原中巴地球资源卫星多光谱影像对比，影像上表现为红色的植被，其颜色较普遍表现为由深变浅，Mutiplicative 变换则是蓝色的由深变浅；融合前黄色的建设用地在主成分变换融合后影像上基本保持不变，在 Mutiplicative 变换融合后影像上表现为绿色由深变浅，在 Brovey 变换融合影像上表现为蓝绿色。空间纹理特征上（见图 1 及彩图 37），无论是空间分解力还是清晰度，利用 Brovey 变换和 Mutiplicative 变换尤其是主成分变换方法融合后的影像都优于原中巴地球资源卫星多光谱（CCD）影像，从融合后的影像上能清楚地显示出地表的各种细小特征，如居民点街道、地物与地物之间的分界线，农业用地的条带状纹理。放大相同倍数，融合后的影像比原 SPOT - 5 多光谱影像明显清晰。这都说明 3 种融合方法不仅很好地保留了多光谱图像的光谱信息，而且都有效的提高了图像的空间信息量，融合后的影像目视效果较原多光谱影像而言是令人满意的。

4.2　定量分析

分别对融合结果与原图像灰度平均差异 D_i 与信息熵 E 的计算，得到表 1 和表 2。

表 1　中巴数据融合前后灰度平均差异

波段	1	2	3	4	5
PCT	35.058	27.931	36.329	35.458	41.833
Mutiplicative	27.331	2.500	45.022	40.779	20.884
Brovey	32.833		18.455	17.328	

从光谱质量上看（见表 1），Mutiplicative 变换除波段 2 的灰度平均差异比 PCT 小，3、4 波段与对应波段原多光谱数据的灰度平均差异都是较大的，波段复合的效果明显较 PCT 差，表明 PCT 保留了较多的原多光谱信息，Brovey 融合除波段 1 灰度平均差异比 Mutiplicative 变换大，其他各波段均小于 Mutiplicative 变换和主成分变换，表明 Brovey 融合保留了较多的原多光谱信息，其次为 PCT，Mutiplicative 变换最差，这些都与目视比较结果一致。

从图像纹理表现能力上看（见表 2），主成分变换融合后的信息熵都比 Mutiplicative 融合的大，说明该方法在改善图像的清晰度方面要明显优于 Mutiplicative 融合。同样情况，Brovey 融合的各波段的信息熵均比 Mutiplicative 融合的熵值大，因此 Brovey 融合和主成分变换较 Mutiplicative 融合能够更多的保留全色波段的空间信息。与主成分变换相比，Brovey 融合效果略差。

表 2　融合图像的熵

波段	1	2	3	4	5
PCT	2.911	2.831	2.976	3.253	2.806
Mutiplicative	2.272	2.345	2.410	2.176	2.392
Brovey	2.416		2.523	2.755	

5　结语

图像融合是为了提高图像的信息量，便于进行图像特征提取，目标识别。本次研究中，采用 Mutiplicative 变换、主成分（Principal Components Transformation，PCT）变换、Brovey 变换 3 种典型像素级融合方法，对中巴地球资源卫星的全色（HR）图像与多光谱（CCD）波段进行了融合试验，并从光谱质量和空间信息两个方面对融合结果进行了定性与定量评价。3 种典型的融合算法中，Brovey 变换融合法光谱退化小，同时也较高程度地保持了高几何分辨率全色波段的空间信息，但一次只能完成 3 个波段的融合，信息未能得到全面利用；主成分变换融合虽然能够获得较多的空间信息，但光谱信息丢失较多；Mutiplicative 变换融合的空间信息和光谱信息丢失都较多。

参 考 文 献

[1]　袁金国，王卫，多源遥感数据融合应用研究 [J].地球信息科学，2005，7（3）：97-102.

[2]　张微，毛启明，章孝灿，等.不同高分辨率遥感图像融合技术特征比较 [J].东海海洋 2005，23（1）：23-30.

[3]　孙蓉桦，郭德.SPOT-5 全色与多光谱数据融合方法的比较研究 [J].遥感技术与应用，2005，20（3）：366-370.

[4]　林卉，杜培军，张莲蓬.基于小波变换的遥感影像融合与评价 [J].煤炭学报，2005，0（3）：332-336.

[5]　贾永红.遥感多光谱影像空间分辨力增强的融合方法 [J].遥感技术与应用，1997.（1）：19-23.

[6]　翁永玲，田庆久，惠凤鸣.IKONOS 高分辨率遥感影像自身融合效果分析 [J].东南大学学报：自然科学版，2004，34（2）：274-277.

[7]　王海晖，彭嘉雄，吴巍，等.多源遥感图像融合效果评价方法研究 [J].计算机工程与应用，2003，（25）：22-37.

[8]　负培东，曾永年，历华.不同遥感影像融合方法效果的定量评价研究 [A].遥感应用，2007，（4）：40-45.

Study on Fusion Algorithms of CBERS – 02B Sensing Image

Zhang Xiaoli, Wu Quanyuan, Xu Gang, Wang Xiaoyi, Wang Yanze

(College of Population, Resources and Environment, ShandongNormalUniversity, Jinan 250014)

Abstract: In recent years, the merging of remote sensing image has become the new hotspot. CBERS – 02B sensing image, has been widely applied in each domain. Its panchromatic image has high space resolving power and its multi-spectral image has abundant spectrum information. In order to improve the multi-spectral image's space resolving power, we firstly analyze the principles and methods of three traditional piexl mergings, which are principal components transformation, Brovey transformation and Mutiplicative transformation. Then three traditional pixel mergings are used in CBERS – 02B HR and CCD images. The fused images are evaluated from the spectral quality and from the spatial quality. Analyses show that Brovey transformation has the best quality both from the spectral quality and the spatial quality.

Key words: CBERS – 02B Imagemerging Evaluation

CBERS－02B HR 与 CCD 影像像素级融合及评价

李俊杰，李杏朝，黄世存，王奇

（中国资源卫星应用中心，北京　100094）

摘　要： CBERS－02B 星搭载了高分辨率全色相机 HR 和多光谱传感器 CCD，对 HR 和 CCD 影像的融合可以结合两种影像各自的优势形成新的影像，起到增强影像和提高影像可读性的效果。论文选取了汕头城市区域的 HR 和 CCD 影像进行了 7 种不同方法的融合，对融合结果从空间细节保持和光谱保持两个方面进行了定性和定量的评价，得到了适合 HR 和 CCD 影像融合的几种较好的方法，分析了融合实验中存在的几个问题，并对可以改进的地方提出了建议。

关键词： CBERS－02B　融合　评价　HR

1　引言

遥感影像数据种类越来越多，不同传感器、不同波段和不同时相数据如何进行优势互补和有机结合是广泛关注的问题。由此问题人们提出了遥感影像融合的概念，它是指不同影像在经过空间配准之后，按照一定的算法与原则进行整合，结合互补信息形成新的影像数据。遥感影像融合可以实现以下目标：提高空间分辨率、增强目标特征、提高分类精度、动态监测和信息互补等。

影像融合按照其水平和特点可以分为像素级、特征级和决策级融合[1]，本文讨论的是像素级的影像融合方法。像素级影像融合的通常做法是提取高空间分辨率全色影像中的空间细节特征（高频成分），将其添加到低空间分辨率的多光谱影像的每个波段中，目的是使融合图像既保留了多光谱的空间特征又提高了空间分辨率，但这种方法会导致一定程度的光谱失真。

论文使用高通滤波、小波变换等 7 种不同的融合方法对汕头城市区域的 CBERS－02B 星 HR 与 CCD 影像进行融合，从空间细节和光谱保持两个方面对不同的融合影像进行了定性与定量的评价与对比分析，得到了适合 CBERS－02B 星 HR 与 CCD 影像融合的几种较好的融合方法。

2　像素级影像融合方法

2.1　HPF 融合方法

HPF（High Pass Filter）融合方法基本思想是用一个高通滤波器对高分辨影像滤波得到高频信息，然后按照一定的权重注入到多光谱波段中生成融合影像。

HPF 融合方法的基本流程如下：（1）计算多光谱影像和高分辨率影像分辨率之比，以此来确定高通滤波器的卷积滤波核的大小；（2）对高分辨率影像进行高通滤波得到高频影像，同时对多光谱影像重采样到高分辨影像像元大小；（3）把高频信息加入到每个多光谱影像中得到融合影像。

考虑到 CCD（19.5 m）和 HR（2.36 m）的分辨率之比大概为 8，文中使用的 HPF 融合方法卷积滤波核的大小是 13×13，卷积滤波核的中心元素值为 168，其他元素值为 -1。

2.2　Brovey 融合方法

Brovey 变换融合方法是一种通过归一化后的三个波段多光谱影像与高分辨率影像乘积的融合方法，

［作者简介］　李俊杰（1983—　），硕士，2004 年毕业于南京大学地理系，2007 年在中国科学院南京地理与湖泊研究所获硕士学位，主要从事资源环境遥感研究工作。E-mail：lijunjie299@126.com。

它可以应用于不同传感器的影像数据融合，如 TM 多光谱和 SPOT 全色影像的融合。Brovey 变换既一定程度上保持多光谱数据的完整性又增强了图像的细节。

Brovey 变换融合 CBERS－02B CCD 多光谱数据和 HR 全色数据的计算公式如下：

$$FB_{i,j,k} = \left(CCD_{i,j,k} / \sum CCD_{i,j,1\cdots n} \right) \times HR_{i,j} \tag{1}$$

式中　FB——融合后影像，i 和 j 是波段 k 中像元的行列号。

2.3　PC 融合方法

主成分分析（PCA – Principal Component Analysis）是遥感图像分析中的一种常用方法，它主要用于图像增强和压缩。多光谱图像的各波段之间信息通常是高度相关的，主成分分析就是通过数学变换将相关的多波段信息变成不相关信息。

本文中主成分分析变换融合 CBERS－02B CCD 多光谱数据和 HR 全色数据流程图如图 1 所示，先对三个多光谱波段进行主成分分析得到三个主成分，然后参照第一主成分对全色数据进行直方图匹配，并替代第一主成分，最后进行主成分逆变换，得到融合后的影像。

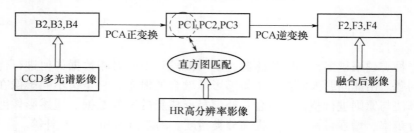

图 1　PC 变换融合方法流程图

2.4　SFIM 融合方法

Liu[2]（2000）提出了基于光滑滤波的亮度调节（Smoothing Filter-based Intensity Modulation，SFIM）影像融合方法，SFIM 融合方法的主要流程是，首先对高分辨率影像进行平滑滤波（低通滤波）生成均值平滑影像，然后再进行代数运算，公式如下：

$$IMAGE_{\text{SFIM}} = \frac{IMAGE_{\text{low}} IMAGE_{\text{high}}}{IMAGE_{\text{mean}}} \tag{2}$$

滤波核的大小一般定为低分影像对高分影像空间分辨率比的大小。

2.5　小波变换融合方法

Mallat 和 Atrous 算法是二维离散小波变换影像融合中最常用的两种算法。Mallat 算法是由 S. Mallat 在 1988 年提出的，它是正交小波的构造方法和正交小波变换的快速算法。基于小波变换的融合方法有两种实现途径：叠加方法（Additive Method）或取代方法（Substitution Method）。除了简单的叠加方法和取代方法之外还有结合 IHS 和 PCA 变换的叠加和取代方法，考虑到 Nunez[3] 表明用 Mallat 算法进行小波分解，通过叠加和取代方法得到的融合影像的质量基本一致，本文中小波变换融合采用基于 Mallat 算法的简单叠加方法而不考虑取代方法。图 2 是基于 Mallat 算法和叠加方法的小波变换融合影像流程图。

2.6　IHS 融合方法

IHS 融合方法是与 IHS 彩色变换联系在一起的，先介绍一下 IHS 彩色变换，所谓 HIS 彩色变换是指将标准的 RGB 图像变换为代表空间信息的明度 I 和代表波谱信息的色别 H、饱和度 S。变换公式表示为：

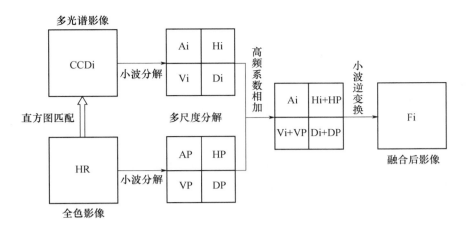

图 2 基于 Mallat 算法和叠加方法的小波变换融合影像流程图

$$I = R + G + B$$
$$H = (G - B)/(I - 3B) \qquad (3)$$
$$S = (I - 3B)/I$$

IHS 融合方法流程如图 3 所示，先对 CCD 多光谱影像 2、3 和 4 波段进行 IHS 正变换，然后 HR 影像参照 I 分量图像进行直方图匹配并替代 I 分量，对 I、H 和 S 进行 IHS 逆变换得到融合影像。

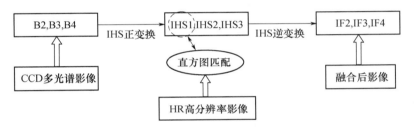

图 3 IHS 融合方法流程图

3 影像融合实验

CBERS－02B 于 2007 年 9 月 19 日发射成功，22 日发回第一轨影像。CBERS－02B 的有效载荷包括多光谱传感器 CCD、高分辨率相机 HR 和宽视场成像仪 WFI。多光谱传感器 CCD 有 5 个波段，论文使用其中的 2、3、4 波段用于融合，其空间分辨率为 19.5 m，波段光谱范围分别为：第 2 波段 B2 0.52 ~ 0.59 μm，第 3 波段 B3 0.63 ~ 0.69 μm，第 4 波段 B4 0.77 ~ 0.89 μm。HR 相机单波段，空间分辨率为 2.36 m，波段光谱范围 0.5 ~ 0.8 μm。

融合影像的区域选取汕头城市区域，影像大小为 1 024 × 1 024（HR），CCD（128 × 128），3 个区域影像的成像时间分别为 2007 年 10 月 15 日、10 月 4 日和 10 月 4 日，均为 HR 相机调焦前的影像。

融合方法的实现主要借助于遥感图像处理软件 ERDAS 和 ENVI，以及 Matlab。其中 HPF 和 Brovey 融合方法是使用 ERDAS 的融合模块直接实现的，HSV，GS，PC 是使用 ENVI 中的影像增强功能中对应的融合功能实现的，而 IHS 和 SFIM 融合方法在 ERDAS 和 ENVI 中没有现成的模块直接实现，利用它们的其他功能间接实现，小波变换是使用 Matlab 编程实现的，使用的是 Matlab 小波函数库中的双正交小波函数 bior4.4。融合结果图见彩图 38。

4 融合算法性能评价

4.1 定性评价

采用目视判读的方法对融合结果进行空间细节保持和光谱保持两方面的评价，由于目视判读的定性评价有较大的主观性，而且不同的人判读会有不同的评价结果，因此作者随机调查了 20 个从事遥感图像处理的同事对融合结果的评价，然后综合分析得出定性评价的结果。

定性评价的结果是：空间细节保持由好到差依次是 GS, HPF, PC, Brovey, IHS, SFIM, Bior4.4（小波）；光谱保持由好到差依次是 GS, Brovey, PC, IHS, SFIM, Bior4.4（小波）, HPF。

4.2 定量评价

4.2.1 空间细节保持

空间细节保持的定量评价采用 4 个指标：对比度、图像熵、方差和高频信息的相关系数。对比度和图像熵这两个指标都是基于灰度共生矩阵计算的，图像的灰度共生矩阵表达了图像灰度关于方向、相邻间隔、变化幅度的综合信息。在灰度共生矩阵的基础上抽取出图像的纹理特征参数，称为二次统计量，对于这二次统计量的分析，可以很好地理解图像的纹理特性。经过正规化处理的灰度共生矩阵是抽取二次统计量纹理特征系数的基础。其中计算图像对比度的公式为：

$$f = \sum_{n=0}^{L-1} n^2 \left\{ \sum_{i=0}^{L-1} \sum_{j=0}^{L-1} \hat{p}(i,j) \right\} \tag{4}$$

计算图像熵的公式为：

$$f = - \sum_{i=0}^{L-1} \sum_{j=0}^{L-1} \hat{p}(i,j) \log \hat{p}(i,j) \tag{5}$$

式（1）和式（2）中，$|i-j| = n$，$\hat{p}(i,j)$ 为归一化的灰度共生矩阵。

图像的对比度是用于评价图像纹理的参数，可理解为图像的清晰程度，即纹理的清晰程度。图像中，纹理的沟纹越深，其对比度越大，图像就越清晰，视觉效果越好。相邻像素间的灰度值差异在同一幅图像中相同的灰度对的多少最能影响结果。熵是图像所具有的信息量的度量，纹理的复杂度越高就意味着图像信息量越大，其熵也越大。

图像方差的计算公式为：

$$\sigma^2 = \frac{1}{m*n} \sum_{i=0}^{m} \sum_{j=0}^{n} (p(i,j) - \mu)^2 \tag{6}$$

其中，m，n 为图像高度和宽度，$p(i, j)$ 为图像某点的灰度值，μ 为图像的灰度均值。图像的方差大，说明图像灰度层次较为丰富，能提供较多的信息。

高频信息的相关系数由 Zhou[4]（1998）提出，考虑到影像的空间细节信息主要保留在影像的高频部分，对融合影像和高分辨率全色影像高通滤波，然后计算滤波后两影像之间的相关系数，相关系数理想值为 1，相关系数值越高表示融合影像的空间细节越接近于全色影像。高通滤波器使用拉普拉斯高通滤波器，滤波器矩阵如式（7）所示：

$$\begin{bmatrix} -1 & -1 & -1 \\ -1 & 8 & -1 \\ -1 & -1 & -1 \end{bmatrix} \tag{7}$$

研究区不同融合结果的空间细节保持定量指标计算结果如表 1 所示。以对比度而言，值越高表明图像越清晰，综合 2、3 和 4 波段，排在前三位的分别是 HPF、SFIM 和 Brovey 三种方法的融合结果，而且只有 HPF 这一种方法融合结果的对比度超出了原始 HR 影像的对比度；以图像熵而言，也是值越大表明信息量越丰富，图像细节越好，排在前三位的是 IHS、SFIM 和小波；方差和相关系数同样也是值越大表明图像的细节效果越好，方差排在前三位的是 IHS、HPF 和 GS，相关系数排在前三位的是 HPF、SFIM 和小波。对于方差这个指标，不同方法间值的差异并不大，因此主要考虑对比度、图像熵和相关系数这三个指标，我们可以得到对于空间细节的保持相对较好的三种方法是 HPF、SFIM 和小波方法。

表1　汕头 8 种不同融合结果的空间细节保持定量统计分析

评价方法	对比度			图像熵			方差			相关系数		
波段	B2	B3	B4	B2	B3	B4	B2	B3	B4	B2	B3	B4
GS	291.3	221.1	329.1	7.1	8.9	10.0	68.6	66.6	68.3	0.89	0.96	0.97
HPF	659.7	610.1	650.4	10.0	9.4	10.7	67.2	66.6	70.7	0.97	0.99	0.99
Brovey	430.5	303.8	192.1	6.1	7.3	7.5	66.2	67.4	65.3	0.91	0.95	0.95
PC	144.1	100.8	463.1	6.9	8.6	10.0	66.8	64.3	69.9	0.90	0.97	0.99
SFIM	540.2	351.1	144.0	12.7	12.5	12.3	66.3	68.1	64.0	0.97	0.98	0.97
Bior4.4	247.6	241.7	231.1	11.6	11.6	11.6	60.5	62.1	63.9	0.91	0.93	0.93
IHS	450.8	333.2	241.7	12.9	12.7	12.5	68.9	69.2	67.2	0.85	0.85	0.86
HR		378.0			9.8			66.9				

4.2.2　光谱保持

本文主要采用相关系数和平均差值两个指标来评价影像光谱质量，均值和方差两个统计指标也计算出来作为参考。遥感影像融合后，融合结果的光谱特性应与原始多光谱数据尽可能保持一致，这样才能保证融合前基于光谱特性可分的目标在融合后仍然可分。

相关系数定义如（8）式：

$$C(f,g) = \frac{\sum\limits_{i,j}\left[(f_{i,j} - e_f) \times (g_{i,j} - e_g)\right]}{\sqrt{\sum\limits_{i,j}\left[(f_{i,j} - e_f)^2\right] \times \sum\limits_{i,j}\left[(g_{i,j} - e_g)^2\right]}} \tag{8}$$

其中 $f_{i,j}$ 和 $g_{i,j}$ 分别是像元（i, j）在影像 f 和影像 g 中的灰度值，e_f 和 e_g 分别是影像 f 和影像 g 的灰度值均值。融合影像和原始影像相关系数的理想值为 1，值越大表明光谱质量越好。

平均差值是 Zhou 提出的，它的计算公式如下：

$$D_k = \frac{1}{n}\sum_i \sum_j |V'_{kij} - V_{kij}| \tag{9}$$

其中 V'_{kij} 和 V_{kij} 分别是融合影像和原始影像的像素值，k 表示第 k 个波段，i 和 j 分别是像元的行列号，n 是影像像元的总和。融合影像与原始影像的平均差值越小越好。

研究区不同融合结果的光谱保持定量指标计算结果如表2所示，均值和方差两个指标主要作为平均差值这个指标的参考，平均差值是越小越好，表现较好的三种方法是 SFIM、小波和 GS，但是有几种融合方法的结果均值与对应的 CCD 多光谱影像的均值都有较大的偏差，这样平均差值就失去了可比性。对于相关系数，值越大表明波段间相关性越好，光谱畸变小，排在前三位的融合方法是小波、SFIM 和 GS 方法。综合分析光谱保持最好的三种方法是小波、SFIM 和 GS 方法。

表2　汕头 8 种不同融合结果的光谱信息定量统计分析

评价方法	均值			方差			相关系数			平均差值		
波段	B2	B3	B4	B2	B3	B4	B2	B3	B4	B2	B3	B4
CCD	58.8	83.1	88.0	7.2	14.5	23.7						
GS	59.1	83.6	89.1	7.8	15.7	20.9	0.78	0.81	0.75	3.7	7.2	13.0
HPF	58.7	82.9	87.9	7.2	14.5	23.6	0.71	0.71	0.72	3.9	8.0	13.7
Brovey	24.9	35.1	36.8	4.7	8.0	9.8	0.62	0.76	0.85	33.9	53.6	51.5
PC	59.3	83.6	88.8	8.5	17.0	21.0	0.87	0.90	0.53	3.3	6.2	17.3
SFIM	59.0	83.3	88.6	9.0	16.4	24.8	0.79	0.88	0.94	3.7	5.2	5.7
Bior4.4	108.7	112.2	128.5	33.6	34.6	36.1	0.89	0.90	0.90	9.1	9.0	9.3
IHS	96.0	84.3	102.1	17.5	18.2	24.5	0.53	0.71	0.83	37.2	10.5	17.0

5 结论

综合定性和定量评价的结果，对于融合影像如果只考虑空间细节的保持与增强，HPF、GS 和 Brovey 方法相对较好；如果需要同时考虑空间细节保持和光谱保持，HPF、GS 和 Brovey 方法相对较好。文中使用的 8 种融合方法都是相对非常成熟的融合方法，也有很成功的例子，在 HR 和 CCD 的融合中除了小波、SFIM 和 PC 方法表现比较糟糕之外，其他方法都还不错，起到了增强影像，提高影像可读性的效果。

对于 HPF 方法，还值得进一步的研究，因为对于 HPF 方法，滤波核的设计是一个关键，滤波核的大小以及核心元素的值都可以进一步调整实验，可能会得到比本文的 HPF 融合方法更好的融合结果，HPF 方法的突出优势在于融合结果的空间细节和光谱保持两方面都表现非常好，而且计算简单，易于实现，融合过程中计算机计算量相对较少，速度快。

论文融合使用的 CCD 和 HR 影像分辨率之比差别较大，在 8 倍左右，这带来了两个方面的问题，首先是配准精度，配准精度是融合的基础，由于分辨率差别较大，选点困难以及误差大，两种影像之间的配准精度难以保证，这对配准精度要求高的算法有很大的影响，直接导致融合结果很差；其次是融合结果的斑块效应，对于小波变换和 SFIM 这两种方法影响特别明显，小波和 SFIM 是公认的较好的融合方法，但是对于 CCD 和 HR 的融合这两种方法的结果目视效果却并不好，有明显的团块效应，使影像显得很模糊。因此配准和斑块效应是进一步值得研究的两个问题，笔者也对 HR 与 SPOT 10 m 的多光谱影像进行了初步的融合研究，小波和 SFIM 方法的融合结果表现都非常好，看来这两种方法对于空间分辨率比率过大的两种影像融合要做一些改进。

另外作者对融合影像的目视分析过程中也发现，由于多光谱和高分影像之间空间比率较大，融合结果往往反而丢失了一些细节信息，并且由于空间插值的原因，往往对某些地方做出了错误的改变。目前比较成功的商用高分辨率影像，全色和多光谱之间的空间分辨率比例一般都是 2~4 倍之间，比如 IKONOS、QUICKBIRD 和 SPOT 等影像。因此为了更好的融合效果，可以考虑 HR 与 SPOT 10 m 多光谱影像的融合，或在以后传感器的设计中，使全色和多光谱空间分辨率的比值保持在 2~4 倍之间。

参 考 文 献

[1] POHL C, VAN GENDEREN J L. Multisensor image fusion in remote sensing：concept, methods and applications [J]. International Journal of Remote Sensing, 1998, 19（5）：823 – 854.

[2] Liu J. G. Smoothing Filter Based Intensity Modulation：A spectral preserving imaging fusion technique for Improving Spatial Details. International Journal of Remote Sensing, 2000, 21（18）：3461 – 3472.

[3] NUNEZ J, OTAZU X, FORS O, et al. Multiresolution-based image fusion with additive wavelet decomposition. IEEE Transactions on Geoscience and Remote Sensing, 1999, 37（3）：1204 – 1211.

[4] Zhou J, Civco D L, Silander J A. A Wavelet Transform Method to Merge Landsat TM and SPOT Panchromatic Data [J]. International Journal of Remote Sensing, 1998, 19（4）：743 – 757.

Pixel Based Fusion and Evaluation of CBERS – 02B CCD and HR Images

Li Junjie, Li Xingchao, Huang Shicun, Wang Qi

(China Center for Resources Satellite Data & Application, Beijing 100094)

Abstract: CBERS – 02B's payload includes high spatial resolution panchromatic camera HR and multi-spectral sensor CCD. HR and CCD image fusion create new images which have the virtues of the two original images. This paper selects 7 fusion methods to fuse HR and CCD images of Shantou urban area and evaluates the fusion images quantitatively and qualitatively at the aspects of spatial and spectral details reserve. From the evaluation, some better methods for fusion HR and CCD images were recommended. Finally, this paper analyzes some problems in the fusion experiment and suggests some improving methods.

Key words: CBERS – 02B Fusion Evaluation HR

基于有理函数模型的 CBERS –02B HR 数据正射纠正试验

李石华，杨帆，郑璞冰

（云南省基础地理信息中心，昆明　650034）

摘　要：由于缺少 CBERS –02B 星的轨道星历参数和传感器参数，无法利用精确的传感器模型完成 CBERS –02B HR 数据正射纠正。文章简要介绍了有理函数模型原理与方法，并利用有理函数模型进行 CBERS –02B HR 影像正射纠正试验，初步试验结果表明：利用有理函数模型可以完成 CBERS –02B HR 影像正射纠正，其纠正精度可达到国家 1∶50 000数据库更新工程数字正射影像平面精度的要求。

关键词：CBERS –02B　有理函数模型　正射纠正

1　引言

中巴地球资源 01 星（CBERS –01）是中国和巴西联合研制的地球资源卫星系列中的第一颗卫星，标识着我国完成了资源卫星"从无到有"的跨越。CBERS –01 卫星于 1999 年 10 月 14 日发射，2003 年 8 月 13 日停止工作，2003 年 10 月 21 日 CBERS –02 星发射，CBERS –02 星是 CBERS –01 星的备份星，同步研制生产，卫星的功能、组成、平台、有效载荷和性能指标的标称参数相同[1]。2007 年 9 月 19 日CBERS –02B 星在太原卫星发射中心成功发射，目前运行的 CBERS –02B 星轨道是太阳同步回归极轨轨道，轨道平均高度 778 km，传感器包括 CCD 相机、高分辨率相机（HR）、宽视场成像仪（WFI）。其中 CCD 相机有 5 个波段：蓝、绿、红、近红外、全色波段，在星下点的空间分辨率为 19.5 m，周期为 26 天，HR 相机获取的数据为全色波段，波段范围为 0.5 ~ 0.8 μm，幅宽为 27 km，地面分辨率为 2.36 m，周期为 104 天。随着中巴地球资源卫星影像的免费分发应用，定量化应用研究的不足成为制约中巴地球资源卫星影像应用推广的因素，其中包括定量化改善影像图像质量，遥感数据的绝对辐射定标，遥感信息到地表参数信息的反演，对地定位和几何校准方法[2]。

大多数用户获得的中巴地球资源卫星 HR 影像为二级产品，经过了辐射纠正和系统几何校正，图像的定位精度为 1 km[3]。这些影像实际应用前还需利用地面控制点对影像进行精纠正，使影像具有精确的地理参考坐标。中巴地球资源卫星 HR 影像属于线阵推扫式影像，线阵推扫式影像几何校正方法中最严格精确的数学模型是共线方程模型，但需要卫星轨道星历参数和传感器参数，实际这些参数用户是无法获得的。因此，只能采用近似校正方法——有理函数模型方法进行中巴地球资源卫星 HR 影像正射纠正实验。

2　有理函数模型

有理函数模型是一种通用的传感器模型，所谓传感器模型就是用来描述影像对象与空间对象之间几何关系的函数，它包含的一系列参数描述了传感器相对于物方空间坐标系的位置和方向，它是摄影测量的基础。RFM 是一种较为普遍适用的恢复遥感影像成像几何关系的模型，它几乎可以表述现有的

[作者简介]　李石华（1980— ），理学硕士，主要从事遥感和 GIS 应用方面的研究，已发表论文 10 余篇。E-amil：lsh8010@ 163. com。

全部传感器类型，如：框幅式、全景式、推扫式、扫帚式、SAR 式等[4]。

2.1　有理函数的定义

有理函数模型（Rational Function Model，简 RFM）是近年来兴起的一种新的纠正模型，常用于高分辨率卫星遥感影像纠正。与常用的多项式模型比较，RFM 实际上是各种传感器几何模型的一种抽象的表达方式，RFM 是多种传感器几何模型的一种更普遍和更准确的表达形式，适用于各类传感器包括最新的航空和航天传感器。另外，DEM 数据参与模型解算，可以解决地形高差引起的投影变形，完成影像的正射纠正。有理函数模型，纠正计算独立于像点和地面点坐标系统，已逐步成为许多卫星图像数据交换标准，例如 IKONOS 卫星的数据。

有理函数模型主要是利用有理函数逼近二维像平面和三维物空间对应关系，将像点坐标（r，c）表示为以相应地面点空间坐标（X，Y，Z）为自变量的多项式的比值，其公式为：

$$r = P1(X,Y,Z)/P2(X,Y,Z) = \frac{\sum_{i=0}^{m1}\sum_{j=0}^{m2}\sum_{k=0}^{m3} a_{ijk}X^iY^jZ^k}{\sum_{i=0}^{n1}\sum_{j=0}^{n2}\sum_{k=0}^{n3} b_{ijk}X^iY^jZ^k}$$

$$c = P3(X,Y,Z)/P4(X,Y,Z) = \frac{\sum_{i=0}^{m1}\sum_{j=0}^{m2}\sum_{k=0}^{m3} c_{ijk}X^iY^jZ^k}{\sum_{i=0}^{n1}\sum_{j=0}^{n2}\sum_{k=0}^{n3} d_{ijk}X^iY^jZ^k}$$

式中　r，c——像素的行列数；

　　　X，Y，Z——目标点的地面坐标；

　　　a_{ijk}，b_{ijk}，c_{ijk}，d_{ijk}——待求解的多项式系数[5]。

有理函数模型是独立于像点和地面点坐标系统的，即可选用任何一种像点和地面点坐标系统。对于数字影像，一般选用像素坐标，地面点坐标依实际需求可选用高斯坐标系统，也可选用大地坐标系统，或是别的坐标系统。有理函数模型中多项式的阶数一般可取 $n = 1$，2，3，不同阶数的几何意义不同，函数的一阶项可消除光学投影产生的扭曲误差，二阶项可消除因地球曲率、大气折射及透镜扭曲等之变形，而其他未知因素所产生的变形则可由三阶项来吸收[6]。但一般不可高于 3 阶，因为阶数过高，一是会造成系数之间强相关致使解算困难，二是阶数越高，需要越多的控制点，三是高阶的多项式的几何意义难以阐明。

RFM 在多项式中加入控制点高程因子，且增加多项式之阶数及系数，并以有理多项式型式（即分子、分母均为多项式）使模式能更接近真实地表的变化。但方法无法为局部的变形建立模型；很多参数没有物理含义，对这些参数的作用和影响无法做出定性的解释和确定；解算过程中由于零分母造成的失效，影响该模型的稳定性；如果图像的范围过大或者图像有高频的影像变形，则精度无法保证。

3　试验研究

3.1　试验数据

本次试验从中国资源卫星应用中心获取到了 1 景 HR 影像数据，产品级次为 2 级（Level2）。全色影像的分辨率 2.36 m，幅宽为 27 km。对 1 景 HR 影像数据 11 - 72 - C - 3 开展正射纠正试验及精度评价分析。

该景影像位于云南省的昆明市市区西北边，试验区海拔最高为 2 813.2 m，海拔最低为 1 655.4 m，相对高差约 800 m。采用的控制资料包括试验区内的 1∶10 000 的道路、水系、面状居民地数据，1 m 分辨率的正射影像图（相当于 1∶25 000 成图精度）和 1∶50 000 的数字高程模型数据（采样间隔为 25 m）。

3.2 试验实施

本次试验的软件平台为 PCI Geomatics 9.0 和 ERDAS IMAGINE 8.7。

3.2.1 控制点选取

根据国家 1:50 000 数据库更新工程遥感卫星正射影像数据生产技术规定，定向控制点的精度必须符合相应的规定要求，获取的用于影像纠正的控制点定向中误差不大于 2.5 像素的规定[7]，一般应采用外业控制测量或从 1:10 000 地形图上获得控制点坐标。故本试验从 1:10 000 地形图上获取控制点坐标，对于山区无明显地物的区域，从现有的 1 m 正射影像数据中选取定向控制点，以满足控制点能均匀分布于整幅图像。该控制点虽然在精度上比从 1:10 000 地形图上获取控制点低，但数量较少，对影像的总体纠正精度影响不大。正射纠正所需的高程数据为试验区内 1:50 000 的数字高程模型数据（采样间隔为 25 m）。

控制点大多分布在相对固定的面状居民地的轮廓点、道路交叉口、河流和道路急转弯等处。由于该模型的纠正精度与控制点数量与分布密切相关，故共选取 19，32，48 个控制点来分别对其进行正射纠正（见图 1）。试验区内地形起伏较大，地貌复杂，在地形起伏较大区域很难找到有效的控制点。因此，选取的控制点只能大致能保证均匀分布于影像范围内。

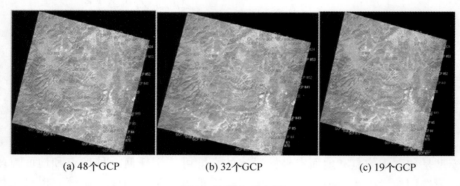

    (a) 48个GCP   (b) 32个GCP   (c) 19个GCP

图 1　控制点分布图

3.2.2 精度分析与评价

（1）精度评价

精度验证包括单景影像图几何配准的精度和多景影像图数字镶嵌的精度。前者采用均方根（root mean square，RMS）误差法，即计算 GCP 的输入（原）位置和逆转换的位置之间的距离。单个 GCP 的 RMS 误差为：$R_i = \sqrt{X_{R_i}^2} + \sqrt{Y_{R_i}^2}$，其中，$R$ 为第 i 个控制点的 RMS 误差，$X_{R_i}^2$ 和 $Y_{R_i}^2$ 分别为第 i 个控制点的 X 和 Y 的残差。总的 RMS 误差为：$R_x = \sqrt{\dfrac{1}{n}\sum_{i=1}^{n} X_{R_i}^2}$，$R_y = \sqrt{\dfrac{1}{n}\sum_{i=1}^{n} Y_{R_i}^2}$，$T = \sqrt{R_x^2} + \sqrt{R_y^2}$，其中，$R_x$ 和 R_y 分别为总的 X 和 Y 的总残差，T 为总的 RMS 误差[8]。

试验生成的正射影像是以 1 m 分辨率 DOM 作为参考来检查最终的精度。根据国家 1:50 000 数据库更新工程数字正射影像数据规定[7]，正射影像平面中误差不大于表 1 的规定，每个控制点的残余误差应合理配赋，不应出现系统误差。

表 1　国家 1:50 000 数据库更新工程数字正射影像平面精度

地形类别	地面分辨率	2.5 m 分辨率数字正射影像平面中误差/m
平地		25
丘陵地		25
山地		37.5
高山地		37.5

（2）精度分析

通过计算，得到纠正精度误差表（表2）。

表 2　纠正精度误差表

方法	多项式系数	控制点数量	控制点中误差/m			检查点数量	检查点中误差/m		
			X轴	Y轴	误差总和		X轴	Y轴	误差总和
有理函数模型	4	16	9.43	18.04	23.328 3	80	9.8	21.17	23.328 29
	6		9.32	14.45	20.283 4		9.87	17.72	20.283 37
	8		4.97	13.85	20.679		8.87	18.68	20.678 96
	9		4.67	10	19.291 3		8.93	17.1	19.291 32
	4	32	9.35	20.06	22.057 1	64	10	19.66	22.057 1
	6		9.31	16.97	19.144		10.04	16.3	19.143 97
	8		7.01	16.69	20.074 3		10.08	17.36	20.074 26
	10		6.76	14.92	16.390 9		9.51	13.35	16.390 93
	14		6.46	13.93	21.906 8		10.08	19.45	21.906 82
	16		6.32	4.59	18.827 1		10.57	15.58	18.827 14
	4	48	9.75	18.01	22.051 9	48	8.59	20.31	22.051 85
	6		9.63	13.59	20.656 2		8.88	18.65	20.656 16
	8		7.02	13.51	20.456 7		7.73	18.94	20.456 7
	10		6.92	11.63	17.812 6		7.91	15.96	17.812 63
	12		6.92	11.38	17.633 7		7.93	15.75	17.633 7
	14		5.93	11.1	17.872 2		7.78	16.09	17.872 23
	16		5.59	7.26	13.620 7		8.06	10.98	13.620 72

从表2可以看出，随着控制点数量和有理函数模型的多项式系数的增加，X中误差、Y中误差、总的中误差有逐渐减小的趋势；而随着检查点数量的增加，X中误差、Y中误差、总的中误差有逐渐增大的趋势。总体来看，控制点的误差和检查点的误差值均小于国家1∶50 000数据库更新工程数字正射影像平面精度所规定的值。其中，当控制点数量为48、多项式系数为16时，其精度较高。

4　讨论

通过试验，可以得出初步的结论：

1）有理函数模型方法可以完成中巴地球资源卫星HR影像正射纠正，纠正精度满足国家1∶50 000数据库更新工程数字正射影像平面精度。

2）有理函数的模型精度与地面控制点的精度、分布、数量及纠正范围密切相关。而它们之间的相关关系的分析还有待进一步研究。由于本次试验只选取了具有代表性的一景进行试验，故结论具有一定的局限性。选取不同地区的多景影像进行试验分析，结论将更可靠，更具参考价值。

3）理论上有理函数模型是不需要卫星轨道和传感器参数而能达到很高精度的近似纠正模型，但用人工方式从地图上采集控制点解算RFM的精度是不能取代严格传感器模型的。实际使用的RFM是在解算严格传感器模型的基础上，利用模型计算出密集、均匀分布的控制点，将RFM作为严格传感器模型的拟合函数，如：IKONOS等影像附带的RFC即采用这种方式解算提供。故本次试验结果只是初步结论，若要用RFM作为CBERS-02B HR的严格传感器模型的拟合函数，还需提供RFC。

4）对于有理函数的系数与纠正的精度关系，只能通过检查点来分析、评定其精度，无法对系数的作用和影响作定性的分析。

参 考 文 献

［1］ 郭建宁，于晋，等. CBERS － 01/02 卫星 CCD 图像相对辐射校正研究［J］. 中国科学：E 辑，2005，35（增刊 I）：12 － 25.

［2］ 顾行发，田国良，李小文，等. 遥感信息的定量化［J］. 中国科学：E 辑，2005，35（增刊 I）：1 － 10.

［3］ 中国资源卫星应用中心. 中巴地球资源卫星 2007 年运行应用报告［R］. 2008 年 1 月.

［4］ OGC. The OpenGISTM Abstract Specification：The Earth Imagery Case［S］. 1999.

［5］ 刘军，张永生，范永弘. 有理函数模型在航空航天传感器摄影测量重建中的应用及分析［J］. 信息工程大学学报，2002，3（4）：66～69.

［6］ 张鹏强. 线阵 CDC 遥感卫星影像目标精确定位技术研究与实践［D］. 郑州：中国人民解放军信息工程大学. 2003.

［7］ 国家测绘局. 国家 1:50 000 数据库更新工程—航空数字正射影像数据生产技术规定（第二版）（内部资料），2007.

［8］ 赵书河，冯学智. 中巴资源一号卫星南京幅数据质量与几何配准评价［J］. 遥感技术与应用，2000，15（3）：170 － 174.

［9］ 巩丹超，邓雪清，张云彬. 新型遥感卫星传感器几何模型—有理函数模型［J］. 海洋测绘，2003，23（1）：31 － 33.

Experiment on Orthorectifying CBERS −02B HR Image Based on Rational Functional Mode

Li Shihua, Yang Fan, Zheng Pubing

（Yunnan Provincial Geomatical Center, Kunming　650034）

Abstract：Orbit ephemeris and camera data are needed for strict orthorectification of CBERS　−02B　HR image, which are unavailable in practical applications. The principle of Rational Function Model（RFM）and its construction methods are briefly introduced in this paper. using RFM to carry out experiment of CBERS − 02B HR image orthorectification. The experimental results shows：The RFM can complete CBERS − 02B HR image orthorectification, and its precise can meet the requirement of precise of digital orthorectification image in the program of national 1:50 000 database updating program.

Key words：CBERS −02B　　Orthorectification　　Rational functional model

基于 CBERS-02B CCD 和 HR 影像的正射纠正以及多项式纠正试验与精度分析

黄世存，李杏朝，李俊杰，王奇

（中国资源卫星应用中心，北京 100830）

摘 要：利用 ERDRS 软件，对 CBERS-02B 星 CCD 和 HR 影像进行匹配和纠正，全面评价该影像在山区、丘陵等复杂地形地区的多项式几何精度和正射纠正精度，试验结果表明，多项式、正射纠正后的 CBERS-02B CCD、HR 图像，几何畸变得到较好的消除，能分别满足 1:100 000，1:50 000 比例尺地形图的更新。

关键词：正射纠正 多项式纠正 精度 HR

1 CBERS-02B 卫星介绍

CBERS-02B 卫星于 2007 年 9 月 19 日成功发射，星上不仅搭载了 19.5 m 的中分辨率多光谱 CCD 相机，还首次搭载了一台高分辨率 HR 相机，其分辨率为 2.36 m，是目前国产最高分辨率的民用卫星传感器。CBERS-02B 传感器相关参数见表 1。

为了让用户更好地了解 CBERS-02B CCD 和 HR 图像经过几何纠正后的精度，本文选取 CBERS-02B CCD 和 HR 1 级图像进行几何纠正测试。人们通常采用的纠正方法有两类：一是使用数字高程模型和相应的构像方程进行解算的共线方程纠正法，又称正射纠正法；二是直接对图像变形本身进行数学模拟的多项式纠正法。下面分别采用两种方法对 CBERS-02B CCD 和 HR 图像进行纠正试验。

表 1 CBERS-02B 传感器相关参数

传感器名称	传感器焦距	像元大小	传感器列数	地面分辨率
CCD	520 mm	0.013 mm	5 812	19.5 m
HR	3 396 mm	0.01 mm	12 246	2.36 m

2 正射纠正原理及流程

正射纠正又称数字微分纠正，就是根据有关的参数与数字地面模型，利用相应的构象方程式或一定的数字模型，用控制点解算，从原始非正射投影的数字影像获取正射影像。因这种过程是将影像化为很多微小的区域逐一进行，且使用的是数字方式处理，故叫做数字微分纠正[1]。从理论上来说，它比多项式纠正更严密，特别是该方法在纠正过程中引入地面高程模型的信息，因此在地形起伏较大的情况下，它比多项式法更能显出纠正精度上的优越性。试验使用 ERDAS IMAGINE 遥感处理系统的 LPS 进行传感器模型建立，影像匹配和数字微分纠正，生成数字正射影像（DOM），流程如下：

1）模型建立。在 ERDAS LPS 中，输入 CBERS-02B 传感器的相关参数建立传感器模型；

［作者简介］ 黄世存（1977— ），硕士，主要从事遥感应用工作。E-mail：huangsc@cresda.com。

2）导入影像，构建影像金字塔；

3）采集控制点平面坐标；

4）计算控制点高程坐标；

5）执行空间三角测量；

6）执行正射校正。

3 多项式纠正原理及流程

该方法是把图像的总体变形看作是平移、缩放、旋转、仿射、偏扭、弯曲以及更高层次的基本变形的综合作用结果，因而对纠正前后影像相应点之间的坐标可以用一个适当的多项式来纠正[2]。该方法是一种传统的方法，它原理比较直观，计算方法较为简单，而且回避了成像的空间几何过程，不是按传感器构象的数学模型进行纠正，而且是直接对图像变形本身进行数学模拟，流程如下：

1）输入原始图像和参考图像；

2）选取控制点；

3）建立图像间的纠正模型；

4）根据纠正模型对原始影像进行重采样。

4 试验数据的选取

4.1 CCD 数据及其参考数据选取

本试验采用位于南京市区 CCD 1 级图像，地形以丘陵、山地为主，最低海拔为 1 m，最高海拔为 440 m，相对高差为 439 m。影像拍摄时间为 2007 年 10 月 4 日。本试验使用基础测绘 1∶100 000 比例尺的 DOM 和 DEM。DOM 用于地面控制点平面坐标的选取、纠正精度的比较和评价，DEM 用于地面控制点高程坐标的确定、数字微分纠正、纠正精度的比较和评价。DOM 的地面分辨率为 15 m，DEM 格网间距为 90 m。DOM 与 DEM 投影定义为高斯克吕格投影，椭球体与高程面均为 Krasovsky。

4.2 HR 数据及其参考数据选取

本试验采用位于江西省景德镇 HR 1 级图像，地形以山地为主，最低海拔为 20.43 m，最高海拔为 868.6 m，相对高差为 848 m。影像拍摄时间为 2007 年 10 月 27 日。除了原始卫星数据以外，本试验还使用国家基础地理信息中心提供的 1∶50 000 比例尺的 1 m 分辨率的航空正射影像和 25 m 格网间距的数字高程模型数据。DOM 用于地面控制点平面坐标的选取、纠正精度的比较和评价，DEM 用于地面控制点高程坐标的确定、数字微分纠正、纠正精度的比较和评价。坐标系定义为 1980 西安坐标系，中央子午线经度为 117 度。

5 精度分析

5.1 CCD 多项式纠正与正射纠正精度分析

为了验证 CBERS－02B 星 CCD 图像的多项式纠正精度、正射纠正精度以及方便多项式纠正精度与正射纠正精度的对比，正射纠正试验和多项式纠正试验采用相同的控制点进行运算，共采集 22 个控制点，均匀分布于图像各处，其坐标值以及纠正后的残差见表2、表3 中，误差见表4。

表 2　CCD 图像多项式纠正和正射纠正采集的控制点

控制点号	image_x（像素）	image_y（像素）	ref_x（m）	ref_y（m）
1	2 952.125	4 465.625	674 997.6	3 512 215
2	3 114.875	4 200.375	679 208.4	3 516 583
3	2 930.287	3 868.156	677 085.2	3 523 715
4	681.855 8	5 210.506	628 624.5	3 507 723
5	5 721.094	628.582 7	743 793	3 573 644
6	5 622.66	4 871.575	724 156.5	3 493 017
7	3 150.833	5 705.31	673 569	3 487 716
8	523.139 1	423.551	645 639	3 599 864
9	2 578.625	47.625	686 337	3 598 239
10	418.427 3	2 959.05	633 013.5	3 551 898
11	5 337.801	2 697.11	727 804.5	3 535 796
12	3 861.695	1 072.268	706 486.5	3 573 188
13	1 861.448	1 631.543	666 045	3 571 079
14	3 976.647	3 232.734	699 618	3 531 407
15	4 908.971	5 333.639	708 595.5	3 487 289
16	2 626.803	2 547.19	676 789.5	3 550 302
17	3 128.304	4 806.923	676 875	3 504 987
18	2 199.951	4 742.201	659 461.5	3 510 203
19	4 249.28	1 998.935	709 963.5	3 553 836
20	609.625	3 822.375	633 013.5	3 534 599
21	1 221.625	2 674.625	649 486.5	3 553 922
22	4 698.993	4 076.34	709 849.5	3 512 226

表 3　CCD 图像多项式纠正和正射纠正残差对比

控制点号	二次多项式残差（像素）			正射纠正残差（像素）		
	ΔX	ΔY	RMS	ΔX	ΔY	RMS
1	2.098 394	1.308 059	2.472 706	0.465 7	0.332 9	0.572 45
2	2.281 12	1.478 178	2.718 183	0.897 2	0.573 6	1.064 887
3	2.581 589	1.836 206	3.168 005	−0.050 6	−0.625 3	0.627 344
4	0.474 066	0.568 136	0.739 944	0.490 2	−0.041 3	0.491 937
5	0.928 333	0.321 714	0.982 498	0.876 7	0.073 8	0.879 801
6	0.941 45	0.761 795	1.211 057	0.428 4	−0.502 4	0.660 252
7	−0.363 87	−0.751 83	0.835 253	−0.191 2	0.119 8	0.225 631
8	0.907 967	0.716 363	1.156 538	0.524 6	−0.110 9	0.536 194
9	−0.511 36	0.216 364	0.555 247	−0.687 2	0.255 6	0.733 195
10	0.207 645	−0.040 36	0.211 532	−0.930 7	0.214 1	0.955 009
11	0.035 823	0.387 517	0.389 17	0.807 5	−1.05	1.324 597

控制点号	二次多项式残差（像素）			正射纠正残差（像素）		
	ΔX	ΔY	RMS	ΔX	ΔY	RMS
12	− 0. 360 87	− 0. 797 84	0. 875 659	− 0. 601 6	− 0. 780 5	0. 985 445
13	− 0. 125 96	− 0. 229 28	0. 261 599	0. 821	0. 364 4	0. 898 236
14	− 0. 623 87	0. 544 582	0. 828 119	− 0. 248 5	1. 283 6	1. 307 433
15	− 1. 218 7	− 0. 868 08	1. 496 259	− 0. 184 3	0. 217 9	0. 285 389
16	0. 033 193	− 0. 040 72	0. 052 536	− 0. 215 4	− 0. 916 6	0. 941 569
17	− 1. 095 41	− 0. 608 64	1. 253 145	0. 138 8	− 0. 162 6	0. 213 785
18	− 1. 201 65	− 0. 560 48	1. 325 932	− 1. 323 5	− 0. 318	1. 361 167
19	− 1. 612 98	− 0. 930 1	1. 861 93	− 1. 556 5	1. 297 3	2. 026 248
20	− 1. 520 67	− 0. 587 03	1. 630 044	0. 242 7	− 0. 114 5	0. 268 353
21	− 0. 706 62	− 1. 428 38	1. 593 602	0. 811 3	− 0. 219 7	0. 840 521
22	− 1. 147 62	− 1. 296 18	1. 731 217	− 0. 52	0. 162 7	0. 544 859

表 4　CCD 图像多项式纠正和正射纠正中误差对比

	二次多项式残差（像素）	正射纠正残差（像素）
X 方向中误差	1. 185 2	0. 703 2
Y 方向中误差	0. 876 6	0. 584 1
RMS 中误差	1. 474 2	0. 914 1

5.2　HR 多项式纠正与正射纠正精度分析

　　为了验证 CBERS – 02B 星 HR 图像的多项式纠正精度、正射纠正精度以及方便多项式纠正精度与正射纠正精度的对比，正射纠正试验和多项式纠正试验采用相同的控制点进行运算，共采集 28 个控制点，均匀分布于图像各处，其坐标值以及纠正后的残差见表 5、表 6，中误差见表 7。

表 5　HR 图像多项式纠正和正射纠正采集的控制点

控制点号	image＿x（像素）	image＿y（像素）	ref＿x（m）	ref＿y（m）
1	7 144. 125	− 6 624. 38	20 525 035	3 263 826
2	7 663. 875	− 4 692. 88	20 527 194	3 267 853
3	7 621. 125	− 11 220. 1	20 523 703	3 253 337
4	11 379. 88	− 4 292. 63	20 535 677	3 266 844
5	2 067. 574	− 1 395. 78	20 516 435	3 278 124
6	11 589. 63	− 11 628. 1	20 532 331	3 250 404
7	1 672. 625	− 7 031. 63	20 512 626	3 265 783
8	2 356. 096	− 3 136. 26	20 516 173	3 274 090
9	10 874. 13	− 8 683. 38	20 532 274	3 257 330
10	6 079. 125	− 8 811. 13	20 521 521	3 259 513
11	9 391. 657	− 9 180. 49	20 528 714	3 256 971

控制点号	image_x（像素）	image_y（像素）	ref_x（m）	ref_y（m）
12	8 485.842	− 2 562.7	20 530 133	3 272 174
13	1 956.809	− 2 602.45	20 515 563	3 275 497
14	7 641.588	− 210.459	20 529 476	3 277 851
15	10 244.74	− 1 333.35	20 534 694	3 274 009
16	4 452.003	− 10 962.1	20 516 767	3 255 578
17	5 233.439	− 3 100.24	20 522 598	3 272 659
18	3 872.96	− 7 380.95	20 517 344	3 263 836
19	3 284.262	− 5 180.22	20 517 170	3 269 053
20	1 440.64	− 11 539.5	20 509 759	3 255 870
21	5 748.353	− 144.632	20 525 285	3 278 971
22	3 063.643	− 114.532	20 519 318	3 280 437
23	371.407 6	− 100.166	20 513 340	3 281 883
24	1 774.818	− 8 366.36	20 512 150	3 262 749
25	57.410 36	− 5 779.48	20 509 690	3 269 417
26	9 129.124	− 7 283.11	20 529 105	3 261 330
27	474.395 9	− 10 104.6	20 508 361	3 259 575
28	11 803.3	− 855.482	20 538 407	3 274 285

表 6　HR 图像多项式纠正和正射纠正残差对比

控制点号	二次多项式残差（像素）			正射纠正残差（像素）		
	ΔX	ΔY	RMS	ΔX	ΔY	RMS
1	3.079 819	1.505 732	3.428 194	3.213 7	− 1.676 1	3.624 525
2	1.543 581	− 0.933 35	1.803 826	1.820 8	1.190 2	2.175 29
3	2.201 504	− 3.200 16	3.884 28	1.393 9	2.706 9	3.044 711
4	− 2.368 59	− 0.648 94	2.455 874	− 1.940 9	0.425 7	1.987 036
5	− 2.176 94	4.341 733	4.856 926	− 2.266 3	− 4.359 7	4.913 563
6	− 2.343 78	0.753 811	2.462 015	− 2.133 7	− 0.429 4	2.176 479
7	− 0.406 69	1.475 676	1.530 691	− 0.088 6	− 1.273	1.276 08
8	− 1.225 71	0.980 982	1.569 934	− 1.059 7	− 0.843 6	1.354 483
9	0.205 731	2.846 682	2.854 106	0.522 2	− 2.576 3	2.628 691
10	1.535 819	2.395 037	2.845 161	1.267 9	− 2.645 5	2.933 639
11	3.213 528	− 1.299 68	3.466 401	3.192 6	1.421 4	3.494 721
12	1.676 172	− 0.278 34	1.699 125	1.893 7	0.513 4	1.962 06
13	− 1.474 84	4.529 244	4.763 317	2.067	− 1.819 5	2.753 737
14	2.077 183	2.279 856	3.084 223	2.397 3	0.442	2.437 706
15	2.561 338	− 0.719 81	2.660 559	− 3.029 8	− 3.773 9	4.839 629
16	− 2.277 06	3.366 47	4.064 249	− 1.461 4	1.671 1	2.219 97

控制点号	二次多项式残差（像素）			正射纠正残差（像素）		
	ΔX	ΔY	RMS	ΔX	ΔY	RMS
17	-1.781 02	-1.307 85	2.209 638	0.487 3	3.396 1	3.430 883
18	0.393 638	-3.304 19	3.327 557	-3.928 9	0.048 7	3.929 202
19	-4.217 48	0.115 421	4.219 058	-1.227 5	-0.249 4	1.252 58
20	-0.953 62	0.060 116	0.955 513	-0.381	1.236 1	1.293 485
21	-0.461 92	-0.748 86	0.879 863	-1.455 7	2.287 8	2.711 658
22	-1.310 11	-2.205 07	2.564 9	2.239 8	2.631 6	3.455 723
23	3.043 462	-3.459 29	4.607 533	-2.803 4	3.163 7	4.227 062
24	-2.981 63	-3.078 86	4.285 962	4.722 3	1.171 1	4.865 346
25	4.306 212	-1.108 04	4.446 483	-1.472 7	2.502 6	2.903 765
26	-1.677 65	-2.290 26	2.838 974	2.274 7	0.070 6	2.275 795
27	1.992 679	0.033 485	1.992 96	-2.852 1	-0.712 6	2.939 774
28	-2.173 65	-0.101 55	2.176 02	-1.393	-4.510 7	4.720 896

表7　HR 图像多项式纠正和正射纠正中误差对比

	二次多项式残差（像素）	正射纠正残差（像素）
X 方向中误差	2.237 3	2.229 7
Y 方向中误差	2.200 1	2.183 6
RMS 中误差	3.137 8	3.120 8

测绘部门采用航片或者卫片更新地形图的平面精度要求，一般规定是平原、丘陵地区地形图上误差不超过 0.5 mm，山区不超过 0.75 mm。比如更新 1∶50 000 地形图，平原地区精度应小于 25 m，山区小于 37.5 m[3]。更新 1∶100 000 地形图，平原地区精度应小于 50 m，山区小于 75 m。

从以上各表得出，CCD 图像正射纠正以及多项式纠正后最大 RMS 误差分别为 2.023 和 3.17，分别代表地面距离 39.44 m 和 61.82 m，小于 1∶100 000 地形图更新允许误差 75 m。HR 图像正射纠正以及多项式纠正后最大 RMS 误差分别为 4.91 和 4.86，分别代表地面距离 11.59 m，11.47 m，小于 1∶50 000 地形图更新允许误差 37.5 m。所以多项式纠正，正射纠正后的 CCD 图像，HR 图像都能分别满足 1∶100 000，1∶50 000 地形图更新要求。

6 初步结论

根据以上的分析，我们可以得出，经过多项式纠正以及正射纠正的 CBERS - 02B CCD 图像、HR 图像几何畸变得到较好消除，能分别满足 1∶100 000，1∶50 000 地形图更新要求。同时验证了，对于地形起伏较大的山区影像，正射纠正后图像的几何精度要优于多项式纠正后的图像，尤其在 CCD 图像纠正中正射纠正的精度优势很明显。

7 致谢

感谢国家基础地理信息中心提供本试验用的 1∶50 000DOM 以及 DEM 数据。

参 考 文 献

[1] 张书华. 基于卫星遥感数据的正射影像图的制作 [J]. 成果与方法，2004.

[2] 孙家炳，舒宁，关泽群. 遥感原理、方法和应用 [M]. 测绘出版社. 1999.

[3] 国家测绘局. 国家 1∶50 000 数据库更新工程—数字正射影像数据规定，2 版（内部资料），2007.

Precision Analysis of Polynomial Rectification and Ortho-rectify Based on CBERS – 02B CCD and HR

Huang Shicun, Li Xingchao, Li Junjie, Wang Qi

（China Centre For Resources Satellite Data and Application, Beijing 100830）

Abstract：The aim of the paper is to analyse accuracy of CBERS – 02B CCD and HR images by ortho-rectify and polynomial. The result shows that HR images with each algorithm can reach the accuracy of updating 1∶50 000 scale map, and CCD images can reach the accuracy of updating 1∶100 000 scale map.

Key words：Ortho-rectify Polynomial rectification Accuracy HR

CBERS – 02B 星 HR 数据纹理信息
在植被分类中的应用

陈君颖，李杏朝，傅俏燕

（中国资源卫星应用中心，北京 100830）

摘 要：本文基于 CBERS – 02B 卫星 CCD 和 HR 数据，结合融合影像光谱信息和 HR 影像纹理信息，采用决策树分类算法，对北京市朝阳区环铁地区植被覆盖进行了分类，探讨了 CBERS – 02B 卫星 HR 数据纹理信息在植被分类中的应用。结果表明，HR 数据纹理信息能有效地辅助植被精细分类。

关键词：CBERS – 02B　HR　纹理　植被　分类

1 引言

在全球变化研究中，植被被认为是一个反映生态环境变化的敏感指示器，已成为一个研究热点，其中植被类型又是进行植被研究的基础[1]。自然界的植被类型复杂多样，传统的利用人工进行实地调查的方法要耗费大量人力和物力，近年来日益成熟的遥感技术为植被的分类、识别提供了一条新的途径。

由于不同植被类型的波谱特性不同，表现在遥感影像上为亮度值的不同，这使得对它们的区分成为可能。但由于自然界存在的同谱异物、同物异谱现象，使得仅基于光谱信息的分类精度不高。随着高分辨率遥感的发展，卫星影像的空间分辨率不断提高，地物几何结构和纹理信息更加明显，使得植被分类的精度大大提高。传统的遥感分类方法是采用方法识别技术（包括监督分类和非监督分类）。但是由于各种植被类型相互搀杂，用传统的分类方法进行植被类型的识别的结果精度不高。决策树分类法具有灵活、直观、清晰、健壮、运算效率高等特点，相比较传统的分类方法而言，决策树分类法对于输入数据空间特征和分类标识具有更好的弹性和鲁棒性[2]。

本研究基于 CBERS – 02B 卫星 CCD 和 HR 融合数据，结合 HR 高分辨率遥感影像所提供的纹理信息，采用了精度较高的决策树分类算法，探讨了将 HR 影像纹理信息应用于植被分类的可行性，并提出了一种植被分类模式。研究结果表明，该分类模式的精度较高，为实现自动、半自动化植被分类与识别提供了理论依据和技术方法途径。

2 研究区概况与研究数据

本研究选取北京市朝阳区环铁地区作为研究对象，中心位于北纬 40°01′，东经 116°29′，属温带季风气候区，年平均气温 11.8℃。本区主要的植被类型为有林地、灌木林、草地和耕地。从植被的特征和种类来看，该地区有较强的代表性。

采用 2008 年 5 月 10 日获取的北京市朝阳区 CBERS – 02B 卫星 CCD 和 HR 遥感影像进行植被分类研究。CCD 影像空间分辨率为 19.5 m，影像大小为 363 × 363 像素；HR 影像空间分辨率为 2.36 m，影

［作者简介］　陈君颖（1983—　），硕士，2007 年毕业于南京大学地理信息科学系，主要从事遥感应用研究工作。E-mail：cjy831025@163.com。

像大小为 3 000×3 000 像素。将 CCD 影像和 HR 影像采用 Brovey 算法融合后的得到分辨率为 2.36 m 的多光谱遥感影像如彩图 39 所示。

3 植被分类

3.1 区分植被与非植被

由于本研究的目的是对植被进行分类，因此首先要将植被提取出来，非植被包括城市建筑、道路、水体和裸地等。目前已有很多研究证明，用归一化植被指数（NDVI）进行阈值分割可较精确的提取出植被信息。NDVI 被定义为近红外波段与可见光红波段数值之差和这两个波段数值之和的比值。即

$$NDVI = \frac{DN_{NIR} - DN_R}{DN_{NIR} + DN_R}$$

本研究选取了多个植被样本，通过比较其 NDVI 值，确定了 NDVI 的阈值为 0.22，即 NDVI≥0.22 的像元为植被，否则为非植被。

3.2 光谱信息分析

通过对影像各种植被类型的 NDVI 值域进行分析，可以发现不同植被类型具有的 NDVI 值域不同。本研究经过实地考察与土地利用现状图相结合，从影像上选取了多个训练样本，包括 3 451 个有林地样本、2 391 个灌木林样本、3 930 个耕地样本和 3 404 个草地样本，统计分析得到各种植被类型的 ND-VI 值域如表 1 和图 1 所示。

表 1　各种植被类型 NDVI 值统计表

植被类型	NDVI 最小值	NDVI 最大值	NDVI 均值
有林地	0.30	0.43	0.40
灌木林	0.22	0.31	0.26
耕地	0.23	0.43	0.34
草地	0.45	0.57	0.52

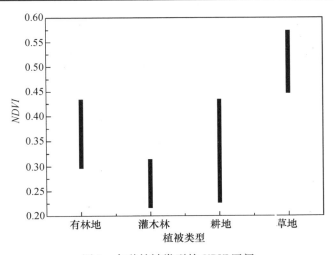

图 1　各种植被类型的 NDVI 区间

由表 1 和图 1 可以发现：

1）草地的 NDVI 值域为 0.45～0.57，大于其他植被类型，因此可以通过对 NDVI 进行阈值分割将草地提取出来。

2）灌木林的 NDVI 值较低，但其 NDVI 值域范围内还包括有林地和耕地，可先用 NDVI 阈值分割将

所有灌木林提取出来，但其中还混杂了有林地和耕地，仅仅基于光谱信息很难将灌木林提取出来，因此要加入纹理信息进一步分析，提取灌木林。

3.3 纹理信息分析

CBERS-02B 卫星 HR 数据的空间分辨率为 2.36 m，包含了丰富的地物纹理信息。从 HR 遥感影像上解译出有林地一般呈颗粒状或粗圆粒状图形；灌木林呈现密集的细粒状结构，因其覆盖度比有林地低，又缺少植株的阴影，故多呈均匀的色调；草地表现为大片均匀的色调，由于草本植物比较低矮因而看不出阴影；耕地中植被也表现为均匀的纹理，类似于草地，但田埂则为规则的条状纹理。

本研究中采用共生矩阵对 HR 影像的纹理信息进行提取，它是一种有效的纹理分析统计方法。和一般纹理分析一样，这种方法也是描述了一个像素和它周边相邻像素之间的灰度值的关系。但是共生矩阵并不使用原始灰度值。它通过对影像灰度级之间二阶联合条件概率 $P(i, j/d, \theta)$ 计算表示纹理。$P(i, j/d, \theta)$ 表示在给定空间距离 d 和 θ 方向时，以灰度级 i 为起始点，出现灰度级 i, j 的概率。一般需要在不同的 d, θ 下计算[3]。

共生矩阵包含了大量的信息。根据共生矩阵，Haralick 等定义了 14 种纹理指数[4]，经过比较发现 Mean（中值）指数对反映 HR 图像的纹理信息效果最好，用 f_{mean} 表示。本研究提取了各种植被类型的样本进行统计分析，发现在 HR 遥感影像上，耕地的 f_{mean} 值高于灌木林，灌木林的 f_{mean} 值高于有林地。

3.4 光谱信息结合纹理信息的植被分类模式

基于以上分析，采用决策树算法，提出了植被分类模式如图 2。

其中，K1、K2、K3、K4 和 K5 为选取的阈值。首先计算 CCD 和 HR 融合影像的 NDVI 值，其中 NDVI > K1 的提取为植被区。植被中通过对 NDVI 进行阈值分割，NDVI ≥ K2 的为草地，其余为有林地、灌木林和耕地。有林地、灌木林、耕地中，NDVI < K3 的是灌木林和一部分有林地及耕地，其余为有林地和耕地。计算 HR 影像的 Mean 指数，将其带入上述分类结果，其中 f_{mean} ≥ K4 的为耕地，f_{mean} < K5 为有林地，其余为灌木林。本研究中 K1、K2、K3、K4 和 K5 的值分别为 0.22、0.45、0.31、36 和 32。

3.5 植被分类结果及精度分析

将上述分类模式应用于研究区遥感影像，得到的分类结果如彩图 40 所示。

为了对分类结果精度进行评价，本研究将实地考察与遥感影像目视判读结合起来，选取了多个验证样本，包括 3 993 个有林地样本、3 201 个灌木林样本、3 713 个耕地样本、3 290 个草地样本和 3 951 个非植被样本，建立混淆矩阵，计算相关指标进行评价，得到分类精度评价表 2。

表 2　植被分类精度评价

类型	有林地	灌木林	耕地	草地	非植被	总和	使用者精度（%）
有林地	3 531	295	0	146	0	3 972	88. 90
灌木林	0	2 711	0	6	0	2717	99. 78
耕地	0	28	3 601	52	97	3 778	95. 31
草地	462	0	112	3 086	0	3 660	84. 32
非植被	0	167	0	0	3 854	4 021	95. 85
总和	3 993	3 201	3 713	3 290	3 951	18 148	—
生产精度（%）	88. 43	84. 69	96. 98	93. 80	97. 54	—	—

总精度 = 92.48%　　Kappa 系数 = 0.91

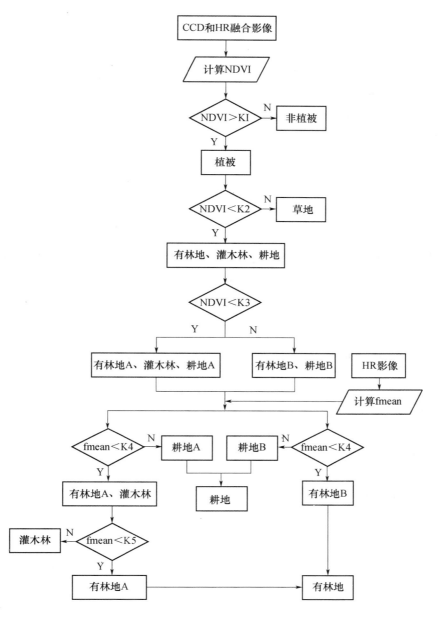

图 2　植被分类流程图

从表 1 可知，测试样本的总体分类精度达到了 92.48%，Kappa 系数为 0.91，证明该植被分类模式具有较好的分类能力和可行性。

4　结论与展望

本文提出的植被分类模式是基于各种植被类型光谱特征，结合高分辨率遥感影像的纹理特征，采用了决策树分类算法。研究结果表明，该植被分类模式能有效地对植被进行分类与识别，精度较高。

本研究将 CBERS – 02B 卫星 HR 数据的纹理信息应用于植被类型识别，取得了良好的效果，表明 HR 遥感影像的纹理信息对于影像分类精度提高有重要的作用，这对于大比例尺尺度上研究地表覆盖，提取更加细致的信息进行分析等方面有很好的应用前景。但是本文仅利用了光谱信息和纹理信息进行分类，如能综合利用更多的地理信息将进一步提高分类的精度。随着遥感技术的发展，多种地理信息综合分析势必成为未来发展的主导方向。

参 考 文 献

[1] 李晓兵，史培军. 基于 NOAA/AVHRR 数据的中国主要植被类型 NDVI 变化规律研究 [J]. 植物学报，1999，41（3）：314 - 324.

[2] 李爽，张二勋. 基于决策树的遥感影像分类方法研究 [J]. 地域研究与开发，2003，22（1）：17 - 21.

[3] 许妙忠，余志惠. 高分辨率卫星影像中阴影的自动提取与处理 [J]. 测绘信息与工程，2003，28（1）：20 - 22.

[4] HARALICK R. Statistical and Structural Approaches to Texture [J]. Proceedings of the IEEE, 1979, 67（5）：786 - 804.

The Application of Texture Information with CBERS – 02B HR Data to Vegetation Classification

Chen Junying, Li Xingchao, Fu Qiaoyan

(China Centre for Resources Satellite Data and Application, Beijing 100830)

Abstract：The research was based on CBERS – 02B CCD and HR data. The spectral information of fusion image and texture information of HR image was combined for vegetation classification by using classification algorithm of decision tree. The test of vegetation classification in Chaoyang district of Beijing was used to investigate the application methods of HR data texture information in vegetation classification. The results showed that, the texture information of HR data can assist vegetation classification effectively.

Key words：CBERS – 02B HR Texture Vegetation Classification

CBERS Earth 关键技术研究

张浩平，李杏朝，潘志强，闵祥军

（中国资源卫星应用中心，北京　100830）

摘　要：本文着重叙述了在 CBERS Earth 设计过程中的一些关键技术，并提出这些关键技术的解决方案。试验结果表明，本文研究的这些关键技术对提高 CBERS Earth 的运行速度及稳定运行起到了很好的作用。

关键词：CBERS　三维　可视化　关键技术

1　引言

CBERS 是中国巴西地球资源卫星的简称，它是系列卫星。自 CBERS – 01 卫星于 1999 年顺利上天以来，2003 年成功发射 CBERS – 02 卫星，2007 年 9 月再次成功发射 CBERS – 02B 卫星。截至目前，CBERS –01卫星已经完成了自己的历史使命，在轨运行的只有 CBERS – 02 卫星和 CBERS – 02B 卫星。中国资源卫星应用中心（以下简称资源卫星中心）也已经归档存储超过 60TB 的遥感影像数据。如何充分利用这些资源卫星的历史数据，使之走近普通公众，为国民经济的发展做出更大贡献，一直是资源卫星中心思考的问题。CBERS Earth 即是资源卫星中心在这方面做的一些探索。

CBERS Earth 是资源卫星中心自行设计的一套遥感影像三维可视化系统，其设计目标在于使用一种形象的方式来展示资源卫星中心的遥感影像产品及成果，并对外推广宣传资源卫星影像数据。

它的主要工作原理是综合利用遥感影像的空间位置与实地的 DEM 数据，以计算机技术渲染出三维可视化效果。依据遥感影像与 DEM 数据的空间分辨率的不同，它所呈现出的效果也不尽相同。

本文的目的在于探讨如何利用现有资料及技术手段，实现 CBERS 系列卫星遥感影像的三维可视化，并说明在实现该系统的过程中所涉及的一些关键技术及其解决方案。

2　CBERS Earth 的关键技术研究

CBERS Earth 实现了资源系列卫星的影像三维可视化，在实现过程中，遇到了许多需要解决的关键问题。

2.1　海量影像数据的存储与管理

资源卫星自 1999 年成功发射以来，归档存储的数据量超过 60TB，目前每天仍在增加，按将来卫星的发射计划，未来的数据量将会更大。如何管理这些海量的数据，并以三维可视的形式呈现给互联网上的用户，成为资源卫星中心的亟待解决的问题。目前，使用了两类技术来管理这些海量的数据：

2.1.1　分类处理

资源卫星影像目前共有四类数据，它们分别是 WFI 影像产品、IRMSS 产品、CCD 产品和 HR 与 CCD 的融合产品。目前资源卫星中心已经生产有 WFI 全国影像镶嵌图、CCD 全国影像镶嵌图和部分区域的 HR 与 CCD 影像的融合图，各类图均有生产日期的区别，对如何管理这些在地理位置上相互重叠

［作者简介］　　张浩平（1981—　），2006 年 6 月毕业于中国地质大学（武汉），获地图制图学与地理信息工程专业硕士学位，目前在中国资源卫星应用中心工作，主要从事遥感影像应用研究。

的影像提出了更高的要求。

在现有的系统中，我们采用分类管理的方式，对不同时间处理完成的成果数据，以不同的数据集来表现，这样不仅能够互不冲突地管理同分辨率影像数据，而且能透过 CBERS 的眼睛，让用户看到随时间的变化，国土的变化情况。其分类管理结构图如图 1 所示。

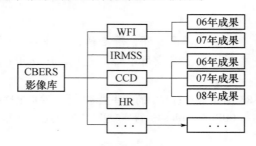

图 1　CBERS Earth 影像库分管理结构图

2.1.2　金字塔存储

由于遥感影像数据和地形数据量大，在三维遥感影像动态实时显示浏览时，受计算机硬件和 DirectX 三维引擎的数据处理显示能力等条件的制约，对于数据的有效组织和存储，也是三维遥感影像显示浏览的关键。本系统采用比较成熟的金字塔算法和多级分辨率模型实现三维遥感影像海量数据的组织调度。

金字塔算法是将图像逐级抽样，形成多级分辨率的重采样数据，并将其分割成固定大小块，按一定的存储格式存储到数据库中。在进行图像显示处理时，只需从金字塔的所有层检索一层与所要求显示的比例相近或匹配的层，并将该层从某一位置起一定范围的图像所覆盖的所有块从数据库中读入并处理即可。

2.2　影像的快速处理

2.2.1　高效检索机制的建立

CBERS Earth 的服务器端系统管理的数据量巨大，而 CBERS Earth 的客户端显示的仅仅是一小部分数据，可能不到 10M，这样就需要建立一套高效快速的检索机制，服务器端得到客户端请求之后，将从巨量的源影像库中检索出相关的影像，并以最快的方式处理并送达客户端。

在 CBERS Earth 服务器端，特别针对缓存影像，采用类似叉树管理机制。即以"库"为根，其下设"集"索引，在"集"索引中再分"级"，而"级"则继续细分为"区"。设置如此四级索引，以快速定位影像。这种设置结构的深度为 4，广度不定，采用深度优先的搜索方法可得到较好的搜索效率，同时，该数据结构还能合理地利用偏移量和存在标志，减少搜索时间。其结构图如图 2 所示。

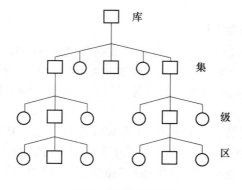

图 2　缓存库引机制

2.2.2　缓存技术的大量应用

服务器端存储并管理的影像并不是可以直接在客户端显示的影像，而是 CBERS 源影像。当客户端在显示影像的时候，它会以一种检索机制来获取本地缓存，当系统无法在缓存中找到影像时，它会向服务器端发出 WMS 影像请求服务。服务器端接收到请求之后，会从源影像库检索相关影像，经过合并、裁剪、重采样之后生成成果图，然后将成果图送达客户端。在这个过程中，服务器端进行处理需要的时间长，而且有第二个请求也是同样的区域时，服务器端应用程序需要继续同样的工作，这样的处理机制比较耗时。

为了节省后续用户的访问时间，设计了相关的缓存管理机制，而这个机制的具体内容就是缓存服务器端生成的成果图。针对成果图较小，而且不需要每次都生成的特点，设计出数据库管理过程，缓存成果图，在后续用户的影像请求过程中，服务器端应用程序首先在缓存库中检索成果图，找到了就直接送回客户端，检索不到才进行正常的影像处理。这样的处理机制会节省许多影像的处理时间。

2.2.3　内存暂驻技术的运用

首先可以想象一下客户端影像请求的过程，大多数情况下，用户都是定位在一个区域，放大，然后缓慢地移动，聚焦在某一个区域仔细查看。

在这个过程，影像请求的区域基本上都相邻。这样的结果导致在服务器端的影像请求过程会读取相同的源影像很多次，在计算机的 CPU 和内存都足够大的情况下，限制计算机运行速度的瓶颈成了硬盘的读取速度，而显然按照传统的影像请求队列处理的机制，在计算机硬盘上多次读取同一区域的源影像会造成服务器性能的大大降低。

运行内存暂驻技术，在合理利用内存的情况下，可以让读取到的影像驻留内存一段时间，当没有任何一个进程使用它时，才将它释放。这样的设计结构保证在客户端请求的影像处于相邻区域时，不需要重复读写磁盘，从而最大限度地节省服务器的响应时间。

系统设计成功之后，测试访问相邻影像时，平均访问同样多的影像，运用内存暂驻技术前后的系统消耗时间如表 1 所示。

表 1　运用内存暂驻技术系统节约时间表

影像处理规模（块）	运用内存暂驻技术前系统耗时/s	运用内存暂驻技术后系统耗时/s
10	30	6
50	160	10
100	360	18
200	710	30

测试结果表明，运行内存暂驻技术，服务器端工作效率提高了许多，影像请求的时间缩短了接近 20 倍，且在某一区域请求的影像越多，运用该技术所产生的效果越明显。

当然，如果请求的影像并不是相邻区域，运用内存暂驻技术并不能显著提高系统性能。

3　三维实时渲染

为提高三维地形模型的显示速度和效果，降低纹理贴图时数据显示量，系统使用视点相关的动态多分辨率纹理模型（View-dependent and Multi-resolution Texture Model）。距离观察者远近不同的区域，其纹理分辨率不同，即距离观察者较远的区域，其纹理具有较低的分辨率，相反具有较高的分辨率，这也符合视觉原理。观察者远距离（在高空中）观察看到的是粗略的地形；近距离观察的是细微的地形。在三维虚拟环境中要表现这一特点，实现地形的动态显示，采用了一种叫做视相关的实时 LOD 地形模型的多分辨率显示技术（View-dependent and real-time LOD model of Multi-resolution terrain Rendering）。在距离视点较近的区域时，用较多的多边形描述，较远时用较少的多边形描述。这样可平衡图像负载，符合场景的真实表现的特点。

4   试验系统

根据上面提到的数据组织方案及关键技术解决途径，本文采用 Visual Studio 2005 实现 CBERS 影像的三维可视功能。效果图如图 3 所示。

图 3   CBERS Earth 的运行效果图

该软件功能强大，可以在互联网上自由访问资源卫星中心提供的镶嵌产品。由于访问速度受到用户带宽与资源中心影像处理服务器的双重限制，无法给出影像访问的具体速度。但能保证资源卫星中心的服务器可以在接收到客户端请求之后的 5 s 内即传回影像，针对已有缓存影像的区域，传回影像的响应速度可以缩短至 0.1 s。

5   结论

CBERS Earth 利用金字塔数据组织方式，将海量遥感卫星影像数据和地形数据存储于 Oracle 数据库中，使数据组织科学严谨、数据查询检索方便快捷、数据调入速度快，完全可以满足海量数据存储的要求。系统在三维显示方面采用实时 Lod 地形模型的多分辨率显示技术，使调用相同的数据，显示浏览速度大大提高，更加直观、逼真地表现实际地形地貌特征。同时系统实现了查询、分析、三维飞行、路径布设等功能，为全面准确快速掌握观察区地形信息提供了有力的工具，具有巨大应用前景和社会效益。

参 考 文 献

[1] 姚宏伟，涂颖. 南水北调电子沙盘系统的研究与开发 [J]. 系统仿真学报，2002.

[2] GeoTIFF—A standard image file format for GIS application. http：//www. gisdevelopment. net/technology/ip/mi03117. htm.

[3] 2D&3D visualization techniques for Geo-Referenced images. http：//www. codeguru. com/cpp/g-m/bitmap/viewers/article. php/c9187 __ 1/.

[4] Working with TIFF Images. http：//www. codeguru. com/cpp/g-m/bitmap/otherformats/article. php/c4933/.

[5] 徐敬海，李清泉，宋莺，等. 基于 Kiwi 数据格式的地图显示研究 [J]. 武汉大学学报信息科学版，2005. 10：866 – 869.

[6] 陈建明，孙卫东. 三维遥感影像数据库系统的研究与实现 [J]. 新疆地质，2005.

[7] SEARS R，INGEN C，GRAY J. To BLOB or Not To BLOB：Large Object Storage in a Database or a Filesystem. 2006，4.

[8] 朱海青，唐娉，王文杰. 实现 Oracle 数据库中海量数据管理的简捷方案 [J]. 计算机应用研究，2005.

[9] Chen bin, Ma Zhigang, Wang Guoping, et al. Network based Real-time Fly-through on Masssive terriain Dataset [A]，CAD/Graphics' 2001 [C]：Beijing：International Academic Publishers，World Publishing Co. ，2001 （i）：500 – 505.

[10] CIGNON P，PUPPO E，SCOPIGNO R. Representation and visualization of terrain surfaces at variable resolution [J]. The visual Computer，1997 （13）：199 – 217.

Research on the Key Technologies of CBERS Earth

Zhang Haoping, Li Xingchao, Pan Zhiqiang, Min Xiangjun

（China Centre for Resources Satellite Data and Application，Beijing   100830）

Abstract：This paper discusses some key technologies in the design and implementation of CBERS Earth, and proposes the solutions. The results illuminate that these key technologies play an important role to improve the operation speed and the stability of CBERS Earth.

Key words：CBERS   Three-dimension   Visualization   Key technologies

集群在 CBERS – 02B 地面数据处理系统中的研究与实现

王治中，喻文勇

（中国资源卫星应用中心，北京 100830）

摘 要： 集群（Cluster）作为高性能计算技术之一，具有高可用性、负载均衡、易扩展和高性价比等特点。本文介绍了如何在 CBERS – 02B 地面数据处理系统中构建集群，对集群的体系结构设计和实现过程进行了分析研究，对集群的性能进行了应用测试。测试结果证明集群具有 99. 925 6% 的高可用性，并且能够根据资源占用情况达到负载均衡。

关键词： CBERS – 02B　集群　负载均衡

1　前言

CBERS 是中国与巴西联合研制的资源系列卫星，早期的 CBERS – 01/02 地面数据处理系统采用的是对称多处理系统（Symmetric Multi-Processor，简称 SMP），即由多个对称的处理器与通过总线共享的内存和 I/O 所组成的计算机系统。这种设计易于系统开发和管理，缺点是结构紧耦合，扩展能力有限，易发生单点故障。

作为高性能计算技术之一的集群是将一组计算机节点有效组合起来，以完成某个复杂计算任务的计算机系统。集群系统可以分为科学计算集群、高可用性集群和负载均衡集群，它们分别主要应用于大规模数值计算，应用程序的负载均衡和提供不间断的服务[1-3]。与传统的紧耦合的 SMP 系统相比，松耦合结构的集群系统易于根据业务需求变化增删节点，节点之间的互为备份也保证了系统的高可用性，同时节点可以采用 PC 服务器而提高系统性价比。

CBERS – 02B 地面数据处理系统中的数据处理分系统（DPS）每天需要录入上百 GB 的卫星原始数据，并处理成各级标准产品，并存储归档，所以 DPS 分系统要具备海量数据并发处理能力。除此之外，DPS 分系统要具有高可用性和可扩展性。所以，我们采用负载均衡集群技术作为构建 DPS 分系统服务器系统的解决策略。

本文下面介绍了在 CBERS – 02B 地面数据处理系统中如何构建集群系统，对集群的体系结构设计和实现过程进行了分析研究，对集群的性能进行了测试，测试结果证明了集群设计可以满足 CBERS – 02B 地面数据处理系统的业务需求。

2　集群的体系结构设计

集群系统多采用基于层次的架构，不同层之间相互独立，提供不同的功能，易于系统建设、维护和扩展。在集群体系结构上，我们采用负载均衡集群的典型代表 LVS 集群系统的三层架构，分为调度层、服务层和存储层，如图 1 所示。调度层负责集群的负载均衡，是集群的唯一入口点。服务层承担调度层分派给的计算任务，各个节点之间的联系是松耦合的，报纸系统的高可用性和可扩展性。存储层负责集群的数据存储，采用 FC – SAN 技术[4,5]。

[作者简介]　王治中（1981—　），工程师，2007 年 7 月清华大学软件学院硕士毕业，目前在中国资源卫星应用中心总体部工作，研究兴趣为高性能计算、图像处理。

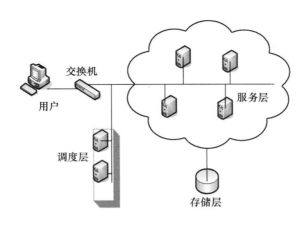

图 1   集群系统体系结构图

因为在我们的系统中调度层和服务层的服务器在同一个物理网段内，所以在调度层采用ＩＰ负载均衡技术。当数据处理请求到达时，调度层根据调度算法从服务层中选出一个节点，将通过 Webservice 接口发送的数据处理请求分派给该节点，并记录此次调度。当处理任务完成后，节点通过调度层和 Webservicde 接口返回响应，完成整个负载调度过程。地面数据处理系统的请求并发量大而且请求服务时间长，在调度层我们采用改进加权轮转（Weighted Round Robin）调度算法。加权轮转算法是一种无状态的调度，经过改进使其可以记录当前服务层中节点的连接状态，以避免数据处理服务器间的负载不平衡。

集群的调度层上配置整个集群的管理域（Domain Administration Server，DAS），由 DAS 管理的配置信息称为配置中心存储库，负责整个集群的配置信息。服务层中每个节点上有一个称为节点代理的进程，负责管理自己节点上所包含的若干个服务器实例。每个服务器实例就是指一个应用程序进程，该进程运行着各种应用程序，某个集群下所有服务器实例具备相同的配置，该集群中各个服务器实例之间的通信通过集群的负载平衡层来实现。此外，DAS 通过节点代理进程控制在该节点上所有服务器实例的生命周期。

为了保证集群的高可用性，集群必须可以实现故障迁移。我们将集群中各个节点上的所有服务器实例组织成一个环状拓扑结构，环中的每个成员的内存状态数据会沿着环复制，即集群内存复制技术。如果发生集群动态变形情况，即发生节点故障或者添加节点时，会改变拓扑结构，这时各个实例会重新寻找自己的连接实例，构成新的拓扑结构。一旦发生节点故障，调度层将请求从故障节点转移到另一节点上的实例，从而提高集群容错性[6]。

3   集群的实现

3.1   硬件环境

集群的硬件结构图如图 2 所示，从图 2 中可以看出整个集群由以下五类设备组成。

- 集群监视端：由 PC 机组成，负责监视和管理集群系统；
- 集群计算和管理节点：由五台服务器组成，负责集群系统的计算和调度任务；
- 千兆交换机：负责监视端与集群节点之间的访问和集群节点之间的通信；
- 光纤交换机：负责集群节点访问存储区；
- 存储节点：由共享磁盘阵列组成，负责为集群提供数据存储。

3.2   软件环境

选择图 2 中 DPS－S－6 服务器作为集群的管理调度节点，并配置整个集群的管理域。图 2 中的五台服务器都被作为集群服务层中的计算节点，不同节点上所配置的完成同一个任务的所有服务器实例组合在一起形成集群。我们根据 DPS 分系统的业务需求，在不同节点上配置了总共 15 个服务器实例，

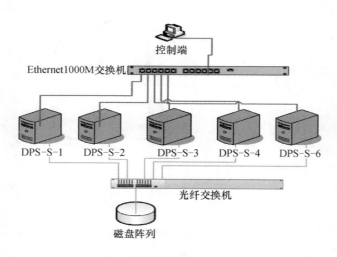

图 2　集群系统网络结构图

构成四个集群。这四个集群分别是 HW 录入集群，CCD 录入集群，编目集群和生产集群。HW 录入集群配有两个服务器实例，分别部署在 DPS－S－3 和 DPS－S－4 两个服务器上，负责录入卫星 HW 通道下传的数据，如图 3 所示。

　　CCD 录入集群配置有三个服务器实例，分别部署在 DPS－S－2、DPS－S－3 和 DPS－S－4 三个服务器上，负责录入卫星 CCD 通道下传的数据，如图 4 所示。编目集群负责对完成录入后的卫星数据进行分景编目处理，配置有四个服务器实例，分别部署在 DPS－S－1、DPS－S－2 和 DPS－S－6 三个服务器上，如图 5 所示。生产集群负责对分景编目后的卫星数据进行各级产品生产，配置有五个服务器实例，分别部署在 DPS－S－1、DPS－S－2 和 DPS－S－6 三个服务器上，如图 6 所示。

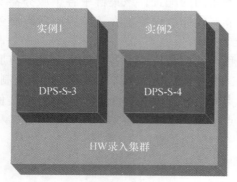

图 3　HW 录入集群示意图

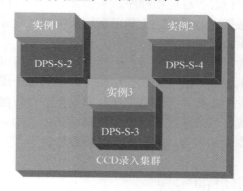

图 4　CCD 录入集群示意图

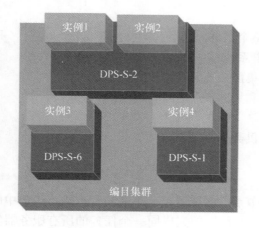

图 5　编目集群示意图

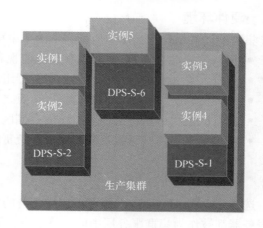

图 6　生产集群示意图

4 集群性能

集群的可靠性用平均无故障时间（MTTF）来度量，即集群平均正常运行多长时间才发生一次故障。集群的可维护性用平均维修时间（MTTR）来度量，即集群发生故障后维修和恢复运行平均花费时间。集群的可用性定义为：[MTTF/(MTTF + MTTR)] × 100%，即集群保持正常运行时间的百分比 [ ]。根据两个月的测试记录，系统发生了三次由于资源分配问题而重新启动，平均每次时间花费为 5 分钟左右。按照每周 7 天，每天 24 小时，可以估算出四个集群的可用性指标为 [20 145 min/(20 145 min + 15 min)] × 100% = 99.925 6%，达到了极高可用性的要求。

我们对四个集群下的 15 个服务器实例运行时所占资源情况分别进行了统计，如表 1 所示。HW 录入集群下的两个服务器实例对 CPU 占用情况差别在 1% 之内，对内存的占用情况相同，可以看出这两个服务器实例对资源的占用情况非常均衡。CCD 录入集群下的三个服务器实例对 CPU 占用情况差别在 10% 之内，对内存的占用情况差别在 0.1% 之内，可以看出这三个服务器实例对资源的占用情况也非常均衡。编目集群下的四个服务器实例对 CPU 的占用情况差别在 0.1%，除了在 DPS－S－1 服务器上的服务器实例 4 所占用的内存资源为 14.3%，高出其他服务器实例对内存的占用情况之外，其他三个服务器实例对内存的占用情况差别在 3% 之内，但是整体上对内存的占用情况差别在 10% 之内，可以认为四个服务器实例对资源的占用情况较为均衡。生产集群下的 5 个服务器实例对 CPU 的占用情况差别在 0.3% 之内，除了 DPS－S－6 上的服务器实例 5 所占用的内存资源为 5.8%，小于其他服务器实例之外，其他四个服务器实例对内存占用情况差别在 4% 之内，整体上对内存的占用情况差别在 6% 之内，所以也可以认为生产集群下的 5 个服务器实例对资源的占用情况较为均衡。总体上当系统在数据录入、编目和产品生产各个流程顺序运行时，没有出现总是处于空闲状态的节点，对资源的利用率较为平均，达到了负载均衡。

表 1 集群资源占用情况

		CPU	内存
HW 录入集群	实例 1（DPS－S－3）	96.2%	0.2%
	实例 2（DPS－S－4）	98.5%	0.2%
CCD 录入集群	实例 1（DPS－S－2）	97.8%	0.2%
	实例 2（DPS－S－3）	89.2%	0.1%
	实例 3（DPS－S－4）	99.5%	0.2%
编目集群	实例 1（DPS－S－2）	99.8%	6.8%
	实例 2（DPS－S－2）	99.8%	7.2%
	实例 3（DPS－S－6）	99.9%	9.6%
	实例 4（DPS－S－1）	99.9%	14.3%
生产集群	实例 1（DPS－S－2）	99.8%	10.3%
	实例 2（DPS－S－2）	99.5%	8.4%
	实例 3（DPS－S－1）	99.9%	11.6%
	实例 4（DPS－S－1）	99.6%	11.8%
	实例 5（DPS－S－6）	99.8%	5.8%

根据图5和图6，编目集群和生产集群下的服务器实例被部署在相同三个节点上，因此我们还在编目和生产同时进行的情况下，对资源的占用情况进行了统计，如表2所示。生产集群在DPS－S－1上的两个服务器实例所占用的CPU资源差别为0.8%，所占用的内存资源差别为1.1%，这两个服务器实例所分配的资源非常均衡。但是编目集群在DPS－S－1上的一个服务器实例所占用的CPU资源和内存资源仅为14.6%和15.5%，与同一个节点上生产集群下的两个服务器实例相差很大。同样在DPS－S－2上生产集群和编目集群下的各自服务器实例之间的所占用的服务器资源相差也很大。但是在DPS－S－6上生产集群和编目集群下的服务器实例之间所占用的CPU资源一样，内存资源相差为10%左右。造成在编目集群和生产集群下服务器实例资源分配不均的原因是服务器资源不足，需要扩展服务器的资源。

表2　编目和生产同时进行时资源占用情况

		CPU	内存
生产集群	实例3（DPS－S－1）	99.9%	18.2%
	实例4（DPS－S－1）	99.1%	17.1%
	实例1（DPS－S－2）	99.9%	20.5%
	实例2（DPS－S－2）	99.1%	16.1%
	实例5（DPS－S－6）	99.9%	8.7%
编目集群	实例4（DPS－S－1）	14.6%	15.5%
	实例1（DPS－S－2）	82.2%	13.9%
	实例2（DPS－S－2）	33.3%	11.9%
	实例3（DPS－S－6）	99.9%	8.5%

5　结论

本文介绍了如何为CBERS－02B卫星数据地面处理系统构建集群，给出了集群的体系结构设计和实现，并对集群的可用性指标和负载均衡性能进行了测试。测试结果表明集群的可用性指标为99.925 6%，达到了极高可用性的要求。根据测试记录，在通常情况下集群能够实现负载均衡，但因为生产集群和编目集群部署的节点有重合，所以会出现资源不足的问题，需要系统的资源进行扩充。

参 考 文 献

[1]　顾宏，石教英，金永勤. 高性能计算机系统的研究和发展. 计算机工程与应用，1996（3）：65－68.

[2]　Rajkumar Buyya. High Performance Cluster Computing：Architextures and Systems，Prentice-Hall，1999：3－186.

[3]　张小芳，胡正国，郑继川，唐炎. 高可用性集群技术的研究和应用. 计算机工程，2003，29（4）：26－27.

[4]　李岚，陈明生，孙志辉. 使用负载均衡技术的高可用性主机服务器集群. 计算机工程与应用，2003，16：97－99.

[5]　骆宗阳，董玮文，杨宇航，王澄. 一种具有高可用性的通用负载均衡技术. 计算机工程，2003，29（2）：134－136.

[6]　Sun Java System Application Server 9. 1 High Availability Administration Guide. http：//java. sun. com/javaee/5/docs/tutorial/doc/index. html .

Research and Implementation about Cluster for CBERS – 02B Ground Data Processing System

Wang Zhizhong, Yu Wenyong

(China Center For Resources Satellite Data & Application, Beijing   100830)

Abstract: Cluster is one of high performance computing techniques and has many characteristics, such as high-availability, load-balance, scalability, and high performance/price ratio. In this paper, it is introduced that a cluster system is implemented for CBERS – 02B, the architecture and the performance of it are analyzed and tested, individually. The results show that the cluster has high-availability, and realizes load-balance.

Key words: CBERS – 02B   Cluster   Load-balance

CBERS‐02B 卫星 CCD 影像大气校正研究

周淑娟，刘素红

（北京师范大学地理学与遥感科学学院，北京 100875）

摘 要：本文利用 MODTRAN 大气辐射传输程序研究大气校正所需参数随各影响因子变化的敏感程度，并根据敏感性分析结果建立查找表（look-up table），然后针对大气校正中的关键问题，即用最小反射率法提取大气气溶胶光学厚度以及大气校正参数水汽修正和臭氧修正等进行重点分析，最后在以上研究的基础上对 CBERS‐02B 卫星的 CCD 影像进行大气校正，并对校正后的影像进行比较分析。

结果表明在用最小反射率法反演气溶胶光学厚度（或水平气象视距）时，反演精度受最小反射率估计值的影响较大，因此若采用此方法进行大气校正，使用者需对研究区域有一定的了解，能较合理地估计出研究区浓密植被（或水体）在蓝色波段（或近红外波段）的真实反射率值（即先验知识）。

关键词：CBERS‐02B MODTRAN 敏感性分析 大气校正 最小反射率法

1 引言

中巴地球资源系列卫星（CBERS‐01，CBERS‐02 以及 CBERS‐02B）是经中国和巴西两国政府联合议定书批准，由中巴两国共同投资、联合研制的传输型对地观测卫星。地球资源系列卫星的成功发射，改变了我国长期依靠国外遥感数据源的现象，并从根本上提高了我国遥感数据获取的能力、速度和质量，大大提高了我国获取遥感数据的能力和遥感应用水平。但是，遥感信息的定量化应用和研究与国外相比，仍然相差较远。为了进一步提高遥感信息的定量化应用水平，必须对传感器进行辐射校正，这是确保遥感数据的科学性及其定量化应用的基础。

卫星传感器接收到的光辐射必定经过大气层，光辐射在大气传输过程中会与大气发生一系列的相互作用，如大气折射、散射和吸收等，从而使其传输特性发生变化。因此，遥感信息必然会受到大气光学特性及环境背景辐射特性的影响，结果将导致成像系统分辨率降低、遥感信息失真、有效可观测时间和区域减小等。CCD 相机是 CBERS‐02B 卫星上的主要有效载荷，为了促进其遥感影像的定量化应用，提高遥感信息的定量化精度，必须对其进行大气校正研究。

大气校正的定量研究已经有相当长一段时间了。到目前为止，大气校正方法按照校正后的结果可以分为 2 类，绝对大气校正方法和相对大气校正方法。绝对大气校正是将遥感图像的数字值转换为地表反射率或地表反射辐亮度的方法。相对大气校正方法校正后得到的图像，相同的数字值表示相同的地物反射率，其结果不考虑地物的实际反射率。常见的大气校正方法主要有静止地类法（Invariant-object Method）、直方图匹配法（Histogram Matching Methods）、暗物体法（Dark-object Methods）、对比度削弱法（Contrast Reduction Methods）和大气辐射传输模型（Atmospheric Radiative Transfer Model）。

本文首先采用 MODTRAN 大气辐射传输模型研究大气校正参数对太阳天顶角、气溶胶光学厚度

[作者简介] 周淑娟（1984— ），硕士研究生，江西九江人，2008 年毕业。E-mail：zhoushujuan_ 1984@ 163. com。

（或大气水平气象视距）、水汽含量、臭氧含量以及二氧化碳含量变化的敏感程度，并根据敏感性分析结果建立查找表（look‐up table），然后利用最小反射率法提取大气气溶胶光学厚度以及大气校正参数水汽修正和臭氧修正等，最后在以上研究的基础上对 CBERS‐02B 卫星的 CCD 影像进行大气校正，并对校正后的影像进行比较分析。

2　大气校正原理

本文所采用的大气校正方法是基于大气辐射传输模型理论的。对于水平均匀、平坦的朗伯地表，传感器获得的表观辐亮度包括 2 部分：不包含被观测地物信息的程辐射和经过大气作用后的地物反射辐射。因此，大气上界的辐亮度与地表反射率之间的关系可以用程辐射、地面下行辐射通量、大气透过率以及大气后向散射反照率来表示

$$L\ (\mu_{\mathrm{v}})\ =L_{\mathrm{p}}\ (\mu_{\mathrm{v}})\ +\frac{\rho}{\pi\ (1-\rho S)}\mu_{\mathrm{s}}F_0 T\ (\mu_{\mathrm{s}})\ T\ (\mu_{\mathrm{v}}) \tag{1}$$

式中　$L_{\mathrm{p}}\ (\mu_{\mathrm{v}})$——路径辐亮度；

ρ——地表反射率；

S——大气后向散射反照率；

$\mu_{\mathrm{s}}F_0$——大气上界太阳入射辐射通量密度；

$T\ (\mu_{\mathrm{s}})$——地表—太阳路径的透过率；

$T\ (\mu_{\mathrm{v}})$——地表—传感器路径的透过率。

在此我们将 $\mu_{\mathrm{s}}F_0 T\ (\mu_{\mathrm{s}})\ T\ (\mu_{\mathrm{v}})$ 看成一个变量 $F_{\mathrm{d}}T$，其中 F_{d} 为水平地表太阳直射入射辐照度，也就是 $\mu_{\mathrm{s}}F_0 T\ (\mu_{\mathrm{s}})$，$T$ 为地表—传感器路径的大气透过率，也就是 $T\ (\mu_{\mathrm{v}})$。对于 CBERS‐02B 卫星的 CCD 数据，卫星观测天顶角很小，在此可以忽略。

大气校正算法就是基于上述公式进行反演，地表反射率 ρ 可以用传感器表观辐亮度 $L\ (\mu_{\mathrm{v}})$ 表示

$$\rho=\frac{f}{1+Sf} \tag{2}$$

式中

$$f=\frac{\pi\ [L\ (\mu_{\mathrm{v}})\ -L_{\mathrm{p}}\ (\mu_{\mathrm{v}})]}{F_{\mathrm{d}}T} \tag{3}$$

如果给定地表反射率 ρ，我们就可以利用式（1）计算表观辐亮度 $L\ (\mu_{\mathrm{v}})$，或者如果给定 $L\ (\mu_{\mathrm{v}})$，可以通过式（2）和式（3）来计算地表反射率 ρ。

基于式（1），利用辐射传输模型方法对 CBERS‐02B 数据进行大气校正的关键步骤就是在给定大气模式和气溶胶模式下建立 $L_{\mathrm{p}}\ (\mu_{\mathrm{v}})$，$S$ 和 $F_{\mathrm{a}}T/\pi$ 与太阳天顶角 θ_{s}，气溶胶光学厚度 τ_{a} 和水汽含量间的查找表。如果假定一景影像所有像元的太阳天顶角和水汽含量都相同，那么唯一的变量就是气溶胶光学厚度。该查找表是利用辐射传输计算的结果建立的，其基本前提假设是大气和地表水平均匀，并且地面反射遵循朗伯定律。大气和地表反射的太阳光没有极化特性，大气也假定为无云状态。本算法选择一个固定的气溶胶单次散射相函数和散射反照率代表一个气溶胶模式。

本论文利用 MODTRAN 4.0 建立查找表。对于每一个气溶胶光学厚度值，分别将地表反射率定为 0.0，0.5 和 0.8 运行 3 次 MODTRAN，这样我们就可以利用式（1）解得大气校正所需的 3 个未知参数：$L_{\mathrm{p}}\ (\mu_{\mathrm{v}})$，$S$ 和 $F_{\mathrm{d}}T/\pi$。因此这 3 个参数依赖于特定的大气状况、气溶胶模式和太阳‐传感器观测几何下气溶胶光学厚度的大小（MODTRAN 中用气象视距表示，有关气溶胶光学厚度和气象视距的关系在后面将会详细介绍）。如果知道气溶胶光学厚度（或者大气能见度、气象视距）和地表反射率两者中的任意一个，我们就可以利用大气上界的辐亮度来计算另外一个变量。由于 MODTRAN 辐射传输模型中用气象视距代替气溶胶光学厚度，下面我们都用大气水平气象视距进行分析。

3 敏感性分析

影像大气校正的精度取决于所建查找表的精度和科学性。大气中对电磁波传输影响较大的成份是气溶胶光学厚度（或者气象视距）、大气水汽含量、二氧化碳以及臭氧，另外，太阳天顶角、相对方位角以及观测天顶角也会影响到达传感器的电磁辐射能量。为了获得高精度的查找表，本文首先进行大气校正参数对各影响因子的敏感性分析，然后根据此分析结果建立查找表以备用。

由于中巴地球资源卫星幅宽较小，扫描角度不大，因此可认为整幅图像为天顶观测，另外，二氧化碳对于 CBERS – 02B 卫星 CCD 的 5 个波段基本上没有影响，所以本文忽略相对方位角、观测天顶角以及大气中二氧化碳含量对太阳辐射的影响。下面本文利用 MODTRAN4.0 模拟太阳天顶角以及以上几种成份对大气上界辐亮度的影响，进行敏感性分析，并根据模拟结果确定建立查找表时如何对气溶胶光学厚度进行取样或者如何利用水汽含量和臭氧含量对大气校正参数进行修正。

由于本文主要是对中国大陆地区的 CBERS – 02B 卫星影像进行大气校正，所以敏感性分析采用的大气模式是中纬度夏季大气，气溶胶模式是乡村气溶胶模式（缺省大气水平气象视距为 23 km）。

3.1 太阳天顶角和日地距离对 CBERS – 02B 卫星 CCD 数据的敏感性分析

通过 MODTRAN 模拟和理论分析结果表明在忽略大气损失的情况下，到达大气层顶垂直于地面天顶方向的太阳辐照度和地面辐照度与太阳天顶角的余弦值成正比，与日地距离的平方成反比。地面辐照度与太阳天顶角和日地距离的关系为

$$E = \frac{E_0}{D^2}\cos\theta$$

式中　E_0——太阳常数值（即日地平均距离处，大气层顶垂直于太阳入射方向的太阳辐照度，其数值为 $1.36 \times 10^3 \mathrm{W} \cdot \mathrm{m}^{-2}$）；

D——以日地平均距离为单位（天文单位）的日地之间的距离；

θ——太阳天顶角（与法线的夹角）。

由上述分析可以得到，太阳天顶角对大气校正参数中的 $F_\mathrm{d}T/\pi$ 的影响也是与 $\cos\theta$ 成正比的。MODTRAN 的模拟结果也与理论分析一致。因此，本论文在实际操作过程中简化了采样过程，采用 10° 到 50°之间隔 5°采样，50°到 80°之间隔 10°采样。

地面辐照度、大气校正参数中的 L_p 和 $F_\mathrm{d}T/\pi$ 与日地距离的关系比较简单，即与日地距离的平方成反比。在进行大气校正参数日地距离的修正时，我们将儒略日与日地距离制成查找表，以儒略日为索引。大气校正时输入待校正影像的获取日期就可以得到对应的日地距离，最后将 L_p 和 $F_\mathrm{d}T/\pi$ 除以日地距离的平方就可以得到日地距离修正后的大气校正参数。

3.2 气溶胶光学厚度（气象视距）对 CBERS – 02B 卫星 CCD 数据的敏感性分析

气溶胶对电磁波信号的消光作用是研究大气校正不可忽视的问题之一，气溶胶光学厚度作为标志气溶胶光学特性的重要参数被广泛应用于遥感中。

MODTRAN 模拟结果表明，当气象视距在 1～50 km 范围内时，气象视距（或气溶胶光学厚度）对传感器接收到的辐亮度影响非常大，辐亮度随气象视距的增大迅速增加；但当气象视距大于 50 km 后，辐亮度的变化非常微小。因此在建立查找表时，我们在气象视距小的地方多采样，在气象视距大的地方减少采样量。

3.3 地面高程对 CBERS – 02B 卫星 CCD 数据的敏感性分析

地面海拔高度主要影响大气的垂直分布状况，因而对大气校正参数有一定的影响。本文模拟了地

面海拔从 0.0 km 到 6.0 km，采样间隔为 0.1 km 时大气程辐射和大气透过率的变化情况。

　　模拟结果，表明地面海拔高度对大气程辐射的影响非常大，而对大气透过率的影响较小，并且大气程辐射和透过率与地面海拔高度几乎呈线性关系。在建立 CBERS－02B 多光谱波段大气校正查找表时把地面海拔也作为一个索引变量。另外，地球表面的海拔高度一般在 3.5 km 以下，因此我们在采样时以 0.5 km 间隔在 0.0～3.5 km 间平均采样。

3.4　水汽含量对 CBERS－02B 卫星 CCD 数据的敏感性分析

　　水汽在大气中所占的比例较小，对电磁波的散射作用较弱，本文主要讨论水汽的吸收影响，因此在进行敏感性分析时我们主要分析水汽对大气透过率（也就是影响查找表中的 $F_d T/\pi$）和程辐射的影响，而忽略它对大气后向散射反照率的作用。

　　水汽的吸收作用较强的波段为 CBERS－02B 卫星 CCD 的红光和近红外波段。下面分别分析水汽含量对这两个波段大气程辐射和大气透过率的影响。利用 MODTRAN 模拟得到的表观辐亮度计算大气程辐射和大气透过率随大气水汽含量变化的比例如图 1～图 4 所示。

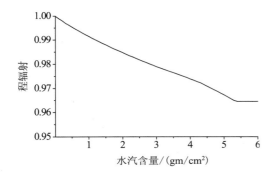

图 1　红光波段程辐射随水汽变化的变化率图

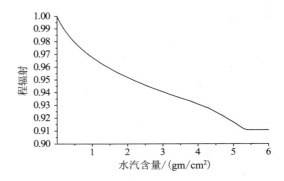

图 2　近红外波段程辐射随水汽变化的变化率图

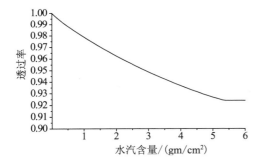

图 3　红光波段透过率随水汽变化的变化率图

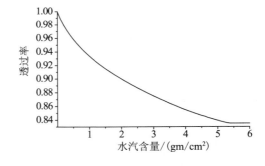

图 4　近红外波段透过率随水汽变化的变化率图

　　根据上面分析的大气程辐射和大气透过率随水汽含量的变化图，我们发现水汽含量对近红外波段程辐射和大气透过率的影响较大。红光和近红外波段程辐射和透过率随水汽含量变化的幅度与它们随气象视距变化的幅度相比不是很大，并且基本上是一个线性的关系，因此在制作 CBERS－02B 卫星 CCD 影像大气校正查找表时，我们不把水汽含量作为一个查找变量，而是利用它对通过搜索查找表后得到的大气校正参数进行修正。

3.5　臭氧含量对 CBERS－02B 卫星 CCD 数据的敏感性分析

　　臭氧在大气中所占的比例更小，对电磁波的散射作用更弱，本文只考虑臭氧的吸收作用，因此在进行敏感性分析时我们只分析臭氧对大气透过率（也就是影响查找表中的 $F_d T/\pi$）的影响，而忽略它对大气程辐射和大气后向散射反照率的影响。利用 MODTRAN 模拟得到的表观辐亮度计算绿光和红光波段大气透过率随大气臭氧含量变化的比例，如图5、图6所示。

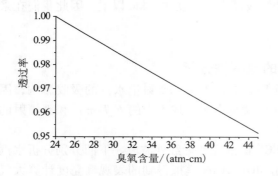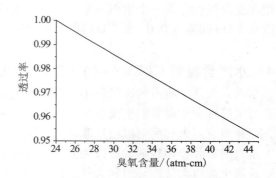

图5　绿光波段透过率随臭氧量变化的变化率图　　　图6　红光波段透过率随臭氧量变化的变化率图

　　由图5、图6我们发现臭氧含量对绿光波段大气透过率的影响较大。绿光和红光波段大气透过率随臭氧含量变化的幅度与它们随气象视距变化的幅度相比不是很大，并且基本上是一个线性的关系，因此在制作 CBERS－02B 卫星 CCD 影像大气校正查找表时，我们不把臭氧含量作为一个查找变量，而是利用它对通过搜索查找表后得到的大气校正参数进行修正。

4　CBERS－02B 卫星 CCD 影像的大气校正

4.1　最小反射率法自动提取暗目标的原理

　　水体在长波（近红外等）的反射率比较低，而浓密植被在短波（蓝光、红光等）的反射率比较低，那么就可以在特定的波段设置相应阈值来判断图像中是否存在水体或者浓密植被。于是可以分别在图像的短波和长波范围内选择数据获取区具有最小 DN 值的像元，它们分别对应着植被区和水体，即最小反射率区。利用卫星的辐射定标系数，计算出这些像元在各自波段的表观辐亮度 L_{app_vage} 和 L_{app_water}。

　　若假设浓密植被在蓝光波段（0.47 μm，也可在红光与绿光波段）的反射率为 r_1，水体在近红外波段（0.86 μm，也可在红光波段）的反射率为 r_2。利用大气水平气象视距 $VIS = 20$ km 时所对应的 L_0，$F_d T/\pi$，S 和式（1）计算出对应的 $L_{app\_Calc\_vege}$ 和 $L_{app\_Calc\_water}$。

　　比较所得到的 L_{app_vege}，L_{app_water} 和 $L_{app\_Calc\_vege}$，$L_{app\_Calc\_water}$ 的大小，若存在 $L_{app\_vege} \leqslant L_{app\_Calc\_vege}$ 或者 $L_{app\_water} \leqslant L_{app\_Calc\_water}$，那么就可以将对应的像元确定为暗目标。

　　使用上述方法提取浓密植被暗目标时，若图像区域中存在水体、云阴影或山体阴影，则上述方法提取效果不理想。因为水体、云阴影或山体阴影有可能被作为浓密植被暗目标提取出来，因此在实际操作过程中我们增加了一个步骤，即在提取蓝光波段最小 DN 值的像元后计算这些像元的 NDVI，最后将具有较高 NDVI 的像元作为下一步提取暗目标的基础。另外，当用最小反射率法提取水体暗目标，即将近红外波段具有最小 DN 值的像元提取出来作为反演气溶胶光学厚度的暗目标时，云阴影的反射率基本上可以忽略，因此在提取水体暗目标时会把云阴影作为暗目标来处理，这样会干扰气溶胶的反演。基于上述原因，我们有必要在实际提取暗目标之前将云阴影识别出来，以便在真正提取暗目标时将其剔除。

　　若上述方法无法有效地把云阴影从水体暗目标中剔除，我们还可以手动选取水体暗目标，以反演气溶胶光学厚度。

4.2　CBERS－02B 卫星 CCD 影像的大气校正

　　本文以 2007 年 10 月 9 日湖北地区的 CBERS－02B 卫星 CCD 影像为研究对象，该幅影像的轨道号/

行号为3/66，所覆盖的经纬度范围是北纬30°~31.2°，东经111.07~112.5°，景中心经纬度是北纬30.58°、东经111.78°。图7所示为该幅影像CCD第4波段（近红外波段）、第3波段（红光波段）和第2波段（绿光波段）合成的标准假彩色图像。

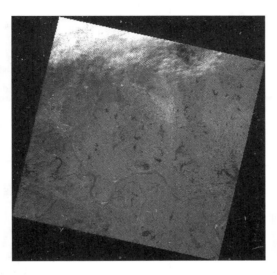

图7　CBERS-02B卫星CCD标准假彩色合成图

下面利用前面建立的查找表和最小反射率法对此幅影像进行大气校正。以浓密植被为暗目标得到各波段的大气校正参数，再根据前面的大气校正公式，得到对此幅影像进行大气校正时的公式为

$$\rho_1 = (L_{app1} - 39.110\,9) / ((L_{app1} - 39.110\,9) \times 0.173\,575 + 349.265) \tag{4}$$

$$\rho_2 = (L_{app2} - 22.819\,6) / ((L_{app2} - 22.819\,6) \times 0.131\,949 + 334.3) \tag{5}$$

$$\rho_3 = (L_{app3} - 11.849\,7) / ((L_{app3} - 11.849\,7) \times 0.093\,841\,2 + 288.401) \tag{6}$$

$$\rho_4 = (L_{app4} - 4.188\,63) / ((L_{app4} - 4.188\,63) \times 0.057\,149 + 195.568) \tag{7}$$

其中，下标1，2，3，4分别对应着CBERS-02B卫星CCD影像的蓝光波段、绿光波段、红光波段和近红外波段。

校正后得到的近红外、红光和绿光波段地面反射率标准假彩色合成图像如图8所示。

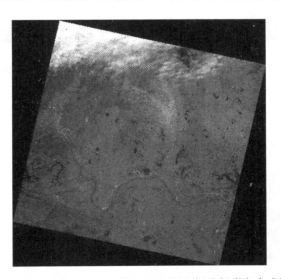

图8　校正后的CBERS-02B卫星CCD标准假彩色合成图

我们将大气校正前该图像的各个波段的表观反射率和大气校正后各波段的地面反射率做直方图，来分析大气校正对CBERS-02B卫星CCD各波段的影响。图9所示为图像各波段大气校正前后反射率的直方图。

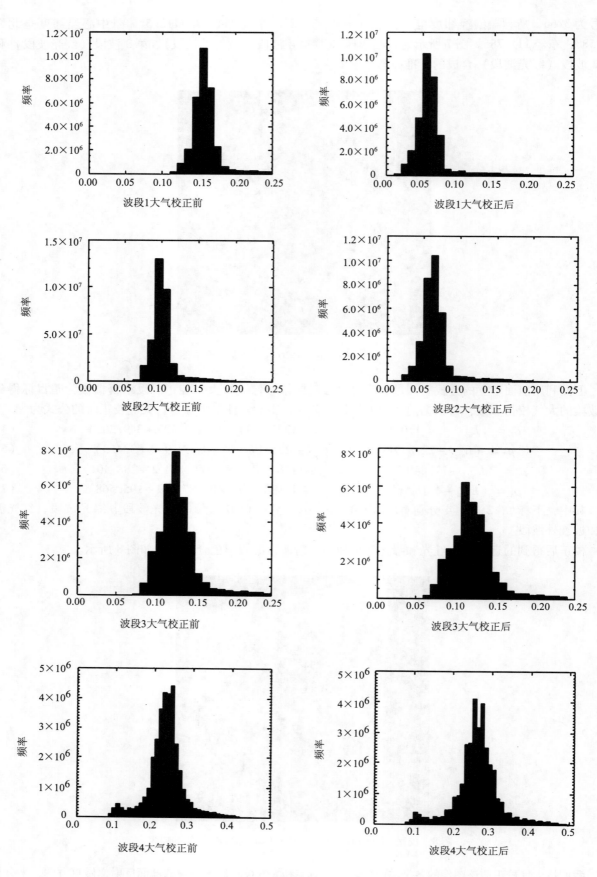

图 9　CBERS-02B 卫星 CCD 各波段大气校正前后直方图比较

理论上，短波波段的大气散射较强，而长波波段的大气散射较弱，所以大气校正对短波波段比对长波波段更明显，波长越短，大气散射作用越强。另外，大气对蓝光、绿光和红光波段电磁辐射的影响以散射为主，吸收较弱；而对近红外波段电磁辐射的吸收作用较强，因此，大气校正后前3个波段的反射率应该比表观反射率低，而近红外波段的反射率比表观反射率高。由图9大气校正前后各波段的反射率对比，我们可以发现，校正结果与理论分析一致，短波波段的反射率直方图向低反射率方向移动，而近红外波段的反射率直方图向更高反射率方向移动，且蓝光、绿光和红光波段的反射率直方图移动的幅度逐渐减小。

5 结论与展望

本文利用最小反射率法提取暗目标，然后用暗目标的表观辐亮度和估计的地表反射率计算影像获取时大气的气溶胶光学厚度，本方法获取的气溶胶光学厚度受地表反射率估计值的准确性影响很大，图10是根据 CBERS – 02B 卫星 CCD 影像，利用不同的蓝光波段浓密植被真实反射率估计值和对应暗目标蓝光波段的辐亮度计算出来的气象视距，其中横坐标是浓密植被蓝色波段反射率估计值，从 0.01 到 0.05，步长为 0.001；纵坐标为用此反射率值反演得到的大气气象视距 VIS。

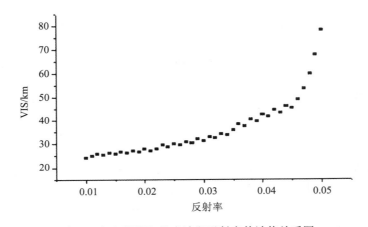

图 10　气象视距与蓝光波段反射率估计值关系图

由图10可以发现，浓密植被暗目标蓝波段反射率的估计值对反演的大气气象视距有很大的影响，反射率估计值从 0.01 变化到 0.05，反演的气象视距变化了将近 220%。在利用本方法提取暗目标和获取气溶胶光学厚度时，应充分利用对研究区域的先验知识，准确估计研究区浓密植被的真实反射率。

另外，用于消除阴影的 NDVI 阈值和区分水体和阴影的近红外和红光波段 DN 值比值的阈值和用于确定暗目标所设定的 20 km 水平气象视距应随具体影像而变化，因此本方法需要使用者对研究区域比较了解，能较准确地估计出研究区域在需处理的影像获取期间的浓密植被或水体暗目标的地表真实反射率和当地的气象视距。

应用此方法进行大气校正的前提是图像中存在浓密植被或水体暗目标，并且水体暗目标需比较清洁（即在近红外波段具有较低的反射率），因此此方法的应用比较受限制。

若要进一步评价此方法的可行性，还需进行场地实验，验证校正出的地表反射率是否能较好地反映地物的真实反射率。

参 考 文 献

[1]　赵英时. 遥感应用分析原理与方法 [M]. 北京：科学出版社，2003.

[2]　徐希孺. 遥感物理 [M]. 北京：北京大学出版社，2005.

[3] 郭建宁. 促进国家对地观测体系顺利发展的思考 [J]. 中国工程科学, 2006, 8 (10)：47 – 53.

[4] 郭建宁. 中国资源卫星应用回顾与展望 [J]. 卫星应用, 2007, 15 (3)：6 – 10.

[5] 郭建宁. 中国资源卫星应用中心的主要成就、基本经验与未来主要任务 [J]. 中国科技论坛, 2007, 2：5 – 7.

[6] 闵祥军. 光学传感器在轨标定和大气影响与订正研究 [D], 北京师范大学博士后出站报告, 1999.

[7] 郑伟, 曾志远. 遥感图像大气校正方法综述 [J]. 遥感信息, 2004：66 – 70.

[8] 何立明, 阎广建, 王桥, 李小文. 光学遥感大气订正模型及其相关问题分析 [J]. 地球信息科学, 2005, 7 (4)：33 – 38.

[9] 王中挺, 陈良富, 顾行发, 许华. CBERS – 02 卫星数据大气校正的快速算法 [J]. 遥感学报, 2006, 10 (5)：709 – 714.

[10] 王建, 潘竟虎, 王丽红. 基于遥感卫星图像的 ATCOR2 快速大气校正模型及应用 [J]. 遥感技术与应用, 2002, 17 (4)：193 – 197.

[11] 何立明, 王桥, 李小文, 等. 光学遥感大气订正方法与软件应用分析 [J]. 地球信息科学, 2006, 8 (2)：110 – 136.

[12] 徐萌, 郁凡, 李亚春, 等. 6S 模式对 EOS/MODIS 数据进行大气校正的方法 [J]. 南京大学学报（自然科学）, 2006, 42 (6)：582 – 589.

[13] 亓雪勇, 田庆久. 光学遥感大气校正研究进展 [J]. 国土资源遥感, 2005, 4 (66)：1 – 6.

[14] 郑伟, 曾志远. 遥感图像大气校正的黑暗像元法 [J]. 国土资源遥感, 2005, 1 (63)：8 – 11.

[15] 茅容正, 倪绍祥, 蒋建军. LANDSAT – 7 ETM + 影像大气校正算法 IDL 的实现 [J]. 测绘通报, 2004, 1：8 – 10.

[16] 易维宁, 何超兰, 乔延利, 等. CBERS – 02 卫星 CCD 图像的大气订正 [J]. 遥感学报, 2006, 10 (5)：703 – 708.

[17] 张杰, 王介民, 郭铌. 应用 6S 模式对 EOS/MODIS 可见光到中红外波段的大气订正 [J]. 应用气象学报, 2004, 15 (6)：651 – 657.

[18] 邱金恒. 卫星遥感大气订正的参数化模式及其模拟应用 [J]. 遥感学报, 2001, 5 (6)：401 – 406.

[19] 何立明, 李小文, 阎广建, 王华, 王锦地. AMTIS 大气订正算法 [J]. 遥感学报, 2004, 8 (5)：389 – 396.

[20] 任建伟, 万志, 李宪圣. 空间光学遥感器的辐射传递特性与校正方法 [J]. 光学精密工程, 2007, 15 (8)：1186 – 1190.

[21] Liang S, Fallah-Adl H, Kalluri S, et al. An Operational Atmospheric Correction Algorithm for Landsat Thematic Mapper Imagery over the Land [J]. Journal of Geophysical Research (Atmosphere), 1997, 102：17173 – 17186.

[22] Liang S, Fang H. An improved atmospheric correction algorithm for hyperspectral remotely sensed imagery [J]. IEEE Geoscience and Remote Sensing Letters, 2004, 1 (2)：112 – 117.

[23] Liang S, Fang H, Chen M, et al. Atmospheric Correction of Landsat ETM + Land Surface Imagery：II. validation and applications [J]. IEEE Transactions on Geoscience and Remote Sensing, 2002, 40 (12)：2736 – 2746.

[24] Liang S, Fang H, Kaul M, et al. Estimation of land surface broadband albedos and leaf area index from EO – 1 ALI data and validation [J]. IEEE Transactions on Geoscience and Remote Sensing, 2003, 41 (6)：1260 – 1268.

[25] Liang S, Zhong B, Fang H. Improved estimation of aerosol optical depth from MODIS imagery over land surfaces [J]. Remote Sen. Environ., 2006, 104 (4)：416 – 425.

[26] Liang S, Fang H, Chen M. Atmospheric correction of Landsat ETM + land surface imagery-Part I：Methods [J]. IEEE Transactions on Geoscience and Remote Sensing, 2001, 39 (11)：2490 – 2498.

[27] Zhong B, Liang S, Holben B. Validating a New Algorithm for Estimating Aerosol Optical Depths over Land from MODIS Imagery [J]. International Journal of Remote Sensing, in press.

Research on Atmospheric Correction for CBERS –02B Satellite CCD Image

Zhou Shujuan, Liu Suhong

(Beijing Normal University, Department of Geography and Remote Sensing Science, Beijing   100875)

Abstract: In this paper, sensitivity analysis for parameters needed for atmospheric correction versus various impact factors is carried on. Based on sensitivity analysis result, a look up table is made for atmospheric correction. Then the least reflectance method is used to calculate aerosol optical depth and parameters for atmospheric correction are adjusted using MODIS water vapor and ozone burden data. At last, atmospheric correction for CBERS –02B CCD image is conducted based on former research, and comparison analysis is conducted for after-correction image.

Result shows that when the least reflectance method is used to reverse aerosol optical depth (or horizontal meteorological range), reversion precision is largely influenced by the estimation precision of surface reflectance of dark object (dense vegetation or water). Therefore, in order to apply this method to radiatively correct CBERS –02B CCD image effectively and want to get reliable result, users had better be familiar with the research district, and could well and truly estimate surface reflectance for dense vegetation (or water) in blue (or near infrared) band.

Key words: CBERS –02B   MODTRAN   Sensitivity analysis   Atmospheric correction   Least reflectance method

CBERS-02B 卫星 CCD 影像业务化的
大气订正算法研究

王爱春，王冠珠，闫祥军，傅俏燕，潘志强，亓雪勇

（中国资源卫星应用中心，北京　100094）

摘　要： 大气订正是遥感信息定量化研究中必不可少的一步，目前已有一些相关软件，但由于大气状况瞬息万变，当时、当地的大气对遥感数据影响程度和重要性不同，再加上各卫星的传感器不同，特性不同，研究目的和要求也不同，很难有一个软件是普遍适用的。本文针对 CBERS-02B 卫星的自身特点，为业务化大气订正设计出一种简单、有效、快速的自动订正方法。该方法主要是利用比值植被指数 RVI、土壤可调植被指数 SAVI 和归一化水体指数 NDWI 的优点，实现了暗目标的自动提取，然后依据暗目标确定大气光学厚度，再利用 Modtran 4.0 建立大气订正所需的其他参数，这为 CBERS-02B 影像大气订正的业务化应用提供了便捷可行的方案。最后以 CBERS-02B 卫星 CCD 影像为例，进行大气订正，详细介绍了该算法及订正流程，展示了大气订正的结果。结果显示，通过业务化大气订正的影像能够在一定程度上去除云雾对影像的影响，更加精确地获取地物的真实反射率。

关键词： 业务化大气订正　暗目标自动提取　查找表建立

1　引言

中巴地球资源卫星02B（CBERS-02B）星于2007年9月成功发射，是我国目前国产民用空间分辨率最高的资源卫星，星上有效载荷主要有5谱段19.5 m分辨率 CCD 相机和全色谱段分辨率为2.36 m的高分辨率相机（HR），不同尺度空间分辨率的相互补充，形成 CBERS-02B 卫星的特色，在我国农业、林业、水利、地质、土地、城市、测绘、海洋、环境保护、灾害防控、科研等相关领域的应用越来越广泛，拓展了资源卫星的应用领域与应用潜力。

由于从卫星上收集地表信息隔着一层厚厚的大气，要准确地获取地表信息，就要订正大气对电磁波辐射的影响。目前，随着对大气订正研究的不断深入，产生了一些相关软件，其中最著名的有6S，LOWTRAN，MODTRAN，ATCOR 和 FLAASH。但由于当时、当地的大气影响程度和重要性不同，再加上各卫星的传感器不同，特性不同，研究目的和要求也不同，很难有一个软件是普遍适用的。为使我国资源卫星遥感数据的应用逐渐从定性走向定量，中国资源卫星应用中心提出开发适合中巴地球资源卫星遥感数据业务化的大气订正软件，这将进一步扩大和提高 CBERS 遥感数据的应用领域和水平，推动遥感应用技术发展。

业务化大气订正的核心思想是直接从图像特征本身出发消除大气影响，进行反射率反演，而不需要野外场地测量等辅助数据，其中被广泛应用的是暗目标法，已成熟地应用于 MODIS、TM、ETM/ETM+、AVHRR 和 MERIS 等影像上。这种方法直接、简易，其订正精度可以满足遥感信息定量化应用的需求，具有较强的实用性。

针对 CBERS-02B 卫星的具体情况，在对大气订正的算法进行深入研究的基础上，本文依据 RVI（比值植被指数）、SAVI（土壤调整植被指数）和 NDWI（归一化水体指数）的优点实现了暗目标的自动提取，然后依据暗目标确定大气光学厚度，再利用 Modtran 4.0 建立大气订正所需的其他参数，从而

［作者简介］　　王爱春，硕士研究生，主要从事大气订正和绝对定标方面研究。

实现CBERS–02B卫星CCD影像业务化的大气订正。文中以CBERS–02B卫星CCD影像为例，进行大气订正，详细介绍了该算法及订正流程。

2 大气订正原理

卫星传感器入瞳处的表观辐亮度L_{app}是太阳光、大气及其地表相互作用的总贡献，在忽略电磁波的极化效应，大气为水平方向具有各向同性、垂直方向变化的平面，地表面为平坦的具有各向同性的朗伯体的假设前提下，太阳光、大气和地表相互作用的示意图如图1所示。

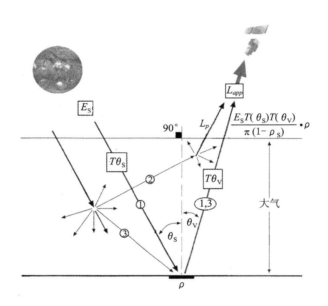

图1 太阳光、大气和地表相互作用示意图

根据大气辐射传输方程，传感器接收到的表观辐亮度L_{app}可表示为

$$L_{app} = L_p + \frac{E_s T(\theta_s) T(\theta_v)}{\pi(1-\rho S)} \cdot \rho \tag{1}$$

式中 L_{app}——表观辐亮度；

$\quad\quad L_p$——大气程辐射；

$\quad\quad E_s$——大气外太阳光谱辐照度；

$\quad\quad \rho$——地表真实反射率；

$\quad\quad S$——大气球面反照率；

$\quad\quad T(\theta_s) T(\theta_v)$——大气透过率。

将$E_s T(\theta_s) T(\theta_v)/\pi$用$F$来表示，则将公式简化为

$$L_{app} = L_p + \frac{\rho F}{1-\rho S} \tag{2}$$

这样，除去表观辐亮度L_{app}和地表真实反射率ρ，式（2）中只存在L_p、S、F三个未知数，因此，对遥感影像进行大气订正，首先就是获取相应的大气参数，即L_p、S、F；然后依据式（2）就可以反推出地表真实反射率ρ。

2.1 大气参数获取

大气状况瞬息万变，用与卫星过境同步测量的方法同时获取所有的大气参数是不现实的，由于遥感影像所记录的辐射信号中包含了大气的各种信息，因此如何正确从影像中获取这些信息，才是进行

业务化大气订正比较可行的方法。对于大部分遥感影像来说，大气订正的一个关键参量是气溶胶光学厚度，目前，从遥感影像中获取气溶胶光学厚度值的方法有分类匹配法、对比估计法，最常用的还是暗目标法。本文主要是利用比值植被指数（RVI）、土壤可调植被指数（SAVI）和归一化水体指数（NDWI）的综合分析法，通过决策树方法逐步实现暗目标的自动提取，然后依据暗目标确定气溶胶光学厚度值。

2.2　地表真实反射率反演

知道了气溶胶光学厚度值后，就可以确定式（2）中的 L_p，S，F 三个参数，如果通过直接求解辐射方程来获取这几个值非常困难，且计算耗时大，根本不适合业务化的大气订正；若采用一些简化的辐射方程方法求解，如二流近似算法，其求解精度有限。目前比较有效的方法是建立查找表，在进行大气订正之前建立好一套查找表，在对影像进行大气订正的过程中调用。针对业务化的大气订正，选取了利用 MODTRAN 4.0 来创建适合我国大范围的中纬度夏季乡村模式、中纬度冬季乡村模式、中纬度夏季城市模式、中纬度冬季城市模式和沙漠型模式的几种查找表，然后利用影像头文件获取太阳天顶角 θ_s 和暗目标获取的气溶胶光学厚度 τ 进行查表插值运算可以求得 L_p，S、F 的值。由于这种算法是不在线运行 MODTRAN 4.0 程序，从而大大减少了进行大气订正的时间，使业务化大气订正的处理效率大大提高。

3　算法实现

3.1　表观反射率计算

业务化大气订正中暗目标的自动提取和地表真实反射率的反演都是基于表观反射率图像，为此需要对图像进行预处理。首先，利用式（3）将 DN 值转换为表观辐亮度 L_{app}，接着利用式（4）将表观辐亮度 L_{app} 转换为表观反射率 ρ_{app}。

$$L_{app} = \frac{DN - B}{A} \tag{3}$$

式中　DN——原始图像像元灰度值；

A，B——绝对辐射定标系数，可从头文件或中国资源卫星应用中心网站中获取。

$$\rho_{app} = \frac{\pi d^2 L_{app}}{E_s \cdot \cos\theta_s} \tag{4}$$

式中　ρ_{app}——表观反射率；

d——日—地距离订正因子；

E_s——大气外太阳光谱辐照度；

θ_s——太阳天顶角。

这些参数部分可从原始数据头文件获得，部分可查中国资源卫星应用中心网站中的相关内容。

3.2　各指数值计算

暗目标的自动提取依据比值植被指数（RVI），土壤调整植被指数（SAVI）和归一化水体指数（NDWI）的综合分析法实现，其各指数的计算公式如下：

$$\mathrm{RVI} = \frac{R_{nir}}{R_{red}}$$

$$\mathrm{SAVI} = \frac{R_{nir} - R_{red}}{R_{nir} + R_{red} + L}(1 + L) \tag{5}$$

$$\mathrm{NDWI} = \frac{R_{green} - R_{nir}}{R_{green} + R_{nir}}$$

式中　R_{green}，R_{red}，R_{nir}——绿波段、红波段、近红外波段的表观反射率；

L——土壤调整因子，常取 $L = 0.5$。

3.3 暗目标的确定

大气气溶胶对卫星传感器信号的辐射贡献包括它对直射太阳光和经地面反射太阳光的吸收和散射作用，由于地物地表反射率越低，它所受到的不确定地表反射率等因素的影响越小，受气溶胶的影响越大，因此，暗目标有利于探测气溶胶。本文针对 CBERS – 02B 卫星的具体情况，依据比值植被指数（RVI），土壤调整植被指数（SAVI）和归一化水体指数（NDWI）的综合分析法，通过决策树方法逐步实现了对近红外波段清洁水体和蓝光波段浓密植被作为暗目标的自动提取，其判断条件的阈值是通过选取不同经纬度、不同时相的大量影像，统计其中植被和水体的在上述指数下的分布范围，通过反复试验确定，植被判断条件阈值选取需满足 $1.0 > T1 > T2 > 0$，$S1 > S2 > 2$；水体判断条件阈值选取需满足 $1.0 > K1 > K2 > 0$，$1 > S4 > S3 > 0$；另外，为了保证大气订正的精度，依据面积大小设定植被和水体选取数 $U > M \geq 10$，$V > N \geq 10$（相当于面积大于 4 km²）。整个提取流程图如图 2 所示。

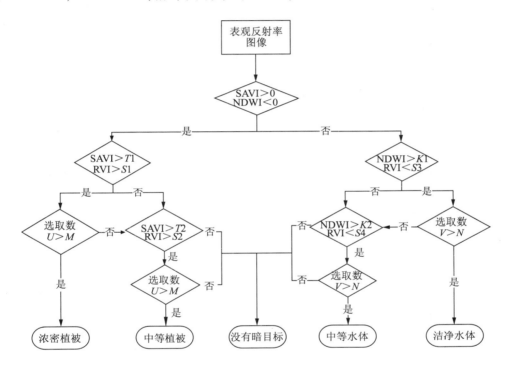

图 2 暗目标自动提取的决策树流程图

3.4 气溶胶光学厚度的计算

通过自动提取近红外波段的清洁水体或中等水体和蓝光波段的浓密植被或中等植被的暗目标，依据查找表可以确定近红外波段和蓝光波段的气溶胶光学厚度，然后跟据 Ångstrom 气溶胶光学厚度与波长之间的指数关系 $\tau_i = a\lambda_i^b$，可以确定出其他波段的气溶胶光学厚度值。式中 τ_i 和 λ_i 分别为对应波段的气溶胶光学厚度值和中心波长；a 称为大气浑浊度参数；b 表征气溶胶粒子相对大小的参数，b 越大，粒子尺度越小，反之亦然。由蓝光波段和近红外波段的气溶胶光学厚度值，通过 $\tau_i = a\lambda_i^b$ 公式联立，可求得 b 为

$$b = \frac{\ln\tau_{\text{blue}} - \ln\tau_{\text{nir}}}{\ln\tau_{\text{blue}} - \ln\tau_{\text{nir}}} \qquad (6)$$

将式（6）得到的 b 代入 $\tau_i = a\lambda_i^b$，可得 a 为

$$a = \frac{\tau_{\text{blue}}}{\lambda_{\text{blue}}^b} = \frac{\tau_{\text{nir}}}{\lambda_{\text{nir}}^b} \qquad (7)$$

式中 τ_{blue}，τ_{nir} 和 λ_{nir}、λ_{blue} 为对应蓝光波段（blue）和近红外（nir）波段的气溶胶光学厚度值和中心波长。

3.5 查找表建立

大气订正查找表是以离线的方式建立在不同的离散化观测几何、大气状态参数下表观辐亮度与地表真实反射率的映射关系，并将表述这种映射关系的函数参数，以表格的形式存储在查找表文件中。在进行遥感影像大气订正时，在线应用大气订正查找表查找来实现大气订正功能。

由于 CBERS 影像是天顶观测，则可以忽略观测天顶角和相对方位角的影响，在确定的大气模式和气溶胶模式下，只考虑气溶胶光学厚度（AOD）τ 和太阳天顶角 θ_s 变化的影响，从而建立气溶胶效应纠正的二维查找表。最后，创建查找表时参数设置的间隔如下。

气溶胶光学厚度（AOD）τ：0.1，0.2，0.3，0.4，0.5，0.6，0.7，0.8，0.9，1.0，2.0；

太阳天顶角 θ_s：10°，20°，30°，40°，50°，60°，66°，72°，78°；

根据以上参数间隔运行 MODTRAN4.0，可以建立气溶胶光学厚度 τ、太阳天顶角 θ_s 和表观辐亮度 L_{app} 的关系图，如图 3 所示。

对于同一幅影像，其太阳天顶角 θ_s 可以认为是一致的，这样，剩下的变量就是气溶胶光学厚度 τ。对于每一种气溶胶光学厚度 τ，运行 3 次 MODTRAN 4.0，这 3 次运行假设 3 个地表真实反射率 ρ 分别为 0，0.5 和 0.8，运行的结果是得到 3 个对应的模拟星上的表观辐亮度 L_{app1}、L_{app2} 和 L_{app3}。将对应的地表真实反射率和表观辐亮度代入式（2），可建立一个关于 L_{p}、S、F 的三元一次方程组。解方程组，可以求出一组与该气溶胶光学厚度相对应的 L_{p}、S、F，其分别为

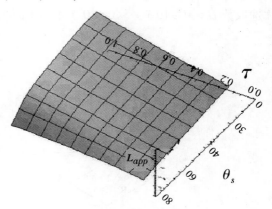

图 3　τ、θ_s 和 L_{app} 关系图

$$L_{\text{p}} = L_{\text{app1}}$$
$$S = \frac{0.8L_{\text{app2}} - 0.5L_{\text{app3}} - 0.3L_{\text{app1}}}{0.4\,(L_{\text{app2}} - L_{\text{app1}})} \tag{8}$$
$$F = 2\,(L_{\text{app2}} - L_{\text{app1}})\,(1 - 0.5S)$$

这样，即可建立以气溶胶光学厚度（AOD）τ 和太阳天顶角 θ_s 为索引的 L_{p}，S，F 的查找表。附录为 CBERS-02B 影像夏季乡村型气溶胶模式查找表。

3.6 地表真实反射率计算

对于同一幅 CBERS-02B 影像来说，大气状况基本相同，采用相同的大气订正参数即可。通过影像头文件获取太阳天顶角 θ_s 和暗目标获取的气溶胶光学厚度 τ，查表可得 L_{p}，S，F 的值，由式（2）可得地表真实反射率为

$$\rho = \frac{L_{\text{app}} - L_{\text{p}}}{(L_{\text{app}} - L_{\text{p}})\,S + F} \tag{9}$$

4　卫星影像试验

把上述算法应用到 CBERS-02B 卫星 CCD 影像上，对 2008 年 5 月 16 日的四川一景 2 级影像进行大气订正。四川地区属于中纬度地区，5 月已属夏季，因此大气模式选择中纬度夏季乡村型气溶胶模型。从大气订正前后的对比图（彩图 41），可以看出，在未经过大气订正的影像上，明显受到云及雾霾的影响；而经过大气订正后，大部分薄云已被去除，薄云下的植被信息被突显出来。经大气订正的

遥感图像真实反映了地表的反射率。

5　结论

本文在参考和总结当前大气订正算法的基础上，提出了 CBERS –02B 卫星 CCD 影像业务化的大气订正算法，并对算法进行了详细的介绍，给出了用该方法对 2008 年 5 月 16 日的四川一景 2 级影像进行大气订正的结果。经初步分析，结论如下：

1）运用暗目标的自动提取方法，可以快速、合理地选取出大气订正所需要蓝光波段的植被和近红外波段的水体信息；

2）上述的一幅 7 460 列 6 890 行 4 波段的 CBERS 影像，利用大气订正算法在 3 min 内即可完成，验证了业务化大气订正的可行性；

3）该方法能够很好地去处云雾对影像的影像，更加精确地获得地物的真实反射率。

CBERS –02B 影像业务化大气订正研究对遥感影像的定量应用有着巨大的意义，需要解决的理论问题和实践应用问题仍然有很多。由于我们水平有限，文中难免有不妥之处，恳请各位专家、同行批评指正。

参 考 文 献

[1]　OUAIDRARI H, VERMOTE E F. Operational atmospheric correction of Landsat TM data [J]. Remote Sens Environ, 1999, 70: 4 – 15.

[2]　SALEOUS N E, VERMOTE E F, ROGER J C. Operational atmospheric correction of AVHRR visible and near infrared data [J]. IEEE Trans. Geosci. Remote Sensing. 1994, 32, 220 – 222.

[3]　TEILLET P M, FEDOSEJEVS G. On the dark target approach to atmospheric correction of remotely sensed data [J]. Can J Remote Sens, 1995, 21: 374 – 387.

[4]　CHAVEZ JR P T. An improved dark-object subtraction technique for atmospheric scattering correction of multispectral data [J]. RemoteSens. Environ, 1988, 24 (5): 459 – 479. for 212 – 222.

[5]　HOLBEN B N, VERMOTE E F, KAUFMAN Y J, et al. Aerosols retrieval over land from AVHRR data-application for atmospheric correction [J]. IEEE Trans Geosci, Remote Sens, 1992, 30 (2): 212 – 222.

[6]　KAUFMAN Y J, WALD E A, et al. The MODIS 2. 1μm Channel-Correction with Visible Reflectance for Use in Remote Sensing of Aerosol [J]. IEEE Trans. Geosci. Remote Sensing. 1997, 35 (3): 1286 – 1298.

[7]　LIANG S, FALLAH-ADL H, Kalluri S, et al. An operational atmospheric correction algorithm for Landsat Thematic Mapper imagery over the land [J]. J. Geophys. Res, 1997, 102: 17173 – 17186.

[8]　KAUFMAN Y J, SENDRA C. Algorithm for automatic atmospheric corrections to visible and near-IR satellite imagery [J]. Int J Remote Sens, 1988, 9 (8): 1357 – 1381.

[9]　GUTMAN G G. Vegetation indices from AVHRR: an update and future prospects [J]. Remote Sens. Envrion. , 1991, 35: 121 – 136.

[10]　HUETE A R. A soil adjusted vegetation index (SAVI) [J]. Remote Sens. , 1988, 51: 138 – 156.

[11]　HUETE A. R, JUSTICE C, LIU H Q. Development of vegetation and soil indices for MODIS_ EOS [J]. Remote Sens. Environ. , 1994, 49: 224 – 234.

[12]　KAUFMAN Y J, TANRE D. Atmospherically resistant vegetation index (ARVI) for EOS-MODIS [J]. IEEE Trans. Geosci. Remote Sensing, 1992, 30: 261 – 270.

[13]　GAO B C. NDWI: A Normalized Difference Water Index for Remote Sensing of Vegetation Liquid Crop Water From Space [J]. Remote Sensing of Environment, 1996, 58 (3): 257 – 266.

[14]　徐涵秋. 利用改进的归一化差异水体指数（MNDVI）提取水体信息的研究 [J]. 遥感学报, 2005, 9 (5): 589 – 595.

[15]　李小文, 王锦地. 植被光学遥感模型与植被结构参数化 [M]. 北京：科学出版社, 1995.

[16]　闵祥军, 朱永豪. 基于 Landsat-TM 图像自身的反射率反演方法 [J]. 遥感技术与应用, 1997, 12 (3), 1 – 8.

[17] 亓雪勇，田庆久. 光学遥感大气校正研究进展 [J]. 国土资源遥感，2005，(4)：1 – 6.

[18] 赵祥，梁顺林，刘素红，等. 高广谱遥感数据的改正暗目标大气校正方法研究 [J]. 中国科学 D 缉，2007，37（11）：1653 – 1659.

[19] 易维宁，何超兰，等. CBERS – 02 卫星 CCD 图像的大气订正 [J]. 遥感学报，2006，10（5）：703 – 708.

[20] 李俊生，张兵，等. MODIS 数据辅助中巴资源卫星图像大气校正研究 [J]. 中国科学（E 缉），2006，36（增刊）：141 – 150.

A Method for Operational Atmospheric Correction of CBERS – 02B CCD

Wang Aichun, Wang Guanzhu, Min Xiangjun, Fu Qiaoyan, Pan Zhiqiang, Qi Xueyong

（China Center for Resources Satellite Data and Application, Beijing　100094）

Abstract：To extract quantitative information from the remote sensed imagery accurately, atmospheric correction that decoupled the surface spectral signature and the aerosol scattering effect is a necessary step. There are several methods and models to describe between the surface, the atmosphere and the sensor for atmospheric correction, but different sensors have own characteristic and intention, we can't get an atmospheric correction method for all sensors, so it is necessary to research a convenience and agile method for operational atmospheric correction of CBERS – 02B CCD. For the sake of solving this problem, an operational atmospheric correction method, according to the characteristic of CBERS – 02B, is proposed in this paper. An outstanding feature of this method is simple, practicable and easy to be used. Based on varies index, including soil adjusted vegetation index (SAVI), ratio vegetation index (RVI), normalized difference water index (NDWI), the paper applied the decision tree to achieve automatic dark-object extraction by using them adventures, which derives the aerosol optical depth from those pixels. A look up table which founded by MODTRAN model was used to get others parameter, which provides a convenience and agile method for operational atmospheric correction of CBERS – 02B CCD. The algorithm was applied to the CBERS – 02B CCD imagery and the result shows that the atmospheric correction effect is good.

Key words：Operational atmospheric correction　Automatic dark-object extraction　Look-up table

附录

TAU	0.1	0.2	0.3	0.4	0.5	0.6	0.7	0.8	0.9	1	2
THETA	10	20	30	40	50	60	66	72	978		

Lp （TAU，THETA）

3.580099E+001	3.998440E+001	4.374892E+001	4.776679E+001	5.190071E+001	5.624698E+001	6.064665E+001	6.490081E+001	6.946993E+001	7.437985E+001	1.446889E+002
3.443283E+001	3.866730E+001	4.258073E+001	4.676472E+001	5.104646E+001	5.551677E+001	6.000987E+001	6.432676E+001	6.893541E+001	7.385992E+001	1.420149E+002
3.239304E+001	3.652684E+001	4.037770E+001	4.447732E+001	4.867226E+001	5.305744E+001	5.746303E+001	6.168797E+001	6.618668E+001	7.097488E+001	1.345781E+002
2.990818E+001	3.390469E+001	3.757327E+001	4.144232E+001	4.540599E+001	4.956322E+001	5.374130E+001	5.773968E+001	6.198032E+001	6.646838E+001	1.226580E+002
2.721600E+001	3.125335E+001	3.488420E+001	3.863697E+001	4.243001E+001	4.636139E+001	5.026018E+001	5.394018E+001	5.778790E+001	6.179834E+001	1.075440E+002
2.437109E+001	2.851119E+001	3.213344E+001	3.574203E+001	3.925892E+001	4.277838E+001	4.615506E+001	4.924875E+001	5.239537E+001	5.558829E+001	8.805151E+001
2.249501E+001	2.651513E+001	2.991179E+001	3.318143E+001	3.626353E+001	3.925307E+001	4.204214E+001	4.453673E+001	4.702169E+001	4.949539E+001	7.327445E+001
2.020720E+001	2.373602E+001	2.653864E+001	2.910999E+001	3.143133E+001	3.359793E+001	3.555611E+001	3.726508E+001	3.893492E+001	4.057278E+001	5.608830E+001
1.694346E+001	1.941450E+001	2.116753E+001	2.267417E+001	2.396763E+001	2.513138E+001	2.616175E+001	2.705368E+001	2.792522E+001	2.878445E+001	3.739198E+001

F （TAU，THETA）

4.863878E+002	4.675728E+002	4.503051E+002	4.327059E+002	4.153020E+002	3.976174E+002	3.803428E+002	3.641981E+002	3.474142E+002	3.299612E+002	1.241790E+002
4.614116E+002	4.428508E+002	4.258954E+002	4.086831E+002	3.917081E+002	3.745101E+002	3.577451E+002	3.421163E+002	3.259065E+002	3.090982E+002	1.143589E+002
4.206770E+002	4.025170E+002	3.861000E+002	3.695541E+002	3.533184E+002	3.369433E+002	3.210604E+002	3.063200E+002	2.911063E+002	2.754021E+002	9.909785E+001
3.655107E+002	3.479145E+002	3.322816E+002	3.167129E+002	3.015744E+002	2.864300E+002	2.718598E+002	2.584471E+002	2.447081E+002	2.306397E+002	8.004236E+001
2.978392E+002	2.810204E+002	2.664921E+002	2.523138E+002	2.387476E+002	2.253734E+002	2.126813E+002	2.011531E+002	1.894927E+002	1.777078E+002	5.936230E+001
2.202850E+002	2.047150E+002	1.918626E+002	1.797598E+002	1.685118E+002	1.577083E+002	1.477029E+002	1.388059E+002	1.299767E+002	1.212201E+002	3.941737E+001
1.705325E+002	1.562307E+002	1.449194E+002	1.346213E+002	1.253167E+002	1.165938E+002	1.086851E+002	1.017745E+002	9.501883E+001	8.840296E+001	2.865448E+001
1.198753E+002	1.076181E+002	9.854301E+001	9.068730E+001	8.386705E+001	7.767586E+001	7.220045E+001	6.750352E+001	6.297624E+001	5.858371E+001	1.916364E+001
7.050875E+001	6.167769E+001	5.581987E+001	5.111092E+001	4.722230E+001	4.379898E+001	4.081841E+001	3.827571E+001	3.581894E+001	3.342477E+001	1.111407E+001

S （TAU，THETA）

1.364354E-001	1.574248E-001	1.739709E-001	1.888354E-001	2.023417E-001	2.152283E-001	2.271099E-001	2.376881E-001	2.481848E-001	2.586517E-001	3.590133E-001
1.364311E-001	1.574002E-001	1.739683E-001	1.888312E-001	2.023370E-001	2.152105E-001	2.270997E-001	2.376709E-001	2.481826E-001	2.586350E-001	3.590060E-001
1.364152E-001	1.573816E-001	1.739555E-001	1.888110E-001	2.023156E-001	2.152063E-001	2.270914E-001	2.376748E-001	2.481671E-001	2.586317E-001	3.590109E-001
1.364085E-001	1.573635E-001	1.739290E-001	1.887918E-001	2.023004E-001	2.151887E-001	2.270821E-001	2.376585E-001	2.481555E-001	2.586224E-001	3.590109E-001
1.363515E-001	1.573215E-001	1.738827E-001	1.887518E-001	2.022612E-001	2.151397E-001	2.270530E-001	2.376361E-001	2.481408E-001	2.586004E-001	3.590286E-001
1.362644E-001	1.572252E-001	1.738165E-001	1.887040E-001	2.022220E-001	2.151138E-001	2.270208E-001	2.375988E-001	2.481415E-001	2.586044E-001	3.590446E-001
1.361340E-001	1.571460E-001	1.737472E-001	1.886577E-001	2.021993E-001	2.151140E-001	2.270296E-001	2.376244E-001	2.481589E-001	2.586466E-001	3.590926E-001
1.358772E-001	1.569685E-001	1.736420E-001	1.885950E-001	2.021815E-001	2.151231E-001	2.270886E-001	2.377168E-001	2.482270E-001	2.587221E-001	3.591481E-001
1.352209E-001	1.566316E-001	1.735106E-001	1.886300E-001	2.023161E-001	2.153188E-001	2.273037E-001	2.379022E-001	2.484548E-001	2.589343E-001	3.592751E-001

This LUT is Created at：， 2008 – 6 – 27 11:56:24

TAU	0.1	0.2	0.3	0.4	0.5	0.6	0.7	0.8	0.9	1	2
THETA	10	20	30	40	50	60	66	72	978		

Lp（TAU，THETA）

1.994711E+001	2.325197E+001	2.621912E+001	2.938094E+001	3.263975E+001	3.607619E+001	3.956903E+001	4.296120E+001	4.662471E+001	5.058700E+001	1.113705E+002
1.913738E+001	2.250860E+001	2.561727E+001	2.892196E+001	3.230533E+001	3.584991E+001	3.942880E+001	4.288470E+001	4.659639E+001	5.058911E+001	1.098246E+002
1.795783E+001	2.121012E+001	2.424909E+001	2.747189E+001	3.077639E+001	3.424981E+001	3.776156E+001	4.115183E+001	4.478829E+001	4.869060E+001	1.044546E+002
1.654281E+001	1.960100E+001	2.244689E+001	2.546094E+001	2.857074E+001	3.186227E+001	3.520123E+001	3.842596E+001	4.187891E+001	4.557066E+001	9.546591E+001
1.505697E+001	1.811483E+001	2.092995E+001	2.387207E+001	2.687971E+001	3.003486E+001	3.320062E+001	3.622185E+001	3.941555E+001	4.278252E+001	8.407641E+001
1.355492E+001	1.676763E+001	1.966000E+001	2.257908E+001	2.545964E+001	2.837975E+001	3.121566E+001	3.384263E+001	3.654307E+001	3.931224E+001	6.904228E+001
1.259808E+001	1.579585E+001	1.858435E+001	2.130464E+001	2.390124E+001	2.645200E+001	2.885818E+001	3.103115E+001	3.321429E+001	3.540522E+001	5.718825E+001
1.142890E+001	1.433213E+001	1.672092E+001	1.894007E+001	2.096448E+001	2.287290E+001	2.460937E+001	2.613144E+001	2.762316E+001	2.908840E+001	4.305738E+001
9.729082E+000	1.189394E+001	1.348473E+001	1.485047E+001	1.601721E+001	1.706083E+001	1.797545E+001	1.875867E+001	1.951597E+001	2.025581E+001	2.760903E+001

F（TAU，THETA）

4.597529E+002	4.437569E+002	4.291645E+002	4.143002E+002	3.995448E+002	3.844695E+002	3.696557E+002	3.557346E+002	3.411716E+002	3.259362E+002	1.363662E+002
4.362154E+002	4.204236E+002	4.060727E+002	3.914984E+002	3.770663E+002	3.623601E+002	3.479448E+002	3.344288E+002	3.203261E+002	3.056086E+002	1.256461E+002
3.978050E+002	3.823352E+002	3.683880E+002	3.543177E+002	3.404485E+002	3.263766E+002	3.126443E+002	2.998262E+002	2.865078E+002	2.726742E+002	1.088969E+002
3.457500E+002	3.307137E+002	3.173533E+002	3.040057E+002	2.909597E+002	2.778303E+002	2.651206E+002	2.533463E+002	2.412093E+002	2.286999E+002	8.781034E+001
2.817969E+002	2.673291E+002	2.547751E+002	2.424607E+002	2.306023E+002	2.188413E+002	2.076102E+002	1.973455E+002	1.868998E+002	1.762706E+002	6.473207E+001
2.083325E+002	1.947279E+002	1.833972E+002	1.726462E+002	1.625889E+002	1.528704E+002	1.438272E+002	1.357378E+002	1.276786E+002	1.196432E+002	4.236045E+001
1.610581E+002	1.483336E+002	1.381646E+002	1.288286E+002	1.203410E+002	1.123539E+002	1.050868E+002	9.871928E+001	9.247965E+001	8.635917E+001	3.031863E+001
1.127125E+002	1.015003E+002	9.310033E+001	8.577424E+001	7.940082E+001	7.362241E+001	6.852522E+001	6.416723E+001	5.997937E+001	5.593445E+001	1.978539E+001
6.529911E+001	5.680752E+001	5.114473E+001	4.661018E+001	4.291775E+001	3.972704E+001	3.700125E+001	3.471105E+001	3.252919E+001	3.042570E+001	1.098609E+001

S（TAU，THETA）

9.370358E-002	1.160165E-001	1.335818E-001	1.495399E-001	1.641235E-001	1.780569E-001	1.909408E-001	2.024180E-001	2.138611E-001	2.252672E-001	3.378186E-001
9.369448E-002	1.160070E-001	1.335792E-001	1.495495E-001	1.641302E-001	1.780675E-001	1.909401E-001	2.024191E-001	2.138467E-001	2.252445E-001	3.378323E-001
9.369702E-002	1.160070E-001	1.335906E-001	1.495549E-001	1.641272E-001	1.780611E-001	1.909382E-001	2.024136E-001	2.138530E-001	2.252581E-001	3.378349E-001
9.370297E-002	1.160220E-001	1.335958E-001	1.495584E-001	1.641446E-001	1.780766E-001	1.909550E-001	2.024314E-001	2.138625E-001	2.252720E-001	3.378600E-001
9.371580E-002	1.160269E-001	1.336028E-001	1.495554E-001	1.641533E-001	1.780771E-001	1.909733E-001	2.024521E-001	2.138775E-001	2.252928E-001	3.378888E-001
9.369727E-002	1.159932E-001	1.335916E-001	1.495649E-001	1.641595E-001	1.781200E-001	1.909834E-001	2.024934E-001	2.139187E-001	2.253270E-001	3.379580E-001
9.363667E-002	1.159561E-001	1.335552E-001	1.495375E-001	1.641697E-001	1.781177E-001	1.910265E-001	2.025245E-001	2.139900E-001	2.254029E-001	3.380269E-001
9.347853E-002	1.158360E-001	1.334814E-001	1.495149E-001	1.641738E-001	1.781597E-001	1.911135E-001	2.026298E-001	2.140948E-001	2.255221E-001	3.381371E-001
9.285402E-002	1.154379E-001	1.332745E-001	1.494910E-001	1.642630E-001	1.783337E-001	1.913128E-001	2.028687E-001	2.143480E-001	2.257867E-001	3.382880E-001

This LUT is Created at：, 2008－6－27 16:33:04

TAU	0.1	0.2	0.3	0.4	0.5	0.6	0.7	0.8	0.9	1	2
THETA	10	20	30	40	50	60	66	72	978		

Lp（TAU，THETA）

9.326416E+000	1.156158E+001	1.358044E+001	1.572873E+001	1.794221E+001	2.028030E+001	2.266089E+001	2.497872E+001	2.749176E+001	3.022208E+001	7.511454E+001
8.941083E+000	1.124916E+001	1.337594E+001	1.562768E+001	1.793381E+001	2.035540E+001	2.280758E+001	2.518343E+001	2.774636E+001	3.051834E+001	7.467856E+001
8.375891E+000	1.057558E+001	1.263581E+001	1.481586E+001	1.705646E+001	1.942211E+001	2.182600E+001	2.415969E+001	2.667881E+001	2.940217E+001	7.155290E+001
7.710132E+000	9.713066E+000	1.160750E+001	1.362477E+001	1.572052E+001	1.795727E+001	2.024615E+001	2.247620E+001	2.488693E+001	2.749141E+001	6.602609E+001
7.066614E+000	9.049594E+000	1.092731E+001	1.291568E+001	1.497304E+001	1.715803E+001	1.937754E+001	2.152102E+001	2.381497E+001	2.626507E+001	5.924124E+001
6.498883E+000	8.657560E+000	1.066599E+001	1.272885E+001	1.479713E+001	1.692694E+001	1.902647E+001	2.099844E+001	2.305371E+001	2.519090E+001	5.001204E+001
6.181506E+000	8.411120E+000	1.042965E+001	1.244023E+001	1.439548E+001	1.635059E+001	1.822499E+001	1.994190E+001	2.169013E+001	2.346727E+001	4.216533E+001
5.808030E+000	7.943930E+000	9.786291E+000	1.154150E+001	1.317707E+001	1.474825E+001	1.619982E+001	1.748696E+001	1.876040E+001	2.002092E+001	3.227114E+001
5.267795E+000	7.041618E+000	8.429099E+000	9.650453E+000	1.071058E+001	1.166821E+001	1.250890E+001	1.322578E+001	1.391467E+001	1.458214E+001	2.107990E+001

F（TAU，THETA）

3.991124E+002	3.867872E+002	3.756746E+002	3.643933E+002	3.531957E+002	3.417209E+002	3.304041E+002	3.197212E+002	3.084959E+002	2.966832E+002	1.405438E+002
3.793016E+002	3.671165E+002	3.561654E+002	3.450734E+002	3.340763E+002	3.228404E+002	3.117793E+002	3.013602E+002	2.904340E+002	2.789633E+002	1.298958E+002
3.469621E+002	3.349951E+002	3.243001E+002	3.135225E+002	3.028793E+002	2.920433E+002	2.814236E+002	2.714586E+002	2.610519E+002	2.501699E+002	1.131136E+002
3.030846E+002	2.914017E+002	2.810660E+002	2.707329E+002	2.606004E+002	2.503584E+002	2.403912E+002	2.311058E+002	2.214756E+002	2.114810E+002	9.171981E+001
2.490844E+002	2.377294E+002	2.278629E+002	2.181422E+002	2.087382E+002	1.993569E+002	1.903452E+002	1.820515E+002	1.735537E+002	1.648427E+002	6.794156E+001
1.868067E+002	1.758887E+002	1.667151E+002	1.579301E+002	1.496459E+002	1.415865E+002	1.340277E+002	1.272219E+002	1.203913E+002	1.135333E+002	4.457100E+001
1.464803E+002	1.360081E+002	1.275119E+002	1.196068E+002	1.123519E+002	1.054695E+002	9.916364E+001	9.360468E+001	8.812689E+001	8.272490E+001	3.193264E+001
1.048626E+002	9.521877E+001	8.782935E+001	8.126647E+001	7.549419E+001	7.022781E+001	6.556566E+001	6.157083E+001	5.773068E+001	5.402332E+001	2.091637E+001
6.326419E+001	5.531823E+001	4.984312E+001	4.536599E+001	4.170144E+001	3.855319E+001	3.589332E+001	3.368832E+001	3.161550E+001	2.964331E+001	1.177807E+001

S（TAU，THETA）

5.895889E-002	8.032377E-002	9.718490E-002	1.127681E-001	1.271183E-001	1.408953E-001	1.536917E-001	1.651600E-001	1.766296E-001	1.881235E-001	3.062355E-001
5.897393E-002	8.034884E-002	9.721547E-002	1.127868E-001	1.271438E-001	1.409113E-001	1.537122E-001	1.651841E-001	1.766570E-001	1.881530E-001	3.062593E-001
5.898514E-002	8.036523E-002	9.724705E-002	1.128190E-001	1.271715E-001	1.409542E-001	1.537542E-001	1.652265E-001	1.766931E-001	1.882031E-001	3.063103E-001
5.902477E-002	8.040728E-002	9.728888E-002	1.128617E-001	1.272247E-001	1.410115E-001	1.538241E-001	1.653012E-001	1.767758E-001	1.882827E-001	3.064029E-001
5.905741E-002	8.046207E-002	9.736558E-002	1.129521E-001	1.273235E-001	1.411142E-001	1.539271E-001	1.654118E-001	1.768907E-001	1.883986E-001	3.065265E-001
5.910696E-002	8.052678E-002	9.746351E-002	1.130544E-001	1.274470E-001	1.412516E-001	1.540807E-001	1.655804E-001	1.770717E-001	1.885831E-001	3.067105E-001
5.914508E-002	8.057818E-002	9.752558E-002	1.131482E-001	1.275498E-001	1.413754E-001	1.542293E-001	1.657189E-001	1.772268E-001	1.887500E-001	3.068349E-001
5.912949E-002	8.059634E-002	9.757170E-002	1.132314E-001	1.276730E-001	1.415237E-001	1.543936E-001	1.659141E-001	1.774257E-001	1.889564E-001	3.069698E-001
5.889745E-002	8.044259E-002	9.751403E-002	1.132846E-001	1.278017E-001	1.417185E-001	1.546335E-001	1.661700E-001	1.776950E-001	1.892195E-001	3.071044E-001

This LUT is Created at：, 2008－6－27 23:41:26

TAU	0.1	0.2	0.3	0.4	0.5	0.6	0.7	0.8	0.9	1	2
THETA	10	20	30	40	50	60	66	72	978		

Lp（TAU，THETA）

2.879020E＋000 3.892577E＋000 4.814411E＋000 5.791850E＋000 6.793793E＋000 7.846335E＋000 8.912212E＋000 9.945211E＋000 1.106081E＋001 1.226986E＋001 3.261727E＋001

2.764714E＋000 3.821716E＋000 4.793224E＋000 5.817942E＋000 6.863742E＋000 7.957856E＋000 9.061342E＋000 1.012691E＋001 1.127347E＋001 1.251134E＋001 3.277848E＋001

2.582699E＋000 3.577367E＋000 4.505886E＋000 5.485656E＋000 6.490203E＋000 7.548181E＋000 8.620789E＋000 9.660449E＋000 1.078226E＋001 1.199554E＋001 3.160166E＋001

2.363840E＋000 3.238170E＋000 4.070805E＋000 4.958634E＋000 5.881125E＋000 6.865736E＋000 7.874275E＋000 8.858865E＋000 9.926596E＋000 1.108542E＋001 2.941075E＋001

2.177545E＋000 3.027748E＋000 3.846724E＋000 4.721134E＋000 5.630868E＋000 6.602047E＋000 7.594357E＋000 8.558948E＋000 9.599278E＋000 1.072024E＋001 2.711068E＋001

2.053519E＋000 3.004593E＋000 3.908920E＋000 4.853060E＋000 5.812036E＋000 6.811148E＋000 7.807468E＋000 8.753914E＋000 9.751814E＋000 1.080247E＋001 2.401679E＋001

2.003538E＋000 3.015772E＋000 3.958440E＋000 4.919447E＋000 5.871991E＋000 6.840788E＋000 7.784235E＋000 8.660975E＋000 9.566005E＋000 1.049889E＋001 2.093664E＋001

1.946990E＋000 2.958270E＋000 3.868444E＋000 4.764663E＋000 5.622775E＋000 6.466619E＋000 7.261886E＋000 7.978699E＋000 8.697876E＋000 9.418441E＋000 1.654113E＋001

1.870570E＋000 2.787570E＋000 3.556021E＋000 4.264240E＋000 4.900889E＋000 5.491323E＋000 6.018344E＋000 6.471302E＋000 6.907163E＋000 7.327861E＋000 1.114950E＋001

F（TAU，THETA）

2.702764E＋002 2.629352E＋002 2.563580E＋002 2.496610E＋002 2.429883E＋002 2.361474E＋002 2.293913E＋002 2.229949E＋002 2.162509E＋002 2.091281E＋002 1.099867E＋002

2.571446E＋002 2.498984E＋002 2.434161E＋002 2.368216E＋002 2.302678E＋002 2.235572E＋002 2.169371E＋002 2.106830E＋002 2.041010E＋002 1.971588E＋002 1.019554E＋002

2.357116E＋002 2.286093E＋002 2.222767E＋002 2.158590E＋002 2.094983E＋002 2.030056E＋002 1.966227E＋002 1.906085E＋002 1.842979E＋002 1.776679E＋002 8.917761E＋001

2.066485E＋002 1.997213E＋002 1.935890E＋002 1.874134E＋002 1.813266E＋002 1.751475E＋002 1.691028E＋002 1.634407E＋002 1.575316E＋002 1.513631E＋002 7.264981E＋001

1.708609E＋002 1.641347E＋002 1.582531E＋002 1.523893E＋002 1.466670E＋002 1.409196E＋002 1.353548E＋002 1.301959E＋002 1.248668E＋002 1.193584E＋002 5.392243E＋001

1.295438E＋002 1.230400E＋002 1.174875E＋002 1.120630E＋002 1.068801E＋002 1.017736E＋002 9.692878E＋001 9.252175E＋001 8.805240E＋001 8.351742E＋001 3.517118E＋001

1.027236E＋002 9.640946E＋001 9.115728E＋001 8.614294E＋001 8.144575E＋001 7.692080E＋001 7.271406E＋001 6.895933E＋001 6.521765E＋001 6.148731E＋001 2.498195E＋001

7.491045E＋001 6.893837E＋001 6.418247E＋001 5.979845E＋001 5.583667E＋001 5.215023E＋001 4.883279E＋001 4.595466E＋001 4.316142E＋001 4.044651E＋001 1.620785E＋001

4.679024E＋001 4.154833E＋001 3.770846E＋001 3.439662E＋001 3.159074E＋001 2.913235E＋001 2.703612E＋001 2.529730E＋001 2.367218E＋001 2.214113E＋001 9.123832E＋000

S（TAU，THETA）

3.131509E－002 4.836385E－002 6.186435E－002 7.446898E－002 8.620178E－002 9.748888E－002 1.079913E－001 1.174622E－001 1.269747E－001 1.365321E－001 2.370954E－001

3.135474E－002 4.838965E－002 6.187918E－002 7.451122E－002 8.622541E－002 9.750930E－002 1.080356E－001 1.175167E－001 1.270211E－001 1.365953E－001 2.371525E－001

3.139451E－002 4.842986E－002 6.193642E－002 7.456932E－002 8.628915E－002 9.758118E－002 1.081003E－001 1.175836E－001 1.271140E－001 1.366858E－001 2.372618E－001

3.140471E－002 4.849551E－002 6.202813E－002 7.465532E－002 8.637125E－002 9.766025E－002 1.082027E－001 1.176933E－001 1.272410E－001 1.368066E－001 2.373992E－001

3.147776E－002 4.858711E－002 6.212040E－002 7.477697E－002 8.652092E－002 9.781474E－002 1.083767E－001 1.178737E－001 1.274033E－001 1.369826E－001 2.375745E－001

3.156475E－002 4.871281E－002 6.227159E－002 7.498374E－002 8.670806E－002 9.804963E－002 1.086375E－001 1.181389E－001 1.276818E－001 1.372566E－001 2.378797E－001

3.165246E－002 4.883966E－002 6.243984E－002 7.509962E－002 8.689151E－002 9.822869E－002 1.088319E－001 1.183364E－001 1.278940E－001 1.375006E－001 2.380813E－001

3.175890E－002 4.896131E－002 6.257425E－002 7.530467E－002 8.712331E－002 9.847242E－002 1.090903E－001 1.186341E－001 1.282160E－001 1.378472E－001 2.383310E－001

3.178908E－002 4.908469E－002 6.274191E－002 7.552390E－002 8.736851E－002 9.880469E－002 1.094754E－001 1.190308E－001 1.286084E－001 1.382585E－001 2.386255E－001

CBERS－02 星 CCD 遥感影像数据
表观辐亮度的计算及应用

王冠珠，王爱春，闵祥军

（中国资源卫星应用中心，北京 100094）

摘 要：中巴地球资源卫星 02 星自 2003 年发射以来，积累了大量的数据，其中多光谱数据尤其得到了广泛的应用。为了更好地利用 CCD 数据进行相关领域的应用，尤其是进行定量遥感分析，本文就如何对 CCD 影像进行 DN 值的提取，反演传感器表观辐亮度等方面展开了一些基础性研究，简单论述了其应用。并以甘肃某地区及其中的 4 种典型地物为例，进行了原始图像和辐亮度图的地物分类及分类结果对比分析。

关键词：CBERS 表观辐亮度 分类

1 引言

中巴地球资源卫星 02 星（CBERS－02）于 2003 年 10 月发射。CBERS－02 卫星 CCD 传感器遥感数据的空间分辨率为 19.5 m；一景覆盖范围为 113 km×113 km；共有 5 个波段，其中包括 3 个可见光谱段，1个近红外和 1 个全色波段。CBERS－02 卫星 CCD 数据的空间分辨率较高，并且完全免费分发。数据产品已广泛应用于我国农业、林业、水利、国土资源、城市规划、环境保护、灾害监测和国防建设等众多领域，创造了巨大的社会效益，促进了相关领域和行业卫星遥感应用技术水平的普及和提高。

CCD 图像是地表生态环境与资源现状的缩影。它的成像过程，是将地物的电磁辐射特性或地物波谱特性，用特定的成像方法（扫描）生成各种影像。遥感图像的输出数字计数值（DN）是传感器记录地表光谱合计和信息的计数值，是判读不同地物的重要依据[1]。

地物波谱特性是遥感技术判别地物的基本原理，遥感影像数据是遥感应用的依据。而表观辐亮度（即地物的光谱值经大气传输时被散射、吸收后，到达传感器入瞳处的辐亮度值）与表观反射率是遥感定量反演的一个关键参数，在农业、气象等领域都具有非常广泛的应用。目前绝大部分遥感器是对地物反射波谱特性的探测，因此反演表观反射率是遥感定量研究的一个重要目标。由遥感图像的 DN值来计算表观反射率是一个复杂的过程，需要考虑传感器增益和偏置、太阳辐射和太阳方位角的影响。和影像 DN 值相比，表观反射率具有明确的物理意义，能直接反映地物特征，且与平台无关。随着全球化研究计划的制定和遥感应用定量化的深入，如何反演表观反射率显得日益重要。

2 图像 DN 值的获取

图 1 所示为 CBERS－02 卫星 CCD 影像 432 合成图像的缩略图，图 1 为 2005 年 9 月甘肃某地区CCD 影像缩略图，并分别列出了农田、草地、戈壁和裸岩石砾 4 种典型地物的缩略图。

[作者简介] 王冠珠，中国科学院遥感应用研究所 2006 级硕士在读，2006 年毕业于北京交通大学通信工程专业，辽宁锦州人，现在中国资源卫星应用中心学习。E-mail：gzwang123@126.com。

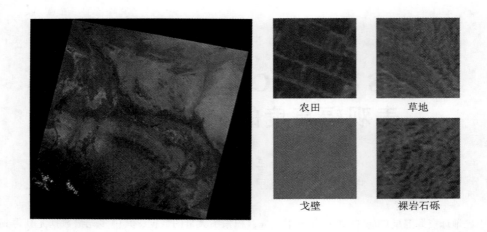

农田　　　　　　　草地

戈壁　　　　　　　裸岩石砾

图 1　甘肃某地区 CCD 影像图

从图 1 中可以看出，植被此时生长旺盛，呈红色；稀疏草地泛虚略泛灰色；戈壁较均匀，夹杂部分细纹；裸岩石砾纹理不规则。因此，图像的 DN 值可以一定程度地反映出不同地物的光谱特性，依据 CCD 图像，可以有效地判别地物类型。

但是，就被动传感器（如 CCD）而言，一方面大气层的吸收和散射使来自地物目标的辐射能量在到达传感器之前因衰减而降低；另一方面，大气反射和散射形成的路径辐射和地物目标辐射一起进入遥感探测器，导致遥感辐射量失真，质量和对比度下降[2]。此外，DN 值受不同传感器相应灵敏度的影响，随着卫星在轨运行时间的延伸，受元器件老化的影响，不同强度输出的 DN 值也在发生变化，这就给大范围的遥感应用和资源与环境的动态监测带来影响。为了消除这些不利的影响，需要将 DN 值反演成表观辐亮度，以满足遥感监测的新需求。

3　表观辐亮度的计算

传感器的表观辐亮度很大程度上决定着图像质量，是传感器接收数据的重要参数。传感器的表观辐亮度 L，可以根据式（1）得到，单位是 $\mathrm{W \cdot m^{-2} \cdot sr^{-1} \cdot \mu m^{-1}}$。

$$L = \frac{\mathrm{DN}}{A} \tag{1}$$

式中　DN——图像的灰度值；

　　　A——绝对辐射校正系数[3,4]。

根据 CBERS – 02 卫星 CCD 相机的特点，可以根据图像 DN 值，结合绝对辐射校正系数，计算出表观辐亮度。

绝对辐射校正系数 A 的获取不仅可以监测星上传感器性能的变化，而且利用绝对辐射定标系数，可以进一步开发深加工产品（如辐亮度产品、地表反射率产品等）。绝对辐射校正系数在中国资源卫星应用中心的网站上可以直接查询，为了保证数据的准确性，每年都会进行绝对辐射校正系数的更新，2004 年 ~ 2006 年 CBERS 卫星 CCD 相机的绝对辐射校正系数如表 1 所示。

表 1　敦煌场地 CBERS – 02 星 CCD 绝对辐射校正系数

（单位：DN/（W · m⁻² · sr⁻¹ · μm⁻¹））

	波段 1	波段 2	波段 3	波段 4
2004 年	1. 028 7	1. 729 8	1. 038 7	2. 159 4
2005 年	1. 028 8	1. 809 6	1. 107 9	2. 278 3
2006 年	0. 948 6	1. 672 9	1. 025 9	2. 127 5

应用绝对辐射校正系数，可以将典型地物二级产品转换成辐亮度产品，如图2所示。

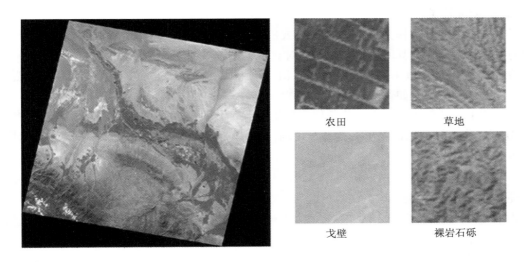

图2　甘肃某地区的表观辐亮度图像

对比图1和图2可以看出，CBERS－02卫星CCD各个波段输出数字计数值的分布存在不均衡现象，使得图像色调偏红，农田由于受红色掩盖影响而边境模糊不清，地物之间的差异减小，不易于区分。而应用绝对辐射校正系数进行校正后，辐亮度图像更接近于真实的地物，便于用户进行专题制图。辐亮度产品有利于提高地物类的分类精度，可以用来进一步开发定量化产品，还具有定量化反演生物物理参量等作用。

原始图像的颜色偏差是由于CCD相机的自身因素引起的，不能代表地物的真实"面目"。而绝对辐射校正系数，可将歪曲的"面目"纠正到真实的状态，不仅使CBERS图像清晰，而且扩大和提高了图像的使用范围和应用价值。

4　表观辐亮度的应用

随着遥感定量化的发展，许多应用领域都需要使用生物物理量，如叶面积指数（LAI）、光合有效辐射（PAR）等的获取[5]。这些生物物理量的差异信息微弱，要消除大气等环境影响因素，才有可能获得。而且，光学传感器的性能随时间变化，引起输出信号值的漂移，这样遥感数据之间的长时间比较，精度也将受到影响。

正是由于原始遥感数据的DN值已不适宜直接用来监测这种类型的变化，我们才需要对它们进行绝对辐射校正。应用绝对辐射校正系数，将典型地物二级产品转换成辐亮度产品（如彩图42所示）后，各个波段的能量相对趋于均衡，使其更接近于真实的地物。经绝对辐射校正后的图像层次丰富、影像清晰，易于识别地物，提高了该图像的使用价值。

在定量化遥感应用中，大气影响是主要误差来源之一，而且消除这种影响很困难。一般来说，要完成大气校正，必须先进行辐射定标，得到绝对辐射校正系数。利用辐射定标结果，来计算表观辐亮度等。因此，可以认为表观辐亮度是大气校正的前期准备，具有重要意义。

太阳辐射从大气上界穿过大气，经地面反射后再穿过大气到达卫星传感器，两次穿过大气过程中，一部分能量被大气散射，一部分能量被大气吸收，所以卫星接收到的入瞳处辐亮度并不是真实、完全的地物反射信息。但是这一数值对提高图像质量、进一步地计算表观反射率以及进行图像分类等都起着至关重要的作用。

4.1 原始图像的分类

遥感影像分类的基本过程是提取待识别模式的一组统计特征值，然后按照一定的准则作出决策，对图像中的每个像素点判定其所属类别，从而对数字图像予以识别。

在原始 CCD 图像上选取 4 种典型地物（农田、草地、戈壁和裸岩石砾），利用最大似然法进行监督分类，可以得到分类结果如彩图 42 所示。

分类结果图中，红色代表农田，蓝色代表草地，绿色代表戈壁，黄色代表裸岩石砾。将分类结果与原始 CCD 图像作比较，可以看出分类基本正确，但是有部分地区存在误判的情况，尤其对草地的误判情况较多。

4.2 辐亮度图像的分类

在 CCD 图像的辐亮度图上保留同一地区的 4 种典型地物，同样利用最大似然法进行监督分类，可以得到分类结果如彩图 43 所示。

从该分类结果中可以看出，分类结果明显优于对原始 CCD 图像进行分类的结果，其中对草地的误判情况明显减少。可见，采用辐亮度图进行分类更加准确，更有利于对地物的正确识别。

4.3 两种分类结果的比较分析

对比两个分类结果，尽管采用了同样的分类方法和约束条件，但是得到的结果差异很大，计算两个分类结果的精度，如表 2、表 3 所示。

表 2　原始图像的分类精度

类型	精度/%
农田	93.33
草地	69.05
戈壁	85.86
裸岩石砾	92.59

总精度 = 86.04%　　Kappa 系数 = 0.852 4

表 3　辐亮度图像的分类精度

类型	精度/%
农田	93.33
草地	89.51
戈壁	96.35
裸岩石砾	95.83

总精度 = 93.95%　　Kappa 系数 = 0.912 8

可见，根据辐亮度图像获得的分类结果更加准确，不仅总精度更好，每一种地物的分类精度也有所提高。相比之下，根据原始 CCD 图像获得的分类结果误判情况较多，尤其对草地的识别，无论从结果图像还是分类精度数据上看，明显不如根据辐亮度图像识别的效果好。

5　结论

CBERS-02 卫星 CCD 影像应用绝对辐射校正系数，将典型地物二级产品转换成辐亮度产品后，生成的辐亮度图像更接近于真实的地物，便于用户进行专题制图。经定标系数应用后的辐亮度图像层次丰富，影像清晰，易于识别地物，提高了该图像的使用价值。辐亮度产品有利于提高地物类的分类精度，可以用来进一步开发定量化产品。

在定量化遥感应用中，表观辐亮度作为辐射定标的结果之一，是计算大气校正的前期准备，更是构建植被指数、建立遥感模型的重要数据变量，具有十分重要的意义。

CBERS - 02 卫星自 2003 年发射以来，CCD 相机的影像得到了广泛的应用，2007 年发射的 CBERS -02B 星同样搭载了 CCD 传感器，图像质量更加优越。如何更好地利用这些数据，使其在遥感领域发挥更好的作用，需要不断认识影像的内在信息，深入挖掘其数据的潜在价值。

参 考 文 献

[1] 许振文，刘刚. 遥感影像解译与背景参数分析研究 [J]. 长春师范学院学报，2003.5（22）：60 - 62.
[2] 李玉环，王静，等. 基于 TM/ETM + 遥感数据的地面相对反射率反演 [J]. 山东农业大学学报，2005.36（4）：545 - 55.
[3] 刘宇光，金明，等. SPOT 数据反演地物辐射亮度和反射率的基础研究 [J]. 地球信息科学，2005.7（2）.
[4] 王荣，唐伶俐，戴昌达. MODIS 数据在测量地物辐射亮度和反射率特性中的应用 [J]. 应用技术，2002.
[5] 池宏康，周广胜，等. 表观反射率及其在植被遥感中的应用 [J]. 植物生态学报，2005.29（1）：74 - 80.

The Calculation and Application of the Apparent Radiance with CBERS – 02   CCD Image

Wang Guanzhu，Wang Aichun，Min Xiangjun
（China Centre For Resources Satellite Data and Application，Beijing   100094）

Abstract：A lot of data of the satellite CBERS – 02   has been accumulated since it launched in 2002. The CCD image is widely used，either. This thesis does some researches on the DN interpretation of the CCD image and how to invert the apparent radiance for more applications of the CCD image in some relative departments，especially for the analysis on quantificational remote sensing. It also does some researches on extracting and calculating the image spectral information，and expounds the applications. Classification is done on the CCD image and the radiance image，and the results are compared and analyzed as an example of the place in Gansu Province and four typical culture in it.

Key words：CBERS   Apparent radiance   Classification

一种结合均匀景技术的 CBERS－02 卫星 WFI 相机相对辐射定标方法

曾湧，于晋

（中国资源卫星应用中心，北京　100830）

摘　要：提出了一种结合实验室定标和均匀景统计的定标方法，并首次应用于 CBERS－02 卫星 WFI 相机的相对辐射定标。本文首先介绍 CBERS－02 卫星 WFI 相机的特性；然后剖析了巴西空间技术研究院提供的地面基础定标系数；并采用结合均匀景技术的定标方法，生成一套新的相对辐射定标系数；最后对 WFI 图像进行相对辐射校正，校正图像的效果较好，证明该定标方法正确而有效。

关键词：CBERS－02 卫星　WFI 相机　相对辐射定标　相对辐射校正

1　引言

中巴地球资源卫星 02 星（简称 CBERS－02 星）于 2003 年 10 月成功发射，并于 2004 年 2 月正式交付使用。CBERS－02 卫星搭载了中方研制的 CCD 相机、IRMSS 扫描仪及巴西研制的 WFI 相机。WFI 相机使用 CCD 阵列，采用推扫式方式成像，即 CCD 阵列沿垂直卫星飞行方向排列在焦平面上，随卫星运动完成飞行方向的扫描。WFI 相机空间分辨率为 258 m，幅宽为 890 km，能够短时间重访同一地区，便于全球资源的实时监测与合理开发。WFI 相机共有 2 波段：即红波段 B10（0. 63～0. 69 μm）和近红外波段 B11（0. 77～0. 89 μm）。为了保证幅宽，WFI 图像由两台相机拼接而成，每一台相机对应 CCD 阵列的 1 728 个探元。WFI 图像数据生成一级及更高级别的产品时，必须经过相对辐射校正（这里特指探元归一化处理），或称均匀化校正。为了保证辐射校正的精度，卫星在升空之前需要获取一套经过严格测试的相对辐射定标系数。但是由于地面测试条件的限制，卫星升空上升段条件恶劣，或由于卫星所处的真空环境与地面环境存在较大的差别，以及地面测试时 WFI 相机的成像状态与升空后的状态不一致等诸多因素，可能使地面的测试数据不能完全适合高精度校正的需要，需进行地面的后续改进处理。

CBERS－02 卫星发射之前，巴西空间研究院（INPE）提供了 WFI 定标系数。利用 INPE 提供的 WFI 定标数据，对 WFI 图像进行相对辐射校正，发现 WFI 的两个阵列搭接处存在较为明显的色差，说明 INPE 提供的 WFI 定标数据存在一定的误差。但阵列片内图像的色差过渡较好，说明定标数据具有使用的潜力。

理论上，倘若 WFI 相机为一稳定的线性系统，那么完全有可能在卫星升空后，选取若干不同辐亮度的均匀地物图像，经过一定的处理后获取相对辐射定标系数。但是事实上，由于 WFI 相机的幅宽为 890 km，寻找严格合乎均匀地物条件的 WFI 图像较为困难，从而完全依靠均匀场地形成定标系数的方

［作者简介］　曾湧（1972 年—　），1997 年毕业于武汉测绘科技大学光电工程学院，获工学硕士，高级工程师。致力于卫星遥感图像的辐射校正、图像恢复等领域的研究，已发表文章多篇。

法较难实现。本文提出以巴方提供的 WFI 定标数据作为基础校正数据，结合大量的准均匀景图像，统计形成一套 WFI 定标系数的方法。

2 相对辐射定标方法

WFI 相机的 CCD 阵列在焦平面上有规律地排列，以推扫方式将地面景物成像到焦平面上，焦平面上的每个探元对照射到焦平面上的景象进行采样，生成地面的图像数据。由于各个探元的特性存在一定的差异，其响应值和偏移值也各不相同，使得对于相同的输入，每个探元会产生不同的输出值。在这种情况下，各个探元生成图像的计数值没有统一的标准，图像将存在列方向的竖条纹。相对辐射校正的目的是使用相对辐射定标系数作用于原始图像，消除由于探元的响应不一致引起的条纹效应。相对辐射校正见公式（1）所示。

$$DN_{cali} = \frac{DN_{rawi} - B_i}{NG_i} \tag{1}$$

式中　DN_{cali}——相对辐射校正后第 i 号探元的计数值；

DN_{rawi}——原始第 i 号探元的计数值；

B_i——第 i 号探元的暗电流，可以直接从暗状态下的原始数据中提取；

NG_i——第 i 号探元的归一化增益。

大多数遥感器采用三种方法进行相对辐射定标，即卫星发射之前的实验室定标、卫星在轨飞行的内定标和统计定标方法。卫星发射之前的实验室定标已由 INPE 完成。由于受卫星内部空间所限，CBERS - 02 卫星 WFI 相机无内定标装置，因而不存在在轨内定标的可能性。统计方法根据实现的途径又分为直方图均衡法和均匀景统计等方法。WFI 相机相对辐射定标系数只能通过卫星发射之前的实验室定标及卫星在轨飞行的统计方法两种途径获取。两种途径在获取方法上基本一致，但由于相机所处的状态和环境有一定的差别，因而计算的定标系数可能相差较大。

2.1 实验室定标

WFI 相机在地面定标测试时，使用类似于积分球的外部光源。外部光源照在 WFI 相机的探元上成像，此时可以把该外部光源看作是均匀光源，这是相对辐射校正的基础。实验室定标时，相对辐射定标系数的偏移值直接从暗电流获取，响应可通过一元线性回归方程获取，见公式（2）和公式（3）所示。

$$G_i = \frac{\sum_{k=1}^{n}(Q_{i,k} - B_i)L_k}{\sum_{k=1}^{n}L_k^2} \tag{2}$$

$$NG_i = \frac{G_i}{\frac{1}{N}\sum_{j=1}^{N}G_j} \tag{3}$$

式中　L_k——第 k 级光源的辐亮度；

$Q_{i,k}$——第 i 号探元在 k 级光源状态下的计数值；

B_i——第 i 号探元的暗电流；

G_i 为第 i 号探元的增益；

n——光源等级总数；

NG_i——第 i 号探元的归一化增益；

N——探元总数。

2.2　统计定标方法

星载内定标失效、实验室获取的定标系数存在较大的误差或卫星升空后遥感器性能发生较大变化时，统计方法是一种行之有效的定标方法。统计方法要求地物具有均匀特性，根据图像数据本身采用统计方法求取定标系数，进而进行辐射校正处理。根据实现的途径又分为直方图均衡法和均匀景统计等方法。

2.2.1　直方图均衡法

对于一幅足够大的图像，每个探元生成图像计数值的分布概率相同，当图像足够大时，这个假设成立或近乎成立。正是基于这个假设，才能利用图像自身进行辐射定标和校正。步骤如下：

计算探元的响应值 G_i。首先计算第 i 号探元生成列图像计数值的标准偏差 σ_i；然后计算所有探元标准偏差的平均值 σ_R，σ_R 也可用某一典型探元的标准偏差代替。第 i 号探元的响应值 G_i 为：

$$G_i = \sigma_i / \sigma_R \tag{4}$$

然后计算偏移值 B_i：

$$B_i = \mu_i - \frac{\sigma_i \cdot \mu_R}{\sigma_R} \tag{5}$$

式中　μ_i——第 i 号探元生成列图像计数值的平均值；

μ_R——整幅图像计数值的平均值，当 σ_R 用某一典型探元的标准偏差代替时，μ_R 的计算也应使用该探元。

2.2.2　均匀景统计方法

均匀景统计方法要求地物具有较好的均匀特性，该原理与实验室定标较为接近。由于景物辐亮度较难测量，因此应设法回避精确的辐亮度。采用公式（6）和公式（7）既可回避辐亮度，又可获取相对辐射定标系数，本文均匀景统计法即采用此种方案。

$$DN_i = \frac{1}{n} \sum_{k=1}^{n} (Q_{i,k} - B_i) \tag{6}$$

$$NG_i = \frac{DN_i}{\frac{1}{N} \sum_{j=1}^{N} DN_j} \tag{7}$$

式中　DN_i——第 i 号探元生成列图像计数值的平均值。

其他参数含义与式（2）一致。

2.2.3　实验室和均匀景统计的联合定标

由于 WFI 相机为宽视场相机，图像的幅宽达到 890 km，因此很难找到覆盖整个视场的均匀地物，即便是采用多景平均的方案也难做到。本文提出把 WFI 相机 CCD 阵列的若干探元组合成一个联合探元的思想，即 CCD 阵列由联合探元组成，而每个联合探元由若干探元平均得到，在此基础上容易保证联合探元之间景物的均匀特性。WFI 相机每片 CCD 阵列共有 1 728 个探元，本次实验以 100 个探元为一组成单位，则每片 CCD 阵列由 18 个联合探元组成（第 18 号联合探元仅由 28 探元的平均构成），该过程如图 1 所示。

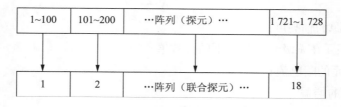

图 1　WFI 相机的探元与联合探元的映射示意图

我们以左片 CCD 阵列为例（右片 CCD 阵列的算法与左片完全一致），把实验室定标系数和均匀景定标系数作完全一致的单元划分。假设实验室和均匀景定标系数中归一化响应系数分别为 lGH_i、hGN_i（$i = 1,2,\cdots,1\,728$），则按照单元划分的思想，可以得到联合探元的响应系数分别为 LGN_j、HGN_j，（$j = 1,2,\cdots,18$）。其中，

$$LGN_j = \frac{1}{Step}\sum_{i=1}^{Step} lGN_{(j-1)*100+i} \tag{8}$$

$$HGN_j = \frac{1}{Step}\sum_{i=1}^{Step} hGN_{(j-1)*100+i} \tag{9}$$

当 $1 \leqslant j < 18$ 时，$Step = 100$；当 $j = 18$ 时，$Step = 28$。

设校正因子为 COR_j，其中 $COR_j = LGN_j/HGN_j$。以 j 为横坐标，校正因子为纵坐标，采用二次抛物线方程可以拟合校正因子曲线。为了完成联合探元到单一探元的映射，需要对该连续的抛物线进行离散，得到一组针对探元的校正因子 cor_i（$i = 1,2,\cdots,1\,728$）。若用实验室定标系数 lGN_i 除以校正因子 cor_i，可得到左片阵列新的定标系数。

3 实验结果

在实验过程中，对多景图像进行了测试，限于篇幅，仅以采集日期 2003 年 10 月 27 日，轨道号（PATH/ROW）为 367/64 的苏州地区图像为例，考察校正效果。首先利用 INPE 提供的 WFI 实验室定标系数，对 WFI 图像进行相对辐射校正，见图 2 所示。从图中可以发现 WFI 两台相机的对应阵列在搭接区处存在明显的色差，但阵列片内图像的色差过渡较好。

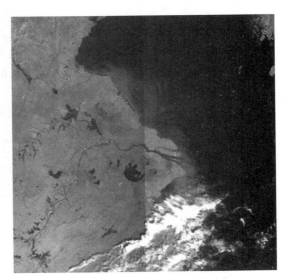

(a) WFI相机B10波段图像   (b) WFI相机B11波段图像

图 2 基于实验室定标数据的相对辐射校正结果

在采用均匀景统计方法时，为了保证地物的均匀特性，共选取了 8 景总体较为均匀的 WFI 图像，使用公式（6）和公式（7）生成一套定标系数。运用该数据对 WFI 图像完成相对辐射校正，校正结果见图 3 所示。从图中可以发现 WFI 的两个阵列搭接处色差完全消除，但阵列片内图像在某些位置存在较为严重的纵向条纹，B10 波段图像尤其明显。说明 WFI 图像的均匀性指标难以满足定标要求，基于均匀景方法的定标数据同样存在误差。

结合实验室定标和均匀景统计，即采用实验室和均匀景统计的联合定标，生成新的定标系数，运用该定标数据校正原始图像，校正后图像见图 4 所示。从图中可以发现，图像阵列内部条纹基本消失，左右阵列的色差和条纹完全消除，图像辐射校正质量得到了较大的提高。

 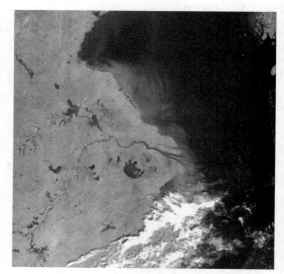

(a) WFI相机B10波段图像 (b) WFI相机B11波段图像

图3 基于均匀景定标数据的相对辐射校正结果

 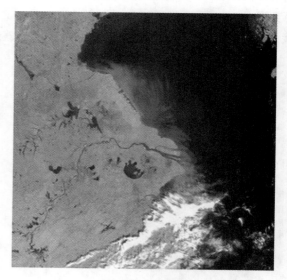

(a) WFI相机B10波段图像 (b) WFI相机B11波段图像

图4 结合均匀景和实验室定标数据的相对辐射校正

4 结论

CBERS-02卫星发射升空后，使用INPE提供的辐射定标系数校正原始图像，发现WFI图像的两片阵列图像存在一定的色差，但同一阵列片内图像基本没有条纹。因此，实验室的定标系数在一定程度上仍然有效。在使用均匀地物的实验中，发现很难找到满足相对辐射定标要求的WFI均匀地物图像，但使用若干探元当作一个联合探元时，地物的均匀特性基本能得到保证。本文首次提出的结合地面定标和均匀景统计定标的方法，基本消除了WFI图像片内条纹和片间的色差，为定量化遥感奠定了基础，较大地提高了图像的辐射质量，是一种发挥地面定标和均匀景统计定标综合优势的有效方法。

参 考 文 献

［1］ SINGH A. Thematic Mapper Radiometric Correction Research and Development Results and Performance. Photogrammetric Engineering & Remote Sensing, 1985: 1379 – 1383.

［2］ WEGENER M. Destriping Multiple Sensor Imagery by Improved Histogram Matching ［j］, International Journal of Remote Sensing, 1990 （11）.

［3］ 陈劲松，朱博勤，等. 基于小波变换的多波段遥感图像条带噪声的去除. 遥感信息. 2003 （2）：6 – 9.

［4］ 陈世平. 空间相机设计与试验. 中国宇航出版社，2003：334 – 338.

［5］ 郭建宁，于晋，等. CBERS – 01/02 卫星 CCD 图像相对辐射校正研究. 中国科学，E 辑，2005，35 （增刊）：11 – 25.

A Method of Relative Radiometric Calibration of WFI Camera of CBERS – 02 Satellite Combining the Homogeneous scenes

Zeng Yong, Yu Jin

（China Center for Resources Satellite Data and Applications, Beijing   100094）

Abstract：A method of relative radiometric calibration combining the homogeneous scenes is presented in this paper. It is the first time that uses this method to resolve the radiometric calibration of CBERS – 02 satellite WFI camera. First, we introduce the feature of CBERS – 02 satellite WFI camera; and analyze the calibration data supported by INPE; then create a set of new calibration coefficients combining the homogeneous scenes; in the end, use the data to correct the raw data. In this paper, the correction result is satisfactory, at the same time; we believe the new method can meet the requirement of relative radiometric calibration.

Key words：CBERS – 02   WFI camera   Relative radiometric calibration   Relative radiometric correction

CBERS－02B 星 HR 相机相对辐射校正

龙小祥，王小燕

（中国资源卫星应用中心，北京 100094）

摘　要：根据实验室积分球状态下和整星状态下的定标数据采用最小二乘法计算出两组定标系数，对实际图像进行相对辐射校正分析比较其效果，给出整星状态下的定标数据更能真实反映相机响应特性不一致现象的结论；针对 CBERS－02B 星 HR 相机的特点，建议调整灰度偏置量可以有效消除 HR 相机图像的 512 列间响应不一致现象；最后，提出了一种进一步消除条纹噪声的改进措施。

关键词：中巴地球资源卫星 02B 星　高分辨率相机　定标　相对辐射校正

1 引言

CBERS－02B 星 HR（高分辨率）相机采用的是 TDI CCD（时间延迟积分电荷耦合器件）。TDI CCD 具有多级结构，采用同步多级时间累积积分来延长曝光时间，与一般线阵 CCD 相机比，其优点是大大提高了成像灵敏度；同时得到了较高的信噪比；减小了相机系统的质量和体积，大大降低了成本。因此，TDI CCD 是解决当前微光条件下或高分辨率、高速 CCD 相机的首选器件。由于每个探元的灵敏度响应及暗电流都不可能完全相同，因此每一个探元都有其不同的响应系数，为了获得最佳的最终图像，与一般 CCD 相机一样需要对 HR 相机图像进行相对辐射校正。

相对辐射校正的前提和基础是获得精确的相对定标系数，为了得到最精确的定标数据，相机研制部门在卫星上天前分别在实验室积分球和整星状态下完成了定标实验，得到了两组定标数据。根据定标数据计算定标系数有归一化系数法、两点法、最小二乘法等多种方法，其中最经典的是最小二乘法。本文根据相机定标数据的特点，确定在最小二乘法中采用几次方程来计算定标系数。

2 数据处理分析与问题的解决

2.1 探元的线性度分析

线性度指在整个工作范围内器件实际响应曲线与理想的直线保持一致的接近程度，通常用距理想直线的偏差或非线性度衡量。本文中取各个测量点的连线作为实际响应曲线，采用最小二乘法对测量点拟合得到的直线作为理想直线。从物理意义上来说，探元的线性度分析应建立输出灰度值（DN）与输入（辐亮度）之间的关系。本节中仅画出积分球状态下第 2 005，8 005，12 005 个探元的响应曲线，见图 1。各探元的线性度分别为 0.997 58，0.997 81，0.997 55。

可见辐亮度与探元在各辐亮度下 DN 均值的关系是线性的。因此采用最小二乘一次拟合的方法计算相对定标系数。对其他探元的响应曲线进行分析同样看出线性度良好。

当探元线性度分析的目的是进行非均一化校正，也就是单个探元与整个线阵探元之间的均一化校正时，可以将输入和输出分别转化为某个探元在不同辐亮度级时的 DN 和对应的整个线阵的平均

［作者简介］　龙小祥（1979—　），中国资源卫星应用中心，工程师，2002 年毕业于华中科技大学，主要研究方向为数据处理。

DN。这样还可以回避辐亮度数据的精度，因此按照其线性度的分析结果来实际计算相对定标系数。

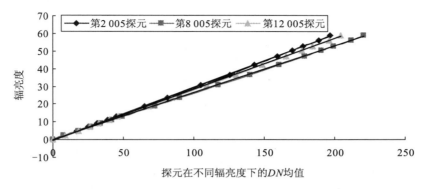

图 1　第 2 005，8 005，12 005 个探元的灰度值与辐亮度的变化曲线

如图 2 所示，对第 2 005，8 005，12 005 个探元在不同辐亮度级时的 DN 和对应的整个线阵的平均 DN 之间的关系进行分析，线性度分别为 0.998 69、0.998 86、0.998 65，可见线性度良好。对其他探元的线性度进行分析可以发现相同的现象。因此相对定标系数的计算方法可以采用最小二乘一次拟合法。

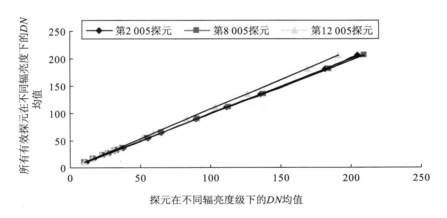

图 2　第 2 005，8 005，12 005 个探测元的线性度分析

2.2　定标系数的计算

由 2.1 小节可知，设 DN_k 为第 k 级辐亮度等级下所有探元减去偏移值后的 DN 均值，$DN_{i,k}$ 为第 k 级辐亮度等级下第 i 探元减去偏移值后的 DN 均值。最小二乘法一次拟合的方程如下：

$$DN_1 = a_i DN_{i,1} + b_i$$
$$DN_2 = a_i DN_{i,2} + b_i$$
$$\vdots \qquad\qquad (1)$$
$$DN_k = a_i DN_{i,k} + b_i$$

计算得到 a_i 和 b_i 即为第 i 探元的相对定标系数，然后利用式（2）进行相对辐射校正：

$$DN_{ical} = a_i (DN_{iraw} - B_i) + b_i \qquad\qquad (2)$$

式中　DN_{ical}——第 i 探元相对辐射校正后的 DN 值；

　　　DN_{iraw}——第 i 探元原始数据的 DN 值，B_i 为偏移量。

表 1 为分别对积分球数据与整星半积分球数据采用最小二乘法一次拟合计算出的相对定标系数。

表 1 相对定标系数表

探元号	积分球定标系数		整星半积分球定标系数	
	a	b	a	b
...	...	...	...	...
1 010	0.957 849	0.038 925 8	0.978 128	0.045 902 9
1 011	0.969 723	0.067 220 8	0.993 472	0.078 205 2
1 012	0.990 794	0.061 897 5	1.010 023	0.069 887 9
1 013	0.998 073	0.056 791 3	1.024 524	0.066 914 3
1 014	1.005 02	0.058 272 8	1.027 163	0.062 239 7
1 015	1.004 112	0.077 652 5	1.028 444	0.085 684 1
1 016	1.002 416	0.086 871 7	1.027 242	0.089 856 3
1 017	1.000 288	0.058 634 8	1.026 411	0.068 676 1
1 018	0.999 374	0.053 996 6	1.026 243	0.076 567
1 019	0.997 984	0.071 996 8	1.026 559	0.083 214 7
1 010	0.957 849	0.070 127 7	0.978 128	0.082 354 2
...	...	...	...	...

从表 1 中数据可以看出，偏移量 b 非常小可以忽略不计，下面分别考察积分球与整星半积分球状态下计算出来的定标系数增益 a。图 3 为积分球定标系数增益 a 的廓线图，图 4 为整星半积分球定标系数增益 a 的廓线图。

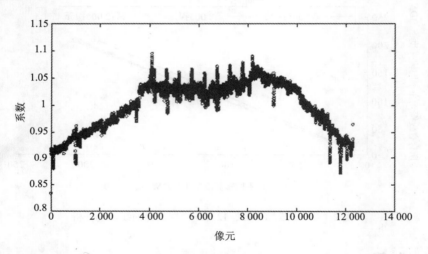

图 3　积分球定标系数增益 a 的廓线图

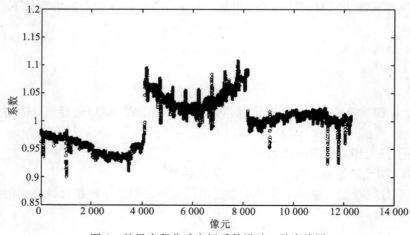

图 4　整星半积分球定标系数增益 a 的廓线图

从以上图 3 及图 4 可以看出,由整星半积分球数据计算出来的定标系数增益 a 相对于积分球数据计算出来的定标系数明显的被分成三段(与相机由三片 TDI CCD 组成一致),且片内的整个的廓线方向也相差比较大。具体到底哪种状态下的定标系数真正反映了相机内各个探元的响应度不一致现象,应根据理论上哪种状态更接近与卫星上天之后相机成像的状态以及实际图像的相对辐射校正效果来确定。

2.3 卫星图像相对辐射校正效果及分析

选取一幅真实的卫星图像进行相对辐射校正效果对比及分析。在这里,样本的选取是比较重要的。要求选取的地区灰度值比较均匀,避免选取的图像出现相邻列中一列的灰度值明显比另一列高或低的情况。

从图 5 可以看出,整星半积分球定标系数的校正效果相对积分球定标系数的校正效果要好,表现为竖条纹明显减少。从图 6 可以看出,整星半积分球定标系数在第 1、2 片重叠处及第 2、3 片重叠处更好的校正了由于三片不同 CCD 所造成响应不一致的现象,更真实的反映了 CCD 之间的相对响应差异。但在图 6(b)中在卫星扫描方向上仍存在不少细小的条纹噪声。

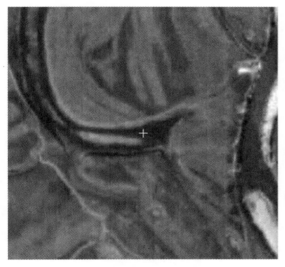 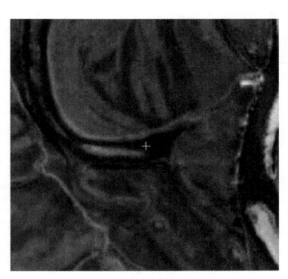

(a)用积分球定标系数校正后　　　　　　　(b)用整星半积分球定标系数校正后

图 5　原始图像为山区的相对辐射校正效果图

(a)用积分球定标系数校正后　　　　　　　(b)用整星半积分球定标系数校正后

图 6　原始图像包含水体的相对辐射校正效果图

2.4 改进措施

（1）片内 512 列间及片间响应特性不一致问题

由于相机在数传过程中，每片以 512 个探元为一组进行传输，以及总共 12 288 个探元分为 3 片（4 096）成品字形成像。因此经过辐射校正后，在比较均匀的图像上，会出现片内 512 列间及片间响应特性不一致的现象。采用统计的方法，对左右阵列的偏移值进行补偿，在不损害图像纹理的情况下，平衡片内 512 列间及三片之间响应特性不一致的现象。即先对第 1 片的片内 512 列间进行偏移值补偿，然后对第 2 片的片内 512 列间进行偏移值补偿，再对第 3 片的片内 512 列间进行偏移值补偿；最后再对三片之间进行偏移值补偿。

以下为对响应特性不一致进行偏移值补偿前后的效果对比。图 7（a）、图 7（b）分别为进行偏移值补偿前后的图像。可以看出补偿后片内 512 列间及片间响应特性不一致的现象改善很多。

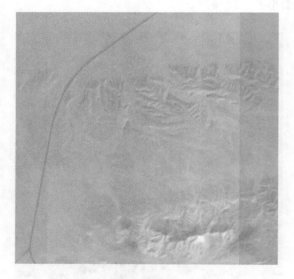 

（a）偏移值补偿前的图像 （b）偏移值补偿后的图像

图 7

（2）进一步消除条纹噪声的措施

对实际图像用整星半积分球定标系数进行相对辐射校正后，在卫星扫描方向上仍存在不少细小的条纹噪声，可做如下思考：

在图像中，每一列子图像都是由一个探元单独成像得到，把原始图像第 i 列看作随机子序列，记为 X_i，校正后的值记为 Y_i，根据上面的线性度分析把每个探元的响应看成是线性的，则校正过程见式（3）：

$$Y_i = a_i X_i + b_i \tag{3}$$

式中　a_i——探测元的相对增益系数；

b_i——偏置系数。

在上面的分析中，发现 HR 相机的偏置系数可以忽略不计，则校正公式变为：

$$Y_i = a_i X_i \tag{4}$$

利用相邻两列的相关性，可以假设图像校正前后，图像每个像素在其行方向上均是强相关的，得到 a_i 在行方向上是强相关的。

因此，可进一步对 HR 相对定标系数的增益（由于偏置可以忽略，而且这是前提）进行平滑或滤波处理，降低图像的条纹噪声。图 8 为对整星半积分球定标系数第一片（1~4 096 探元）进行平滑处理后的廓线图。其他两片也按照相同的方式进行处理。

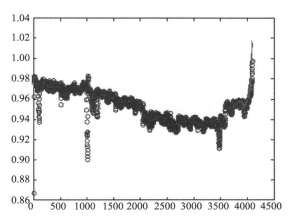

图 8 第 1～4 096 个探元整星半积分球定标系数的增益平滑处理后的廓线图

图 9 为对应图 6（b）区域用改进后的定标系数进行相对辐射校正效果图。

图 9 改进后的定标系数进行相对辐射校正效果图

从图 6（b）与图 9 的对比中可以看出：在条纹噪声处理上，采用改进后的整星定标系数，进行相对辐射校正的效果明显优于采用改进前的整星定标系数进行相对辐射校正的效果。可见采用本方法能对 CBERS 02B 星 HR 相机的相对辐射校正效果进行进一步的改善。

3 总结

通过对 CBERS 02B 星 HR 相机定标数据及实际图像数据的处理分析，可以总结如下：

1）采用最小二乘法一次拟合在整星半积分球状态下获得的相对定标系数进行相对辐射校正的效果较好。

2）HR 相机整星状态下的定标数据相对于实验室状态下的定标数据更真实的反映了探元间的响应不一致现象。

3）512 列间及片间响应特性不一致现象，通过补偿偏移值，在不损失信息的情况下基本消除。

4）本文给出了一种针对 HR 相机的减少条纹噪声的改进方法，在后续 HR 相机的辐射校正可以继续采用。

5）本节给出的针对 HR 相机的减少条纹噪声的改进方法有其局限性，要求相机的线性响应度比较高，而且要求计算出的定标系数偏置可以忽略。否则式 4 不成立，则对相对定标系数的增益进行任何处理都是不成立的。

参 考 文 献

[1]　曾湧，张宇烽，等．中巴资源一号卫星 02 星 CCD 相机实验室辐射定标算法分析［J］．航天返回与遥感．2005，26（6）．

[2]　郭建宁，于晋，曾湧，等．CBERS–01/02 卫星 CCD 图像相对辐射校正研究．信息科学．2005，35（增刊 I）．

[3]　陈大羽，吴雁林．环境一号卫星 CCD 相机相对定标数据处理［J］．航天返回与遥感．2007，28（2）．

[4]　刘亚侠．TDICCD 遥感相机标定技术的研究［D］．中国科学院博士论文 2003．

Relative Radiometric Correction Method of CBERS – 02B HR Camera

Long Xiaoxiang, Wang Xiaoyan

（China Center for Resources Satellite Data & Application, Beijing　100094）

Abstract：In this paper, two sets of correction coefficients corresponding to status of integrating sphere calibration and the whole-satellite calibration were calculated by least square algorithms. These coefficients were used to correct the original images, at the same time, the corrected image was evaluated. Then, the conclusion was given. Finally, inconsistent response among the 512 columns of HR camera can be effectively eliminated through the adjustment of gray offset, and a meliorated method was also brought forward aiming at removing the small strips.

Key words：China Brazil earth resources satellite – 02B（CBERS – 02B）　HR camera　Calibration　Relative radiometric correction

CBERS－02B CCD 相机发射前后
辐射响应特性变化研究

李照洲，赵祥，龙小祥

（中国资源卫星应用中心，北京 100094）

摘　要：卫星遥感器辐射响应稳定性，是决定遥感器在轨绝对辐射定标数据是否长期有效的关键因素之一，对于长期的、连续性的，以及使用多传感器数据的定量遥感研究工作，遥感器在轨绝对辐射定标中的辐射响应特性变化分析研究是其的前提和基础，否则地物时相的变化很可能会被遥感器自身辐射响应的衰减所淹没。本文通过对 CBERS－02B 星 CCD 相机于 2007 年 8 月 10 日在太原卫星发射场采集的内定标数据和卫星入轨后于 2007 年 10 月 25 日星上下传的内定标数据的统计分析，定量评估了 CBERS－02B 相机发射前后辐射响应特性的稳定性及其衰退情况。

关键词：CBERS－02B CCD　辐射定标　辐射响应变化　内定标数据

1　引言

经过 20 世纪 70~90 年代的遥感技术发展与积累，我国航天器平台和遥感器本身的技术已渐趋成熟。在遥感数据应用方面，目前已不满足于仅仅通过遥感影像的目视解译来定性判断目标的有和无，还要力图实现由遥感器收集到的光辐射数据定量地反演或推算地球物理参量，并建立相应的测算与识别数值模型，遥感应用日趋定量化。如果不对传感器进行辐射定标，地物时相的变化可能会被传感器自身的衰减所淹没。长期稳定的绝对辐射定标与辐射响应特性变化分析研究对长期的、持续性的，以及使用多传感器数据的研究工作都是非常必要的。

卫星发射入轨后，由于受发射时的冲力和外太空环境的影响，遥感器各探元响应特性随时间或多或少会发生变化。该变化常常致使发射前实验室精心获取的绝对辐射定标系数和非均匀性校正参数不再完全适用，给在轨遥感器的高精度绝对辐射定标，尤其是探元间的非均匀性校正带来很大困难。假定星上内定标器自身在卫星发射前后未发生变化，则通过对发射前后内定标数据变化的分析，可以监测和定量评估遥感器在轨期间的辐射响应稳定性及其衰退情况，从而来有效修正实验室获取的定标系数，达到提高绝对定标和相对定标精度的目的。

本文基于上述思想，通过对 CBERS－02B 星 CCD 相机于 2007 年 8 月 10 日在太原卫星发射场采集的内定标数据和卫星入轨后于 2007 年 10 月 25 日星上下传的内定标数据的统计分析，来监测和定量评估遥感器发射前后辐射响应特性的稳定性及其衰退情况。

2　处理算法与过程

通过对 CCD 相机发射前后内定标数据相对偏差的统计分析，来评估 CCD 相机辐射响应特性的稳定性及其响应衰退状况，计算公式如下：

［作者简介］　李照洲（1975—　），博士，2002 年获中科院安徽光机所硕士学位，2005 年获中科院安徽光机所光学遥感专业博士学位。主要从事卫星遥感器高精度辐射定标、遥感器高精度定标器设计、遥感定量研究工作。

$$Y_{i,k} = \frac{\sum\limits_{j=1}^{M} A_{i,j} - \sum\limits_{j=1}^{M} B_{i,j}}{\sum\limits_{j=1}^{M} B_{i,j}} \tag{1}$$

$$\overline{Y} = \frac{\sum\limits_{k=1}^{N} Y_{i,k}}{N} \tag{2}$$

式中　M——某一谱段每个能级下选定的数据行数；

　　　N——某一谱段的入射能级数；

　　　$A_{i,j}$——第 k 入射能级下第 i 个探元的在轨内定标数据第 j 行灰度值；

　　　$B_{i,j}$——第 k 入射能级下第 i 个探元的发射前内定标数据第 j 行灰度值；

　　　$Y_{i,k}$——某一谱段第 i 个探元在第 k 入射能级下发射前后内定标数据的相对偏差；

　　　$\overline{Y}$——k 个入射能级下相对偏差的平均值。

　　文中采用某一谱段多个有效相对定标点发射前后标准偏差均值作为衡量 CCD 相机发射前后辐射响应变化量的标准。根据以上定义可知，某个波段多个有效相对定标点的相对偏差平均值越小，说明 CCD 相机发射后内定标数据的变化越小，在一定程度上可反映 CCD 相机发射前后的辐射响应变化越小，相机稳定性越好。

　　CBERS - 02B 星 CCD 相机有 5 个谱段，星上数据通过两个数传通道下传。第一通道传输 Band2，Band3a，Band4 三个谱段数据，第二通道传输 Band1，Band3b，Band5 三个谱段数据。CBERS - 02B 星 CCD 相机的星上内定标器，是通过旋转不同透过率的中性滤光片盘的方法来获得不同的照明强度的。滤光片盘分为 5 档，最低透过率为 0，最大透过率接近 1。文中分别以 1 能级 ~5 能级表示，1 能级对应于透过率为 0 的状态（暗电流），5 能级对应于透过率为 1 的状态，其他依次类推。CCD 相机星上内定标器采用 5 档不同亮度光源进行相对定标是为了适应各谱段不同的响应度，有的档位在某谱段上饱和或信号不足，为保证各谱段的输出都在 CCD 的线性工作段上，要求各谱段的最大输出最好在饱和值的 1/2 ~2/3 处，故每个谱段并不能真正用到 5 档相对定标数据，只能保证得到 3 档（含暗电流档）有效的相对定标。文中针对每个谱段选取合适的能级数据进行分析。

　　针对每个谱段，选取发射场内定标数据和星上在轨内定标数据中同一能级的 1 500 行数据各自求其均值，计算相对偏差，从而评价和分析 CCD 相机在不同入射能级下的稳定性和响应变化趋势。

　　由于仅有发射场采集的全备份/通道 2/增益 1.0 状态的内定标数据，故本文中仅对第二数传通道的 Band1，Band3b，Band5 三个谱段的内定标数据进行了分析。

3　结果与分析

3.1　CCD 相机多谱段各能级辐射特性发射前后整体变化趋势与分析

　　以下针对 1 能级 ~5 能级多级不同入射能量条件下（除去响应饱和情况），对 CCD 相机 B1，B3_ b，B5 三个谱段的内定标数据发射前后的整体变化趋势进行分析，结果如彩图 44 ~彩图 46 所示。

　　从彩图 44 ~彩图 46 所显示的 B1、B3_ b、B5 3 个谱段内定标数据发射前后的整体对比中可以看出，星上内定标数据与发射场内定标数据的廓线起伏在细节上吻合的较好，相机各探元响应整体变化趋势一致，表明 CCD 相机发射前后其各谱段探测器、星上内定标器及相机光学部分等关键单元辐射响应特性未发生显著变化。

　　通过彩图 44 ~彩图 46 可以看出，CCD 相机发射后，在轨内定标数据与发射前内定标数据相比，B1 和 B3_ b 谱段在不同入射能级下的响应都呈现不同程度的降低；而 B5 谱段的响应较发射前略有升高。

3.2 CCD 相机各谱段辐射特性发射前后变化分析

CBERS-02B CCD 相机每一谱段的探测器由三片 CCD 线阵拼接而成，其中 CCD1 和 CCD2 的搭接区（含暗像元区）占据第 2 000 个探元附近的 300 多个探元，CCD2 和 CCD3 的搭接区（含暗像元区）占据第 4 000 个探元附近 300 多个探元，CCD1 的暗像元区占据第 1 探元附近的 8 个探元，这三个区域的探元由于响应很低，难以满足工作在线性区间的要求，因而在这里分析发射前后辐射响应变化时应不予考虑。

3.2.1 B1 谱段辐射特性发射前后变化分析

根据内定标数据必须选取在线性工作段上的要求，这里 B1 谱段选取 4 能级和 5 能级内定标数据进行分析。CCD 相机电路、CCD 编码器处于 RR（备备）模式、增益为 1.0 的状态下，发射场采集的内定标数据（发射前内定标数据）和星上下传的内定标数据（在轨内定标数据）的分析结果如彩图 47、彩图 48 和图 1 所示。

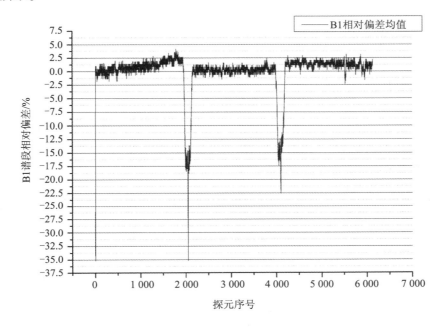

图 1 B1 谱段内定标数据发射前后响应平均相对偏差

彩图 47 和彩图 48 分别给出的是 B1 谱段在 4 能级和 5 能级入射条件下，内定标数据 DN 值发射前与在轨的变化比较，图 1 给出的是两能级下的相对偏差的平均值。从图 1 可以看出，除了两个搭接区（第 2 000 探元和第 4 000 探元附近）和 CCD1 的暗像元区（第 1 探元附近）外，B1 谱段所有探元内定标数据发射前后的相对变化约在 -1.5% ~ +2.5% 以内，负数表示在轨内定标数据比发射前的降低了，正数表示在轨内定标数据比发射前的升高了。三片 CCD 内定标数据发射前后的相对偏差廓线不同，CCD1 的廓线分布与 CCD2 和 CCD3 的差异较大，在一定程度上表明 3 片 CCD 入轨前后的变化不完全一致。

3.2.2 B3_b 谱段辐射特性发射前后变化分析

根据内定标数据必须选取在线性工作段上的要求，这里 B3_b 谱段选取 2 能级和 3 能级内定标数据进行分析。CCD 相机电路、CCD 编码器处于 RR（备备）模式、增益为 1.0 的状态下，发射场采集的内定标数据（发射前内定标数据）和星上下传的内定标数据（在轨内定标数据）的分析结果如彩图 49、彩图 50 和图 2 所示。

彩图 49 和彩图 50 分别给出的是 B3_b 谱段在 2 能级和 3 能级入射条件下，内定标数据 DN 值发射前与在轨比较，图 2 给出的是两能级下的相对偏差的平均值。从图 2 可以看出，除了两个搭接区（第 2 000 探元和第 4 000 探元附近）和 CCD1 的暗像元区（第 1 探元附近）外，B3_b 谱段所有探元内定标数据发射前后的相对变化约在 -5% ~ 0 范围内，负值表明发射后该谱段各探元的响应都有所下降。

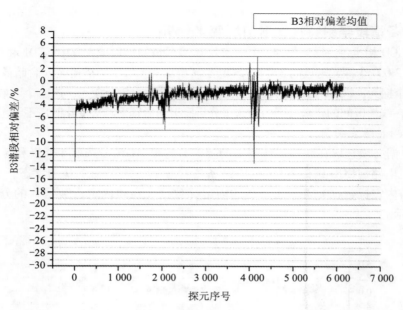

图2 B3_ b 谱段发射前后响应平均相对偏差

从图2可以看出，三片 CCD 内定标数据发射前后的相对偏差廓线不同，CCD1 的廓线分布与 CCD2 和 CCD3 的差异较大，在一定程度上表明 3 片 CCD 入轨前后的辐射响应变化不完全一致。

3.2.3 B5 谱段辐射特性发射前后变化分析

根据内定标数据必须选取在线性工作区间的要求，这里 B5 谱段选取 3 能级和 4 能级内定标数据进行分析。CCD 相机电路、CCD 编码器处于 RR（备备）模式、增益为 1.0 的状态下，发射场采集的内定标数据（发射前内定标数据）和星上下传的内定标数据（在轨内定标数据）的分析结果如彩图 51、彩图 52 和图 3 所示。

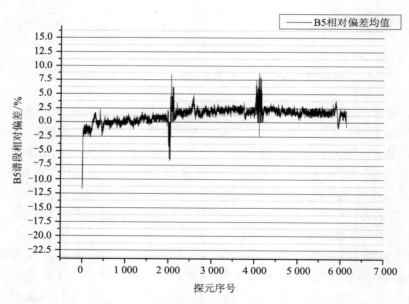

图3 B5 谱段内定标数据发射前后响应平均相对偏差

彩图 51 和彩图 52 分别给出的是 B5 谱段在 3 能级和 4 能级入射条件下，内定标数据 DN 值发射前与在轨比较，图 3 给出的是两能级下相对偏差的平均值。从图 3 可以看出，除了两个搭接区（第 2 000 探元和第 4 000 探元附近）和 CCD1 的暗像元区（第 1 探元附近）外，B5 谱段所有探元内定标数据发射前后的相对变化约在 ±3% 范围内，其相对偏差多为正值，表明发射后该谱段大多数探元的响应略有升高。从图3可以看出，三片 CCD 内定标数据发射前后的相对偏差廓线各不相同，在一定程度上表明 3 片 CCD 入轨前后的辐射响应变化不完全一致。

3.3 CCD 相机各谱段响应线性分析

上述分析得出的各谱段发射前后响应变化量的定量评估结果，是基于各谱段星上内定标器两个有效定标点分析得到的，其结果能否真正反映 CCD 相机各谱段响应在整个动态范围内的变化情况，依赖于各谱段的响应线性情况。若某一谱段的响应线性较好，则以上得出的发射前后响应变化量的评估结果应该可适用于整个动态范围；反之，若某一谱段线性不好，则这里得到的评估结果无法适用于整个动态范围。

下面采用 CCD 相机发射前实验室采集的整星半积分球定标数据，针对相机电路、编码器处于 RR（备备）模式、增益为 1.0 的状态下，对 CCD 相机 B1、B3 – b、B5 谱段的响应线性进行了分析，其结果如图4～图6所示。

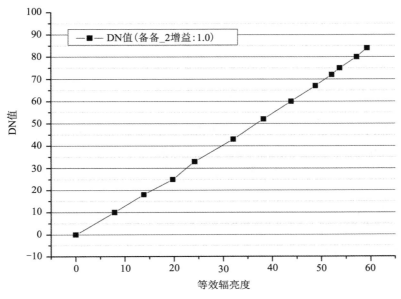

图 4　B1 谱段响应线性

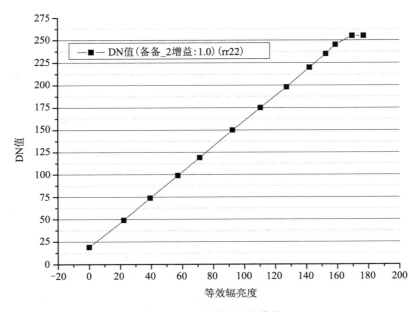

图 5　B3_ b 谱段响应线性

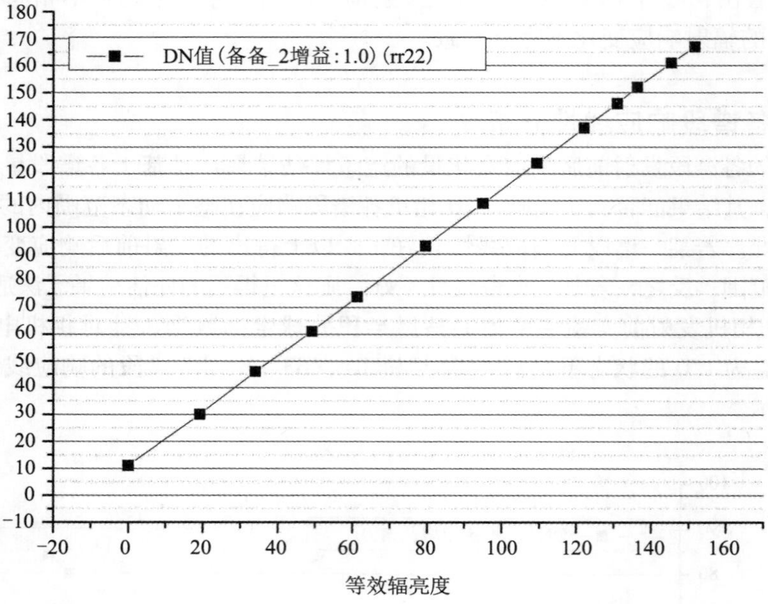

图 6　B5 谱段响应线性

从图 4 ~ 图 6 中可以看出，除了 B1 谱段在输入等效辐亮度为 20 ~ 30 W/（cm^2・sr・nm）区间响应线性不太理想外，其他谱段线性都较好。这样本文所得到的各谱段内定标数据发射前后变化的定量评估结果，基本上可适用于 CCD 相机 B1、B3 - b、B5 谱段发射前后响应变化情况的全动态范围。

卫星发射前后内定标数据的变化，所反映的是发射前后相机及其内定标系统诸多变化因素的一个综合效应。其中，内定标系统中滤光片盘转动位置的重复精度、内定标灯光源系统的稳定性及其衰减、滤光片的均匀性是 3 个直接影响内定标数据前后变化的最主要因素。因而本文中所得出的各谱段内定标数据发射前后的变化量中，应考虑扣除以上三者的影响后得出的才是 CCD 相机本身在发射前后辐射响应的变化量。

4　结论

本文通过对 CBERS - 02B CCD 相机发射场内定标数据（发射前）与在轨内定标数据的统计分析分析，得出以下结论：

1）在轨内定标数据与发射前内定标数据的廓线起伏吻合的较好，在一定程度上表明 CCD 相机发射前后其各谱段探测器、星上内定标器及相机光学部分等关键单元响应未发生显著变化；

2）CCD 相机 B1 谱段的内定标数据在轨定标数居，较发射前变化量约为 - 1.5% ~ + 2.5% 以内，B3_ b谱段较发射前变化量约为 - 5% 以内，B5 谱段变化量约为 ± 3% 之内。总体来说，CCD 相机各谱段内定标数据发射前后的变化量约为 ± 3% ~ ± 5% 左右。

3）由于这里内定标数据发射前后的变化，所反映的是发射前后相机及其内定标系统诸多变化因素的一个综合效应，包含了内定标系统中滤光片盘转动位置的重复精度、内定标灯光源系统的稳定性及其衰减、滤光片的均匀性等几个直接影响内定标数据前后变化的最主要因素。这样，扣除以上几方面影响后得到相机本身在发射前后的变化量应小于 ± 3% ~ ± 5% 。

4）CCD 相机各谱段的响应线性较好，可适用于 CCD 相机 1、3 - b、5 谱段，发射情况响应变化的全动态分砟

建议 CBERS - 02B 卫星正常运行期间，应定期采集星上内定标数据，对内定标数据进行统计分析与评估，比较不同时期内定标数据的变化，从而在一定程度上客观、定量化的反映 CCD 相机辐射响应

的稳定性和长期性能衰减程度，修正发射前实验室的相对定标和绝对定标系数，有效提高 CCD 相机在轨相对定标和绝对定标精度。

参 考 文 献

[1] Guan Hui. CBERS – 02B Satellite to Application Segment Interface Sepecification, 2006.
[2] 雷学武，吴君丽，等. CBERS – 01 CCD 星上定标数据在辐射校正中的应用 [J]. 国土资源遥感, 2003, 57 (3)：63 – 66.
[3] 林德莘. 资源一号卫星 CCD 相机辐射定标和图像辐射校正 [J]. 航天返回与遥感, 2000, 21 (2)：8 – 13.
[4] 萨宾 F·F. 遥感原理及解译 [M]. 北京：地质出版社, 1981.

Study on Changes in the Radiometric Sensitivity for CBERS – 02B CCD from Pre-launch to Post-launch

Li Zhaozhou, Zhao Xiang, Long Xiaoxiang

(China Centre for Resource Satellite Data and Application, Beijing 100094)

Abstract：The high-precision radiometric calibration technology is one of the primary technologies of modern remote sensing. Changes in radiometric sensitivity for remote sensors are a key factor of affecting radiometric calibration precision and validity. The paper analysis and evaluate the changes in radiometric sensitivity for CBERS – 02B CCD by using the inter-calibration data pre-launch and post-launch.

Key words：CBERS – 02B CCD Radiometric calibration Changes in radiometric sensitivity Inter-calibration data

中巴地球资源卫星02B星CCD、HR图像MTFC处理

曾湧，于晋，朱晓波

（中国资源卫星应用中心，北京 100094）

摘 要：调制传递函数补偿（MTFC）是目前图像处理中关键技术之一，是国内外图像复原普遍采纳的方法，是当今研究的热点，在遥感成像系统优化设计中发挥着重要作用。本文通过多个角度评价02B卫星CCD、HR图像MTFC效果，图像在经过MTFC算法处理后，高频部分明显增强，灰度分布明显比复原前图像的灰度分布更广阔，清晰度要远远好于原始图像，MTFC算法从一定程度上改善图像质量。

关键词：调制传递函数补偿 成像品质 图像复原 评价指标

1 引言

调制传递函数（MTF）是相机设计的重要指标。由于星上设备和各种成像条件的限制及离焦的影响，遥感获取得到的图像一般来说都是模糊和有噪声的退化图像，特别是随着频率的增加，这种退化效应表现的越来越严重，影响图像应用的广度和深度。首先，MTF偏低，影响遥感图像的信息量，造成图像纹理模糊，影响目视解译结果；其次，影响用户进行地物分类准确性和图像匹配的精度；最后，对于多波段合成图像，可能造成图像错位的虚假现象。为了使卫星遥感图像在各个领域得到充分应用，急需解决的问题是通过地面处理提高图像的清晰度和减少噪声。

针对模糊的遥感图像，一般采用空间图像增强的传统方法增强图像纹理。传统图像增强的方法，其目的大多是改善图像的目视效果。该方法首先确定一个高通滤波卷积核（窗口大小：3×3，5×5，$7 \times 7 \cdots$），然后用该卷积核与原始图像进行卷积，得到增强后的清晰图像。传统方法优点是算法成熟，运算速度较快；缺点是图像增强的同时引入了大量的颗粒噪声。本报告在频率域采用MTF思想改善图像质量，该方法在一定程度上属于图像恢复的范畴。对于补偿后图像，将通过目视判读与均值、标准方差以及边缘能量等指标对MTF复原方法的结果进行评价，测试有效性。

2 MTF的补偿原理和步骤

在卫星遥感中，图像本身固有的纹理与几何特性具有显著的衰退现象。原因在于遥感图像的获取是一个复杂的过程，其必然要受到入瞳前数百公里往返大气的衰减，入瞳后星载光学系统、传感器、电子线路及卫星飞行运动的衰减，该衰减可用系统MTF表达。系统MTF可分为静态和动态MTF，静态MTF为光学系统、传感器、电子线路、大气MTF的乘积；动态MTF为静态MTF与卫星运动MTF的乘积。若只探讨反演入瞳前的图像，此时系统MTF可由下式表示：

$$\text{MTF}_{静态}(f) = \text{MTF}_{光学}(f) \times \text{MTF}_{传感器}(f) \times \text{MTF}_{电路}(f) \quad (1)$$

$$\text{MTF}_{动态}(f) = \text{MTF}_{静态}(f) \times \text{MTF}_{运动}(f) \quad (2)$$

根据公式（1）、（2）不难发现，由于单个的MTF小于1，随着空间频率的提高，MTF变小，因

[作者简介] 曾湧（1972— ），1997年毕业于武汉测绘科技大学光电工程学院，获工学硕士，高级工程师。致力于卫星遥感图像的辐射校正、图像恢复等领域的研究，已发表文章多篇。

此，系统 MTF 不仅小于 1，且小于单个的 MTF，随着空间频率的提高，系统 MTF 衰减速度更快，图像纹理衰减加剧。

假设 $f(x, y)$，$g(x, y)$ 为入瞳前图像和经过星载光学系统、传感器、电子线路及卫星运动后的衰减图像，$F(u, v)$，$G(u, v)$ 为其离散傅立叶（Fourier）变换的频谱，PSF (x, y) 为系统的点扩散函数（PSF：point spread function）。MTF (u, v) 为 PSF (x, y) 离散 Fourier 变换的频谱，对于设计上较为完善的系统，PSF (x, y) 为一实的偶对称函数，从而 MTF (u, v) 亦为一实偶函数。根据成像原理，有：

$$g(x, y) = f(x, y) \times PSF(x, y) + n(x, y) \tag{3}$$

$$G(u, v) = F(u, v) \times MTF(u, v) + N(u, v) \tag{4}$$

$$F(u, v) = [G(u, v) - N(u, v)] / MTF(u, v) \tag{5}$$

$$f(x, y) = DFT^{-1}\{[G(u, v) - N(u, v)] / MTF(u, v)\} \tag{6}$$

式中 DFT^{-1}——二维离散 Fourier 逆变换。

图像复原处理过程中，由于高频部分相机的 MTF 较低，图像高频部分的锐度得到增强，但在增强图像信号锐度的同时，噪声也被显著放大。如果图像存在的噪声很少，在一定程度上处理是可行的，但对于高分辨率遥感器由于接受的光通量低，图像中存在的噪声往往很严重，需要进一步进行去噪声处理。由于图像噪声估计较为复杂，增强后图像去噪又会再次模糊图像，因此对公式（5）、（6）进行简化实现图像复原，如下所示。

$$F(u, v) = G(u, v) / [\gamma(u, v) MTF(u, v)] \tag{7}$$

$$f(x, y) = DFT^{-1}\{[G(u, v) / [\gamma(u, v) MTF(u, v)]\} \tag{8}$$

从而构造系统 MTF 和估计和寻找优化因子 $\gamma(u, v)$ 最为关键。

基于 MTF 遥感图像复原主要步骤为：

1）对 MTF 离散数据进行归一化处理，拟合插值，构造 MTF 矩阵。

2）对图像进行预处理。由于噪声亦属于高频信息，所以本方法放大有用信息的同时也会放大噪声信号，因此必须对图像进行预处理，尽可能地去除图像中的干扰。

3）对图像进行 FFT 变换。

4）对频谱图像的高频部分按 MTF 下降的某种规律进行拉伸。

5）对频谱图像进行 FFT 逆变换，得到恢复了高频信息的图像。

6）去噪处理（根据需要）。

算法流程图如图 1 所示。

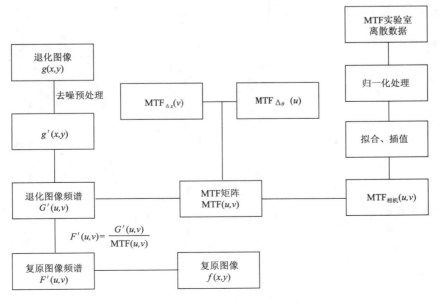

图 1　基于 MTF 遥感图像校正的框图

3 评价结果

为了便于分析与测试，选取建筑物和机场两个典型目标进行评价，目标尺寸为 256×256。实验中除使用目视解译，行廓线外，还采用了均值、标准方差、分块标准方差（5×5）以及边缘能量等客观指标对原始图像、MTF 复原图像进行比较。

3.1 目视判读

图2、图3分别为 CCD 相机建筑物和机场的原始图像和补偿后图像，采用了三彩色合成方式（R：B4，G：B3，B：B2），图4为 HR 相机机场的原始图和补偿后的图，图5、图6分别为单波段图像（B4）。从目视角度，复原图像的质量有很大改进，道路和建筑物等纹理更加清楚，同时噪声也没有明显放大。

（a）CCD 原始图像（建筑，三彩色）　　　　　（b）CCD 复原图像（建筑，三彩色）

图 2　CCD 相机建筑物图像

（a）CCD 原始图像（机场，三彩色）　　　　　（b）CCD 复原图像（机场，三彩色）

图 3　CCD 相机机场图像

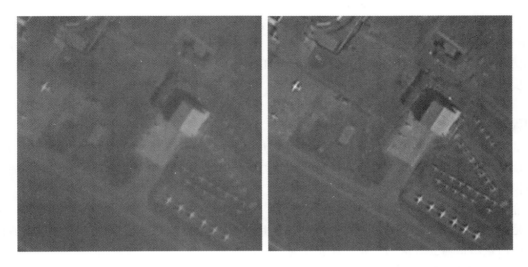

（a）HR 原始图像（机场，全色）　　　　　　　（b）HR 复原图像（机场，全色）

图 4　HR 相机机场图像

（a）原始图像（建筑，B4）　　　　　　　（b）复原图像（建筑，B4）

图 5　单波段建筑图像

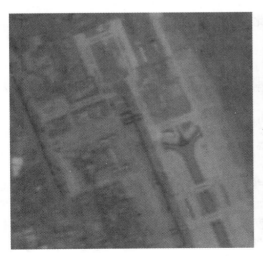

（a）原始图像（机场，B4）　　　　　　　（b）复原图像（机场，B4）

图 6　单波段机场图像

此外，为了定量的表示复原前后的差别，可以选取补偿前后同一行图像，绘制廓线，彩图 53 ~ 彩图 55 显示了复原前后图像某一相同行的灰度轮廓，从廓线可以发现：补偿后的图像与补偿前基本一致，但起伏更大，图像中灰度值较低的像素变得更低，而灰度值较高的像素变得更高，从而增强了图像的对比度。

3.2 图像指标评价

图像的清晰程度可以采用信息熵值、分块标准方差、对比度、边缘信号等指标评表征。其中信息熵值、分块标准方差、对比度、边缘信号越大、角二阶矩越小，表示图像的纹理细节越多，质量越高；反之图像模糊。

（1）信息熵值

熵值是图像所具有信息量的度量，纹理的复杂度越高就意味着图像信息量越大，其熵值也越大，这正是图像质量所最需要表征的。其计算公式为

$$H = \sum_{i=0}^{q-1} p(x_i)\log_2 p(x_i) \tag{9}$$

式中 $p(x_i)$ ——灰度等于 x_i 的概率密度；

对 8 比特量化的图像，q 为 256。

评价一幅卫星图像质量优劣与否，首先应该从其包含的信息量出发。若图像没有任何纹理，熵值为零，较好的说明该图像未包含任何信息。若图像上充满了细纹理，极端情况下是图像直方图均衡分布，此时熵值为最大值，说明包含了最多的信息，在 256 级灰度图中，这个最大值经计算为 8，而大多数卫星图像的信息熵一般为 3 ~ 5 左右。

（2）分块标准方差

采用分块思想，以 5×5（或 3×3、7×7、9×9 等）窗口为单位求取标准方差，最后计算各分块图像标准方差的平均值作为图像标准方差。

（3）角二阶矩

图像角二阶矩是灰度共生矩阵的二次统计量，具体为像素值的平方和，也称为能量，是图像灰度分布均匀性的度量。其计算公式为

$$f = \sum_{i=0}^{L-1} \sum_{j=0}^{L-1} \hat{p}^2(i,j) \tag{10}$$

从图像整体来观察，纹理较粗时，角二阶矩的值较大，反之则较小。这是因为在共生矩阵数值主要集中在对角线的情况下，图像纹理较均匀，可理解为图像纹理较粗。若图像为一单值图像，正规化的灰度共生矩阵中只有一点上具有值为 1 的数值，此时利用公式计算得到的数值为 1，为角二阶矩的最大值，也是图像均匀、纹理粗的极端情况。

（4）对比度

图像的对比度是用于评价图像纹理的参数，可理解为图像的清晰程度。其中计算过程中用到共生矩阵（参考相应文献），图像对比度的公式为

$$f = \sum_{n=0}^{L-1} n^2 \Big[\sum_{i=0}^{L-1} \sum_{j=0}^{L-1} \hat{p}(i,j) \Big] \tag{11}$$

式中 $|i-j| = n$。

在 $|i-j| = n$ 的约束条件下可知，若 $|i-j| = 0$，说明取共生矩阵中对角线上的元素，这些元素表征为相邻元素灰度值不发生变化的部分，即均匀元素对，这种情况下，根据公式可知 n 为零，其对比度亦为零，即图像均匀的极端情况，此时的对比度显然为零，满足理解上的需要。若 n 值较大，此时选取灰度共生矩阵中右上角和左下角元素，说明图像相邻元素变化的差异较大，存在着较为明显的灰度对比。从公式上看，n^2 进一步放大了相邻元素之间的灰度差异，更加突出对比程度。综上所述，图像中纹理的沟纹越深，其对比度越大，图像就越清晰，视觉效果越好。

（5）边缘信号

边缘是图像关于形状特征和细节的重要信息。边缘不同于噪声信号，它是有方向性的，可通过各向异性的滤波器来提取。在进行模板卷积运算时，有一种叫做方块效应过程将可能对边缘算子产生干扰，所以用45°，135°两个斜线方向上的归一化边缘算子 E_1、E_2 分别对图像进行卷积计算，相加后得到图像边缘 $e(x,y)$，即

$$e(x,y) = E_1(f(i,j)) + E_2(f(i,j)) = E(f(i,j)) \tag{12}$$

$$E_1 = \begin{bmatrix} \frac{1}{6} & -\frac{1}{6} & -\frac{1}{6} \\ -\frac{1}{6} & \frac{4}{6} & -\frac{1}{6} \\ -\frac{1}{6} & -\frac{1}{6} & \frac{1}{6} \end{bmatrix} \quad E_2 = \begin{bmatrix} -\frac{1}{6} & -\frac{1}{6} & \frac{1}{6} \\ -\frac{1}{6} & \frac{4}{6} & -\frac{1}{6} \\ \frac{1}{6} & -\frac{1}{6} & -\frac{1}{6} \end{bmatrix} \quad E = \begin{bmatrix} 0 & -\frac{1}{3} & 0 \\ -\frac{1}{3} & \frac{4}{3} & -\frac{1}{3} \\ 0 & -\frac{1}{3} & 0 \end{bmatrix}$$

定义 $\sigma_e^2 = \dfrac{1}{M \times N} \sum_{j=0}^{M-1} \sum_{i=0}^{M-1} e^2(i,j)$ 为边缘 $e(i,j)$ 的平均能量。

表1和表2分别为CCD相机建筑物和机场图像指标评价结果，表3分别为HR相机机场图像指标评价结果。熵值是图像所具有信息量的度量，纹理的复杂度越高就意味着图像信息量越大，其熵值也越大，在MTFC处理之后，其熵均增大，说明纹理细节增强了。边缘能量和清晰度同样是评价图像细节、清晰程度的指标，同样，在MTFC处理之后，边缘能量和清晰度都提高了不少。图像角二阶矩是灰度共生矩阵的二次统计量，从图像整体来观察，纹理较粗时，角二阶矩的值较大，反之纹理较细时，即细节信息较多时，其角二阶矩较小，MTFC处理之后，从角二阶矩的变化，同样说明纹理细节增加了。所以MTFC处理有效的提高了图像的清晰度，增强了纹理细节。从表1～表3中可以得到和目视效果一致的结论。

表1　CCD图像MTFC前后图像指标的比较（建筑物）

	B4		B3		B2	
	原始图像	MTFC 图像	原始图像	MTFC 图像	原始图像	MTFC 图像
信息熵值	3.42	3.74	3.29	3.61	2.58	2.93
分块标准方差	5.46	9.49	4.77	8.27	2.50	4.50
边缘能量	5.16	23.43	3.82	17.89	1.65	8.24
角二阶矩	0.003 04	0.001 22	0.003 32	0.001 32	0.012 12	0.004 51
对比度	9.18	31.14	8.64	29.68	2.68	10.27

表2　CCD图像MTFC前后图像指标的比较（机场）

	B4		B3		B2	
	原始图像	MTFC 图像	原始图像	MTFC 图像	原始图像	MTFC 图像
信息熵值	3.86	4.03	4.17	4.30	3.50	3.62
分块标准方差	4.63	7.34	6.94	10.99	3.71	6.01
边缘能量	2.67	12.26	5.18	22.80	2.09	9.71
角二阶矩	0.001 74	0.000 89	0.000 96	0.000 53	0.003 68	0.001 92
对比度	11.67	31.83	30.53	85.45	9.12	26.62

表3 HR 图像 MTFC 前后图像指标的比较（机场）

图像质量评价参数	原始遥感图像	MTF 补偿后图像
灰度均值	71. 44	70. 94
熵	3. 55	3. 67
灰度标准方差	2. 24	4. 38
边缘能量	2. 29	14. 48
角二阶矩	0. 006 39	0. 003 05
清晰度	5. 86	27. 81

4 结论

MTFC 是目前图像处理中关键技术之一，是国内外图像复原普遍采纳的方法，对退化图像进行复原，补偿了丢失的细节部分，同时噪声没有明显被放大。本文对 CBERS - 02B CCD、HR 相机遥感图像进行 MTFC 处理，并通过目视、客观等多个角度评价 MTFC 效果，图像在经过 MTFC 算法处理后，中、高频信息明显增强，灰度分布明显比复原前图像的灰度分布更广阔，清晰度要远远好于原始图像，MTFC 算法从一定程度上改善图像质量。

参 考 文 献

[1] TAEYOUNG CHOI. IKONOS Satellite on Orbit Modulation Transfer Function（MTF）Measurement. 2002.
[2] 满益云，陈世平，刘兆军，等. MTFC 在光学遥感成像系统优化设计中的应用研究. 航天返回与遥感，2007，28（4）.
[3] 张丰，MTF 的计算与遥感图像复原. 南京理工大学硕士学位论文，2005.
[4] 曾湧，于晋，杨雪梅，等. 基于调制传递函数 MTF 的 CBERS - 01 卫星 CCD 相机遥感图像校正研究. 中巴地球资源卫星应用研究文集，2003.
[5] 刘沁，陈世平，马文坡. 利用平滑约束复原方法处理 CCD 相机遥感图像. 中国空间科学技术，2003，（1）.

Study on MTF Compensation Application Based on CBERS 02B CCD and HR Image

Zeng Yong, Yu Jin, Zhu Xiaobo

（China Center for Resources Satellite Data and Applications, Beijing 100094）

Abstract：MTFC is one key technique of image processing, which is adopted for restoring degradation image both inside and outside, MTFC played a key role in remote sensing imaging system optimization design. In this paper, MTFC is used to process CBERS - 02B CCD and HR image, from different angle, MTFC result is appraised. And at the end of paper comes to conclusion, after MTFC the definition in the high frequency of image can be enhanced, so MTFC can restore and improve the degraded image quality at a certain extent.
Key words：MTFC Image quality Image restoration Appraise characteristic

CBERS-02/02B 卫星二级产品几何质量改进方法

郝雪涛

（中国资源卫星应用中心，北京 100094）

摘　要：对遥感卫星地面生产系统而言，其2级产品的几何质量是一项重要指标。影响几何质量的因素有相机焦距、主点等内方元素误差，姿轨的测量误差，时统误差和相机的安装偏差等。本文阐述了利用两行根数（TLE）数据和偏移矩阵提高 CBERS-02 星几何定位精度的方法，以及 CBERS-02B 卫星姿轨数据的处理方法。地面生产系统实际应用了这些方法后，产品的定位精度和几何畸变等得到了明显的改善。

关键词：遥感　几何校正　偏移矩阵　姿轨数据处理

1　引言

遥感卫星图像产品的几何质量包括内部几何精度和外部几何精度，内部几何精度指的是图像内部畸变，外部几何精度指的是地物的几何定位精度。通常影响几何质量的因素有相机焦距、主点等内方元素误差，姿轨的测量误差，时统误差和相机的安装偏差等。卫星发射前，相机的焦距和主点等内方元素都会有比较精确的测量，如何发射后内方元素不发生变化，则影响产品几何质量的主要是姿轨误差、时统误差和相机安装偏差等。CBERS-02 卫星的姿态数据由星上红外地平仪和陀螺测量得到，称为 AOCS 姿态；星历数据由地面上传轨道根数，然后星上计算机进行推算得到，称为 AOCS 星历。CBERS-02B 卫星为了提高几何定位精度，增加了 GPS 和星敏感器，分别提高星历和姿态测量精度。另外还可以从测控中心获得卫星的精轨数据和国外获得两行根数（TLE）数据。以上姿轨数据的性能见表1。

表1

项　　目	标称精度	稳定性
AOCS 姿态	0.15°（3σ）	好
星敏感器	18′（1σ）	差
AOCS 星历	4 km	好
GPS	15 m（1σ）	好
精轨数据	100 m	好
TLE	未知	好

从测量学的角度看，几何定位误差可以分为系统误差和随机误差，因此时统误差和相机的安装偏差可以认为是系统误差，可通过在相机的安装矩阵基础上增加一个偏移矩阵来消除。

本文将首先介绍两行根数引入 CBERS-02 星处理系统的情况，然后阐述了2种偏移矩阵的计算方法和应用效果，接着介绍 CBERS-02B 姿轨数据处理方法和应用效果，最后是结论。

［作者简介］　郝雪涛（1977—　），2006 年毕业于北京航空航天大学仪器科学与光电工程系，博士学位，主要空间遥感图像处理和几何校正等研究工作。E-mail：hxt@ cresda. com。

2 两行根数和精轨数据对比

美国北美防空联合司令部对所有国家的卫星进行轨道测量，并以两行式轨道数据，又称两行根数（TLE）的形式通过网站 http：//www. celestrak. com 对外发布，每天更新 3~4 次。在网上注册后，即可获取所有公开的卫星两行根数数据。

根据 TLE 数据，用 STK 软件进行仿真，采用 SGP4 模型，选择最接近所要仿真的时间段，推算后获得该时段的星历数据。将 TLE 产生的星历数据加入到 CBERS-02 星生产系统中后，相比 AOCS 的星历数据，TLE 数据明显能够提高几何定位精度。下面是 TLE 产生的星历数据和测控中心提供的精轨数据的对比。

图 1 表示了测控中心星历数据和 TLE 推算星历的星下点对比图，右图为左图中渤海地区的放大图。图中两种数据基本重叠，只在部分点上（五角星表示）有所重影，其他点则难以分开。用 TLE 星下点数据减去测控中心星下点数据，得到两者的星下点偏差，如图 2 所示。图中可以看出：

1）两者偏差并非随机误差，而是存在系统误差，原因是 STK 的轨道推算模型不同。

2）统计偏差数据的均方根，东西方向 231 m，南北方向 631 m；同时均方差为东西方向 40 m，南北方向 138 m，圆偏差 144 m。均方根和均方差不一致，说明有系统误差存在。

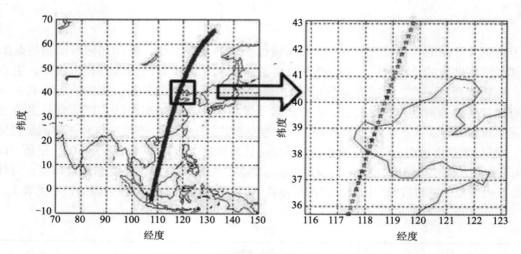

图 1　测控中心星历数据和 TLE 推算数据的星下点对比图

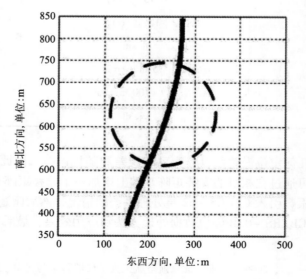

图 2　精轨数据和 TLE 数据的星下点偏差

从以上分析可以看出，对于 CBERS – 02 星，缺少 GPS 数据时和精轨数据时，基于 STK 推算的 TLE 星历数据可以用于生产系统代替 AOCS 星历数据，从而可以提高图像定位精度。

3　偏移矩阵计算方法

卫星发射前，将会测量相机在星上的安装偏差角，获得安装矩阵；待卫星发射后，相机安装方向可能发生变动，加之姿轨和时统的系统误差，需要增加一个偏移矩阵来综合吸收各方面的系统误差，以提高最终产品的几何定位精度。下面介绍两种偏移矩阵计算方法，一种是正向模型法，另一种是偏转角误差投影法。

3.1　正向模型法

正向模型法的流程图如图 3 所示。图中可以看出，正向模型法的流程主要可以分为 2 路，一路是由 1 级图像提取控制点，经过一系列坐标转换获得相机焦平面坐标系下的控制点成像向量在卫星平台坐标系中的向量，用 u_{SAT} 表示；另一路是在参考图像中进行控制点提取，该控制点对应与 1 级图像提取的特征点，同样经过一系列坐标系转换和矢量计算，获得控制点在卫星平台坐标系下的向量，用 $\hat{u}_{SAT}$ 表示。

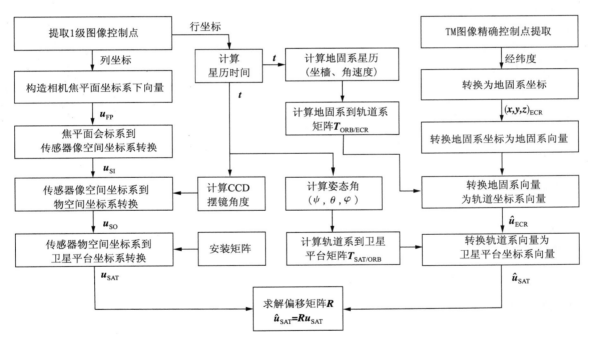

图 3　正向模型法求解偏移矩阵流程

● 控制点选取。选择两者共同拥有的明显地物目标点作为控制点。1 景图像中控制点个数可以选择 6 个以上，并尽量在图像上均匀分布。对控制点编号，记录参考图像上控制点的经纬度，记录预处理图像上控制点对应行的时间和行列坐标。

● 视向量转换。利用预处理图像控制点的列坐标可以构造相机焦平面坐标系下的向量 u_{FP}，然后，将相机焦平面坐标系下的向量转换到传感器像空间坐标系，得到 u_{ST}；根据当前摆镜位置，将传感器像空间坐标系的向量转换到物空间坐标系，得到 u_{SO}；将传感器物空间坐标系的向量转换到卫星平台坐标系，得到 u_{SAT}。

● 参考图像控制点推算。将参考图像上控制点的经纬度 (u, v) 转换为地固系坐标 (x, y, z) ECR；将此 3 维坐标归一化得到地固系向量 u_{ECR}。然后，将地固系向量转换为轨道坐标系向量 u_{ORB}。

最后，将轨道坐标系向量转换为卫星平台坐标系向量 u_{SAT}。

● 最小二乘法计算偏移矩阵。正向模型中，当所有参数，包括星历、姿态和相机模型参数等都准确时，由正向模型推算得到的卫星平台坐标系下控制点向量和由参考图像得到的控制点向量应一致。但是，由于相机的安装偏差以及其他系统偏差造成上述向量之间存在小的角度偏差。根据线性代数原理，可以通过一个正交矩阵 R 完成 2 个向量之间的转换。即

$$\hat{u}_{SAT} = R u_{SAT}$$

由于正交矩阵 R 具有 3 个自由度，因此需要至少 2 个控制点向量来求解。但是实际计算过程中将会选择远多于 2 个控制点，构成超定方程，通过优化计算得到最优解。

3.2 偏转角误差投影法

除了正向模型法，还可以利用滚转和俯仰两个方向误差角来计算偏移矩阵，称为偏转角误差投影法。这里定义滚转和俯仰方向的偏转角 θ 和 φ 为：

$$\theta = \theta_0 + \tilde{\theta}, \varphi = \varphi_0 + \tilde{\varphi}$$

式中　θ_0，φ_0——分别为滚转和俯仰方向的系统误差；

　　　$\tilde{\theta}$，$\tilde{\varphi}$——分别为滚转和俯仰方向的随机误差。

根据偏移矩阵对偏航角不敏感的特点，可以仅利用 θ_0 和 φ_0 2 个角度值来计算偏移矩阵。

投影偏转角计算。卫星遥感图像在地图投影坐标系上的偏转角主要受到三个因素的影响，一个是卫星姿态中的偏航角 ψ，第二个是卫星轨道倾角 i，第三个是卫星当前偏流角 λ。由于卫星轨道倾角的存在，使得卫星飞行过程中，其轨道投影和地球纬度圈的交角随纬度变化而变化，在赤道 0 纬度为卫星的标称轨道倾角的余角，随着纬度升高卫星轨道投影和地球纬度圈的交角逐渐减小，直至相切为 0。定义该飞行角为 β_0。

$$\tan\beta_0 = \frac{-1}{\tan i \sin\rho}, \cos\rho = \frac{\sin\Phi'_0}{\sin i}$$

式中　ρ——距离远地点的时间，用弧度表示；

　　　Φ'_0——地心纬度。

$$\Phi'_0 = \Phi_0 - \arcsin(Ne^2\sin\Phi_0\cos\Phi_0/R)$$

式中　Φ_0——景中心大地测量纬度；

　　　R——轨道半径。

$$N = \frac{a}{(1 - e^2\sin^2\Phi_0)}$$

地球椭球体模型定义了半长轴 a 和偏心率 e。另外，由于地球旋转形成偏流角。真实地图投影的偏转角包括了上述卫星飞行角和偏流角。偏流角的计算公式为：

$$\tan\lambda = \frac{\omega_0\cos\Phi'_0\cos\beta}{V_0 + \omega_0\cos\Phi'_0\sin\beta}$$

式中　ω_0——地球旋转角速度；

　　　V_0——卫星角速度。

真实地图投影的偏转角 $\beta = \beta_0 + \lambda$。

误差投影和偏移矩阵计算。首先如前所述，获得将由卫星图像上提取得到的控制点和从参考图像上得到控制点。一景图像真实的偏转角为 β，则地图投影坐标系中的控制点偏差向量 (x', y')，将该偏差向量转换到飞行投影坐标系中得到 (x, y)。飞行投影坐标系中控制点坐标相减后得到平均意义上的 $(\Delta\bar{x}, \Delta\bar{y})$。设卫星高度为 h，根据三角函数关系，则可推算出偏移矩阵中的滚转和俯仰方向的偏转角。

$$\theta = \arctan(\frac{\Delta x}{h}), \varphi = \arctan(\frac{\Delta y}{h})$$

根据多景图像计算上述两个偏转角的平均值后，可以得到偏移矩阵如下：

$$\boldsymbol{R} = \begin{bmatrix} 1 & 0 & 0 \\ 0 & \cos\varphi & \sin\varphi \\ 0 & -\sin\varphi & \cos\varphi \end{bmatrix} \begin{bmatrix} \cos\theta & 0 & \sin\theta \\ 0 & 1 & 0 \\ -\sin\theta & 0 & \cos\theta \end{bmatrix}$$

在利用了 TLE 数据和偏移矩阵方法后，CBERS - 02 星的 CCD 图像几何定位精度获得了明显的改进，从原来不稳定的 4 km 左右提高到了 1 km 以内。在 CBERS - 02B 星的在轨测试中，利用星上下传的 GPS 和 AOCS 姿态数据，采用该偏移矩阵计算方法后，将 CCD 图像约 14 km 的系统偏差纠正到了 1 km 左右。

4 CBERS - 02B 星姿轨数据处理

对于带有噪声、空缺和野值的数据，需要进行相应的平滑和滤波处理。经过分析和实验，对于 CBERS - 02B 的姿轨数据首先利用设定阈值剔除野值，然后采用了分段拟合的方法拟合该段数据，姿轨数据时间覆盖当前景采集的时间。如果直接采用有噪声的数据，图像会发生扭曲的现象；拟合后，如图 4 所示图像扭曲现象被消除。

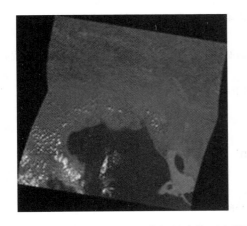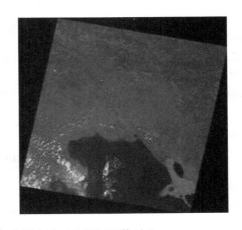

图 4　星历数据拟合前（左图）和拟合后（右图）图像对比

卫星上两台星敏感器测量结果以光轴矢量的方式下传，地面处理系统根据双矢量定姿原理，采用 TRIAD 方法来计算卫星在惯性系下的姿态。但在计算姿态矩阵前，需要对星敏感器数据进行平滑和滤波处理，以消除野值和噪声。如图 5 所示，分别为星敏感器数据拟合前后的图像，拟合前图像存在明显的扭曲现象，拟合后图像扭曲被消除。

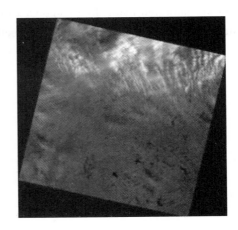

图 5　星敏数据拟合前（左图）和拟合后（右图）图像对比

同理，对于卫星的 AOCS 姿态和 GPS 数据也进行了相应的处理。

5 结论

本文总结了在 CBERS – 02/02B 卫星几何质量改进中的一些方法，包括 TLE 数据应用、偏移矩阵计算和姿轨数据平滑滤波等。通过应用这些方法，地面生产系统的二级产品几何定位精度和畸变等方面都得到了明显的提高和改善。以上的方法将对于 CBERS 系列卫星后继星的数据处理有着很好的借鉴作用。

参 考 文 献

[1]   Frequently Asked Questions：Two-Line Element Set Format，www. celestrak. com.
[2]   Calculating EO – 1 Heading，Heading for Hyperion and EO – 1 CalVal Missions，Office of Space Science & Applications Earth Observation Centre.
[3]   Frequently Asked Questions：Two-Line Element Set Format，www. celestrak. com.
[4]   徐建艳，侯明辉，于晋，曾湧. 利用偏移矩阵提高 CBERS 图像预处理几何定位精度的方法研究 [J]. 航天返回与遥感，2004，25 (4).
[5]   张过，袁修孝，李德仁. 基于偏移矩阵的卫星遥感影像系统误差补充方法 [J]. 辽宁工程技术大学学报，2007，26 (4).
[6]   陆春玲，张伍. GPS 定位数据在海洋一号卫星中的应用与比较 [J]. 空间科学学报，2004，24 (3).

Geometric Quality Improvement for CBERS – 02/02B Satellite

Hao Xuetao

(China Center for Resources Satellite Data and Application，Beijing   100094)

Abstract：Level 2 product geometric quality is an important aspect for CBERS – 02/02B satellite ground data processing system. Elements that influence the quality include focus length and principal point error，attitude and epoch error，time error，mount error，etc. TLE data propagation method and offset matrix calculation method are presented，and CBERS – 02B satellite & epoch data processing method are introduced. Geometric qualities are improved markedly by applying these methods.

Key words：Remote sensing   Geometric correction   Offset matrix   Attitude & epoch data processing

CBERS-02B HR 相机星上内定标数据分析方法研究

康倩，赵祥，李照洲，龙小祥

（中国资源卫星应用中心，北京 100094）

摘　要：本文针对 CBERS-02B HR 相机星上内定标数据，提出并使用归一化校正系数，分析了前后两个时间的星上内定标数据变化情况。分析结果表明，可以使用星上内定标数据定性地或半定量地监测传感器在轨的状态变化情况。本文采用的数据处理方法可以为同类数据处理提供方法借鉴。

关键词：CBERS-02B　HR 相机　星上内定标

1　引言

传感器辐射定标包括相对辐射定标与绝对辐射定标，相对辐射定标主要是校正各个探元之间的差异[1-3]，绝对辐射定标主要是确定如何把数据从 DN 值转化到辐亮度值。在这两种辐射定标中，相对辐射定标非常关键，是绝对辐射定标及后续定量化应用的前提。传感器定标数据包括实验室定标数据、外场定标数据及星上内定标数据。在这些定标数据中，经常使用前两种定标数据，计算得到传感器的相对定标系数与绝对定标系数[4-7]，而星上内定标数据，由于其处理应用比较复杂，直接应用的相对较少。

CBERS-02B 星 HR 相机的星上定标装置为 3 盏定标灯，分别为 HR 相机 3 片 CCD 焦面提供准均匀照明。本文基于 CBERS-02B 星 HR 相机两次内定标数据，分析研究了 CBERS-02B 卫星发射前后 HR 相机的内定标系统及相机的状态变化情况。

2　数据与方法

2.1　数据

CBERS-02B 卫星于 2007 年 8 月 18 日在靶场开展了一次卫星发射前星上内定标成像试验（地面），2007 年 10 月 31 日进行了一次发射后星上内定标（在轨）。

第 1 次内定标成像时 HR 相机的 TDI 级数为 36，增益设为 4.5dB；第 2 次在轨星上内定标对不同 TDI 级数（包括 12、24、36 三级 TDI 级数）、不同增益（包括 4.5、7.5、10.5 三种增益）状态下均进行了成像。彩图 56 为两次内定标原始数据，从图中可以发现，相同 TDI 级数、相同增益状态下，在轨星上内定标获得的数据 DN 值较大。

2.2　数据分析方法

2.2.1　同一状态下，同一探元获得的内定标数据的稳定性分析

首先，分别计算 HR 相机两次内定标数据均值，即在同一测量状态下，计算 12 288 个探测元 4 128 行 DN 值的平均值；之后，使用公式 $Y = (B - A)/A \times 100\%$ 计算两次内定标数据的相对误差，其中 B

[作者简介]　康倩（1982—　），2004 年毕业于西南民族大学通信工程专业，2007 年在中国空间技术研究院获硕士学位，主要从事遥感图像预处理研究工作。

是后一次内定标数据均值，A 是前一次内定标数据均值。

2.2.2 不同探元之间的相对变化分析

数据处理流程参见图 1，具体方法如下：

首先，分别计算 HR 相机两次内定标数据均值，即在同一测量状态下，计算 12 288 个探测元 4 128 行 DN 值的平均值；

其次，结合 HR 相机实验室定标数据，对两次内定标数据均值进行归一化校正，进行各探元之间的不均匀性校正；

最后，将归一化校正后的两次内定标数据进行比对，分别计算出第二次内定标与第一次内定标的比值 K，再计算出 K 的均值 $\bar{K}$，并代入公式 $Y = (B - \bar{K}A)/A \cdot 100\%$，计算得到各探元变化情况。

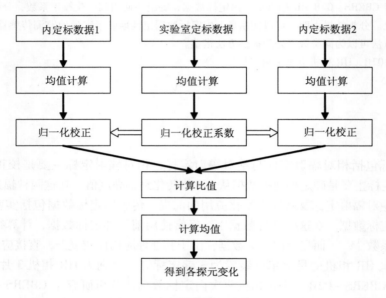

图 1　内定标数据比对分析流程

3　结果与分析

3.1　两次内定标数据的稳定性（两次内定标数据的差异性、前后一致性）

图 2 显示了前后两次内定标数据的相对变化，使用 $Y = (B - A)/A$ 进行计算，其中 B 是后一次内定标数据均值，A 是前一次内定标数据均值。从该图可以看出，各探元均有不同程度的变化，相对变化最小为 4.12%，最大为 7.21%。相对变化的主要原因包括两个方面：其一是光源的不稳定性，经研究光源强度的变化可以通过增益去除；其二是相机系统的不稳定性。

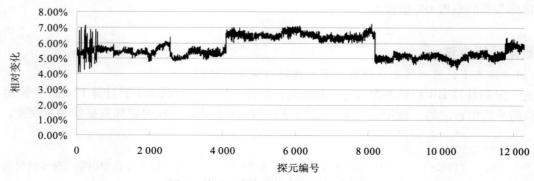

图 2　前后两次内定标各探元相对变化

3.2 内定标数据的分散程度（每一次内定标数据各探元的内部变化）

为了分析每一次内定标数据的分散程度，可以使用变异系数进行分析。变异系数定义为标准差与均值的比值，用来度量相对于平均取值的分散程度。两次内定标数据的变异系数参见图3和图4。前后两次内定标数据标准差的均值分别为0.438、0.616，变异系数的均值分别为0.29%、0.387%。分析结果可以看出，第一次内定标数据稳定性优于第二次内定标数据。

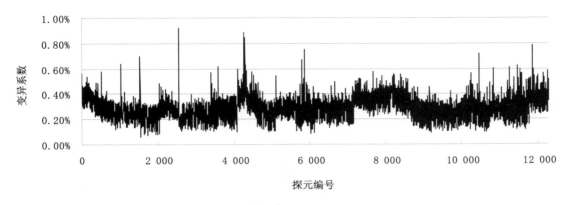

图3　2007年8月18日内定标数据变异系数

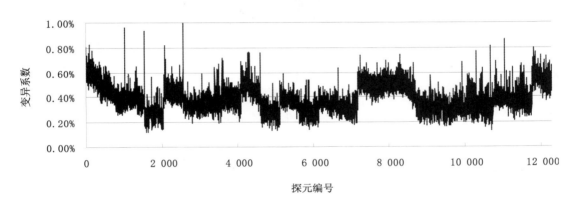

图4　2007年10月31日内定标数据变异系数

3.3 不同探元之间的相对变化

图5是两次内定标数据相对变化状况图，数据由公式 $Y = (B - \bar{K}A)/A\ 100\%$ 计算得到。图6是各探元相对变化概率分布图。从图5与图6可以看出，前后两次内定标数据变化状况较小，绝大部分探元变化均在±0.5%以内。为了具体地分析探元变化的分布情况，表1对所有的探元相对变化（绝对值）状况进行了累积概率统计。从表1可以看出，82.85%探元相对变化在±0.3%以内，90.33%探元相对变化在±0.4%以内，接近全部的探元变化均在±1%以内。

以上分析结果表明，第二次内定标数据与第一次内定标数据相比，经过系统归一化校正，再通过去除光源与相机系统引入的综合增益，各探元之间差异性变化较小。

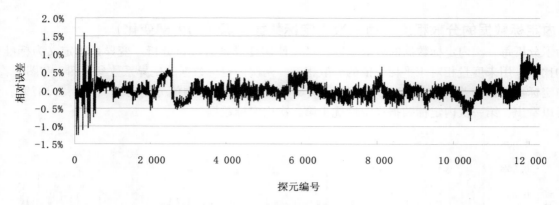

图 5　两次内定标数据相对变化

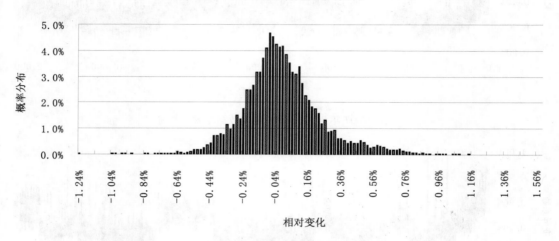

图 6　相对变化概率分布图

表 1　相对变化累积概率分布

相对变化	累积概率分布	相对变化	累积概率分布	相对变化	累积概率分布	相对变化	累积概率分布
0.00%	4.16%	0.36%	87.87%	0.72%	98.42%	1.08%	99.76%
0.02%	12.16%	0.38%	89.18%	0.74%	98.59%	1.10%	99.78%
0.04%	19.92%	0.40%	90.33%	0.76%	98.73%	1.12%	99.78%
0.06%	27.63%	0.42%	91.55%	0.78%	98.87%	1.14%	99.82%
0.08%	35.40%	0.44%	92.42%	0.80%	98.93%	1.16%	99.85%
0.10%	42.89%	0.46%	93.23%	0.82%	99.04%	1.18%	99.86%
0.12%	49.31%	0.48%	94.03%	0.84%	99.13%	1.20%	99.88%
0.14%	54.74%	0.50%	94.70%	0.86%	99.19%	1.22%	99.89%
0.16%	59.97%	0.52%	95.22%	0.88%	99.24%	1.24%	99.92%
0.18%	64.47%	0.54%	95.66%	0.90%	99.31%	1.28%	99.95%
0.20%	68.70%	0.56%	96.06%	0.92%	99.36%	1.32%	99.96%
0.22%	72.75%	0.58%	96.50%	0.94%	99.41%	1.36%	99.98%
0.24%	75.72%	0.60%	96.87%	0.96%	99.48%	1.40%	99.98%
0.26%	78.41%	0.62%	97.20%	0.98%	99.53%	1.44%	99.99%
0.28%	80.78%	0.64%	97.53%	1.00%	99.58%	1.48%	99.99%
0.30%	82.85%	0.66%	97.75%	1.02%	99.62%	1.52%	99.99%
0.32%	84.76%	0.68%	97.98%	1.04%	99.67%	1.56%	99.99%
0.34%	86.52%	0.70%	98.19%	1.06%	99.72%	1.58%	100.00%

4 结论

各探元在两次内定标数据均有不同程度的变化，前后两次相对内定标数据原始 DN 值相对变化介于 4.12% 与 7.21% 之间，变化来源于内定标光源与整个相机系统两方面。为了更好地分析相机的稳定性，可以对 HR 相机进行多次星上内定标。

经研究，定标灯光源与相机系统引入的误差可以通过扣除平均增益进行减少，经过系统归一化校正，再扣除光源亮度变化与相机系统引入的平均增益后，95% 的探元前后两次内定标各探元相对变化介于 -0.5% 与 0.5% 之间，各探元之间的差异性变化较小。

由于 HR 相机内定标系统光源的均一性、稳定性等均差于实验室定标系统光源，使用内定标数据计算各探元的相对变化时会引入部分误差，从而造成各探元存在一些相对变化。但是，通过分析内定标数据，我们仍可以定性地或半定量地监测相机的状态变化情况。

参 考 文 献

[1] 郭建宁，于晋，曾湧，等. CBERS - 01/02 卫星 CCD 图像相对辐射校正研究 [J]. 中国科学（增刊 I），2005，35.

[2] 陈大羽，吴雁林. 环境一号卫星 CCD 相机相对定标数据处理 [J]. 航天返回与遥感，2007，6.

[3] 曾湧，张宇烽，徐建艳，等. 中巴资源一号卫星 02 星 CCD 相机实验室辐射定标算法分析 [J]. 航天返回与遥感，2005，06.

[4] SINGH A. The matic Mapper Radiometric Correction Research and Development Results and Performance [J]. Photogrammetric Engineering&Remote Sensing，1985：1379 - 1383.

[5] BRADLEY G H，KRAUSE K. Relative radiometric correction of QuickBird imagery using the side-slither technique on-orbit [J]. Proc. SPIE5542，2004.

[6] HIDEYUKI TONOOKA，FRANK D，PALLUCONI，SIMON J，et al. Vicarious Calibration of ASTER Thermal Infrared Bands [J]. IEEE TRANSACTIONS ON GEOSCIENCE AND REMOTE SENSING，VOL. 43，NO. 12，2733 - 2746，DECEMBER 2005.

[7] THOME K J，BIGGAR S F，GELLMAN D I，SLATER P N. Absolute-Radiometric Calibration of Landsat - 5 Thematic Mapper and the Proposed Calibration of the Advanced Spaceborne Thermal Emission and Reflection Radiomete [J]. IEEE 2295 - 2297，1994.

Research of the On-Board Calibration Data Analysis Method for CRESDA - 02B HR Camera

Kang Qian，Zhao Xiang，Li Zhaozhou，Long Xiaoxiang

（China Centre For Resources Satellite Data & Application，Beijing　100094）

Abstract：In this paper，based on the On-Board Calibration Data of CRESDA - 02B HR Camera，the author analyzes the change of the data in two hours by using calibrating coefficients. The results present we can use the On-Board Calibration Data to monitor the change of the data. The method of this paper can be used for reference in the congener data process.

Key words：CBERS - 02B　HR camera　On-board calibration

评价压缩对遥感图像几何质量影响的方法研究

赫华颖，陆书宁，徐建艳

（中国资源卫星应用中心，北京　100094）

摘　要：首先简述了基于小面元模型的目标定位原理。然后详细介绍了一种基于该原理的评价压缩对遥感图像几何质量影响的方法——曲面拟合极值法。最后通过实验证明了该方法的可靠性，并得出了一些重要结论。

关键词：遥感图像　几何质量评价　几何畸变　曲面拟合　极值

1　引言

图像压缩技术被广泛应用于遥感卫星领域，特别是几乎所有的高分辨率遥感卫星均采用了有损压缩技术。CBERS‑02B 上 HR 相机的图像具有 2.36 m 的分辨率，在数传过程中采用一种 SPIHT 算法的改进算法，8∶1压缩下传。压缩能带来传输和存储效率的提高，但图像质量会有一定的损失。遥感图像的质量通常分为辐射质量和几何质量。辐射质量指图像的可理解性和可识别性；几何质量指图像的可量测性和可定位性，它表征了图像正确反映原始景物形状、大小和位置的能力，通常使用图像进行摄影测量定位的精度来表达。遥感图像经压缩后，会产生灰度值的失真，辐射质量会下降；图像中的边缘、标志点、特征点等高频信息也损失较大，几何质量也会下降。目前，在遥感图像质量的常用客观评价方法中，峰值信噪比、信息熵、角二阶矩和对比度等都是对图像辐射质量的评价，而图像几何质量的评价方法很少。本文介绍了一种基于小面元模型目标定位原理的几何质量评价方法——曲面拟合极值法，其主要思想是把图像分成若干块，用简单的曲面（如二次、三次曲面）建立图像块的小面元模型，计算图像经压缩后每个有极值的块曲面极值点的位置变化，将其作为该块的几何畸变，然后求出全幅图像各块极值位移的平均值，作为全幅图像的几何畸变。本文中选用的实验图像为 CBERS‑02B 星的 HR 图像。

2　基于小面元模型的目标定位原理

目标的定位是利用已知的模板对图像进行处理、分析和识别，并确定与该模板最吻合的目标的位置。目标主要是指明显地物在图像上的反映，或者是数字图像自身的明显标志，例如道路、河流的交叉口、田角、房角、建筑物上的明显标志、地面人工标志点等等。这些目标不是孤立的像素点，而必须是由有特定的灰度分布和形状分布的一组像素点组成，有明显的灰度变化和一定面积大小，它们可以是圆点、角点、交叉点、直线、特征曲线等。在图像的定向和定位时，需要将这些目标提取出来，并精确的确定其位置。

数字图像被认为是连续函数的采样阵列，有关图像的大多数思想首先是在连续函数上进行讨论，然后使用离散逼近法来计算所需要的性质。反之，也可以从采样图像中估计连续函数。遥感图像纹理丰富，信息量大，灰度分布复杂，连续灰度函数可能包含 x 和 y 的超阶幂方。因此考虑寻找能最逼近小区域灰度值分布的分段解析函数，即小面元模型。图像的任意局部表面总可以用近似简单的曲面

[作者简介]　　赫华颖（1981—　），助理工程师，2004 年毕业于华东理工大学自动化系，2008 年在中国空间技术研究院获硕士学位。主要从事遥感图像压缩及其质量评价的研究工作。

（如二次曲面）予以描述[1]。即一个小块图像灰度可以表示为

$$g(x,y) = I(x,y) + n(x,y) \tag{1}$$

$$I(x,y) = k_1 + k_2 x + k_3 y + k_4 x^2 + k_5 xy + k_6 y^2 \tag{2}$$

其中可以将 $I(x,y)$ 理解为理想情况下的图像，$n(x,y)$ 为噪声。$g(x,y)$ 为观察到的实际图像。则在该小块面积内的灰度函数可利用一个窗口中的各像素进行最小二乘拟合求出，即求出逼近系数 k_i（$i = 1, 2, \cdots, 6$）。

基于小面元模型的目标定位就是通过小面元模型计算出灰度函数上具有鲜明特征的点，如曲面的极值点、曲率的边缘点等，将其作为目标，精确确定其位置。

3 曲面拟合极值法

基于小面元模型目标定位原理的曲面拟合极值法，首先将图像分成若干块，用一个多项式建立图像块的小面元模型，然后计算出逼近系数，最后在有极值的块内，求出拟合曲面的极值位置，计算出图像块压缩前后极值位置的位移，作为这一块的几何畸变，并统计出全幅图像中图像块极值位置的位移的平均值，作为全幅图像的几何畸变。

本文具体实验过程如下。

（1）实验图像和压缩方案的选取

本文选取广州（城市和水域）、北京（城市）、郑州（城市、水域和植被）和营口（山）四个地区的 CBERS－02B 星的 HR 图像作为实验图像，其空间分辨率为 2.36 m，大小为 512×512 像元。这四幅图像包含的地物不同，其高频和低频分量的分布（即频谱特征）也就不同，相同的压缩方法和压缩比对其几何质量产生的影响也不同。本文用经典的 SPIHT 算法分别对上述四幅图像进行 2:1、4:1、6:1、8:1 和 10:1 压缩，并求出压缩重构图像的峰值信噪比 $PSNR$[2]，其计算公式为：

$$PSNR = -10 \lg \frac{MSE}{255 \times 255}, MSE = \frac{1}{MN} \sum_{j=0}^{M-1} \sum_{i=0}^{N-1} \left[I(i,j) - I'(i,j) \right]^2$$

式中 M，N——分别为图像每行和每列的元素数；

$I(i,j)$ 和 $I'(i,j)$——分别为原始图像和重构图像在 (i,j) 点的灰度值。

（2）图像块的灰度曲面拟合

将压缩前后的 8 幅图像分别进行两种分块：32×32 块和 16×16 块。用三次多项式建立图像块的小面元模型：

$$I(x,y) = k_1 + k_2 x + k_3 y + k_4 x^2 + k_5 xy + k_6 y^2 + k_7 x^3 + k_8 x^2 y + k_9 xy^2 + x_{10} y^3 \tag{3}$$

此处 x 和 y 分别取图像块灰度矩阵中的行号和列号。将块内每个元素按照（3）式列成一个方程。这样每块就形成了一个线性方程组：

$$A \cdot K = B \tag{4}$$

以 32×32 块为例

$$A = \begin{bmatrix} 1 & x|_{x=1,y=1} & y|_{x=1,y=1} & x^2|_{x=1,y=1} & xy|_{x=1,y=1} & y^2|_{x=1,y=1} & x^3|_{x=1,y=1} & x^2 y|_{x=1,y=1} & xy^2|_{x=1,y=1} & y^3|_{x=1,y=1} \\ 1 & x|_{x=2,y=1} & y|_{x=2,y=1} & x^2|_{x=2,y=1} & xy|_{x=2,y=1} & y^2|_{x=2,y=1} & x^3|_{x=2,y=1} & x^2 y|_{x=2,y=1} & xy^2|_{x=2,y=1} & y^3|_{x=2,y=1} \\ M & & & & O & & & & & M \\ 1 & x|_{x=15,y=16} & y|_{x=15,y=16} & x^2|_{x=15,y=16} & xy|_{x=15,y=16} & y^2|_{x=15,y=16} & x^3|_{x=15,y=16} & x^2 y|_{x=15,y=16} & xy^2|_{x=15,y=16} & y^3|_{x=15,y=16} \\ 1 & x|_{x=16,y=16} & y|_{x=16,y=16} & x^2|_{x=16,y=16} & xy|_{x=16,y=16} & y^2|_{x=16,y=16} & x^3|_{x=16,y=16} & x^2 y|_{x=15,y=16} & xy^2|_{x=16,y=16} & y^3|_{x=16,y=16} \end{bmatrix}$$

为 256×10 的矩阵，

$$K = \begin{bmatrix} k_1 & k_2 & k_3 & k_4 & k_5 & k_6 & k_7 & k_8 & k_9 & k_{10} \end{bmatrix}^T$$

$$B = \begin{bmatrix} G(1,1) & G(2,1) & L & G(15,16) & G(16,16) \end{bmatrix}^T_{1 \times 256}$$

$G(x,y)$ 为图像块灰度矩阵第 x 行第 y 列的值。

由此可知，求图像块的灰度拟合曲面，也就是求逼近系数 k_i（$i = 1, 2, \cdots, 10$），就相当于解方

程组（4）。显然这个方程组是病态的，无法求出精确解，但可以求出其最小范数最小二乘解 $K = A^+ B$，A^+ 是 A 的广义逆。

本文选用目前解这种方程组最好的方法——奇异值分解法（SVD 方法[3]）求 A^+，从而解出 K。由奇异值分解定理可知：已知任何矩阵 $A_{m \times n}$，rank（A）= r，（$r \leqslant n$），则必然存在正交矩阵 $U_{m \times m}$、正交矩阵 $V_{m \times m}$ 和对角阵 $\sum_{m \times n}$，使得 $U^T A V = \sum$，即 $A = U \sum V^T$，其中 $\sum$ = diag（σ_1，σ_2，$\cdots$，σ_r，O，$\cdots$，O），σ_i^2 是 $A^T A$ 的第 i 个特征值，且 $\sigma_1 > \sigma_2 > \cdots > \sigma_r > 0$。这些对角元素 σ_i（$i = 1$，2，$\cdots$，r）称为矩阵 A 的奇异值。根据正交矩阵的性质可知 $U^{-1} = U^T$，$V^{-1} = V^T$，则 $A^+ = (U \sum V^T)^{-1} = (V^T)^{-1} \sum^{-1} U^{-1} = V \sum^+ U^T$，其中 $\sum_{n \times m}^+ = [\sigma_{n \times n}^{-1} MO_{(n \times m - n)}]$，则 $K = A^+ B = V \sum^+ U^T B$。

正交矩阵参与运算不会放大原来误差，但是 $\sum^+$ 中那些很小的奇异值会直接影响方程组求解的精度。因此在求解时要设置一个奇异值阈值，将小于该值的奇异值舍去。本文分别将每一个奇异值作为阈值，并选定一个求解精度的测度[4] $\delta = \sum_{x=1}^{n} \sum_{y=1}^{m} [I(x,y) - G(x,y)]^2$，用使 δ 达到最小的奇异值阈值作为该块最终的阈值。

（3）图像块灰度拟合曲面极值的求取

图像块灰度拟合曲面极值的求取实际上就是多元函数极值点的求取。本文用最速下降法[5]求 $I(x, y)$ 的极小值，它的极大值通过求 $-I(x, y)$ 的极小值得到。下降法的基本思想是：从某一初始点 c_0 开始（$c = [x, y]^T$），沿着使 $I(x, y)$ 下降的方向 p_0，令 $c_1 = c_0 + \lambda p_0$，确定 $\lambda = \lambda_0$，使 $I(c_1) < I(c_0)$。以此类推，一般地，从点 c_k 出发，沿方向 p_k，令 $c_{k+1} = c_k + \lambda p_k$，$k = 0$，$1$，$2$，$L$，确定 $\lambda = \lambda_k$，使 $I(c_{k+1}) < I(c_k)$，这样可以得到一个点序列 c_0，c_1，$\cdots$，c_k，$\cdots$，λ_k 称为步长因子，它可以这样选择：求 λ_k 使 $I(c_{k+1}) = \min_{\lambda} I(c_k + \lambda p_k)$。当 $p(c) = - \text{grad} I(c)$，$p_k = p(c_k) = - \text{grad} I(c_k)$ 其中 $\text{grad} I(c) = [\frac{\partial I(c)}{\partial x}, \frac{\partial I(c)}{\partial y}]^T$ 时，称为最速下降法。一般来说，最速下降法对任意的初始点都能收敛，因而它是大范围收敛的。

（4）极值点位移和平均位移的计算

在有极值的块内，求出压缩前后拟合灰度函数 $I(i, j)$ 和 $I'(i, j)$ 的极值位置 (x_s, y_s)，(x_t, y_t)，计算出位移 $s = \sqrt{(x_s - x_t)^2 + (y_s - y_t)^2}$，作为该块的几何畸变。然后求出全幅图像各块极值位移的平均值，作为全幅图像的几何畸变。

4 实验结果及分析

由图 1～图 4 可以看出，对于同一幅图像而言，从图中横轴方向看，随着压缩比的增大，几何畸变增大，几何质量变差，但无明确的变化规律；从图中纵轴方向看，随着分块变大，几何畸变略有增长，增长的最大值为 0.131 494 个像元，最小值为 0.004 142 个像元，平均值为 0.043 051 个像元。

将 4 幅图像在同一分块方式、同一压缩比情况下的几何畸变求平均值，比较结果如图 7 所示。可以看出，随着压缩比的增大，由两种分块方式测得的几何畸变之间的差异略微变大，最小值出现在2∶1 压缩时，大小为 0.017 9 个像元，最大值出现在 10∶1 压缩时，大小为 0.082 755 个像元，平均值为 0.04 个像元。而实验中测得的几何畸变绝大部分都在 0.1～0.8 个像元，且平均值为 0.4 个像元。前后两者的平均值相差了一个数量级。由此可知，由曲面拟合极值法测得的几何畸变受分块大小的影响不是很大，说明该方法具有较好的可靠性。

由图 5、图 6 可以看出，同一分块方式、同一压缩比情况下，不同频谱特征的图像几何畸变不同，但无明确规律。

由图 5、图 6 和图 8 可以看出，对于不同的图像而言，辐射畸变评价结果与几何畸变评价结果不完全一致。例如在 16×16 分块时，营口比北京的几何畸变大，这与辐射畸变评价结果一致；但郑州比北京的几何畸变大，这又与辐射畸变评价结果不一致。分块变大时，更为明显。这充分说明几何质量客观评价有着与辐射质量客观评价同等的重要性。

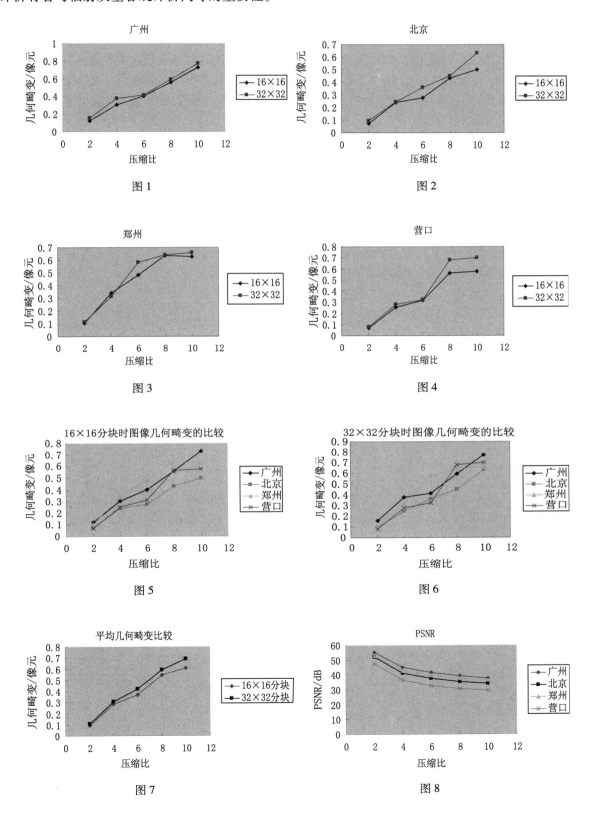

图 1

图 2

图 3

图 4

图 5

图 6

图 7

图 8

5 结束语

本文介绍了一种基于小面元模型目标定位原理的遥感图像几何质量评价方法——曲面拟合极值法。先用经典的 SPHIT 算法对四幅频谱特征不同的遥感图像进行 2:1、4:1、6:1、8:1 和 10:1 压缩，在用曲面拟合极值法对不同分块方式、不同压缩比情况下压缩重构图像的几何畸变进行测试。实验证明：1）对于同一幅图像而言，几何质量随着压缩比的增大而变差；2）曲面拟合极值法有较好的可靠性，用其测得的几何畸变大小受分块大小的影响不是很大；3）几何质量客观评价与辐射质量客观评价同等重要，两者结合起来才能构成对图像质量的全面客观评价。但图像的频谱特征与其压缩重构图像几何畸变之间的关系尚未明确，有待进一步研究。

参 考 文 献

[1] 张祖勋，张剑清. 数字摄影测量学 [M]. 武汉：武汉测绘科技大学出版社，1997.
[2] 陆杰，赵忠旭. 图像质量评价的发展 [J]. 计算机工程，2000，(11)：4 – 5.
[3] 申卯兴，郑武团. 矩阵的奇异值分解的应用 [J]. 工科数学，1996，(3)：56 – 61.
[4] 颜庆津. 数值分析 [M]. 北京：北京航空航天大学出版社，2000.
[5] 林成森. 数值计算方法 [M]. 北京：科学出版社，2005.

Studies on the Method for Assessing the Influence of Compression on Remote Sensing Image Geometric Quality

He Huaying, Lu Shuning, Xu Jianyan

(China Centre For Resources Satellite Data and Application, Beijing　100094)

Abstract：Firstly, this paper describes briefly the target location principle based on small-surface model (TLSSM). Then it presents detailedly a method for assessing the influence of compression on remote sensing image geometric quality based on TLSSM-extremum calculation of fitting surface. Finally, in an experiment, the reliability of this method is proved and several important conclusions are drawn.

Key words：Remote sensing image　Geometric quality assessment　Geometric distortion　Surface fitting Extremum

CBERS-02B 星 CCD 相机辐射校正算法分析

王小燕，龙小祥

（中国资源卫星应用中心，北京　100094）

摘　要：采用归一化系数法和最小二乘法获得两组相对定标系数，并对原始定标数据进行相对辐射校正，并验证其校正效果，最后使用几个指标评价校正后的图像，同时分析了两种算法的精度。认为最小二乘法校正效果略好于归一化系数法。

关键词：CBERS-02B 星　CCD 相机　相对辐射校正

1　引言

相对辐射定标是为了校正各个探测器响应度差异，而对卫星遥感器测量的原始数字值进行再量化的一种处理过程。由于遥感器中各个探测器特性之间存在一定差异，从而使遥感图像上出现一些条带现象。相对辐射校正的目的就是使用相对辐射校正数据作用于原始图像，消除由于探元的响应不一致引起的条带效应，使得这些条带的影响降低到最小程度或彻底去除。因此，这种校正又称为去条带校正或均匀化校正，是基于星上有效载荷成像基础之上，是对星上有效载荷成像的完善。相对辐射校正的前提和基础是获得精确的相对定标系数，包括增益系数和灰度偏置量。

2　相对辐射校正算法

按照数据源的不同，相对辐射定标系数计算方法分为采用定标数据计算和图像统计法。其中采用定标数据计算的方法主要有归一化系数法、多点定标分段线性法和最小二乘法；图像统计法主要有：直方图均衡法、均匀景统计法、相邻列均衡法、直方图匹配法。归一化系数法与多点定标分段线性法分别适用于探测元响应线性与非线性的情况，而最小二乘法对探测元响应线性与非线性情况均适用。图像统计法直接在图像中提取定标系数，他依赖于图像的选取，具有一定的人为性而且工作量大，获取的精度低，当星上定标系统不能很好的工作或使用困难时可以采用图像统计法。本文主要介绍归一化系数法和最小二乘法。

2.1　归一化系数法

归一化系数法利用卫星发射前的实验室定标数据或卫星发射后星上的定标数据计算定标系数，然后对图像进行相对辐射校正。

假设定标数据图像大小为 m 行、n 列（即 n 个探元扫描 m 行），那么 CCD 相机的底电平，也就是一般进行相对辐射校正的偏置量为：

$$B_i = \frac{\sum_{j=1}^{m} DN_{j,i,0}}{m} \tag{1}$$

［作者简介］　王小燕（1981—　），助理工程师，2008 年毕业于中国空间技术研究院研究生院，主要研究方向为遥感图像处理。

式中　$DN_{j,i,0}$——0 辐亮度级第 i 探元第 j 行输出数据的 DN 值。

第 i 探元和所有有效探元的 DN 均值分别为

$$DN_i = \frac{\sum\limits_{l=1}^{k}\sum\limits_{j=1}^{m}(DN_{j,i,l} - B_i)}{km} \tag{2}$$

$$\overline{DN} = \frac{\sum\limits_{i=1}^{m'} DN_i}{m'} \tag{3}$$

式中　$DN_{j,i,l}$——l 辐亮度级第 i 探元第 j 行输出数据的 DN 值；

　　　k——辐亮度级数；

　　　m'——去除暗探元及搭接区外有效探元个数。

从而可得到第 i 探元的定标系数为

$$G_i = \frac{DN_i}{\overline{DN}} \tag{4}$$

得到定标系数，对图像进行相对辐射校正采用式（5）

$$DN_{ical} = \frac{DN_{iraw} - B_i}{G_i} \tag{5}$$

式中　DN_{ical}——第 i 探元相对辐射校正后的 DN 值；

　　　DN_{iraw}——第 i 探元原始数据的 DN 值。

2.2　最小二乘法

数据拟合的最小二乘法问题是：根据给定的离散数据，通常称为结点 (x_i, y_i) 其中 $i = 1, 2, \cdots, n$，构造逼近函数 $y = f(x)$，绘制函数拟合曲线。在结点处曲线上对应点的 y 坐标值 $f(x_i)$ 与相应的实验数值 y_i 的差称为残差，最小二乘法就是要使残差的平方和最小。在用最小二乘法拟合函数时，构造的函数 $f(x)$ 称为这组数据的最小二乘函数，通常取 $f(i)$ 为一些较简单的函数的集合，如低次多项式，指数函数等。在用最小二乘法拟合求取函数时，由给定数据确定近似函数的表达形式，一般可通过描点观察或经验估计得到。

在探元线性度良好的前提下，设 DN_k 为第 k 级辐亮度等级下所有探元减去偏移值后的 DN 均值，$DN_{i,k}$ 为第 k 级辐亮度等级下第 i 探元减去偏移值后的 DN 均值。最小二乘法一次拟合的方程如下：

$$\begin{aligned}
DN_1 &= a_i DN_{i,1} + b_i \\
DN_2 &= a_i DN_{i,2} + b_i \\
&\cdots \\
DN_k &= a_i DN_{i,k} + b_i
\end{aligned} \tag{6}$$

计算得到 a_i 和 b_i 即为第 i 探元的相对定标系数，然后利用式（7）进行相对辐射校正：

$$DN_{ical} = a_i(DN_{iraw} - B_i) + b_i \tag{7}$$

式中　DN_{ical}——第 i 探元相对辐射校正后的 DN 值；

　　　DN_{iraw}——第 i 探元原始数据的 DN 值；

　　　B_i——偏移量。

采用最小二乘法进行相对辐射定标，同时利用多个辐亮度等级的定标数据计算相对定标系数，根据实际探测器的响应曲线，选择一次或多次曲线拟合探测器响应特性，计算相对定标系数。

3　相对定标系数的计算

3.1　探元的线性度分析

首先对 CCD 探测元的线性度进行分析。

1）计算出每个状态下 N 个辐亮度对应图像的每个探测元的 DN 值的平均值；

2）每个有效辐亮度级对应的平均 DN 值数据，减去相对应探测元的偏移值，得到去除偏移值后的每个有效辐亮度级每个探测元对应的 DN 值；对于 0 辐亮度级对应的 1 024 行输出数据的 DN 值，计算出每个探测元输出数据的平均 DN 值，即为偏移值 Bi；

3）得到以上的 DN 值后，对搭接区的对应首尾探测元的 DN 值相加；

4）求出经过以上处理后的 $N-1$ 个 5 488 个探测元 DN 值的平均值（搭接区的数据不参与运算）。

然后，根据 CCD 相机的每个探测元的 DN 均值与 5 488 个探测元的 DN 均值，画图分析探测元的线性度。如果线性度比较理想，则采用最小二乘一次拟合的方法；如果线性度不理想，则采用最小二乘多次拟合的方法。具体采用几次方程，可以根据图形的实际形状及求出归一化增益系数后验证的结果来决定。

线性度指在整个工作范围内器件实际响应曲线与理想的直线保持一致的接近程度，通常用距理想直线的偏差或非线性度衡量。本文中取各个测量点的连线作为实际响应曲线，采用最小二乘法对测量点拟合得到的直线作为理想直线。从物理意义上来说，探元的线性度分析应建立输出灰度值（DN）与输入（辐亮度）之间的关系。当探元线性度分析的目的是进行非均一化校正，也就是单个探元与整个线阵探元之间的均一化校正时，可以将输入和输出分别转化为某个探元在不同辐亮度级时的 DN 和对应的整个线阵的平均 DN。

图 1 为所有有效探元的 DN 均值与探元在各辐亮度下 DN 均值的关系曲线，其线性度分别为0. 994 4、0. 995 6、0. 995 4。

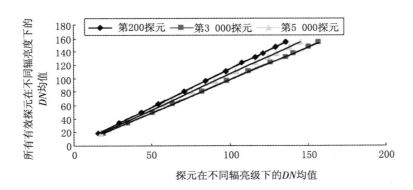

图 1 第 200、3 000、5 000 个探元的线性度分析

可见探元的线性度是比较理想的，对其他探元的线性度进行分析同样可以发现其线性度良好。因此相对定标系数的计算采用归一化系数法或最小二乘一次拟合即可。

3. 2 相对定标系数

表 1 为计算出的相对定标系数（以 Band2 为例）。

表 1 Band2 的相对定标系数

探测元号	偏移量	归一化增益	一次拟合 $Y=aX+b$	
			a	b
…	…	…	…	…
1 800	16. 149	1. 053 999 4	0. 947 776	0. 099 719 9
1 801	17. 69	1. 051 699 7	0. 947 341 4	0. 351 415 5
1 802	16. 232	1. 049 883 9	0. 948 058	0. 443 802 9
1 803	17. 911	1. 050 203 2	0. 948 117 7	0. 408 923 7
1 804	15. 924	1. 052 704 9	0. 947 104 6	0. 284 314 2

探测元号	偏移量	归一化增益	一次拟合 $Y = aX + b$	
			a	b
1 805	18.012	1.046 771 1	0.951 370 6	0.394 502 2
1 806	16.064	1.049 779 2	0.951 407 8	0.117 600 5
1 807	17.736	1.047 422 1	0.952 805 6	0.191 909 2
1 808	15.791	1.049 487 3	0.952 371 8	0.047 521 8
1 809	18.276	1.041 066 8	0.955 238 2	0.528 188 9
…	…	…	…	…

3.3　相对定标系数的验证

如图 2、图 3 分别为采用归一化系数法和最小二乘一次拟合法获得的相对定标系数的校正效果：

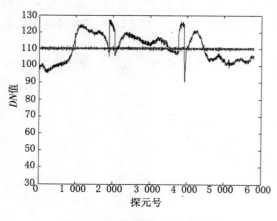 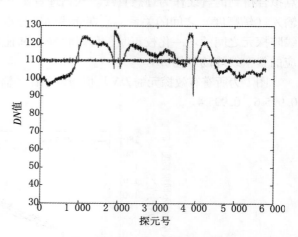

图 2　归一化系数法校正效果图　　　　　图 3　最小二乘法一次拟合相对辐射校正效果

由图 2 和图 3 可以看出：用这两组相对定标系数对定标数据进行均一化校正验证的效果比较理想，定标数据经过校正后，绝大多数输出与均值之差不超过 $1DN$，方法误差引起的绝对误差小于等于 1。说明这两种相对定标系数的计算方法是有效的。

进一步对归一化系数法与最小二乘法一次拟合计算的定标系数的定标精度进行分析。如表 2 所示为采用这三组定标系数对原始定标图像进行相对校正后的相对定标精度评价。表中仅列举出对辐亮度级别分别为 4 级、6 级、9 级 12 级时的定标精度。定标精度算法分别为以下几种。

（1）平均行标准差法

该算法先计算相对辐射校正后图像每列的平均值，得到一个平均行，然后计算该行数据的标准差，再除以整幅图像的平均值，即为通过该图像计算得到的相对定标精度。计算公式为：

$$\varepsilon = \frac{1}{\overline{DN}} \sqrt{\frac{1}{n} \sum_{j=1}^{n} \left[DN(j) - \overline{DN} \right]^2} \tag{8}$$

（2）平均标准差法

对相对辐射校正后图像的各行计算其标准差，然后除以该行的平均值，得到各行的校正精度，取其平均值即为该图像计算得到的相对定标精度。

计算公式分别为：

$$\varepsilon_i = \frac{1}{\overline{DN_i}} \sqrt{\frac{1}{n} \sum_{j=1}^{n} \left[DN(i,j) - \overline{DN_i} \right]^2} \tag{9}$$

$$\varepsilon = \frac{1}{m}\sum_{i=1}^{m}\varepsilon_i \tag{10}$$

式中　ε_i——图像第 i 行的相对定标精度；

　　　$\overline{DN_i}$——图像第 i 行平均 DN 值。

（3）广义噪声法

对相对辐射校正后的图像，计算每列图像均值和整幅图像均值，并求两者差值的绝对值平均值，然后求该值与整幅图像均值的比值，该比值即为图像的广义噪声。

计算相对定标精度的公式为：

$$\varepsilon = \frac{1}{\overline{DN}}\frac{1}{n}\sum_{j=1}^{n}|DN(j) - \overline{DN}| \tag{11}$$

表 2　相对定标精度计算结果

	平均行标准差			
	4 级	6 级	9 级	12 级
归一化系数法	0.006 8	0.004 4	0.003 5	0.003 3
最小二乘一次拟合（方法二）	0.006 8	0.004 3	0.003 1	0.002 5
	平均标准差			
	4 级		6 级	9 级
归一化系数法	0.008 3	0.006 2	0.005 7	0.004 8
最小二乘一次拟合（方法二）	0.007 9	0.006	0.004 9	0.004 1
	广义噪声			
	4 级	6 级	9 级	12 级
归一化系数法	0.005 1	0.003 5	0.002 9	0.002 7
最小二乘一次拟合（方法二）	0.005 2	0.003 5	0.002 6	0.002 1

由表 2 可以看出对一幅相对辐射校正后的定标图像，由广义噪声计算的精度值最小，平均行标准差法的结果次之，平均标准差的结果最大，看出最小二乘一次拟合的结果略好于归一化系数法。

4　结论

本文介绍了 CBERS－02B 卫星 CCD 相机实验室的辐射定标，同时通过计算得到探元线性度良好的结论。在探元线性度良好的前提下，分别采用归一化系数法和最小二乘法一次拟合两种算法并结合相机的具体特性，获得两组相对定标系数。采用定标系数对原始定标数据图像进行了相对辐射校正并对校正后的图像进行了评价，认为校正后图像质量较好，算法有效。最后通过三种评价定标精度的参数对两种算法的校正效果进行定量的评价，认为最小二乘一次拟合的效果略好。

参 考 文 献

[1]　曾湧，张宇烽，徐建艳，等. 中巴资源一号卫星 02 星 CCD 相机实验室辐射定标算法分析 [J]. 航天返回与遥感，2005，6.

[2]　中国资源卫星应用中心. 资源一号卫星 02B 星（CBERS－2B）在轨测试报告，内部资料.

[3]　陈大羽，吴雁林. 环境一号卫星 CCD 相机相对定标数据处理 [J]. 航天返回与遥感. 2007. 6.

[4]　曾湧，张宇烽，徐建艳，等. 中巴资源一号卫星 02 星 CCD 相机实验室辐射定标算法分析 [J]. 航天返回

与遥感，2005，6.

[5]　胡永富，张宇峰. 空间相机相对辐射定标精度分析 [J]. 航天返回与遥感，2007，12.

Analysis of Radiometric Calibration Algorithm of CBERS –02B

Wang Xiaoyan, Long Xiaoxiang

（China Center for Resources Satellite Data an Application, Beijing　100094）

Abstract：In this paper, tow groups of relative calibration coefficient can be obtained through the method of normalized coefficients and least-square procedure. The original calibration image is corrected by the coefficient to verify its correction effect. Then the images after correction are evaluated by several indicators, what's more, the accuracy of the tow algorithms is analysed. The effectiveness of the least-square procedure is better than the normalized coefficients.

Key words：CBERS –02B　CCD camera　Calibration

中巴地球资源卫星02B星星敏感器数据的有效性验证方法研究

宋超宇，郝雪涛

（中国资源卫星应用中心，北京 100094）

摘　要：简要介绍了采用双矢量定姿原理，由星敏感器的光轴数据确定卫星姿态原理。探讨了一种卫星姿态在轨确认和互验方法。利用卫星下传的星敏感器光轴数据计算出姿态角，与相应时刻的卫星姿态与轨道控制系统（AOCS）计算出的姿态进行比较，得到两种姿态角度偏差。并将利用星敏感器数据进行几何校正的卫星图像和ETM图像进行地面控制点对比，由此验证了星敏感器下传数据的有效性。

关键词：资源一号02B　星敏感器　姿态确定

1　引言

2007年9月19日，中巴地球资源卫星02B星（CBERS – 02B）于山西太原卫星发射中心成功发射升空。与已发射的资源系列卫星不同，为了进一步提高CBERS – 02B星图像几何定位精度，02B星上搭载有高精度星敏感器，通过图像数据下传通道下传相应的测量数据，向地面提供星敏感器光轴指向信息。星敏感器数据的有效性直接影响到图像几何校正定位精度，本文对02B卫星星敏感器数据的有效性分析方法进行了研究。

2　星敏感器双矢量定姿原理

由星像的中心位置可得星光矢量在星敏感器坐标系中的方向。星光在天球坐标系的方向可由星历表的赤经、赤纬给出。因此，根据两颗或两颗以上恒星矢量，就可以计算出空间飞行器相对于惯性坐标系（J2000.0）的姿态矩阵。下面给出双矢量姿态计算过程，如图1所示。

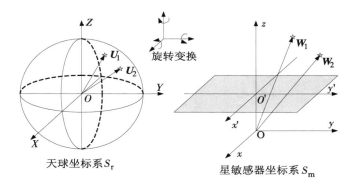

图1　星敏感器双矢量姿态计算示意图

［作者简介］　宋超宇（1979—　），助理工程师，2003年毕业于吉林大学电子信息工程系，2007年在中国空间技术研究院获硕士学位，主要从事遥感图像预处理研究工作。E-mail：songchaoyu2004@126.com。

设星敏感器坐标系为 S_m 和惯性坐标系为 S_r，转换矩阵 C_{mr}；设两观测星光矢量 W 和 U 在 S_m 和 S_r 下的方向矢量为 W_1、W_2 和 U_1、U_2。

以这两个观测矢量建立参考坐标系 S_c，S_c 在 S_m 坐标系下的正交坐标基为：

$$a = W_1,\quad b = (W_1 \times W_2) / |W_1 \times W_2|,\quad c = a \times b \tag{1}$$

S_m 到 S_c 的姿态转换矩阵为：

$$C_{cm} = \left\{ \begin{array}{c} a^T \\ b^T \\ c^T \end{array} \right\} \tag{2}$$

同理，S_c 在 S_r 坐标系下的正交坐标基为：

$$A = U_1,\quad B = (U_1 \times U_2) / |U_1 \times U_2|,\quad C = A \times B \tag{3}$$

S_c 到 S_r 的姿态转换矩阵为：

$$C_{cr} = \left\{ \begin{array}{c} A^T \\ B^T \\ C^T \end{array} \right\} \tag{4}$$

由于 $S_c = C_{cm} S_m = C_{cr} S_r$，$S_m = C_{mr} S_r$，故有 $C_{mr} = C_{cm}^{-1} C_{cr}$，即得到星敏感器相对于惯性坐标系（J2000.0）的姿态转换矩阵。以上方法特点是简单可靠，精度虽然不是最优的但是足以满足要求。

3 对比 AOCS 姿态数据

由于 CBERS – 02B 星的研制周期较短、采用一次性正样生产，星敏感器数据没有引入卫星的姿态控制回路，而是从图像数据下传通道直接下传，由地面系统进行处理和应用。因此为了验证星敏感器数据的有效性，可以将星敏感器计算得到的卫星姿态数据和 AOCS 计算的姿态进行对比。由于星敏感器数据计算得到的姿态为 J2000.0 惯性系下的姿态，AOCS 计算的姿态为卫星轨道坐标系下的滚转、俯仰、偏航姿态角，因此，首先需要将星敏感器姿态数据转换到卫星轨道坐标系下。

值得注意的是，在将星敏感器数据从惯性系转换到轨道系的过程中需要引入卫星轨道位置和速度，这里采用 GPS 数据。

如图 2 ~ 图 4 所示，为星敏感器剔除野值后，整轨拟合前的原始数据和 AOCS 姿态数据的对比结果。图中横轴为时间轴，起点为该轨第一个 GPS 数据时间；纵轴为角度值。图 2、图 3 中连线为 AOCS 姿态滚转角、俯仰角数据，五角星为星敏姿态数据。见图 4 中 0 时刻值大者为 AOCS 姿态偏航角数据，另一条为星敏姿态数据曲线，两者均能看出偏流角校正的效果。

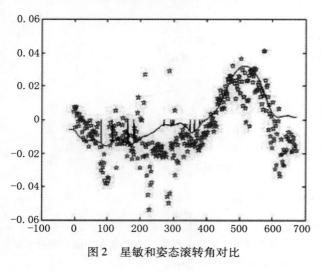

图 2 星敏和姿态滚转角对比

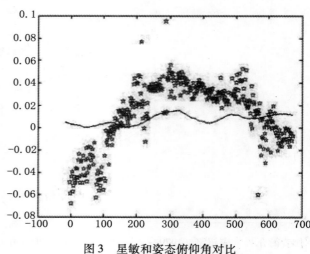

图 3 星敏和姿态俯仰角对比

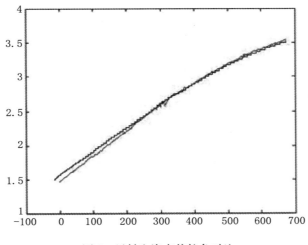

图4 星敏和姿态偏航角对比

上图说明星敏感器数据和 AOCS 姿态的基本符合。其中滚转角偏差在 0.02° 范围左右，俯仰角偏差在 0.04° 左右，偏航角在 0.05° 左右。

整轨拟合后，如图 5 ~ 图 7 所示，星敏感器计算得到的姿态角数据明显平滑。

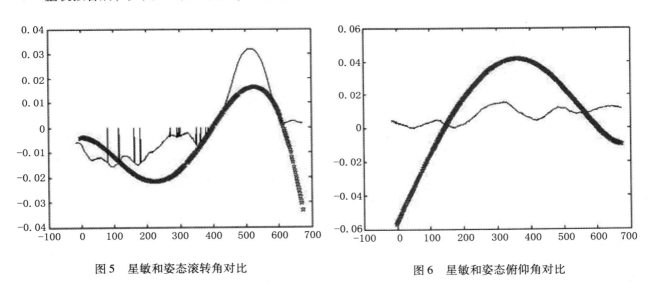

图5 星敏和姿态滚转角对比

图6 星敏和姿态俯仰角对比

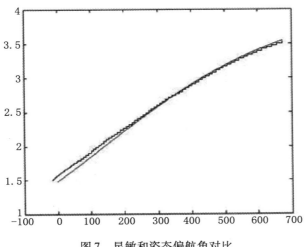

图7 星敏和姿态偏航角对比

4 地面控制点计算定位偏差

为了进一步验证星敏感器数据的有效性,这里将利用星敏感器进行几何校正的卫星 HR 图像和 ETM 图像进行地面控制点对比。下表列出了 10 月 8 号的 2 轨图像和 10 月 18 日的 1 轨图像抽样监测结果。结果如表 1 所示,通过整轨拟合的方法可以将图像定位精度稳定在 500～900 m 之间。

表 1 几何定位偏差统计表

日期	Path/Row	测量点编号	HR 二级产品图像公里网坐标值/m		ETM 图像公里网坐标值/m		HR 二级产品图像与 ETM 坐标差值/m		HR 图像上各点与 ETM 坐标误差数值/m
			X	Y	X	Y	$\triangle X$(以偏东方向为正)	$\triangle Y$(以偏北方向为正)	
10/8 获取 10/11 生产 10/11 评价	HR:359-51-a5	GCP#1	740 250	4 794 545	741 014	4 794 078	-765	467	896
		GCP#2	740 741	4 799 053	741 494	4 798 504	-752	549	931
		GCP#3	746 935	4 803 587	747 530	4 802 904	-596	683	906
		GCP#4	743 912	4 807 857	744 684	4 807 411	-773	446	892
		GCP#5	734 467	4 802 631	735 440	4 802 001	-974	630	1 160
		GCP#6	755 507	4 810 498	755 909	4 809 920	-402	578	705
		GCP#7	754 362	4 791 702	754 721	4 791 300	-359	402	539
		GCP#8	748 461	4 795 041	749 004	4 794 538	-543	503	740
		GCP#9	758 077	4 803 482	758 427	4 803 109	-350	373	512
		GCP#10	738 133	4 815 633	739 078	4 814 960	-945	673	1 160
		平均值					-645.76	530.52	844.077
10/8 获取 10/11 生产 10/11 评价	HR:12-55-b5	1	559 348	4 397 304	559 605	4 397 983	-257	-679	726
		2	560 221	4 396 391	560 458	4 397 094	-238	-703	742
		3	561 907	4 399 395	562 080	4 399 999	-173	-603	628
		4	563 294	4 400 081	563 449	4 400 821	-155	-740	756
		5	566 655	4 398 463	566 694	4 399 137	-39	-674	675
		平均值					-172.3	-679.85	705.356
10/18 获取 10/18 生产 10/19 评价	HR：1-55-d5 ETM：123-32	GCP#1	529 931.2	4 396 429	529 558.1	4 396 183	373.092 8	245.549 1	446.645 9
		GCP#2	531 792.3	4 397 891	531 375	4 397 663	417.317 6	227.679	475.385 8
		GCP#3	540 810.1	4 400 866	540 173.3	4 400 729	636.850 5	137.175 6	651.456 6
		GCP#4	538 964.5	4 391 368	538 314.4	4 391 215	650.152 3	152.166	667.721 9
		GCP#5	531 051.8	4 413 510	530 781.4	4 413 207	270.323	303.342 4	406.314 1
		GCP#6	528 951.2	4 401 274	528 655.2	4 401 020	296.000 9	253.452 3	389.685 3
		平均值					440.623	219.894	506.202

5　结论

通过计算比较，可以看出由 CBERS-02B 卫星星敏感器数据计算出卫星姿态与 AOCS 计算的姿态数据基本吻合。其中滚转角偏差在 0.02°范围左右，俯仰角偏差在 0.04°左右，偏航角在 0.05°左右。并将使用星敏感器数据进行几何校正的卫星 HR 图像和 ETM 图像进行地面控制点对比，通过整轨拟合的方可以将图像定位精度稳定在 500～900 m 之间。由此说明了星敏感器数据的有效性，地面系统可以采用其进行图像几何校正。

参 考 文 献

[1]　Shuster M D, Oh S D. Three-axis attitude determination from vector observations [J]. Journal of Guidance and Control, 1981, 4 (1)：70-77.

[2]　房建成，宁晓琳，田玉龙. 航天器自主天文导航原理与方法 [M]. 北京：国防工业出版社，2006：213-217.

[3]　刘一武，陈义庆. 星敏感器测量模型及其在卫星姿态确定系统中的应用 [J]. 控制工程，2002，(3)：10-16.

Research on the Data Validity of the Star Sensors on CBERS-02B

Song Chaoyu, Hao Xuetao

(China Center for Resources Satellite Data and Application, Beijing　100094)

Abstract：The article briefly introduces how to use the star sensor's boresight vectors to determine the satellite attitude, and discusses a method to affirm and mutually validate the satellite attitude in orbit. Comparing the attitude worked out by star sensor's boresight vectors downloaded from the satellite and the attitude calculated by AOCS at the corresponding time, the angle warp of the two kinds of attitudes can be obtained. Afterwards, comparing the ground control points between the satellite image geometrically corrected by star sensor's data and the ETM image, the validity of the star sensor's data can be testified.

Key words：CBERS-02B　Star sensor　Attitude determination

CBERS-02B 卫星 HR 相机 RPC 模型校正方法

邵俊[1,2]，郝雪涛[2]

（1　中国空间技术研究院，北京　100081）

（2　中国资源卫星应用中心，北京　100094）

摘　要：RPC（Rational Polynomial Camera）模型是目前国际上广泛使用的高分辨率相机成像几何模型。本文介绍了 CBERS-02B 卫星高分辨率 HR 相机 RPC 模型校正方法；针对几何定标，介绍了目前国内外几何定标场的发展情况，并结合 RPC 模型的建立，对利用几何定标场高精度地面控制点（GCPs）标定内外方位元素进行了研究。

关键词：CBERS-02B 卫星　RPC 模型　几何定标　内外方位元素

1　引言

CBERS-02B 卫星于 2007 年 9 月 19 日成功发射。星上搭载了我国第一台民用高分辨率相机，地面像元分辨率达到 2.36 m。针对高分辨率图像，原有几何成像模型已显示出不足。RPC（Rational Polynomial Camera）模型目前广泛应用于 IKONOS、Quickbird 等高分辨率卫星，取得了很好的效果。

几何定标技术对建立高精度几何成像模型，提高图像几何质量有重要影响。随着卫星遥感器几何定位精度、空间分辨率以及时间分辨率的提高，遥感卫星高精度、高质量产品的需求不断扩大，几何定标技术必须随之发展，并逐步成为对地观测遥感不可缺的和先行发展的技术支撑。

2　国内外研究现状

几何校正是遥感影像处理和应用的一项关键技术。对遥感影像进行几何处理的核心是成像几何模型。通常的传感器模型都是以共线条件方程为理论基础，建立严格的成像模型。卫星成像期间繁琐的姿态控制导致影像的严格成像几何模型十分复杂，需要知道卫星准确的轨道、姿态、星历、传感器成像参数和成像方式等信息。1999 年 9 月 24 日，美国空间成像公司（Space Imaging）成功地将 IKONOS 卫星送入预定轨道并接收卫星影像，标志着高分辨率卫星遥感时代的到来。从 IKONOS 卫星开始，卫星厂家开始采用一种与传感器成像几何无关的、非严格的数学模型——RPC 模型，用于高分辨率遥感卫星影像的几何处理，以替代以共线条件为基础的严格成像几何模型。

RPC 模型是一个建立像素和地面位置对应关系的数学模型。RPC 模型被不同的学者应用，取得比较高的精度。Madani 讨论了 RPC 模型的优点和不足之处，并和严格成像模型进行比较，他认为 RPC 模型可以用来进行摄影测量处理[1]。Tao 等研究了用最小二乘方法解求 RPC 参数的算法，并用 1 景 SPOT 影像和 1 景航空影像作试验，得出有分母的 RPC 模型比没有分母的 RPC 模型精度要高的结论[2]。Yang 在对一对 SPOT 影像和一对 NAPP 影像试验的基础上得出结论：对于 SPOT 影像而言，三阶甚至二阶带不同分母的 RPC 模型就能取代严格成像模型；对于航空影像而言，一阶 RPC 模型足够了[3]。Grodecki 等同样证实 RPC 模型在对单线阵推扫式卫星遥感影像处理中可以取代严格成像模型进行摄影测

──────────────

［作者简介］　邵俊（1982—　），中国空间技术研究院硕士研究生，主要航天遥感图像处理方面研究工作。E-mail：ipo521@163.com。

量处理，并对 IKONOS 的 RPC 模型参数的求解和利用 RPC 模型定向以及应用进行了有益的探讨[4]。刘军利用 RPC 参数进行三维定位处理[5]。张永生探讨了基于 RPC 模型的立体定位算法[6]。刘军推导基于 RPC 模型的 IKONOS 立体定位算法[7]。尽管 RPC 模型的理论在十几年前已经出现，但仅在近几年才受到普遍关注，在摄影测量和遥感领域应用较少，IKONOS 卫星的成功发射推动了对 RPC 模型的全面研究。国际摄影测量与遥感协会已成立专门工作组研究有关 RPC 模型的精度、稳定性等各方面问题。

3　建立 RPC 模型

RPC 模型将地面点大地测量坐标 D（$Latitude$，$Longitude$，$Height$）与其对应的像点坐标的 d（$line$，$sample$）用比值多项式关联起来。为了增强参数求解的稳定性，将地面坐标和影像坐标正则化到 -1 和 1 之间。对于一个影像，定义如下比值多项式：

$$Y = \frac{Num_L(P,L,H)}{Den_L(P,L,H)}, X = \frac{Num_s(P,L,H)}{Den_s(P,L,H)} \tag{1}$$

各多项式的形式如下，它们形式相同，只是系数不同。

$$Num_L(P,L,H) = a_0 + a_1 H + a_2 L + a_3 P + a_4 HL + a_5 HP + a_6 LP + a_7 H^2 + a_8 L^2$$
$$+ a_9 P^2 + a_{10} HLP + a_{11} H^2 L + a_{12} H^2 P + a_{13} L^2 H + a_{14} L^2 P + a_{15} HP^2 + a_{16} LP^2$$
$$+ a_{17} H^3 + a_{18} L^3 + a_{19} P^3$$

其中，分母的常数项通常为 1，（P，L，H）为正则化的地面坐标，（X，Y）为正则化的影像坐标，

$$P = \frac{Latitude - LAT\_OFF}{LAT\_SCALE}, L = \frac{Longitude - LONG\_OFF}{LONG\_SCALE}, H = \frac{Height - Height\_OFF}{HEIGHT\_SCALE}$$

$$X = \frac{Sample - SAMP\_OFF}{SAMP\_SCALE}, Y = \frac{Line - LINE\_OFF}{LINE\_SCALE}$$

这里，LAT_OFF、LAT_SCALE、$LONG\_OFF$、$LONG\_SCALE$、$HEIGHT\_OFF$ 和 $HEIGHT\_SCALE$ 为地面坐标的正则化参数。$SAMP\_OFF$、$SAMP\_SCALE$、$LINE\_OFF$ 和 $LINE\_SCALE$ 为影像坐标的正则化参数。

图 1 所示为根据相机成像机理，利用内方位元素与外方位元素建立 RPC 模型。

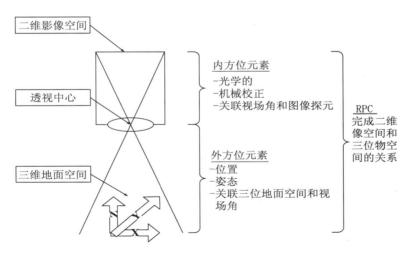

图 1　利用内外方位元素建立相机的 RPC 模型示意图

由图 1 可以看出，在 RPC 模型建立过程中，内方位元素及外方位元素的精度对模型的精度有重要影响。在几何定标中，内外方位元素的标定是一个非常关键的技术。

4 几何定标中内外方位元素的标定

4.1 几何定标

几何定标是为了提高高分辨率卫星的几何定位精度与产品几何质量而提出来的。几何定标有两个关键环节，即几何定标场与几何定标技术。目前国际上各国都在发展自己的几何定标场与几何定标技术。

几何定标场是几何定标中重要的一环。国际上著名的几何定标场有美国的 V&V（validation & verification）几何定标综合试验场和美国 IKONOS 卫星几何定标场。

美国 V&V 几何定标试验场是 NASA 下属 ESA（Earth Science Enterprise Application Directorate）计划中正在执行的项目之一。V&V 综合部署人造的、或自然的地面靶区，提供测量系统、基准程序，用以满足用户的试验和对遥感产品性能的详尽说明。V&V 研究主要针对遥感图像链中的三个方面：1）传感器性能验证；2）数据处理算法有效性检验；3）决策支持系统有效性检验。其中试验场是重要的有效性检验地面设施。项目主要目的是帮助美国公司定量化评估遥感系统的应用有效性和客观的实际能力，已经涉及到高分辨率遥感的商业化问题。

美国有关遥感的试验场多达近百个，过去以 TM、MODIS 等中低分辨率遥感试验为主。近年来，随着高分辨率遥感的商业化，试验场的工作也向高分辨率方面转移。例如 IKONOS 的 V&V 试验场以 Stennis Space Center（SSC）为主，参与该项目的 V&V 试验场多达 19 个。SSC 位于美国南部，周边土地覆盖类型包括林地、草地、零散分布的建筑物、水库、道路等。SSC 力图成为世界级的 V&V 遥感基准试验场，场地试验几乎涉及信息生产过程的所有阶段。基本设施包括：用于双向反射率测量的多角度观测架、GPS 定位系统和精确测量的地面控制点网络、150 m×150 m 灰阶靶标和 130 m 弧形靶标设施等。场地测量主要围绕辐射特性精度、几何特性精度、空间特性精度等几方面内容展开。

美国 IKONOS 卫星的几何定标并不仅依赖于数量不多的几何定标场，而是大量采用已有特征目标进行几何定标，以提高卫星在轨动态监测、几何定标的精度和灵活性。其选取的几何测试场覆盖的地区包括了大量可用的地面控制点，这些地面控制点可以比较均匀地分布在区域中，也可以呈某一规律分布（如南北方面的直线或东西方向的直线），或是两者兼备。

国内方面，我国对航摄进行了外场几何定标工作，并建设了若干个几何定标场，主要包括：山西太原几何定标场、湖南宁乡几何定标场和安徽合肥几何定标场。这些定标场可用于测定图像内方位元素，进行几何精校正处理，还可用于测定空间分辨率和 MTF 等。但针对遥感卫星的几何定标场目前还没有，需要借鉴航摄的几何定标场完善这方面工作。

4.2 方位元素与几何定标场内控制点选取

方位元素指确定成像时透视中心，焦平面与地面三者之间的相关位置的参数。其中内方位元素主要是透视中心到焦平面的垂距（主距）f 及像主点在焦平面上的坐标（x_0，y_0）；外方位元素指成像瞬间透视中心在地面或地心坐标系中的位置 X_S，Y_S，Z_S 和姿态角 φ、ω、κ。

为了标定内外方位元素，在建立几何定标场时，覆盖的地区应包括大量高精度可用的地面控制点，这些地面控制点可以比较均匀的分布在区域中，也可以呈某一规律分布（如南北方向的直线或东西方向的直线），或是两者兼备。地面控制点呈南北方向的直线或东西方向的直线分布，也可以理解为沿顺轨或交轨分布，将有助于利用南北方向直线分布的控制点标定外方位元素，利用东西方向直线分布的控制点标定内方位元素。

图 2 为 IKONOS 几何测试场内控制点的分布示意图。图中左上部有沿直线南北和东西分布的控制点。

图 2 IKONOS 几何测试场内控制点分布示意图

4.3 空间后方交会方法

空间后方交会方法是对航天相机进行在轨监测的重要方法。空间后方交会是利用适当分布的地面控制点及其在像片上的像点量测坐标，用摄影测量的方法间接确定内外方位元素的方法，利用此方法可以对航天相机的内方位元素和外方位元素在轨动态监测。单像空间后方交会通常利用共线条件方程解算方位元素。

共线条件方程是摄影测量学的最重要的理论，也是单像空间后方交会的基本公式。若已知地面上若干点的地面坐标及相应的像平面坐标后，反求该相应光束的外方位元素，实际上是一个单像空间后方交会理论。

共线条件方程的一般形式为

$$x - x_0 = -f \frac{\left[a_1(X - X_s) + b_1(Y - Y_s) + c_1(Z - Z_s) \right]}{\left[a_3(X - X_s) + b_3(Y - Y_s) + c_3(Z - Z_s) \right]}$$

$$y - y_0 = -f \frac{\left[a_2(X - X_s) + b_2(Y - Y_s) + c_2(Z - Z_s) \right]}{\left[a_3(X - X_s) + b_3(Y - Y_s) + c_3(Z - Z_s) \right]} \tag{2}$$

式中　(x, y)——像点的像空间坐标；

　　　f、x_0、y_0——分别为相机的内方位元素；

　　　(X_s, Y_s, Z_s)——摄站透视中心的物方空间坐标；

　　　(X, Y, Z)——地面点的物方空间标；

　　　a_i，b_i，c_i（$i = 1, 2, 3$）——由像片的 3 个外方位角元素组成的 9 个方向余弦。

由于共线方程是内外方位元素的非线性函数，为了便于平差计算和应用，需使用泰勒公式进行线性化处理。式中 (x, y) 为观测值，可以加入相应的改正数，用 $x + v_x$、$y + v_y$ 代入，(X, Y, Z) 为地面点已知坐标，但当在这些数据中的误差不容忽视时，也可以将其作为观测值看待，并加入相应的改正数，用 $X + V_X$、$Y + V_Y$、$Z + V_Z$ 代入；未知参量有 X_s、Y_s、Z_s、φ、ω、κ，可用其近似值加其相应的改正数代入，因此可以得出线性化后的误差方程一般形式

$$v_x + \frac{\partial x}{\partial X}V_X + \frac{\partial x}{\partial Y}V_Y + \frac{\partial x}{\partial Z}V_Z = \frac{\partial x}{\partial X_s}dX_s + \frac{\partial x}{\partial Y_s}dY_s + \frac{\partial x}{\partial Z_s}dZ_s + \frac{\partial x}{\partial \phi}d\phi + \frac{\partial x}{\partial \omega}d\omega + \frac{\partial x}{\partial \kappa}d\kappa + (x) - x$$

$$v_y + \frac{\partial y}{\partial X}V_X + \frac{\partial y}{\partial Y}V_Y + \frac{\partial y}{\partial Z}V_Z = \frac{\partial y}{\partial X_s}dX_s + \frac{\partial y}{\partial Y_s}dY_s + \frac{\partial y}{\partial Z_s}dZ_s + \frac{\partial y}{\partial \phi}d\phi + \frac{\partial y}{\partial \omega}d\omega + \frac{\partial y}{\partial \kappa}d\kappa + (y) - y$$

(3)

4.4　内外方位元素标定

利用几何定标场内沿东西直线方向分布的高精度 GCP，可以标定内方位元素；利用沿南北直线分布的高精度 GCP，可以标定外方位元素。

内方位元素是确定透视中心对焦平面相对位置的参数，共有 3 个参数：f、x_0、y_0。对内方位元素进行标定时，f、x_0、y_0 为未知数。当飞行平台上分别增加 GPS 等设备时，式中的 X_S，Y_S，Z_S 作为已知条件，则共线方程中的未知参量就剩外方位角元素和内方位元素，线性化后的误差方程式的一般形式为

$$v_x + \frac{\partial x}{\partial X}V_X + \frac{\partial x}{\partial Y}V_Y + \frac{\partial x}{\partial Z}V_Z - \frac{\partial x}{\partial X_s}VX_s - \frac{\partial x}{\partial Y_s}VY_s - \frac{\partial x}{\partial Z_s}VZ_s =$$

$$\frac{\partial x}{\partial \phi}d\phi + \frac{\partial x}{\partial \omega}d\omega + \frac{\partial x}{\partial \kappa}d\kappa + \frac{\partial x}{\partial f}df + \frac{\partial x}{\partial x_0}dx_0 + \frac{\partial x}{\partial y_0}dy_0 + (x) - x$$

$$v_y + \frac{\partial y}{\partial X}V_X + \frac{\partial y}{\partial Y}V_Y + \frac{\partial y}{\partial Z}V_Z - \frac{\partial y}{\partial X_s}VX_s - \frac{\partial y}{\partial Y_s}VY_s - \frac{\partial y}{\partial Z_s}VZ_s =$$

$$\frac{\partial y}{\partial \phi}d\phi + \frac{\partial y}{\partial \omega}d\omega + \frac{\partial y}{\partial \kappa}d\kappa + \frac{\partial y}{\partial f}df + \frac{\partial y}{\partial x_0}dy_0 + \frac{\partial y}{\partial y_0}dy_0 + (y) - y$$

(4)

由于式（4）中各系数均取自泰勒公式的一阶导数项，并且待定参数的近似值一般比较粗略，因此计算应采用逐次迭代的方法。式（4）中，将摄站已知坐标（X_S，Y_S，Z_S）及地面控制点坐标（X，Y，Z）均作为观测值看待，并加入相应的权值以反映其相应的精度特征。权的给定一般采用给经验权的方法。此时在平差计算中，除按上式列出误差方程式以外，还要列出控制点误差方程和摄站坐标误差方程，形式如下

$$\left.\begin{array}{l} V_X = X - X' \\ V_Y = Y - Y' \\ V_Z = Z - Z' \end{array}\right\}　权\ P_1,\qquad \left.\begin{array}{l} V_{X_s} = X_s - X'_s \\ V_{Y_s} = Y_s - Y'_s \\ V_{Z_s} = Z_s - Z'_s \end{array}\right\}　权\ P_2$$

(5)

式中　X，Y，Z，X_S，Y_S，Z_S——分别为控制点及摄站坐标观测值；

X'，Y'，Z'，X'_s，Y'_s，Z'_s——分别为控制点及摄站坐标平差值。

最后由式（4）和式（5）列出的误差方程式一起参加平差计算，就可以获得航天相机在轨摄影时精确的内外方位元素。

5　总结

由上述可知，在研究 CBERS-02B 卫星 HR 相机 RPC 模型的建立过程中，成像系统的内外方位元素精度直接影响 RPC 模型精度。对于共线方程模型的建立也同样起到很重要的影响。利用几何定标场高精度 GCP 来标定内外方位元素，对于提高模型解算精度，改善图像几何质量有非常重要的意义。目前国内关于几何定标场的建设与几何定标算法的研究略显滞后，中心针对 CBERS-02B 卫星 HR 相机及后续高分辨率卫星，现在已经开展了关于这方面的研究。

参 考 文 献

[1]　MADANI M. Real-Time Sensor-Independent Positioning by Rational Functions [C] //Proceedings of ISPRS Work-

shop on Direct Versus Indirect Methods of Sensor Orientation, 1999, Barcelona: 64 – 75.

[2] Hu Y, Tao C V. Updating Solutions of the Rational Function Model Using Additional Control Points for Enhanced Photogrammetric Processing [C] //Proceedings of ISPRS Joint Workshop High Resolution Mapping from Space 2001, Hanover, Germany.

[3] Yang. Accuracy of Rational Function Approximation in Photogrammetry [C] //Proceeding of ASPRS Annual Convention, 2000, Washington D. C.

[4] GRODECKI J, DIAL G. Block adjustment of high-resolution satellite images described by rational functions [J]. Photogrammetric Eng. & Remote Sensing, 2003, 69 (1): 59 – 68.

[5] 刘军, 张永生, 范永弘. 基于通用成像模型——有理函数模型的摄影测量定位方法 [J]. 测绘通报, 2003, (4): 10 – 13.

[6] 张永生, 刘军. 高分辨率遥感卫星立体影像 RPC 模型定位的算法及其优化 [J]. 测绘工程, 2004, 13 (1): 1 – 4.

[7] 刘军, 王冬红, 毛国苗. 基于 RPC 模型的 IKONOS 卫星影像高精度立体定位 [J]. 测绘通报, 2004, (9): 1 – 4.

[8] 王之卓. 摄影测量原理 [M]. 北京: 测绘出版社, 1982.

Geometric Correction Based on RPC Model of CBERS – 02B HR Image

Shao Jun[1,2], Hao Xuetao[2]

(1　China Academy of Space Technology, Beijing　100081)

(2　China Centre for Resources Satellite Data and Application, Beijing　100094)

Abstract: RPC (Rational Polynomial Camera) is widely used in the world as a model of High-Resolution Camera. Firstly, presented the geometric correction method using RPC model of CBERS – 02B satellite. Secondly, the test ranges for geometric calibration is introduced. Then, combined with RPC modelling, the interior and exterior orientation calibration is presented using the high accuracy Ground Control Points (GCPs).

Key words: CBERS – 02B　RPC model　Geometric calibration　Interior & exterior orientation

卫星姿态角调整的对图像几何质量影响的评估

孙吉娟，李杏朝，傅俏燕，何善铭

（中国资源卫星应用中心，北京　100094）

摘　要： 以 CBERS – 02 星为例讨论了卫星姿态调整角度对成像的图像产品在几何定位精度、空间采样距离等方面的影响，从而论证了进行姿态调整的可行性。

关键词： 姿态调整角度　几何定位精度　空间采样距离

1　引言

CBERS – 02 卫星是在 2003 年 9 月发射的，从 2006 年开始，该星开始超期服役，轨道发生了明显偏移，为了保证地面处理系统的正常工作，中心须论证了调整相机成像姿态的可行性，为此本文针对调姿态（目前最大角度为不超过 5°）所引起的卫星数据变化状况，估计对应用的影响情况。按照经验，初步估计影响最大的是图像边缘（或者是观测角度最大的地物图像）的图像畸变和实际空间采样间距变大。所以本文主要是针对这一要素进行的评估。

2　评估方法

如图 1 卫星相同视场角 θ 的照相范围随着观测角的变化而有所变化，主要评价同名的地物点在图像距离和图像面积方面的变化。所以主要寻找两类数据，一为星下点数据或者观测角接近 0° 的地物图像，一类为侧摆数据或者观测角较大的地物图像图像。针对这两类数据所进行的计算包括两方面：第一是在观测角接近 0° 区域的地物图像距离和图像面积，与数据或者观测角较大的同名地物图像相应指标进行对比分析；第二是从星下点数据或者观测角较大的图像位置和侧摆数据或者观测角较大的图像位置分别取明显控制点，组成跨越这两种观测角位置的直线或矩形，分别计算其距离与面积，结果与仅在观测角接近 0° 的同名地物图像的相应要素计算结果作比较。前者反映的是大观测角下的局部图像相对于观测角接近 0° 的局部图像的畸变，后者评估的是大观测角对图像整体的几何畸变情况。

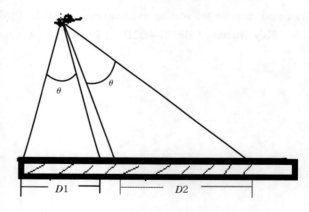

图 1　观测角的变化对视场的影响

[作者简介]　孙吉娟（1977— ），工程师，专注于摄影测量与遥感领域地面系统建设、卫星遥感数据模拟、载荷性能与质量评测等遥感卫星应用工作。E-mail：sun. jijuan@163. com。

3 数据准备与选点

根据 CBERS – 02 星 8.8°视场角计算在卫星向东 5°的情况下，视场范围内观测角范围为 ［0.6，9.4］，最大观测角为向东 9.4°；在星下点观测时视场范围观测角为 ［–4.4，+4.4］。所以，用以进行评估的数据要求含有同名地物点，这些同名地物点在对比分析的两幅图像中分别处于小观测角和大观测角的位置。

找到了以下三个地区的图像，分别为：1）敦煌 2006 年夏天连续三次的 2 级图像：DunH0、DunH7.7 和 DunH – 4.4，其中心轴的观测角分别为 0°、7.7°和 – 4.4°。向东 0.9°到 5.6°，最大调整角度为 5.6°，此时时场内观测光范围为 + 1.2°到 + 10°。所以主要估算 10°观测角的地物变形情况，为此，须要找相应的数据来计算。2）美国旧金山 2004 年的 1 级图像 San1.5 和 San – 5.5，角分别为 + 1.5°和 – 5.5°。3）扬州 2004 年 4 – 6 月的图像 Yzh0、Yzh – 2 和 Yzh4.3，角分别为 0°、– 2°和 4.3°。

图 2 是各图像上的同名点分布情况。

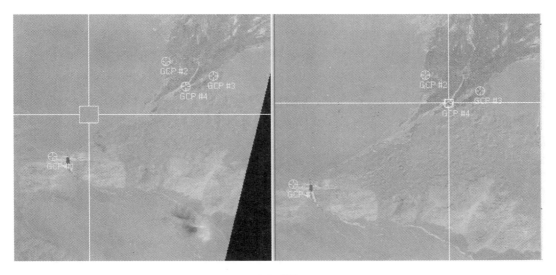

（a）敦煌

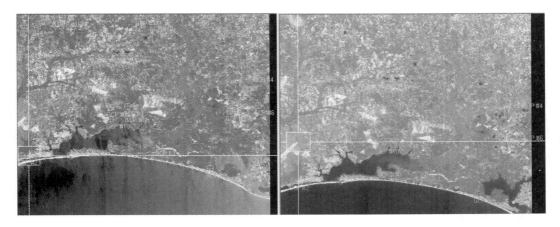

（b）旧金山

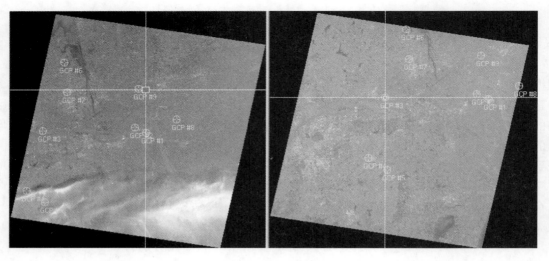

（c）扬州（左侧摆0°，右侧摆+4.3°）

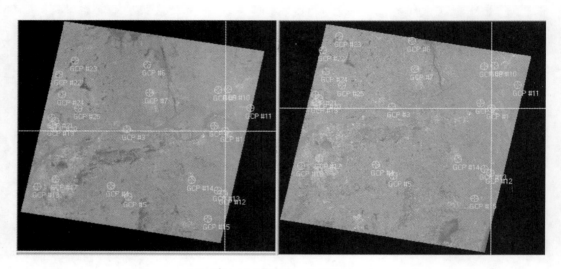

（d）扬州（左侧摆-2°，右侧摆+4.3°）

图2　采用的图像和选取的控制点分布

4　计算

根据视场中心轴观测角和视场角计算控制点的观测角，按照上述评估的基本思想，从图中标记的控制点中，筛选出以下各表所列的控制点，用作计算的数据资料。其中 Sanfran cisco 的数据由视场角为8.8°计算得，东1.5度视场范围为-2.9°到5.9°，西5.5°视场范围为-9.8°到-1°，所以可以用东1.5°的右边相对于西5.5°的右边、用西5.5°左边相对于东1.5°的左边的变形情况来计算；而扬州则计算得，东4.3°的视场范围为-0.1°到8.7°，西2°视场范围为-6.4°到2.4°，所以可以用东4.3°的右边（8.7°）相对于西5.5°的右边（2.4°）、用西2°左边（-6.4°）相对于东4.3°的左边（-0.1°）的变形情况来计算。

计算结果见表1，其中 d_{ij} 指得是第 i 个点与第 j 个点的 x 坐标差 $\triangle x$ 和 y 坐标差 $\triangle y$，D_{ij} 指的是两点之间的距离。距离变化百分比指得是距离差除以距离的百分比，S_{ij} 取 $\triangle x \times \triangle y$ 进行粗估。

表1　初步数据结果表

位置：敦煌

序号	$x0$	$y0$	$x7.7$	$y7.7$	$x4.4$	$y-4.4$	观测角（0：7.7：-4.4）		
1	58.230	35.220	38.352	28.727	42.980	27.010	1.500	6.9	4.4
2	75.060	49.850	55.170	43.580	59.890	41.610	3.100	8.4	5.9
纵横坐标差	x	y	$x7.7$	$y7.7$	$x-4.4$	$y-4.4$			
d_{12}	16.180	14.630	16.818	14.853	16.910	14.600			
D_{12}	22.300		22.438		22.341				
距离变化百分比			0.62%		0.18%				
S_{12}	236.713		249.798		246.886				
面积变化百分比			5.528%		4.298%				

位置：旧金山

序号	$X1.5$	$Y1.5$	$X-5.4$	$Y-5.4$	观测角（1.5：-5.4）	
1	3.017 209 2	47.305 8	5.647 57	38.765 63	-2.5	-9.2
2 -	1.249 426 1	34.448	3.817 71	25.901 04	-2.7	-9.4
5	67.292 989	76.277 4	69.644 8	67.399 89	4.8	-1.9
4	76.806 377	61.680 3	79.117 8	52.743 56	5.5	-1.1
6	76.891 861	50.948 1	79.117 8	42.017 39	5.5	-1.1
8	35.073 359	50.722 3	37.203 1	42.006 14	1.5	-5.4
14 -	2.254 350 1	77.094 7	5.153 9	68.565 66	-2.6	-9.3
16	14.343 145	79.795 1	16.998 8	71.198 67	-1.4	-8.3
19	21.933 77	40.266 2	24.122 4	31.633 23	-0.3	-7.6
20 -	11.963 346	44.562 4	14.360 4	35.975 54	-0.7	-8.5
21	20.515 214	75.811 1	23.109 1	67.097 14	-0.4	-7.7
22	28.499 658	66.975 5	30.809 9	58.302 09	0.2	-7
23 -	15.773 183	63.733 1	18.270 8	55.123 66	-0.8	-8.1

纵横坐标差	$X1.5$	$Y1.5$	$X-5.5$	$Y-5.5$	距离	$D1.5$	$D-5.5$	距离变形百分比	面积变形百分比
$d_{1,8}$	32.056	3.416	31.555 5	3.240 515	$dD_{1,8}$	32.237 649	31.721 44	1.601%	6.63%
$d_{2,8}$	33.823 933	16.274 2	33.385 3	16.105 1	$dD_{2,8}$	37.535 435	37.066 91	1.25%	2.32%
$d_{4,22}$	48.306 718	-5.295 2	48.307 9	-5.558 53	$dD_{4,22}$	48.596 073	48.626 68	0.06%	4.98%
$d_{8,16}$	20.730 214	-29.073	20.204 2	-29.192 5	$dD_{8,16}$	35.706 765	35.502 31	0.57%	2.14%
$d_{1,2}$	1.767 783	12.857 7	1.829 86	12.864 58	$dD_{1,2}$	12.978 686	12.994 07	0.12%	3.56%
$d_{5,6}$	9.598 872 3	-25.329	9.473 02	-25.382 5	$dD_{5,6}$	27.087 143	27.092 61	0.02%	1.1%
$d_{2,14}$	-1.004 924	-42.647	-1.336 2	-42.664 6	$dD_{2,14}$	42.658 483	42.685 53	0.06%	33.02%
$d_{19,22}$	6.565 888 4	26.709 4	6.687 48	26.668 86	$dD_{19,22}$	27.504 585	27.494 55	0.04%	0.17%

纵横坐标差	$X1.5$	$Y1.5$	$X-5.5$	$Y-5.5$	距离	$D1.5$	$D-5.5$	距离变形百分比	面积变形百分比
$d_{19,21}$	1.418 556 4	-35.545	1.013 25	-35.463 9	$dD_{19,21}$	35.573 26	35.478 38	0.27%	28.73%
$d_{20,23}$	-3.809 837	-19.171	-3.910 5	-19.148 1	$dD_{20,23}$	19.170 773	19.543 34	1.94%	2.52%

位置：扬州

序号	$X-2$	$Y-2$	$X4.3$	$Y4.3$	观测角（-2：+4.3）	
1 *	81.502 677	49.513 1	82.013 4	58.297	1.9	6.8
5 -	43.423 129	22.402 6	44.067	30.951 27	-2	2
6 - -	50.546 84	76.728	51.097 2	85.467 43	-1.5	3.5
11 *	91.483 773	59.060 8	91.928 5	67.833 14	2.4	8.5
15 +	74.926 952	13.106 4	75.510 6	21.749 98	1.5	7.5
2. - -	77.194 127	51.627 6	77.704 9	60.400 52	0.9	6.8
9	78.648 319	66.443 2	79.135 5	75.215 28	0.6	6.8
10. -	82.541 974	66.771 3	83.012 5	75.525 3	1	7.2
14. +	68.488 366	29.239 1	69.049	37.941 49	0.6	6.7
18	7.462 807 1	26.497 3	8.182 8	34.900 6	-6	0.3
20	14.389 911	53.670 1	15.058 8	62.308 89	-5.9	0.2
21	13.070 169	55.098 6	13.733 1	63.746 39	-6	0.3
22	15.902 425	72.818 7	16.536 3	81.527 45	-6	0.3

纵横坐标差	$X1.5$	$Y1.5$	$X-5.5$	$Y-5.5$	距离差	$D1.5$	$D-5.5$	距离变形百分比	面积变形百分比
$d_{9,14}$	10.159 952	37.204 1	10.086 5	37.273 79	$dD_{9,14}$	38.566 428	38.614 4	0.12%	0.54%
$d_{2,14}$	8.705 760 8	22.388 5	8.655 84	22.459 03	$dD_{2,14}$	24.021 563	24.069 31	0.20%	0.26%
$d_{10,14}$	14.053 608	37.532 2	13.963 4	37.583 81	$dD_{10,14}$	40.077 062	40.093 89	0.04%	0.51%
$d_{2,10}$	-5.347 847	-15.144	-5.307 6	-15.124 8	$dD_{2,10}$	16.060 24	16.029 02	0.19%	0.88%
$d_{18,21}$	-5.607 362	-28.601	-5.550 3	-28.845 8	$dD_{18,21}$	28.601 224	28.845 79	0.86%	0.17%
$d_{18,22}$	-2.777 884	-46.321	-2.735 2	-46.626 3	$dD_{18,22}$	46.321 357	46.626 85	0.66%	0.89%
$d_{20,22}$	-1.512 513	-19.149	-1.477 4	-19.218 6	$dD_{20,22}$	19.208 26	19.218 55	0.05%	1.96%
$d_{5,10}$	-39.118 85	-44.369	-38.945	-44.574	$dD_{5,10}$	59.151 223	59.191 14	0.07%	0.11%
$d_{2,6}$	26.647 287	-25.1	26.607 7	-25.066 9	$dD_{2,6}$	36.607 467	36.555 68	0.14%	0.28%
$d_{14,15}$	-6.438 586	16.132 7	-6.461 5	16.191 51	$dD_{14,15}$	17.370 092	17.246 88	0.71%	0.72%
$d_{1,11}$	-9.981 096	-9.547 6	-9.915 1	-9.536 15	$dD_{1,11}$	13.812 3	13.756 74	0.40%	0.78%

5 结果分析

剔除上表中个别不符合统计规律的数据，对上述计算内容统计如表2。

表 2　结果统计表

观测角对比/°	距离变形统计	面积变形统计
1.5－3.1：6.9－8.4	0.62%	5.53%
1.5－3.1：4.4－5.9－	0.18%	4.30%
－2.5－1.5：－9.2－（－5.4）	1.5%	4.3%
0.2－5.5：7.7－（－1）	0.06%	4.98%
－2.6：－9.3	0.12%	3.56%
5.1：－1.5	0.02%	1.10%
－0.15：－7.3	0.04%	0.17%
－0.75：－8.3	1.94%	2.52%
0.7：6.8	0.15%	0.6%
－6：0.2	0.3%	1%
－2－1：2－7.2	0.07%	0.01%
0.9－（－1.5）：（6.8－3.5）	0.14%	0.28%
0.6－1.5：6.7－7.5	0.71%	0.72%
1.9－2.4：6.8－8.5	0.4%	0.78%

6　结论

对于视场角为 8.8° 的传感器来说，相对于星下点观测 5° 的姿态调整，面积统计变化影响小于 6%，距离变化不大于 2%。对于一般性的资源遥感应用，可以接受。

Estimation of the Effect by Adjusting Satellite attitude on Image Geometric Quality

Sun Jijuan, Li Xingchao, Fu Qiaoyan, He Shanming

（China Center for Resources Satellite Data and Applications，Beijing　100094）

Abstract：The paper discusses the effect of satellite attitude adjustment on Image quality，such as geometric location precision，and special sampled distance. Based on that，it arguments the of feasibility of satellite attitude adjustment。

Key words：Satellite attitude adjustment　Geometric location precision　Special sampled distance

电子线路对 CBERS – 02B 星图像质量的影响分析

王小燕，龙小祥

（中国资源卫星应用中心，北京　100094）

摘　要：CBERS – 02B 星于 2007 年 9 月发射成功，星上搭载了 CCD、HR、WFI 三台光学相机。不同的电子线路输出方式会对由于 CCD、HR 相机的图像质量产生影响。本文通过调整灰度偏置量可以有效消除 CCD 相机的奇偶条纹现象以及片间响应不一致现象，也可以有效消除 HR 相机图像的 512 列间响应不一致现象。

关键词：中巴地球资源卫星 02B 星　条纹　灰度偏置量

1　引言

CBERS – 02B 星于 2007 年 9 月 19 日升空，星上载有三台光学相机，分别为 CCD、HR 和 WFI 相机。CCD 即电荷耦合器件，是 "Charge Coupled Device" 的缩写。CCD 相机采用线阵推扫方式成像，即 CCD 线阵沿垂直卫星飞行方向排列在焦平面上，并随卫星运动完成飞行方向的扫描。CCD 空间相机分辨率 19.5 m，幅宽 113 km，图像全球覆盖周期 26 d。CCD 相机具有侧摆成像功能，能够左右侧摆 32°，可以实现 3 d 重访同一地区，便于全球资源的实时监测与合理开发。为保证幅宽，CCD 图像由三片线阵通过光学拼接而成，每一 CCD 线阵对应 2 048 个探元。HR 相机即高分辨率相机，采用的是 TDI CCD（时间延迟积分电荷耦合器件器件）。HR 相机相机分辨率 2.36 m，幅宽 27 km，HR 图像由三片线阵通过视场拼接而成，每一线阵对应 4 096 个探元。

对于空间相机，底电平引入的固定图像噪声不仅对图像动态范围、后期应用造成重大影响，而且还对原始图像的不一致性也造成影响，也就是底电平输出的不一致性构成传感器实际输出不一致性。因此在相对辐射校正过程中，底电平的处理是基础；然后，在消除底电平固定图像噪声对图像不一致性的影响之后再建立方程求取增益系数，并且只有这样求取出来的增益系数才是真实可靠的。

因为 CCD 本身制造工艺和为了提高电荷转移效率的需要，CCD 像元的电荷按奇偶两路分别输出，合成电路可将它们合成为按像元排列的完整数据。对于 HR 相机，由于相机在数传过程中，每片以 512 个探元为一组进行传输，以及总共 12 288 个探元分为 3 片（4 096）成品字形成像。本文主要介绍不同的电路输出方式对 CBERS – 02B 星 CCD 与 HR 相机图像的影响，并给出解决方法。

2　电子线路对图像质量的影响

相机电子线路对成像质量的影响主要存在于系统噪声、奇偶信号的差异与不同电子链路输出引起响应的不一致现象中。

相机的电路对信号进行处理的同时不可避免的将会引入各种形式的噪声。其中，芯片噪声的来源主要有：暗电流噪声、注入噪声、转移噪声、固定图形噪声、光敏元响应的非均匀性以及复位噪声、$1/f$ 噪声、放大器噪声等。而系统噪声主要是指电子线路引入的噪声：除了 $1/f$ 噪声、放大器噪声外，

[作者简介]　王小燕，（1981—　），助理工程师，2008 年毕业于中国空间技术研究院研究生院，主要研究方向为遥感图像处理。

CCD 器件的电源电路对 CCD 器件的性能和输出噪声有很大影响。由于星上的电源多为开关电源，含有大量的开关噪声，经过长线传输的电源也会带来各种各样的噪声。其次，由于 CCD 输出端口电压很高，频率也很高，使得 CCD 的信号通过信号处理电路时除引入常规噪声外还在电平转换过程中将引入非一致性噪声。而且，为了抑制噪声，提高信号的信噪比，利用噪声功率与带宽的关系，采用低通滤波器降低电路带宽的方法。由于图像信号中含有各种频率成分而且是不确定的，当信号通过低通滤波器时，各频率成分产生的相移是不同的，也是不确定的，这就会造成采样时引进随机误差。另外，模/数转换电路将从相关双采样电路输出的模拟图像信号转换为数字图像信号，除了引入常规的量化噪声外，由于在模拟信号中迭加着移位时钟信号，对模拟图像信号的转换有很大的影响。所有这些因素都会对图像数据质量产生影响。

此外，由于当 CCD 器件的输出方式为奇偶序列输出时，对奇偶序列的分别处理不可避免的引入了奇偶信号的不一致性，从图 1 中 CBERS－02B 卫星 CCD 相机的电荷输出电路可以看出这种不一致性。其不一致性对图像数据的条带效应的也产生影响，从图 2 可以看出图像存在明显的奇偶条带效应。

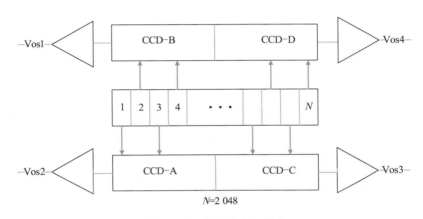

图 1　CCD 探元的奇偶输出

此外，当器件中各片 CCD 或一片 CCD 由不同的电子链路输出时，同样会引入各片片间信号的不一致性，对图像数据片间的响应不一致性带来影响。图 3 为 CBERS－02B 星 HR 相机不同电子链路输出引起的响应不一致现象。

图 2　CCD 图像中的奇偶条带效应

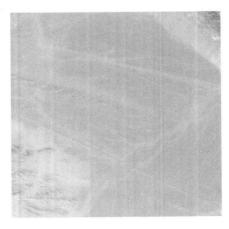

图 3　HR 相机不同电子链路输出引起的响应不一致现象

实际上，后两项图像的奇偶条带效应与片内或片间的不同电子链路输出引起的响应不一致现象都可视为系统噪声，与第一项的系统噪声一起构成相机底电平的一部分。以下所说的电子链路引进的系统噪声均是指这三项之和。

由于图像的奇偶条带效应与片内或片间的不同电子链路输出引起的响应不一致现象实际上是一种系统噪声，仅对图像的底电平产生影响，而对引起图像像元间响应不一致现象的增益系数无影响，因此，对图像相对辐射校正过程出现的奇偶条带效应和不同电子链路输出引起的响应不一致现象，只需要调整灰度偏置量即可，而不需要调整增益系数。以 CBERS –02B 星 CCD、HR 实际图像为例验证这一结论。

3 解决方法

3.1 CCD 相机

3.1.1 CCD 奇偶条纹的处理

对于 CCD 相机，在地面整星定标数据时，相邻奇偶像元之间 DN 的差异只有 $1 \sim 2$ 个量化值，而星上相邻奇偶像元之间 DN 的差异则扩大到了 $5 \sim 6$ 个量化值。如图 4（a）、图 4（b）所示。

在第 2 节分析已知：奇偶信号的差异主要是电子线路分奇偶两路输出的结果，是一种加于图像底电平之上的固定图像噪声。因此，从上面的现象及分析中可以得出：CCD 相机上天后，奇偶列的底电平差发生了变化。

同时由第 2 节分析可知：对图像相对辐射校正过程出现的奇偶条带效应只需要调整灰度偏置值即可，而不需要调整增益系数。因此，在数据处理中采用图像统计的方法（即找到奇偶列的偏置量差异）即可以消除固定噪声。如图 5 所示，奇偶条纹去除后效果是比较好的。

（a）整星定标数据奇偶列像元之间 DN 差异

（b）在轨图像奇偶列像元之间 DN 的差异放大

图 4 像元之间的 DN 差异

图 5 消除奇偶条纹现象的效果图

3.1.2 CCD 阵列间响应不一致问题

由于在计算相对定标系数时是将三片作为一个整体求取定标系数的，因此，如果没有发生变化，经过相对辐射校正后三片 CCD 阵列间响应应该是一致的。但实际上出现了三片 CCD 阵列间响应不一致问题，图 6 为经过相对辐射校正后出现的三片 CCD 阵列间响应不一致现象。

同样，在第 2 节已知：CCD 阵列间响应不一致现象是由片间的不同电子链路输出引起的，是一种加于图像底电平之上的系统噪声。因此，可以得出：CCD 相机上天后，片间的底电平差异发生了变化。同样在数据处理中采用图像统计的方法（即找到片间的偏置量差异）即可以消除固定噪声。如图 7 所示通过片间相临列图像统计的方法去除阵列间响应不一致现象后的效果图，可见效果是比较好的。

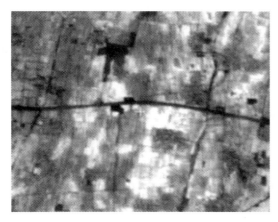 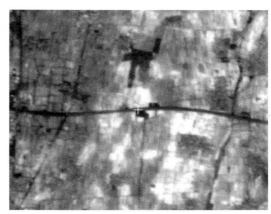

图 6　三片 CCD 阵列间响应不一致现象　　　　图 7　采用片间相临列图像统计的方法
去除阵列间响应不一致现象后的效果图

3.2　HR 相机

因此经过辐射校正后，在比较均匀的图像上，会出现片内 512 列间及片间响应特性不一致的现象。采用统计的方法，对左右阵列的偏移值进行补偿，在不损害图像纹理的情况下，平衡片内 512 列间及三片之间响应特性不一致的现象。即先对第 1 片的片内 512 列间进行偏移值补偿，然后对第 2 片的片内 512 列间进行偏移值补偿，再对第 3 片的片内 512 列间进行偏移值补偿；最后再对三片之间进行偏移值补偿。

以下为对响应特性不一致进行偏移值补偿前后的效果对比。图 8（a）、图 8（b）分别为进行偏移值补偿前后的图像。可以看出补偿后片内 512 列间及片间响应特性不一致的现象改善很多。

（a）偏移值补偿前的图像　　　　　　　　　　（b）偏移值补偿后的图像

图 8

4 结论

电子链路引入的系统噪声为空间相机底电平的主要来源。从理论上讲，通过调整灰度偏置量可以消除奇偶输出电路的奇偶条纹以及不同电子线路输出产生的片内与片间响应不一致现象。

以 CBERS – 02B 星 CCD 相机为例，通过调整灰度偏置量可以消除图像相对辐射校正过程出现的奇偶条带效应和片间的响应不一致现象；以 CBERS – 02B 星 HR 相机为例，通过调整灰度偏置量，可以消除图像相对辐射校正过程出现的 512 列间的响应不一致现象。

参 考 文 献

[1] 郭建宁，于晋，曾湧，等. CBERS – 01/02 卫星 CCD 图像相对辐射校正研究［J］. 信息科学（增刊 I）. 2005，35.

[2] 陈世平. 空间相机设计与实验［M］. 北京：宇航出版社，2003.

[3] 中国资源卫星应用中心. 资源一号卫星 02B 星（CBERS – 2B）在轨测试报告，内部资料.

Analysis of Influence of Electronic Circuit to Image of CBERS – 02B

Wang Xiaoyan，Long Xiaoxiang

（China Center for Resources Satellite Data an Application，Beijing　100094）

Abstract：CBERS – 02B satellite was successfully launched with three optic sensors of CCD，HR and WFI at September in 2007. Different output ways of electronic circuits will have an impact on the image quality of CCD and HR sensors. The parity stripe，as well as inconsistent response between the plates of CCD camera and among the 512 columns of HR camera can be effectively eliminated through the adjustment of gray offset.

Key words：CBERS – 02B　Streaking　Offset